Wolfgang Kaim | Brigitte Schwederski

Bioanorganische Chemie

Studienbücher **Chemie**

Die Studienbücher der Reihe Chemie sollen in Form einzelner Bausteine grundlegende und weiterführende Themen aus allen Gebieten der Chemie umfassen. Sie streben nicht die Breite eines Lehrbuchs oder einer umfangreichen Monographie an, sondern sollen den Studierenden der Chemie – aber auch den bereits im Berufsleben stehenden Chemiker – kompetent in aktuelle und sich in rascher Entwicklung befindende Gebiete der Chemie einführen. Die Bücher sind zum Gebrauch neben der Vorlesung, aber auch anstelle von Vorlesungen geeignet. Es wird angestrebt, im Laufe der Zeit alle Bereiche der Chemie in derartigen Lehrbüchern vorzustellen. Die Reihe richtet sich auch an Studierende anderer Naturwissenschaften, die an einer exemplarischen Darstellung der Chemie interessiert sind.

www.viewegteubner.de

Wolfgang Kaim | Brigitte Schwederski

Bioanorganische Chemie

Zur Funktion chemischer Elemente in Lebensprozessen

4., durchgesehene Auflage

STUDIUM

Bibliografische Information der Deutschen Nationalbibliothek
Die Deutsche Nationalbibliothek verzeichnet diese Publikation in der
Deutschen Nationalbibliografie; detaillierte bibliografische Daten sind im Internet über
<http://dnb.d-nb.de> abrufbar.

Prof. Dr. phil. nat. Wolfgang Kaim
Geboren 1951 in Bad Vilbel. Studium der Chemie in Frankfurt am Main und Konstanz, Diplom 1974 bei E. Daltrozzo, Promotion 1978 bei H. Bock, 1978/79 Aufenthalt bei F. A. Cotton (Texas A & M University, USA), 1982 Habilitation. Von 1981 bis 1987 Hochschulassistent am anorganisch-chemischen Institut der Universität Frankfurt. Karl Winnacker-Stipendiat von 1982 bis 1987, 1987 Heisenberg-Stipendium. Seit 1987 Ordinarius für Anorganische Chemie an der Universität Stuttgart.

Dr. rer. nat. Brigitte Schwederski
Geboren 1959 in Recklinghausen. Studium der Chemie und Biologie in Bochum und an der Purdue University (USA), Diplom 1983 bei A. Haas, Promotion 1988 bei D. W. Margerum. Ab 1988 Beschäftigung am Institut für Anorganische Chemie der Universität Stuttgart, seit 2001 als Akademische Oberrätin.

1. Auflage 1991
3. Auflage 2004
4., durchgesehene Auflage 2005
unveränderter Nachdruck 2010

Ursprünglich erschienen bei Vieweg+Teubner Verlag | Springer Fachmedien Wiesbaden GmbH 2005
Softcover reprint of the hardcover 4th edition 2005
Lektorat: Ulrich Sandten | Kerstin Hoffmann

www.viewegteubner.de

Umschlaggestaltung: KünkelLopka Medienentwicklung, Heidelberg
Gedruckt auf säurefreiem und chlorfrei gebleichtem Papier.

ISBN 978-3-519-33505-4 ISBN 978-3-663-01605-2 (eBook)
DOI 10.1007/978-3-663-01605-2

Vorwort zur 1. Auflage

Dieses Buch ist hervorgegangen aus einer zweisemestrigen Vorlesung, gehalten seit 1983 an den Universitäten Frankfurt und Stuttgart (W.K.). Für ein Verständnis werden Grundkenntnisse aus den modernen Naturwissenschaften, speziell aus der Chemie und Biochemie vorausgesetzt, wie sie nach dem Besuch einführender Vorlesungen oder bei entsprechendem Interesse für das Sachgebiet vorhanden sein sollten. Wir haben uns trotz dieser Voraussetzung entschlossen, häufiger gebrauchte Begriffe in einem *Glossar* zu erläutern; weiterhin werden einige *physikalische Untersuchungsmethoden* (dunkel unterlegt) an entsprechender Stelle im Text skizziert und in bezug auf ihre Aussagekraft eingeordnet.

Eine besondere Schwierigkeit bei der Vorstellung dieses stark interdisziplinären und auch noch nicht eindeutig abgegrenzten Gebietes betrifft die Einschränkung in der Breite und im Detail. Obwohl der Schwerpunkt bei Metalloproteinen und den Elektrolyt-Elementen liegt, haben wir wegen der Betonung der Funktionalität chemischer Elemente und wegen teilweise öffentlich-populärwissenschaftlich geführter Diskussionen auch medizinisch-therapeutische, toxikologische und umweltbezogene Aspekte einbezogen. Was einzelne Details betrifft, so können oft nur Hypothesen vorgestellt werden; angesichts der außerordentlich raschen Entwicklung auf diesem Gebiet sind *viele der strukturellen und mechanistischen Aussagen mit der Einschränkung "höchstwahrscheinlich" oder gar nur "vermutlich"* zu versehen – auch wenn dies im Text nicht immer explizit zum Ausdruck kommen kann. Wie die Literaturzusammenstellung belegt, haben wir versucht, aktuelle Informationen aus dem Jahre 1991 noch zu berücksichtigen (1. Auflage).

Ein weiteres Problem stellt die Gliederung dar:
Die Aufteilung nach Elementen würde dem chemisch-systematischen Vorgehen entsprechen, wie es in Lehrbüchern der allgemeinen und anorganischen Chemie vorherrscht. Eine Systematik dieser Art halten wir aus didaktischen Gründen zumindest teilweise noch für angebracht. Organismen verhalten sich jedoch opportunistisch und kümmern sich nicht um derartige Einteilungen; für sie steht die Funktionalität, das möglichst erfolgreiche Bewältigen einer Anforderung im Vordergrund. Entsprechend haben wir beispielsweise das Protein Hämerythrin im Zusammenhang mit Sauerstoff-Transport und nicht in einem Kapitel "Dieisen-Zentren" behandelt. Mehrere Abschnitte sind so einem bestimmten biologisch-funktionalen Problem wie etwa der Biomineralisation oder der Notwendigkeit von Antioxidantien gewidmet, haben dort aber mehrere verschiedene anorganische Elemente und auch rein organische Verbindungen zum Gegenstand. Das gewählte Titelbild – eine vereinfachte Darstellung des Katalysezyklus der P-450-Monooxygenierung – veranschaulicht die Betonung von Funktionalität und Reaktivität gegenüber statisch-strukturellen Gesichtspunkten.

Einige technische Hinweise: Die inzwischen verfügbaren Strukturdarstellungen auch sehr komplexer Metalloproteine können hier in Ermangelung einer Farbkodierung nicht adäquat vorgeführt werden; an entsprechender Stelle verweisen wir auf die Originalliteratur. Die Literatur ist im Text mit den Nachnamen der **Autoren** zitiert (ab vier Autoren: **Autor et al.**) und am Ende des Buches kapitelweise in der Reihenfolge ihres ersten Erscheinens im Text einschließlich des Titels zusammengefaßt. Auf Kapitel **(Kap.)**, Abbildungen **(Abb.)**, Tabellen **(Tab.)** und Formelschemata **(X.Y)** wird wie angegeben verwiesen.

Für Hinweise und Anregungen während der Abfassung des Manuskripts danken wir Herrn Prof. Christoph Elschenbroich (Marburg) sowie Frau Dr. Jeanne Jordanov und Herrn Dr. Eberhard Roth (Grenoble). Weitere aktuelle Informationen sind uns durch die Beteiligung am Schwerpunkt "Bioanorganische Chemie" der Deutschen Forschungsgemeinschaft zugänglich geworden. Dem Teubner-Verlag, inbesondere Herrn Dr. Peter Spuhler, sind wir für die Geduld bei der Betreuung dieses Buchprojektes dankbar. Ganz besonders herzlichen Dank schulden wir schließlich Frau Dipl.-Chem. Angela Winkelmann für ihr stetiges engagiertes Mitwirken an der laufenden Bearbeitung des Manuskripts und an der Erstellung der Druckvorlage.

Stuttgart, im Juni 1991

Wolfgang Kaim
Brigitte Schwederski

Vorwort zur 2. Auflage

Während der Abfassung der ersten Auflage dieses Buches war uns bereits bewußt geworden, daß die Flut wesentlich neuer Erkenntnisse innerhalb kurzer Zeit eine weitere, aktualisierte Auflage unerläßlich machen würde. Die Notwendigkeit der Aktualisierung betrifft dabei beide Zielrichtungen des Buches, das zwar einerseits als Einführung in alle Teilgebiete der Bioanorganischen Chemie konzipiert wurde, aber gleichzeitig auch als aktueller Leitfaden für "Eingeweihte" mit der Angabe neuester Literatur nutzbar sein soll.

Wenngleich die allermeisten Fakten und Interpretationen aus der ersten Auflage unverändert geblieben sind, so wurden doch an vielen Stellen Erweiterungen und auch Korrekturen früherer Vorstellungen nötig. Zu den neu aufgenommenen "Highlights" zählen neuere Strukturbestimmungen, insbesondere der klassischen Nitrogenase, der Methan-Monooxygenase oder von Zink-Finger/DNA-Komplexen, aber auch die zunehmend bekannt gewordene essentielle Rolle des NO-Moleküls im Bereich der Neurobiochemie. Unverkennbar ist die wachsende Tendenz zur Annäherung an enzymatische Mechanismen durch spektroskopische und strukturelle Studien an *mehreren verschiedenen Zuständen* eines Enzyms sowie das rasch zunehmende Verständnis genregulatorischer Mechanismen bei Aufnahme und Nutzung "anorganischer" Elemente. Trotz der vielen neu eingefügten Aspekte ist es uns jedoch gelungen, die Gesamtseitenzahl im Vergleich zur ersten Auflage um weniger als 4 % wachsen zu lassen.

Mit Freude und Befriedigung haben wir nach Erscheinen der ersten Auflage sowohl die weitgehend positive Resonanz der Fachkollegen als auch die allgemein geweckte Aufmerksamkeit für dieses neue Gebiet und dessen "Lehrbuchfähigkeit" registriert. Die dabei zum Bewußtsein gelangende Vernetzung *aller* chemischer Teildisziplinen im Bereich der Lebenswissenschaften ist letzendlich nicht überraschend, auch wenn der Begriff "bio-anorganisch" von der Wortkombination her immer noch ungewohnt erscheint.

Angesichts der absehbaren und notwendigen Reifungsphase dieses bislang explosiv gewachsenen Gebietes und der einsetzenden Systematisierung erwarten wir einerseits ein anhaltend intensives Interesse, andererseits aber auch eine solidere Grundlagenkenntnis, wie sie sich zwangsläufig aus der stark gestiegenen Popularität des Fachgebiets ergibt und wozu wir durch dieses Studienbuch weiter beitragen wollen. Bestärkt wurden diese Bemühungen durch die Verleihung des Literaturpreises 1993 des Fonds der Chemischen Industrie für die erste Auflage, wofür wir uns an dieser Stelle sehr herzlich bedanken. Als Konsequenz aus der positiven Resonanz und aus entsprechenden Aufforderungen ist die vorliegende zweite Auflage auch in englischer Sprache erschienen.

Ein herzlicher Dank geht an alle, die uns auf Mängel in der 1. Auflage und auf mögliche Verbesserungen hingewiesen haben, insbesondere an Herrn Priv.-Doz. Dr. H. Strasdeit (Oldenburg) und Herrn Prof. Dr. B. Lippert (Dortmund) sowie an viele Chemiestudenten der Universität Stuttgart. Durch Teilnahme am Schwerpunktprogramm "Bioanorganische Chemie" der Deutschen Forschungsgemeinschaft und die gewährte Förderung sind uns weiter viele Anregungen und Vorabinformationen zuteil geworden. Ohne die sorgfältige und unermüdliche Assistenz von Frau Dipl.-Chem. Angela Winkelmann schließlich wäre die Erstellung der Druckvorlage auch diesmal nicht möglich gewesen, ihr gilt daher unser ganz besonderer Dank.

Stuttgart, im Februar 1995

Wolfgang Kaim
Brigitte Schwederski

Vorwort zur überarbeiteten 3. Auflage

Nach mehr als einem Jahrzehnt seit dem Erscheinen der 1. Auflage zeichnet sich klar ab, daß mit der Bioanorganischen Chemie ein auch im deutschen Sprachraum wohletabliertes und zukunftsträchtiges Teilfach der chemischen Wissenschaften entstanden ist, dessen Bedeutung und Attraktivität nicht zuletzt durch die Einrichtung entsprechend gewidmeter Professuren zum Ausdruck kommt. Vorbei also die Zeiten, als die "anorganischen" Elemente des Periodensystems (s. Folgeseite) als bloßes Beiwerk oder gar nur als "Verunreinigung" der organischen Hauptbestandteile biologischen Materials betrachtet wurden.

Kaum mehr überschaubar ist inzwischen jedoch die Vielfalt des untersuchten Materials, etwa die Zahl strukturell charakterisierter Metalloproteine. Es sind jedoch auch neue Bereiche der Bioanorganischen Chemie entstanden, etwa die therapeutisch bedeutende physiologische Chemie rund um das NO-Molekül oder die als wesentlich erkannte Bindung von Kupfer-Ionen durch Prionen. Generell spielt der Aspekt medizinischer Relevanz eine immer größere Rolle. Andererseits hat sich etwa die Materialwissenschaft zunehmend die Biomineralisation als Vorbild genommen, um Nanomaterialien kontrolliert aufzubauen.

Es ist somit nicht schwer vorherzusagen, daß dieses Teilgebiet der Chemie auch in Zukunft sowohl eine Herausforderung für die aktiven Wissenschaftler als auch ein attraktives Spezialfach für Studierende bleiben wird.

Sommer 2004

Wolfgang Kaim
Brigitte Schwederski

Vorwort zur 4. Auflage

Erfreulicherweise hat auch die 3. Auflage der Bioanorganischen Chemie rege Resonanz gefunden, so dass bereits nach einem Jahr eine Neufassung erforderlich wurde. In der nun vorliegenden 4. Auflage wurden daher nur die inzwischen bekannt gewordenen Fehler korrigiert.

Stuttgart, im September 2005

Wolfgang Kaim
Brigitte Schwederski

1	2	3	4	5	6	7	8	9	10	11	12	13	14	15	16	17	18
H (7.4) (9.3)																	He
Li 19.5	Be 17.7											B 16.2,18.3	C (9) (12.2)	N (11.2) (11.3)	O (5)	F 15, 16.6	Ne
Na 13	Mg 4.2, 13 14.1, 15											Al 17.6	Si 15, 16.3	P (14.1) (15)	S (7.1)	Cl (13.4)	Ar
K 13, 14.1, 18	Ca 4.3, 13 14.2, 15	Sc	Ti 19.3	V 11.3,11.4 13.4,14.1	Cr 11.5,17.8	Mn 4.3, 6.3 10.5,14.1	Fe 5-8, 15	Co 3, 12	Ni 1, 9	Cu 10, 18	Zn 10.4 10.5, 12	Ga 2.3.2 18.3	Ge	As 16.4,19.1	Se 16.8	Br 16.5	Kr 18.2
Rb 18.2, 18.3	Sr 15, 18.2	Y 18.3	Zr	Nb	Mo 11.1 11.2	Tc 18.3	Ru 18.2 18.3	Rh	Pd	Ag	Cd 17.3	In 18.3	Sn	Sb	Te 18.2	I 16.7 18	Xe 18.2 18.3
Cs 18.2 18.3	Ba 15, 18.2	La 14.2	Hf	Ta	W 11.1	Re 18.3	Os	Ir	Pt 19.2	Au 19.4	Hg 17.5 18.3,19.1	Tl 17.4 18.3	Pb 17.2 18.3	Bi 19.1	Po 18.2	At	Rn 18.2
Fr	Ra 18.2	Ac															

Ce 18.2	Pr	Nd	Pm 18.2	Sm	Eu	Gd	Tb	Dy	Ho	Er	Tm	Yb	Lu
Th 18.2	Pa	U 18.2	Np	Pu 18.2	Am	Cm	Bk	Cf	Es	Fm	Md	No	Lr

Periodensystem der Elemente. Eingetragen sind die Nummern der Kapitel, in denen das betreffende Element behandelt wird. ▒ essentielles Element, ░ vermutlich essentielles Element für den Menschen.

Inhaltsübersicht

Verzeichnis der Einschübe

1 Historischer Überblick und aktuelle Bedeutung

Der Begriff *bio-anorganische* Chemie verdankt seine scheinbare Widersprüchlichkeit einer historisch bedingten Konfusion. Der ursprüngliche Sinn der Aufteilung in eine *organische* Chemie derjenigen Stoffe, welche nur aus Lebewesen gewonnen werden können, und in eine *anorganische* Chemie der "toten Materie" war mit der WÖHLERschen Harnstoffsynthese aus Ammoniumcyanat im Jahre 1828 verlorengegangen. Heute wird die Organische Chemie – unabhängig von der Materialherkunft – im wesentlichen als die Chemie der Kohlenwasserstoff-Verbindungen und deren Derivate definiert, unter Einschluß von "Hetero"-Elementen wie N, O oder S. Der große Rest ist dementsprechend die Domäne der Anorganischen Chemie.

Der trotzdem notwendige Bedarf nach einer Zusammenfassung der Chemie in lebenden Organismen hat dann zu einem neuen Begriff, dem der "Bio"-Chemie geführt (βιος: Leben; οργανον: Werkzeug). Obwohl die Biochemie lange Zeit rein *organisch*-chemische Verbindungen zum Hauptgegenstand hatte, sind diese beiden Bereiche keinesfalls deckungsgleich; aufgrund verbesserter Nachweisverfahren wurde die Bedeutung anorganischer Elemente für biochemische Prozesse und damit die Vielfalt zumindest teilweise anorganischer "Naturstoffe" zunehmend erkannt. Beispielsweise enthält etwa die Hälfte aller heute bekannten Enzyme Metallionen als wesentliche, für die Funktion oft unabdingbare Komponenten. Weitere Beispiele für "Bioanorganika" sind im folgenden zusammengestellt:

- Metalloenzyme (ca. 50% der Enzyme, insbesondere Oxidoreduktasen (**Fe**, **Cu**, **Mn**, **Mo**, **Ni**, **V**) und Hydrolasen (z.B. Peptidasen, Phosphatasen: **Zn**, **Mg**; **Ca**, **Fe**)
- nichtenzymatische Metalloproteine (z.B. Hämoglobin: **Fe**)
- niedermolekulare Naturstoffe (z.B. Chlorophyll: **Mg**)
- Coenzyme, Vitamine (z.B. B_{12}: **Co**)
- Nucleinsäuren: $DNA^{n-}(M^{+})_n$, M = **Na**, **K**
- Hormone (z.B. Thyroxin, Triiodothyronin: **I**)
- Antibiotika (z.B. Ionophore: Valinomycin/**K⁺**)
- Biominerale (z.B. Knochen, Zähne, Eischalen, Korallen, Perlen: **Ca**, **Si**,...).

Einige (im heutigen Sinne) *anorganische* Elemente waren schon recht früh als konstitutive Bestandteile lebender Materie erkannt worden. Die Entdeckung von elementarem Phosphor (P_4) durch trockene Destillation von Harnrückständen (1669), die Gewinnung von Pottasche (K_2CO_3) aus Pflanzen (18. Jh.), von eisenhaltigen "Blutlaugen"-Salzen $K_{3,4}[Fe(CN)_6]$ aus Tierblut (1704) oder von Iod aus der Asche von Meeresalgen (1812) sind bekannte Beispiele.

Mit der Verbesserung von Agrarwirtschaft und Viehzucht aufgrund der Erkenntnisse von LIEBIG (1803-1873) über den Stoffwechsel anorganischer Nahrungsbestandteile (Stickstoff-, Phosphor-, Kalium-Salze) erhielt dieser Bereich auch praktisch enorme Bedeutung; ein Verständnis der Wirkungsmechanismen, insbesondere von nur in Spuren vorkommenden lebenswichtigen ("essentiellen") Elementen, war jedoch mit dem damaligen theoretischen und apparativen Stand der Chemie nicht möglich. Einige auffallende Verbindungen mit anorganischen Elementen wie z.B. "Blatt-" und "Blut-Farbstoffe" wurden zwar im weiteren Verlauf innerhalb der bei der organischen Chemie beheimateten Naturstoffchemie untersucht und charakterisiert; ein eigenes Teilgebiet *Bioanorganische Chemie* entwickelte sich jedoch als hochgradig interdisziplinäre Fachrichtung erst nach 1960.

Maßgebend hierfür waren folgende Gründe:

a) Erst die fortgeschrittenen Isolations- und Reinigungsmethoden der Biochemie sowie die immer geringere Konzentrationen benötigenden physikalischen Nachweisverfahren, insbesondere die elementspezifischen Atomabsorptions- und Atomemissions-Spektroskopien, erlaubten das Auffinden, das chemische Charakterisieren und die Funktionsuntersuchung von "Spurenelementen" oder sonst schwer nachzuweisender Metallionen in biologischer Substanz. Obwohl Zink beispielsweise mit ca. 2 g im erwachsenen Menschen kein wirkliches Spurenelement darstellt, gelang der eindeutige Nachweis von Zn^{2+} in Enzymen erst um 1930. Seltenere Bioelemente wie etwa Nickel (s. Abb. 1.2 und Kap. 9) oder Selen (s. Kap. 16.8) sind sogar erst seit etwa 1970 als konstitutive Bestandteile mehrerer wichtiger Enzyme erkannt worden. Für Elemente wie Arsen oder Chrom wird – natürlich nur in geringsten Konzentrationen – ein essentieller Charakter vermutet (s. Kap. 11.5 und Kap. 16.4).

b) Die seit der Mitte des 20. Jahrhunderts erfolgten Bemühungen zur Aufklärung von Mechanismen biochemischer wie auch organisch- und anorganisch-chemischer Reaktionen erlaubten in einigen Fällen ein frühzeitiges Verständnis der spezifischen Funktionen anorganischer Elemente. Auch heute stehen die biochemische Reaktivität und die außerhalb dieses Bereichs gefundene oder angestrebte Reaktivität von "Modellsystemen" (s. Kap. 2.4) in einer fruchtbaren Wechselbeziehung; erfolgreiches Nachvollziehen impliziert hier eine Bestätigung sowie mögliche technische Anwendbarkeit biochemischer Reaktionsfolgen.

c) Von der anerkannt zunehmenden Bedeutung interdisziplinärer Forschung für den wissenschaftlichen Fortschritt mußte schließlich ein Gebiet wie die bioanorganische Chemie in besonderem Maße profitieren. Insbesondere umfaßt dieser Bereich zunächst – seinem Namen entsprechend – Ausschnitte aus zwei klassischen chemischen Disziplinen, es existieren jedoch auch Überlappungen mit anderen Bereichen (Abb. 1.1).

Als wesentlich für die raschen Fortschritte auf dem Gebiet der bioanorganischen Chemie erwiesen sich Beiträge

- der Physik (→ apparative Nachweis- und Untersuchungsmethoden),
- der verschiedenen Zweige der Biologie (→ Materialbereitstellung bis hin zur gezielten gentechnologischen Modifikation),
- der Agrar- und Ernährungswissenschaften (→ Effekte anorganischer Elemente und deren gegenseitige Beeinflussung),
- der Pharmazie (→ Wechselwirkung zwischen Arzneimitteln und körpereigenen sowie körperfremden anorganischen Stoffen),

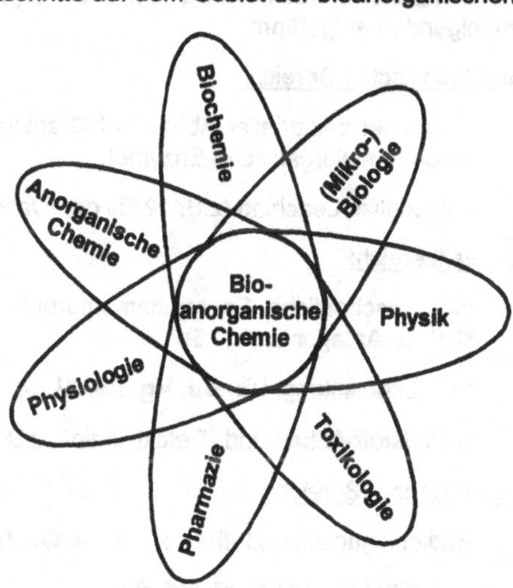

Abbildung 1.1: Bioanorganische Chemie als interdisziplinäres Forschungsgebiet

- der Medizin (→ diagnostische Hilfsmittel, Tumortherapie), sowie
- der Lebensmittelchemie, der Toxikologie und der ökologischen Wissenschaften (→ Schadstoffpotential anorganischer Verbindungen, Konzentrationsproblem: TÖLG, GARTEN).

Umgekehrt ziehen auch nicht unmittelbar biologisch orientierte Bereiche der Chemie Nutzen aus den Erkenntnissen auf diesem Gebiet. Biologische Prozesse zeichnen sich aufgrund des evolutionären Selektionsdrucks dadurch aus, daß unter den vorgegebenen Rahmenbedingungen eine hohe Effektivität erzielt wird. Als fortwährend selbstoptimierende Systeme können Organismen und die in ihnen ablaufenden Vorgänge als Anschauungsmodelle für Problemlösungen dienen; herausgegriffen seien hier vier aktuelle Schwerpunkte:

- die effiziente Aufnahme, Umwandlung und Speicherung von Energie,
- die Aktivierung reaktionsträger Verbindungen, insbesondere kleiner Moleküle wie etwa H_2O, O_2, N_2, CO oder CO_2 unter milden Bedingungen auf katalytischem Wege,
- die selektive Synthese hochwertiger Substanzen unter Minimierung von Nebenprodukten, sowie
- die möglichst unproblematische Abbaubarkeit und Wiederverwendungsfähigkeit von Stoffen, insbesondere die Verwertung oder Detoxifizierung der chemischen Elemente aus dem Periodensystem.

Beispiele für das konkrete Anwendungspotential Bioanorganischer Chemie sind im folgenden aufgeführt:

<u>großtechnischer Bereich:</u>

- anaerober bakterieller Abbau in Kläranlagen oder Sedimenten: **Fe, Ni, Co** (teilweise metallorganische Enzyme!)
- bakterielles Leaching (z.B. >25% der Weltkupferproduktion): **Fe; Cu, Au, U**

<u>Umweltbereich:</u>

- landwirtschaftliche Spurenelementprobleme: Stickstoff-Fixierung (**Fe, Mo, V**), **Mo/Cu**- Antagonismus, **Se**
- Umweltbelastung: **Pb, Cd, Hg, As; Al, Cr**
- Schadstoff-Abbau und -Detoxifikation, z.B. durch Peroxidasen: **Fe, Mn, V**

<u>medizinischer Bereich</u>

- Radiodiagnostik und -therapie: **Tc, I, Ga, In**
- Hilfsmittel für "Imaging": **Gd, Ba**
- Therapeutika: **Pt, Au, Li, B, Gd, Bi, As, Hg**
- Biominerale: biokompatible Implantate, Behandlung unerwünschter Demineralisationsprozesse wie Osteoporose oder Karies: **Ca, P, F**
- "anorganische " Nahrungsbestandteile: Mangelsymptome, Vergiftung
- Arzneimittelentwicklung: z. B. Metabolismus durch P-450-Enzyme, Metalloenzymblocker: **Fe, Zn.**
- Biotechnologie: gezielte Mutationen, Protein-Design, limitierende Elemente

Spektakulär ist zweifellos der Erfolg der einfachen anorganischen Komplexverbindung *cis*-Diammindichloroplatin *cis*-$PtCl_2(NH_3)_2$ bei der Behandlung bestimmter Tumorformen (s. Kap. 19.2). Es handelte sich hierbei um eines der erfolgreichsten Patente, welches von US-amerikanischen Universitäten je beantragt worden ist.

Anliegen dieses Buches ist nicht allein, bioanorganische Systeme vorzustellen und zu beschreiben, ein wesentlicher Aspekt liegt auch in der Verknüpfung von Funktion, strukturellem Aufbau und konkreter Reaktivität in Organismen. Über die eher biologische als chemische Frage nach dem "warum" (HARTMANN) sollte letztendlich ein gezielterer Einsatz chemischer Verbindungen auch im nicht-biologischen Bereich möglich werden.

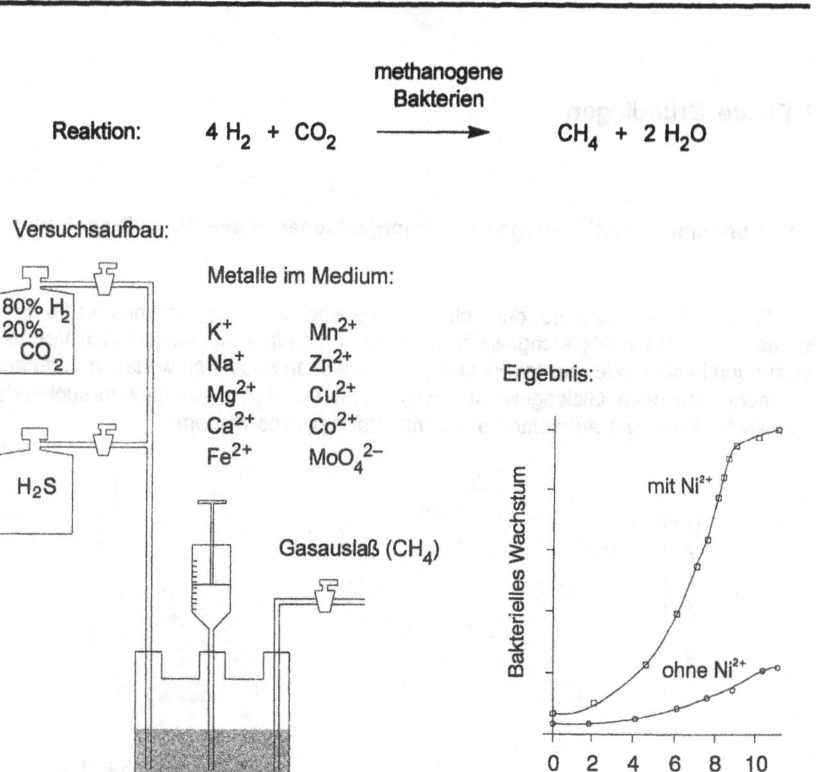

Abbildung 1.2: Entdeckung von Nickel als essentiellem Element für die Methanproduktion durch Bakterien (THAUER): Untersuchungen zur Reduktion von Kohlendioxid mit Wasserstoff zu Methan durch Archäbakterien aus dem Faulturm der Marburger Kläranlage lieferten trotz Einhaltung strikt anaerober Bedingungen und trotz Bereitstellung "konventioneller" Spurenelemente nur teilweise reproduzierbare Ergebnisse. Es stellte sich heraus, daß das bei der Probenentnahme aus der vermeintlich inerten Edelstahlkanüle in Spuren gelöste Nickel die Produktion des Methans deutlich beeinflußte (SCHÖNHEIT, MOLL, THAUER). In der Folge wurden mehrere nickelhaltige Proteine und Coenzyme isoliert (siehe Kap. 9). Ein vergleichbar unerwarteter Lösungseffekt eines "edlen" Metalls war auch verantwortlich für die Entdeckung des anorganischen Krebs-Therapeutikums *cis*-$PtCl_2(NH_3)_2$ ("Cisplatin", s. Kap. 19.2.1).

2 Einige Grundlagen

2.1 Vorkommen und Verfügbarkeit anorganischer Elemente in Organismen

"Leben" ist ein Vorgang, der sich für den erwachsenen Organismus als kontrolliertes stationäres Fließgleichgewicht mit *Input* und *Output* als notwendigen Voraussetzungen in nicht oder nur teilweise abgeschlossenen Systemen weitab vom "toten" thermodynamischen Gleichgewicht abspielt und nur durch energieverbrauchende chemische Prozesse aufrechterhalten wird ("dissipatives System").

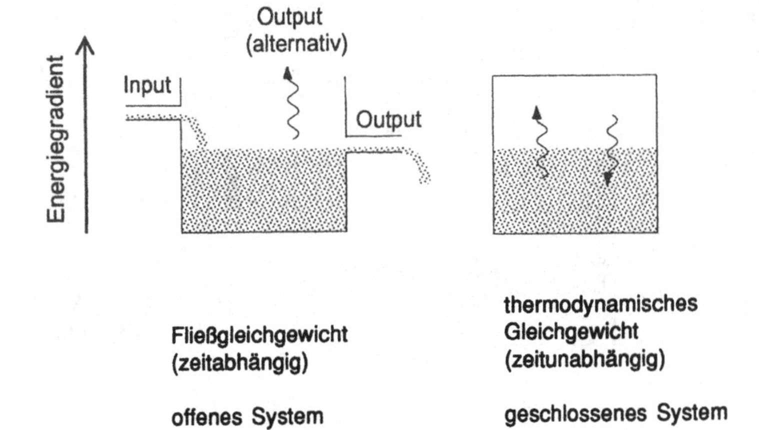

Abbildung 2.1: Zwei Arten von "Gleichgewicht"

Neben dem Energiefluß findet auch ein Stoffaustausch statt, der im Prinzip *sämtliche* chemischen Elemente umfaßt. Die Häufigkeit dieser Elemente in Organismen hängt von äußeren und endogenen Bedingungen ab; Elemente können in unterschiedlichem Maße "bioverfügbar" sein oder – bei Bedarf – über aktive, d.h. energieverbrauchende Prozesse durch Lebewesen angereichert werden ("Bioakkumulation"; lokale Verringerung der Entropie). Am nächstliegenden Beispiel, der durchschnittlichen elementaren Zusammensetzung eines erwachsenen Menschen, sollen einige Trends aufgezeigt werden:

Tabelle 2.1: Durchschnittliche elementare Zusammensetzung des menschlichen Körpers (ca. 70 kg; nach EMSLEY)

Element	Elementsymbol	Masse (g)	Entdeckung als essentielles Element
Sauerstoff	O	43000	
Kohlenstoff	C	16000	
Wasserstoff	H	7000	
Stickstoff	N	1800	
Calcium	Ca	1200	
Phosphor	P	780	
Schwefel	S	140	
Kalium	K	125	
Natrium	Na	100	
Chlor	Cl	95	
Magnesium	Mg	25	
Fluor	F	5 (var.)	1931
Eisen	Fe	4.0	17. Jh.
Zink	Zn	2.3	1896
Silicium	Si	1.0	1972
Titan[a]	Ti	0.70	
Rubidium[a]	Rb	0.68	
Strontium[a]	Sr	0.32	
Brom[a]	Br	0.26	
Blei[b]	Pb	0.12	
Kupfer	Cu	0.07	1925
Aluminium[a]	Al	0.06	
Cer[a]	Ce	0.04	
Zinn[b]	Sn	0.03	(1970)
Barium[a]	Ba	0.02	
Cadmium[b]	Cd	0.02 (var.)	(1977)
Bor[b]	B	0.018	
Nickel	Ni	0.015	1975
Iod	I	0.015	1820
Selen	Se	0.014	1975
Mangan	Mn	0.012	1931
Arsen[b]	As	0.007 (var.)	1975
Lithium[a]	Li	0.007	
Molybdän	Mo	<0.005	1953
Chrom	Cr	0.002 (var.)	1959
Cobalt	Co	0.002	1935

[a] Nicht als essentiell bewertet. [b] Essentieller Charakter nicht eindeutig.

Die Werte für O und H spiegeln vor allem den hohen Anteil an (anorganischem) Wasser wider, erst an zweiter Stelle erscheint das "organische Element" Kohlenstoff. Ein erstes metallisches Element treffen wir mit Calcium an fünfter Stelle an; es dient vorwiegend der Stabilisierung des Innenskeletts. Weiter weist Tabelle 2.1 noch relativ große Mengen von anorganischem Kalium, Natrium, Magnesium und Chlor aus ("Mengenelemente", "Mineralstoffe"), bevor mit Eisen und Zink zwei weitere, jedoch deutlich weniger häufige anorganische Elemente folgen. (Als Spurenelemente in bezug auf den menschlichen Organismus werden gemäß einer Übereinkunft solche Elemente bezeichnet, deren notwendiger täglicher Bedarf 25 mg nicht übersteigt; vgl. Tab. 2.3). Im Mengenbereich von etwa 1 g finden sich mit Fluor und Silicium auch noch zwei festkörperstrukturell wichtige nichtmetallische Elemente. Mindestens eine weitere Größenordnung geringer ist das Vorkommen der "echten" Spurenelemente, von denen einige in ihrer Häufigkeit, ihrer Funktion und in ihrem lebensnotwendigen (essentiellen) Charakter noch nicht eindeutig definiert sind (NIELSEN). Als essentiell sollten streng genommen nur solche Elemente bezeichnet werden, deren völliges Fehlen im Organismus schwere, irreversible Schäden hervorruft; inzwischen wird dieses Attribut oft schon dann verwendet, wenn bei Mangel Leistungs- und Befindlichkeitsbeeinträchtigungen resultieren. Tabelle 2.1 illustriert auch das Vorkommen größerer Mengen von offenbar nicht-essentiellen Elementen (Rb, Zr, Sr, Br, Al, Li) im menschlichen Körper, diese Stoffe verdanken ihre Aufnahme einer Ähnlichkeit (symbolisiert durch ↔) mit häufigen essentiellen Elementen: Li^+, Rb^+, Cs^+ ↔ Na^+, K^+; Sr^{2+}, Ba^{2+} ↔ Ca^{2+}; Br^- ↔ Cl^-; Al^{3+}, Zr^{4+} ↔ Fe^{3+}. Besondere Aufmerksamkeit verdienen solche Elemente, die überwiegend als toxisch bekannt sind wie etwa As, Pb oder Cd; auch für diese Elemente werden im Ultraspurenbereich (Nachweisgrenze !) wirksame positive Effekte diskutiert (Ambivalenz der Spurenelemente, Schwellenwertproblem; vgl. Abb. 2.3 und Abb. 2.4). Möglicherweise hat sich im Verlauf der Evolution für *alle* natürlich vorkommenden Elemente eine – wenn auch nicht immer essentielle – physiologische Funktion herausgebildet (HOROVITZ).

Abb. 2.2 veranschaulicht die Zusammensetzung aus Tab. 2.1 graphisch in einer logarithmischen Auftragung *molarer* Häufigkeiten, wodurch das Verhältnis der Atomsorten besser erfaßt wird. Vergleicht man eine solche Auftragung mit den Häufigkeiten der Elemente außerhalb der Biosphäre, so fällt die relativ gute Entsprechung zur Zusammensetzung des Meerwassers auf – einer von vielen Hinweisen auf den wahrscheinlichen Ort der Entwicklung des Lebens. Auffallend ist der geringe Anteil von Elementen, die wie Silicium, Aluminium oder Titan als Festkörperbestandteile in der Erdkruste besonders häufig vertreten sind. Hierin kommt zum Ausdruck, daß die physiologischen Bedingungen für Lebensprozesse im allgemeinen einen pH-Wert von etwa 7 in wäßriger Lösung einschließen, bei welchem diese drei Elemente in ihren normalen, hohen Oxidationsstufen als weitgehend unlösliche Oxide/Hydroxide nicht verfügbar sind. Umgekehrt wird ein in der Erdkruste seltenes, ob seiner Löslichkeit als MoO_4^{2-} bei pH 7 im Meerwasser jedoch recht häufiges Element wie Molybdän auch als essentielles Element in Organismen wiedergefunden. Generell sind metallische Elemente M einerseits in niedrigen (+I, +II) und andererseits in sehr hohen Oxidationsstufen (+V, +VI, +VII), dann jedoch als Oxo-Anionen wie etwa

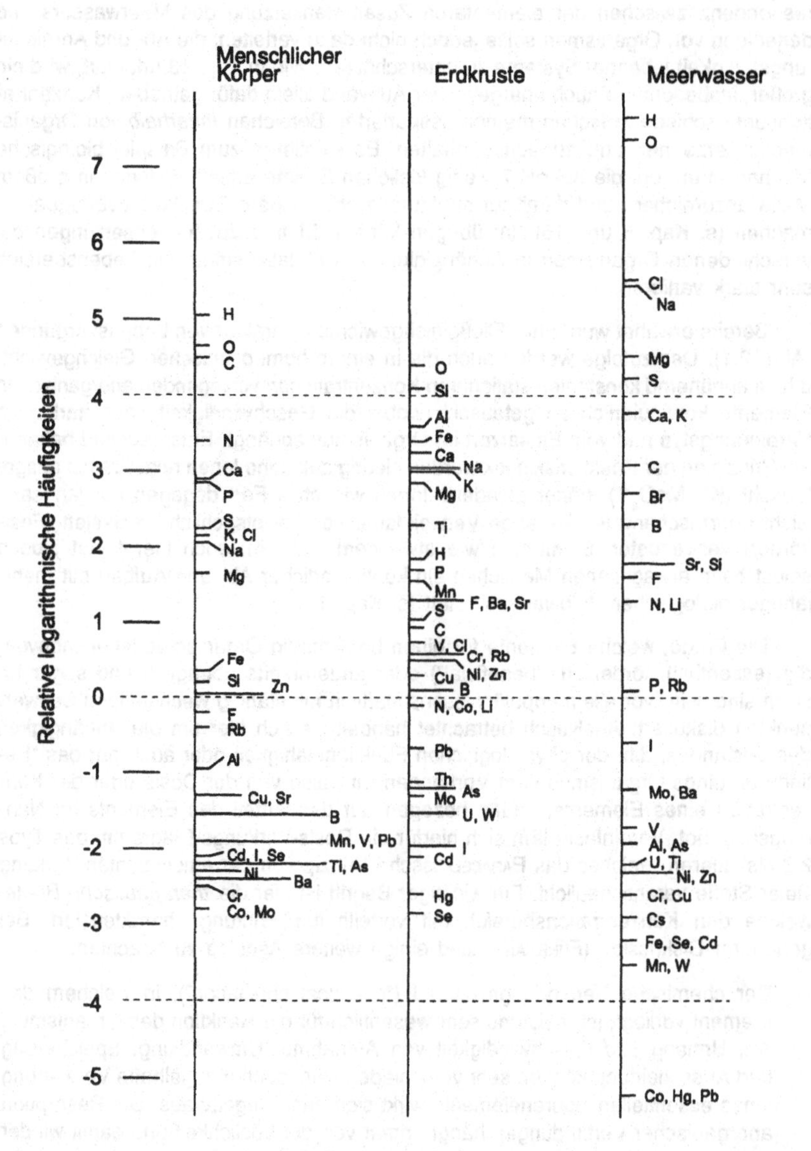

Abbildung 2.2: Logarithmische Auftragungen molarer Element-Häufigkeiten (willkürliche Einheiten; nach Cox)

MO_4^{n-} in neutral wäßrigem Medium löslich und damit gut bioverfügbar. Die Korrespondenz zwischen der elementaren Zusammensetzung des Meerwassers und derjenigen von Organismen sollte jedoch nicht dazu verleiten, die Ab- und Anreicherungsfähigkeit lebender Systeme zu unterschätzen. Wie in Kap. 13 erläutert, wird ein großer, insbesondere auch energetischer Aufwand allein dafür getrieben, Konzentrationsunterschiede zwischen membranseparierten Bereichen *innerhalb* von Organismen zu erzeugen und aufrechtzuerhalten. Es existieren zum Beispiel biologische Mechanismen, um die bei pH 7 wenig löslichen Silikate oder Fe^{3+}-Ionen in großem Maße anzureichern und damit für strukturelle oder andere Zwecke bioverfügbar zu machen (s. Kap. 8 und 15). Im übrigen können Elementzusammensetzungen bei verschiedenen Organismen in Abhängigkeit von Metabolismus und Lebensbereich sehr stark variieren.

Bereits erwähnt wurde der Fließgleichgewichts-Charakter von Lebensvorgängen (Abb. 2.1). Demzufolge werden auch die in einem homöostatischen Gleichgewicht, d.h. in annähernd konstanten stationären Konzentrationen vorliegenden anorganischen Elemente kontinuierlich ausgetauscht, wobei die Geschwindigkeit sehr stark vom Verbindungstyp und vom Einsatzort im Organismus abhängt. Entsprechend bekannten Prinzipien der Reaktionskinetik werden niedrig geladene Ionen relativ rasch ausgetauscht (K^+, MoO_4^{2-}), höher geladene Ionen wie etwa Fe^{3+} dagegen nur langsam. Nicht überraschend ist die lange Verweildauer von hauptsächlich im Skelett (Festkörper) verwendeten Elementen wie etwa dem Calcium; auch hier findet jedoch selbst beim erwachsenen Menschen ein kontinuierlicher Ab- und Aufbau mit mehrjähriger biologischer Halbwertszeit statt (s. Kap. 15).

Die Frage, welche Elemente für einen bestimmten Organismus lebensnotwendig (essentiell), förderlich ("beneficial") oder andererseits abträglich und sogar toxisch sind, wird vor allem populärwissenschaftlich mit ständig wechselnden Schwerpunkten diskutiert. Analytisch betrachtet handelt es sich hier um die Abhängigkeit des Zustandes, d.h. der physiologischen Funktionsfähigkeit oder auch nur des "Befindens" eines Organismus vom Vorhandensein, also von der Dosis oder der Konzentration eines Elements, häufig bezogen auf den Anteil des Elements im Nahrungsangebot. Vereinfacht läßt sich hierfür ein Dosis-Wirkungs-Diagramm des Typs 2.3 diskutieren, welches das PARACELSUSsche Prinzip von der ambivalenten Wirkung vieler Stoffe veranschaulicht. Ein wichtiger Begriff ist hier die *therapeutische Breite*, welche den Konzentrationsbereich mit vorteilhafter Wirkung charakterisiert. Bei genauerer Diskussion (FUHRMANN) sind einige weitere Aspekte zu beachten:

- Der chemische Verbindungszustand ("chemical speciation"), in welchem das Element vorliegt, ist meistens sehr wesentlich für die Reaktion des Organismus. Art, Umfang und Geschwindigkeit von Aufnahme, Umwandlung, Speicherung und Ausscheidung können sehr verschieden sein, auch mangelhafte Verwertung eines essentiellen Spurenelements wirkt sich dann negativ aus. Die Resorption anorganischer Verbindungen hängt primär von der Löslichkeit und damit wieder von der Ladung des Systems ab; Molybdat MoO_4^{2-} wird aus der Nahrung sehr effizient (70 - 80 %), Cr^{3+} dagegen selbst in komplexierter Form nur sehr ungenügend resorbiert (< 1 %).

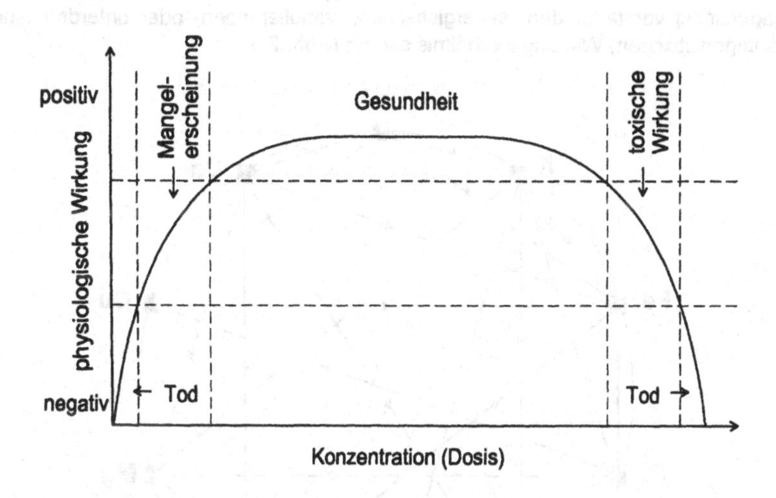

Abbildung 2.3: Schematisches Dosis-Wirkungs-Diagramm für ein essentielles Element (s. Abb. 17.1 für nicht-essentielle Elemente)

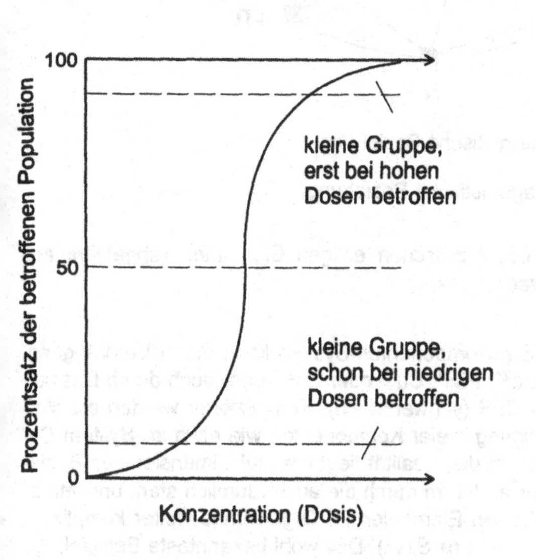

Abbildung 2.4: Typische Varianz der toxischen Wirkung eines Stoffes innerhalb einer Population

– Es kann weiter nicht erwartet werden, daß komplexe "höhere" Organismen innerhalb einer Population oder ihrer individuellen zeitlichen Entwicklung einheitlich reagieren; daher sind nur durchschnittliche Angaben für einen bestimmten Zustand, z.B. für das Erwachsenenstadium einer möglichst einheitlichen Population sinnvoll (Abb. 2.4).

– Die Variation der Konzentration *eines* Elements beeinflußt die Konzentrationen und die physiologischen Wirkungen *anderer* Stoffe, auch anderer anorganischer Elemente. Diese Interdependenz ist seit den LIEBIGschen Versuchen für viele einfache Elemente qualitativ bekannt; zwei Komponenten können zueinander in einem gegenseitig verstärkenden (synergistischen, stimulierenden) oder unterdrückenden (antagonistischen) Wirkungsverhältnis stehen (Abb. 2.5).

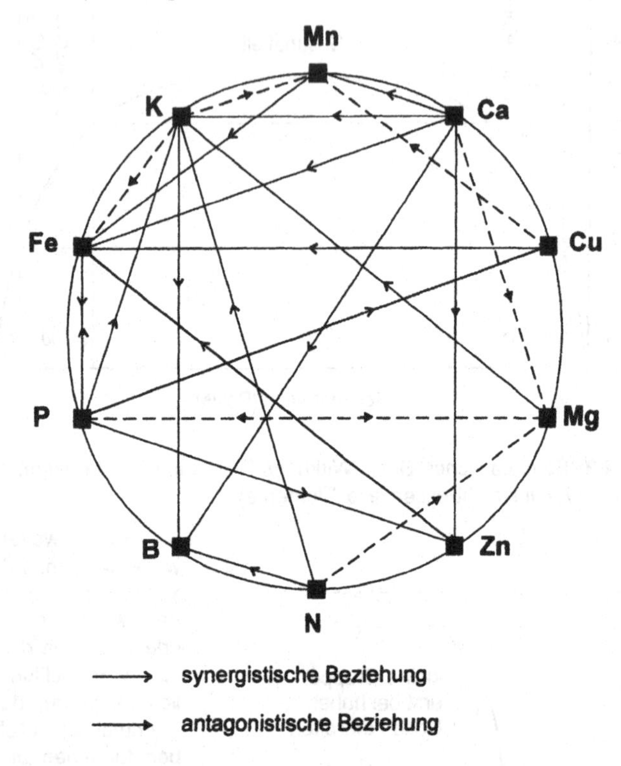

Abbildung 2.5: Beziehungsgeflecht zwischen einigen Elementen (abgeleitet aus Beobachtungen des Pflanzenwachstums)

Antagonistische Beziehung im Zweikomponenten-System kann durch Verdrängung, beispielsweise von Zn^{2+} durch Cd^{2+}, Pb^{2+}, Cu^{2+} oder Ca^{2+}, oder auch durch Desaktivierung erfolgen: $Cu^{2+} + S^{2-} \rightarrow CuS$ (schwerlöslich). Komplizierter werden die Verhältnisse schon bei Berücksichtigung dreier Komponenten wie etwa im System Cu/Mo/S (Kap. 10 und Kap. 11.1.2). In der Realität liegt ein multidimensionales Beziehungsgeflecht vor, welches unter anderem durch die auch räumlich stark unsymmetrische Verteilung von anorganischen Elementen im Organismus weiter kompliziert wird (WILLIAMS 2001; WILLIAMS, FRAUSTO DA SILVA). Das wohl bekannteste Beispiel, die gegensätzliche Verteilung gut löslicher Monokationen ($Na^+ \leftrightarrow K^+$), Dikationen ($Ca^{2+} \leftrightarrow Mg^{2+}$) und Monoanionen ($Cl^- \leftrightarrow H_2PO_4^-$) im extra- bzw. intrazellulären Bereich, wird in Kap. 13 diskutiert.

Trotz dieser Komplexität sind vor allem die den Menschen betreffenden Mangelerscheinungen (NIELSEN; UNDERWOOD et al.) bezüglich anorganischer Elemente weithin geläufig, wie die (unvollständige) Übersicht in Tab. 2.2 zeigt. Sofern Ursachenzusammenhänge für einzelne Elemente bekannt sind, werden diese in den betreffenden Abschnitten dieses Buches diskutiert. Auffallend ist das häufige Phänomen der Wachstumsstörung als Mangelerscheinung, der Bereich der wirklich essentiellen Elemente scheint bei erwachsenen Organismen geringer zu sein als während der Aufbauphase. Bestätigt wurde dies unter anderem durch Versuche, eine ausreichende Ernährung während längerer Raumflüge sicherzustellen; der anorganische Gehalt solch synthetischer Nahrung ist in Tab. 2.3 in Form der "RDA"-Werte der amerikanischen *Food and Drug Administration* zusammengestellt (RDA: *recommended dietary* oder *daily allowances*, empfohlene tägliche Nährstoffzufuhr). Ob eine solche Zusammenstellung wirklich ausreicht, inwieweit sie bei den heutigen Ernährungsbedingungen gewährleistet ist und inwiefern sie ohne nachteilige Folgen durch erhöhte Zufuhr (Natriumchlorid !) oder durch separate Aufnahme (Mineralstoff-/Vitamin-Kapseln) wesentlich überschritten werden kann, gehört zu den ständig diskutierten Fragen der Ernährung, insbesondere aus populärwissenschaftlicher Sicht.

Tabelle 2.2: Einige charakteristische Element-Mangelerscheinungen beim Menschen

Mangelelement	Mangelerscheinung
Ca	Wachstumsbeeinträchtigung (Skelett)
Mg	Neigung zu Krämpfen
Fe	Anämie, Störungen des Immunsystems
Zn	Hautschäden, Zwergwuchs, verzögerte sexuelle Entwicklung
Cu	Arterienschwäche, Leberstörungen, sekundäre Anämie
Mn	Unfruchtbarkeit, gestörter Skelettaufbau
Mo	Verlangsamung des Zellwachstums, Neigung zu Karies
Co	perniziöse Anämie
Ni	Wachstumsverzögung, Dermatitis
Cr	Glukose-Intoleranz (Diabetes-ähnliche Symptome)
Si	Störungen des Skelettwachstums
F	Karies
I	Schilddrüsenfehlfunktion (Kropf), verlangsamter Metabolismus
Se	Muskelschwäche, Kardiomyopathie
As	Wachstumsstörungen (bei Tieren)

Tabelle 2.3: Essentielle Elemente in der menschlichen Nahrung

Anorganische Bestandteile	empfohlene tägliche Nährstoffzufuhr (in mg)	
	Erwachsener[a]	Säugling[b]
K	2000 - 5500	530
Na	1100 - 3300	260
Ca	800 - 1200	420
Mg	300 - 400	60
Zn	15	5
Fe	10 - 20	7.0
Mn	2.0 - 5	1.3
Cu	1.5 - 3	1.0
Mo	0.075 - 0.250	0.06
Cr	0.05 - 0.2	0.04
Co	ca. 0.2 (Vitamin B_{12})	0.001
Cl	3200	470
PO_4^{3-}	800 - 1200	210
SO_4^{2-}	10	
I	0.15	0.07
Se	0.05 - 0.07	
F	1.5 - 4.0	0.6

[a]Meist aus **R**ecommended **D**ietary **A**llowances, RDA; National Academy of Sciences, USA. Ähnliche Empfehlungen gibt die Deutsche Gesellschaft für Ernährung (DGE).
[b]Berechnet aus den Angaben von Herstellern für typische SL(**S**ine **L**acte)-Säuglingsnahrung.

Entsprechend Abb. 2.3 existieren auch bei den essentiellen Elementen nicht nur Mangelerscheinungen, sondern ebenso Störungen durch Überschuß – sei es wegen mangelnder Ausscheidung oder übermäßiger Aufnahme (Vergiftung; SEILER, SIGEL, SIGEL). Auch dieser Zustand ist durch bioanorganische Maßnahmen zu beeinflussen, und zwar durch Verabreichung von Antagonisten oder durch eine "Chelat"-Therapie (FUHRMANN; BULMAN; JONES), d.h. die Komplexierung und Ausscheidung akut toxischer Metallionen mit Hilfe mehrzähniger Chelatliganden (2.1, Tab. 2.4). Bei der Vielzahl wichtiger Metallionen in Organismen ist hier das Problem der Selektivität angesprochen; für einige Schwermetallionen existieren tatsächlich recht selektive Chelatbildner. Bewährt haben sich vor allem solche Komplexliganden, die auf Grund von Größenanpassung und Bereitstellung spezieller Koordinationsatome eine gewisse Selektivität bieten (S für "weiche" Schwermetallionen, N besonders für Cu^{2+}, O für "harte" Metallionen, s. Abb. 2.6), die zusätzlich wegen des Chelateffekts kinetisch wie thermodynamisch stabile Komplexe bilden sowie durch Anwesenheit hydrophiler OH-Gruppen eine rasche Ausscheidung über die Niere ermöglichen.

Tabelle 2.4: Chelat-Liganden zur Detoxifizierung bei Metallvergiftungen

Ligand (Formeln in 2.1)	Trivial- oder Handelsnamen (nach MUTSCHLER)	bevorzugt komplexierte Metallionen	detailliertere Beschreibung in Kapitel
a) 2,3-Dimercapto-1-propanol	Dimercaprol, BAL, Sulfactin	Hg^{2+}, As^{3+}, Sb^{3+}, Ni^{2+}	17
b) D-2-Amino-3-mercapto-3-methylbuttersäure (D-β,β-Dimethylcystein)[a]	D-Penicillamin, Trolovol	Cu^{2+}, Hg^{2+}	10, 17
c) Ethylendiamintetraacetat	EDTA	Ca^{2+}, Pb^{2+}	
d) Desferrioxamin B	Desferal	Fe^{3+}, Al^{3+}	8.2, 17.6
e) 3,4,3-LICAMC		Pu^{4+}	18.2

[a]Das L-Enantiomer ist toxisch.

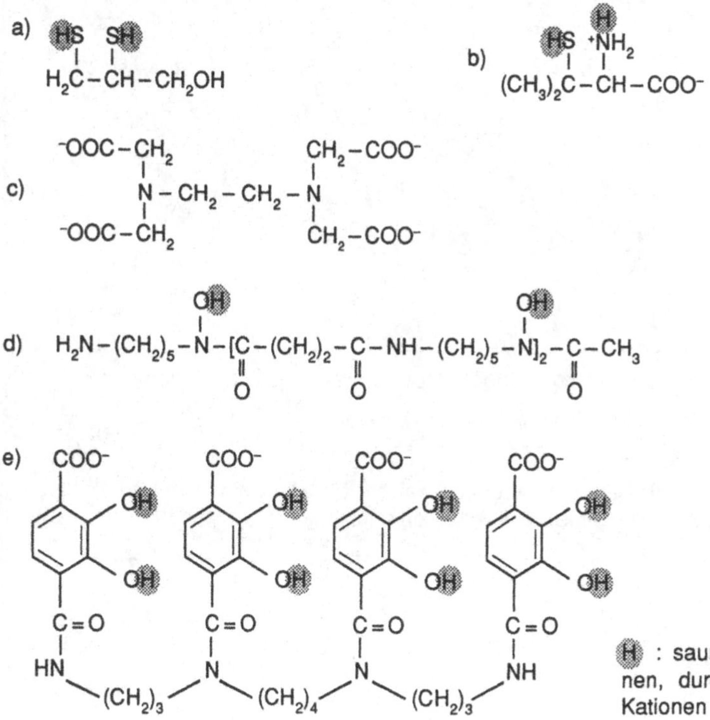

a) $H_2C(SH)-CH(SH)-CH_2OH$

b) $(CH_3)_2C(SH)-CH(^{+}NH_3)-COO^-$

c) $(^-OOC-CH_2)_2N-CH_2-CH_2-N(CH_2-COO^-)_2$ (2.1)

d) $H_2N-(CH_2)_5-N(OH)-[C(=O)-(CH_2)_2-C(=O)-NH-(CH_2)_5-N(OH)]_2-C(=O)-CH_3$

e) vier 2,3-Dihydroxy-4-carboxylatobenzoyl-Einheiten (COO⁻, OH, OH, C=O) an HN, N, N, NH, verknüpft über $(CH_2)_3$, $(CH_2)_4$, $(CH_2)_3$

(H) : saure Protonen, durch Metall-Kationen ersetzbar

"Harte" und "weiche" Koordinationszentren

Die unterschiedlich ausgeprägte Verschiebbarkeit von elektrischer Ladung in der Elektronenhülle eines Ions, speziell auf Grund der Wechselwirkung mit einem Koordinationspartner, hat zu einer groben Differenzierung zwischen wenig beeinflußbaren "harten" und leicht polarisierbaren "weichen" Zentren Anlaß gegeben. Weiche Elektronenpaar-Donatoren sind vor allem Thiolate (RS^-), Sulfide (S^{2-}) und Selenide, hart sind dagegen das Fluorid-Anion oder Liganden mit negativ geladenen Sauerstoff-Donatorzentren. In vielen Fällen lassen sich die beobachteten Affinitäten zwischen Metallionen und Ligand-Koordinationsatomen auf eine Bevorzugung "gleichsinniger" Wechselwirkungen hart/hart (→ ionische Bindung) bzw. weich/weich (→ eher kovalente Bindung) zurückführen. Eine mögliche Quantifizierung dieses meist intuitiv gebrauchten Konzepts ist in Abb. 2.6 dargestellt.

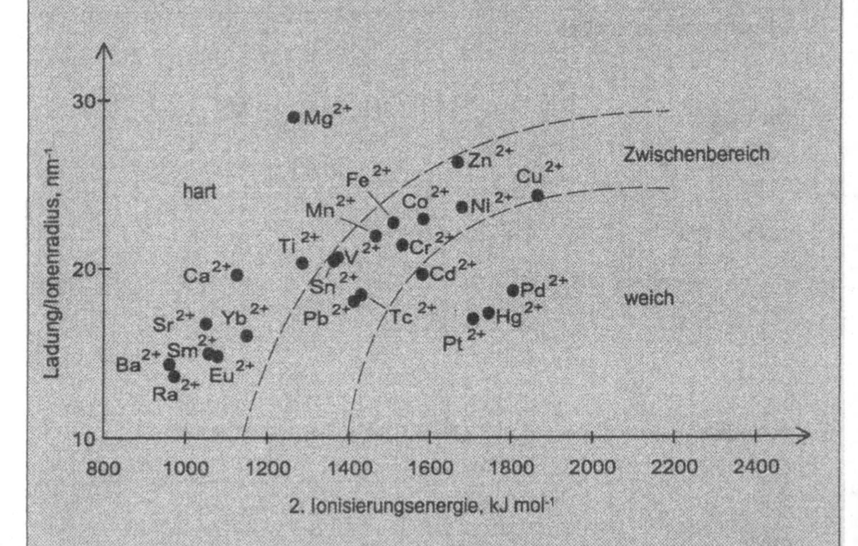

Abbildung 2.6: Bereiche harter und weicher Metallionen M^{2+} im Koordinatensystem Ladung/Ionenradius gegen 2. Ionisierungsenergie (nach WILLIAMS 1990)

2.2 Biologische Funktionen anorganischer Elemente

Der zum Teil erhebliche Aufwand, den Organismen bei Aufnahme, Anreicherung, Transport und Speicherung von anorganischen Elementen treiben (WILLIAMS 1991), ist nur durch ihre offenbar notwendige und anderweitig nicht gewährleistete Funktion gerechtfertigt. Für lebende Organismen ist die willkürliche, weil wissenschaftshistorisch bedingte Unterscheidung zwischen organischen und anorganischen Verbindungen nicht relevant, es gibt allerdings Funktionen wie a) - f), für die sich gerade Verbindungen oder Ionen anorganischer Elemente besonders gut eignen.

a) Hierzu gehört sicher der Aufbau fester Strukturen in Form von Innen- oder Außen-Skeletten durch Biomineralisation (Kap. 15). Zur **Strukturfunktion** zählt jedoch auch, daß bereits die Integrität von Zellwänden eine Anwesenheit von Metallionen zur definierten Verknüpfung organischen "Füllmaterials" erfordert und daß die Gestalt DNA-erkennender Proteine durch Zn^{2+} fixiert ist (s. Kap. 12.6); selbst die Doppelhelix-Struktur der DNA (ein Polyanion !) wird erst durch Gegenwart ein- und zweiwertiger Metallkationen gewährleistet, welche die sonst dominierende elektrostatische Abstoßung zwischen den negativ geladenen Nukleotid-Phosphatgruppen vermindern. Im Festkörper-/Struktur-Bereich finden sich insbesondere die Elemente Ca, Mg, Zn (als Kationen) sowie P, O, C, S, Si, F als Bestandteile von Anionen.

b) Einfache, kleine Ionen eignen sich als **Ladungsträger** für sehr schnelle **Informationsübertragung**. Ausgehend von einem aktiv durch Membran-überspannende "Ionenpumpen" aufrechterhaltenen Konzentrationsgefälle können über Diffusion, d.h. mit maximaler Reaktionsgeschwindigkeit (biologische Selektion !) Informationseinheiten in Form elektrochemischer Potentialsprünge erzeugt werden. Elektrische Impulse in Nerven oder auch komplexere Auslösevorgänge wie zum Beispiel die Steuerung der Muskelkontraktion werden durch Ausschüttung atomarer, d.h. biologisch *nicht* abbaubarer anorganischer Ionen verschiedener Größe und Ladung (Na^+, K^+, Ca^{2+}) mit schnellstmöglichem Effekt initiiert (Kap. 13 und Kap. 14.2).

c) **Auf- und Abbau organischer Verbindungen** im Organismus erfordern häufig saure oder basische Katalyse. Da außer in bestimmten abgegrenzten Bereichen wie etwa dem Magen der physiologische pH mit ca. 7 vorgegeben ist, können solche Reaktionsbeschleunigungen nicht durch einfache Protonen- oder Hydroxid-Katalyse erfolgen; eine Alternative ist **Lewis-Säure/Lewis-Base-gestützte Katalyse** unter Verwendung von Metallionen. In hydrolytisch aktiven Enzymen werden daher vor allem die relativ kleinen, zweifach positiv geladenen Metallionen Zn^{2+} und Mg^{2+} gefunden (Kap. 12 und Kap. 14.1).

d) Der für den **Energiehaushalt** von Organismen essentielle **Transport von Elektronen** ist zum großen Teil, wenn auch nicht ausschließlich, auf redoxaktive Metallzentren angewiesen. Überraschenderweise findet man eine ganze Reihe von Redoxpaaren mit unter physiologischen Bedingungen eigentlich ungewöhnlichen Oxidationszuständen (hier fettgedruckt), die nur durch spezifische Modifikation mittels "Bioliganden" stabilisiert sind (s.u.). Biologisch relevant sind folgende Oxidationsstufen redoxaktiver Metalle: Fe(II)/Fe(III)/**Fe(IV)**, **Cu(I)**/Cu(II), Mn(II)/**Mn(III)**/Mn(IV), **Mo(IV)**/Mo(V)/Mo(VI), **W(IV)**/W(V)/W(VI), **V(III)**/V(IV)/V(V), **Co(I)**/Co(II)/Co(III), **Ni(I)**/Ni(II)/**Ni(III)**.

e) Die **Aktivierung kleiner, hochsymmetrischer Moleküle** mit großen Bindungsenergien stellt erhebliche Anforderungen an den notwendigen Katalysator. Die Fähigkeit von Übergangsmetallzentren zur Bereitstellung ungepaarter Elektronen einerseits sowie zur gleichzeitigen Aufnahme und Abgabe von Elektronenladung andererseits (π-Rückbindung, Kap. 5 und Kap. 11) erlaubt den Organismen die Durchführung problematischer Reaktionen unter physiologischen Bedingungen, wie etwa

- die reversible Aufnahme, den Transport, die Speicherung und die Umwandlung (Fe, Cu) oder auch Erzeugung (Mn) des paramagnetischen Sauerstoffmoleküls $^3O_2$ (Kap. 4 - 6 und Kap. 10),
- die Fixierung des molekularen Stickstoffs N_2 (Kap. 11) und seine Umwandlung in Ammonium (Fe, Mo, V), oder
- die reversible Reduktion von CO_2 und Wasserstoff zu Methan (Ni, Fe; Kap. 9 und Abb. 1.2).

f) Typisch **"metallorganische" Reaktivität**, etwa die leichte **Erzeugung von Radikalen** für rasche Umlagerung von Substratmolekülen, findet man bei Cobalamin-Coenzymen, in denen eine σ-Bindung zwischen dem Übergangsmetall Cobalt und einer primären Alkylgruppe vorliegt (Kap. 3). An der Erzeugung und Stabilisierung von Radikalen sind oft auch die Elemente Fe, Cu und Ni beteiligt.

2.3 "Biologische" Liganden für Metallionen

Der überwiegende Teil der bioanorganischen Chemie betrifft metallische Elemente; die nichtmetallischen anorganischen "Bio"-Elemente werden in Kap. 16 vorgestellt. Metalle kommen im biologischen Umfeld vorwiegend in oxidierter Form als formal ionisierte Zentren vor und sind daher notwendigerweise von elektronenpaarliefernden Liganden umgeben. Da die chemischen Elemente nicht selbst eine biologische Evolution erfahren können, sind es ihre zum Teil hochkomplexen Verbindungsformen, die biologische Relevanz besitzen. Welche Bestandteile von organisch-biologischem Material können neben einfachen oder komplexen Phosphaten $\mathbf{XPO_3^{2-}}$, rein anorganischem Sulfid-Schwefel $\mathbf{S^{2-}}$ sowie dem Wasser $\mathbf{H_2O}$ und seinen deprotonierten Formen $\mathbf{OH^-}$ und $\mathbf{O^{2-}}$ als "natürliche" Koordinationspartner für Metallzentren fungieren? Relativ wenig bekannt ist über die Bedeutung der Metallkoordination an

Fette und **Kohlenhydrate**, obwohl die z.T. negativ geladenen Sauerstoff-Funktionen zumindest zur elektrostatischen Bindung von Kationen und oft auch zur Chelatkoordination durch Polyhydroxyfunktionen, etwa in Zucker-Molekülen, geeignet sind (WEIS, DRICKAMER, HENDRICKSON; WHITFIELD, STOJKOVSKI, SARKAR). Über die *in vivo*-Wechselwirkung niedermolekularer **Coenzyme** (Vitamine, s. 3.12), **Hormone** oder anderer **Stoffwechselprodukte** wie etwa Citrat mit Metallionen sind nur teilweise molekulare Details bekannt. Häufig handelt es sich um relativ labile Komplexe, was deren Nachweis, Isolation und Strukturaufklärung erschwert; immerhin ist z.B. lange bekannt, daß die Funktion von Ascorbat (Vitamin C, s. 3.12; DAVIES) mit dem Fe(II)/Fe(III)-Redoxgleichgewicht verbunden ist. Näher untersucht wurde die *in vitro*-Koordinationschemie des redoxaktiven Isoalloxazin-Ringsystems der Flavine (2.2), welches über die Atome O(4),N(5) als Chelatbildner für "weiche" Metallionen (in der oxidierten Form) und für "harte" Metallionen (in der halbreduzierten Semichinon-Form) fungieren kann (HEMMERICH, LAUTERWEIN; CLARKE).

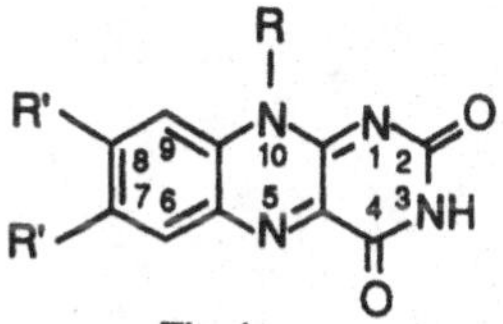

Flavin

R' = CH_3, R = $CH_2(HCOH)_3CH_2OH$:
Riboflavin, Vitamin B_2

Zink-Komplex des Flavosemichinons

(2.2)

Im folgenden werden drei wesentliche Typen von "Bioliganden" ausführlicher diskutiert: **Peptide (Proteine)** mit koordinationsfähigen Aminosäureresten, speziell biosynthetisierte **makrozyklische Chelatliganden**, sowie **Nukleobasen** als Bestandteile von Polynukleinsäuren.

2.3.1 Koordination durch Proteine – Anmerkungen zur enzymatischen Katalyse

Proteine, insbesondere auch Enzyme, bestehen im wesentlichen aus durch Peptid-Bindungen –C(=O)–N(–H)– verknüpften α-Aminosäuren. Die Carboxamidfunktion selbst ist nur zu schwach ausgeprägter Metallkoordination befähigt (vgl. Abb. 14.4; CHAKRABARTI); wie in entsprechenden Lösungsmitteln, z.B. N-Methyl- oder N,N-Dimethylformamid, kann jedoch die räumliche Häufung von Amidfunktionen eine große lokale Dielektrizitätskonstante (→ Protein als Medium) und damit eine Verringerung ionischer Anziehungs- und Abstoßungskräfte innerhalb von Proteinen und Proteinkomplexen hervorrufen.

Als Metall-Liganden sind vor allem die funktionellen Gruppen in den Seitenketten folgender Aminosäuren geeignet:

Tabelle 2.5: Die wichtigsten Aminosäure-Liganden in Metalloproteinen

α-Aminosäure R–$^{\alpha}$CH(NH_3^+)CO_2^-	Seitenkette, R
Histidin (His)	–CH_2–Imidazolium (NH, N^+–H); $pK_s \approx 6.5$: + H^+ ⇌ - H^+; $^{\beta}$–CH_2–$^{\gamma}$Imidazol (δ-N, ε-NH) ⇌ $^{\beta}$–CH_2–$^{\gamma}$Imidazol (ε-N, δ-NH) (Tautomer); $pK_s \approx 14$: + H^+ ⇌ - H^+; –CH_2–Imidazolat (N, N, –)
Methionin (Met)	–$CH_2CH_2SCH_3$
Cystein (Cys)	–CH_2SH
Selenocystein (SeCys)	–CH_2SeH
Tyrosin (Tyr)	–CH_2–C_6H_4–OH
Asparaginsäure (Asp)	–CH_2COOH
Glutaminsäure (Glu)	–CH_2CH_2COOH

H : acide Protonen, durch Metallkationen ersetzbar

– **His**tidin betätigt meist das basische δ-Imin-, bisweilen auch das ε-Imin-Stickstoffzentrum im Imidazol-Ring; es sind jedoch auch beide Stickstoffatome nach (metallinduzierter) Deprotonierung verfügbar (Metall-Metall-verbrückendes μ-Imidazolat; vgl. die Cu,Zn-Superoxid-Dismutase, Kap. 10.5).

– **Met**hionin, die bei der Tiernahrung oft limitierende essentielle Aminosäure, koordiniert über das neutrale δ-Schwefelatom des Thioethers.

– **Cys**tein enthält nach Deprotonierung (pK_s = 8.5) ein negativ geladenes γ-Thiolatzentrum ("Cysteinat"-Anion) und kann dann auch mehrere Metallzentren verknüpfen (vgl. die P-Cluster der Nitrogenase, 7.11).

- **Selenocystein** als erst vor kurzem etablierte "21. proteinogene Aminosäure" besitzt nach Deprotonierung ein negativ geladenes Selenolatzentrum, $pK_s \approx 5$ (s. Kap. 16.8).
- **Tyrosin** koordiniert vor allem über das negativ geladene Phenolat-Sauerstoffatom ($pK_s = 10$, vgl. Abb. 8.4), Metallbindung kann jedoch auch durch die phenolische Neutralform sowie durch gleichzeitig deprotoniertes und oxidiertes Tyrosyl-Radikal erfolgen.
- **Glutamat** und
- **Aspartat** koordinieren über die negativ geladenen Carboxylat-Funktionen ($pK_s \approx 4.5$).

  Carboxylate können als terminale (η^1-), als chelatbildende (η^2-) oder als verbrückende (μ-η^1:η^1-)Liganden fungieren (2.3; s. auch 7.14), wobei noch zwischen syn- und antiständigen Elektronenpaaren unterschieden werden kann (RARDIN, TOLMAN, LIPPARD).

η^1: *syn* *anti* η^2: μ-η^1:η^1: (2.3)

  Findet man die η^2-Koordination mit dem viergliedrigen Chelatring vorwiegend bei großen Metallionen, etwa in Ca^{2+}-enthaltenden Proteinen (Abb. 14.4), so tritt zum Teil mehrfache μ-η^1:η^1-Bindung von Glutamat oder Aspartat vor allem bei Eisen- und Mangandimeren auf, wobei die Metallzentren oft noch durch einen μ-Oxo- oder μ-Hydroxo-Liganden zusätzlich verbrückt sind (4.14, 7.14 oder Abb. 5.9). In beiden nicht-η^1-Fällen (2.3) ist meist eine starke Abweichung des Winkels (C–O–M) vom idealen sp^2-Winkel von 120° erforderlich.
- Geringere Bedeutung für Metallkoordination haben Aminosäuren mit einfachen Hydroxyl- und Aminofunktionen wie etwa **Serin**, **Threonin**, **Lysin** oder **Tryptophan**.

Die Affinität von Aminosäureresten zu bestimmten Oxidationsstufen von Metallen ist häufig charakteristisch, so daß eine gewisse Selektivität resultiert. Aus Komplexbildungskonstanten der *freien* Aminosäuren wie aus Beobachtungen an realen Proteinen ergeben sich in Übereinstimmung mit anorganisch-chemischer Erfahrung folgende *bevorzugte* Aminosäurerest/Metallion-Paare:

His: Zn(II), Cu(II), Cu(I), Fe(II);
Met: Fe(II), Fe(III), Cu(I), Cu(II);
Cys⁻: Zn(II), Cu(II), Cu(I), Fe(III), Fe(II), Mo(IV-VI), Ni(I-III);
Tyr⁻: Fe(III);
Glu⁻, **Asp⁻**: Fe(III), Mn(III), Fe(II), Zn(II), Mg(II), Ca(II).

Umgekehrt zeigen die Oxidationsstufen verschiedener Metalle jeweils charakteristische Koordinationspräferenzen für bestimmte Aminosäurereste. Die aus vielen strukturellen Untersuchungen insbesondere für Enzyme gewonnenen typischen Koordinationsanordnungen sind einschließlich ihrer geometrischen Merkmale in Tabelle 2.6 zusammengestellt.

Tabelle 2.6: Typische Koordinationsanordnungen von Metallen verschiedener Oxidationsstufen in Proteinen (nach Williams 1983)

	Bindungs-beständigkeit	typische Zahl und Art der Liganden	typische Koordinations-geometrie
Zn(II)	hoch	3: His, Cys^-, (Glu^-)	verzerrt tetraedrisch
Cu(I)	hoch	3,4: His, Cys^-, Met	verzerrt tetraedrisch
Cu(II)	hoch	3,4: His, (Cys^-)	verzerrt, (→ quadratisch-planar)
Fe(II), Ni(II), Co(II), Mg(II)	niedrig	4-6: His, Glu^-, Asp^-	oktaedrisch (wenig verzerrt)
Fe(III)	hoch	4-6: Glu^-, Asp^-, Tyr^-, Cys^-	oktaedrisch (wenig verzerrt)

Charakteristisch und vom Standpunkt der Labor-Komplexchemie ungewöhnlich sind für diese Koordinationsanordnungen zwei Merkmale:

a) Die Metallzentren sind oft koordinativ ungesättigt in bezug auf Aminosäurereste, d.h. zur jeweiligen "regulären" Koordinationszahl 4 (Tetraeder, Quadrat) oder 6 (Oktaeder) fehlt oft ein solcher Ligand. Dies ist jedoch eine notwendige Voraussetzung für katalytische (enzymatische) Aktivität im Hinblick auf Substratkoordination; nicht selten wird die dafür freigehaltene Koordinationsstelle im "Ruhezustand" zunächst durch einen leicht substituierbaren Liganden wie etwa H_2O besetzt. Bei ausschließlich Elektronen-übertragenden Proteinen muß diese Bedingung wegen nur indirekter Substratkoordination nicht erfüllt werden, hier existieren jedoch andere Voraussetzungen (s. Kap. 6.1 und Kap. 10.1).

b) Den gängigen Koordinationszahlen 4 und 6 für Metallkomplexe entspricht bei Protein-gebundenen Metallzentren häufig eine unsymmetrische, sehr stark von der idealen Tetraeder- oder Oktaeder-Struktur abweichende Koordinationsgeometrie. Eine gewisse Abweichung ist zunächst aufgrund der meist unterschiedlichen Aminosäure-Liganden und der räumlichen Vorgabe durch das Proteingerüst zu erwarten; Abbildung 2.7 zeigt die typische Strukturdarstellung eines noch relativ kleinen Metalloproteins, wie sie sich aus Röntgenbeugungsuntersuchungen ergibt.

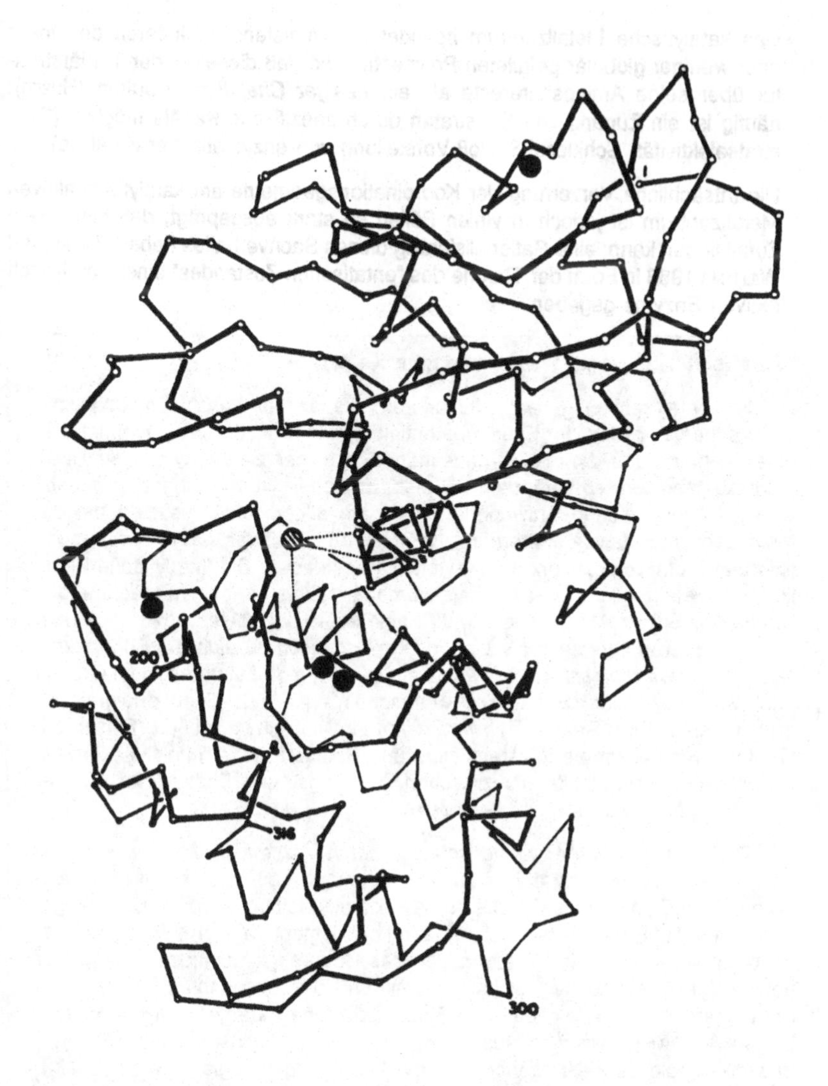

Abbildung 2.7: Kristallographisch bestimmte Struktur des Proteolyse-Enzyms Thermolysin (vgl. Kap. 12.3). Abgebildet ist die Faltung des stark vereinfacht skizzierten Polypeptidgerüsts (α-C-Gerüstdarstellung) aus 316 Aminosäuren (Molekülmasse 34 kDa); die Positionen von 4 strukturstabilisierenden Ca^{2+}-Ionen (schwarz) und dem an der Katalyse unmittelbar beteiligten Zn^{2+}-Ion (schraffiert) sind durch Kugeln repräsentiert (nach MATTHEWS et al.)

Das katalytische Metallzentrum befindet sich meistens im Inneren des mehr oder weniger globulär gefalteten Polypeptids, so daß dieses in der Tertiärstruktur über seine Aminosäurereste als ein *riesiger Chelatligand* auftritt (HUBER); häufig ist ein Zugang von Substraten durch spezifische Kanäle möglich (Substratselektivität, Schlüssel-Schloß-Vorstellung von enzymatischer Katalyse).

Die tatsächliche Verzerrung der Koordinationsgeometrie am katalytisch aktiven Metallzentrum ist jedoch in vielen Fällen so stark ausgeprägt, daß hierin kein Zufall liegen kann; eine Rationalisierung dieses Sachverhaltes haben VALLEE und WILLIAMS 1968 in Form der Theorie des "entatischen Zustandes" eines katalytisch aktiven Enzyms gegeben.

"Entatischer Zustand" - enzymatische Katalyse

Katalysatoren (Gegensatz: Inhibitoren) dienen der Beschleunigung einer chemischen Reaktion. Im Energiepotentialdiagramm (Abb. 2.8) entspricht dies einer Verringerung der Aktivierungsenergie, d.h. der zu überwindende Übergangszustand wird so verändert, daß sein Erreichen vom Anfangszustand aus weniger energetischen Aufwand erfordert. Im allgemeinen resultiert bei der Metalloenzym-Katalyse ein ternärer Komplex aus Substrat, enzymatisch modifiziertem Metallzentrum und dem zweiten Reaktanden. Die katalytische Funktion des Metallzentrums besteht im allgemeinen darin, die beiden reagierenden Stoffe, das Substrat einerseits und z.B. eine saure oder basische Gruppe oder ein Coenzym andererseits als Liganden *elektronisch zu aktivieren* und *räumlich, meist asymmetrisch zu fixieren* (Dreipunkthaftung). Letzteres ist im Grunde auch ein statistischer Effekt: Die Wahrscheinlichkeit für einen erfolgreichen Zusammenstoß der Reaktanden wird dadurch erheblich vergrößert (Einschränkung der Freiheitsgrade für Translation und Rotation, hohe "effektive Konzentration"). Die Energiedifferenz zwischen Ausgangs- und Endzustand wird jedoch dadurch zunächst nicht beeinflußt.

Die oft erstaunlich effiziente Katalyse durch Enzyme wird in der Hypothese vom entatischen Zustand darauf zurückgeführt, daß das Enzym im katalytisch aktiven Zentrum die Geometrie des energiereichen kritischen Übergangszustandes der Reaktion des Substrats in komplementärer Form schon weitgehend vorgebildet enthält ("Präformation des Übergangszustandes"). Der dafür notwendige Energiebetrag ist im "entatischen", d.h. gespannten Zustand des Proteingerüsts auf viele chemische Bindungen verteilt. Je geringer die geometrische Änderung zwischen Ausgangs- und Übergangszustand des Substrat/Enzym-Komplexes, desto geringer ist die Aktivierungsenergie (Energieaspekt), desto häufiger führt eine Begegnung der Reaktionspartner zum Erfolg (statistischer Aspekt) und um so schneller verläuft die Reaktion (kinetischer Aspekt).

Demgemäß sollte im aktiven Zustand *keine* reguläre (= energiearme, entspannte) Koordinationsgeometrie eines an der Katalyse beteiligten Metallzentrums vorliegen (Destabilisierung des Ausgangszustandes, WILLIAMS 1986).

Bereits 1954 haben LUMRY und EYRING mit dem Begriff des "rack-Mechanismus" (das Protein als strukturaufzwingendes Gerüst) wie auch zuvor HALDANE und PAULING ähnliche Konzepte vorgestellt (HANSEN, RAINES). Die Untersuchung von Enzymstrukturen liefert daher wertvolle Hinweise auf die experimentell sonst kaum zugänglichen Geometrien von Übergangszuständen wichtiger chemischer Reaktionen. Da für *kleine* Aktivierungsenergien *geringe* Geometrieänderungen vorteilhaft sind, laufen effiziente enzymatische Umsetzungen kleiner und deshalb wegen der geringen Zahl geometrischer Freiheitsgrade schwierig zu aktivierender Moleküle stufenweise ab; hierin besteht eine Korrespondenz zwischen biochemischer und technischer Katalyse (vgl. die N_2-Reduktion, Kap. 11.2). Nicht immer ist jedoch reine Reaktionsbeschleunigung wünschenswert; in einigen Fällen ist enzymatische Katalyse gleichbedeutend mit selektiver Inhibierung unerwünschter Reaktionswege ("negative Katalyse"; RETEY).

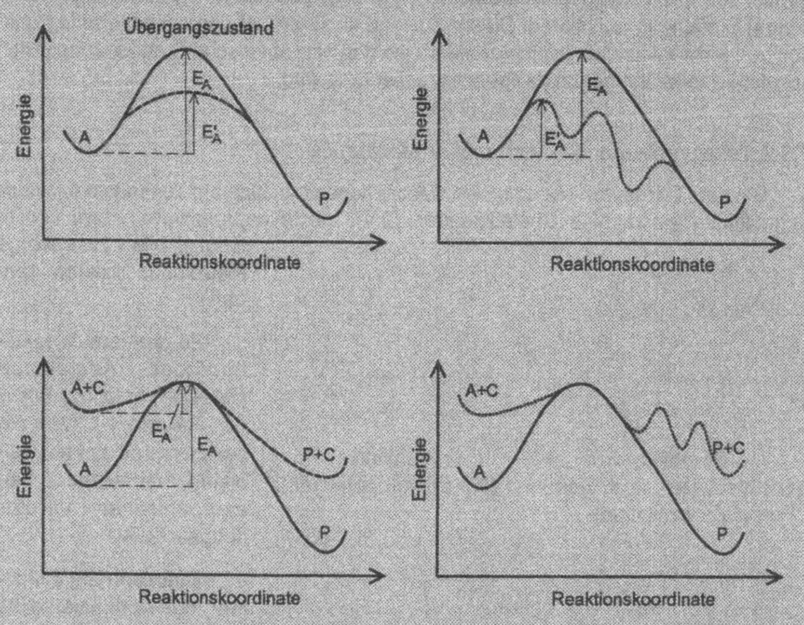

Abbildung 2.8: Energieprofile für Katalysatoreffekte. Oben links: Einfache Vorstellung von der Verringerung der Aktivierungsenergie $E_A \rightarrow E'_A$ beim Übergang von Ausgangssystem A zu den Produkten P. Unten links: Verringerung von E_A durch Einbringen eines entatischen (gespannten, energiereichen) Enzymkatalysators C, der die Übergangszustandsgeometrie innerhalb des Substrat/Katalysator-Komplexes weitgehend vorgebildet enthält. Oben rechts: Reale, mehrstufige Katalyse mit neuem Reaktionsweg (HAIM). Unten rechts: Reale Enzym-Katalyse.

Das Konzept des entatischen Zustandes ist insbesondere bei hydrolysierenden Metalloenzymen gut aufzeigbar (s. Kap. 12); etwa 30% aller Enzyme, vor allem Oxidoreduktasen und Hydrolasen, sind metallabhängig. Zusammenfassend gilt: Proteine wirken gegenüber Metallionen in erster Linie als vielzähnige Chelatliganden über die koordinationsfähigen Aminosäurereste oder auch teilweise über Carbonylfunktionen der Carboxamidgruppen. Zusätzliche Funktionen betreffen die Fixierung im Raum (das Protein als Gerüst, vgl. Abb. 2.7) und die Wirkung als Medium mit bestimmten dielektrischen, (a)protischen oder (un)polaren Eigenschaften (HUBER). Die Anwendung entsprechender Erkenntnisse erlaubt mittlerweile ein gezieltes Design metallbindender Proteine (PESSI et al.).

Mit einigen Metallionen wie etwa Mg^{2+}, Fe^{2+}, Ni^{2+} oder Co^{2+} bilden die Aminosäurereste aus Tab. 2.5 zwar thermodynamisch recht stabile, kinetisch jedoch nur labile Komplexe: Die Aktivierungsenergie für eine Dissoziation ist trotz günstig liegender Komplexbildungsgleichgewichte so gering, daß nur wenig beständige (kurzlebige) Bindungen resultieren. Dieser Zustand ist für die effiziente katalytische Funktion von Metalloenzymen nicht vorteilhaft, so daß eine kinetische Stabilisierung durch spezielle mehrzähnige Chelatliganden notwendig wird.

2.3.2 Tetrapyrrol-Liganden und andere Makrozyklen

Bei den Tetrapyrrol-Makrozyklen (MOSS) handelt es sich um zumindest teilweise ungesättigte vierzähnige Chelatliganden (2.4), die in deprotonierter Form substitutionslabile zweiwertige Metallionen fixieren können.

Zu den daraus resultierenden Komplexen (FUHRHOP; DOLPHIN; BUCHLER; KRÄUTLER) zählen die bekanntesten und am weitesten verbreiteten bioanorganischen Verbindungen (2.5):

– **Chlorophylle** enthalten das normalerweise labil gebundene Mg^{2+} als Zentralatom sowie einen teilweise hydrierten und mit einem zusätzlich ankondensierten Fünfring versehenen substituierten Porphyrin-Liganden (2.5, 4.2).

Porphyrin (unsubstituiert auch als "Porphin" bezeichnet)

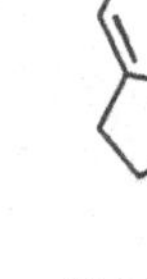

Chlorin (2,3-Dihydroporphyrin)

(2.4)

Corrin

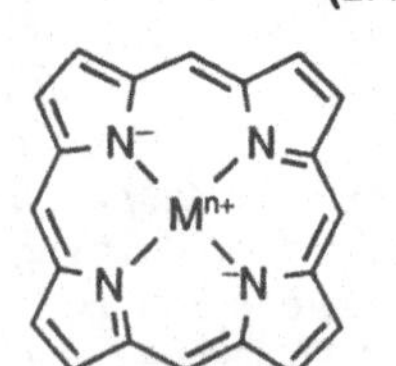

Metalloporphyrin-Komplex

H: saure Protonen, durch Metallionen ersetzbar

- **Cobalamine**, die coenzymatisch wirksamen Formen des **Vitamins B_{12}**, enthalten Cobalt sowie ein teilkonjugiertes Corrin-Ringgerüst, welches ein Ringglied weniger besitzt als die Porphyrin-Makrozyklen.

- Die **Häm**-Gruppe, bestehend aus einem Eisenzentrum und einem substituierten Porphyrin-Liganden, tritt z.B. in **Hämoglobin**, **Myoglobin**, **Cytochromen** und **Peroxidasen** auf. "Grünes Häm *d*" enthält einen Chlorin- statt eines Porphyrin-Makrozyklus (Timkovich et al.), Sirohäm besitzt zwei "cis-"ständige teilhydrierte Pyrrolringe (siehe 6.20).

- Im Jahre 1980 wurde ein als **"Faktor 430"** (Coenzym F430) bezeichneter porphinoider Nikkelkomplex aus methanproduzierenden Mikroorganismen isoliert (vgl. Abb. 1.2) und in der Folge charakterisiert; das Ringsystem liegt hier nur zum Teil über Doppelbindungen konjugiert vor. Die Entdeckung solcher porphinoider Komplexe bei Archäbakterien und die relative Unabhängigkeit ihrer Funktion von Proteinen legen evolutionsgeschichtlich eine Rolle als biochemische "Katalysatoren der ersten Stunde" nahe (Eschenmoser).

Ein dem Chlorophyll *a* verwandter, jedoch Ni(II)-enthaltender Komplex "Tunichlorin" ist aus Manteltieren (Tunicaten) isoliert worden (Bible et al.).

(2.5)

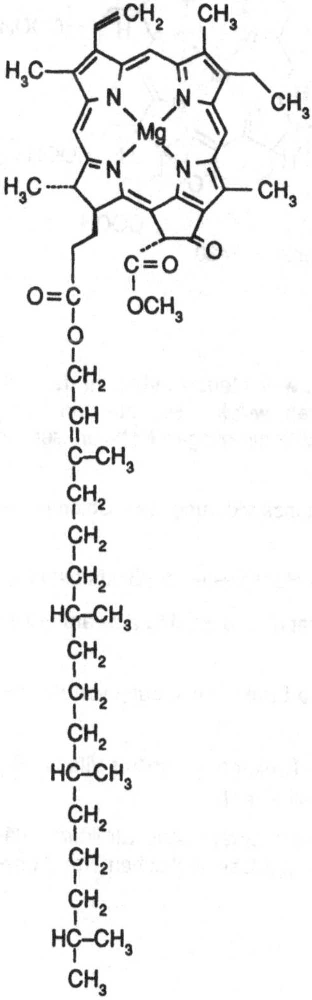

Chlorophyll *a*

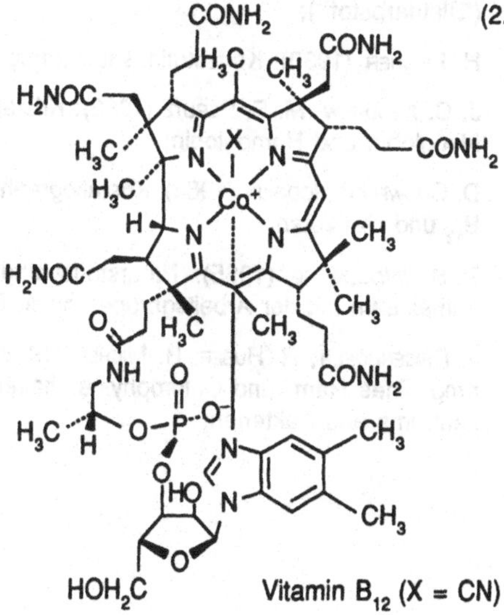

Vitamin B_{12} (X = CN)

(2.5, Fortsetzung)

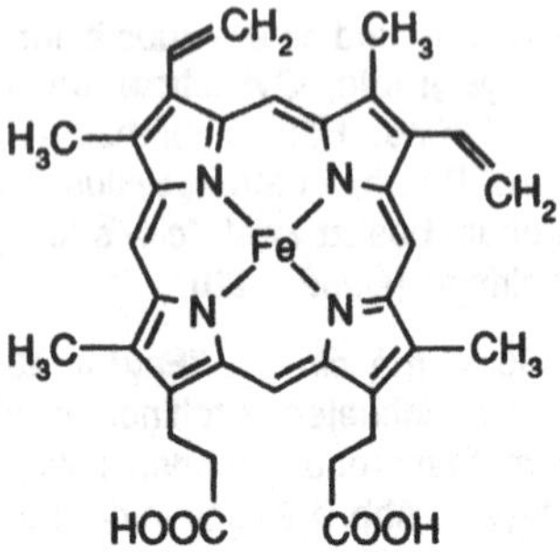

Häm
(Fe-Protoporphyrin IX)

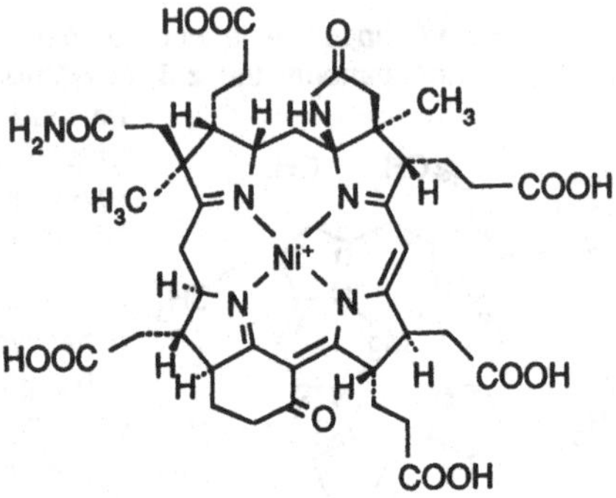

Coenzym F430

Da die Komplexe (2.5) zu den wichtigsten und, weil intensiv farbig, zu den auffallenderen bioanorganischen Verbindungen gehören, wurden Struktur- und Funktionsaufklärung sowie Totalsynthesen dieser Moleküle mit einigen Nobelpreisen für Chemie honoriert:

- R. WILLSTÄTTER (1915): Arbeiten zur Konstitutionsaufklärung des Chlorophylls ("Blattfarbstoff");
- H. FISCHER (1930): Konstitutionsaufklärung des Häm-Systems ("Blutfarbstoff");
- J. C. KENDREW, M. F. PERUTZ (1962): Kristallographische Strukturaufklärung von Myoglobin und Hämoglobin;
- D. CROWFOOT-HODGKIN (1964): Kristallographische Strukturaufklärung von Vitamin B_{12} und Derivaten;
- R. B. WOODWARD (1965): Naturstoffsynthesen (Chlorophyll, später Vitamin B_{12} gemeinsam mit der Arbeitsgruppe von A. ESCHENMOSER);
- J. DEISENHOFER, R. HUBER, H. MICHEL (1988): Kristallographische Strukturaufklärung eines Häm- und Chlorophyll-enthaltenden photosynthetischen Reaktionszentrums aus Bakterien.

Welches sind die Charakteristika dieser ungewöhnlichen Bioliganden (2.4), deren durch Zink geförderte und durch Blei stark beeinträchtigte Biosynthese (DAILEY, JONES, KARR; vgl. Kap. 12.4 und Kap. 17.2) einen hohen Aufwand erfordert?

a) Das in erster Näherung ebene Porphin-Ringsystem ist offenbar sehr stabil, wie die teilweise hohe Konzentration von Porphyrinkomplexen in Sedimenten (SCHAEFFER et al.), Kohle und Erdölfraktionen zeigt (A. TREIBS). Entgegen den Einwänden R. WILLSTÄTTERS gegen die erstmalige Formulierung solch makrozyklischer Strukturen durch W. KÜSTER im Jahre 1912 treten keine geometrischen Spannungen auf, alle Bindungslängen (134-145 pm) und -winkel (107°-126°) sowie Torsionswinkel (<10°) liegen im normalen Bereich für miteinander verknüpfte sp^2-hybridisierte Kohlenstoff- und Stickstoffzentren.

b) Als vierzähnige Chelatliganden können die nach Deprotonierung einfach (Corrin, F430) oder zweifach negativ geladenen Tetrapyrrol-Makrozyklen selbst koordinativ labile Metallionen fixieren. Der kinetische Effekt der Chelatkomplex-Beständigkeit beruht darauf, daß nur bei einem (wenig wahrscheinlichen) gleichzeitigen Bruch *aller* Metall-Ligand-Bindungen eine Dissoziation erfolgen kann.

c) Makrozyklische Liganden sind selektiv in bezug auf die Größe des komplexierten Ions. Dies gilt insbesondere für die Tetrapyrrol-Verbindungen, da es sich hier wegen der konjugierten Doppelbindungen um verhältnismäßig starre Systeme handelt (Abb. 2.9). Strukturelle Daten und Modellbetrachtungen zeigen, daß kugelförmige Ionen mit einem Radius von 60-70 pm am besten in das "Loch" der Tetrapyrrol-Makrozyklen passen und sich damit für "*in-plane*"-Komplexe (Abb. 2.9) eignen; eine Übersicht (Tab. 2.7) über verschiedene Metallionen veranschaulicht diesen Sachverhalt.

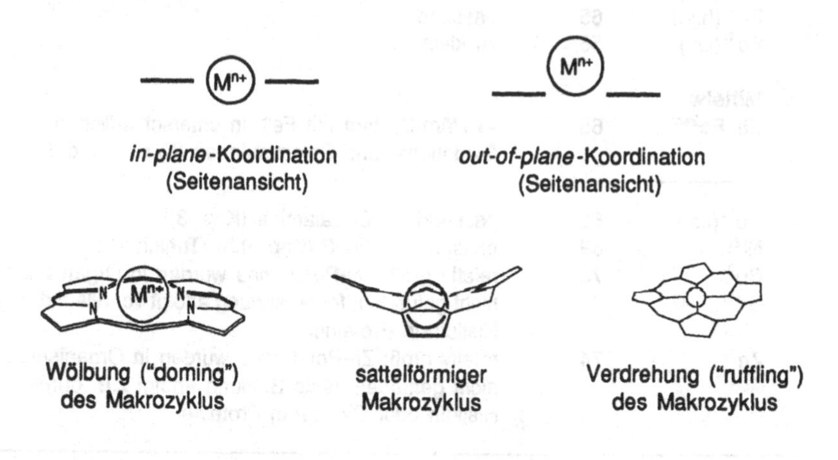

Abbildung 2.9: Geometrische Abweichungen für Komplexe von Tetrapyrrol-Makrozyklen (vgl. MUNRO et al.)

Tabelle 2.7: Ionenradien und (biologische) Komplexierung von Metallzentren durch Tetrapyrrol-Liganden

Metallion	Ionenradius[a] (pm)	Eignung als Zentralion in Komplexen von Tetrapyrrol-Makrozyklen
Be^{2+}	45	zu klein
Mg^{2+}	72	passend, → Chlorophyll (Kap. 4.2)
Ca^{2+}	100	zu groß
Al^{3+}	53	relativ klein
Ga^{3+}	62	Gallium(III)-Porphyrin-Komplexe wurden im Erdöl, nicht jedoch in lebenden Organismen gefunden (sehr seltenes Element)
In^{3+}	80	relativ groß, seltenes Element
$O{=}V^{2+}$	ca. 60 (nicht sphärisch)	Vanadylporphyrine sind relativ häufig in einigen Erdölsorten und stören dort die katalytische Entfernung von N und S bei der Aufarbeitung in Raffinerien; in lebenden Organismen werden sie nicht beobachtet
Mn^{2+}(h.s.)[b]	83	zu groß (?)
Mn^{3+}	ca. 60	passend, Verwendung in synthetischen Oxidationskatalysatoren
Fe^{2+}(h.s.)	78	zu groß (*out-of-plane*-Struktur, vgl. Abb. 5.4)
Fe^{2+}(l.s.)[c]	61	relativ klein
Fe^{3+}(h.s.)	65	passend
Fe^{3+}(l.s.)	55	zu klein
Mittelwert für $Fe^{2+/3+}$:	65	→ Häm-System mit Fe^{n+} in unterschiedlichen Oxidations- und Spinzuständen (Kap. 5 und 6)
Co^{2+}(l.s.)	65	passend, → Cobalamine (Kap. 3)
Ni^{2+}	69	passend, → F430 (Kap. 9.5), Tunichlorin
Cu^{2+}	73	relativ groß; Cu-Porphyrine wurden in Organismen nicht gefunden, feste Bindung erfolgt vor allem durch Histidin in Proteinen
Zn^{2+}	74	relativ groß; Zn-Porphyrine wurden in Organismen nicht gefunden, feste Bindung erfolgt z.B. durch Histidin oder Cystein in Proteinen

[a] Für Koordinationszahl 6, aus W.L. Jolly, *Modern Inorganic Chemistry*, McGraw-Hill, New York, 1984. [b] h.s.: high-spin. [c] l.s.: low-spin.

d) Die meisten Tetrapyrrol-Liganden enthalten ein ausgedehnt konjugiertes π-System. Mit 18 = 4n + 2 π-Elektronen im inneren 16-gliedrigen Ring von Porphyrinen wird die HÜCKEL-Regel für "aromatische" und damit besonders stabilisierte zyklische π-Systeme erfüllt, was zusätzlich die oben erwähnte thermische Stabilität des Ringgerüstes erklärt (FUHRHOP). Als Folge dieser umfassenden π-Konjugation zeigen bereits die Liganden wie auch ihre Metallkomplexe intensive Absorptionen im sichtbaren Bereich des elektromagnetischen Spektrums, weshalb diese Systeme auch als Tetrapyrrol-"Farbstoffe" oder "Pigmente des Lebens" bekannt sind. Des weiteren werden durch Annäherung der π-Grenzorbitale Elektronenaufnahme und -abgabe, d.h. Reduktion und Oxidation dieser Heterozyklen erleichtert; die dabei resultierenden Radikalanionen und -kationen sind häufig recht beständig. Beide aus der π-Konjugation resultierenden Eigenschaften, Lichtabsorption und Redoxverhalten (Elektronenpufferung, -speicherung), machen Komplexe der Tetrapyrrol-Makrozyklen zu essentiellen Komponenten bei den wichtigsten biologischen Energieumwandlungen, der Photosynthese und der Atmung (Kap. 4-6).

e) Die Tetrapyrrol-Makrozyklen lassen als vierzähnige, ebene oder nahezu ebene (Abb. 2.9) Liganden bei einer Gesamtkoordinationszahl von sechs mit annähernd oktaedrischer Konfiguration zwei axiale Koordinationsstellen X und Y am Metallzentrum frei (2.6). In der Tat sind zur kontrollierten stöchiometrischen oder katalytischen Aktivierung von Substraten zwei solche Koordinationsstellen erforderlich: eine für die Substratkoordination sowie eine weitere zur *Steuerung* dieser Reaktivität, z.B. unter Ausnutzung eines "*trans*-Effekts". Einige vorweggenommene Beispiele sollen diese Funktionsaufteilung illustrieren:

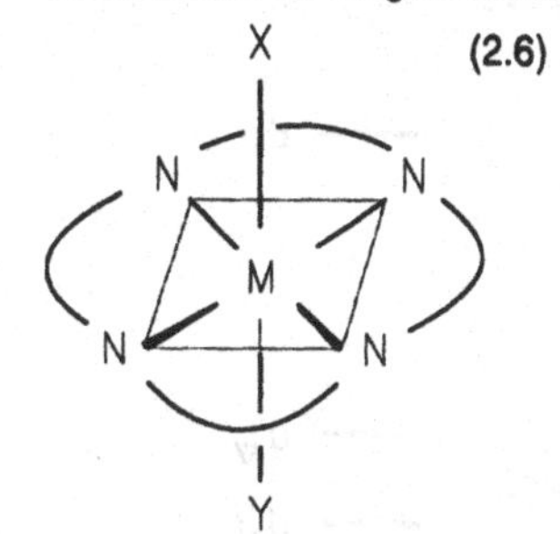

(2.6)

– Im Hämoglobin stellt der zu transportierende molekulare Sauerstoff X = O_2 das Substrat dar, und als zusätzlicher, an der O_2-Bindung mittelbar beteiligter sechster Ligand befindet sich "proximales" Histidin (=Y) am Eisen koordiniert (s. Abb. 5.5).

– In den coenzymatisch aktiven Cobalaminen sind primäre Alkylgruppen X = CH_2R direkt am Metall Cobalt gebunden. Die homolytische Freisetzung dieser Alkyl-Reste als Radikale erfolgt enzymatisch möglicherweise über Beeinflussung durch den sechsten Liganden Y (Benzimidazol-Derivat im Ausgangszustand; 3.1).

– Chlorophylle kommen hochgradig organisiert in den "Antennen-Pigmenten" (Abb. 4.2) oder als Dimere im "special pair" photosynthetischer Reaktionszentren vor (Abb. 4.5). Möglich wird diese kontrollierte Organisation durch räumliche Koordinationsfixierung, wobei die Magnesium-Zentren als bifunktionelle Elektronenpaar-Akzeptoren (Lewis-Säuren) für Liganden X und Y und die Carbonyl-Gruppen des Chlorophylls als Elektronenpaar-Donatoren (Lewis-Basen) fungieren können.

f) Die unter Umständen beträchtliche tetragonale Verzerrung der Oktaedergeometrie (vgl. 2.6) durch die "starken" dianionischen Tetrapyrrol-Liganden bewirkt eine charakteristische Aufspaltung der d-Orbitale von komplexierten Übergangsmetallzentren (Abb. 2.10). Auf die Konsequenzen dieses Effekts für die Reaktivität wird in Kapitel 3 (Vitamin B_{12}, Cobalamine) näher eingegangen. Obwohl die äquatoriale Ligandenfeldstärke ebener Tetrapyrrol-Dianionen die low-spin-Konfigurationen gegenüber high-spin-Zuständen stabilisieren sollte, existiert etwa im Desoxyhämoglobin und -myoglobin eine sehr wichtige high-spin-Eisen(II)-Konfiguration. Hierbei kommt jedoch wegen der Größe von high-spin Fe(II) (s. Tab. 2.7) keine völlige Einpassung des Metallions in den Hohlraum des Makrozyklus zustande (*out-of-plane*-Komplexierung, Abb. 2.9 und Abb. 5.4). Ähnliches gilt für high-spin-Nickel(II) im Coenzym F430 (s. Kap. 9.5).

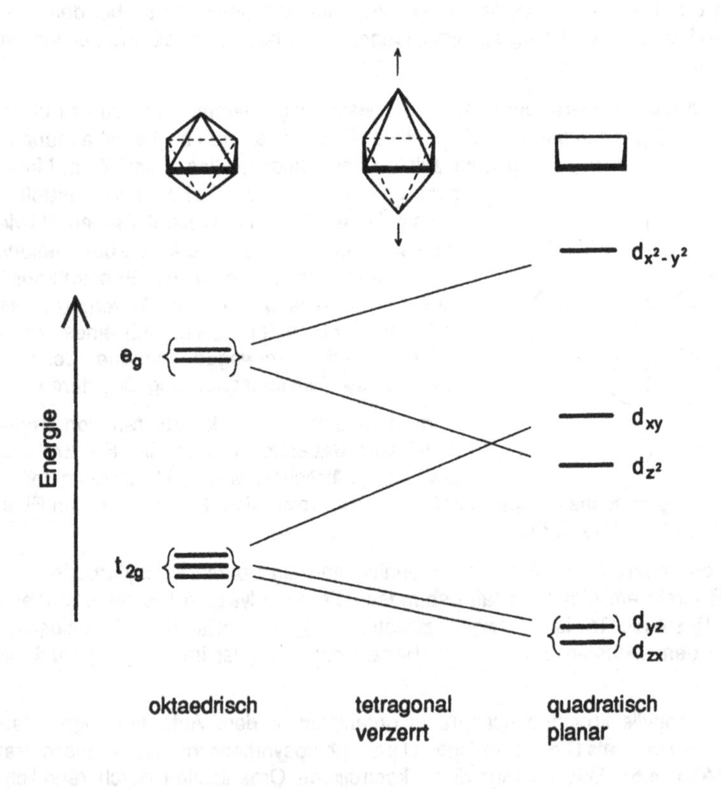

Abbildung 2.10: Korrelationsdiagramm für die Aufspaltung der d-Orbitale von komplexierten Übergangsmetall-Ionen in Abhängigkeit vom Ausmaß der tetragonalen Verzerrung (hier: Elongation) der Oktaedergeometrie

Elektronenspinzustände bei Übergangsmetallionen

Die Begriffe high-spin und low-spin stammen aus der **Ligandenfeldtheorie**. In einem Ligandenfeld oktaedrischer Symmetrie (Koordinationszahl 6) spalten die fünf, im freien, kugelsymmetrischen Übergangsmetallion energetisch gleichwertigen (="entarteten") d-Orbitale in zwei energetisch unterschiedliche Gruppen von Energieniveaus auf:

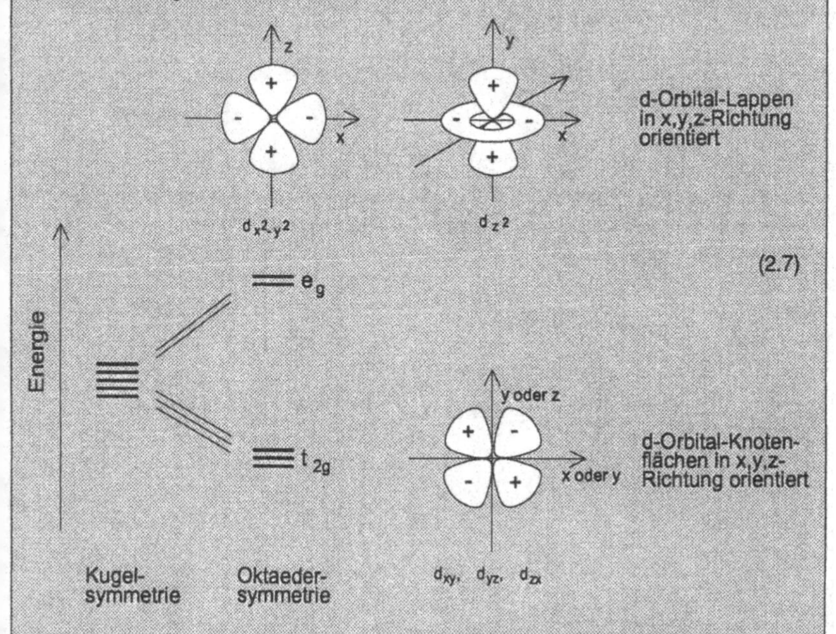

(2.7)

Füllt man die d-Orbitale in den Übergangsmetallionen nacheinander mit Elektronen auf, so folgt die Besetzung streng dem PAULI-Prinzip; jedes der entarteten, energetisch günstigeren t_{2g}-Orbitale wird zunächst mit einem Elektron gleichen Spins aufgefüllt (HUNDsche Regel der maximalen Multiplizität). Ab dem vierten Elektron entscheidet ein Vergleich zwischen der Orbitalenergiedifferenz e_g/t_{2g} und der Spinpaarungsenergie, wo das Elektron am günstigsten untergebracht werden kann (2.8). Ist die Orbitalenergiedifferenz größer als die Spinpaarungsenergie, wird das Elektron unter Spinpaarung in einem Orbital des t_{2g}-Niveaus zu finden sein, woraus insgesamt nur mehr zwei ungepaarte Elektronen und damit eine low-spin-Situation resultieren. Ist diese Orbitalenergiedifferenz e_g/t_{2g} hingegen kleiner als die Spinpaarungsenergie, dann wird das Auffüllen eines e_g-Niveaus günstiger, was entsprechend der HUNDschen Regel zur high-spin-Alternative mit insgesamt vier ungepaarten Elektronen führt.

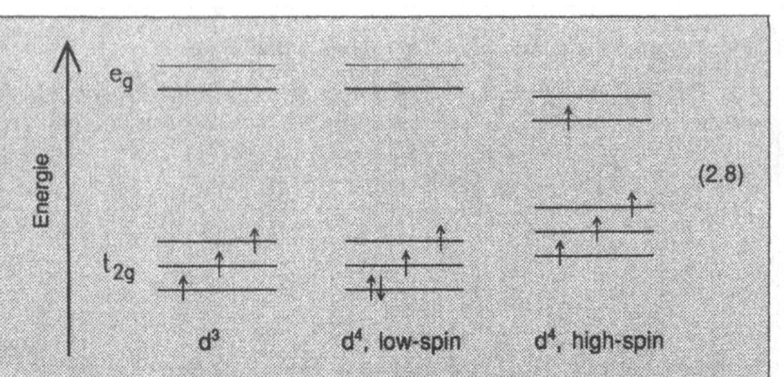

Bei oktaedrischer Koordination ergibt sich somit für Übergangsmetallionen der Elektronenkonfigurationen d^4 - d^7 die Alternative einer low-spin- und einer high-spin-Form. Welche der Alternativen vorliegt, wird durch die Orbitalaufspaltung aufgrund der "Stärke" des Ligandenfeldes bestimmt. Beispiel:

$[Fe(CN)_6]^{4-}$ $[Fe(H_2O)_6]^{2+}$

(2.9)

Energie, e_g, t_{2g}

d^6, low-spin; S = 0 d^6, high-spin; S = 2

Die high-spin vs. low-spin-Alternative kann natürlich auch für weniger symmetrische Koordinationsgeometrien und dann auch für andere d-Konfigurationen auftreten. Bei niedriger Symmetrie sind für Fe(III) oder Fe(II) mit d^5- oder d^6-Konfiguration auch "intermediate-spin"-Zustände beobachtbar.

Tetrapyrrol-Liganden können ein ebenes, leicht gewölbtes, sattelförmig gekrümmtes oder verdrehtes ("ruffled") Ringsystem besitzen (Abb. 2.9), wodurch eine Feinregulierung der elektronischen Struktur, des Spinzustandes und der Reaktivität möglich wird.

Als weitere biologische Komplexbildner, insbesondere für den Transport der sehr labilen Alkalimetall-Monokationen, existieren vielzähnige, *räumlich* umhüllende Makrozyklen (Ionophore). Diese Komplexe sowie ihre synthetischen Analoga werden in Kapitel 13.2 detailliert vorgestellt, einige wesentliche Merkmale seien jedoch schon hier genannt:

Es handelt sich um vielzähnige Chelatliganden (Zähnigkeit ≥ 6), welche bereits zyklisiert vorliegen (2.10) oder nach Metallkoordination über Wasserstoffbrücken-

$$\left[-NH-CH(HC(CH_3)_2)-C(=O)-O-CH(CH_3)-C(=O)-NH-CH(HC(CH_3)_2)-C(=O)-O-CH(HC(CH_3)_2)-C(=O)-\right]_3 \quad (2.10)$$

Valinomycin

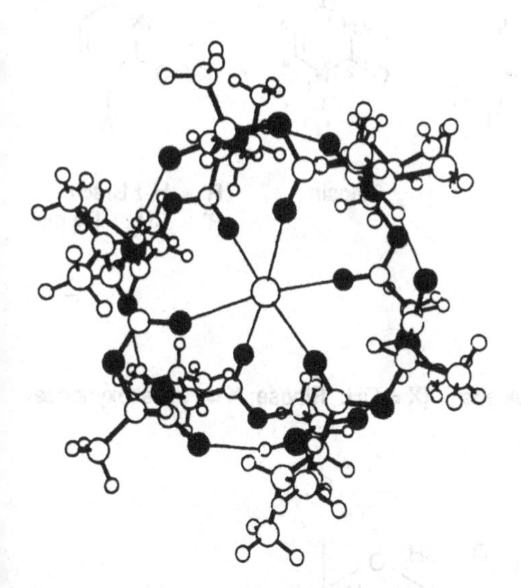

Abbildung 2.11: Molekülstruktur des K^+/Valinomycin-Komplexes (Heteroatome dunkel; aus NEUPERT-LAVES, DOBLER)

Wechselwirkungen zu "Quasi-Makrozyklen" zusammengeschlossen sein können. Die in Nichtchelat-Komplexen hochgradig labilen Alkalimetallkationen wie auch Ca^{2+} werden im polaren inneren Hohlraum solcher Komplexe entsprechend ihrer jeweiligen Größe durch dreidimensional strategisch verteilte Heteroatome O oder N festgehalten (Metall-Größenselektivität, HANCOCK; Chelat-/Kronenether-/Kryptand-Effekt, LEHN; VÖGTLE). Nur wenn *alle* Bindungen gleichzeitig gebrochen werden und dabei noch eine erhebliche Konformationsänderung erfolgt, ist Dissoziation möglich. Das häufig lipophile Äußere der Komplexe erlaubt einen Alkalimetallkation-Transport durch biologische

Phospholipid-Membranen; auf dieser Fähigkeit beruht unter anderem der Einsatz derartig komplexbildender Naturstoffe als Antibiotika (Störung des Ionenungleichgewichts an der bakteriellen Membran, s. Kap. 13). Die einem Verständnis solch einfachen *molekularen Erkennens* dienende Entwicklung synthetischer Analoga makrozyklischer Naturstoffe ist durch die Verleihung des Nobelpreises für Chemie 1987 an C.J. Pedersen, J.-M. Lehn und D.J. Cram gewürdigt worden.

2.3.3 Nukleobasen, Nukleotide und Nukleinsäuren (RNA, DNA) als Komplexliganden

Nicht nur die Proteine als biochemische *Funktions*-Träger, sondern auch Oligo- und Polynukleotide, die hauptsächlichen *Informations*-Träger des Lebens, eignen sich als Liganden für Metallionen. Sowohl Bildung, Replikation und Spaltung von Nukleinsäurepolymeren (RNA, DNA; Tullius) als auch deren strukturelle Stabilität, z.B. die Doppelhelix-Anordnung der DNA, erfordern die Anwesenheit von Metallionen in enzymgebundener (z.B. Zn^{2+}) oder "freier", ladungsneutralisierender Form (z.B. Mg^{2+}). Letzteres berührt zwar vorwiegend die anionischen Phosphatbausteine der Nukleo-

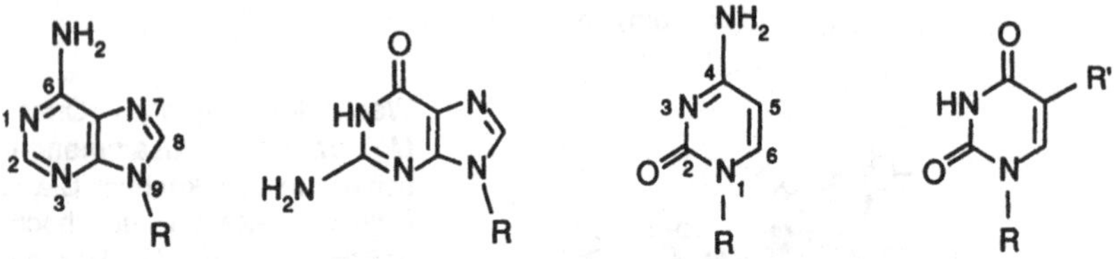

Adenin   Guanin   Cytosin

R' = H : Uracil
R' = CH_3 : Thymin

R = H : freie Nukleobase (2.11)

R = (Zuckerrest, 1'–5', X an C-2') : Nukleosid (X = OH: Ribose; X = H: Desoxyribose)

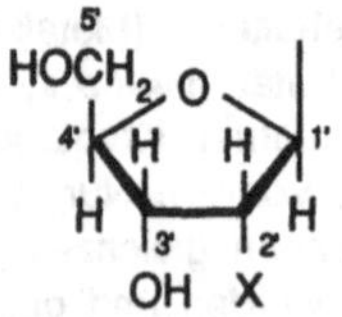

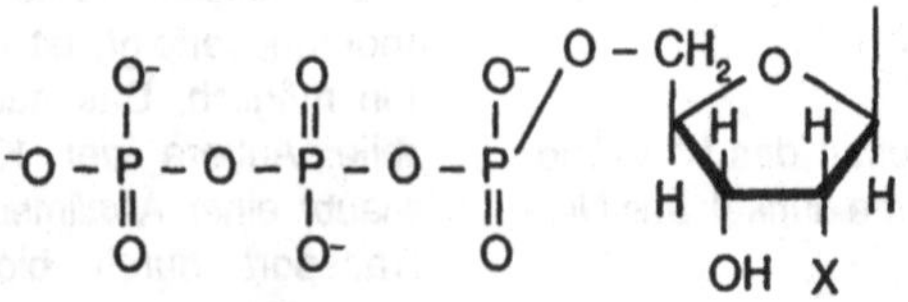

R = $^-O-P(O^-)(=O)-O-P(=O)(O^-)-O-P(O^-)(=O)-O-CH_2$–(Zuckerrest, OH, X) : Nukleotid

tide; die in den Nukleinsäuren auftretenden heterozyklischen Nukleobasen (2.11) sind jedoch ebenfalls als mögliche Komplexpartner erkannt worden (MARZILLI).

Nukleobasen (2.11) sind ambidente Liganden, die auch als Bestandteile von Nukleosiden und Nukleotiden über mehrere verschiedene Koordinationsstellen für Metalle verfügen. Je nach Charakteristik des Koordinationszentrums (Atomart, Hybridisierung, Basizität, Chelat-Assistenz), äußeren Bedingungen (pH) sowie Größe und Charakter des Metallzentrums kann ein- und mehrzähnige Koordination an Imino-, Amino-, Amido-, Oxo- oder Hydroxo-Funktionen vorkommen (vgl. 17.3). Ein sehr wichtiger Aspekt liegt in der Möglichkeit, daß Nukleobasen in unterschiedlichen tautomeren Strukturen vorliegen können, wie in (2.12) am Beispiel des Cytosins demonstriert ist.

NH, N, HO, N, R ⇌ NH_2, N, O, N, R ⇌ NH, HN, O, N, R (2.12)

mögliche Tautomere des N(1)-substituierten Cytosins

Die Anwesenheit von Metallkationen im Zellkern kann die für "natürliche" DNA-Basenpaarungen erforderlichen Wasserstoffbrücken-Wechselwirkungen allein schon durch den Ladungseffekt soweit beeinflussen, daß die intermediäre Bildung eines falschen Tautomeren begünstigt wird, eine unnatürliche Basenpaarung ("mispairing", vgl. 2.13) resultiert und folglich bei ausbleibender Reparatur eine Veränderung der genetischen Information hervorgerufen wird (→ mutagene und carcinogene Wirkung; LIPPERT, SCHÖLLHORN, THEWALT).

CH_3, O----HN(H), NH-----N, N, N, N, R, R, O

korrekte Basenpaarung zwischen Thymin und Adenin

CH_3, OH----O, N------HN, N, N, N, R, R, O----HN(H)

"mispairing" zwischen falschem Thymin-Tautomer und Guanin (SCHÖLLHORN, THEWALT, LIPPERT)

R : siehe Formel 2.11 (2.13)

Die umfangreichen Studien in Zusammenhang mit der cancerostatischen Wirksamkeit von Cisplatin (Kap. 19.2) haben gezeigt, daß relativ hohe Spezifitäten für eine Koordination von Metallverbindungen an bestimmte Sequenzen innerhalb der DNA-Doppelhelix vorliegen können. Die nicht notwendigerweise kovalente Metallkomplex/Nukleotid-Wechselwirkung ist auch deshalb molekularbiologisch interessant geworden, weil hier möglicherweise sequenzspezifische kleine Moleküle für die gezielte Modifikation, d.h. die Erkennung und Spaltung von DNA entwickelbar sind (→ Tumortherapie). Sequenzspezifität, einschließlich der Erkennung chiraler Strukturen, kann durch direkte Metall-Koordination (s. Abb. 19.2 und Abb. 19.3), durch spezielle Koordinationsgeometrien (vgl. 2.14) oder durch die Intercalation größerer Liganden gewährleistet sein. Die aktive Funktion des Metalls besteht dann oft in einer Erzeugung oxidativ spaltender Radikale (MACK, DERVAN) oder hydrolytisch aktiver Zentren (DANGE, VAN ATTA, HECHT). Ein langfristiges, gleichwohl sehr attraktives Ziel ist das Design künstlicher Restriktions-Reagenzien zur selektiven Bearbeitung von DNA; optisch aktive (chirale) und mit Licht anregbare Ruthenium(II)-(2.14) oder Rhodium(III)-Komplexe mit potentiell DNA-intercalierenden Liganden (Abb. 2.12) werden intensiv untersucht (PYLE, BARTON; FRIEDMAN et al.; ERIKSON et al.).

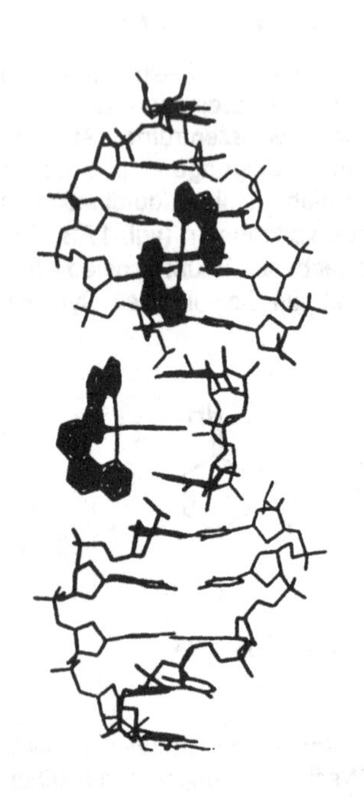

Abbildung 2.12: Mögliche DNA-Intercalation von Komplexen (2.14) (nach PYLE, BARTON; vgl. hierzu ERIKSON et al.)

(2.14)

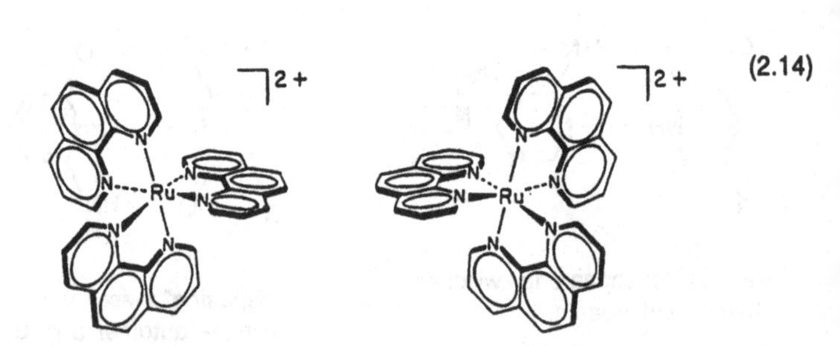

Λ-Enantiomer Δ-Enantiomer

spiegelbildisomere Komplexe (vgl. 8.10)

2.4 Bedeutung von Modellverbindungen

Untersuchungen niedermolekularer "Modellverbindungen" sind ein beliebtes Mittel anorganisch-chemisch arbeitender Wissenschaftler, um die wesentlichen spektroskopischen sowie Struktur- und Reaktivitäts-Merkmale großer bioanorganischer Systeme zu simulieren – auch und gerade dann, wenn entsprechende Details für das Vorbild noch nicht oder nur unvollständig bekannt sind. Es lassen sich mehrere Stufen der Annäherung von Modellen an tatsächliche biologische Systeme unterscheiden (WIEGHARDT; KARLIN):

– Als Mindestvoraussetzung sollten die bekannten *strukturell-konstitutiven Besonderheiten* und die *physikalischen, insbesondere die spektroskopischen Eigenschaften* des natürlichen Vorbildes durch Modellsysteme wiedergegeben werden. Impliziert wird dabei, daß die Struktur vor allem der ersten Koordinationssphäre eines Metallzentrums das spektroskopische Verhalten bestimmt. Bei unbekannter Struktur können über diese Vorgehensweise jedoch nur Alternativen ausgeschlossen werden.

– Schon der nächste Schritt, die *qualitative Simulation des Reaktionsverhaltens*, d.h. die funktionale Modellierung des natürlichen Vorbilds, gelingt nur in wenigen Modellstudien. Dieses Ziel ist jedoch sehr erstrebenswert, da die biochemisch ablaufenden Vorgänge häufig auch eine Parallele bei technischen Verfahren besitzen und effizientere Katalysatoren dort gesucht sind. Oft bleibt es gerade in Enzym-Modellen bei einer nur stöchiometrischen, nicht-katalytischen Reaktivität gegenüber dem natürlichen Substrat.

– Die letzte Stufe einer Modellierung, die *annähernde Simulation der quantitativen Reaktivität* in bezug auf Reaktionsgeschwindigkeit, Katalyse und Substratspezifität, ist mit niedermolekularen Systemen kaum zu erreichen. Wie in Kapitel 2.3.1 dargelegt, ist es gerade der komplexen Struktur biochemischer Verbindungen zu verdanken, daß hier hohe Selektivität (Schlüssel-Schloß-Analogie) *und* hohe katalytische Reaktivität (entatischer Zustand) vereinigt sind. Aus Platzgründen können in diesem Buch nur wenige, entweder historisch bedeutende oder sehr aktuelle Modellverbindungen Erwähnung finden.

Eine erst in neuester Zeit möglich gewordene Modifikation bioanorganischer Systeme besteht in der gezielten gentechnischen Veränderung von Proteinen (ortsspezifische Mutation, "site-directed mutagenesis"; Nobelpreis für Chemie 1993 an M. SMITH). Durch "Substitution" können so Effekte bestimmter Aminosäuren innerhalb der Peptidsequenz aufgeklärt und gegebenenfalls neue Substratspezifitäten erzielt werden (SIGEL, SIGEL). Modellstudien dieser Art (vgl. Kap. 6.1) besitzen ein vielversprechendes Anwendungspotential im biotechnologischen Sektor, etwa hinsichtlich der Übertragung der Fähigkeit zum mikrobiologischen Abbau von Schadstoffen. Eine eher anorganische Modifikation von Metalloproteinen besteht in der isomorphen Substitution von "natürlichen", spektroskopisch oft nur schlecht charakterisierbaren Metallionen durch ein Isotop oder ein möglichst ähnliches "Ersatz"-Elemention, welches für physikalische Untersuchungsmethoden eher geeignet ist (s. Kap. 12.1 oder Kap. 13.1).

3 Cobalamine, einschließlich Vitamin und Coenzym B_{12}

3.1 Historischer Abriß und strukturelle Charakterisierung

Coenzym B_{12} und die davon abgeleiteten Derivate (3.1), einschließlich des Vitamins B_{12}, eignen sich aus mehreren Gründen als Einführungsbeispiel für die bioanorganische Chemie. Zum einen sind im historischen Rückblick einige Meilensteine in der Entwicklung des gesamten Gebietes mit dem Vitamin B_{12} und später dem Coenzym verknüpft gewesen; dies betrifft unter anderem die therapeutische Nutzung, die Spurenelementbestimmung, die Anwendung chromatographischer Reinigungsmethoden, die kristallographische Strukturaufklärung und das Verhältnis zwischen enzymatischer und coenzymatischer Reaktivität. Weiter haben die moderne Naturstoffsynthese und die metallorganische Chemie von der Beschäftigung mit dem B_{12}-System profitiert.

(3.1)

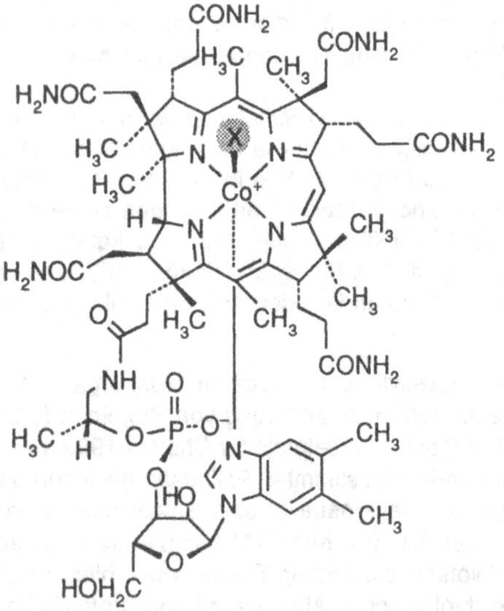

X		
= CH_3	:	Methylcobalamin (MeCbl oder MeB_{12})
CN	:	Cyanocobalamin (Vitamin B_{12})
OH	:	Hydroxycobalamin (Vitamin B_{12a})
H_2O	:	Aquocobalamin
R	:	5'-Desoxyadenosylcobalamin (Coenzym B_{12} oder AdoCbl)

R = 5'-Desoxyadenosyl

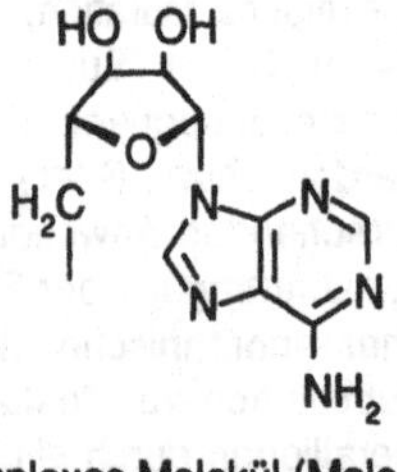

Beim Coenzym B_{12} (3.1) handelt es sich um ein großes, komplexes Molekül (Molekülmasse ca. 1580 Da), das erst im Zusammenwirken mit den zugehörigen Apoenzymen seine charakteristische Spezifität und hohe Reaktivität entfaltet (vgl. 3.2).

Coenzym	+	Apoenzym	⟶	Holoenzym	
niedermolekular, bestimmt den Reaktionstyp		hochmolekular (Protein), bestimmt Substratspezifität und Reaktionsgeschwindigkeit		(Gesamtenzym)	(3.2)

Weiter ist die Inkorporation des Elements Cobalt erstaunlich, immerhin handelt es sich hierbei um das in der Erdkruste und im Meerwasser seltenste Element der ersten Übergangsmetallreihe des Periodensystems (Abb. 2.2). Eine sehr spezielle Funktionalität darf daher von vornherein erwartet werden.

Auch der Corrin-Ligand (2.4) ist einzigartig, vor allem in seiner geringeren Ringgröße im Vergleich zu den Porphin-Systemen; Cobalt-Porphyrin-Komplexe, wiewohl stabil, eignen sich *nicht* als Ersatz für Cobalamine.

In der axialen Metall-Koordinationsstelle tritt im Coenzym B_{12} und in Methylcobalamin eine primäre Alkylgruppe auf (3.1), wodurch diese Komplexe zu den bislang einzigen gesicherten Beispielen (vgl. Kap. 9.5) für "natürliche" metallorganische Verbindungen in der Biochemie werden (zur Bioalkylierung von Schwermetallen s. Kap. 3.2.4 und Kap. 17.3). Daß die bei pH 7 in wäßriger Lösung ungewöhnlich hydrolysestabile Konstellation $Co-CH_2R$ auch eine besondere Reaktivität, nämlich die *enzymatisch kontrollierte Bildung reaktiver Radikale* zur Folge hat, war ein bis heute fortdauernder Anlaß für Chemiker aller Fachrichtungen, sich mit diesen bemerkenswerten Komplexen zu beschäftigen (Toscano, Marzilli; Dolphin; Schneider, Stroinski).

Zur Historie: In den zwanziger Jahren dieses Jahrhunderts wurde gefunden, daß durch Injektion von Extrakten aus tierischer Leber eine bösartige ("perniziöse") und meist rasch zum Tode führende Form der Anämie erfolgreich behandelt werden kann. Auf diese Weise wurde unter anderem der deutsche Mathematiker D. Hilbert vor dem sicheren Tode gerettet. Verbesserte Analysenmethoden zeigten in der Folge, daß die essentielle Komponente dieser Extrakte Cobalt enthielt. Da diese Substanz nur durch Mikroorganismen synthetisiert wird und das Spurenelement Cobalt in jedem Fall zugeführt werden muß, wurde sie als "Vitamin B_{12}" bezeichnet. Auf Grund der geringen Konzentration von nur etwa 0.01 mg/l Blut waren Anreicherung und Isolation sehr mühsam und erforderten den Einsatz chromatographischer Trennverfahren; die nicht unmittelbar aktive "vitaminische" Form, das Cyanocobalamin (3.1), wurde erst 1948 rein dargestellt (Folkers).

Da eine vollständige Aufklärung der molekularen Konstitution allein mit chemischen Methoden nicht möglich war, mußte die damals erst in den Anfängen befindliche Methode der Strukturaufklärung größerer Moleküle mittels Röntgenbeugung an Einkristallen helfen (s. Kap. 4.2). Mit ca. 100 Nicht-Wasserstoffatomen stellten Vitamin B_{12} und später Coenzym B_{12} eine kristallographische Herausforderung dar, deren Lösung mit dem Chemie-Nobelpreis des Jahres 1964 für Dorothy Crowfoot-Hodgkin gewürdigt wurde.

Die aus kristallographischen Untersuchungen erhaltene Struktur des Coenzyms zeigt den Cobalt-Corrin-Komplex, welcher als zusätzliche axiale Liganden einen σ-gebundenen 5'-Desoxyadenosylrest sowie einen über N(1) koordinierten 5,6-Dimethylbenzimidazol-Ring aufweist (Abb. 3.1). Letzterer ist über eine längere Kette mit dem Corrin-Makrozyklus verbunden, so daß dieser im Effekt als *fünfzähniger* Chelatligand fungiert. Interessanterweise ist der Makrozyklus trotz ausgedehnter Konjugation von π-Elektronen nicht völlig eben, sondern etwas aufgefaltet ("butterfly"- oder Sattel-Konformation, Abb. 2.9 und 3.1); Modellstudien haben die Relevanz dieses Strukturmerkmals für die erwünschte hohe Reaktivität aufgezeigt (→ entatischer Zustand).

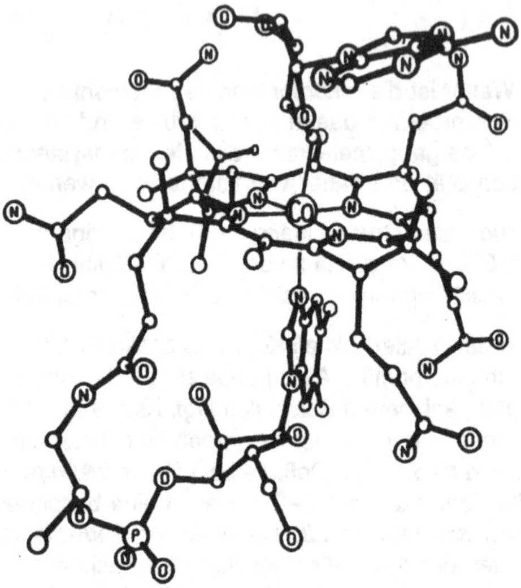

Abbildung 3.1: Molekülstruktur von Coenzym B_{12} (nach P.G. Lenhert, Proc. Roy. Soc. A *303* (1968) 45)

Die Nichtplanarität ergibt sich aus dem Umstand, daß trotz eines relativ großen Metallions (Tab. 2.7) ein nur 15 statt 16 Ringglieder umfassender Makrozyklus vorliegt. Statt des 5'-Desoxyadenosylrestes kann auch einfach eine Methylgruppe am Metallzentrum gebunden sein (Methylcobalamin, 3.1); durch Austausch gegen Wasser, Hydroxid, oder Cyanid erhält man die physiologisch nicht unmittelbar aktiven Formen Aquo-, Hydroxo- und Cyano-Cobalamin – nur letzteres wird als Vitamin B_{12} bezeichnet, obwohl es eigentlich ein Artefakt des Isolationsverfahrens darstellt.

Das Vorliegen einer Bindung vom Übergangsmetall zu einem *primären* Alkyl-Liganden ist sehr ungewöhnlich; immerhin handelt es sich hier um eine echte metallorganische Verbindung, die unter physiologischen Bedingungen, also in wäßriger Lösung, bei pH 7 und in Anwesenheit von Sauerstoff existent ist. Der Corrin-Makrozyklus erzeugt ein starkes Ligandenfeld, so daß eine low-spin-Situation bevorzugt wird (2.9); allerdings ist die oktaedrische Symmetrie deutlich im Sinne einer tetragonalen Verzerrung gestört, so daß eine d-Orbital-Aufspaltung entsprechend Abb. 2.10 zu erwarten ist.

3.2 Reaktionen der Alkylcobalamine

3.2.1 Einelektronen-Reduktion und -Oxidation

In der Ausgangskonfiguration (3.1) liegt dreiwertiges Cobalt (d^6) in sechsfach koordinierter Form vor (Corrin-Anion, carbanionischer Alkyl-Ligand und neutrales Dimethylbenzimidazol; negativ geladenes Phosphat in der Seitenkette sorgt für den Ladungsausgleich). Hiervon ausgehend sind zwei Einelektronen-Reduktionsschritte möglich, wobei für die Redoxpotentiale Art und Anzahl der axialen Liganden ausschlaggebend sind (SCHEFFOLD; KRÄUTLER). Insbesondere tritt bei der Reduktion eine Tendenz zur Verringerung der axialen Koordination bis hin zur völligen Abspaltung dieser Liganden ein (3.3); elektrochemische Reduktion führt beispielsweise durch Halbbesetzung des antibindenden $(Co{-}CH_3)$-σ^*-Orbitals (d_{z^2}-Komponente !) zu einer um mehr als die Hälfte reduzierten Co–C-Bindungsstärke (MARTIN, FINKE).

$$X{-}Co^{III}{-}Y \underset{+X^-,\ -e^-}{\overset{-X^-,\ +e^-}{\rightleftharpoons}} Co^{II}{-}Y \underset{+Y,\ -e^-}{\overset{-Y,\ +e^-}{\rightleftharpoons}} [Co^{I}]^- \qquad \underset{\text{oxidative Addition}}{\overset{\text{reduktive Eliminierung}}{\rightleftharpoons}} \tag{3.3}$$

Auch durch Anregung mit Licht läßt sich das $(Co{-}CH_3)$-σ^*-Orbital populieren und die Co–C-Bindung spalten, dies ist jedoch für die enzymatischen Reaktionen nicht relevant. Die *Nichtbesetzung* des stark antibindenden $d_{x^2-y^2}$-Orbitals begünstigt in einem d^8-System wie Co(I) die räumlich eigentlich ungünstige quadratisch-planare Konfiguration (vgl. Abb. 2.10). Die Stabilisierung der Co(I)-Stufe ist gerade für das Cobalt-*Corrin*-System charakteristisch; mit Cobalt-Porphyrin-Komplexen ist diese Stufe unter angenähert physiologischen Bedingungen nicht mehr reversibel zugänglich.

3.2.2 Co–C-Bindungsspaltung

Die Reaktivität der physiologisch relevanten Alkylcobalamine beruht darauf, daß die Alkylgruppen in *kontrollierter* Form für Folgereaktionen zur Verfügung gestellt werden. Drei *formale* Alternativen für eine durch Wechselwirkung mit dem Substrat und dem Apoprotein induzierte Bindungsspaltung $Co{\mid}CH_2R$ sind denkbar (3.4).

Heterolytische Bindungsspaltung kann entweder (unter Substitution, z.B. durch Wasser) zu low-spin Co(III) und einem Carbanion-Äquivalent $^-C\lessdot$ oder zu Co(I) und einem carbokationischen Alkylrest $^+C\lessdot$ führen. In letzterem Falle entstünde mit d^8-konfiguriertem Metall ein σ-elektronenreiches "supernukleophiles" Zentrum, welches mit seinem nicht- oder gar anti-bindenden besetzten d_{z^2}-Orbital eine hohe Affinität zu σ-Elektrophilen haben sollte. Es resultiert dann eine typische d^8-Metall-Reaktivität, die "oxidative Addition" (3.3), z.B. von organischen Halogenverbindungen. Die erwähnten carbanionischen oder carbokationischen Alkylgruppen würden allerdings nicht frei entstehen, sondern in Gegenwart eines Reaktionspartners und des polaren Reaktionsmediums im Übergangszustand übertragen werden.

Die dritte Alternative (3.4) ist die homolytische Bindungsspaltung, welche zu paramagnetischem, ESR-spektroskopisch nachweisbarem Co(II) mit low-spin d^7-Konfiguration und *einem* ungepaarten Elektron sowie einem primären Alkylradikal führt.

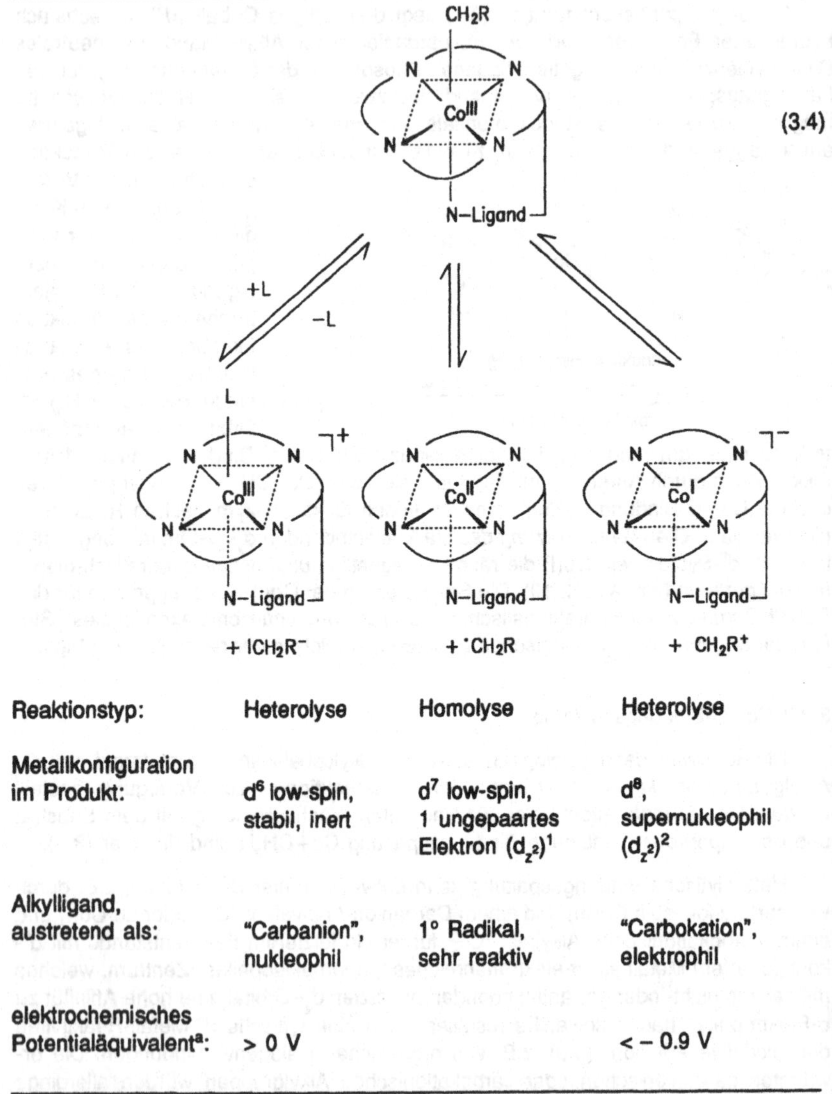

Reaktionstyp:	Heterolyse	Homolyse	Heterolyse
Metallkonfiguration im Produkt:	d^6 low-spin, stabil, inert	d^7 low-spin, 1 ungepaartes Elektron $(d_{z^2})^1$	d^8, supernukleophil $(d_{z^2})^2$
Alkylligand, austretend als:	"Carbanion", nukleophil	1° Radikal, sehr reaktiv	"Carbokation", elektrophil
elektrochemisches Potentialäquivalent[a]:	> 0 V		< – 0.9 V

[a] Alle Redoxpotentiale sind, wie in der Biochemie üblich, auf die Normalwasserstoff-Elektrode (NHE) bezogen

Alle drei in (3.4) aufgeführten Alternativen sind möglich; axiale Koordination durch den fünften ("Steuer-")Liganden, die Natur des Substrats und das Redoxpotential bestimmen den Reaktionsweg. In Abwesenheit spezieller Steuer-Liganden ist die Carbanion-Alternative bei Potentialen oberhalb von etwa 0 V gegen die Normalwasserstoff-Elektrode verwirklicht, während nur unterhalb von ca. -0.9 V die Co(I)/Carbokation-Spaltung auftritt. Im physiologisch interessanten Bereich zwischen 0 und -0.4 V ist offenbar homolytische Bindungs-Spaltung zu ESR-spektroskopisch nachweisbaren Radikalzwischenstufen möglich (ZHAO, SUCH, RETEY; MICHEL, ALBRACHT, BUCKEL).

Elektronenspinresonanz I

Die **Elektronenspinresonanz (ESR)** oder "Electron Paramagnetic Resonance" (EPR) stellt innerhalb der bioanorganischen Chemie eine wichtige Untersuchungsmethode dar (WEIL, BOLTON, WERTZ). Die ungepaarten Elektronen in Radikalen oder in Komplexen mit nicht vollständig gefüllten d-Schalen von Übergangsmetallzentren besitzen jeweils einen Spin (Eigendrehimpuls), dessen Orientierung in einem Magnetfeld energetisch unterschiedlich ist und im einfachsten Fall zu zwei Zuständen Anlaß gibt (Spin als binäre Eigenschaft von Elektronen). Der Übergang vom energieärmeren und stärker besetzten zum energiereicheren und daher weniger populierten Zustand, die "Resonanz", kann unter Maßgabe bestimmter spektroskopischer Auswahlregeln durch Zufuhr elektromagnetischer Strahlung bewirkt werden, wofür bei den normalerweise verwendeten Magnetfeldern von einigen zehntel Tesla (tausend Gauss) Mikrowellenfrequenzen von ca. 10^{10} Hz erforderlich sind.

a) ein ungepaartes Elektron (S = 1/2) (3.5)

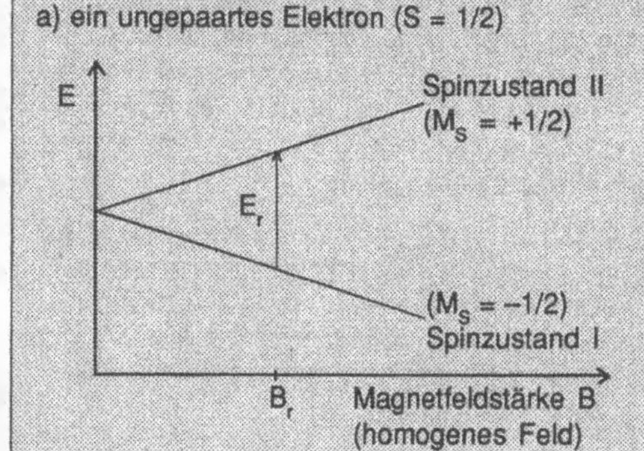

Resonanz bei einem bestimmten Verhältnis E_r/B_r:

$E_r = h\nu_r = g\beta B_r$

h: PLANCKsche Konstante
β: BOHRsches Magneton
g: g-Faktor

b) ein ungepaartes Elektron (Gesamtelektronenspin S = 1/2), Wechselwirkung mit einem Proton (Kernspin I = 1/2)

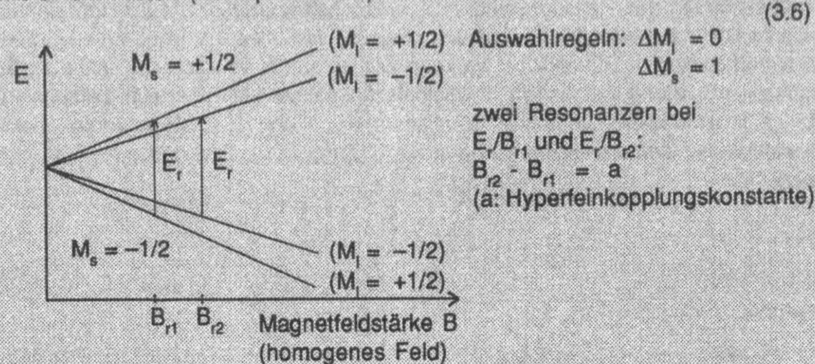

Über die Lage der Resonanzfeldstärke bei vorgegebener Frequenz (g-Faktor als Proportionalitätsfaktor) und die Hyperfeinwechselwirkung der ungepaarten Elektronen mit Atomkernen, welche ebenfalls Spin besitzen können, ist es möglich, den Oxidations- und Spinzustand sowie unter günstigen Umständen auch feinere Details der Koordinationsumgebung von Metallzentren festzulegen. Da die ESR für den gesamten Rest des diamagnetischen Proteins "blind" ist, steht diese Methode häufig am Anfang der Untersuchungsverfahren für noch wenig charakterisierte Metalloproteine; außerdem ist die Empfindlichkeit der Methode so groß, daß bereits geringe Konzentrationen zur Detektion und zum Nachweis Elektronenspin-tragender Teilchen ausreichen.

Bei der Komplexität und Asymmetrie vieler paramagnetischer Zentren im Bereich biogener Proben liefert das einfache ESR-Verfahren aufgrund der inhärent hohen Linienbreite oft nur unaufgelöste Signale. In solchen Fällen wird zunehmend das weniger empfindliche, aber besser auflösende Doppelresonanzverfahren ENDOR (Electron Nuclear DOuble Resonance) zur Untersuchung herangezogen (KURRECK, KIRSTE, LUBITZ; HOFFMAN), bei dem die Änderung der ESR-Intensität unter Sättigungsbedingungen des Übergangs in Abhängigkeit von der Kernfrequenz (einige MHz) detektiert wird.

Sind mehrere ungepaarte Elektronen vorhanden, so müssen das Austauschverhalten und die daraus resultierenden angeregten Zustände berücksichtigt werden (s. Kap. 4.3). Im Festkörper oder bei anderweitig eingeschränkter Beweglichkeit des paramagnetischen Zentrums werden die Konsequenzen der nicht-kugelsymmetrischen (anisotropen) Verteilung des ungepaarten Elektrons deutlich (**ESR II**: Kap. 10.1, S. 199).

Die bei der Homolyse von RH_2C-Co-Bindungen entstehenden sehr reaktiven Kohlenstoff-Radikale sind kurzlebig und daher ESR-spektroskopisch nicht leicht nachweisbar (ZHAO, SUCH, RETEY), der verbleibende low-spin Co(II)-Komplex zeigt typischerweise ein ESR-Signal für *ein* ungepaartes Elektron (MICHEL, ALBRACHT, BUCKEL). Wechselwirkung (Kopplung) des Elektronenspins ist mit dem Kernspin des Metallzentrums (^{59}Co: 100% natürliche Isotopenhäufigkeit, Kernspin I = 7/2) und mit dem Kernspin *eines* Stickstoffatoms feststellbar (^{14}N: 99.6% nat. Häufigkeit, I = 1). Dieser Befund ist nur mit einer Besetzung des d_{z^2}-Orbitals durch das ungepaarte Elektron vereinbar, wodurch vor allem das eine, axial koordinierte Stickstoffzentrum des Benzimidazol-Liganden betroffen ist (3.7). Bei einer Besetzung des $d_{x^2-y^2}$-Orbitals durch das einzelne Elektron sollten dagegen die vier Stickstoffatome des makrozyklischen Corrin-Liganden mit angenähert gleicher Kernspin-Elektronenspin-Wechselwirkung hervortreten. Die dadurch ermittelte d-Orbitalreihenfolge entspricht einer relativ gering verzerrten Oktaedersymmetrie (Abb. 2.10) und steht auch in Einklang mit der beobachteten Supernukleophilie in axialer Richtung nach *doppelter* Besetzung des antibindenden d_{z^2}-Orbitals (3.7).

Radikalfänger:

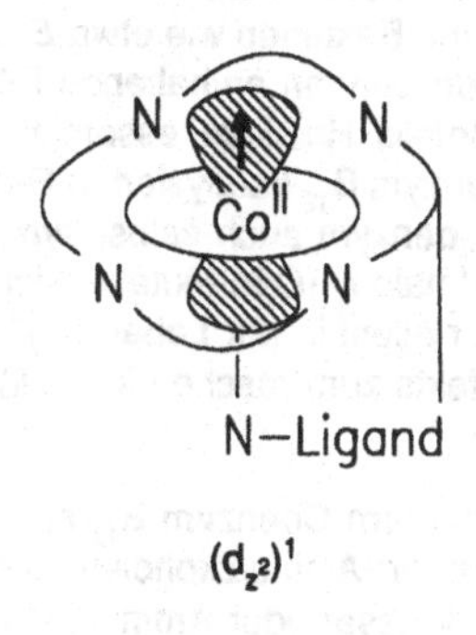

$(d_{z^2})^1$

Supernukleophil:

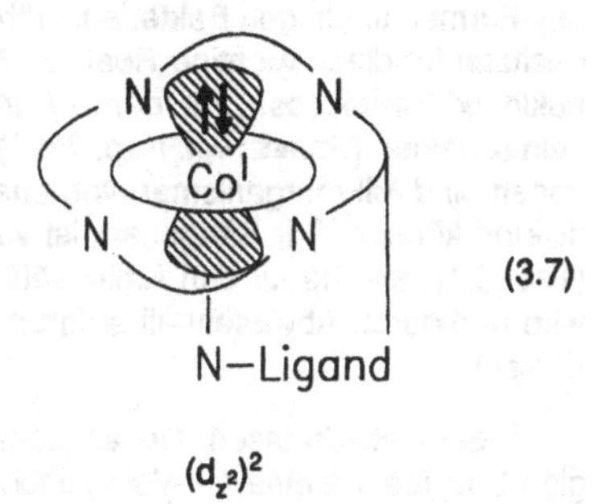

$(d_{z^2})^2$

(3.7)

Trotz zahlreicher spektroskopischer und reaktionsmechanistischer Hinweise auf den Radikalmechanismus ist diese Hypothese (HALPERN) nicht unwidersprochen geblieben (DOWD, WILK, WILK); entsprechend der Gleichung $R^\bullet + e^- \rightarrow R^-$ können Radikalbildung und Elektronenübertragung zu Carbanion-Reaktivität vereinigt werden.

3.2.3 Mutase-Aktivität des Coenzyms B_{12}

Entsprechend den in (3.4) geschilderten Reaktionsmöglichkeiten können Cobalamin-enthaltende Enzyme an Redoxreaktionen, an Alkylierungen und insbesondere an Umlagerungen, speziell stereospezifischen 1,2-Verschiebungen (3.8) am gesättigten Kohlenwasserstoff-Gerüst, beteiligt sein. Die entsprechenden "Mutasen" sind generell große, Coenzym B_{12}-abhängige Enzyme.

allgemein: X, H ⇌ (Mutase) H, X

Beispiel: Glutaminsäure (H_2N, H, CO_2H, CO_2H, H, H, H) ⇌ (Glutamat-Mutase) β-Methylasparaginsäure (H_2N, H, CO_2H, H, H, H, H, CO_2H) (3.8)

Eine Übersicht und die reaktionsmechanistische Deutung der Mutase-Aktivität sind in Tabelle 3.1 und in Formel (3.10) zusammengestellt; zu diesen Reaktionen gehört in erweitertem Zusammenhang die Reduktion der Ribonukleotide zu den Desoxy-Formen in einigen Bakterien. Höhere Organismen und Bakterien wie etwa *E. coli* besitzen für diese wichtige Reaktion Mangan- oder Eisen-Zentren enthaltende Ribonukleotid-Reduktasen, für deren Funktion jedoch ebenfalls Radikale essentiell zu sein scheinen (STUBBE; vgl. Kap. 7.6.1). Die meisten Coenzym B_{12}-katalysierten Reaktionen sind Mikroorganismen vorbehalten, die dieses Coenzym auch selbst synthetisieren können. Für Säugetiere ist vor allem die Methylmalonyl-*CoA*-Mutase wichtig (Tab. 3.1), welche für den Aminosäuremetabolismus vor allem in der Leber benötigt wird und deren Abwesenheit aufgrund genetischen Defekts zum raschen Tode führt (ZURER).

Viele Dehydratasen, Desaminasen und Lyasen erfordern Coenzym B_{12}-abhängige Enzyme, da eine 1,2-Verschiebung bei 1,2-Diolen oder -Aminoalkoholen zu geminalen (1,1-)Isomeren führt, die im allgemeinen rasch Wasser oder Ammoniak abspalten und so Carbonylverbindungen liefern (3.9).

$$>C(OH)(XH) \rightleftharpoons >C{=}O + XH_2 \qquad X = O, NH \qquad (3.9)$$

Die zunächst einfach anmutenden 1,2-Verschiebungen (3.8) sind in der organisch-synthetischen Praxis nicht leicht durchzuführen; aus diesem Grunde besteht ein großes Interesse an der Verwendung von Alkyl-Cobaltcorrin-Komplexen und entsprechenden Modellverbindungen in der organischen Synthese (SCHEFFOLD; PATTENDEN). Zahlreiche Ergebnisse aus spektroskopischen und reaktionsmechanistischen Untersuchungen (z.B. Isotopenmarkierung) deuten inzwischen auf folgenden, radikalischen Reaktionsverlauf (3.10):

allgemein:

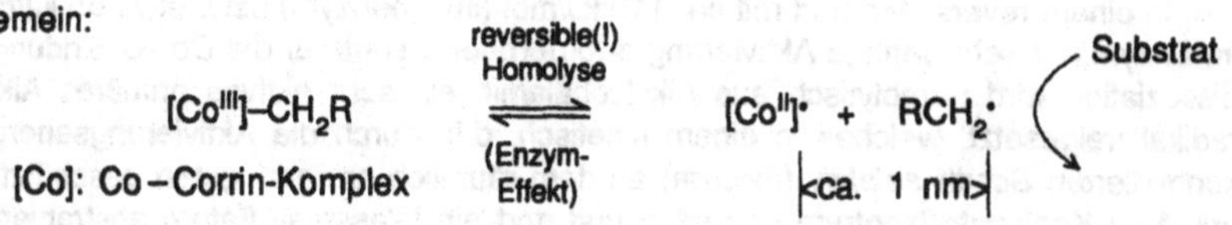

$$[Co^{III}]{-}CH_2R \underset{\text{(Enzym-Effekt)}}{\overset{\text{reversible(!) Homolyse}}{\rightleftharpoons}} [Co^{II}]^{\bullet} + RCH_2^{\bullet}$$

[Co]: Co – Corrin-Komplex

|ca. 1 nm| Substrat

Reaktionsschritte:

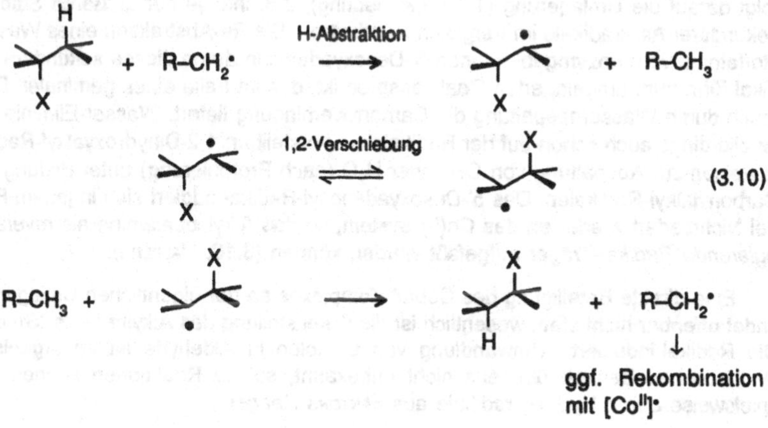

H-Abstraktion

1,2-Verschiebung

(3.10)

$R{-}CH_3$ + ... ⟶ ... + $R{-}CH_2^{\bullet}$ ↓ ggf. Rekombination mit $[Co^{II}]^{\bullet}$

speziell:

$$R'{-}CH(XH){-}CH_2OH \rightarrow R'{-}CH_2{-}CHO + H_2X$$

X = O, NH

$R{-}CH_2{-}[Co^{III}]$ ⇌ $[Co^{II}]^{\bullet}$ + $R{-}CH_2^{\bullet}$

$R'{-}CH(XH){-}CH(H)OH$

kinetisch kontrollierter Schritt

$R{-}CH_3 + R'{-}CH(XH){-}\dot{C}HOH$

⇅ thermodynamisch kontrollierter Schritt

$R{-}CH_3 + R'{-}\dot{C}H{-}CH(XH)OH$

→ $R'{-}CH_2{-}CH(OH)(XH)$

↓

$R'{-}CH_2{-}CHO + H_2X$

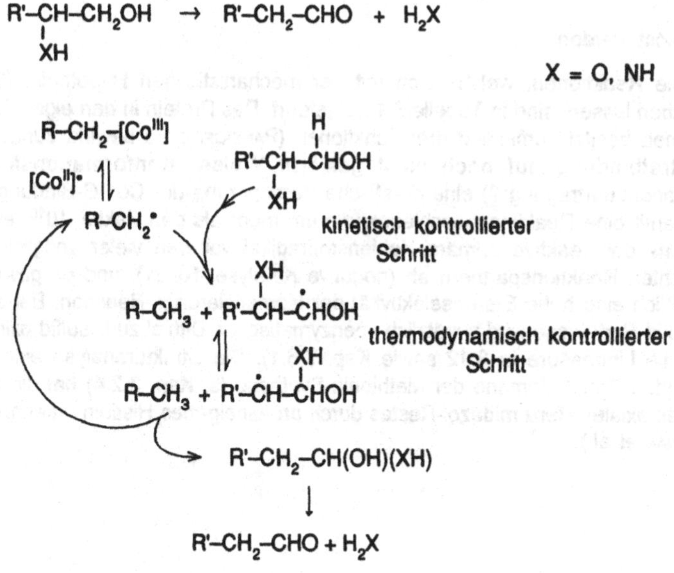

In einem reversiblen und mit ca. 110 kJ/mol (im Coenzym) bzw. etwa 65 kJ/mol im Enzym nur sehr geringe Aktivierung erfordernden Schritt für die Co–C-Bindungsdissoziation wird homolytisch aus Alkylcobalamin ein sehr aktives primäres Alkylradikal freigesetzt, welches in einem kinetisch, d.h. durch die Aktivierungsenergie kontrollierten Schritt ***selektiv*** (FISCHER) an dem räumlich am geringsten geschützten primären Kohlenstoffzentrum angreifen und dort ein Wasserstoffatom abstrahieren kann; dies ist ein typisches Verhalten reaktiver Alkylradikale. In einem zweiten, nun jedoch durch die enzymatisch determinierte Gleichgewichtslage bestimmten Schritt folgt darauf die Umlagerung (1,2-Verschiebung), z.B. infolge der größeren Stabilität sekundärer Alkylradikale im Vergleich zu primären. Die Re-Abstraktion eines Wasserstoffatoms vom enzymgebundenen 5'-Desoxyadenosin durch dieses sekundäre Radikal führt zum umgelagerten Reaktionsprodukt, das im Falle eines geminalen Diols rasch durch Wasserabspaltung die Carbonylverbindung liefert. Wasser-Eliminierung ist allerdings auch schon auf der Radikalstufe vorstellbar; 1,2-Dihydroxyalkyl-Radikale neigen zur Abspaltung von OH^- oder H_2O (nach Protonierung) unter Bildung von Carbonylalkyl-Radikalen. Das 5'-Desoxyadenosyl-Radikal addiert sich in jedem Falle bei Nichtbedarf wieder an das Co(II)-System, so daß Alkylcobalamine als *reversibel agierende Radikal-Träger* aufgefaßt werden können (3.10; HALPERN).

Eine direkte Beteiligung des Cobalt-Komplexes an der eigentlichen Umlagerung findet offenbar nicht statt, wesentlich ist die Bereitstellung des Alkylradikals (STUBBE). Die Radikal-induzierte Umwandlung von Glykolen in Aldehyde ist im organisch-synthetischen Bereich übrigens nicht unbekannt, solche Reaktionen können beispielsweise durch Hydroxylradikale aus FENTONS Reagenz

$$Fe^{2+} + H_2O_2 \rightarrow Fe^{3+} + OH^- + OH^\bullet \qquad (3.11)$$

ausgelöst werden.

Die Reaktionen, welche sich mit der mechanistischen Hypothese (3.10) beschreiben lassen, sind in Tabelle 3.1 aufgeführt. Das Protein in den eigentlichen B_{12}-Enzymen besitzt zumindest drei Funktionen (BANERJEE): Es bewirkt zunächst nach Substratbindung auf noch nicht geklärte Weise (Konformationsänderung, Elektronenübertragung ?) eine drastische Verringerung der Co–C-Bindungsenergie und damit eine Reaktionsbeschleunigung um mehr als den Faktor 10^{10}, es schirmt zweitens das reaktive primäre Kohlenstoffradikal vor den vielen möglichen unerwünschten Reaktionspartnern ab (negative Katalyse; RETEY), und es gewährleistet schließlich eine hohe Stereoselektivität der Isomerisierungs-Reaktion. Bei der Ribonukleotid-Reduktase wird zusätzlich coenzymatisches Dithiol zu Disulfid oxidiert (vgl. auch die Liponsäure in 3.12 sowie Kap. 7.6.1). Die Strukturanalyse einer MeB_{12}-bindenden Proteindomäne der Methionin-Synthase (s. Kap. 3.2.4) hat die Substitution des axialen Benzimidazol-Restes durch proteineigenes Histidin erkennen lassen (DRENNAN et al.).

Tabelle 3.1: Coenzym B_{12}-benötigende Reaktionen

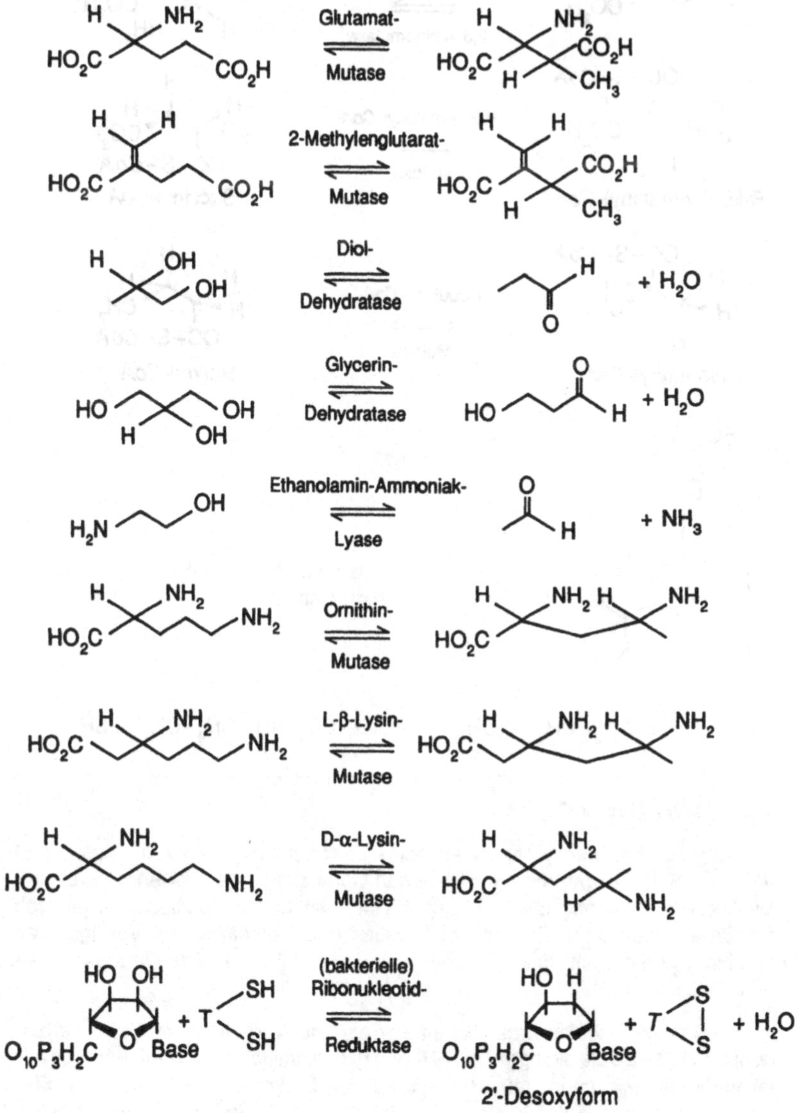

Enzym	Nebenprodukte
Glutamat-Mutase	
2-Methylenglutarat-Mutase	
Diol-Dehydratase	+ H_2O
Glycerin-Dehydratase	+ H_2O
Ethanolamin-Ammoniak-Lyase	+ NH_3
Ornithin-Mutase	
L-β-Lysin-Mutase	
D-α-Lysin-Mutase	
(bakterielle) Ribonukleotid-Reduktase	+ H_2O (Produkt: 2'-Desoxyform)

T$(SH)_2$: Dithiol, z.B. Liponsäure (3.12) oder Thioredoxin-Proteine

Tabelle 3.1 (Fortsetzung)

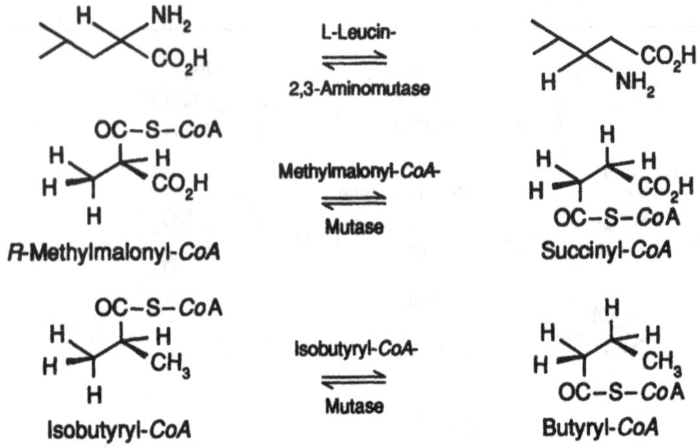

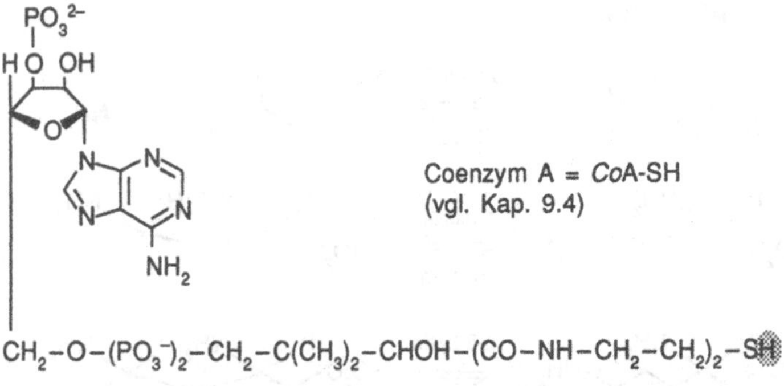

L-Leucin ⇌ (L-Leucin-2,3-Aminomutase) ⇌ 3-Amino-4-methylpentansäure (H, NH_2, CO_2H)

OC–S–CoA, H, H, H, CO_2H, H

R-Methylmalonyl-*CoA* ⇌ (Methylmalonyl-*CoA*-Mutase) ⇌ Succinyl-*CoA*

OC–S–CoA, H, H, H, CH_3, H

Isobutyryl-*CoA* ⇌ (Isobutyryl-*CoA*-Mutase) ⇌ Butyryl-*CoA*

PO_3^{2-}, H O OH, O, N, N, N, N, NH_2

Coenzym A = *Co*A-SH
(vgl. Kap. 9.4)

$CH_2-O-(PO_3^-)_2-CH_2-C(CH_3)_2-CHOH-(CO-NH-CH_2-CH_2)_2-SH$

Organische Redox-Coenzyme

Organische Coenzyme, insbesondere solche mit Redoxfunktion, treten häufig in Wechselwirkung mit anorganischen Cofaktoren (Metallionen, Komplexe). Wie bereits einleitend erwähnt, ist die Unterscheidung organisch/anorganisch für Organismen ohne Bedeutung, lediglich das Verhältnis aus Verfügbarkeit und biosynthetischem Aufwand gegenüber den funktionalen Erfordernissen spielt eine Rolle.

Zu den wichtigsten organischen **Redox-Coenzymen** gehören die Verbindungen in (3.12), die sich grob in N-Heterozyklen, chinoide Systeme und Schwefel-Verbindungen unterteilen lassen. Die 5,6,7,8-Tetrahydro-Form der den Flavinen verwandten Folsäure ist als wichtiger Überträger von C_1-Fragmenten ebenfalls aufgeführt.

Redox-Coenzyme (3.12)

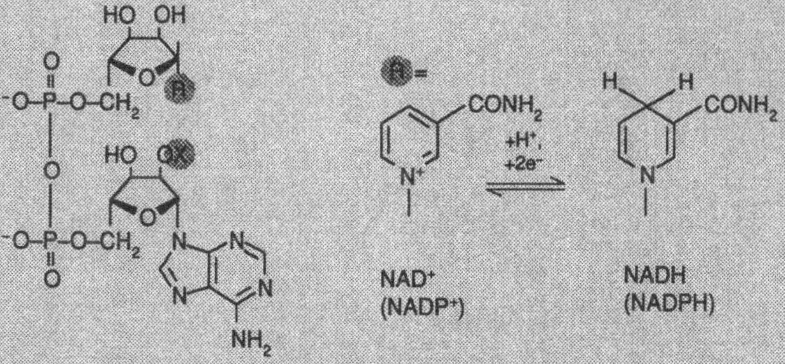

X = H: **N**icotinsäureamid-**a**denin-**d**inukleotid (NAD$^+$)
X = PO_3^{2-}: **N**icotinsäureamid-**a**denin-**d**inukleotid-**p**hosphat (NADP$^+$)

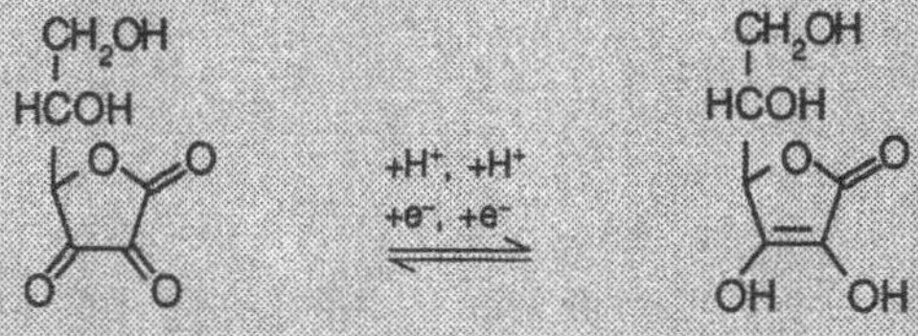

Dehydroascorbinsäure Ascorbinsäure (Vitamin C)

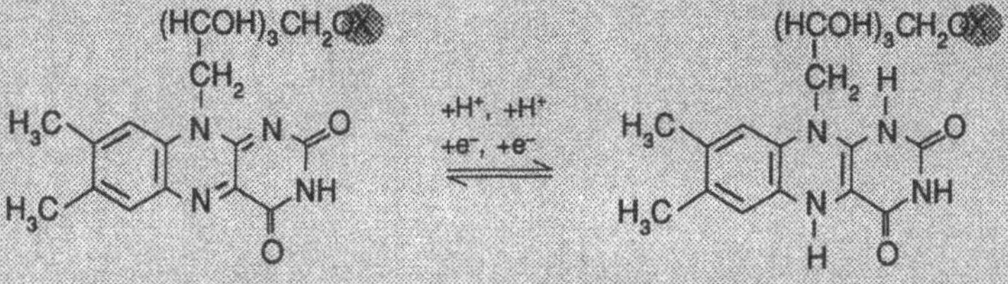

X = H: Riboflavin (Vitamin B_2, vgl. 2.2) 5,10-Dihydroriboflavin
X = PO_3^{2-}: FMN (Flavinmononukleotid) ($FMNH_2$)
X = Adenosindiphosphat: FAD (Flavinadenindinukleotid) ($FADH_2$)

(3.12, Fortsetzung)

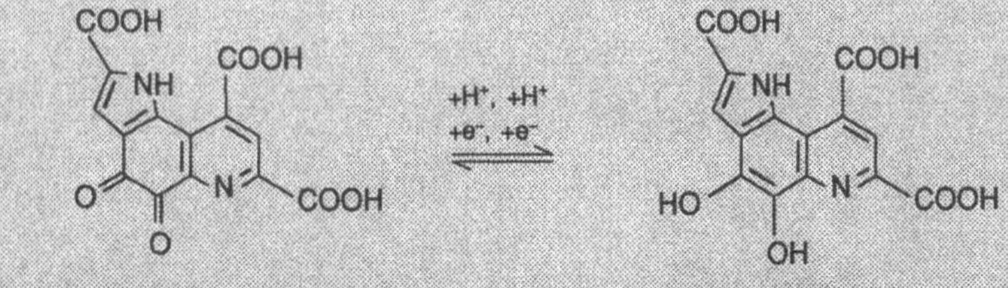

Methoxatin (ortho-Chinon-Form)
Cofaktor PQQ

$+H^+, +H^+$
$+e^-, +e^-$

(Catechol-Form)

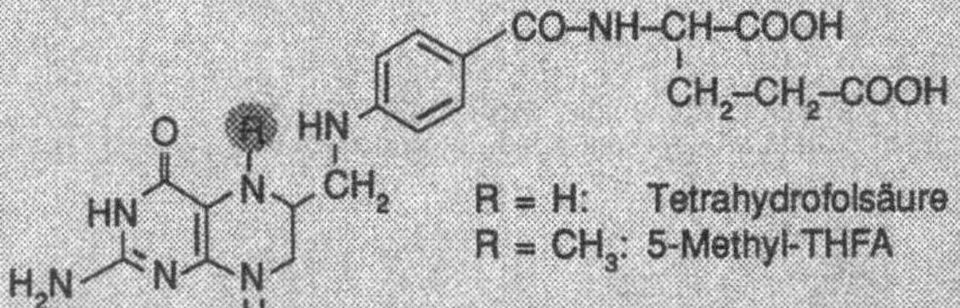

R = H: Tetrahydrofolsäure (THFA)
R = CH_3: 5-Methyl-THFA

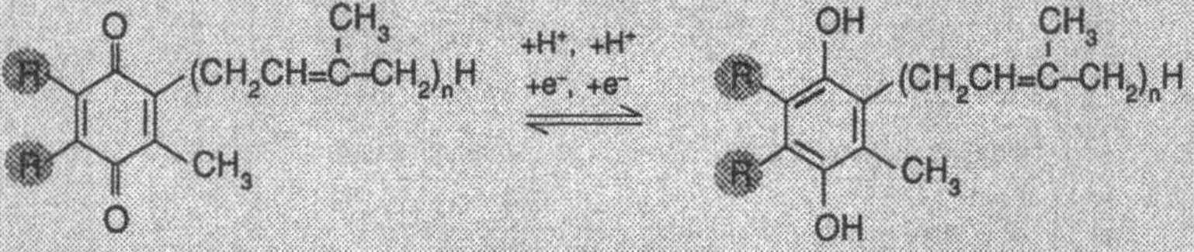

$+H^+, +H^+$
$+e^-, +e^-$

2 R = $(CH)_4$, n = 9:	Menachinon (Q_a)	
R = OCH_3, n = 2-10:	Ubichinone (Q_b)	Hydrochinon-Form
R = CH_3, n = 6-10:	Plastochinone (PQ)	
R = H, n = 4-7:	Vitamin K-Gruppe	

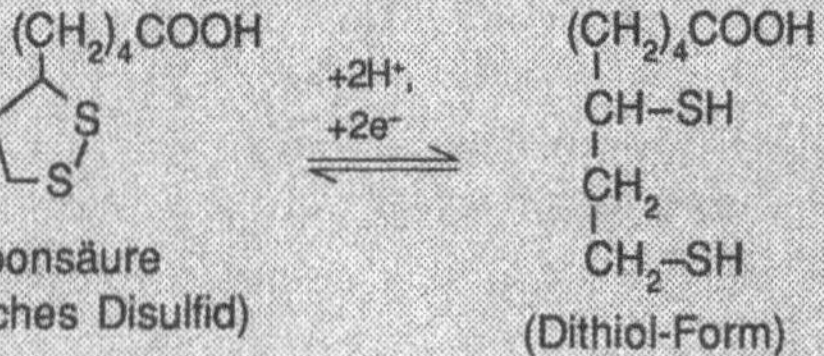

$+2H^+$,
$+2e^-$

Liponsäure
(zyklisches Disulfid)

(Dithiol-Form)

3.2.4 Alkylierungs-Reaktionen des Methylcobalamins

Im mikrobiologischen Bereich, bei Biosynthesen wie auch in toxikologischem Zusammenhang sind Methylcobalamin-induzierte "Bio-"Methylierungen von großer Bedeutung (vgl. Kap. 17.3 und Kap. 17.5). Während Methylgruppen mit elektrophilem Charakter, d.h. "positiver Teilladung", durch S-Adenosylmethionin (ado)-$(CH_2–CH_2–CH(NH_3^+)CO_2^-)(CH_3)S^+$ oder durch 5-Methyltetrahydrofolsäure (3.12) zur Verfügung gestellt werden, erfordert eine Methylierung elektrophiler *Substrate* dagegen eine metallorganische Verbindung, die entweder mehr carbanionisch (S_N2 - Reaktion) oder auch radikalisch im Sinne einer Einelektronenübertragung reagieren kann (vgl. 3.4). Die Methylierung von Verbindungen edler, "weicher" Elemente wie etwa des Selens oder des Quecksilbers (3.13) mit Oxidationspotentialen $E_0 > 0$ V erfolgt vermutlich eher über einen carbanionischen Mechanismus, während weniger edle Elemente wie Arsen oder Zinn ($E_0 < 0$ V) aus ihren Verbindungen wahrscheinlich über radikalische Reaktionswege alkyliert werden (s. Kap. 17.3). Häufig entstehen hierbei sehr toxische Spezies wie etwa das Methylquecksilber-Kation $(CH_3)Hg^+$, die einerseits unter physiologischen Bedingungen ausreichend beständig sind und andererseits wegen ihres gemischt hydrophilen/hydrophoben Charakters die Blut-Hirn-Schranke überwinden und dort schwefelhaltige Enzyme desaktivieren können (s. Kap. 17.5). Im Gegensatz zum Coenzym B_{12} findet sich das Methylcobalamin bei Säugetieren weniger in der Leber als im Blutkreislauf.

$$Hg^{2+} + CH_3–[Co^{III}] \longrightarrow (CH_3)Hg^+ + [Co^{III}]^+ \qquad (3.13)$$

Eine biologisch wertvolle Methylierung unter Mitwirkung von Cobalamin-Enzymen betrifft das Substrat Homocystein (*homo* = um ein Kettenglied verlängert), wobei die essentielle Aminosäure Methionin entsteht (Methionin-Synthase aus *E. coli*; MATTHEWS; DRENNAN et al.; 3.14).

$$\underset{\text{Homocystein}}{{}^-OOC–CH(NH_3^+)–CH_2–CH_2–S^-} + \text{5-Methyl-THFA} + H^+ \xrightarrow{CH_3–[Co^{III}]/[Co^{I}]^-} \underset{\text{Methionin}}{{}^-OOC–CH(NH_3^+)–CH_2–CH_2–S–CH_3} + \text{THFA (s. 3.12)} \qquad (3.14)$$

Proteinkristallstrukturen (BANERJEE; DRENNAN et al.) legen nahe, daß der "base-on/base-off"-Wechsel des Benzimidazol-Rings eine wichtige Rolle hinsichtlich der Reaktionskontrolle spielt.

Für Mikroorganismen, insbesondere für Essigsäure- und Methan-produzierende (acetogene und methanogene) Bakterien (s. Abb. 1.2), sind methylübertragende

$$CO_2 + CO + 6\ \text{"H"} + HS\text{–}CoA \rightleftharpoons CH_3C(O)S\text{–}CoA + 2\ H_2O \qquad (3.15)$$

"corrinoide" Enzyme von großer Bedeutung. Im Rahmen der bakteriellen CO_2-Fixierung sind sie unter anderem daran beteiligt, die Methylübertragung von 5-Methyltetrahydropterinen (Pter-N_5)– CH_3 unter Einschluß einer Carbonylierung (vgl. Kap. 9.4) auf Coenzym A (Tab. 3.1) unter Bildung von Acetyl-*CoA* als "aktivierter Essigsäure" zu katalysieren (3.15).

An der Methanbildung selbst ist der nickelhaltige porphinoide "Faktor 430" direkt beteiligt (Kap. 9.5); es wurden jedoch auch Membranproteine mit hohem Cobaltcorrinoid-Gehalt in unterschiedlichen Metallkonfigurationen gefunden (Wirt et al.). Über Elektronentransfer und koordinative Aktivität sind diese Zentren vermutlich an der Synthese von Coenzym M ($H_3CSCH_2CH_2SO_3^-$, vgl. Kap. 9.5), des letzten Methylträgers vor der Methanproduktion, beteiligt.

Über nicht-corrinoide Cobalt-Enzyme ist nur wenig bekannt. Ein möglicherweise *porphinoider* Cobalt-Cofaktor wurde im Zusammenhang mit der Decarbonylierung (3.16) langkettiger Aldehyde beschrieben (Dennis, Kolattukudy).

$$R(CH_2)_nCH_2CHO \longrightarrow R(CH_2)_nCH_3 + CO \qquad (3.16)$$

Diese für Cobalt- wie auch für Nickel-enthaltende Katalysatoren (s. Kap. 9.4) nicht untypische Umwandlung (3.16) dient der Biosynthese von Paraffinen (Blattwachs, wasserabweisende Federn von Schwimmvögeln); langkettige Aldehyde können über Peroxidase-Reaktionen gebildet werden (s. 6.13).

3.3 Modellsysteme und Rolle des Apoenzyms

Wegen der Empfindlichkeit und wenig variablen Löslichkeit der eigentlichen Cobalamine sowie wegen der synthetischen Attraktivität Coenzym B_{12}-katalysierter Reaktionen besteht ein Bedarf an geeigneten Modellverbindungen. Schon sehr früh hat Schrauzer erkannt, daß die Bis(diacetyldioximat)-Komplexe ("Cobaloxime", 3.17), die über eine zweifach Wasserstoffbrücken-verknüpfte und damit quasi-makrozyklische Chelatring-Struktur verfügen, gute Modelle für B_{12}-Systeme darstellen; noch besser vom Redoxpotential her eignen sich die Costaschen Komplexe (Costa, Mestroni, Stefani). Andere Modellkomplexe enthalten den ebenfalls quadratisch planar chelatisierenden Liganden Bis(salicylaldehyd)ethylendiimin (*salen*, 3.17).

Die Modellverbindungen wie auch die Cobalt-Porphyrine besitzen den Nachteil, daß die supernukleophile Co(I)-Stufe unter physiologischen Bedingungen weit weni-

(3.17)

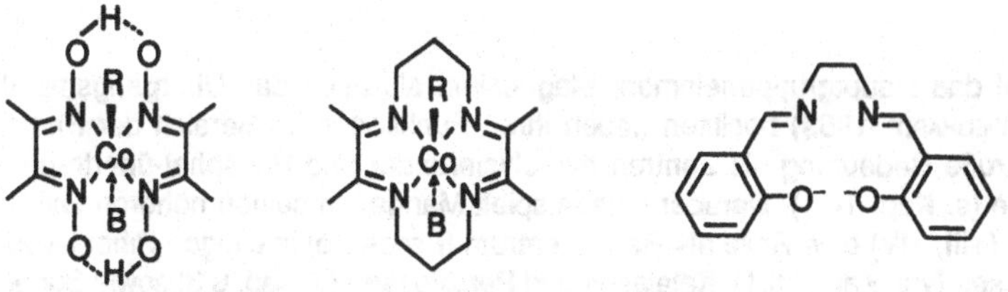

B: Base

Cobaloxim COSTA-Komplex *salen*-Ligand

ger beständig ist als bei Cobalt-Corrin-Systemen; besser geeignet, allerdings auch aufwendiger in der Darstellung, sind die "Cobester"-Komplexe, bei denen im Vergleich zum B_{12}-System der Nukleotid-Teil fehlt (KRÄUTLER).

Die Bedeutung der Modellsysteme für mechanistische Fragestellungen geht unter anderem aus Studien mit axialen Phosphan-Liganden unterschiedlichen Raumbedarfs und verschiedener Basizität an Cobalt-Porphyrinen einerseits und Cobaloximen als Corrin-Modellverbindungen andererseits hervor (GENO, HALPERN). Diese Untersuchungen legen nahe, daß die Aktivierung, etwa ein Benzyl-Cobalt-Bindungsbruch, bei Porphyrin-Komplexen vor allem durch elektronische Effekte (Basizität), bei den Cobaloximen jedoch durch den Raumbedarf des axialen Liganden beeinflußt wird. Diese Beobachtung scheint die Signifikanz der Nichtplanarität bei Cobalt-Corrin-Komplexen zu bestätigen und läßt eine vorwiegend sterische Kontrolle der Radikalbildung im Enzym vermuten (→ entatischer Zustand); immerhin reagieren B_{12}-Enzyme um ca. 10 Größenordnungen schneller als der freie Cofaktor. Auch durch Bindung des Nukleotid-Teils von 5´-Desoxyadenosyl an das Enzym ist eine zusätzliche Aktivierung der Co–C-Bindungsspaltung vorstellbar.

Strukturelle Daten (KRÄUTLER, KELLER, KRATKY) für ein Co(II)-Cobalamin zeigten gegenüber Co(III)-Analogen kaum veränderte Geometrie in der Bindung zum Corrin-Ring, was der Geschwindigkeit der Elektronenübertragung zugute kommt (geringe Reorganisationsenergie wegen vernachlässigbarer Konformationsänderungen, vgl. Kap. 6.1). Die Bindung zum Dimethylbenzimidazol-Steuerliganden ist allerdings verkürzt, wodurch die *out-of plane*-Situation für das Metallzentrum stärker ausgeprägt wird (→ Co–C-Bindungsschwächung). Diese Kooperativität der axialen Liganden X und Y (2.6) von Tetrapyrrol-Komplexen findet sich an prominenter Stelle bei der reversiblen Bindung von O_2 an Häm-Eisenzentren wieder (s. Kap. 5).

Trotz umfassender Kenntnisse über Aufbau und Reaktivität der B_{12}-Coenzyme und ihrer Modellverbindungen besteht noch weitgehende Unkenntnis bezüglich der Verhältnisse in den eigentlichen Enzymen (DRENNAN et al.) und der Details von Reaktionsmechanismen (GOLDING); die hier angeführten enzymatisch-katalytischen Zyklen (3.10, 3.15) besitzen daher lediglich Modellcharakter. Klar erscheint jedoch, daß die einzigartige Funktion des Elements Cobalt in den B_{12}-Systemen in der Toleranz einer Bindung zu primären Alkylgruppen liegt, welche gezielt als spezifisch reagierende und reversibel einfangbare Spezies freigesetzt werden können.

4 Metalle im Zentrum der Photosynthese: Magnesium und Mangan

Sowohl das Hauptgruppenelement Magnesium als auch das Übergangsmetall Mangan (WIEGHARDT 1989) besitzen neben ihren Funktionen im Bereich der Photosynthese große Bedeutung als Zentren hydrolysierender und Phosphat-übertragender Enzyme (s. Kap. 14.1). Darüber hinaus spielt Mangan in seinen höheren Oxidationsstufen (+III, +IV) eine Rolle als Redoxzentrum (PECORARO) in einigen Ribonukleotid-Reduktasen (vgl. Kap. 7.6.1), Katalasen und Peroxidasen (s. Kap. 6.3) sowie Superoxid-Dismutasen, letztere insbesondere in Mitochondrien (BORGSTAHL et al.; vgl. Kap. 10.5). Obwohl im photosynthetischen Gesamtprozeß auch Eisen- und Kupfer-Zentren wesentlich am Elektronentransfer innerhalb der Membranproteine beteiligt sind, beschränkt sich dieses, der für Lebewesen wohl wichtigsten chemischen Reaktion gewidmete Kapitel, auf zwei grundlegende Teilbereiche der Photosynthese: die Aufnahme von Licht und die damit bewerkstelligte Ladungstrennung durch magnesiumhaltige Chlorophylle sowie die Mangan-katalysierte Oxidation von Wasser zu Sauerstoff bei Cyanobakterien, Algen und den höheren Pflanzen.

4.1 Umfang und Gesamteffektivität der Photosynthese

Die in den letzten Jahren zunehmend ins Bewußtsein getretene Abhängigkeit von fossilen Brennstoffen und die durch deren Verbrennung stetig steigende Anreicherung der Erdatmosphäre an Kohlendioxid haben zu verstärkten wissenschaftlichen Bemühungen um ein Verständnis der Photosynthese geführt. Dieser chemische Prozeß, häufig entsprechend (4.1) subsumiert, ist grundlegend für die Existenz höherer Lebewesen auf der Erde; die Erzeugung reduzierter Kohlenstoffverbindungen ("organisches" Material, einschließlich fossiler Brennstoffe) einerseits und die Produktion von Sauerstoff andererseits beruhen auf dieser energieverbrauchenden Reaktion.

$$H_2O + CO_2 \underset{\text{(katalysiert)}}{\overset{\text{(katalysiert)}}{\underset{\text{Atmung}}{\overset{\text{Photosynthese}}{\rightleftharpoons}}}} 1/n\,(CH_2O)_n + {}^3O_2 \qquad (4.1)$$

$$\Delta H = +470 \text{ kJ/Mol}$$

Fortschritte auf vielen Einzelgebieten, z.B. der Proteinkristallographie (DEISENHOFER, MICHEL), der Laser-Kurzzeitspektroskopie (BEDDARD; HOLZAPFEL et al.) oder der hochauflösenden magnetischen Resonanz (FEHER) haben es mittlerweile ermöglicht, auch elementare Schritte des extrem komplexen photosynthetischen Reaktionsgeschehens zu untersuchen. Zum Ausdruck kam dies unter anderem durch die Verleihung von Chemie-Nobelpreisen für die Strukturaufklärung eines bakteriellen photosynthetischen Reaktionszentrums an J. DEISENHOFER, R. HUBER UND H. MICHEL (1988) und an R.A. MARCUS für die theoretische Beschreibung von Elektronentransfer-Prozessen (1992; MARCUS). Für die Chemie wäre das *in vitro*-Nachvollziehen einer "Photo-Synthese" im Rahmen von Modellsystemen besonders reizvoll, da hier mit einer kostenlosen, unschädlichen und relativ "verdünnten" Energieform wertvolle (d.h. energiereiche) Substanzen aus einfachsten, energiearmen Ausgangsmaterialien erzeugt werden. Solche Modellsysteme sind jedoch bislang über sehr begrenzte Erfolge bei Teilprozessen der Photosynthese, etwa der Reduktion des Wassers mit Hilfe von Sonnenlicht, nicht hinausgekommen; dies hängt mit den äußerst schwierig zu erfüllenden Anforderungen für eine "uphill-Katalyse" zusammen und erklärt den hohen Grad an Komplexität von photosynthetischen "Apparaten" in der Biologie (WITT; MÄNTELE).

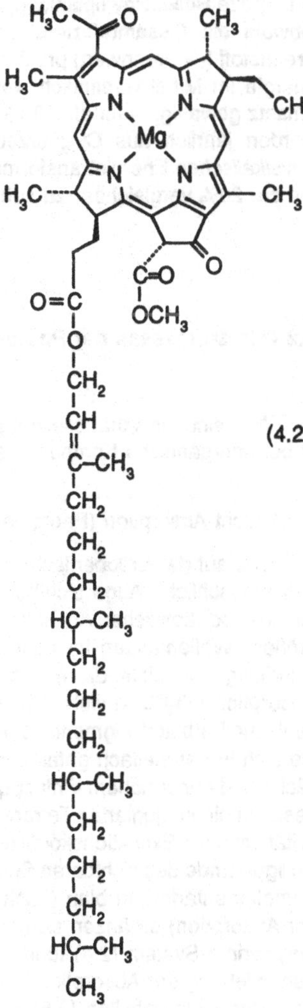

Photosynthetisieren können einige Bakterien, Algen sowie grüne Pflanzen. Purpurbakterien wie etwa *Rhodopseudomonas viridis* besitzen einen vergleichsweise einfachen photosynthetischen Apparat ohne die Fähigkeit zur Oxidation von Wasser; die Photosynthese dient hier primär der ladungsinduzierten Erzeugung eines transmembranen Protonengradienten (pH-Unterschied) und – in der Folge – der Synthese von energiereichem Adenosintriphosphat (ATP) aus Adenosindiphosphat (ADP-Phosphorylierung; vgl. 14.2). Statt des Wassers können von anaerob lebenden Bakterien auch andere Substrate wie etwa Schwefelwasserstoff (H_2S) oder H_2 oxidiert werden. Bei den höheren Organismen findet das Primärgeschehen in den vielfach gefalteten scheibenförmigen Thylakoid-Membranvesikeln im Inneren der Chloroplasten statt (vgl. Abb. 4.8; ANDERSON, ANDERSSON), und auch bei einfachen Bakterien handelt es sich um einen Membran-überspannenden Prozeß (s. Abb. 4.2 A,B). Da die Immobilisierung und definierte gegenseitige Orientierung der Pigmente und Reaktionszentren wesentlich für den Erfolg der Photosynthese sind, besitzen die sich in bezug auf ein-

(4.2)

Bakteriochlorophyll *a*

zelne Substituenten etwas unterscheidenden Chlorophyll-Moleküle (2.5, 4.2) lange aliphatische Phytyl-Seitenketten zur Verankerung in der hydrophoben, ca. 5 nm dikken Phospholipid-Membran (vgl. Abb. 13.5).

Die photo*synthetische* Leistung grüner Pflanzen wird bei normaler Sonneneinstrahlung mit einer Produktion von ca. 1g Glukose pro Stunde pro 1 m^2 Blattfläche angenommen. Im globalen Maßstab spielen auch die photosynthetisierenden Algen eine große Rolle (Phytoplankton), da die Wasserbedeckung der Erde ca. 71 % beträgt. Obwohl die Gesamteffizienz der Photosynthese, gemessen als Erzeugung von Brennstoff (→ Brennwert) pro Flächeneinheit im Vergleich zur eingestrahlten Sonnenenergie im Mittel wesentlich weniger als 1% ausmacht, ist der weltweite Massenumsatz gewaltig: mehr als 200 Milliarden Tonnen Kohlenhydrat-Äquivalente $(CH_2O)_n$ werden jährlich aus CO_2 erzeugt (Coyle, Hill, Roberts). Die Effizienz der rein *physikalischen* Energietransformation Licht → Redoxpotentialdifferenz ist im übrigen mit ca. 20% vergleichbar zu sehr guten photovoltaischen Elementen.

4.2 Primärprozesse der Photosynthese

Was sind die Voraussetzungen für eine Photosynthese und welche Rolle spielen dabei anorganische Komponenten?

4.2.1 Licht-Absorption (Energieaufnahme)

Das auf der Erdoberfläche zur Verfügung stehende Sonnenlicht schließt den für das menschliche Auge sichtbaren Wellenlängenbereich von ca. 380 – 750 nm mit ein; ein beträchtlicher Anteil der verfügbaren solaren Photonen besitzt auch noch größere Wellenlängen im nahen Infrarotbereich bis etwa 1000 nm. Für eine Umwandlung von Licht dieser Energie (1.24 – 3.26 eV) ist zunächst die effiziente Absorption möglichst vieler Photonen erforderlich. Dies wird durch verschiedene organische Farbstoff-Pigmente, einschließlich von Chlorophyll-Molekülen, gewährleistet, die sich in der vielfach gefalteten Thylakoidmembran mit ihrer hohen inneren Oberfläche und daher hohem Einfangquerschitt befinden (vgl. Abb. 4.2). Chlorophylle selbst besitzen ein konjugiertes Tetrapyrrol-π-System (2.5, 4.2), welches eine hohe Absorptivität (molare Extinktionskoeffizienten ca. 10^5 M^{-1} cm^{-1}) am langwelligen und kurzwelligen Ende des sichtbaren Spektrums besitzt. Die nach Absorption übrigbleibenden Komplementärfarben blau (nach langwelliger Absorption) und gelb (nach kurzwelliger Absorption) ergänzen sich zum "Blattgrün". Ausgehend vom völlig ungesättigten Porphyrin-π-System (2.4) führt die teilweise Hydrierung von Pyrrol-Ringen zu einer Verschiebung der Absorption in den langwelligen Bereich. Die im Gegensatz zu den normalen Chlorophyllen (2.5) *zweifach* hydrierten Bakteriochlorophylle (4.2) absorbieren daher Licht besonders niedriger Energie, im nahen Infrarotbereich. Carotinoide

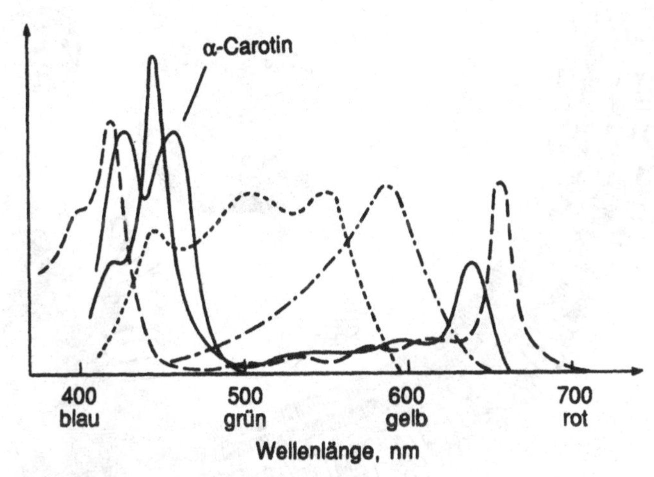

Abbildung 4.1: Absorption verschiedener Algen- und Blattfarbstoffe (nach COYLE, HILL und ROBERTS): Chlorophyll *a* (- -), Chlorophyll *b* (—), α-Carotin (—), Phycocyanin (-·-·), Phycoerythrin (----)

und offenkettige Tetrapyrrol-Moleküle ("Gallenfarbstoffe") können die Chlorophyll-Pigmente ergänzen (HUBER), so daß ein breiter Spektralbereich überdeckt wird (Abb. 4.1); die Auftrennung derartiger Blattfarbstoffe stand am Beginn der Chromatographie (M. TSWETT, 1906). Nicht-grüne carotinoide Blattfarbstoffe sind nach dem enzymatischen Abbau des im freien, ungeschützten Zustand recht instabilen Chlorophylls am Ende der Wachstumsperiode sichtbar (Herbstfarben).

4.2.2 Excitonen-Transport (gerichtete Energieübertragung)

Durch die nur ca. 10^{-15} s in Anspruch nehmende Energieaufnahme in Form von Lichtquanten geraten die absorbierenden Farbstoffe in einen kurzlebigen, elektronisch angeregten (Singulett-)Zustand, der im Prinzip zu einer Ladungstrennung führen könnte. Es ist jedoch angesichts der recht geringen Photonendichte des diffusen Sonnenlichts (Absorptionsrate < 1 Photon pro Pigmentmolekül pro Sekunde) und der notwendigerweise sehr raschen Ladungstrennung ökonomischer, den überwiegenden Teil (> 98%) der Chlorophyll-Moleküle zur *Lichtsammlung* zu verwenden ("light harvesting"). Für die Weiterleitung aufgenommener Energie in Form angeregter Zustände ("Excitonen") an die eigentlichen Reaktionszentren, die weniger als 2% der vorhandenen Chlorophyll-Moleküle enthalten, ist ein weitgehend verlustfreier und räumlich gerichteter ("vektorieller") Excitonen-Transport erforderlich.

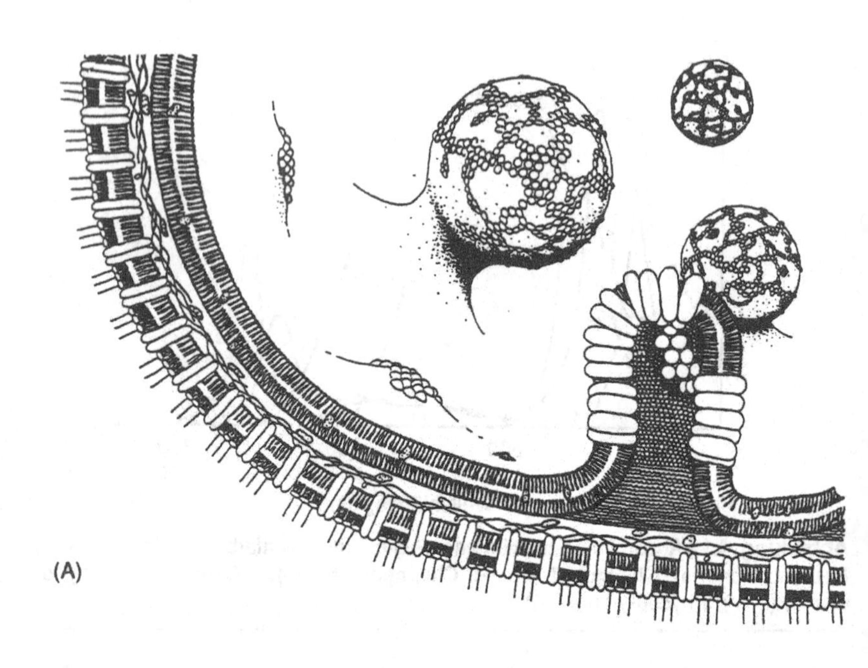

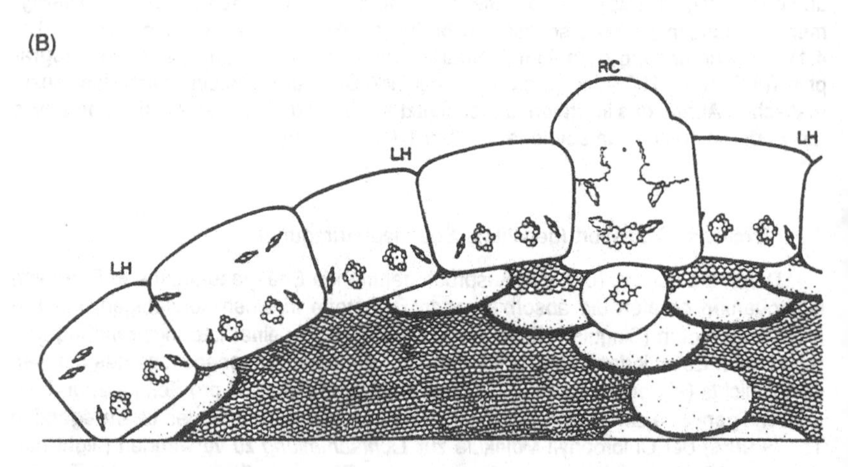

Abbildung 4.2: (A) Modell der Membran von *Rhodobacter sphaeroides* mit Einschnürungen, welche die photosynthetischen Zentren enthalten; (B) Modell für die Anordnung der Bakteriochlorophyll-Moleküle in Lichtsammelproteinen (LH) und Reaktionszentren (RC) innerhalb der Membraneinschnürung (Fortsetzung nächste Seite)

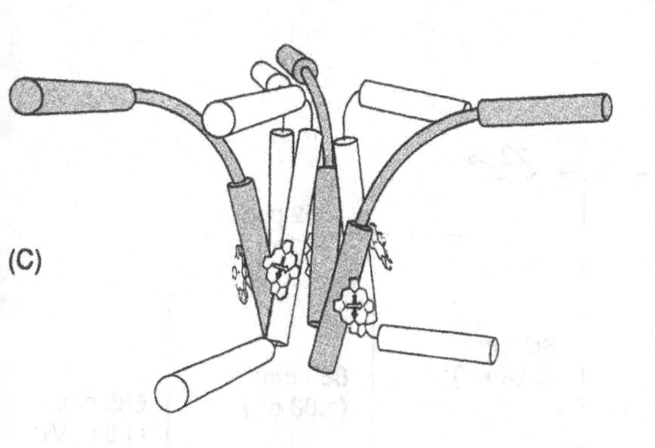

Abbildung 4.2, Fortsetzung: (C) Modellstruktur aus zylindrisch dargestellten Proteinhelices und Chlorophyll-"Scheiben" für einen typischen Lichtsammelprotein-Komplex (nach HUNTER, VAN GRONDELLE, OLSON)

Ermöglicht wird diese weder Massen- noch Ladungstransfer erfordernde *Energie*-Übertragung durch eine spezielle Anordnung (Abb. 4.2) von zahlreichen Chromophoren in Form eines Netzwerks von sogenannten Antennen-Pigmenten (KÜHLBRANDT, WANG, FUJIYOSHI; HUNTER, VAN GRONDELLE, OLSEN), welche aufgrund räumlicher Nähe und einer speziellen, definierten Orientierung zueinander die Lichtenergie mit 95%iger Effizienz innerhalb von 10 – 100 ps bis zum Reaktionszentrum weiterleiten können. Physikalisch erfolgt dieser FÖRSTER-Mechanismus des Resonanztransfers durch spektrale Überlappung von Emissions-Banden der Excitonenquelle mit Absorptions-Banden des Excitonenakzeptors (MÄNTELE). Ein solcher Mechanismus existiert auch für den Excitonen-Transfer von anderen, kurzwelliger und damit höherenergetisch absorbierenden Pigmenten zu den Reaktionszentren ("Trichtereffekt"; Energieübertragung entlang eines Energiegradienten, Abb. 4.3), so daß in den Lichtsammelkomplexen der photosynthetischen Membran ein spektral wie räumlich hoher optischer Einfangquerschnitt resultiert.

Die Rolle des Magnesiums im Chlorophyll ist zunächst darin zu sehen, daß der möglichst verlustfreie Excitonen-Transfer durch ein ganzes Netzwerk von Antennen-Pigmenten einen hohen Grad an dreidimensionaler Ordnung erfordert (Abb. 4.2). Dazu gehört unter anderem eine wohldefinierte räumliche Orientierung der Chlorophyll-π-Systeme zueinander, wie sie nicht allein durch die Verankerung in der Membran durch die Phytyl-Seitenkette, sondern durch koordinative Inanspruchnahme der *beiden* offenen Koordinationsstellen am Metall durch regulierende Peptid-Liganden gewährleistet werden kann (Dreipunkthaftung für eindeutige räumliche Fixierung).

Unter komplexchemischen Gesichtspunkten ist die direkte *in vitro*-Chlorophyll-Aggregation des Dihydrats eines Chlorophyll-Derivats mit Ethyl- statt Phytyl-Seitenkette in Form eindimensionaler Koordinationspolymerer interessant (Abb. 4.4). Die koordinativ zweifach ungesättigten, Lewis-aciden (d.h. Elektronenpaar-akzeptierenden) Magnesium-Zentren können über dipolare, wasserstoffbrückenbildende Wassermoleküle mit den Lewis-basischen Carbonyl-Gruppen im für Chlorophylle charakteristischen Cyclopentanon-Ring in Wechselwirkung treten. Eine solche direkte Verknüpfung erfolgt in den Lichtsammelproteinen jedoch nicht (Abb. 4.2).

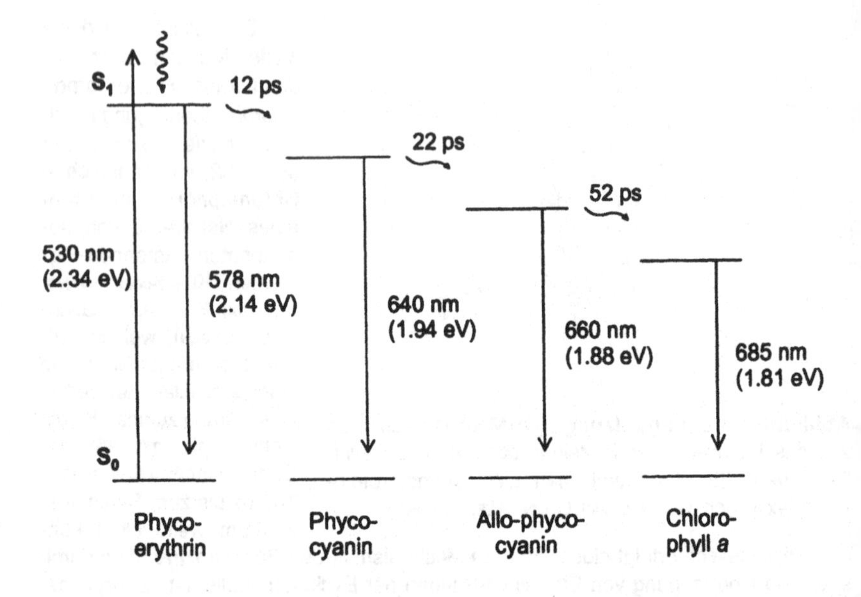

Abbildung 4.3: Energietransfer-Kaskade für Antennen-Pigmente im Lichtsammel-Komplex der Alge *Porphyridium cruentum* (nach BEDDARD). Die Daten an den vertikalen Pfeilen geben die Absorptions(↑)- bzw. Emissionswellenlängen an (↓); S_0 bezeichnet den Singulett-Grundzustand, S_1 einen angeregten Singulett-Zustand

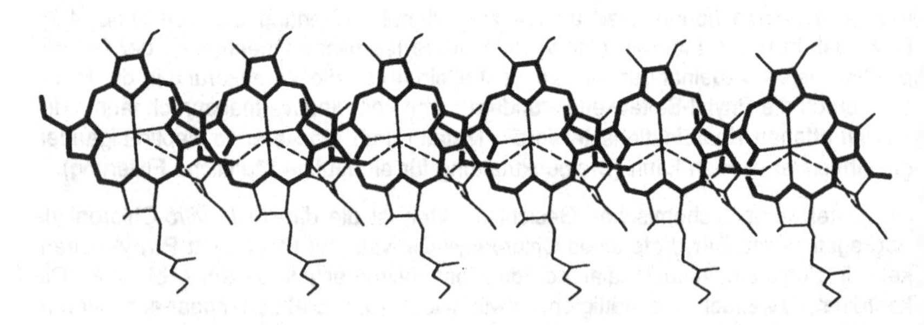

Abbildung 4.4: Struktur des eindimensionalen Aggregats in Kristallen von Ethylchlorophyllid-Dihydrat (CHOW, SERLIN, STROUSE). π-Elektronenkonjugation ist durch Fettdruck, verknüpfende Wasserstoffbrücken-Bindungen durch Wassermoleküle sind durch unterbrochene Linien dargestellt

Exakt definierte räumliche Ausrichtung, z.B. die Anordnung der Tetrapyrrol-Ringebenen parallel zur Membranebene (HUNTER, VAN GRONDELLE, OLSEN), und die daraus resultierende hochgradige Organisation in den Lichtsammelsystemen werden mithin durch das Vorliegen *zweifach* koordinativ ungesättigter Metallzentren in den Makrozyklen unterstützt. Von den Metallen mit der richtigen Größe (Tab. 2.7), ausreichender Häufigkeit (nicht-katalytische Funktion !) und einer starken Tendenz zur koordinativen Sättigung erst bei Erreichen der Koordinationszahl 6 bleibt in der Reihe der Hauptgruppenmetallionen nur Mg^{2+} übrig. Magnesium ist auch deshalb sehr gut geeignet, weil es als leichtes Atom mit der Ordnungszahl 12 eine geringe Spin-Bahn-Kopplungskonstante besitzt. Schwere Elemente, auch Hauptgruppenmetalle, könnten über ihre höheren Spin-Bahn-Kopplungskonstanten einen Übergang (Inter-System-Crossing, ISC) vom sehr kurzlebigen Singulett- zum wesentlich längerlebigen Triplett-angeregten Zustand fördern und damit die notwendigerweise sehr raschen Primärereignisse der Photosynthese stark verlangsamen; eine effektive Konkurrenz unerwünschter Licht- oder Wärme-produzierender Prozesse wäre die Folge. Weshalb insbesondere Übergangsmetalle sich nicht als Zentralatome von Chlorophyllen eignen, hängt auch mit dem nächsten Schritt der Photosynthese zusammen: der Ladungstrennung.

4.2.3 Ladungstrennung und Elektronentransport

Gelangt excitonische Energie in ein photosynthetisches "Reaktionszentrum", so kann dort der wesentliche Schritt zur separaten Erzeugung einer elektronenreichen (reduzierten) Komponente und eines elektronenarmen (oxidierten) Bestandteils erfolgen. Insbesondere seit der Strukturaufklärung bakterieller Reaktionszentren durch Röntgenbeugung an Einkristallen (Abb. 4.5) haben sich die Vorstellungen über die Funktionen der beteiligten molekularen Komponenten (Tab. 4.1) konkretisiert (DEISENHOFER, MICHEL; HUBER; ALLEN et al.).

Die nur ein Photosystem besitzenden Purpurbakterien *Rhodopseudomonas viridis* und *Rhodopseudomonas sphaeroides* zeigen in bezug auf das photosynthetische Reaktionszentrum Gemeinsamkeiten, aber auch Unterschiede. In beiden Fällen ist das Reaktionszentrum in einem Polyprotein-Komplex angesiedelt, der *in vivo* die Membran überspannt. Auf der Symmetrieachse der angenähert C_2-symmetrisch aufgebauten Reaktionszentren befindet sich jeweils ein Bakteriochlorophyll-Dimer, das sogenannte "special pair" (BC/BC, Abb. 4.6). Die Asymmetrie dieser π-Dimeren (Diederwinkel der Chlorin-Ebenen ca. 15°) ist für beide Organismen unterschiedlich ausgeprägt; strukturelle Untersuchungen legen nahe, daß die Aggregation unter anderem über eine koordinative Wechselwirkung zwischen den Acetylgruppen am Pyrrol-Ring und den Metallzentren erfolgen könnte (HUBER). Aufgrund der π-Wechselwirkung kann das "special pair" als Elektronendonor fungieren, die elektronische Anregung des auch als P960 (Pigment mit langwelligem Absorptionsmaximum bei 960 nm) bezeichneten Dimeren führt innerhalb sehr kurzer Zeit zu einer ersten Ladungstrennung. Das energetisch angehobene Elektron des elektronisch angeregten Dimeren wird dabei kurzzeitig auf einen primären Akzeptor, ein *monomeres* Bakteriochlorophyll(BC)-Molekül übertragen (Abbn. 4.6 und 4.7).

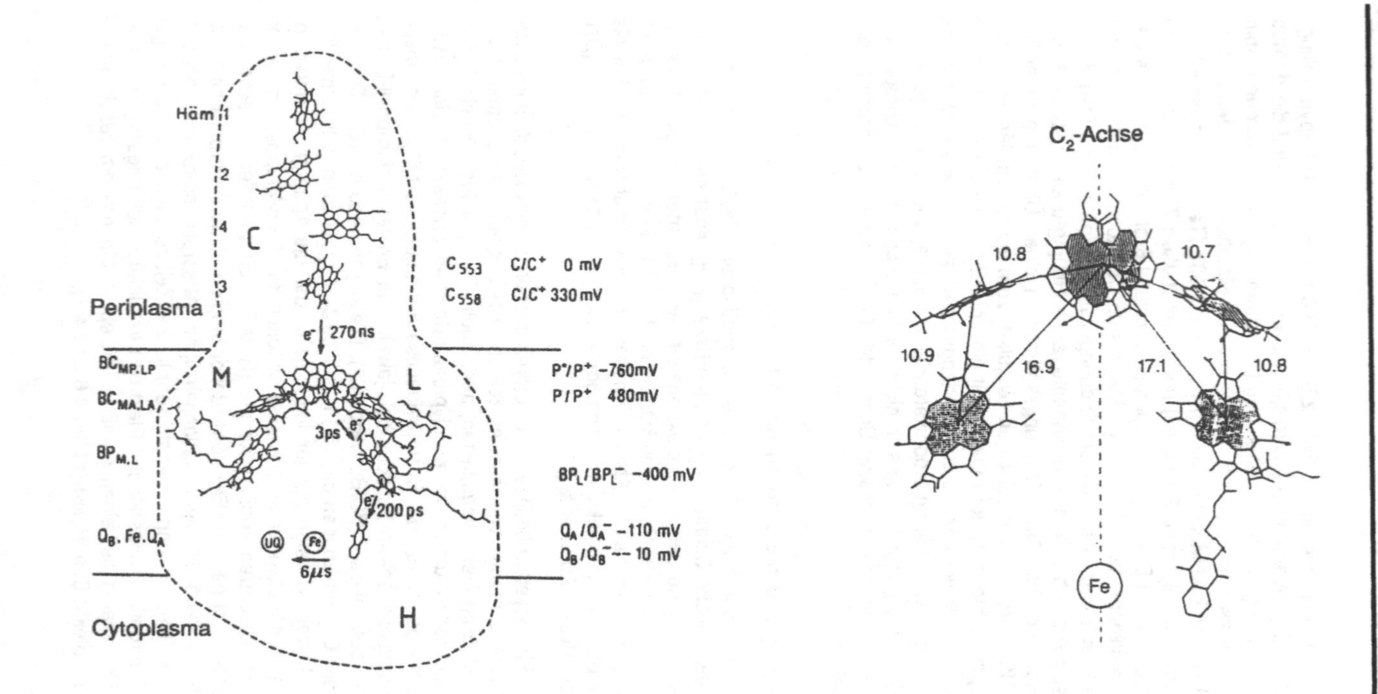

Abbildung 4.5: Photosynthetisches Reaktionszentrum von *Rhodopseudomonas viridis*. Links: Anordnung elektronenübertragender Komponenten im Membranproteinkomplex (Proteinuntereinheiten C, L, M, H) sowie einige Potentiale für Redoxpaare. Rechts: Orientierung und Abstände (in Å = 0.1 nm, von Zentrum zu Zentrum) der zentralen elektronenübertragenden Gruppen (nach HUBER)

Strukturbestimmung durch Röntgenbeugung

An dieser Stelle kann – wie auch bei der Skizzierung anderer physikalischer Untersuchungsmethoden – keine vollständige Darstellung der Strukturanalyse durch Beugungsmethoden erfolgen. Es soll hier jedoch auf das Prinzip und die konkrete Problematik dieser Methode im bioanorganischen Bereich sowie auf ihre Vor- und Nachteile eingegangen werden.

Bei der Strukturbestimmung durch Röntgenbeugung werden einheitlich kristallisierende Systeme mit monochromatischer Röntgenstrahlung untersucht. Die mathematische Analyse des resultierenden Beugungsmusters kann dann eine Vorstellung über die räumliche Verteilung der Elektronendichte in der Elementarzelle, der periodisch wiederkehrenden Einheit des Einkristalls, und damit auch der molekularen Gestalt liefern (MASSA; vgl. Abb. 2.7).

Eine besonders im biochemischen Bereich schwierig zu erfüllende Voraussetzung ist zunächst die Züchtung ausreichend großer (mm-Bereich) und qualitativ geeigneter Einkristalle. Große Proteine besitzen sehr viele Freiheitsgrade und sind häufig nur unter ganz bestimmten Bedingungen (Temperatur, Lösungsmedium, pH) zur Ordnung in einen Einkristall-Verband zu bringen. Hydrophilie und Befähigung zur Wasserstoffbrücken-Bindung führen im allgemeinen zum Einschluß von Wassermolekülen bei der Kristallisation (vgl. Abb. 12.3). Ein sehr großes Problem, die Strukturaufklärung von nur innerhalb einer biologischen Membran existenzfähigen Proteinen, konnte erst durch Verwendung von mitkristallisierenden Membran-analogen Detergentien gelöst werden (MICHEL); nur dadurch wurde die im Jahr 1988 mit dem Nobelpreis für Chemie honorierte Strukturaufklärung eines Reaktionszentrums der bakteriellen Photosynthese mittels Röntgenbeugungsmethoden möglich.

Der mathematisch-rechentechnische Aufwand einer Strukturaufklärung ist bei komplexen Proteinen mit sehr großer Atomzahl wesentlich höher als bei niedermolekularen Verbindungen. Das resultierende Multiparameter-Problem ist häufig selbst bei guten Datensätzen nur bis zu einer chemisch nicht immer befriedigenden molekularen "Auflösung" im Bereich von etwa 0.2-0.3 nm lösbar, so daß dann nur eine diffuse Grobstruktur, etwa hinsichtlich der Proteinfaltung erkennbar wird. Bindungswinkel und -längen zwischen leichten, schwach beugenden Atomen wie etwa C, N oder O sind dann nicht mit sehr hoher Genauigkeit zugänglich. Wasserstoffatome sind unter den Bedingungen der Proteinkristallographie mit Röntgenbeugungsverfahren praktisch nicht zu lokalisieren.

Ein wichtiger und nicht immer leicht zu entkräftender Einwand in bezug auf den Informationsgehalt von Einkristall-Strukturanalysen betrifft den weitgehend statischen Charakter kristalliner Systeme. Gerade bei biochemisch aktiven Verbindungen ist es denkbar und in einigen Fällen auch gezeigt worden, daß wesentliche Strukturmerkmale (Konformationen) im Kristall und in Lösung unterschiedlich sein können. Zunehmend werden daher Untersuchungen mittels hochauflösender NMR-Spektroskopie einerseits und kristallographische Studien des Temperatureffekts bei kristallisierten Verbindungen andererseits herangezogen, um ein detailierteres Verständnis der molekularen Strukturdynamik biochemischer Systeme zu gewinnen.

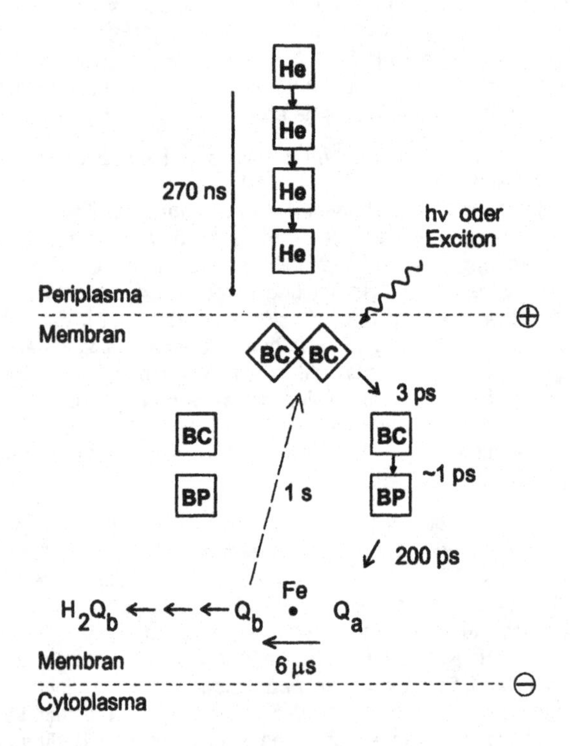

Abbildung 4.6: Schematische Darstellung des zeitlichen und räumlichen Ablaufs der lichtinduzierten Ladungstrennung im Reaktionszentrum der bakteriellen Photosynthese bei *Rhodopseudomonas viridis* (nach DEISENHOFER, MICHEL; HUBER)
He: Häm-Systeme; BC: Bakteriochlorophyll; BP: Bakteriophäophytin; $Q_{a,b}$: Chinone

Der zweite Schritt des Elektronentransports besteht in der Übertragung negativer Ladung zum sekundären Akzeptor Bakteriophäophytin (BP), einem Bakteriochlorophyll-Liganden *ohne* komplexiertes Metall (Abb. 4.7). Aus der Koordinationschemie der Porphyrine ist bekannt, daß sich die neutralen M^{2+}-Komplexe meist schwerer reduzieren lassen als die (zweifach protonierten) neutralen Liganden; die eher ionische Bindung zum Metall beläßt viel negative Ladung am Liganden. Da das Zentralion Mg^{2+} redoxinert, d.h. an Elektronenaufnahme und -abgabe nicht unmittelbar beteiligt ist, lassen sich die Radikalanionen der Chlorophylle als Komplexe aus dipositivem Metallkation und dem Radikal-*Trianion* des makrozyklischen Liganden auffassen:
$(Chl/Mg)^{\bullet -} = Chl^{\bullet 3-}/Mg^{2+}$.
Entsprechendes gilt für Radikalkationen von Tetrapyrrol-ligand-Komplexen, die als Verbindungen von Metalldikationen und Radikalanion-Liganden formuliert werden müssen (vgl. Kap. 6.2 - 6.4).

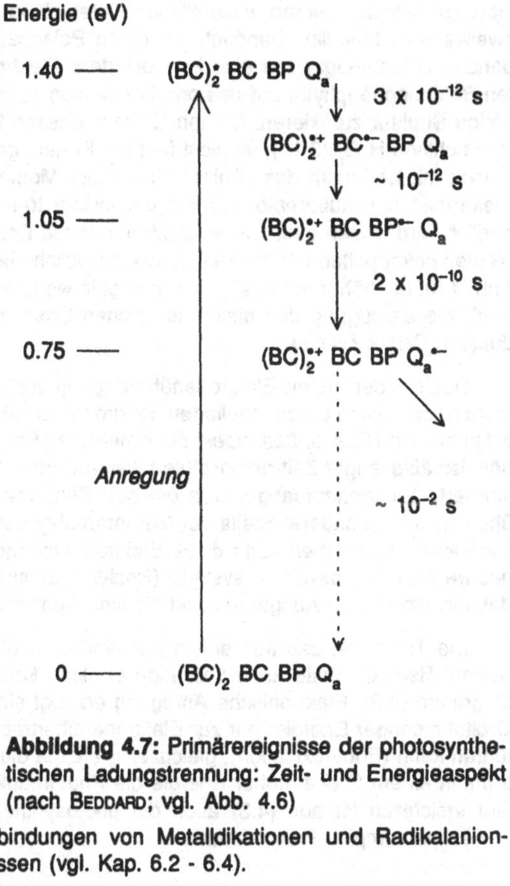

Energie (eV)
1.40 — $(BC)_2^{*}$ BC BP Q_a
3×10^{-12} s
$(BC)_2^{\bullet +}$ $BC^{\bullet -}$ BP Q_a
~ 10^{-12} s
1.05 — $(BC)_2^{\bullet +}$ BC $BP^{\bullet -}$ Q_a
2×10^{-10} s
0.75 — $(BC)_2^{\bullet +}$ BC BP $Q_a^{\bullet -}$
Anregung
~ 10^{-2} s
0 — $(BC)_2$ BC BP Q_a

Abbildung 4.7: Primärereignisse der photosynthetischen Ladungstrennung: Zeit- und Energieaspekt (nach BEDDARD; vgl. Abb. 4.6)

Der dritte nachweisbare Akzeptor für das durch lichtinduzierte Ladungstrennung erzeugte Elektron ist ein fixiertes para-Chinon Q_a, z.B. Menachinon (3.12), welches dadurch zu einem Semichinon-Radikalanion $Q_a^{\bullet -}$ wird. Die etwas längerlebigen paramagnetischen Zustände im Ladungstrennungsprozeß können nach "Abschrecken" bei tiefer Temperatur ebenso wie die Radikalstufen der Komponenten *in vitro* durch ESR/ENDOR-Spektroskopie untersucht werden (FEHER). Reduziertes Q_a kann seinerseits ein anderes, labileres Chinon wie etwa Ubichinon Q_b (vgl. 3.12) reduzieren, wobei sich zwischen den beiden Chinonen ein high-spin Eisen(II)-Zentrum auf der Achse des Reaktionszentrums befindet. Die Rolle dieses sechsfach koordinierten, äquatorial an vier Histidin-Reste und axial an ein Glutamat gebundenen Fe(II) ist nicht völlig klar; eine aktive Redox-Funktion im Sinne eines *inner-sphere*-Elektronentransfers zwischen Q_a und Q_b scheint nicht stattzufinden, da ein Austausch z.B. gegen redoxinertes Zn(II) mit seiner abgeschlossenen d-Schale zumindest bei

Rps. sphaeroides keinen wesentlichen Unterschied ergibt. Möglicherweise wird ein zweiwertiges Metallion benötigt, um durch Polarisation der Wasserstoffbrücken-bildenden Histidin-Liganden eine kontrolliertere Elektronenübertragung vom reduzierten Bakteriophäophytin auf das primäre Chinon zu gewährleisten oder um die dafür nötige Struktur zu fixieren. Chinon Q_b bzw. dessen $2e^-/2H^+$-Reduktionsprodukt, das Hydrochinon H_2Q_b (3.12), ist nicht fest am Protein gebunden, sondern steht im Austausch mit Chinonen des "Chinon-Pools" der Membran (vgl. Abb. 4.8), so daß die Elektronen nun außerhalb des Proteins weiter transportiert werden können. Letztendlich wird in den einfacheren Bakterien durch Erzeugung eines mit dem e^--Gradienten gekoppelten H^+-Gradienten ausschließlich phosphoryliert (ATP-Synthese, vgl. Abb. 4.8); bei höheren Organismen erfolgt in weiteren Schritten, den "Dunkelreaktionen", die Erzeugung des elektronenreichen Coenzyms NAD(P)H und die CO_2-Reduktion (Calvin-Zyklus).

Das bei der ersten Elektronenübertragung zurückgebliebene Radikalkation des "special pair" kann durch regulierten Elektronenzufluß von Cytochrom-Proteinen (Kap. 6.1) über ein (*Rps. sphaeroides*) oder mehrere (*Rps. viridis*) Häm-Zentren nach verhältnismäßig langer Zeit rekonstituiert werden (Abb. 4.6). Der dadurch weiter translokalisierte Elektronenmangel wird bei den Purpurbakterien durch Rück-Elektronenübertragung an anderer Stelle der Membran abgesättigt. Bei höheren photosynthetisierenden Organismen kann diese Elektronenmangelsituation nach Ankopplung eines weiteren Photosynthesesystems (Reaktionszentrum + Lichtsammelkomplex + Oxidationsenzym) den Ausgangspunkt für eine Substratoxidation bilden (Kap. 4.3).

Die Tatsache, daß aus einem photoinduziert elektronisch angeregten Zustand sowohl Reduktion wie auch Oxidation erfolgen kann, illustriert das Orbitalenergiediagramm (4.3). Elektronische Anregung erzeugt einen Elektronenmangel in einem Orbital niedriger Energie, der zur Elektronenübertragung von einem externen Donor führen kann (Photooxidation); gleichzeitig erlaubt die Präsenz des angeregten Elektrons in einem Orbital hoher Energie die Photoreduktion eines externen Akzeptors. Gut ersichtlich ist aus (4.3) auch die photosynthetisch unerwünschte Alternative (---→) einer simplen Rekombination.

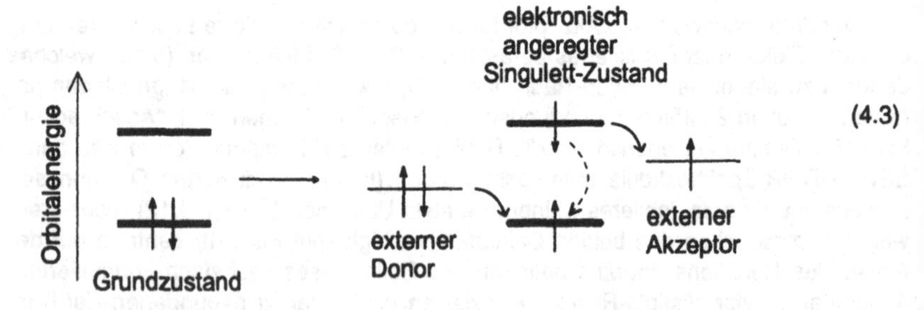

Eine lichtinduzierte Ladungstrennung unter Bildung chemisch langlebiger, speicherbarer Oxidations- und Reduktions-Produkte ist deshalb ungewöhnlich, weil normalerweise rasche Rekombination der Ladungen aus Radikalanion und Radikalkation unter Produktion von Wärme oder Licht (Emission, Lumineszenz) erfolgt. Nach heutigen Erkenntnissen aus Strukturdaten, optischen Kurzzeitmessungen und magnetischen Resonanzuntersuchungen beruht der Erfolg der Photosynthese überhaupt nur auf der starken Bevorzugung der extrem raschen ladungs*trennenden* Einzelschritte im Vergleich zu den langsameren energieliefernden Rekombinations-Prozessen (Geschwindigkeits-Verhältnis ca. 10^8). Grundlage für diese in "normalen" chemischen Systemen nicht erreichbare Relation ist die Immobilisierung der beteiligten Komponenten in einer speziellen Orientierung innerhalb *unpolarer* Regionen Membran-fixierter Proteine (Abb. 4.5). Dadurch erst kann eine "vektorielle" chemische Reaktion *entgegen* der natürlichen Tendenz zum bei freier Diffusion stattfindenden Ladungsausgleich die Oberhand gewinnen. Anders ausgedrückt, es liegt eine ganz spezielle räumliche Anordnung vor, welche eine Verringerung, teilweise sogar ein Verschwinden der Aktivierungsenergien für die "Vorwärts-Reaktion" zur Folge hat, während die Rückreaktion im Bereich der "invertierten Region" der Elektronenübertragung liegt, d.h. bei günstiger werdender Gleichgewichtslage nimmt hier die Reaktionsgeschwindigkeit *ab* (MARCUS). Notwendigerweise sollten dabei die Reaktionsgeschwindigkeiten umso höher sein, je näher die Einzelschritte am Ausgangszustand liegen (Abbn. 4.6 und 4.7). Hierfür müssen die Redoxpotentiale in Grund- und angeregten Zuständen, die individuellen Strukturänderungen während der lichtinduzierten Ladungstrennung wie auch die gegenseitige Orientierung der beteiligten Komponenten genau aufeinander abgestimmt sein. Viele physikalisch-chemische Details – etwa im Hinblick auf die Asymmetrie der Reaktion im eigentlich achsensymmetrischen Reaktionszentrum (Abb. 4.5 und 4.6) – sind auch nach der strukturellen Charakterisierung noch keineswegs verstanden.

Aus der unbedingt erforderlichen Verhinderung von Wärme- oder Licht-produzierenden Rückreaktionen folgt, daß im Chlorophyll kein selbst an Redoxreaktionen teilnehmendes Übergangsmetall komplexiert sein darf. Leicht Elektronen übertragende Metallzentren wie z.B. Fe(II/III) könnten im Grundzustand, insbesondere aber auch im elektronisch angeregten Zustand eines Fe- statt Mg-enthaltenden Chlorophyll-π-Systems Elektronen aufnehmen oder abgeben und so die eigentlich angestrebte Photo-Synthese als Folge rascher räumlicher Ladungstrennung verhindern. Statt zu einer *inter*molekularen würde es zu einer *intra*molekularen Elektronenübertragung kommen und daraus letztendlich keine chemische Energiespeicherung resultieren.

Die Rolle des Magnesium-Ions in Chlorophyllen besteht demnach darin, als ***leichtes, redox-inertes*** und ***Lewis-acides Koordinationszentrum*** eine definierte dreidimensionale Organisation in Lichtsammelsystemen und Reaktionszentren zu ermöglichen; sowohl Monomer als auch das π/π-Dimer (special pair) und der metallfreie Ligand haben jeweils separate, spezifische Funktionen bei den photosynthetischen Primärprozessen. Redoxaktive Übergangsmetalle oder schwerere Metallzentren mit höherer Spin-Bahn-Kopplungskonstante würden zusätzliche, unerwünschte Reaktionsalternativen erlauben, weshalb nur das von der Größe und Ladung genau passende Mg^{2+}-Ion Verwendung findet (s. Tab. 2.7).

4.3 Ankopplung chemischer Reaktionen: Die Wasseroxidation

Obwohl die photosynthetische Fixierung von CO_2, d.h. der Carboxylierungs-Schritt unter Beteiligung des "Rubisco"-Enzyms (Kap. 14.1) ein polarisierendes Mg^{2+}-Ion erfordert (ANDERSSON et al.), ist die über den universellen "Hydrid"-Überträger NAD(P)H verlaufende reduktive Halbreaktion

$$4\,e^- + 4\,H^+ + CO_2 \rightarrow \text{"}1/n\,(CH_2O)_n\text{"} + H_2O \qquad (4.4)$$

vor allem vom organisch-biochemischen Standpunkt interessant (CALVIN-Zyklus). Die eher "anorganische" oxidative Seite z.B. der pflanzlichen Photosynthese

$$2\,H_2O \rightarrow O_2 + 4\,H^+ + 4\,e^- \qquad (4.5)$$

hat in den letzten Jahren zunehmende Aufmerksamkeit vor allem auch bei Koordinationschemikern gefunden (WIEGHARDT 1989, 1994; BRUDVIG, THORP, CRABTREE). Der Hauptgrund liegt in der bislang nicht genau aufgeklärten katalytischen Funktion von mehrkernigen Mangankomplexen bei der mechanistisch aufwendigen Wasseroxidation (WITT; RENGER; RUTHERFORD; GOVINDJEE, COLEMAN; DEBUS; PROSERPIO, HOFFMANN, DISMUKES). Die effiziente, langzeitstabile Katalyse der Sauerstoffbildung stellt unter anderem auch ein Problem bei der (photo)elektrochemischen Wasserspaltung zur Gewinnung des Energieträgers Wasserstoff dar.

Da die Erzeugung von NAD(P)H *und* O_2 mehr Potentialdifferenz erfordert als unter Einbeziehung aller Verluste von nur *einem* Photosystem des Typs aus Abbn. 4.6 und 4.7 erzeugt werden kann, zeichnet sich die pflanzliche Photosynthese im Gegensatz zur einfacheren bakteriellen Version durch *zwei* separat anregbare Photosysteme aus (Abb. 4.8), die in einem als Z-Schema bezeichneten Redoxpotential-Diagramm mit zahlreichen, insbesondere auch metallhaltigen Elektronen-transportierenden Zwischenstufen zusammengefaßt sind (Tab. 4.1, Abb. 4.9; BLANKENSHIP, PRINCE). Neben dem Photosystem I (PS I, Absorptionsmaximum 700 nm) existiert ein Photosystem II (PS II, Absorptionsmaximum 680 nm), aus dem Elektronen für das Photosystem I und für Zwecke der Phosphorylierung zur Verfügung gestellt werden. Der verbliebene Elektronenmangel-Zustand am PS II mit sehr positivem Potential wird genutzt, um Wassermoleküle in einem *4-Elektronen-Gesamtprozeß* (4.5) zu "Disauerstoff" O_2 zu oxidieren.

Während das Photosystem II (ohne den "Oxygen Evolving Complex", OEC) strukturell große Ähnlichkeiten zu den Reaktionszentren der Purpurbakterien aufweist (Abbn. 4.5 und 4.10), ist das PS I offenbar etwas anders aufgebaut (KRAUSS et al.); eine Zusammenstellung der aktiven Komponenten gibt Tabelle 4.1.

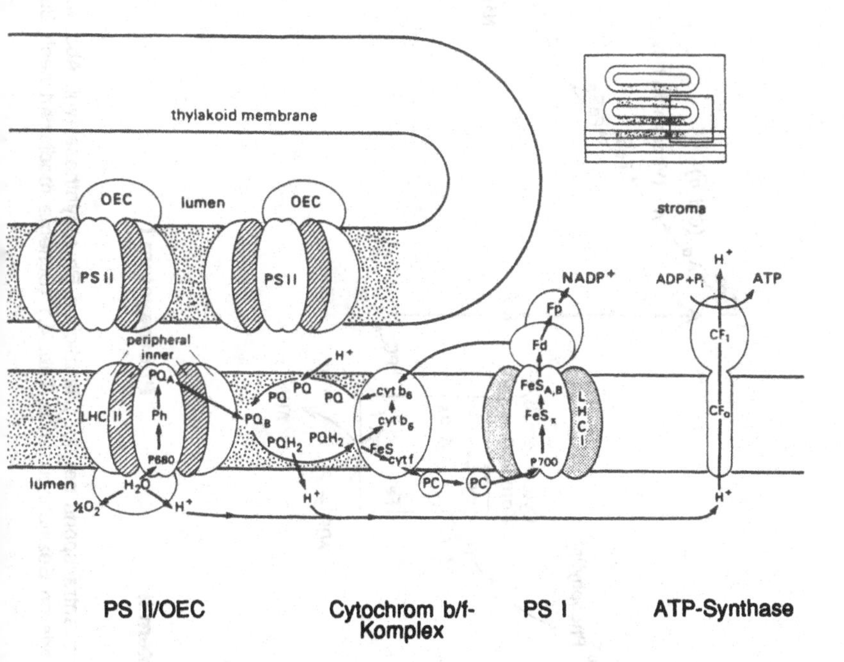

Abbildung 4.8: Schematischer Aufbau der lamellenartigen Thylakoid-Membran in höheren Pflanzen mit den folgenden Bestandteilen: Jeweils zwei Photosysteme (PS) und Lichtsammel-Komplexe (LHC), der sauerstofffreisetzende Komplex (OEC) am PS II (Kap. 4.3), der Cytochrom b/f-Komplex (Kap. 6.1), Plastochinone (PQ/PQH_2; 3.12) und Plastocyanin (PC, Kap. 10.1), mehrere Eisen-Schwefel-Zentren (FeS, Kap. 7.1-7.4), lösliches Ferredoxin (Fd) und das Flavoprotein Fp (Ferredoxin/NADP-Reduktase) sowie ATP-Synthase als Zentrum der photosynthetischen Phosphorylierung (nach ANDERSON, ANDERSSON)

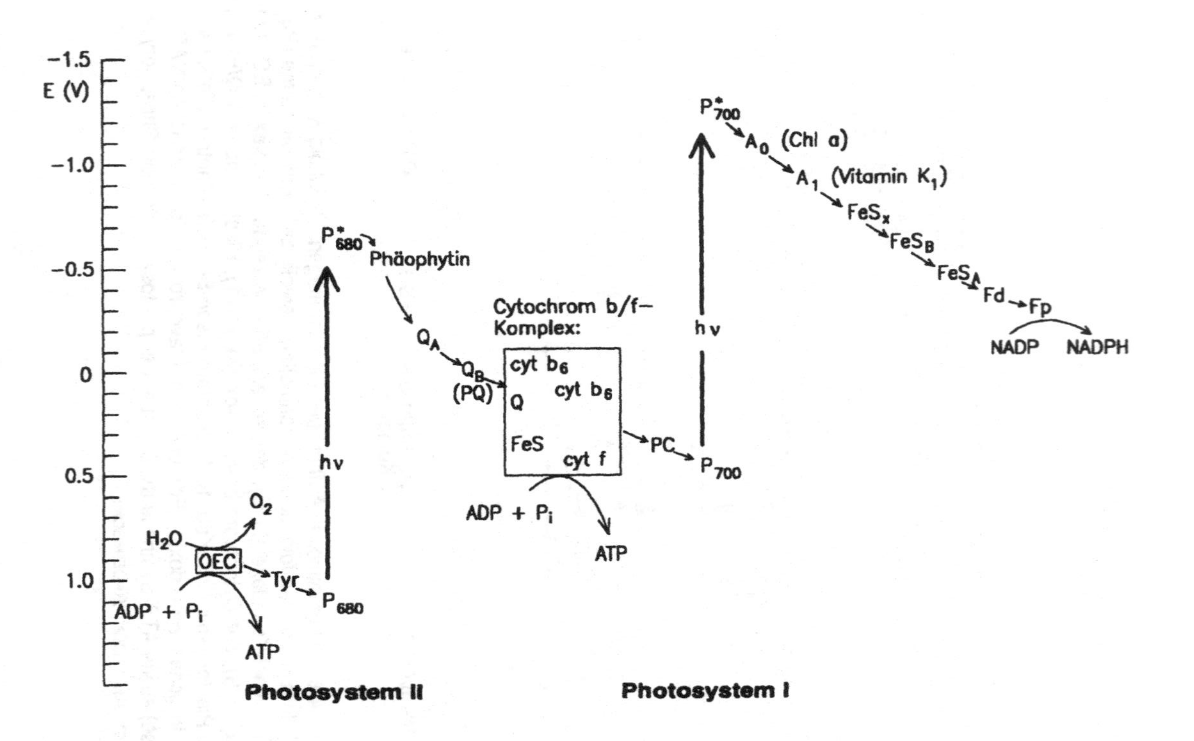

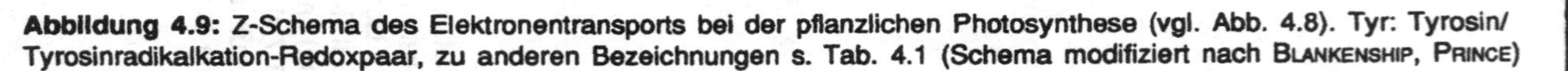

Abbildung 4.9: Z-Schema des Elektronentransports bei der pflanzlichen Photosynthese (vgl. Abb. 4.8). Tyr: Tyrosin/Tyrosinradikalkation-Redoxpaar, zu anderen Bezeichnungen s. Tab. 4.1 (Schema modifiziert nach BLANKENSHIP, PRINCE)

Tabelle 4.1: Liste der aktiven Bestandteile von Photosystemen I und II in Pflanzen (vgl. Abb. 4.9)

Gesamt-Photosystem I (einschließlich Cytochrom b/f-Komplex)		
ca. 200	Antennenchlorophylle	(Abb. 4.2)
ca. 50	Carotinoide	(vgl. Abb. 4.1)
1	Reaktionszentrum P_{700}	(vgl. Abb. 4.5)
1	Chlorophyll *a* (primärer Akzeptor A_0)	(2.5)
1	Vitamin K_1 (sekundärer Akzeptor A_1)	(3.12)
3	Fe/S-Cluster (FeS)	(Kap. 7.1-7.4)
1	gebundenes Ferredoxin (Fd)	(Kap. 7.1-7.4)
1	lösliches Ferredoxin (Fp)	(Kap. 7.1-7.4)
1	Plastocyanin (PC, primärer Donor)	(Kap. 10.1)
1	RIESKE-Fe/S-Zentrum	(7.5)
1	Cytochrom *f* (cyt *f*)	(Kap. 6.1)
2	Cytochrome b_6 (cyt b_6)	(Kap. 6.1)
Photosystem II (einschließlich OEC)		
ca. 200	Antennenchlorophylle	(Abb. 4.2)
ca. 50	Carotinoide	(vgl. Abb. 4.1)
1	Reaktionszentrum P_{680}	(vgl. Abb. 4.5)
2	Chlorophylle	(4.2)
2	Phäophytine (primärer Akzeptor)[a]	(Kap. 4.2.3)
2	Plastochinone (PQ)	(3.12)
2	Tyrosin-Reste (primärer Donor)[b]	(vgl. Tab. 2.5)
4	Manganzentren	(Abb. 4.10)
1	Calcium-Ion Ca^{2+}	(Kap. 14.2)
mehrere	Chlorid-Ionen Cl^-	
1	Cytochrom b_{559}	(Kap. 6.1)

[a]Metall-freier Chlorophyll-Ligand. [b]Bestandteile des Proteins.

Interessant ist, daß aufgrund der höheren Anregungsenergie im Vergleich zu bakteriellen Pigmenten das Tyrosin/Tyrosinradikalkation-Redoxpaar (E_0 = +0.95 V) Elektronen zwischen OEC und PS II übertragen kann; sekundärer Elektronendonor für P_{700} ist das Kupferprotein Plastocyanin (s. Kap. 10.1).

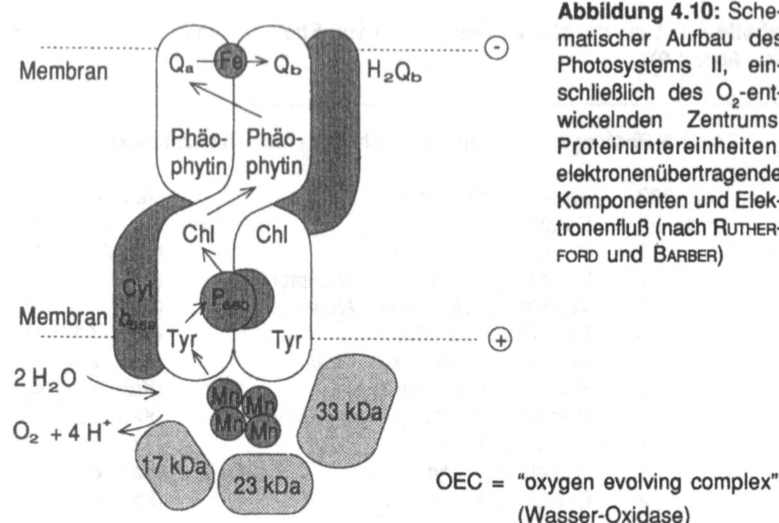

Abbildung 4.10: Schematischer Aufbau des Photosystems II, einschließlich des O_2-entwickelnden Zentrums: Proteinuntereinheiten, elektronenübertragende Komponenten und Elektronenfluß (nach RUTHERFORD und BARBER)

OEC = "oxygen evolving complex" (Wasser-Oxidase)

Mit dem Abzug von 1, 2 oder 3 statt 4 Elektronen pro 2 H_2O kann Wasser entsprechend dem Redoxpotentialschema (4.6) erst bei deutlich höheren Potentialen zu den energiereichen und reaktiven Produkten Hydroxyl-Radikal •OH, Wasserstoffperoxid H_2O_2 oder Superoxid $O_2^{\bullet-}$ umgesetzt werden, zu Stoffen also, die sich in Gegenwart von biologischen Membranen und Übergangsmetallionen als sehr schädlich erweisen können (s. Kap. 10.5 und 16.8). Eine wesentliche Aufgabe des Katalysators für die Wasseroxidation ist es daher, die Bildung freier reaktiver Zwischenprodukte zu verhindern und gleichzeitig eine hohe Substratspezifität zu gewährleisten, denn viele Moleküle sind leichter oxidierbar als H_2O!

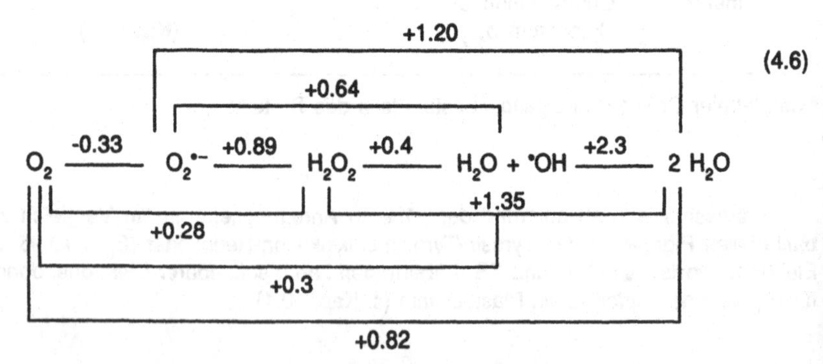

(4.6)

(Redoxpotentiale in V gegen Normalwasserstoffelektrode, pH 7)

Die Gesamtreaktion im Photosystem II läßt sich bei Verwendung von chinoiden Protonen- und Elektronenüberträgern wie folgt summieren (PQ: Plastochinon, PQH_2: Plastohydrochinon, s. 3.12):

$$2\,H_2O + 2\,PQ + 4\,H^+(\mathit{out}) \xrightarrow[\substack{[Mn]_x \\ \text{(katalysierend)}}]{4\,h\nu} O_2 + 2\,PQH_2 + 4\,H^+(\mathit{in}) \qquad (4.7)$$

Mit der eigentlichen Redoxreaktion ist demnach ein Transport von Protonen über die Membran hinweg verknüft (→ Phosphorylierung, Abb. 4.9); *out* und *in* sind bezogen auf die Lokalisation außerhalb bzw. innerhalb der Membranvesikel (Abb. 4.8). Die erforderlichen 4 Oxidationsäquivalente stehen erst nach Anregung mit zumindest 4 Photonen im Photosystem II zur Verfügung; Messungen der tatsächlichen Quantenausbeute für die gesamte Photosynthese haben jedoch ergeben, daß etwa acht Photonen für jedes reduzierte Molekül CO_2 aufgebracht werden müssen. Die Bindungsstelle von mobilem Q_b im Photosystem II ist der Angriffspunkt vieler Herbizide, so daß ein Verständnis seines Funktionsmechanismus auch von unmittelbar praktischem Interesse ist (DRABER et al.).

Für eine effektive Sauerstoffproduktion sind neben Calcium- und Chlorid-Ionen (deren Rolle noch weitgehend unklar ist; WIEGHARDT 1994; DEBUS) vor allem Mangan-Zentren als redoxaktive anorganische Komponenten erforderlich. ESR-spektroskopisch nachweisbarer Manganmangel beeinträchtigt z.B. die Baumvitalität und kann in Beziehung zu Waldschäden gebracht werden (LAGGNER et al.). Insgesamt enthält der katalysierende Multiproteinkomplex OEC wahrscheinlich vier Mangan-Zentren in einem der beteiligten Proteine (33 kDa), wobei zwei recht locker gebunden und mit Komplexbildnern extrahierbar sind. Mehrkernige Mangan-Komplexe ("Cluster") scheinen für die O_2-Produktion unbedingt erforderlich zu sein; über die Koordinationsumgebung, die gegenseitige Anordnung zueinander (Symmetrie) sowie den genaueren Mechanismus der Wasseroxidation sind in letzter Zeit aufgrund von spektroskopischen Messungen und Modelluntersuchungen mehrere Hypothesen vorgebracht worden (WIEGHARDT 1994; PROSERPIO, HOFFMANN, DISMUKES). Zur teilweisen Strukturanalyse dieser Metallcluster in den noch nicht kristallisierten labilen Membranproteinen wurden insbesondere Varianten der Röntgenabsorptions-Spektroskopie herangezogen (DEROSE et al.).

Röntgenabsorptions-Spektroskopie

Die Kristallisation von Proteinen und ihre Strukturaufklärung mittels Röntgenbeugung beanspruchen häufig viele Jahre (s. 4.2.3), so daß die schnellere, wenn auch weitaus weniger präzise Bestimmung einiger struktureller Merkmale durch Messung der Röntgenabsorption (**XAS**: **X**-ray **A**bsorption **S**pectroscopy) an (noch) nicht kristallinen Substanzen in den letzten Jahren populär geworden ist (GARNER; BERTAGNOLLI, ERTEL). Es handelt sich um die elementspezifische Absorption von Röntgenstrahlung, d.h. um eine Ionisation aus den innersten Elektronenschalen, wobei die übliche Absorptions-Kante ("edge") und ihr Hochenergie-Ausläufer bei genauerer Inspektion eine Feinstruktur aufweisen, die durch Interferenz des herausgelösten Photoelektrons mit den Streuelektronen um den absorbierenden Kern herum zustande kommt (Abb. 4.11).

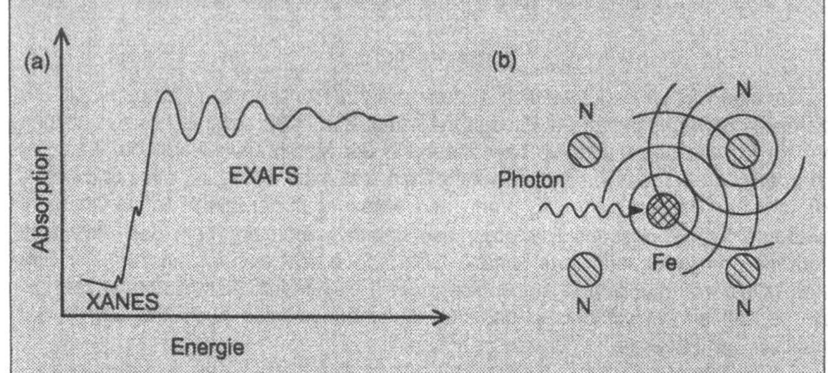

Abbildung 4.11: (a) Typisches Röntgenabsorptionsspektrum mit XANES- und EXAFS-Bereich; (b) Interferenz am absorbierenden Kern durch Rückstreuungseffekte (Beispiel Fe-Absorber in einer Häm-Situation)

Im Bereich des Beginns der Kante wird diese Methode als **XANES**-Spektroskopie (**X**-ray **A**bsorption **N**ear **E**dge **S**tructure) bezeichnet, der höherenergetische Sektor zeigt den **EXAFS**-Effekt (**E**xtended **X**-ray **A**bsorption **F**ine **S**tructure, weitreichende Röntgenabsorptionsfeinstruktur). Durch mathematische Fourier-Analyse dieser Feinstruktur kann die nähere (Koordinations-)Umgebung z.B. eines Metallzentrums selbst in einem weiter nicht charakterisierten Protein untersucht werden. Abgeschätzt werden können durch XANES die Oxidationsstufe, Symmetrie und Elektronenstruktur; mit der EXAFS-Spektroskopie lassen sich Art, Zahl und Abstand der Atome in den ersten Koordinationssphären, d.h. bis zu Entfernungen von ca. 400 - 500 pm vom Absorber ungefähr bestimmen (mathematische Simulation). Aufgrund der Ununterscheidbarkeit z.B. zwischen O- und N-Donorzentren sowie der unsicheren Koordinationszahl handelt es sich leider um kein eindeutiges Verfahren zur Strukturbestimmung, so daß häufig nur bestimmte Alternativen ausgeschlossen werden können. Die für diese Spektroskopie nötige intensive und streng monochromatisch durchstimmbare Röntgenstrahlung kann in dem für schwerere Metallzentren notwendigen Bereich nur von Beschleunigern geliefert werden (Synchrotron-Strahlung; Baumgärtel), wobei zur Vermeidung von Strukturschäden und Folgereaktionen bei möglichst tiefer Temperatur gemessen wird.

Die Mangan-EXAFS-Daten (DEROSE et al.) für die stabileren der "S"-Zustände (s.u.) des Wasser-oxidierenden Systems im Photosystem II belegen, daß die Mangan-Zentren von mehreren "leichten" Donor-Atomen (vermutlich überwiegend O) im Abstand von 180-200 pm, nicht aber von stärker streuenden Schwefelatomen umgeben sind. Signale für möglicherweise mehrere Mn–Mn-Abstände von ca. 270 pm lassen auf eine mehrkernige Anordnung schließen, in der die Metallzentren durch Einatom-(Oxid-)Brücken verknüpft sind (vgl. Modellkomplexe, 4.14).

Den EXAFS-Messungen zufolge existiert ein weiterer Mn–Mn-Abstand mit etwa 330 pm (Carboxylat-Verbrückung ?), der jedoch auch als Mn–Ca-Distanz interpretierbar ist. Eine direkte Bindung von für die Funktionsfähigkeit notwendigem Chlorid an Mangan konnte in dem untersuchten Material ausgeschlossen werden.

Die sehr rasch durchlaufene Ladungstrennungs-Kaskade in (4.8) verdeutlicht, daß über das Tyrosin-Radikalkation als primärem Akzeptor Einelektronenoxidations-Äquivalente für das mehrkernige Manganzentrum verfügbar sind.

Zeitlicher und räumlicher Verlauf eines Ladungstrennungsvorgangs im Photosystem II (Ph: Phäophytin): (4.8)

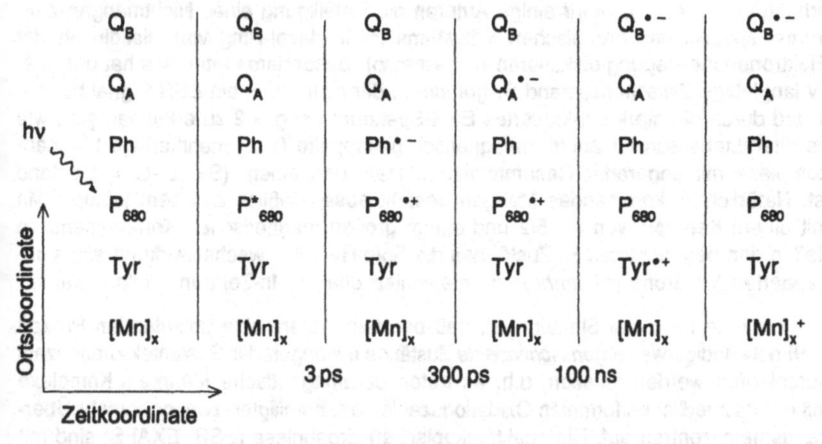

Bis zwei Moleküle Wasser jedoch durch sukzessive Lichteinwirkung *stufenweise* zu Disauerstoff oxidiert werden, beobachtet man in Blitzlicht-Kurzzeitmessungen insgesamt fünf, im Millisekunden-Bereich zeitlich aufeinander abgestimmte, unterschiedliche (Oxidations-)Zustände des PS II, die nach KOK als S_0 bis S_4 bezeichnet werden (GOVINDJEE, COLEMAN). Schema (4.9) zeigt die ladungsinduzierte Kopplung von Elektronen- und Protonenfluß sowie die unterschiedlichen Lebensdauern der fünf Zustände unter physiologischen Bedingungen. Die Strukturänderungen der Mangan-Zentren sind den EXAFS-Messungen an ausgefrorenem Material zufolge recht gering, was niedrige Aktivierungsenergien und damit eine effektive Redoxkatalyse zur Folge hat.

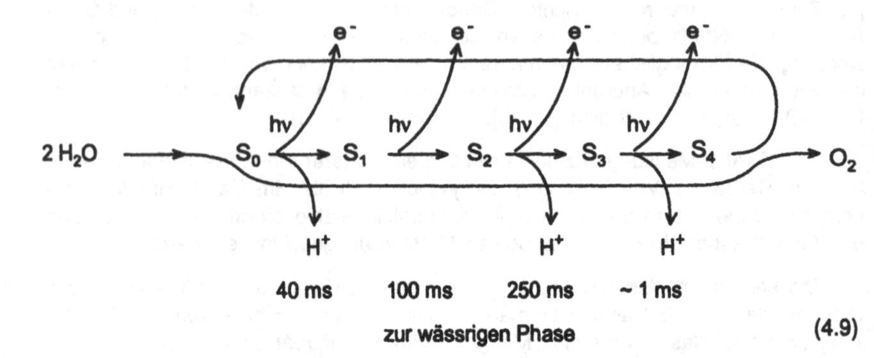

(4.9)

Die Lage der XAS-Absorptionskante, die für den Oxidationszustand kennzeichnend ist, ändert sich beim Übergang von S_0 über S_1 zu S_2 entsprechend einer Metalloxidation. Unterschiedliche Ergebnisse wurden für den Übergang $S_2 \rightarrow S_3$ erhalten (Ono et al.), wofür einige Autoren die Beteiligung eines Nichtmangan-Zentrums, speziell des organischen π-Systems im Imidazol-Ring von Histidin an der Elektronenübertragung diskutieren (Rutherford). Besonderes Interesse hat der relativ langlebige Zwischenzustand S_2 gefunden, der sich durch ein ESR-Signal bei $g = 4$ und durch ein stark strukturiertes ESR-Spektrum bei $g = 2$ zu erkennen gibt, wie es charakteristisch für antiferromagnetisch gekoppelte (s.u.) mehrkernige Mangankomplexe mit ungerader Gesamtelektronenzahl und einem (S=1/2)-Grundzustand ist. Natürlich vorkommendes Mangan besteht ausschließlich aus dem Isotop ^{55}Mn mit einem Kernspin von $I = 5/2$ und einem großen magnetischen Kernmoment, so daß in den beobachteten S_2-Zuständen die Spin-Hyperfeinwechselwirkung *eines* ungepaarten Elektrons mit *mehreren* unterschiedlichen ^{55}Mn-Zentren erfolgen kann.

Ursache für diese Situation ist, daß bei dem stufenweise ablaufenden Prozeß (4.9) notwendigerweise *gemischtvalente* Zustände mit ungerader Gesamtelektronenzahl durchlaufen werden müssen, d.h. es treten paramagnetische Mehrkern-Komplexe mit unterschiedlichen formalen Oxidationszahlen der beteiligten zwei oder mehr Übergangsmetallzentren auf. Die spektroskopischen Ergebnisse (ESR, EXAFS) sind mit mehreren Kombinationen von Oxidationsstufen interpretierbar (Rutherford; Wieghardt 1994). Schema (4.10) zeigt in stilisierter Form nur eine der möglichen Varianten. Für den letztlich O_2-freisetzenden, sehr kurzlebigen und daher noch nicht charakteriserten S_4-Zustand werden auf jeden Fall hohe Mangan-Oxidationszahlen und eine ungerade Gesamtelektronenzahl postuliert. S_4 besitzt zwei Elektronen weniger als S_2, welches seinerseits aufgrund der ESR-Charakteristik sicher eine ungerade Gesamtelektronenzahl besitzt (Wieghardt 1989).

⟨ : Oxidverknüpfung

$$\begin{array}{c} \qquad\qquad 2\,H_2O \searrow \qquad\qquad \nearrow O_2 + 4\,H^+ + 4e^- \\ \rightarrow S_0 \longrightarrow S_1 \longrightarrow S_2 \longrightarrow S_3 \longrightarrow S_4^* \end{array} \tag{4.10}$$

S_0	S_1	S_2	S_3	S_4^*
⟨Mn^{3+} Mn^{3+}⟩ Mn^{4+} Mn^{3+}	⟨Mn^{3+} Mn^{3+}⟩ Mn^{4+} Mn^{4+}	⟨Mn^{3+} Mn^{4+}⟩ Mn^{4+} Mn^{4+}	⟨Mn^{4+} Mn^{4+}⟩ Mn^{4+} Mn^{4+}	⟨Mn^{4+} Mn^{4+}⟩ Mn^{4+} Mn^{3+}

* Peroxid-Ligand ?

Welche Eigenschaften machen nun gerade Manganzentren besonders geeignet für eine Katalyse der Wasseroxidation und die rasche Freisetzung von Disauerstoff? Erinnert sei in diesem Zusammenhang an die Eignung von vor allem frisch gefälltem "Braunstein", einem in dieser Form nichtstöchiometrischen, gemischtvalenten (+IV,+III) System der Formel $MnO_{2-x} \cdot n\ H_2O$, als Katalysator für die Zersetzung von Wasserstoffperoxid zu Disauerstoff und Wasser. Von der Verfügbarkeit von Mn(III,IV)-Oxiden oder -Hydroxiden kann unter den Bedingungen der beginnenden Photosynthese vor ca. 3×10^9 Jahren im Meerwasser ausgegangen werden; bekannt sind die über längere Zeiträume entstandenen oxidischen "Manganknollen" (ca. 20% Mn-Gehalt) auf dem Meeresgrund. Es verwundert auch nicht, daß die Bedeutung von Mangan für den Metabolismus von O_2 nicht allein auf die Photosynthese beschränkt ist; mit der manganhaltigen Superoxid-Dismutase (Kap. 10.5; BORGSTAHL et al.), einer Azid-insensitiven Katalase und anderen Peroxidasen (vgl. Kap. 6.3) existieren weitere gesicherte Beispiele (WIEGHARDT 1989; PECORARO).

Mangan zeichnet sich aus

- durch eine Vielzahl von stabilen oder zumindest metastabilen Oxidationsstufen (+II,III,IV,V,VI,VII),
- durch oft sehr labile Bindung an Liganden, sowie
- durch eine ausgeprägte Vorliebe für high-spin-Zustände (geringe d-Orbitalaufspaltung, 2.9) und einen daraus resultierenden komplexen Magnetismus.

Spin-Spin-Kopplung

Treten zwei oder mehr Zentren mit ungepaarten Elektronen (↑) in Wechselwirkung, so kann eine **parallele "ferromagnetische"** (↑↑) oder **antiparallele "antiferromagnetische" Kopplung** (↑↓) der Elektronenspins resultieren (CARLIN; BLONDIN, GIRERD; s. auch Abb. 8.8).

Energie

S = 1 (↑↑) S = 0 (↑↓)

S = 1/2 S = 1/2

S = 1/2 S = 1/2 (4.11)

S = 0 (↑↓) S = 1 (↑↑)

antiparallel parallel

Spin-Spin-Kopplung

Bei geringer Orbitalwechselwirkung, z.B. aufgrund orthogonaler Anordnung von p- oder d-Orbitalen findet man wegen der HUNDschen Regel (maximale Multiplizität bei Orbitalentartung wegen sonst aufzubringender Spinpaarungsenergie) meist parallele Spin-Spin-Kopplung. Der häufigere Fall ist jedoch die antiferromagnetische Kopplung, bei welcher der Energiegewinn aus einer wenn auch geringen Orbitalaufspaltung durch möglicherweise nur indirekte Wechselwirkung ("Superaustausch") die Spinpaarungsenergie kompensiert.

Im Falle eines Dimeren aus high-spin Mn(III) (d^4, S=2) und high-spin Mn(IV) (d^3, S=3/2) würde ferromagnetische Kopplung zu einem Grundzustand mit dem Gesamtelektronenspin S = 7/2 führen (↑↑↑↑ + ↑↑↑ → ↑↑↑↑↑↑↑), teilweise Spinpaarung fände dann erst in thermisch erreichbaren angeregten Zuständen statt. Bei antiferromagnetischer Kopplung wäre der resultierende Grundzustand mit dem Gesamtelektronenspin S = 1/2 zu formulieren (↑↑↑↑ + ↓↓↓ → ↑↑↓↑↓↑↓); auch hier existieren dann thermisch erreichbare, magnetisch angeregte Zustände, diesmal allerdings mit höherer Multiplizität. Bei Mehrzentren-Systemen mit unterschiedlichem Ausmaß und Vorzeichen der Kopplungen sind auch noch Grundzustände mit dazwischenliegendem Gesamtelektronenspin möglich.

Untersucht werden können magnetische Zustände durch Messung des paramagnetischen Anteils der magnetischen Suszeptibilität, etwa über die Kraft, die eine Substanz im inhomogenen Magnetfeld erfährt (FARADAY-Waage, SQUID-Suszeptometer). Theoretische Modelle helfen, die beobachteten Werte zu interpretieren; insbesondere die Temperaturabhängigkeit der Suszeptibilität gibt Aufschluß über die Existenz und das Ausmaß der Kopplung zwischen Elektronenspins verschiedener Zentren. Nach dem CURIEschen Gesetz sollte eine niedrigere Temperatur aufgrund geringerer Ausmittelung durch thermische Bewegung der Teilchen zu einer höheren Suszeptibilität paramagnetischer Systeme führen; dieser Effekt kann jedoch durch antiferromagnetisches Verhalten, also die Tendenz zur Spinpaarung, überlagert werden.

Obwohl der Gesamtspin des Mangan-Clustersystems im Sauerstoff-produzierenden Komplex durch teilweise antiferromagnetische Kopplung zwischen den high-spin-konfigurierten Metallzentren kleiner ist als in einigen synthetischen Polymanganverbindungen mit Gesamtelektronenspins S > 10, so stehen in den wasser-

oxidierenden Zentren doch in jedem Falle *mehrere Oxidationszustände mit einer ungeraden Anzahl ungepaarter Elektronen* zur Verfügung. Dieser Sachverhalt sowie die schon erwähnte Zugänglichkeit zahlreicher benachbarter höherer Oxidationsstufen und die ausgeprägte Labilität in bezug auf koordinierte Liganden machen Mangan-Zentren so geeignet, um das Molekül $^3O_2$ in seinem Triplett-Grundzustand, d.h. mit einer *geraden Anzahl ungepaarter Elektronen* (vgl. Kap. 5.1) rasch zu erzeugen und freizusetzen (die normale Reaktion von Übergangsmetallzentren gegenüber O_2 ist die irreversible Bindung !). Die dafür erforderliche Änderung, d.h. ein "Umklappen" von Elektronenspins ("spin-flip") während chemischer Reaktionen, ist wegen geringer Wahrscheinlichkeit (→ statistischer Aspekt der Reaktionsgeschwindigkeit) oft mit hoher Aktivierungsenergie verbunden. Bekanntestes Beispiel für eine solche Spin-Hemmung ist das Knallgas-Gemisch 2 H_2 + O_2, welches erst nach Aktivierung durch einen bindungsspaltenden Katalysator oder nach Zündung in einer Radikalkettenreaktion Wasser liefert (4.12).

$$\begin{array}{ccccccc} \text{H–H} & + & \text{H–H} & + & \text{O=O} & \xrightarrow{\text{(gehemmt)}} & \text{H}^{\diagup}\text{O}^{\diagdown}\text{H} + \text{H}^{\diagup}\text{O}^{\diagdown}\text{H} \quad \text{(Atombilanz)} \\ \uparrow\downarrow & & \uparrow\downarrow & & \uparrow\downarrow\ \uparrow\uparrow & & \uparrow\downarrow\ \uparrow\downarrow \quad \uparrow\downarrow\ \uparrow\downarrow \quad \text{(Spinbilanz)} \\ & & S=1 & & & & S=0 \end{array} \tag{4.12}$$

Eine hypothetische Spinbilanz (4.13) zeigt die mögliche Funktion von Metall-Zentren mit variablen Spinquantenzahlen S = n/2.

$$\begin{array}{ccccccccc} 2\,H_2O & + & (Mn{-}Mn)^{n+} & \rightarrow & {}^3O_2 & + & (Mn{-}Mn)^{(n-4)+} & + & 4\,H^+ \\ \uparrow\downarrow & & \downarrow & & \uparrow\uparrow & & \downarrow\downarrow\downarrow & & \\ S=0 & & S=1/2 & & S=1 & & S=3/2 & & \end{array} \tag{4.13}$$

Zahlreiche zwei- und mehrkernige Modellkomplexe von Mn(II-IV) mit biologisch relevanten N- und O-Liganden wie etwa Carboxylaten, Oxo- und Hydroxo-Gruppen wie auch zwei- und facial dreizähnigen N-Chelatliganden als Modellen für die Proteinumgebung sind synthetisiert und durch aufwendige ESR-, XAS- und Suszeptibilitäts-Messungen charakterisiert worden (4.14; WIEGHARDT 1989, 1994; BRUDVIG, THORP, CRABTREE).

Herausgestellt hat sich dabei eine hohe Empfindlichkeit der Größe und des Vorzeichens der magnetischen Kopplung von der Ligandenkonfiguration, so daß hieraus wie auch aus den ESR-Spektren noch keine eindeutigen Schlußfolgerungen in bezug auf die Anordnung der Metallzentren im Enzym gezogen werden können (WIEGHARDT 1994). Die schon erwähnte Labilität der Mangan-Ligand-Bindungen und die Eingliederung des gesamten wasseroxidierenden Protein-Komplexes in eine Membran (s. Abb. 4.10) haben bislang detaillierte Strukturbestimmungen verhindert. Von struktureller (DEROSE et al.) und theoretischer Seite wird ein Modell der Assoziation zweier Oxid-verknüpfter Dimeren favorisiert ("dimer of dimers"; WIEGHARDT 1994).

Zweikernige Mangankomplexe mit Modellcharakter:

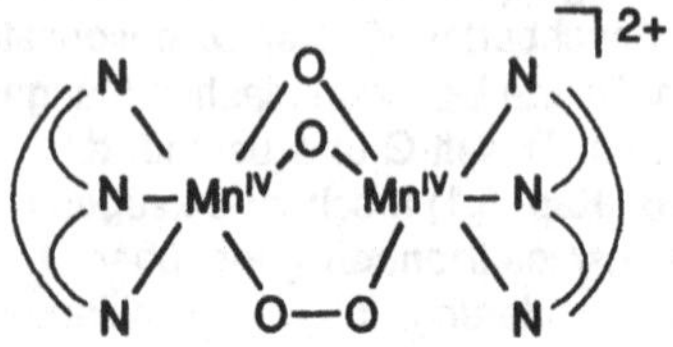

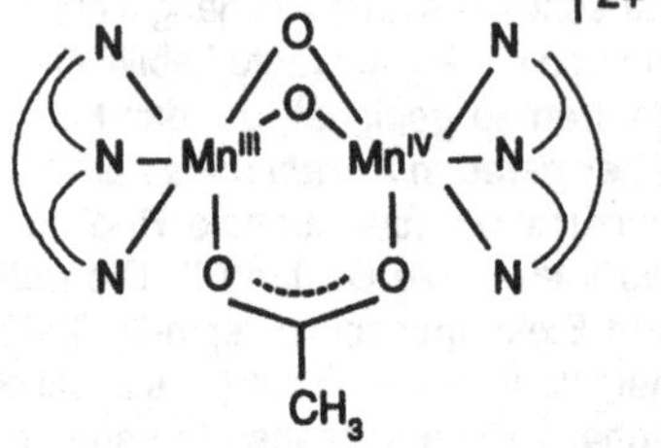

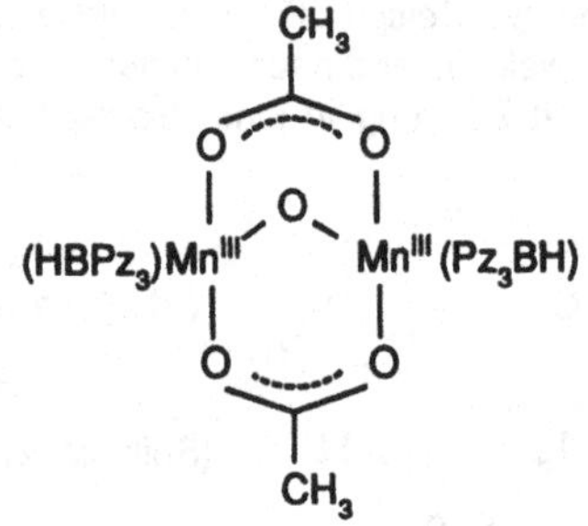

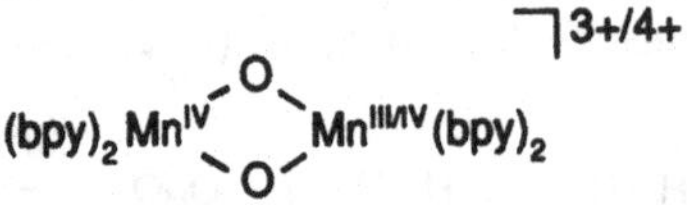

$[(N_3)Mn^{IV}(\mu\text{-}O)_2(\mu\text{-}O_2)Mn^{IV}(N_3)]^{2+}$ $[(N_3)Mn^{III}(\mu\text{-}O)_2(\mu\text{-}OAc)Mn^{IV}(N_3)]^{2+}$

$(HBPz_3)Mn^{III}(\mu\text{-}O)(\mu\text{-}OAc)_2Mn^{III}(Pz_3BH)$ $[(bpy)_2Mn^{IV}(\mu\text{-}O)_2Mn^{III/IV}(bpy)_2]^{3+/4+}$

(4.14)

$[(N_3)Mn^{III}(\mu\text{-}O)(\mu\text{-}OAc)_2Mn^{III/IV}(N_3)]^{2+/3+}$

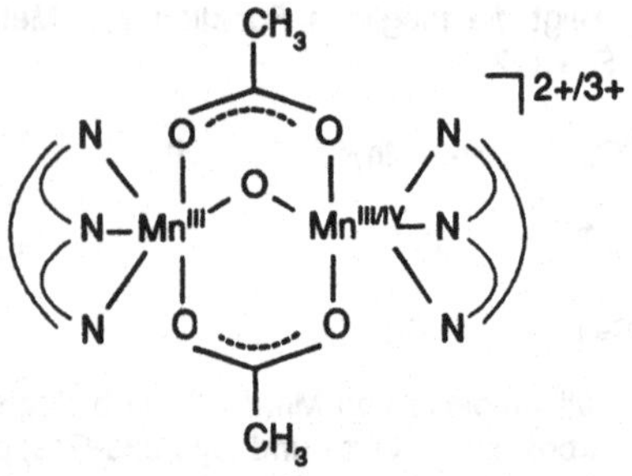

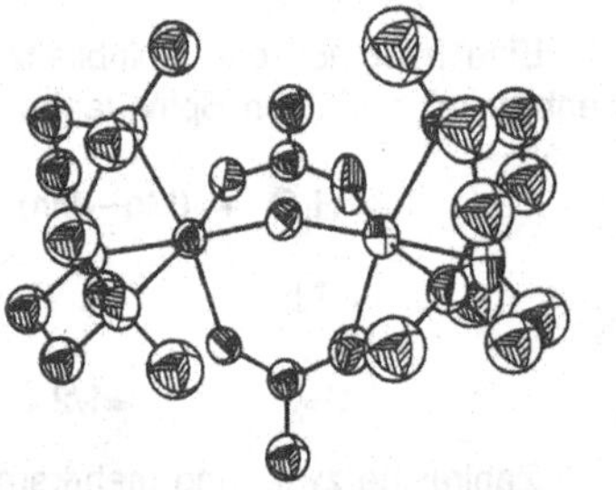

Struktur des (3+)-Ions (links: Mn^{III}/Mn^{IV}) im Kristall: Wieghardt et al.

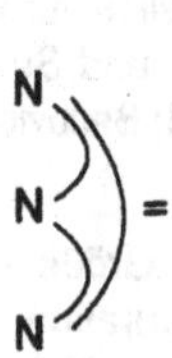

N_3 = 1,4,7-Trimethyl-1,4,7-triazazyklononan

bpy = 2,2'-Bipyridin

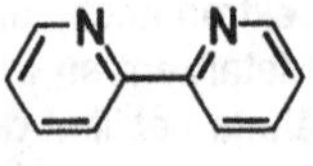

Pz_3BH^- = Tris(pyrazolyl)borat

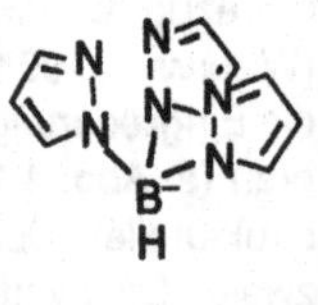

Sind schon die notwendige Zahl, die Anordnung (Symmetrie) und die Oxidationsstufen der Manganzentren nicht eindeutig festlegbar, so existiert natürlich eine noch weit größere Unsicherheit hinsichtlich des tatsächlichen Mechanismus der Disauerstoff-Produktion aus Wassermolekülen. Ein Hauptproblem bei der Untersuchung liegt in der Tatsache begründet, daß hier *Substrat und Lösungsmittel identisch* sind. Generell wird angenommen, daß bei der Katalyse dieser Oxidation zunächst zwei Moleküle H_2O in räumlicher Nähe zueinander koordiniert werden, bevor die Schritte des Elektronenentzugs mit gleichzeitiger Deprotonierung des koordinierten Wassers zu OH^- oder O^{2-} erfolgen: $S_0 \rightarrow S_4$ (Abb. 4.9). Auf welcher Stufe die O–O-Bindung tatsächlich geknüpft wird, ist noch unklar; wie im folgenden Kapitel 5.1 dargestellt, existieren mehrkernige Metallkomplexe sowohl von Peroxid O_2^{2-} wie auch von Superoxid $O_2^{\bullet -}$. Ein O_2-produzierender Peroxodimangan(IV)-Komplex (4.14, links oben) als Modell für die $S_0 \rightarrow S_4$-Reaktion wurde erstmals von Bossek et al. beschrieben. Ein nur als Hypothese zu verstehender Minimal-Mechanismus für ein Dimer (Wieghardt 1989) ist in (4.15) dargestellt.

Hypothetischer Mechanismus zur Cluster-katalysierten Wasseroxidation: (4.15)

$$\mathrm{Mn^{(n-1)+}(\mu\text{-}X)_2Mn^{(m-1)+}(H_2O)_2} \xrightarrow[-2e^-]{-2H^+} \mathrm{Mn^{n+}(\mu\text{-}X)_2Mn^{m+}(OH)_2} \xrightarrow[-2e^-]{-2H^+} \mathrm{Mn^{n+}(\mu\text{-}X)_2Mn^{m+}(O\text{—}O)} \xrightarrow{-O_2,\ +2H_2O} \mathrm{Mn^{(n-1)+}(\mu\text{-}X)_2Mn^{(m-1)+}(H_2O)_2}$$

X = O^{2-}, OH^-, OR^- oder $RCOO^-$

Die Funktion des Polymangan-Systems in der Wasser-Oxidase besteht somit in der Mehrelektronenspeicherung, insbesondere in der Fähigkeit, als *zeitlich gesteuerter Ladungsakkumulator bei physiologisch hohem Redoxpotential* sowie als $^3O_2$-*nicht*-bindender Katalysator zu wirken.

Unklarheit besteht noch über die offenbar essentielle Rolle von Ca^{2+} und Cl^- bei der Disauerstoff-Produktion (Wieghardt 1994; Debus). Für das Calcium-Ion (substituierbar durch Sr^{2+}) wird in Einklang mit seiner biochemischen Charakteristik (vgl. Kap. 14.2) eine Strukturstabilisierungs- oder Regulations-Funktion vermutet. In einem proteinkristallographisch gestützten Modell wird Ca^{2+} sogar als integraler Bestandteil des Manganclusters beschrieben (FERREIRA et al.). Die Rolle der durch Br^-, nicht aber durch F^- ersetzbaren Chlorid-Ionen könnte darin liegen, als Platzhalter für zu oxidierendes Wasser oder Hydroxid zu dienen. Eine Platzhalter-Rolle für das eigentliche Substrat im aktiven Zentrum von Enzymen wird sonst meist von schwach koordinierendem Wasser übernommen (vgl. Kap. 12); hier stellt Wasser jedoch selbst das Substrat dar, so daß das gleichfalls schwach koordinierende, in recht hoher Konzentration vorliegende Chlorid diese Aufgabe übernehmen könnte, ohne selbst oxidiert werden zu können (E_0 = +1.36 V für Oxidation zu Cl_2) und um mögliche Oxidationsreaktionen des Peptids zu verhindern.

In Richtung mehrkerniger Mangankomplexe wurden bislang vorwiegend molekular-*strukturelle* Modellverbindungen synthetisiert (BRUDVIG, THORP, CRABTREE; WIEGHARDT 1989, 1994), deren gekoppelte H^+/e^--Transfer-Reaktionen erst in Ansätzen untersucht worden sind. Es existieren bei dem mit Mangan über eine Schrägbeziehung im Periodensystem verknüpften Ruthenium jedoch auch funktionale Modellkomplexe (4.16). Verwendet wurden im Rahmen von Bestrebungen zu einer "artifiziellen Photosynthese" (MEYER) Oxid-verbrückte Ruthenium-Dimere, die als Liganden den stabil gebundenen π-Elektronenakzeptor 2,2'-Bipyridin als Elektronen-Puffer enthalten.

$$\begin{array}{ccc} O_2 & (bpy)_2Ru^{III}\text{–}O\text{–}Ru^{III}(bpy)_2{}^{4+} \;(\text{mit je } H_2O \text{ an Ru}) & -4\,e^- \\ 2\,H_2O & (bpy)_2Ru^{V}\text{–}O\text{–}Ru^{V}(bpy)_2{}^{4+} \;(\text{mit je } {=}O \text{ an Ru}) & +4\,H^+ \end{array} \tag{4.16}$$

Im eher technischen Bereich, bei der elektrolytischen Sauerstoffproduktion, finden ebenfalls Platinmetall-Oxoverbindungen wie etwa RuO_2 und IrO_2 Verwendung; die extreme Seltenheit der Platinmetalle steht natürlich einer Bioverfügbarkeit im Wege.

Der anorganische Naturstoff O_2: Aufnahme, Transport und Speicherung

.1 Entstehung sowie molekulare und komplexchemische Eigenschaften von Disauerstoff O_2

Die hohe Konzentration von potentiell reaktivem Disauerstoff O_2 in der Erd-
tmosphäre (ca. 21 Vol.%) ist ein Resultat der kontinuierlichen Photosynthese "höherer"
)rganismen. O_2 ist damit ein *Naturstoff*, d.h. ein Stoffwechsel-Sekundärprodukt,
benso wie beispielsweise Alkaloide oder Terpene; ursprünglich handelte es sich
ogar um ein ausschließlich toxisches Abfallprodukt. Untersuchungen der Atmosphären
on Planeten und Monden haben generell Gehalte von weit unterhalb 1 Vol.% O_2
rgeben; ähnliches wird für die Uratmosphäre der Erde bis vor ca. 2.5 Milliarden
ahren angenommen (ALLÈGRE, SCHNEIDER). Wegen des Wachstums der Organismen
nd des daraus folgenden Bedarfs an aus CO_2 gewonnenen reduzierten Kohlen-
toffverbindungen (4.4) stieg das Ausmaß der Photosynthese soweit an, daß die
leichzeitig resultierenden Oxidationsäquivalente nicht mehr durch Hilfssubstrate wie
twa Fe(II)- oder S(-II)-Verbindungen abgefangen werden konnten; letztendlich er-
olgte die (z.B. Mn-katalysierte, Kap. 4.3) Oxidation des umgebenden Wassers zu
)isauerstoff (4.5). Konnte der extrem umweltschädliche Schadstoff O_2 noch eine
Veile von reduzierten Verbindungen, insbesondere von bei pH 7 löslichem Fe^{2+} und
Mn^{2+} unter Bildung mächtiger oxidischer Ablagerungen wie etwa der "Rotsedimente"
les Eisen(III)oxids aufgenommen werden (5.1), so erhöhte sich vor ca. 2.5 Milliar-
len Jahren auch allmählich die O_2-Konzentration in der Atmosphäre, bis vor etwa 1
Ailliarde Jahren das auch heute noch vorhandene recht stabile Gleichgewicht
:wischen O_2-Produktion und -Verbrauch mit stationärer Konzentration bei 21 Vol.%
ind Recycling innerhalb von ca. 2000 Jahren erreicht wurde.

$$4\ Fe^{2+} + O_2 + 2\ H_2O + 8\ OH^- \rightarrow 4\ Fe(OH)_3 \rightarrow 2\ Fe_2O_3 + 6\ H_2O \qquad (5.1)$$

Das Auftreten von freiem **Disauerstoff O_2 als toxischem Abfallprodukt eines
nergieliefernden Prozesses** stellte eine echte "Öko-Katastrophe" dar. Der größte
Teil der damals lebenden Organismen ist wohl als Folge dieser Selbstvergiftung
usgestorben, während einige heute als *anaerob* benannte Formen in O_2-freien
lischen überlebt haben. Zum bekanntermaßen stark oxidierenden Charakter des O_2
ritt die leichte, durch Übergangsmetalle katalysierte Bildung hochreaktiver, *teil-
reduzierter* Spezies (4.6), deren Unschädlichmachung eine Vielzahl biologischer Antioxidantien erfordert (s. Tab. 16.1). In freier Atmosphäre haben daher nur solche
aerobe Organismen überlebt, die Schutzmechanismen vor O_2 *und* seinen sehr schädli-
chen, häufig radikalischen Reduktions-Zwischenprodukten (4.6, 5.2) entwickeln konnten
(ELSTNER; SAWYER).

$$
\begin{array}{llll}
O_2 \quad \text{(Disauerstoff)} & & & \\
\quad -e^- \updownarrow +e^- & & & \\
O_2^{\bullet -} \underset{-H^+}{\overset{+H^+}{\rightleftharpoons}} HO_2^{\bullet} & & & (pK_s \approx 4.7) \\
\text{Superoxid oder Hyperoxid (Radikalanion)} & & & \\
\quad -e^- \updownarrow +e^- & & & \\
O_2^{2-} \underset{-H^+}{\overset{+H^+}{\rightleftharpoons}} HO_2^- \underset{-H^+}{\overset{+H^+}{\rightleftharpoons}} H_2O_2 & & & (pK_s \approx 11.6) \text{ (erste Stufe)} \\
\text{Peroxid} \quad \text{Hydroperoxid} \quad \text{Wasserstoffperoxid} & & & \\
\quad -e^- \updownarrow +e^- & & & \\
[O^{2-} + O^{\bullet -}] \overset{+3H^+}{\rightleftharpoons} H_2O + {}^{\bullet}OH & & & (pK_s \approx 10) \\
\qquad \text{Wasser} \quad \text{Hydroxyl-Radikal} & & & \\
\quad -e^- \updownarrow +e^- & & & \\
2\,O^{2-} \underset{-2H^+}{\overset{+2H^+}{\rightleftharpoons}} 2\,OH^- \underset{-2H^+}{\overset{+2H^+}{\rightleftharpoons}} 2\,H_2O & & & (pK_s \approx 15.7) \text{ (erste Stufe)} \\
\text{Oxid} \quad \text{Hydroxid} \quad \text{Wasser} & & &
\end{array}
\qquad (5.2)
$$

Im Zuge der Evolution entstanden jedoch auch Organismen, die in sauerstoffhaltiger Atmosphäre den Umkehrprozess der Photosynthese (4.1), die als Atmung bezeichnete "kalte", d.h. kontrolliert katalysierte Verbrennung reduzierter Substrate (= Nahrung) für einen wesentlich intensiveren, nur mehr mittelbar lichtabhängigen Energieumsatz und damit für komplexere Lebensformen nutzen konnten. Voraussetzung hierfür war nicht nur der erfolgreiche, letztendlich sogar nutzbar gemachte Abbau von Sauerstoff-Zwischenprodukten wie H_2O_2, $O_2^{\bullet -}$ oder $^{\bullet}OH$, sondern auch das Zurechtkommen mit der drastisch geänderten Bioverfügbarkeit einiger Elemente und ihrer Verbindungen (DASILVA, WILLIAMS). Aus der Bildung einer oxidierenden Atmosphäre bei pH 7 resultierten unter anderem folgende Veränderungen:

- Fe^{II} (löslich) → Fe^{III} (unlösliches Hydroxid)
- Cu^{I} (unlösliche Halogenide, Chalkogenide) → Cu^{II} (löslich)

- S^{-II} (unlösliche Sulfide) → SO_4^{2-} (löslich)
- Se^{-II} (unlöslich) → SeO_3^{2-} (löslich)
- MoS_x (unlöslich) → MoO_4^{2-} (löslich)
- CH_4 → CO_2
- H_2 → H_2O
- NH_3 → NO_3^-, NO_2^-, NO

Als Folge der O_2-Produktion entstand übrigens auch die Ozonschicht in der Stratosphäre, die durch Abschirmung besonders energiereicher Sonnenstrahlung zu einer insgesamt kontrollierteren Entwicklung von Lebewesen beigetragen haben mag.

Um zu verstehen, weshalb die Präsenz von O_2 eine außerordentliche Gefährdung, z.B. im Hinblick auf den Vorgang der Alterung (s. Kap. 16.8), aber auch eine große Chance für Organismen darstellt, werden im folgenden die molekularen Eigenschaften und komplexchemischen Aspekte des Disauerstoffs vorgestellt (SAWYER; TAUBE; NIEDERHOFFER, TIMMONS, MARTELL; KLOTZ, KURTZ). Elementarer Sauerstoff ist entsprechend seiner Stellung im Periodensystem der Elemente und der daraus folgenden zweithöchsten Elektronegativität ein sehr starkes Oxidationsmittel. Viele Substanzen reagieren, allerdings oft erst nach Aktivierung, mit Disauerstoff stark exotherm. Die häufig zu beobachtende, ja charakteristisch zu nennende Hemmung zahlreicher Reaktionen mit O_2 läßt sich in vielen Fällen mit dem Triplett-Grundzustand des O_2-Moleküls begründen: es liegen zwei ungepaarte Elektronen vor. Diese für ein kleines, stabiles Molekül ungewöhnliche Situation folgt aus dem Molekülorbital-Schema (5.3) in Verbindung mit der HUNDschen Regel (vgl. 2.8), welche besagt, daß bei der Besetzung energieentarteter Orbitale wie $\pi^*(2p)$ der Zustand maximaler Multiplizität bevorzugt ist (hier: Triplett $^3O_2$ gegenüber Singulett $^1O_2$).

Orbitalenergie	$^3O_2$	$^2O_2^{\bullet-}$	$^1O_2^{2-}$	$^1O_2(^1\Delta)$	$^1O_2(^1\Sigma)$
σ^*_{2p}	—	—	—	—	—
π^*_{2p}	↑ ↑	↑↓ ↑	↑↓ ↑↓	↑↓ —	↑ ↓
π_{2p}	↑↓ ↑↓	↑↓ ↑↓	↑↓ ↑↓	↑↓ ↑↓	↑↓ ↑↓
σ_{2p}	↑↓	↑↓	↑↓	↑↓	↑↓
Bindungsordnung	2	1.5	1		
Bindungslänge (pm)	121	ca. 128	ca. 149		
Schwingungsfrequenz (cm^{-1})	1560	1150-1100	850-740		

(5.3)

In der Tat ist $^3O_2$ mit zwei ungepaarten Elektronen im Grundzustand gegenüber den beiden Singulett-Zuständen $^1O_2$ ($^1\Delta$) und $^1O_2$ ($^1\Sigma$) um mehr als 90 bzw. 150 kJ/mol begünstigt. Die Reaktion von $^3O_2$ mit normalen Singulett-Molekülen ist andererseits aufgrund der Notwendigkeit eines wenig wahrscheinlichen "Umklappens" von Spins gehemmt ("Spinverbot", vgl. 4.12). Dieses Phänomen läßt überhaupt erst das gegenwärtige *metastabile* Gleichgewicht mit der Präsenz von "Brenn"-Stoffen (Holz, fossile Energieträger, Kohlenhydrate etc.) in einer sauerstoffreichen Atmosphäre zu, ohne daß sofort die energieärmsten Produkte CO_2 und Wasser entstehen. Chemisch oder photoinduziert erzeugbarer Singulett-Disauerstoff $^1O_2$ stellt daher eine weitere toxische Form des Sauerstoffs dar; wenig gehemmte und daher unkontrollierte Oxidationswirkung geht schließlich auch von der diamagnetischen Element-Modifikation Ozon (O_3) aus.

Das Spinverbot gilt jedoch nicht für Reaktionspartner des $^3O_2$, die leicht Elektronenübertragungsreaktionen eingehen können (Chanon et al.; Massey) oder die selbst ungepaarte Elektronen enthalten; zu letzteren gehören

- stabile oder durch Zündung erzeugte freie Radikale (S = 1/2),
- Verbindungen mit photochemisch oder anderweitig erzeugten angeregten Triplett-Zuständen (S = 1) und
- paramagnetische Übergangsmetallzentren (S ≥ 1/2).

Die meisten Reaktionen zwischen O_2 und Metallkomplexen verlaufen irreversibel, wie die Gleichungen (5.1) oder (5.12) illustrieren. Bei derartigen Reaktionen wird Sauerstoff meist bis zur Stufe (-II) reduziert, so daß Oxid-, Hydroxid- oder Wasser-Liganden mit gespaltener Sauerstoff-Sauerstoff-Bindung resultieren. Während der ersten beiden Einelektronen-Reduktionsstufen (vgl. 4.6, 5.2) zu Superoxid-Radikalanion ($O_2^{\bullet-}$, S = 1/2) und Peroxid-Dianion (O_2^{2-}, S = 0) bleibt die O–O-Bindung jedoch erhalten, wobei die Bindungsordnung stufenweise von einer Doppel- auf eine Einfach-Bindung reduziert wird. Dies entspricht der Einlagerung von zusätzlichen Elektronen bis zur vollständigen Besetzung des entarteten, schwach antibindenden π^*(2p)-Molekülorbitals (5.3). Die Redoxpotentiale für die Reduktion von O_2 verringern sich in Gegenwart von Elektrophilen wie etwa Metallionen oder auch H^+. Das biochemisch wichtige Stabilitätsdiagramm von Wasser, d.h. der thermodynamische Existenzbereich von H_2O im Gleichgewicht mit H_2 einerseits und O_2 andererseits (alle anderen Stufen sind metastabil!), ist als Funktion von Potential und pH-Wert in Abb. 5.1 dargestellt.

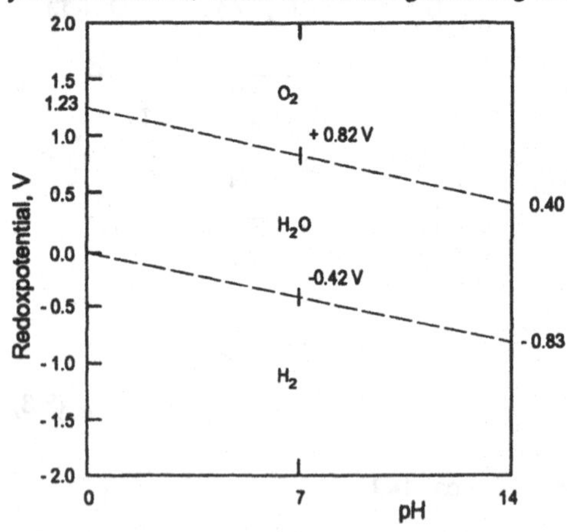

Abbildung 5.1: Stabilitätsdiagramm des Wassers (-----: Gleichgewichtslinien)

Zu den einfacheren *reversibel* Disauerstoff-koordinierenden Komplexen (NIEDERHOFFER, TIMMONS, MARTELL) gehören insbesondere anorganische und metallorganische Verbindungen (5.4) der Metalle Cobalt, Rhodium und Iridium aus der Gruppe 9 des Periodensystems. Der VASKAsche Iridium-Komplex zeigt reversible Aufnahme und Abgabe von "side-on"-(η^2-) gebundenem O_2, während Pentacyano-, *salen*- (vgl. 3.16) oder Pentaammin-Cobalt(II)-Komplexfragmente Disauerstoff über eine "end-on"-(η^1-)Koordination binden können (5.4). Weitere Koordinationsmöglichkeiten, die auch für die biologische O_2-Verwertung diskutiert werden, sind in (5.6) zusammengefaßt.

end-on (η^1)

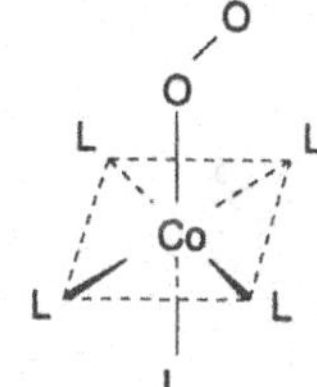

L = NH_3, CN^-

(5.4)

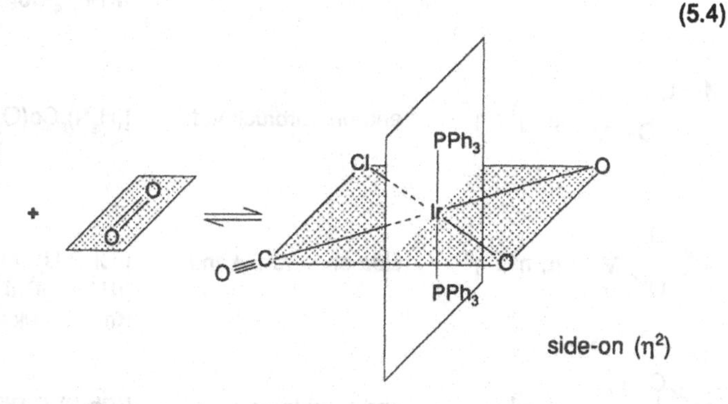

side-on (η^2)

Strukturelle wie spektroskopische Untersuchungen (ESR) legen nahe, daß Disauerstoff sowohl in einfach als auch doppelt reduzierter Form gebunden sein kann (5.5). Die Neigung von Superoxid und Peroxid wie auch von Oxid und Hydroxid zur Brückenbildung zwischen Metallzentren ist ein zusätzlicher Grund für die oftmals beobachtete Irreversibilität der O_2-Koordination (vgl. 5.5, 5.6 und 5.12).

$$[(NH_3)_5Co{-}O{-}O{-}Co(NH_3)_5]^{n+} \qquad (5.5)$$

n = 5, d(O–O) = 131 pm, $O_2^{\bullet-}$-Ligand

n = 4, d(O–O) = 147 pm, O_2^{2-}-Ligand

Metallkoordination von O_2^{n-} (5.6)

Strukturtyp:	Bezeichnung des O_2^{n-}-Koordinationsmodus:		Beispiel:
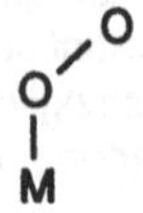 M–O–O	η^1	end-on	$[(CN)_5Co(O_2)]^{3-}$
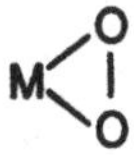 M(O–O)	η^2	side-on	$(Ph_3P)_2(CO)(Cl)Ir(O_2)$ $(HBPz^*_3)Co(O_2)$: EGAN et al.
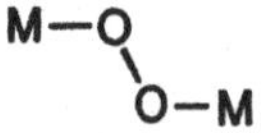 M–O–O–M	$\mu, \eta^1:\eta^1$	end-on verbrückend	$[(H_3N)_5Co(O_2)Co(NH_3)_5]^{5+}$
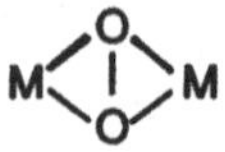 M(O–O)M	$\mu, \eta^2:\eta^2$	side-on verbrückend	$[(Cl_3O_2U)_2(O_2)]^{4-}$ $[(HBPz^*_3)Cu]_2(O_2)$: KITAJIMA, MORO-OKA
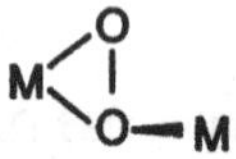 M(O–O)–M	$\mu, \eta^1:\eta^2$	end-on/side-on verbrückend	$[(Ph_3P)_2ClRh]_2(O_2)$
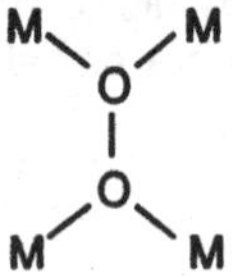 M_2O–OM_2	$\mu_4, (\eta^1)_4$	end-on, vierfach verbrückend	$Fe_6O_2(O_2)(OCPh)_{12}(OH)_2$: MICKLITZ et al.

$HBPz^*_3$: Tris(3,5-diisopropylpyrazolyl)borat :

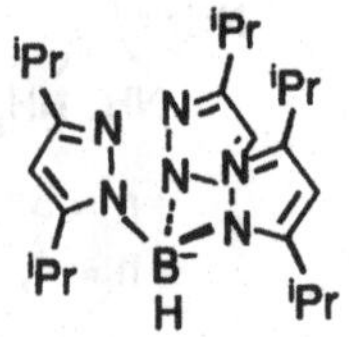

Das ungesättigte Molekül O_2 ist ein σ-Donor/π-Akzeptor-Ligand: Über die freien Elektronenpaare wird Elektronendichte zum elektropositiven Metall transferiert, während aus energiereichen, teilweise gefüllten d-Orbitalen elektronenreicher Metalle "Rückbindung" in das nur teilweise besetzte π*-Orbital des O_2 erfolgen kann (5.7, gefüllte Orbitale sind schraffiert dargestellt).

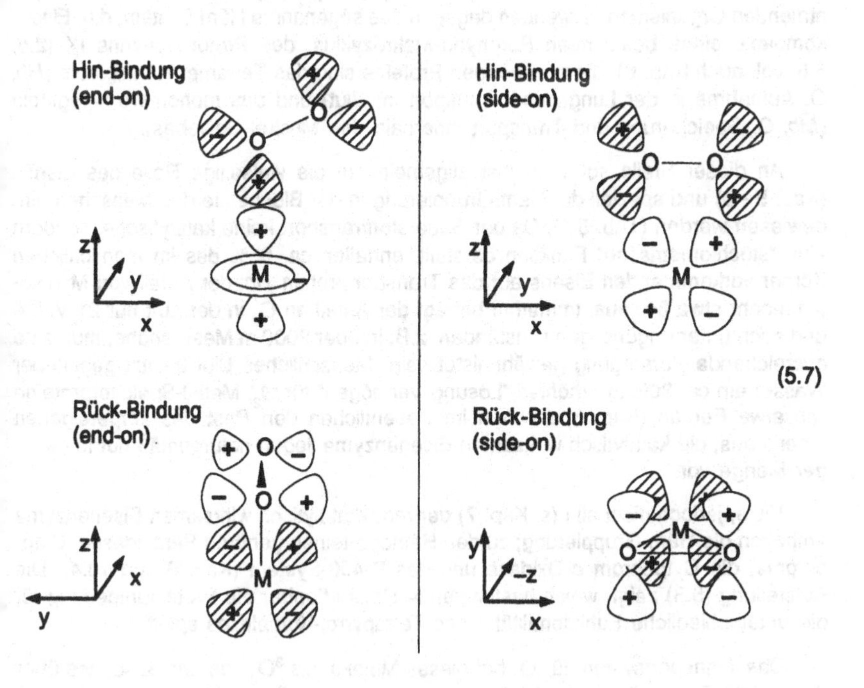

Nach einer intramolekularen Elektronenverschiebung können die (formalen !) Oxidationsstufen anhand der Kriterien (5.3) neu zugeordnet werden (vgl. 5.5).

5.2 Sauerstoff-Transport und -Speicherung mittels Hämoglobin und Myoglobin

Welche Funktionen werden von Organismen bei der O_2-Nutzung benötigt? Vor der eigentlichen metabolischen Verwertung stehen reversible Aufnahme aus der Atmosphäre und Transport in sauerstoffarmes Gewebe sowie die dort notwendige Speicherung bis zum tatsächlichen Umsatz. Bestimmte Gruppen von Weichtieren,

Krebsen, Spinnen und Würmern einerseits und die Mehrzahl höherer Organismen, insbesondere die Wirbeltiere andererseits unterscheiden sich durch zwei auch komplexchemisch deutlich verschiedene Strategien bei der O_2-Koordination: Die genannten Gruppen von Wirbellosen besitzen hierfür zweikernige Metallarrangements mit Aminosäure-Koordination, entweder das Kupferprotein Hämocyanin (*Hc*, Kap. 10.2) oder das Eisenprotein Hämerythrin (*Hr*, Kap. 5.3). Vor allem die höheren atmenden Organismen verwenden dagegen das sogenannte Häm-System, d.h. Eisenkomplexe eines bestimmten Porphyrin-Makrozyklus, des Protoporphyrins IX (2.5, 5.8, vgl. auch Kap. 6); die zugehörigen Proteine sind das Tetramer Hämoglobin (*Hb*, O_2-Aufnahme in der Lunge und Transport im Blut) und das monomere Myoglobin (*Mb*, O_2-Speicherung und Transport innerhalb des Muskel-Gewebes).

An dieser Stelle soll zunächst allgemein auf die vielseitige Rolle des Eisens (Kap. 5 - 8) und speziell der Häm-Gruppierung in der Biochemie des Menschen hingewiesen werden (Tab. 5.1). Da der Sauerstofftransport keine katalytische, sondern eine "stöchiometrische" Funktion darstellt, entfallen ca. 65% des im menschlichen Körper vorkommenden Eisens auf das Transportprotein *Hb*; der Anteil von Myoglobin macht etwa 6% aus. Immerhin beträgt der Anteil an O_2 in der Luft nur 21 Vol.% und auch unter ungünstigen Umständen, z.B. in über 2000 m Meereshöhe, muß eine ausreichende Versorgung gewährleistet sein. Menschliches Blut besitzt gegenüber Wasser ein ca. 30fach erhöhtes "Lösungsvermögen" für O_2. Metall-Speicherproteine wie etwa Ferritin (Kap. 8) machen im wesentlichen den Rest des körpereigenen Eisens aus; die katalytisch wirksamen Eisenenzyme liegen naturgemäß nur in geringer Menge vor.

Viele, jedoch nicht alle (s. Kap. 7) der redoxkatalytisch wirksamen Eisenenzyme enthalten die Häm-Gruppierung; zu den Hämoproteinen gehören Peroxidasen, Cytochrome, die Cytochrom *c*-Oxidase und das P-450-System (Kap. 6 und 10.4). Die Aufstellung (5.8) zeigt, welch bestimmende Rolle offenbar die Proteinumgebung für die unterschiedliche Funktionalität eines Tetrapyrrol-Komplexes spielt.

Das Transportsystem für O_2 hat dieses Molekül als $^3O_2$ aus der Gasphase über die gelöste Form möglichst effektiv aufzunehmen, über die Blutbahn in Erythrozyten-Zellen zum Speicher zu transportieren und dort möglichst vollständig wieder abzugeben. Bei eventuell wechselndem Angebot und stark wechselndem Bedarf an O_2 ist diese Aufgabe nicht einfach zu lösen; der Speicher muß immer eine höhere O_2-Affinität besitzen als das gleichwohl leistungsfähige Transportsystem. Dessen Effizienz ist im Falle des Hämoglobins (Abb. 5.2) mit seinen insgesamt vier Häm-Zentren über den sogenannten kooperativen Effekt gewährleistet (Perutz et al.): Während der vollständigen Beladung mit 4 Molekülen O_2 (ca. 1 ml O_2 pro 1 g *Hb*) nimmt die Sauerstoff-Affinität noch stark zu, was durch eine sigmoide, nicht-hyperbolische Sättigungskurve zum Ausdruck kommt (Abb. 5.3).

Tabelle 5.1: Verteilung einiger eisenhaltiger Proteine im erwachsenen Menschen (modifiziert nach COTTON, WILKINSON)

Protein	Molekülmasse des Proteins (kDa)	Menge an Eisen (g)	% der Gesamteisenmenge im Körper	Art des Eisens: Häm (*h*) oder Nicht-Häm (*nh*)	Zahl der Eisenatome pro Molekül	Funktion	behandelt in Kapitel
Hämoglobin	64.5	2.60	65	*h*	4	O_2-Transport im Blut	5.2
Myoglobin	17.8	0.13	6	*h*	1	O_2-Speicherung im Muskel	5.2
Transferrin	76	0.007	0.2	*nh*	2	Eisentransport im Plasma	8.4.1
Ferritin	444	0.52	13	*nh*	bis 5000	Eisenspeicherung in Zellen	8.4.2
Hämosiderin	>300	0.48	12	*nh*	bis 5000	Eisenspeicherung in Zellen	8.4.2
Katalase	260	0.004	0.1	*h*	4	Metabolismus von H_2O_2	6.3
Peroxidasen	var.	gering	gering	*h*	meist 1	Metabolismus von H_2O_2	6.3
Cytochrom *c*	12.5	0.004	0.1	*h*	1	Elektronentransfer	6.1
Cytochrom *c*-Oxidase	>100	<0.02	<0.5	*h*	2	terminale Oxidation ($O_2 \rightarrow H_2O$)	10.4
Flavoprotein-Oxygenasen (z.B. P-450-System)	ca. 50	gering	gering	*h*	1	Einbau von molekularem Sauerstoff	6
Eisen/Schwefel-Proteine	var.	ca. 0.04	ca. 1	*nh*	2-8	Elektronentransfer	7.1-7.4
Ribonukleotid-Reduktase	260 (*E. coli*)	gering	gering	*nh*	4	Umwandlung von Ribonukleinsäuren zu Desoxyribonukleinsäuren	7.6

Häm (Fe-Protoporphyrin IX) = (Fe)

HOOC COOH

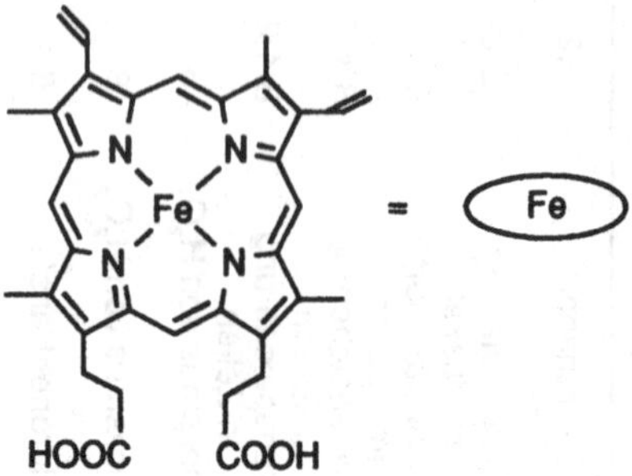

(5.8)

Hämoglobin, Myoglobin (Kap. 5.2)

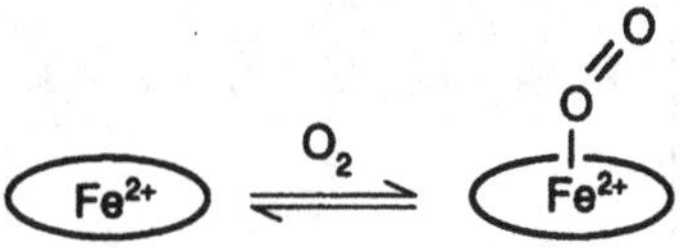

$$Fe^{2+} \underset{}{\overset{O_2}{\rightleftharpoons}} Fe^{2+}\text{–O–O}$$

Cytochrome (Kap. 6.1)

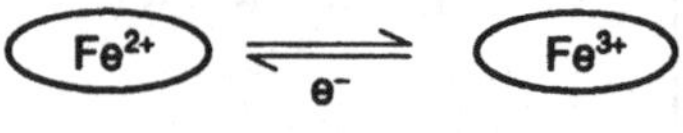

$$Fe^{2+} \underset{e^-}{\rightleftharpoons} Fe^{3+}$$

Cytochrom P-450 (Kap. 6.2)

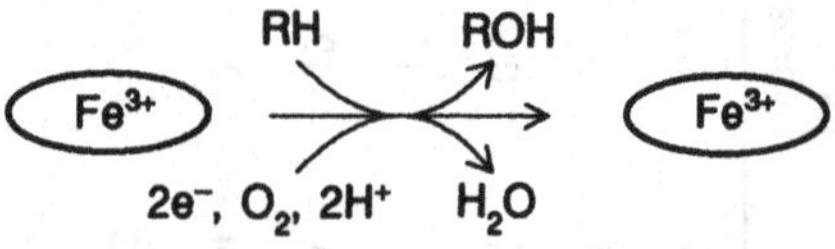

$$Fe^{3+} \xrightarrow[2e^-,\ O_2,\ 2H^+ \quad H_2O]{RH \quad ROH} Fe^{3+}$$

Katalase und Peroxidasen (Kap. 6.3)

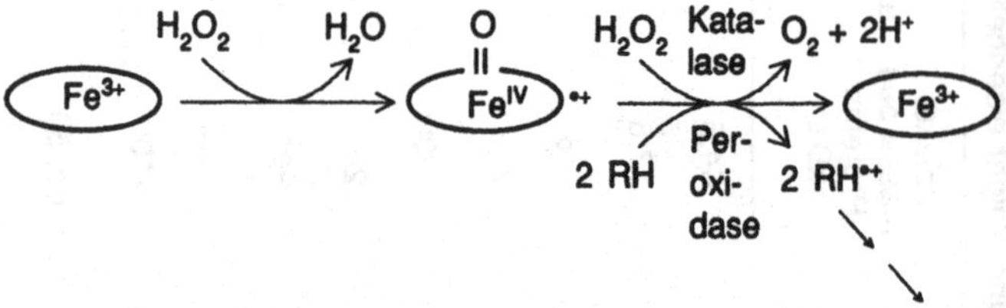

$$Fe^{3+} \xrightarrow{H_2O_2 \quad H_2O} (O{=}Fe^{IV})^{\bullet+} \xrightarrow[\text{2 RH} \quad \text{Peroxidase} \quad \text{2 RH}^{\bullet+}]{H_2O_2 \quad \text{Katalase} \quad O_2 + 2H^+} Fe^{3+}$$

Cytochrom *c*-Oxidase (Kap. 10.4)

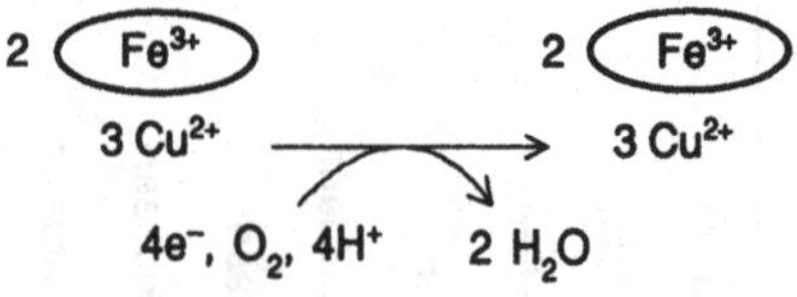

$$2\ Fe^{3+},\ 3\ Cu^{2+} \xrightarrow[4e^-,\ O_2,\ 4H^+ \quad 2\ H_2O]{} 2\ Fe^{3+},\ 3\ Cu^{2+}$$

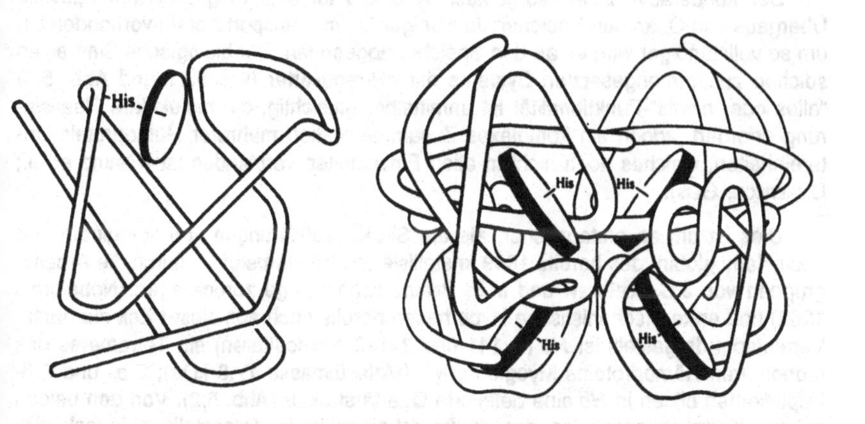

Abbildung 5.2: Schematische Strukturen des Myoglobins (links) und des tetrameren Proteins Hämoglobin (rechts); jeweils mit Proteinfaltung und angedeuteter Häm-"Scheibe" (aus HUHEEY)

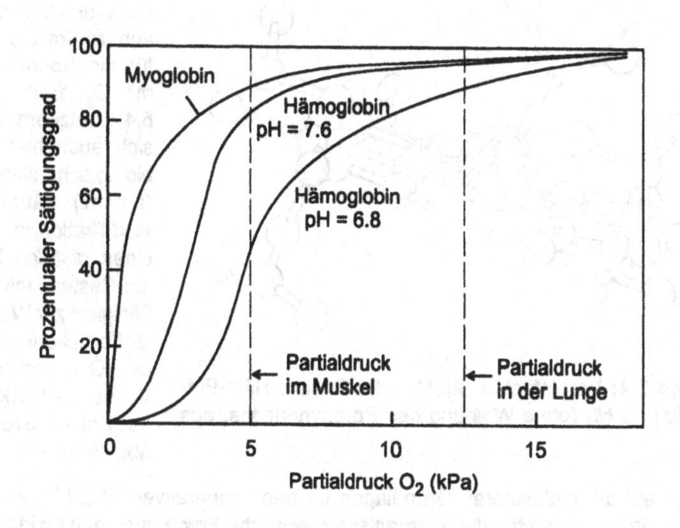

Abbildung 5.3: Sauerstoff-Sättigungskurven von Myoglobin und Hämoglobin bei verschiedenen pH-Werten

Der *kooperative Effekt* sorgt nach Abb. 5.3 für eine möglichst wirkungsvolle Übergabe von O_2 an den Speicher: Je weniger O_2 im Transportsystem vorhanden ist, um so vollständiger wird es an den Speicher abgegeben. Der biologische Sinn eines solchen zusammengesetzten Systems mit pH-regulierter (vgl. 5.11 und Abb. 5.3) "alles oder nichts"-Funktionalität ist unmittelbar einsichtig; die molekulare Realisierung erfordert jedoch ein komplexes Zusammenwirken mehrerer Hämoprotein-Untereinheiten, welches noch nicht in allen Einzelheiten verstanden ist (PERUTZ et al.; DICKERSON, GEIS).

Dies ist um so erstaunlicher, als die Strukturaufklärungen von Myoglobin und auch Hämoglobin, des bereits 1849 kristallisierten "Blutfarbstoffs", durch die Arbeitsgruppen von J.C. KENDREW und M.F. PERUTZ schon lange zurückliegen (Nobelpreis 1962) und erste mechanistische Hypothesen bereits auch aus dieser Zeit stammen. Vereinfacht dargestellt ist *Hb* (2×141 und 2×146 Aminosäuren) ein Tetrameres des monomeren Hämoproteins Myoglobin *Mb* (Molekülmasse 17.8 kDa); 2 α- und 2 β-Peptidketten bilden in *Hb* eine definierte Quartärstruktur (Abb. 5.2). Von den beiden axialen Koordinationsstellen des häufig scheibenförmig dargestellten, jedoch aufgrund der Wechselwirkung mit dem umgebenden Protein nicht völlig ebenen, sondern gewölbten Desoxy-Hämsystems im Proteininneren, ist eine Position von einem Imidazol-Fünfring des *proximalen* Histidins besetzt, die andere Stelle jedoch für die Koordination mit O_2 "frei" (Abb. 5.4); trotzdem findet sich auch hier eine biologisch sinnvolle (PERUTZ) räumliche Modifikation in Form eines *distalen* Histidin-Restes mit der Fähigkeit zur Wasserstoffbrückenbindung (zu O_2) und einer Valin-Seitenkette (Isopropyl-Gruppe, Abb. 5.5).

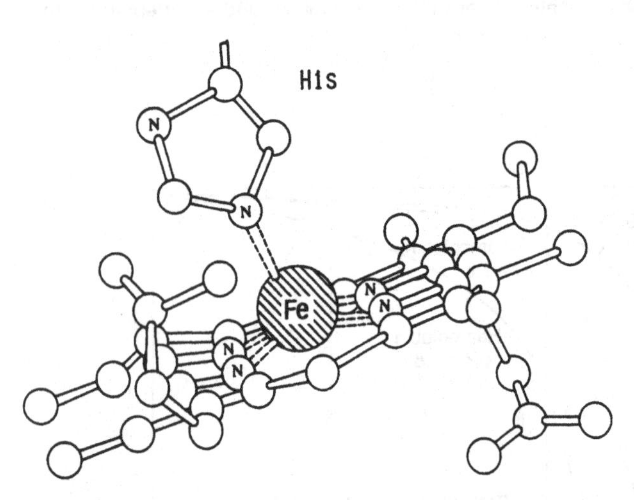

Abbildung 5.4: Vereinfachte Struktur der Desoxy-Häm-Einheit in *Mb* und *Hb* (ohne Wölbung des Porphyrinringes, aus HUHEEY)

Bevor auf die molekularen Grundlagen für den kooperativen Effekt im *Hb* eingegangen wird, ist zunächst die anorganisch-chemische Frage nach den Oxidations- und Spinzuständen des Metallzentrums *vor* und *nach* der O_2-Koordination, d.h. in der Desoxy- und in der Oxy-Form zu beantworten (GERSONDE).

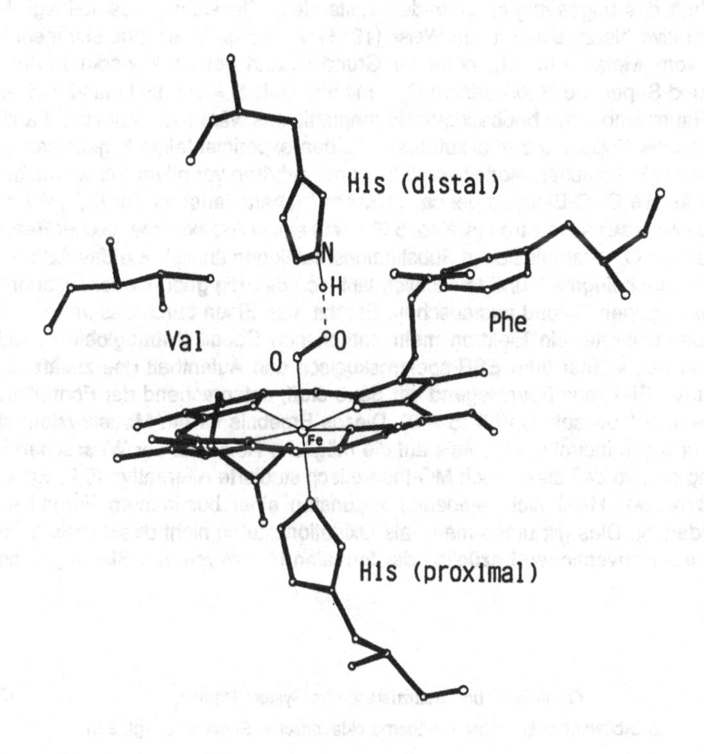

Abbildung 5.5: Anordnung proximaler und distaler Aminosäurereste in bezug auf Oxy-Myoglobin (nach PERUTZ und PHILLIPS, SCHOENBORN)

Eindeutig gesichert ist der high-spin Fe(II)-Zustand in den Desoxy-Formen von *Hb* und *Mb*. Entsprechend beobachtet man einen (S = 2)-Grundzustand mit vier ungepaarten Elektronen (2.8, 2.9). Eine *gerade* Zahl ungepaarter Elektronen ist nach den Ausführungen in Kap. 4.3 günstig für eine rasche, nicht gehemmte Bindung von $^3O_2$ mit seinem (S=1)-Grundzustand. Für die diamagnetischen (S=0)-Oxy-Formen mit end-on-koordiniertem O_2 bei nicht-linearer Anordnung (Fe–O–O Winkel ca. 120°; vgl. 5.10 oder Abb. 5.5) ist die Formulierung wegen der ambivalenten Oxidationsstufe von koordiniertem Disauerstoff weniger eindeutig; zwei alternative Formulierungen (5.9) sind vorgeschlagen worden.

PAULING und CORYELL führten schon 1936 den Diamagnetismus auf eine Kombination aus low-spin Fe(II) und koordiniertem Singulett-Disauerstoff zurück. Beide Komponenten wären bereits für sich diamagnetisch, und die Bindung käme durch den σ-Akzeptor/π-Donor-Charakter des reduzierten Metalls und die σ-Donor/π-Akzeptor-

Eigenschaft des ungesättigten Liganden zustande (π-Rückbindungsanteil, vgl. 5.7). Die Alternative hierzu stammt von WEISS (1964): Als Folge einer Einelektronenübertragung vom Metall zum Liganden im Grundzustand sollten low-spin Fe(III) mit S = 1/2 und Superoxid-Radikalanion $O_2^{\bullet -}$ mit ebenfalls S = 1/2 als Ligand vorliegen; der bei Raumtemperatur beobachtete Diamagnetismus wäre dann auf starke antiferromagnetische Kopplung zurückzuführen. Zu den experimentellen Ergebnissen, die eher mit dem WEISSschen Modell vereinbar sind, gehören vor allem Schwingungsfrequenzen für die O–O-Bindung bei ca. 1100 cm^{-1} (charakteristisch für $O_2^{\bullet -}$, vgl. 5.3), Daten aus MÖSSBAUER-Spektren (s. Kap. 5.3) sowie einige Aspekte chemischer Reaktivität. Superoxid $O_2^{\bullet -}$ verhält sich in Substitutionsreaktionen ähnlich wie das Azid-Anion N_3^- als Pseudohalogenid, und tatsächlich läßt sich derartig gebundener Disauerstoff relativ leicht gegen Chlorid austauschen. Ersetzt man Eisen durch das im Periodensystem benachbarte, ein Elektron mehr enthaltende Cobalt (Hämoglobin → Coboglobin), so beobachtet man ESR-spektroskopisch den Aufenthalt des zusätzlichen, ungepaarten Elektrons überwiegend am Sauerstoff, entsprechend der Formulierung $O_2^{\bullet -}$ (S = 1/2) / low-spin Co(III) (S = 0). Dieses Ergebnis für ein Modellsystem stellt jedoch nur einen indirekten Hinweis auf die mögliche Relevanz der WEISSschen Formulierung dar, so daß diese auch MO-theoretisch studierte Alternative (5.9; vgl. GERSONDE; BYTHEWAY, HALL) nicht eindeutig zugunsten einer bestimmten Formulierung entschieden ist. Dies gilt umso mehr, als Oxidationsstufen nicht direkt meßbar sind, sondern auf Konventionen bezüglich der formalen Heterolyse von Bindungen beruhen.

Oxidations- und Spinzustände im System Häm/O_2: (5.9)
(d-Orbitalaufspaltung bei annähernd oktaedrischer Symmetrie, vgl. 2.9)

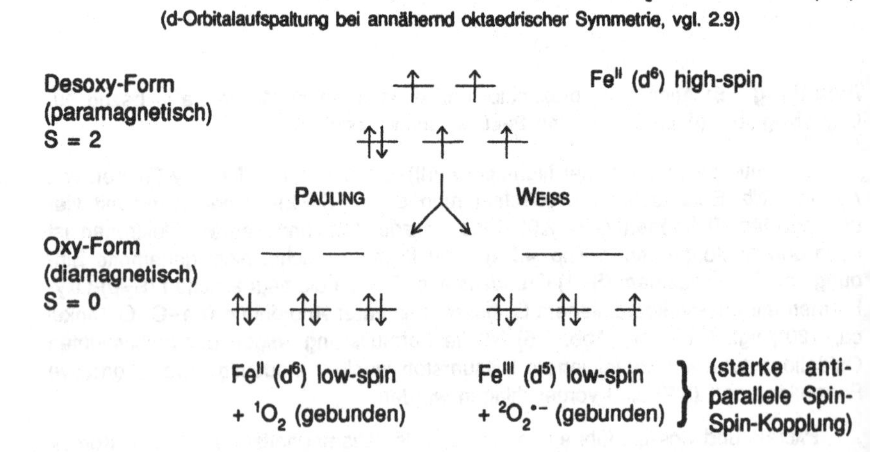

(5.9, Fortsetzung)

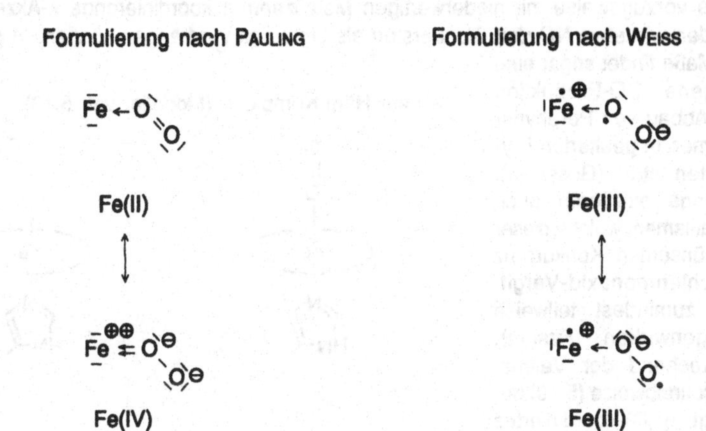

MO-Darstellung (nach GERSONDE)

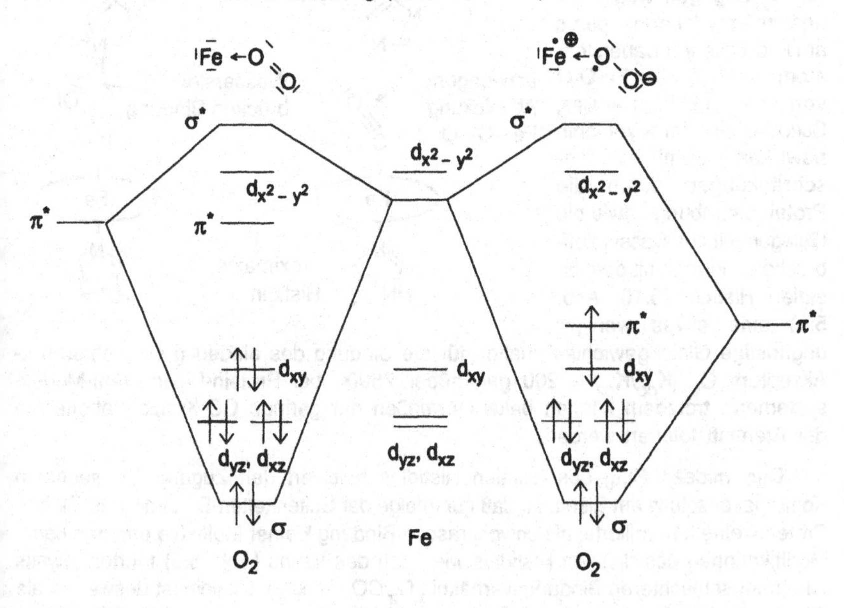

Formulierung nach PAULING Formulierung nach WEISS

Für das PAULING-Modell mit zweiwertigem, besser in die Porphyrin-Ebene eingepaßtem low-spin Eisen (Tab. 2.7, s. Abb. 5.6) spräche, daß Kohlenmonoxid und andere vorzugsweise mit niederwertigen Metallzentren koordinierende π-Akzeptor-Liganden wie etwa NO den Disauerstoff als Liganden verdrängen können. In geringem Maße findet sogar eine endogene CO-Produktion beim Abbau von Porphyrin-Systemen in gealterten Erythrozyten statt (GOSSAUER). Allerdings existieren auch Mechanismen, welche dieser unerwünschten Konkurrenz (→ Kohlenmonoxid-Vergiftung) zumindest teilweise entgegenwirken (PERUTZ). Entsprechend der Valenzstrichschreibweise (5.10) bevorzugt η^1(C)-koordiniertes CO in Protein-freien Modellsystemen eine lineare Anordnung, end-on-koordiniertes O_2 dagegen wegen eines freien Elektronenpaars am koordinierten Sauerstoffatom einen Winkel Fe-O-O von ca. 120° (PHILLIPS, SCHOENBORN). Im Myoglobin bewirken räumliche Einschränkungen durch die Proteinumgebung sowie die Gelegenheit zur Wasserstoffbrückenbindung mit dem distalen Histidin (5.10, Abb. 5.5) eine etwas weniger ungünstige Gleichgewichts-Situation für die Bindung des eindeutig schlechteren π-Akzeptors O_2 (K_{CO}/K_{O2} = 200 gegenüber 25000 bei Protein-freien Häm-Modellsystemen); trotzdem können bekanntermaßen nur geringe CO-Konzentrationen in der Atemluft toleriert werden.

– freie Häm-Komplexe (Modelle, vgl. 5.13):

– Myoglobin, Hämoglobin:

(5.10)

distales Histidin

erzwungene Abknickung Fe–C–O

Wasserstoffbrücken-Bindung

proximales Histidin

Der Imidazol-Ring des distalen Histidins blockiert den Zugang zur sechsten Koordinationsstelle am Eisen, so daß nur infolge der Seitenketten-Dynamik des Globin-Proteins eine kontrollierte, gleichwohl rasche Bindung kleiner Moleküle erfolgen kann. Modifikationen des distalen Histidins wie auch des Valins (Abb. 5.5) führten jeweils zu einem schlechteren Bindungsverhältnis O_2/CO (PERUTZ). Histidin ist deswegen als distaler Aminosäurerest so nützlich, weil es infolge seines basischen Charakters freie Protonen vom koordinierten O_2 fernhält bzw. über N_ε bindet und auf der abgewandten Seite über N_δ freisetzt (Histidin als Protonen-Shuttle, vgl. Tab. 2.5). Protonen wirken als elektrophile Konkurrenten zum koordinierenden Eisen, schwächen dessen Bindung zu O_2 und begünstigen dadurch schädliche Autoxidationsprozesse.

Vom komplexchemischen Standpunkt aus ist es erstaunlich, daß die Koordination eines zusätzlichen "schwachen" Liganden, sei es O_2 oder $O_2^{\bullet-}$ (letzteres nach inner-sphere-Elektronenübertragung), in jedem Falle von einem high-spin- zu einem low-spin-Zustand des Metalls führt. Ist die für Tetrapyrrol-Komplexe ungewöhnliche, hier gleichwohl für die $^3O_2$-Aktivierung vorteilhafte high-spin-Situation auf eine verringerte Metall-Ligand-Wechselwirkung durch ungenügende Einpassung in den Hohlraum des deutlich gewölbten Makrozyklus zurückzuführen (*out-of-plane*-Situation, Abb. 5.4, Tab. 2.7), so genügt offenbar für diesen entatischen Zustand schon der relativ geringe "Zug" durch koordinierendes O_2 oder CO, um eine zumindest teilweise Elektronenübertragung vom Metall zum Liganden und vor allem einen Spin-"crossover" des Metalls vom high-spin- zum low-spin-Zustand zu bewirken. Die dadurch hervorgerufene Kontraktion des Metalls (Tab. 2.7) und Relativbewegung um ca. 20 pm hin zum nun besser ("stärker") komplexierenden Makrozyklus (Abb. 5.6) ist offenbar auch ein wichtiges Moment für den kooperativen Effekt (PERUTZ et al.). Eine weitere signifikante strukturelle Änderung bei O_2-Koordination betrifft die "Aufrichtung" der Fe–N-Bindung zum proximalen Histidin gegenüber der Porphyrin-Ebene (vgl. Abb. 5.8).

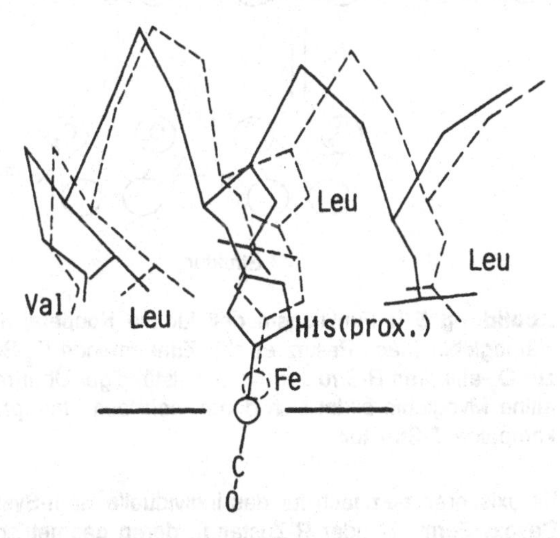

Abbildung 5.6: Strukturelle Änderungen beim Übergang von der Desoxy- (----) zur Carbonmonoxy-Form (——) des Hämoglobins (nach BALDWIN, CHOTHIA; Stereodarstellungen der Änderungen Desoxy/Oxy-Form in PERUTZ et al.)

Der kooperative Effekt des prototypischen "allosterischen" Proteins Hämoglobin, der zur biologisch sinnvollen sigmoiden Sättigungscharakteristik führt (Abb. 5.3), beruht auf einer O_2-Bindungs-induzierten Wechselwirkung zwischen den vier Häm-enthaltenden Einheiten des Tetrameren *Hb*. Jede der durch elektrostatische Wechselwirkungen ("Salzbrücken") miteinander verbundenen Häm-Protein-Ketten zeigt eine Geometrieänderung bei Disauerstoff-Koordination (Abb. 5.6), die sich im einfachsten denkbaren Ansatz, einem "Federspannungs"-Modell für das Peptidgerüst, auf die übrigen Einheiten überträgt (→ Konformationsänderung der Quartärstruktur). Von PERUTZ stammt hierzu ein Zweizustands-Modell (Abb. 5.7) mit einer gespannten Form (T für "tense", niedrige O_2-Affinität) und einem entspannten Zustand (R für "relaxed", hohe O_2-Affinität) des tetrameren Proteins.

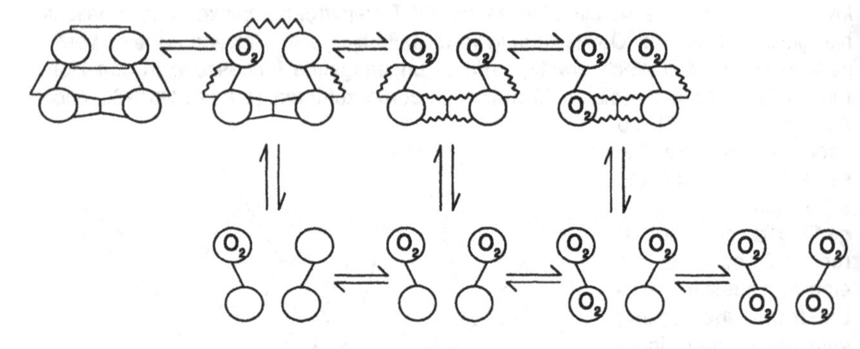

Abbildung 5.7: Funktionsmodell für die Kooperativität der vier Untereinheiten im Hämoglobin (nach PERUTZ et al.): Zunehmende O_2-Beladung fördert den Übergang zur O_2-affineren R-Struktur; nach vollständiger Übertragung auf das noch stärker O_2-affine Myoglobin bildet sich durch mehrfache Interprotein-Verknüpfung die weniger kompakte T-Struktur

Es existieren demnach für das individuelle Häm-System vier Zustände (Oxy- oder Desoxy-Form, T- oder R-Zustand), deren geometrische Charakteristik in Abb. 5.8 skizziert ist. Insbesondere ist die T-Form durch eine sterische Wechselwirkung des proximalen Histidins mit dem Porphyrin-Ring gekennzeichnet, was eine Porphyrin-Abknickung im Sinne der nicht-ebenen Desoxy-Form begünstigt (SRAJER, REINISCH, CHAMPION).

Die völlig mit Sauerstoff beladene R-Form zeichnet sich gegenüber der T-Form durch eine deutlich kompaktere Quartärstruktur und einen höheren Hydratationsgrad aus (COLOMBO, RAU, PARSEGIAN). Ein weiteres Phänomen, die Modifikation der sigmoiden Sättigungskurve durch den pH-Wert (Abb. 5.3), wird als BOHR-Effekt bezeichnet. Die Bindung von bei der Atmung als Stoffwechsel-Endprodukt entstehendem CO_2 an terminale Aminogruppen des Hämoglobins (*Hb* als O_2- *und* CO_2-Transportprotein) reduziert dessen Sauerstoff-Bindungsvermögen; Oxy-*Hb* ist eine stärkere Säure als Desoxy-*Hb*.

$$(H^+)_2Hb + 4\,O_2 + \text{ca. } 60\,H_2O \rightleftharpoons Hb(O_2)_4 + 2\,H^+ \qquad (5.11)$$

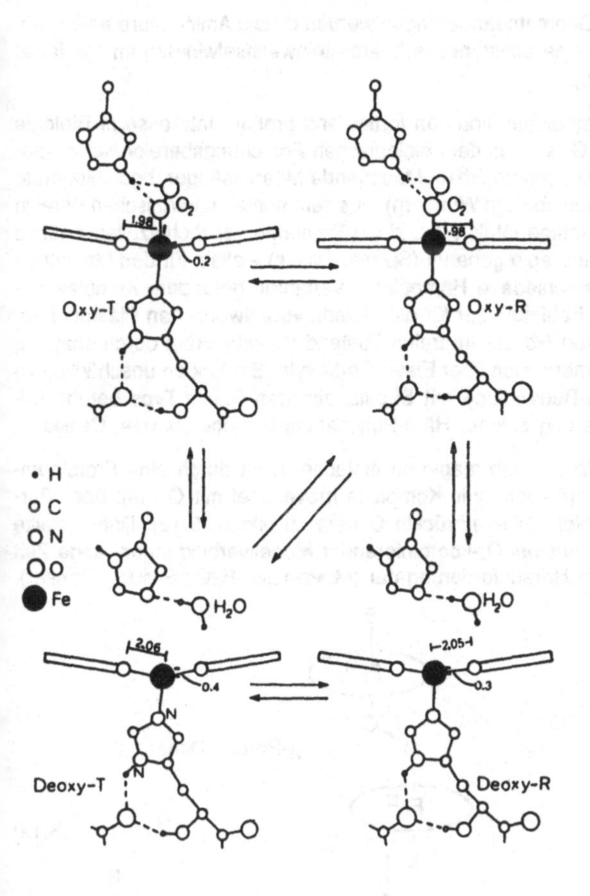

Abbildung 5.8: Schematische Darstellung der geometrischen Unterschiede für die vier Zustände der Häm-Umgebung in der α-Untereinheit des *Hb* (aus PERUTZ et al.) Angegeben sind die Fe-N-Bindungslängen und der Abstand vom Eisen zur Ebene der vier Pyrrol-Stickstoffatome (jeweils in Å = 0.1 nm)

Mit der O_2-Abgabe nimmt *Hb* daher Protonen auf und hilft so, Kohlensäure (vgl. 12.7) in Hydrogencarbonat HCO_3^- überzuführen (s. Kap. 12.2, Abb. 13.13). Der sigmoide Charakter der O_2-Bindung ist folglich in (kohlen)saurer Lösung stärker ausgeprägt, und auch hier ist der biologische Sinn unmittelbar einleuchtend: Der CO_2/O_2-Gasaustausch wird bei vermehrter Produktion von CO_2 im Sinne einer vollständigen Beladung des Transportproteins gefördert.

Bindung von O_2 an die Desoxy-T-Form führt zunächst zur noch nicht ebenen Oxy-T-Form mit verringertem Fe-Porphyrin-Abstand, bevor die Relaxation zum ebenen Oxy-R-Zustand mit aufgerichteter Fe-N-Bindung erfolgt (Abb. 5.8). Abgabe von O_2 aus der Oxy-R-Form hat die Wölbung des Porphyrin-Systems zur Folge (Desoxy-

R-Zustand). Von diesen Geometrieänderungen werden distale Aminosäurereste (Abb. 5.5) beeinflußt, wodurch eine allosterische Interproteinwechselwirkung im *Hb*-Tetramer erfolgt (PERUTZ et al.).

Die Studien am Hämoglobin sind von fortlaufend großem Interesse in Biologie und Medizin (DICKERSON, GEIS). Aus dem biologischen Forschungsbereich seien spezielle Anpassungen von tierischem *Hb* (tief tauchende Meeressäuger, hoch fliegende Vögel, extrazelluläre Hämoglobine in Würmern), aus dem humanmedizinischen Bereich das besonders sauerstoffaffine fötale *Hb* und die Probleme der Sichelzellen-Anämie (STRYER) und der Malariatherapie genannt (SLATER, CERAMI) – allein für den Menschen wurden mehr als 200 verschiedene Hämoglobin-Varianten gefunden. Komplexchemisch interessant ist die Fähigkeit der für die Malaria verantwortlichen Plasmodium-Parasiten, beim Abbau von *Hb* das im freien Zustand toxische Häm durch enzymatische Koordinationspolymerisation über Eisen-Carboxylat-Bindungen unschädlich zu machen; die Antimalaria-Behandlung mit Substanzen des Chinin-Typs beruht vermutlich auf einer Blockierung solcher Häm-Polymerase-Enzyme (SLATER, CERAMI).

Im Gegensatz zu *Hb* und *Mb* reagieren einfache, nicht durch eine Proteinumgebung geschützte Eisen(II)-Porphyrin-Komplexe irreversibel mit O_2, um über Peroxo-Zwischenstufen letztlich Oxo-verbrückte Dimere zu bilden (5.12). Daher stellte die gezielte Synthese *reversibel* O_2-koordinierender Modellverbindungen lange Zeit eine attraktive chemische Herausforderung dar (MOMENTEAU, REED; SUSLICK, REINERT).

(5.12)

Die unerwünschte Dimerisierung des Porphyrins (5.12) kann durch verschiedene Strategien (5.13) verhindert werden. Bekannt geworden sind vor allem die "picket-fence" (Lattenzaun)-Porphyrine von COLLMAN, bei denen voluminöse senkrechte Begrenzungen des Porphyrin-Ringes einen Hohlraum für die Bindung von O_2 offen lassen, aber eine $O_{(2)}$-Verknüpfung zweier Metalloporphyrin-Systeme verhindern. Immobilisierung des Häm-Analogen z.B. auf der Oberfläche von Kieselgel verhindert ebenfalls eine irreversible Dimerisierung.

Strategien zur Verhinderung von Reaktion (5.12): (5.13)

Immobilisierung am festen (polymeren) Träger:

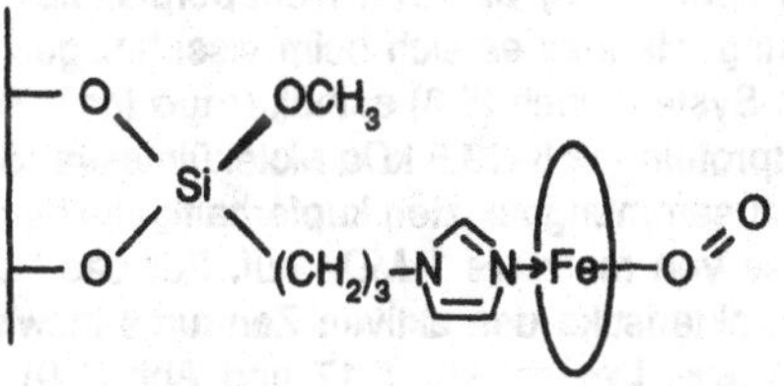

O OCH3 Si O (CH2)3–N N→Fe–O O

Abschirmung in Hohlräumen:

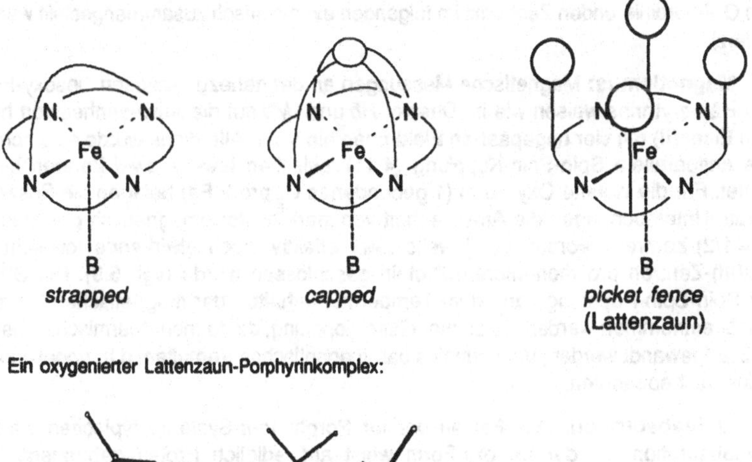

N N Fe N N B *strapped*

N N Fe N N B *capped*

N N Fe N N B *picket fence* (Lattenzaun)

Ein oxygenierter Lattenzaun-Porphyrinkomplex:

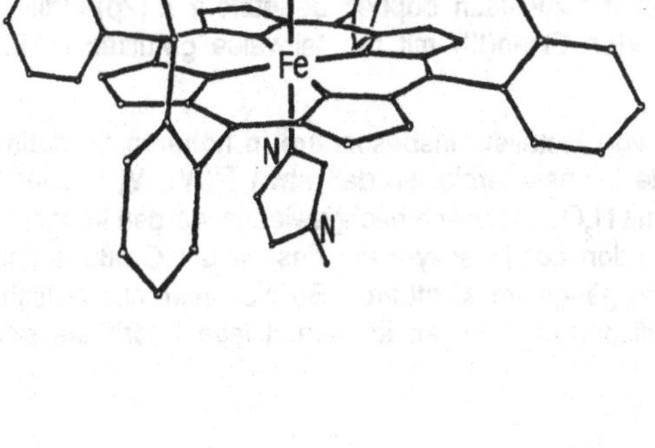

O O O N Fe N N

(aus SUSLICK, REINERT)

5.3 Alternativer Sauerstoff-Transport in einigen Wirbellosen: Hämerythrin und Hämocyanin

Zahlreiche Gruppen wirbelloser Tiere wie etwa bestimmte Mollusken (z.B. Schnecken, Tintenfische), Arthropoden (z.B. Spinnen, Krebse) oder marine Spritzwürmer (*Sipunculida*) besitzen nicht-porphinoide Metalloproteine für die reversible O_2-Fixierung. Handelt es sich beim eisenhaltigen Hämerythrin (*Hr*), welches jedoch *kein* Häm-System nach (5.8) enthält (αιμα (gr.): Blut), um ein zumeist oktameres O_2-Transportprotein mit 8×13.5 kDa Molekülmasse (Stenkamp), so weisen die noch komplizierter zusammengesetzten kupferhaltigen Hämocyanine (*Hc*, Kap. 10.2) eine Molekülmasse von mehr als 1 MDa auf. Für das Hämerythrin sind viele der wesentlichen Charakteristika des aktiven Zentrums inzwischen auch strukturell belegt worden (Stenkamp; Lippard; vgl. 5.17 und Abb. 5.9); trotzdem sollen die Beiträge verschiedener physikalischer Methoden zur anfänglichen *indirekten* Strukturbestimmung des O_2-koordinierenden Zentrums im folgenden exemplarisch zusammengestellt werden (Kurtz).

Magnetismus: Magnetische Messungen an der nahezu farblosen Desoxy-Form des Hämerythrins weisen wie im Desoxy-*Hb* und -*Mb* auf die Anwesenheit von high-spin Eisen(II) mit vier ungepaarten Elektronen hin (2.9). Allerdings wurde eine schwache antiparallele Spin-Spin-Kopplung (4.11) zwischen jeweils *zwei* Zentren beobachtet. Für die violette Oxy-Form (1 gebundenes O_2 pro 2 Fe) belegen die Suszeptibilitäts-Untersuchungen die Anwesenheit von stark antiferromagnetisch gekoppelten ($S = 1/2$)-Zentren, woraus auf jeweils *zwei* effektiv wechselwirkende low-spin Eisen(III)-Zentren pro monomerem Protein geschlossen wurde (vgl. 5.9). Die Stärke der Spin-Spin-Kopplung kann dem Temperaturverhalten der magnetischen Suszeptibilität entnommen werden. Je stärker diese Kopplung, desto mehr thermische Energie muß aufgewandt werden, um normales paramagnetisches Verhalten, d.h. *ungekoppelte* Spins zu beobachten.

Lichtabsorption. Das Fehlen der für Porphyrin-π-Systeme typischen starken Lichtabsorption bei der Desoxy-Form weist auf lediglich Protein-gebundene Metallzentren hin. Die Farbe der violetten Oxy-Form in Abwesenheit von π-konjugierten makrozyklischen Liganden läßt sich auf eine durch Orbitalüberlappung "erlaubte" (vgl. 5.7) Ladungsübertragung zurückführen (Ligand-Metall-Charge-Transfer, LMCT; Kaim, Ernst, Kohlmann), die im elektronisch angeregten Zustand von einem elektronenreichen Peroxid-Liganden mit zweifach doppelt besetztem π*(2p)-Orbital (5.3) zum elektronenarmen, oxidierten Eisen(III) mit nur teilweise gefüllten d-Orbitalen erfolgt (Reem et al., 5.14).

Viele Peroxo-Komplexe von Metallen, insbesondere in höheren Oxidationsstufen, sind aus diesem Grunde intensiv farbig, so daß etwa Ti(IV), V(V) oder Cr(VI) sogar durch Farbreaktionen mit H_2O_2 analytisch nachgewiesen werden können. Demgegenüber ist die Lichtabsorption der Desoxy-Form des *Hr* um Größenordnungen schwächer, da Elektronenübergänge im sichtbaren Bereich hier nur zwischen d-Orbitalen am *gleichen* Metallzentrum erfolgen können. Diese d-Orbitale besitzen definitionsgemäß nicht-kompatible Symmetrie (2.7), und die entsprechenden "Ligandenfeld"-Absorptionen sind daher sehr schwach.

$$Fe^{III}(O_2^{2-}) \xrightarrow{h\nu} {}^{*}[Fe^{II}(O_2^{\bullet -})] \qquad (5.14)$$

Grundzustand LMCT-angeregter Zustand

Schwingungsspektroskopie. Führt man in dem Wellenlängenbereich der LMCT-Absorption des Oxy-Hämerythrins ein Resonanz-RAMAN-Experiment durch, so beobachtet man eine resonanzverstärkte, für Peroxide typische (5.3) O–O-Schwingungsfrequenz von 848 cm^{-1}. Bei Verwendung der Isotopenkombination $^{16}O-^{18}O$ erhält man *zwei* Signale für die O–O-Valenzschwingung, was auf eine stark unsymmetrische Koordination hinweist (z.B. end-on, Abb. 5.5).

Resonanz-RAMAN-Spektroskopie

Bei dieser Methode (CLARK, DINES; SANDERS-LOEHR) werden Molekülschwingungen in einem Streuexperiment (RAMAN-Effekt) durch eine *Absorptions-Lichtwellenlänge* angeregt. Durch Kopplung von elektronischen und Schwingungs-Übergängen resultiert eine selektive Verstärkung (Resonanz) einiger weniger mit dem Chromophor assoziierter Schwingungsbanden. Insbesondere sind von diesem Effekt nur solche Molekülteile betroffen, deren Geometrie sich durch die elektronische Anregung wesentlich ändert (z.B. Tetrapyrrol-Makrozyklen). Damit eignet sich diese selektive Art der Schwingungsspektroskopie auch für große Proteine, bei welchen sonst normale Infrarot- oder RAMAN-Schwingungsspektren wegen der Vielzahl von Atomen kaum verwertbare Informationen liefern.

MÖSSBAUER-Spektroskopie der Oxy-Form des Hämerythrins zeigt zwei deutlich verschiedene Resonanz-Signale, während die Fe(II)-Zentren der Desoxy-Form nicht unterscheidbar sind.

MÖSSBAUER-Spektroskopie

Bei der MÖSSBAUER-Spektroskopie handelt es sich um eine Kernabsorptions-/Kernemissions-Spektroskopie (Kernfluoreszenz) mit γ-Quanten, wobei die bei der hohen Energie von einigen keV eigentlich zu erwartende starke Linienverbreiterung über den Rückstoß durch den Einbau des Absorbers im Festkörper, insbesondere bei tiefer Temperatur, umgangen und Resonanzdetektion ermöglicht wird (GÜTLICH, LINK, TRAUTWEIN).

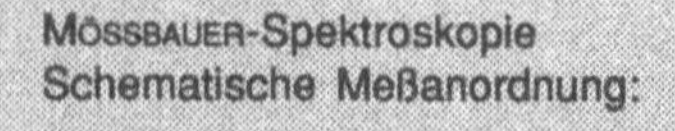

MÖSSBAUER-Spektroskopie
Schematische Meßanordnung:

(5.15)

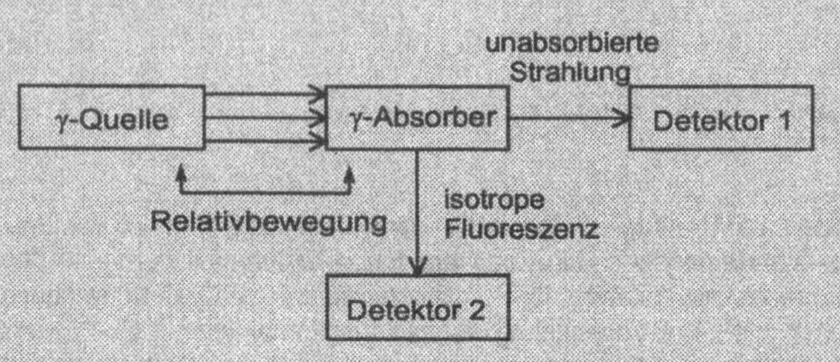

Energieniveaudiagramm (Kernniveaus):

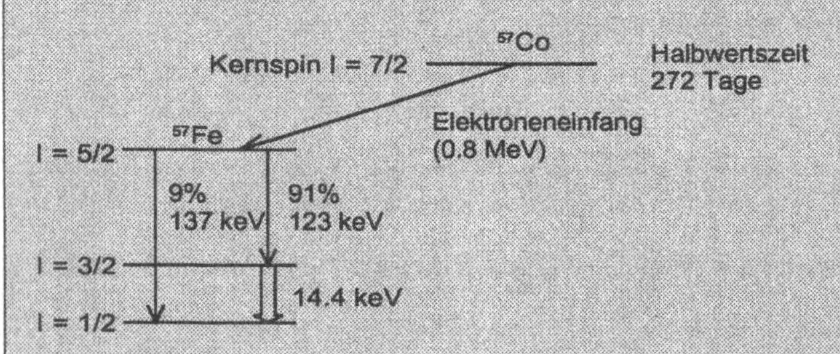

Die prinzipiell sehr geringe relative Linienbreite von γ-Quanten (Verhältnis Linienbreite zu Energie ca. 10^{-13}) erlaubt den Nachweis auch kleinster Effekte in der chemischen Umgebung (Elektronenhülle) des absorbierenden Kerns. Gemessen wird eine "chemische Verschiebung" (isomer shift) über den Effekt der Dopplerverschiebung von relativ zueinander mit stufenweise variierter konstanter Geschwindigkeit bewegtem γ-Emitter und Absorber. Zusammen mit der Quadrupol-Aufspaltung der Resonanzlinien, welche vor allem durch die chemische Umgebung des Kerns (*Symmetrie, Ligandenfeld*) beeinflußt wird, liefern die MÖSSBAUER-Daten Informationen über den *Spin- und Ionisations-Zustand*. Leider sind nur wenige Kerne für diese Methode gut geeignet; das bei weitem wichtigste Isotop im Bereich der bioanorganischen Chemie ist ^{57}Fe, welches beim radioaktiven Zerfall von ^{57}Co in einem kernangeregten Zustand entsteht und dabei γ-Quanten von 14.4 keV Energie liefert.

Von den zunächst denkbaren Alternativen (5.16) einer $O_2^{(2-)}$-Koordination mit einer zweikernigen Metall-Anordnung im Hämerythrin bleiben nach den genannten Ergebnissen nur die Möglichkeit **2** oder stark verzerrte Anordnungen **4** bzw. **5** übrig. Schema (5.17) zeigt die inzwischen auch durch Kristallstrukturanalysen (Abb. 5.9; STENKAMP) nahegelegte Koordinationsumgebung für beide Formen (LIPPARD).

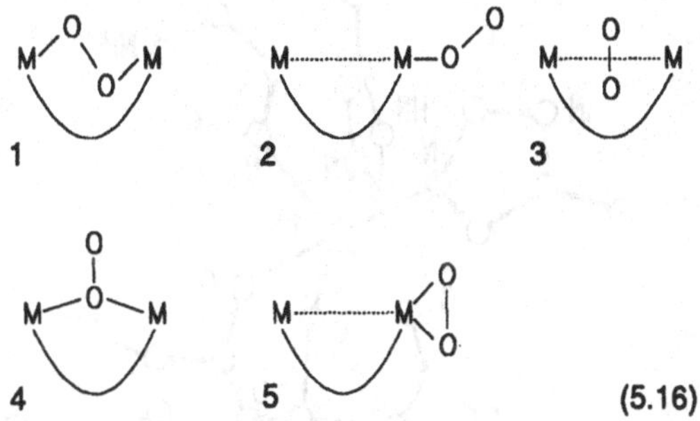

1 2 3

4 5 (5.16)

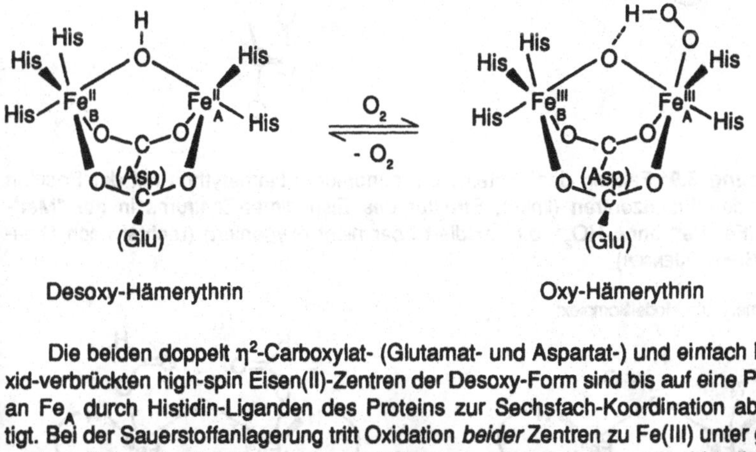

Desoxy-Hämerythrin Oxy-Hämerythrin (5.17)

Die beiden doppelt η^2-Carboxylat- (Glutamat- und Aspartat-) und einfach Hydroxid-verbrückten high-spin Eisen(II)-Zentren der Desoxy-Form sind bis auf eine Position an Fe_A durch Histidin-Liganden des Proteins zur Sechsfach-Koordination abgesättigt. Bei der Sauerstoffanlagerung tritt Oxidation *beider* Zentren zu Fe(III) unter gleichzeitiger Substratreduktion zur Peroxid-Stufe ein; dabei werden die Metallzentren durch Ausbildung einer Oxo-Brücke elektronisch stärker verknüpft ("Superaustausch", antiferromagnetische Kopplung). Das aufgenommene O_2 liegt vermutlich als Hydroperoxo-Ligand HOO^- vor, wobei eine Wasserstoffbrücken-Wechselwirkung mit der Oxo-Brücke möglich wird (5.17). Ist diese Reaktivität zwischen O_2 und Fe(II) komplexchemisch nicht überraschend (vgl. 5.1, 5.12), so bleibt doch erstaunlich, daß die O_2-Koordination in diesem Protein *reversibel* verläuft. Strukturelle Modellsysteme für Hämerythrin sind mit vergleichbaren Komponenten wie im Falle der Mangan-Dimeren (4.14) dargestellt worden (TOLMAN, BINO, LIPPARD; 5.18); auch viele physikalische Daten ließen sich mit diesen Modellen bereits reproduzieren (LIPPARD).

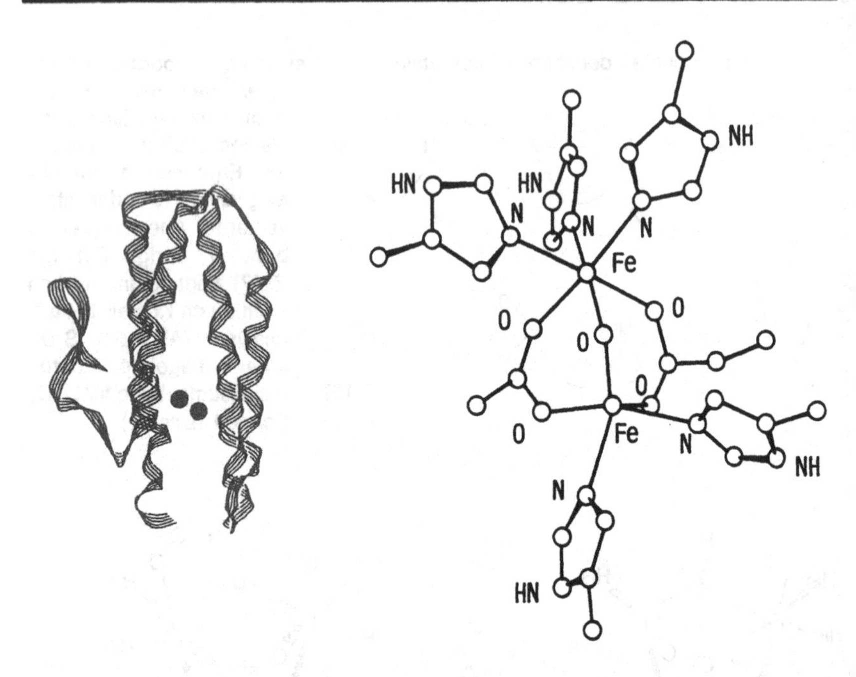

Abbildung 5.9: Faltung des Proteins im monomeren Hämerythrin mit der Position der beiden Eisenzentren (links); Struktur des Eisendimer-Zentrums in der "Met"-Form ($Fe^{III}Fe^{III}$ ohne HO_2^-, d.h. oxidiert aber nicht oxygeniert) (rechts; nach STENKAMP, SIEKER, JENSEN)

Ein Hämerythrin-Modellkomplex:

$$Fe^{II}Fe^{II} \xrightarrow{1/2\ O_2} Fe^{III}Fe^{III} \tag{5.18}$$

Wegen der auch strukturellen Verwandtschaft zu kupferhaltigen Oxygenasen wird das Kupferprotein Hämocyanin erst in Kap. 10.2 ausführlicher vorgestellt. Es gibt jedoch einige Parallelen zu Hämerythrin in den Ergebnissen physikalischer Untersuchungen, so daß heute ebenfalls von einer benachbarten Anordnung zweier Histidin-koordinierter Metallzentren pro Untereinheit ausgegangen wird (s. 10.6). In der diamagnetischen Desoxy-Form liegen zwei Kupfer(I)-Zentren mit formal abgeschlossener, d.h. voll besetzter 3d-Schale vor; die blaue Oxy-Form des Hämo*cyanins* enthält antiferromagnetisch wechselwirkende Cu(II)-Zentren (d^9-Konfiguration, jeweils S = 1/2) und einen offenbar $\mu,\eta^2{:}\eta^2$-koordinierten Peroxid-Liganden O_2^{2-}. In beiden Nichthäm-Systemen *Hr* und *Hc* ist der kooperative Effekt zwischen den jeweiligen Proteinuntereinheiten geringer als im Hämoglobin der höheren Tiere.

Abschließend sollen die Gemeinsamkeiten und die Unterschiede bei der Sauerstoffkoordination durch Häm-Systeme (*Hb*, *Mb*) einerseits und Häm-freie Metall-Dimere (*Hr*, *Hc*) andererseits herausgestellt werden.

a) Teilweise gemeinsam ist das Vorkommen von high-spin Fe(II) mit vier ungepaarten Elektronen als $^3O_2$-koordinierendem Zentrum und dessen Spincrossover zu einem low-spin-System (Fe(II) oder Fe(III)); die besondere Alternative der Cu(I)-Dimeren wird in Kap. 10.2 diskutiert.

b) Weiter zeigt an Eisen *reversibel* gebundenes O_2 immer end-on-Koordination (η^1), was den biologisch notwendigen raschen Austausch eher ermöglicht als eine side-on-Koordination oder eine Verbrückung.

c) Die Unterschiede liegen im offenkundigen $2e^-$-Transfer durch die Metall-Dimeren (→ Peroxo-Ligand) gegenüber einem geringeren Ausmaß von Elektronenübertragung in den Oxy-Häm-Spezies (→ Superoxo- bzw. Disauerstoff-Ligand).

d) Die für eine Koordination kleiner, zentrosymmetrischer, ungesättigter Moleküle notwendige "Pufferkapazität" an Elektronendichte wird in den nicht-Häm-Systemen durch Metall-Metall-Wechselwirkung (Cluster-Effekt), in den Häm-Systemen *Hb* und *Mb* dagegen über ein Zusammenwirken von redoxaktivem Eisen und dem ebenfalls redoxaktiven π-System des Porphyrin-Liganden ermöglicht.

Beide Arten von zusammengesetzten Systemen sind jedoch offenbar geeigneter für reversible O_2-Koordination als einfache, isolierte Metallzentren; das elegantere, flexiblere und vor allem im Hinblick auf die Kooperativität effizientere System stellen zweifellos die Hämoproteine dar.

6 Katalyse durch Hämoproteine: Elektronenübertragung, Sauerstoffaktivierung und Metabolismus anorganischer Zwischenprodukte

Eisenporphyrin-Komplexe besitzen neben der Fähigkeit zum stöchiometrischen Disauerstoff-Transport vielfältige katalytische Funktionen im biochemischen Geschehen. Neben dem eigentlichen Häm-System (5.8) kommen auch Eisenkomplexe mit teilreduzierten Porphyrinliganden wie etwa Chlorin (→ Häm *d*) oder Sirohäm vor (vgl. 6.20). Häm-enthaltende Enzyme sind an Elektronentransport und -akkumulation, an der kontrollierten Umsetzung sauerstoffhaltiger Zwischenprodukte wie etwa O_2^{2-}, NO_2^- oder SO_3^{2-} sowie zusammen mit anderen prosthetischen Gruppen an komplexen Redoxprozessen beteiligt (vgl. die Cytochrom *c*-Oxidase, Kap. 10.4).

Eine herausragende Stellung nehmen Hämoproteine nicht nur am Beginn der Atmung ein. Mit der reversiblen Aufnahme und Speicherung von O_2 ist nämlich nur der erste, noch nicht wirklich energieliefernde Schritt zu dessen Verwertung erfolgt; darüber hinaus muß für die Beseitigung der aus unvollständiger Reduktion resultierenden gefährlichen Zwischenprodukte (vgl. 4.6 oder 5.2) gesorgt werden.

Im Mittelpunkt der Atmung steht die oxidative Phosphorylierung, d.h. die exergonische, gleichwohl durch enzymatische Katalyse kontrollierte Umwandlung von oxidierendem O_2 und partiell reduzierten Kohlenstoff-Verbindungen zu den thermodynamisch stabilen Niederenergie-Produkten CO_2 und H_2O (4.1). Dieser häufig als "kalte Verbrennung" bezeichnete Prozeß läuft, wie auch die Photosynthese, stufenweise ab; insgesamt findet eine dreimalige Ankopplung von ATP-Erzeugung (14.2) über den dazu notwendigen Protonen-Gradienten statt (Abb. 6.1). Man spricht daher von einer Atmungs-"Kette", an der in Abhängigkeit vom Redoxpotential zahlreiche Komponenten als Elektronenüberträger beteiligt sind (von Jagow, Engel). Zu diesen speziell in der Mitochondrienmembran höherer Organismen (Abb. 6.2) vorliegenden Komponenten gehören auf *organischer* Seite das Nicotinadenindinucleotid-Coenzym $NAD(P)H/NAD(P)^+$, das Ubichinon/Ubihydrochinon-System sowie Flavoenzyme ($FMN/FMNH_2$, $FAD/FADH_2$) (3.12). Auf *anorganischer* Seite sind Kupfer-Proteine (bei hohem Potential, Kap. 10), Eisen-Schwefel-Proteine (bei niedrigem Potential, Kap. 7.1-7.4) sowie bestimmte Hämoproteine, die Cytochrome, beteiligt.

Viele der für die Atmung wesentlichen Prozesse spielen sich – wie bei der Photosynthese – in Membranen ab, da mit dem stufenweisen vektoriellen (gerichteten) Elektronentransport ein ebenso vektorieller, die Membran überspannender Protonentransport für die ATP-Synthese verbunden ist ("chemiosmotische Theorie" nach P. Mitchell). Eine weitere Analogie zur Photosynthese besteht im Ladungstransport zwischen funktionalen Membranprotein-Komplexen durch elektronenübertragende Moleküle, insbesondere durch Chinone und Häm-enthaltende Cytochrome.

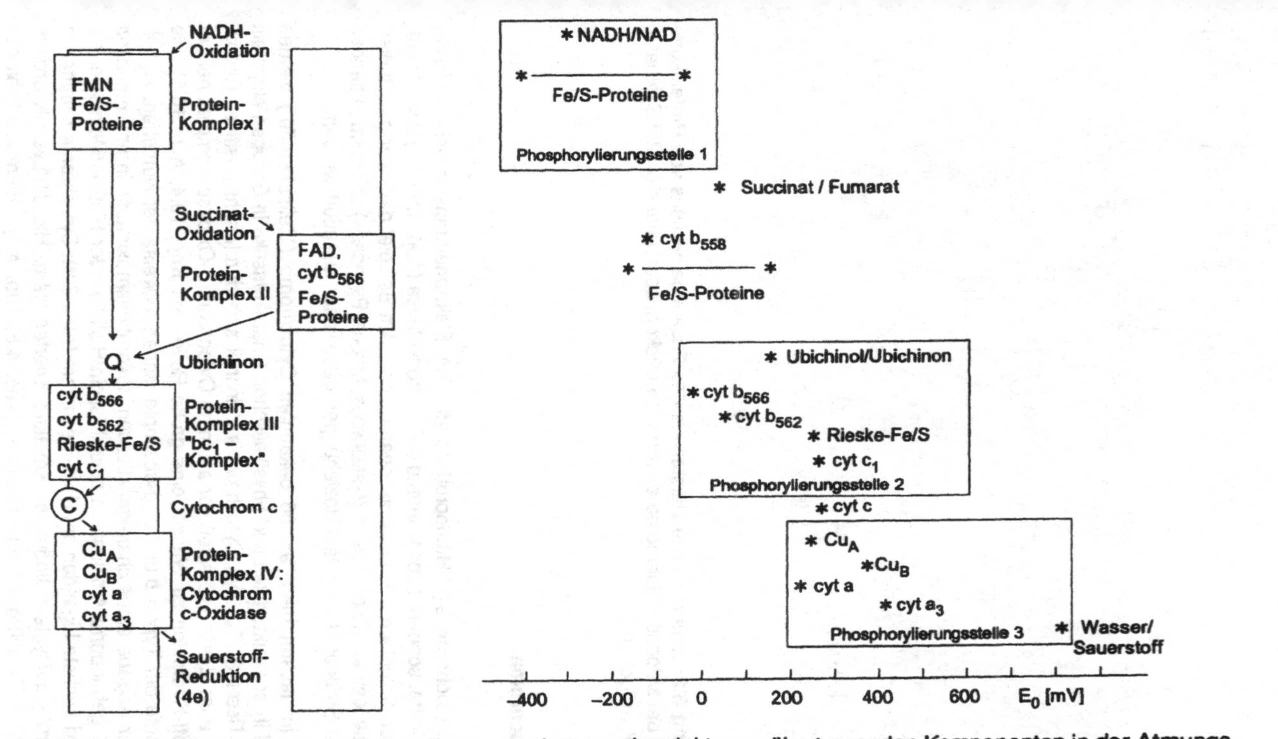

Abbildung 6.1: Schematisch vereinfachte Zusammenfassung der elektronenübertragenden Komponenten in der Atmungskette. Darstellung des funktionalen Aufbaus in der Membran (links, vgl. Abb. 6.2) und der Redoxpotentiale der Komponenten (*, rechts); modifiziert nach von Jagow, Engel

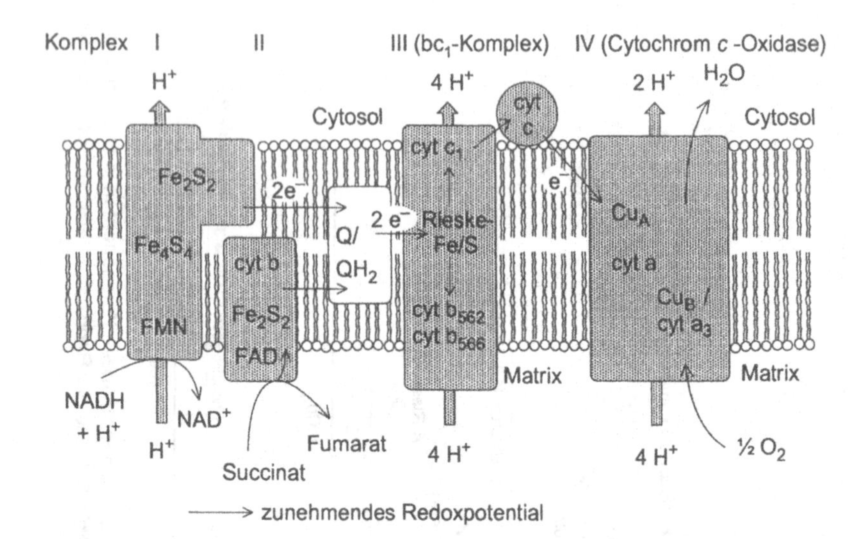

Abbildung 6.2: Schematische Darstellung des Zusammenwirkens von Proteinkomplexen in der Mitochondrienmembran (Protonenrücktransport über die ATP-Synthase, hier nicht aufgeführt)

6.1 Cytochrome

Die Cytochrome sind Hämoproteine, die dem Elektronentransfer nicht nur in der Atmungskette, sondern auch während der Photosynthese (Abb. 4.5 - 4.7) und anderer komplexer biologischer Redoxreaktionen dienen. Am Beispiel des sehr gut studierten, relativ kleinen Cytochrom *c* (Greenwood; Moore, Pettigrew) sollen im folgenden vor allem Struktur-Reaktivitäts-Beziehungen detaillierter diskutiert werden.

Die insgesamt mehr als 50 bekannten Cytochrome ("Zellfarbstoffe") werden aufgrund ihrer strukturellen und physikalischen Charakteristika in Gruppen eingeteilt (Palmer, Reedijk). Der Typ Cytochrom *a* zeichnet sich durch sehr positives Redoxpotential aus; dieser Typ spielt vor allem im Cytochrom *c*-Oxidase-Komplex bei der Sauerstoff-Reduktion zu Wasser eine große Rolle (vgl. Kap. 10.4, Abb. 10.5). Die Cytochrome der Typen *b* und *c* (Subskripte dienen teilweise der Numerierung, teilweise der Angabe eines charakteristischen Absorptionsmaximums in nm) enthalten zwei fest gebundene Aminosäurereste, Histidin/Histidin oder Histidin/Methionin, als fünfte und sechste Liganden am Häm-Eisenatom (Abb. 6.3); Cytochrome *c* enthalten über Porphyrin/Cystein-Bindungen kovalent fixiertes Häm. Histidin/Lysin-Koordination wird für Cytochrom *f* angenommen (Abb. 4.8, Tab. 4.1), während Methionin/

Methionin-Koordination offenbar in Bakterioferritinen vorkommt (s. Kap. 8.4.2; GEORGE et al.). Die somit koordinativ *abgesättigten* Eisen-Zentren zeigen je nach Liganden und Koordinationsumgebung (Wasserstoffbrücken, elektrostatische Ladungsverteilung, geometrische Verzerrung) deutlich unterschiedliche Redoxpotentiale für den Elektronenübergang Fe(II) → Fe(III); vergleichbare Effekte von Liganden und Reaktionsmedien sind auch aus der "normalen" Komplexchemie des Eisens bekannt (Tab. 6.1).

Tabelle 6.1: Redoxpotentiale für einige chemische und biochemische Fe(II/III)-Paare

Verbindung	E_0' (mV)	
Hexaquoeisen(II/III) $[(H_2O)_6Fe]^{2+/3+}$	771	
Tris(2,2'-bipyridin)eisen(II/III) $[(bpy)_3Fe]^{2+/3+}$	960	
Hexacyanoferrat(II/III) $[(NC)_6Fe]^{4-/3-}$	358	
Trisoxalatoeisen(II/III) $[(C_2O_4)_3Fe]^{4-/3-}$	20	
Protein/Häm-Eisen(II/III)		axiale Aminosäure-Liganden:
Hämoglobin	170	His/ –
Myoglobin	46	His/ –
Meerrettich-Peroxidase (HRP)	-170	His/ –
Cytochrom a_3	400	His/ –
Cytochrom *c*	260	His/Met
Cytochrom b_5	20	His/His
Cytochrom P-450	-400	Cys^-/ –

Cytochrom-Proteine können mehrere Häm-Gruppen enthalten, wie etwa im Mitochondrien-Komplex III (Abb. 6.2), einer Nitrit-Reduktase (Kap. 6.5), in der Cytochrom *c*-Oxidase (Komplex IV, Kap. 10.4) oder in der an der bakteriellen Photosynthese von *Rps. viridis* beteiligten Untereinheit (Abb. 4.5). Ein sich von den übrigen Cytochromen in der Funktion deutlich unterscheidendes "Cytochrom P-450" (= Pigment mit Absorptionsmaximum des Carbonyl-Komplexes bei 450 nm) hat eine enzymatische Monooxygenase-Funktion und wird in Kapitel 6.2 separat vorgestellt.

Das bestuntersuchte Cytochrom ist das in Abbildung 6.3 gezeigte Cytochrom *c* (GREENWOOD), welches üblicherweise aus Herzmuskelgewebe von Thunfischen oder Pferden gewonnen wird. Mit nur etwa 100 Aminosäuren und einer relativen Molekülmasse von ca. 12 kDa stellt es ein recht kleines Protein dar, so daß die Strukturaufklärung durch Proteinkristallographie feinere Details hat erkennen lassen. Die kaum veränderten Aminosäuresequenzen und Tertiärstrukturen von aus sehr verschiedenen Organismen gewonnenem Cytochrom *c* lassen auf ein evolutionsgeschichtlich sehr altes Protein und daher auf eine für den angestrebten Zweck seit langem optimierte Anordnung schließen. Das Protein ist üblicherweise an der Membran-Außenseite lokalisiert (vgl. Abb. 6.2), es besitzt dafür eine hydrophile "Oberfläche".

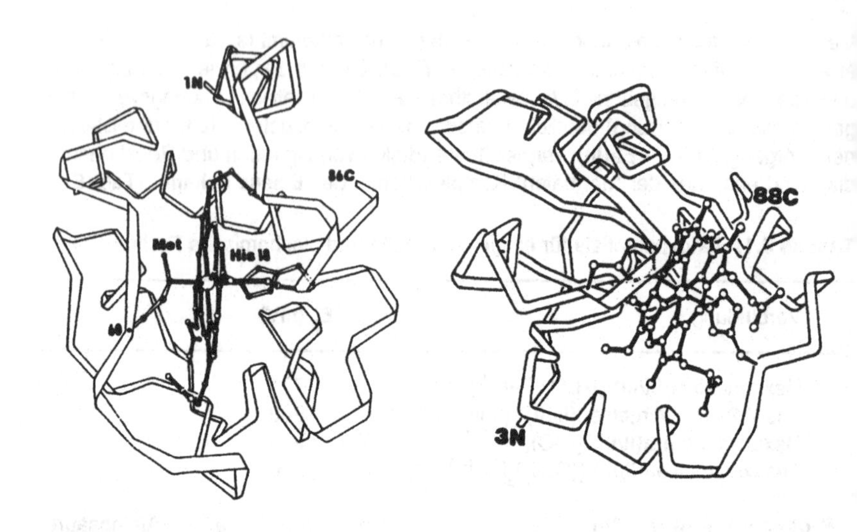

Abbildung 6.3: Schematische Darstellungen der Proteinfaltung, Häm-Position und Eisen-Koordination in den Cytochromen *c* (links) und b_5 (rechts, nach SALEMME)

Obwohl die Übertragung eines Elektrons eine der einfachsten chemischen Reaktionen darstellt, existieren hierfür drei Variable, nämlich hinsichtlich der Energie (Redoxpotential), des Raumes (Richtung) und der Zeit (Reaktionsgeschwindigkeit). Bis heute sind einige wesentliche Fragen gerade bei Elektronentransfer-Proteinen noch nicht vollständig geklärt (WILLIAMS):

- Welche Voraussetzungen müssen auf molekularer Ebene für eine möglichst schnelle, gleichwohl potentialkontrollierte intra- oder intermolekulare Elektronenübertragung erfüllt sein?
- Wie kommt eine offenbar räumlich gerichtete Elektronenübertragung zwischen den oft mehr als 2 nm voneinander entfernten Redoxzentren durch die scheinbar inerte Proteinumgebung zustande?

Ein Haupthindernis für sehr rasche Elektronenübertragung stellen die geometrischen Unterschiede zwischen oxidierter und reduzierter Form eines Redoxpaares dar; generell ist hierfür eine "Reorganisationsenergie" erforderlich. Modelluntersuchungen an Eisen-Porphyrin-Komplexen mit zusätzlichen Schwefel-Liganden haben gezeigt, daß sich die Fe–S-Bindungslängen beim Wechsel von Fe(II) zu Fe(III) oft nur geringfügig ändern. Dies läßt sich auf den σ-Donor/π-Akzeptor-Charakter von Thioether-Schwefelzentren gegenüber Übergangsmetallen zurückführen (π-Rückbindung; MOORE, PETTIGREW), durch Elektronenausgleich entsprechend Fe ← S wird die Geometrieänderung gering gehalten (vgl. hierzu auch die Fe/S-Proteine, Kap. 7.1-7.4). Ungesättigte Stickstoffliganden wie etwa das ausgedehnte Porphyrin-π-System besitzen ebenfalls eine solche Elektronen-Pufferwirkung. Im Sinne der Theorie des entatischen Zustandes liegt dann der enzymatische Grundzustand *zwischen* den jeweils typischen Strukturen der beiden Redoxstufen, d.h. er liegt in der Nähe des Übergangszustandes. Tatsächlich findet beispielsweise während des Elektronentransfers von Cytochrom *c* keine wesentliche Konformationsänderung im Gesamtprotein statt, und auch die anderen anorganischen Elektronenübertragungs-Proteine wie etwa Fe/S- und Kupfer-Systeme sind durch ein solches Verhalten gekennzeichnet (s. Kap. 7 und 10).

Die Frage nach dem Ursprung der Richtungsabhängigkeit insbesondere des weitreichenden biologischen Elektronentransfers ist heute Gegenstand zahlreicher Forschungsvorhaben (Gray, Malmström). Schien es zunächst erstaunlich, daß ein intra- oder gar intermolekularer Elektronenaustausch zwischen redoxaktiven Zentren über mehr als 2 nm von scheinbar inertem Protein-Material hinweg erfolgen kann, so haben neuere Untersuchungen an molekular fixierten Modellsystemen (vgl. 6.1) aus Elektronen-Donor, -Akzeptor und z.B. gesättigten Kohlenwasserstoffen als "Spacer" zumindest die Möglichkeit eines raschen, weitreichenden und gerichteten Elektronentransfers auch in nicht-biologischem Material aufgezeigt (Miller).

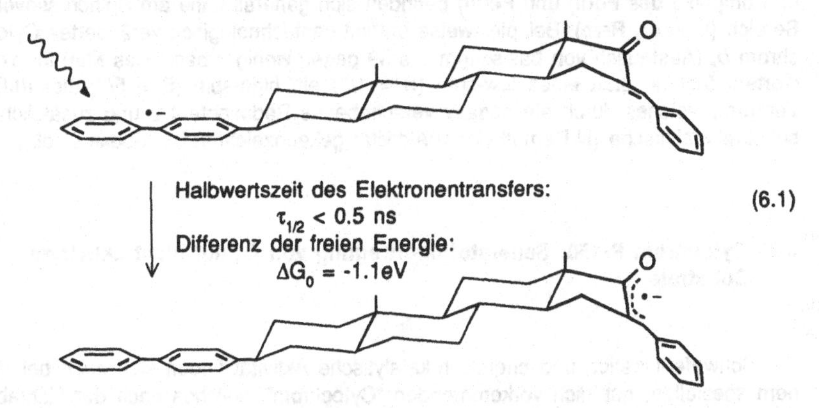

Diskutiert wird hier der Tunnel-Effekt, der es Elementarteilchen wie etwa dem Elektron ermöglicht, Energiebarrieren aufgrund quantenmechanischer Prinzipien mit einer gewissen Wahrscheinlichkeit "durchtunnelnd" zu überwinden. Eine Rolle insbesondere für die Gerichtetheit dieses Vorgangs spielen jedoch vermutlich geeignet wechselwirkende Molekülorbitale ("through-bond"-Elektronentransfer). Obwohl hierzu auch rein gesättigte Spacer mit σ-Gerüst (s. 6.1) in der Lage sein können, findet man gerade im intensiv untersuchten Cytochrom *c* aromatische und potentiell redoxaktive (Prince, George) Aminosäurereste wie etwa Tryptophan (Trp) als Komponenten von "Elektronentransfer-Pfaden". Die Kristallstruktur eines spezifisch orientierten dimeren Protein-Komplexes zwischen Cytochrom *c* und dem ebenfalls Häm-enthaltenden Partnerenzym Cytochrom *c*-Peroxidase (CCP; Poulos) deutet jedoch auf Elektronenübertragung zwischen den Häm-Gruppen entlang eines Aminosäuregerüstes

(Ala-)Ala-Gly-Trp mit demnach überwiegend nicht-aromatischen Aminosäureresten hin (PELLETIER, KRAUT). Ein besonders anschauliches Beispiel für einen Elektronen-"Pfad" stellen die vier Häm-Gruppen im Cytochrom des photosynthetischen Reaktionszentrums von *Rps. viridis* dar, welches strukturell aufgeklärt werden konnte (Abb. 4.5). Auch hier findet sich das Cytochrom an der Außenseite der Membran (Abb. 4.8); vier offenbar nicht zufällig fast orthogonal zueinander orientierte Häm-Gruppen dienen dem kontrollierten Elektronentransport zur Auffüllung des Elektronenlochs im nach der Ladungstrennung oxidierten "special pair" des Bakteriochlorophylls (Abbn. 4.6 und 4.7). Bis auf das dem "special pair" zweitnächste Häm (His, His) mit relativ niedrigem Potential sind die Häm-Eisen-Zentren von Methionin und Histidin als axialen Liganden koordiniert (DEISENHOFER, MICHEL). Die noch weitgehend unverstandene Feinabstimmung von Potentialdifferenzen, Abständen und gegenseitiger räumlicher Orientierung ist offenbar wesentlich für kontrolliert effektiven Ladungstransport.

Cytochrome stellen als meist relativ einfach strukturierte Proteine mit klar meßbarer Aktivität, dem Redoxpotential und der Geschwindigkeit der Elektronenübertragung, interessante Objekte für gezielte Enzym-Modifikationen dar. Sie können insbesondere je nach Bedingungen unterschiedliche Spinzustände des Eisens aufweisen; Porphyrin-Komplexe des Fe(II) und Fe(III) befinden sich generell nahe am Spincrossover-Bereich (SCHEIDT, REED). Beispielsweise enthält gentechnologisch verändertes Cytochrom b_5 (Austausch von basischem His 39 gegen weniger basisches Met) im oxidierten Zustand statt eines low-spin ($S = 1/2$) ein high-spin ($S = 5/2$)-Eisen(III)-Zentrum, welches durch ein negativ verschobenes Redoxpotential und zusätzliche substratkatalytische (N-Demethylase-)Aktivität gekennzeichnet ist (SLIGAR et al.).

6.2 Cytochrom P-450: Sauerstoffübertragung von O_2 auf nicht aktivierte Substrate

Schwefel-Ligation und chemisch-katalytische Aktivität finden sich auch bei einem speziellen, natürlich vorkommenden "Cytochrom", welches nach der Lichtabsorption seines CO-Komplexes bei 450 nm als P-450 bezeichnet wird. Dieses eigentümliche Häm-System ist Bestandteil von Hydroxylasen (Monooxygenasen), die im Zusammenspiel mit Reduktionsmitteln (NADH, Flavine) und einem P-450-Reduktase-enzym aus Disauerstoff und teilweise sehr inerten Substraten oxygenierte Produkte erzeugen (6.2; ORTIZ DE MONTELLANO; GUENGERICH; PORTER, COON; RUCKPAUL; MANSUY).

$$\begin{matrix} \text{R–H} \\ \text{oder} \\ \text{>C=C<} \end{matrix} + O_2 + 2\,e^- + 2\,H^+ \xrightarrow{\text{P-450}} \begin{matrix} \text{R–OH} \\ \text{oder} \\ \text{Epoxid (>C–O–C<)} \end{matrix} + H_2O \qquad (6.2)$$

Es existieren zahlreiche Enzym-Varianten innerhalb der P-450-"Superfamilie", die bei Tieren, Pflanzen und Mikroorganismen für die Metabolisierung körpereigener, "endogener" Substanzen wie auch für die Umwandlung körperfremder, "xenobiotischer" Substanzen sorgen.

Die beim Menschen vor allem in den Mikrosomen der Leber wirksamen P-450-abhängigen Monooxygenasen zeigen als typische Entgiftungsenzyme (JAKOBY, ZIEGLER) oft keine allzu große Substratselektivität; metabolisiert werden auf diesem Wege stereospezifisch Fettsäuren, Aminosäuren und Hormone (Steroide, Prostaglandine) als primär körpereigene Substrate. Bedeutsam für Pharmakologie, Medizin und Toxikologie sind die Oxygenierungen körperfremder Substanzen zu den eigentlichen, physiologisch positiv oder negativ wirksamen Metaboliten, etwa von Calciferolen (Vitamin D-Gruppe) zu 1,25-Dihydroxycalciferolen (6.3) oder von β-Naphthylamin zum cancerogenen α-Hydroxy-β-aminonaphthalin (6.4). Ebenso werden Narkotika wie Morphin und zahlreiche gängige Pharmaka (Tab. 6.2), aber auch chlorierte (FELLENBERG) und nicht-chlorierte aromatische Kohlenwasserstoffe durch Monooxygenasen umgewandelt; in Abwesenheit von Seitenketten findet Cytochrom P-450-katalysierte Epoxidierung von Benzol oder Benzo[*a*]pyren zu den in der Folge eigentlich erst cancerogen wirkenden Derivaten statt (6.5). Nitrosamine und polychlorierte Methane werden durch P-450-Enzyme zu reaktiven Radikalen und Carbokationen umgewandelt; Acetaldehyd aus der Oxidation von überschüssigem Ethylalkohol (Ethanol; s. Kap. 12.5) kann an dieser Stelle Leberschäden hervorrufen. Die hohe Reaktivität und geringe Spezifität vieler P-450-abhängiger Entgiftungsenzyme machen eine genaue Kontrolle der Aktivität erforderlich. Ein Grund für die diffuse Toxizität bestimmter Polychloro-Dibenzodioxine und -Biphenyle (PCBs) besteht möglicherweise darin, daß sie zwar in Zusammenwirken mit einem Rezeptor die Synthese P-450-abhängiger Enzyme stimulieren (LENOIR, SANDERMANN) und immunotoxische Reaktionen auslösen, selbst jedoch nicht rasch genug abgebaut werden können. Der oxidative Abbau ist insbesondere dann blockiert, wenn die reaktiven Stellen, z.B. die para-Positionen bei einfachen Aromaten oder die 2,3,7,8-Positionen bei Dibenzo-p-dioxinen mit Cl statt mit H substituiert sind; anders als die C–H- wird die C–Cl-Bindung nicht oxygeniert, und Cl^+ stellt im Gegensatz zu H^+ keine gute Abgangsgruppe dar.

(6.3)

Colecalciferol (Vitamin D_3)

1α,25-Dihydroxycolecalciferol (Calcitriol, Rocaltrol®)

Tabelle 6.2: Einige Beispiele für den oxidativen Metabolismus von Arzneimitteln durch P-450-Monooxygenierung (nach MUTSCHLER):

Gesamtreaktion	Reaktionssequenz	Beispiele
Oxidation aliphatischer Ketten	$R{-}CH_2{-}CH_3 \rightarrow R{-}CH(OH){-}CH_3$ und $R{-}CH_2{-}COOH$	Barbiturate
Oxidative N-Desalkylierung	$R^1{-}N(H){-}CH_2R^2 \rightarrow R^1{-}NH_2 + R^2{-}CHO$	Ephedrin, Methamphetamin
Oxidative Desaminierung	$R{-}CH_2{-}NH_2 \rightarrow R{-}CHO + NH_3$	Histamin Noradrenalin Mescalin
Oxidative O-Desalkylierung	$R^1{-}CH_2{-}O{-}C_6H_4{-}R^2 \rightarrow HO{-}C_6H_4{-}R^2 + R^1{-}CHO$	Phenacetin Codein Mescalin
para-Hydroxylierung von Aromaten	$C_6H_5{-}R \rightarrow HO{-}C_6H_4{-}R$	Phenobarbital Chlorpromazin
Oxidation aromatischer Amine	$C_6H_5{-}NH_2 \rightarrow C_6H_5{-}NH{-}OH$	Anilinderivate
S-Oxidation	$R^1R^2S \rightarrow R^1R^2S{\rightarrow}O \rightarrow R^1R^2SO_2$	Phenothiazine

$$\beta\text{-Naphthylamin} \xrightarrow[O_2]{P\text{-}450} \alpha\text{-Hydroxy-}\beta\text{-aminonaphthalin (cancerogen)} \quad (6.4)$$

toxisch: weniger toxisch:

Benzol —P-450, O_2→ (Benzoloxid) → Phenol, Hydrochinon, Catecholderivate (6.5)

Benzo[*a*]pyren —P-450, O_2→ (Epoxide) (6.6)

Das Interesse an Cytochrom P-450 speist sich jedoch nicht nur aus dem Bemühen, seine physiologische Funktion zu verstehen; die kontrollierte Übertragung von Sauerstoff aus frei verfügbarem O_2 auf nicht weiter aktivierte organisch-chemische Substrate, insbesondere Kohlenwasserstoffe, stellt eine Herausforderung an die synthetische Chemie dar (Patzelt, Woggon). Dies gilt um so mehr, als Studien des Reaktionsmechanismus von P-450 ein auch für andere katalytische Prozesse typisches Muster ergeben haben: Offenbar handelt es sich hier um die *kontrollierte Reaktion zweier in der Metall-Koordinationssphäre befindlicher Liganden.* Das Enzym fungiert dabei einerseits als "Templat", indem es beide Reaktanden in räumlich definierter Orientierung zusammenführt (Stereospezifität), und andererseits als elektronischer Aktivator (Katalyse). Die Beeinflussung der Aktivierung erfolgt vermutlich über den "Steuer"-Liganden (2.6), der inzwischen strukturell (Poulos; Raag, Poulos) wie auch über Modelluntersuchungen als Cysteinat-Anion identifiziert wurde. Thiolate sind im Gegensatz zu Thioethern wie z.B. Methionin sehr starke σ- **und** π-Elektronendonatoren und können dadurch hohe Oxidationsstufen von Metallzentren stabilisieren.

Nachdem zahlreiche P-450-Enzyme mit ihrer durchschnittlichen Molekülmasse von ca. 50 kDa sequenzanalysiert (Guengerich) und einige Formen mit und ohne Subtrat strukturell wie reaktionsmechanistisch charakterisiert worden sind (Ravichandran et al.; Raag, Poulos; vgl. Abb. 6.4), wird folgender Ablauf für die Sauerstoffübertragung angenommen (6.7, verkürzte Version auf dem Titelblatt): Ausgehend von der low-spin Eisen(III)-Stufe 1 mit sechsfach koordiniertem Metall (Porphyrin, Cysteinat, Wasser) bewirkt Substratbindung durch vorwiegend, aber nicht notwendigerweise ausschließlich (Abb. 6.4) hydrophobe Wechselwirkung innerhalb des Proteins in

(6.7)

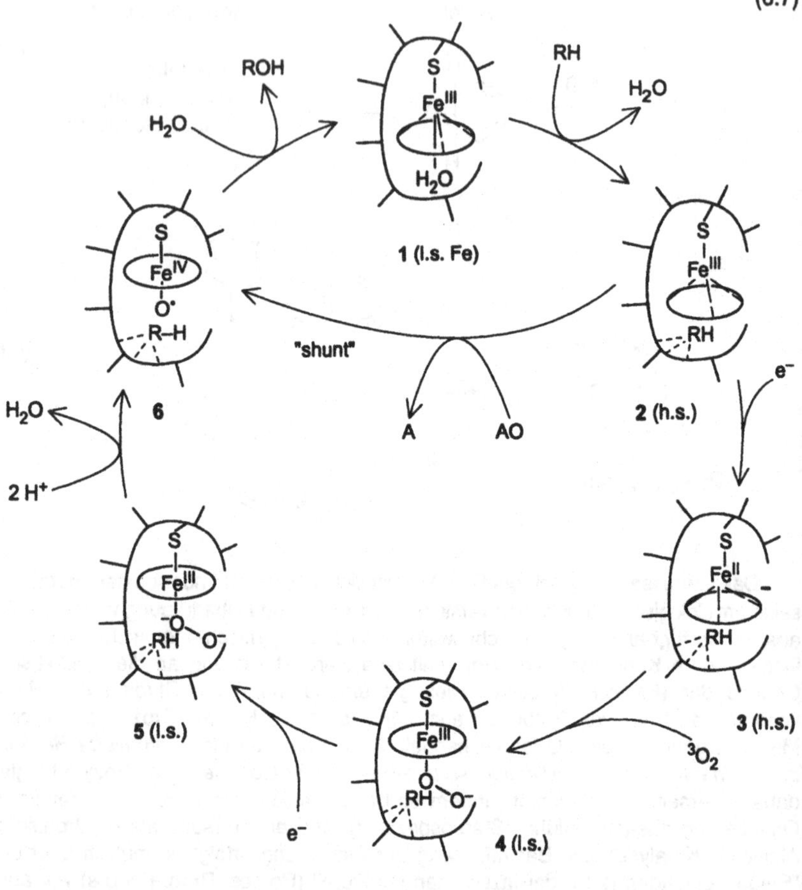

der Nähe der sechsten Koordinationsstelle des Häm-Systems einen Übergang zur high-spin Eisen(III)-Form **2** mit offener Koordinationsstelle (nach Verdrängung des Aqua-Liganden) und einer stark ausgeprägten *out-of-plane*-Struktur mit gewölbtem Porphyrin (Abb. 6.4).

Von dieser Fe(III)-Stufe aus kann durch externe starke Oxidationsmittel AO wie etwa Periodat in einem "shunt pathway" schon die Vorstufe **6** des Produkt-liefernden, hoch-oxidierten Komplexes erhalten werden; im physiologischen Reaktionsweg erfolgt jedoch als nächstes die Einelektronen-Reduktion (über $FADH_2$, s. 3.12) zu einem Komplex **3** des high-spin Fe(II), welches aufgrund der *out-of-plane*-Situation und des Spinzustandes (S = 2) für eine Triplett-Sauerstoff-Bindung prädestiniert ist (vgl. Kap. 5.2). Nach Aufnahme von Disauerstoff unter Bildung der nun koordinativ gesättigten low-spin Oxy-Form **4** mit einer Wasserstoffbrücke zu Threonin (GERBER, SLIGAR) und der möglichen Oxidationsstufenverteilung Fe(III)/$O_2^{\bullet -}$ (vgl. Hämoglobin und Myoglobin, 5.9) sowie einer weiteren Einelektronen-Reduktion zu einem sehr labilen low-spin Peroxo-Eisen(III)-Komplex **5** verliert dieser durch Aufnahme zweier Protonen ein Molekül Wasser, wodurch die O–O-Bindung gespalten wird (MANDON et al.). Diese Spaltung benötigt zwei intramolekular zur Verfügung zu stellende Oxidationsäquivalente; übrig bleibt daher ein reaktiver Komplex **6**, welcher unter radikalischer Sauerstoffübertragung auf das Substrat (6.8) zum Produkt und zum Ausgangszustand des Katalysators zerfällt (Bruttogleichung 6.2).

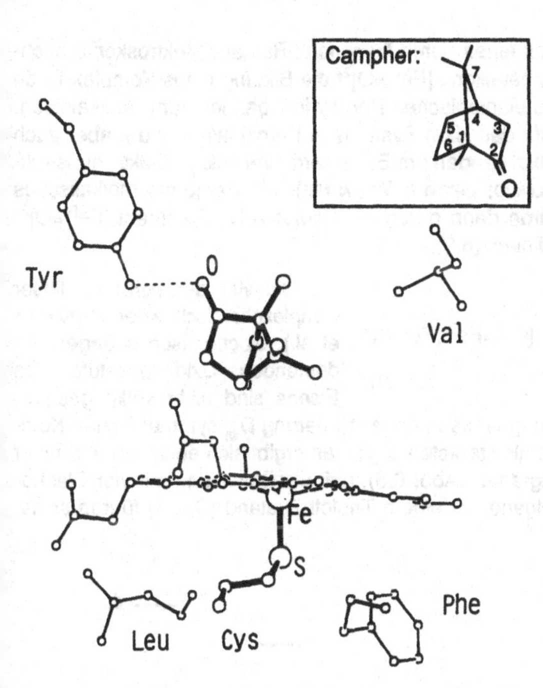

Abbildung 6.4: Seitenansicht des aktiven Zentrums in einem P-450-abhängigen Enzym von *Ps. putida* mit gebundenem Campher-Molekül $C_{10}H_{16}O$ (Wasserstoffbrücke Tyrosin---Ketogruppe, angedeutete Monooxygenierung in 5-Position; nach POULOS)

R–C(H)(R')–H ···· $^{\bullet}$O–Fe^{IV} ⟶ (H-Abstraktion) R–$\dot{C}$(H)(R') + H–O–Fe^{IV} ⟶ („Rebound") R–C(H)(R')–OH + Fe^{III} (6.8)

Das formal (!) bis zu fünfwertig formulierbare Oxo-Eisenzentrum der reaktiven Häm-Gruppe ist einerseits durch die elektronenliefernde Thiolatgruppe stabilisiert; andererseits muß es jedoch auch im Zusammenhang mit dem umgebenden Porphyrin-π-System gesehen werden. Dieses ist, wie am Beispiel der Chlorophylle in Kap. 4.2 deutlich geworden, in der Lage, selbst Elektronen aufzunehmen oder abzugeben;

letzteres wäre bei Anwesenheit eines durch Resonanz-Raman-Spektroskopie nachweisbaren dikationischen Oxometallions $[Fe^{V}=O]^{2+}$ die Bildung eines Komplex-Radikalkations durch Oxidation des dianionischen Porphyrin-Liganden zum Radikalanion. Für die maximal oxidierte Stufe des Häm-Systems in Peroxidasen (s.u.), aber auch im P-450-System mit einem Oxoliganden am Eisen wird eine solche Elektronenstruktur vermutet (ORTIZ DE MONTELLANO; GROVES, WATANABE). Ein oxidiertes radikalisches Porphyrin $Por^{\bullet -}$ (S = 1/2) würde dann durch ein Oxoferryl(IV)-Fragment $[Fe^{IV}=O]^{2+}$ mit *vier*wertigem Eisen koordiniert (6.9).

$$[Fe^{II}(Por^{2-})]^0 \xrightarrow[-\,H_2O]{+O_2,\ 2H^+,\ 1e^-} [O^{-II}=Fe^{IV}(Por^{\bullet -})]^{\bullet +} \quad (6.9)$$

Die vier d-Elektronen dieser komplexchemisch seltenen (KOSTKA et al.), biochemisch dagegen bedeutenden Oxidationsstufe des Eisens sind nicht völlig gepaart. Aus der Ligandenfeldaufspaltung eines in erster Näherung D_{4h}-symmetrischen Komplexes mit Oxid und Cysteinat als stärksten Liganden ergibt sich entsprechend einer Stauchung im Korrelationsdiagramm (Abb. 6.5), daß die Besetzung mit vier Elektronen, der HUNDschen Regel folgend, zu einem Triplett-Zustand (S = 1) führen sollte.

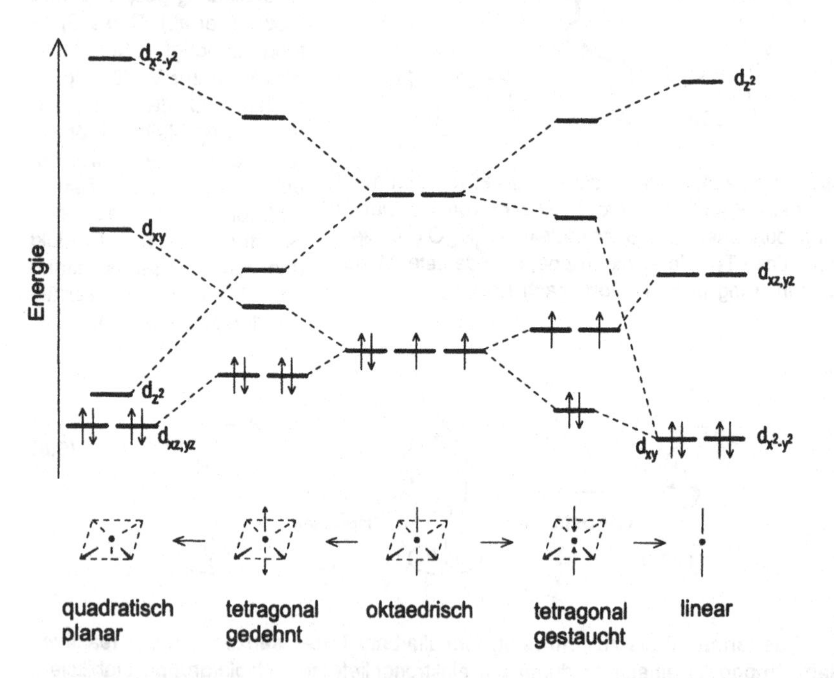

Abbildung 6.5: d-Orbital-Korrelationsdiagramm für die tetragonale Verzerrung (Dehnung, Stauchung) eines oktaedrisch konfigurierten d^4-Metallkomplexes

Grundlage für die Interpretation (6.9) sind magnetische Messungen, die auf eine schwache antiferromagnetische Kopplung zwischen dem vermuteten Porphyrin-Radikal (S = 1/2) und dem Eisenzentrum mit S = 1 hindeuten; bei sehr tiefer Temperatur resultiert dann *ein* weitgehend am Metall lokalisiertes ungepaartes Elektron.

Bemerkenswert bleibt, daß die letzte Stufe **6** des P-450-Zentrums im Zyklus (6.7) in der Lage ist, das verbliebene Sauerstoffatom entsprechend (6.8) auf ein wenig oder gar nicht aktiviertes Substrat zu übertragen, worauf nach Ablösung des oxidierten Substrats der koordinativ ungesättigte high-spin Fe(III)-Ausgangszustand wieder erreicht wird. Bei der Formulierung (6.9) wurde impliziert, daß der koordinierte Sauerstoff als Oxid-Ligand (O^{2-}) vorliegt und bei der Beschreibung durch Oxidationszahlen also mit der Stufe -II berücksicht werden muß. Diese meist ohne weitere Bedenken verwendete *Konvention* ist jedoch gerade auch im Hinblick auf die typische P-450-Reaktivität von Sawyer in Frage gestellt worden; ein terminaler Monosauerstoff-Ligand kann auch als radikalischer ($O^{\bullet -}$) oder, in Analogie zu Carbenen und Nitrenen, sogar als neutraler "Oxen"-Ligand vorliegen (vgl. die Resonanzstrukturen 6.10).

$$\left[\overset{-II}{O}=\overset{+IV}{Fe}\right]^{2+} \leftrightarrow \left[{}^{\bullet}\overset{-I}{\bar{O}}-\overset{+III}{Fe}\right]^{2+} \leftrightarrow \left[|\overset{0}{\bar{O}}-\overset{+II}{Fe}\right]^{2+} \quad (6.10)$$

Oxid (links); "Oxen" (rechts, *(Rückbindung)*)

In der Tat sprechen sowohl röntgenabsorptionsspektroskopische (Sawyer) wie auch reaktionsmechanistische Ergebnisse dafür, daß in vielen "Oxo"-Übergangsmetallkomplexen und speziell auch in der letzten, reaktiven Stufe von P-450 (Champion, vgl. 6.14) die Formulierung mit schwach gebundenem radikalischem Sauerstoffatom als wasserstoffabstrahierendem Liganden einen wesentlichen Beitrag zur Elektronenstruktur liefert. Unter Einbeziehung der möglichen Porphinat-Oxidation in die Alternative (6.10) ergibt sich so eine Vielzahl von Resonanzformulierungen (Sawyer). "Reine" Oxid-(O^{2-}-)Liganden, die dann in der Koordinationssphäre des Metalls auch organische Liganden tolerieren (Herrmann), werden erst bei Metallen mit extrem stabilisierten hohen Oxidationsstufen wie etwa Re(VII) gefunden. Im P-450-System trägt das Zusammenspiel von stabilisierendem Cysteinat und reaktivitätsfördernden distalen Liganden der Fe–O(–O)-Gruppe zur Reaktionskontrolle bei (Gerber, Sligar), ohne daß eine Autoxygenierung wie im Fall der Häm-abbauenden Häm-Dioxygenase erfolgt.

Enzyme des P-450-Typs sind nicht nur nach (6.2) an C–H-Monooxygenierungen und Epoxidierungen beteiligt, sie sind auch verantwortlich für N–H-Monooxygenierungen in der Synthese von NO (6.11, s. Kap. 6.5) und für oxidative Demethylierungsreaktionen von Androsteroiden in deren Konversion zu Östrogenen (Mansuy).

$$\underset{\text{L-Arginin}}{R{-}NH{-}\overset{\overset{+}{N}H_2}{\overset{\|}{C}}{-}NH_2} \xrightarrow[2e^-]{O_2 \quad H_2O} \underset{N^{\omega}\text{-Hydroxy-L-arginin}}{R{-}NH{-}\overset{NOH}{\overset{\|}{C}}{-}NH_2} \xrightarrow[1e^-]{O_2 \quad H_2O} \underset{\text{L-Citrullin}}{R{-}NH{-}\overset{O}{\overset{\|}{C}}{-}NH_2} + NO^{\bullet}$$

$$R = (CH_2)_3{-}\overset{H}{C}(NH_3^+)COO^- \quad (6.11)$$

6.3 Peroxidasen: Abbau und Verwertung des zweifach reduzierten Disauerstoffs

Eng verwandt mit dem Cytochrom P-450 sind die Häm-enthaltenden Peroxidasen und Katalasen. Es existieren jedoch auch Mangan- oder Vanadium-enthaltende (vgl. Kap. 11.4) und metallfreie Peroxidasen (EVERSE, EVERSE, GRISHAM; HAAG, LINGENS, VAN PEE) sowie mehrkernige Mangan-abhängige Katalasen mit Metall-Oxidationsstufen zwischen +II und +IV. Peroxidasen nutzen im Gegensatz zu Cytochrom P-450 die zweifach reduzierte, d.h. peroxidische Form des O_2 aus, um über instabile, hochoxidierte Zwischenstufen Substrate des Typs AH_2 zu Radikalkationen und deren Folgeprodukten zu oxidieren (6.12, 6.13). Die peroxidische Disauerstoff-Oxidationsstufe kann als Zwischenprodukt bei der photosynthetischen Wasseroxidation oder bei unvollständiger Sauerstoff-Reduktion im Atmungsprozeß gebildet werden (4.6, 5.2); nur etwa 80% des "veratmeten" O_2 werden *vollständig* reduziert. Peroxidasen lassen sich daher zumindest teilweise als Entgiftungsenzyme auffassen. Dies gilt insbesondere auch für die Katalasen, denn für diese ist das zweite Substrat ebenfalls Wasserstoffperoxid (6.12); insgesamt handelt es sich dann um die enzymatisch katalysierte Disproportionierung des eigentlich nur metastabilen H_2O_2 (die Gleichgewichtskonstante für (6.12) beträgt für A = O_2 ca. 10^{36} !)

$$H_2O_2 + AH_2 \underset{\text{(Katalasen: A = O}_2\text{)}}{\overset{\text{Peroxidasen}}{\rightleftharpoons}} 2\,H_2O + A \qquad (6.12)$$

Als biologisch sinnvolle Substrate für Peroxidasen kommen zahlreiche nicht sehr leicht oxidierbare Verbindungen wie etwa Fettsäuren, Amine, Phenole, Chlorid oder xenobiotische Substanzen, einschließlich Schadstoffe in Betracht. Physiologisch wichtig sind die kontrollierten α-Oxidationen von Fettsäuren während des Wachstums von Pflanzen, bei denen unter Verlust von CO_2 (Decarboxylierung) aus einer α-Carbonylcarbonsäure-Zwischenstufe der um eine CH_2-Einheit ärmere Aldehyd und nach dessen Oxidation die entsprechend verkürzte Carbonsäure entsteht (6.13).

$$R{-}CH_2{-}COOH + 2\,H_2O_2 \xrightarrow{\text{Fettsäure-Peroxidase}} 3\,H_2O + R{-}CHO + CO_2 \qquad (6.13)$$

$$R{-}CHO \xrightarrow{\text{Oxidation}} R{-}COOH$$

Weitere wichtige Reaktionen von Häm-Peroxidasen (EVERSE, EVERSE, GRISHAM) betreffen die Iodierung (elektrophile Aromatenhalogenierung) und Kopplung von Tyrosin durch Thyreoperoxidasen (HASHIMOTO et al.) zu den Schilddrüsenhormonen (s. Kap. 16.7), die Oxidation von Cytochrom *c* durch Cytochrom *c*-Peroxidase (POULOS;

PELLETIER, KRAUT), die Oxidation von Chlorid zu bakterizidem Hypochlorit ^{-}OCl durch die Myeloperoxidase mit Cysteinat-koordiniertem Eisen oder den oxidativen Abbau von Lignin durch die strukturell charakterisierte (POULOS et al.) Lignin-Peroxidase (SCHOEMAKER). Eher kurios ist die Nutzung von H_2O_2 und Hydrochinon in einer explosiv verlaufenden Peroxidase-katalysierten Reaktion zu O_2 und aggressivem, oxidierendem Chinon durch den Bombardierkäfer (*Brachynus*).

Zu den bekanntesten Häm-Peroxidasen gehört weiter die Meerrettich-Peroxidase (engl.: horseradish peroxidase, HRP), ein schon von WILLSTÄTTER eingehend untersuchtes Enzym mit ca. 40 kDa Molekülmasse (DAWSON). Bei den klassischen Häm-enthaltenden Katalasen handelt es sich dagegen um assoziierte Proteine (Tetramere) mit insgesamt etwa 260 kDa Molekülmasse und zum Teil Tyrosinat-koordiniertem Häm-Eisen (POULOS). Der Ausgangszustand der meisten Häm-Peroxidasen enthält unter physiologischen Bedingungen high-spin Eisen(III) (S = 5/2, halb-gefüllte d-Schale, *out-of-plane*-Struktur), wobei jedoch anders als beim P-450-System eine Wasserstoffbrücken-bildende Imidazol-Base vom proximalen Histidin als Steuerligand vorliegt. Durch Oxidation, d.h. durch die noch nicht im Detail verstandene intern basenkatalysierte Sauerstoffatom-Übertragung vom H_2O_2 auf das Eisenzentrum unter Austritt von Wasser (6.14) sind zwei Oxidationsäquivalente hinzugekommen, was wieder formal zu einer Eisen(V)-Stufe, hier vermutlich einem dikationischen Oxoferryl(IV)-Zentrum mit koordiniertem Porphyrin-Radikal(anion) führt. Diese erste, sehr elektronenarme Zwischenstufe ("HRP I", $E_0 > 1V$) kann in einem Einelektronenoxidations-Schritt mit dem Substrat reagieren; mit Phenolen oder bestimmten gespannten Kohlenwasserstoffen findet man in der Tat Folgeprodukte, wie sie aus Reaktionen der chemisch oder elektrochemisch erzeugten Substratradikalkationen bekannt sind. Die zweite Enzym-Zwischenstufe weist nur noch *ein* Oxidationsäquivalent mehr auf als der Ausgangszustand und kann damit eine zweite Einelektronenoxidation eingehen; diese Stufe "HRP II" enthält laut physikalischen Messungen Oxoferryl(IV) mit S = 1 und einen normalen, d.h. dianionischen Porphyrinliganden (vgl. 6.9; GROVES, WATANABE).

$$[Fe^{III}(Por^{2-})]^{\bullet+} \xrightarrow[H_2O_2 \; \to \; H_2O]{} [O{=}Fe^{IV}(Por^{\bullet-})]^{\bullet+} \xrightarrow[AH_2 \; \to \; AH_2^{\bullet+}]{} O{=}Fe^{IV}(Por^{2-}) \xrightarrow[AH_2,\ 2H^+ \; \to \; AH_2^{\bullet+},\ H_2O]{} [Fe^{III}(Por^{2-})]^{\bullet+} \qquad (6.14)$$

HRP I grün — HRP II rot

In der Cytochrom *c*-Peroxidase (CCP, POULOS) erfolgt die Ligandoxidation offenbar nicht am Porphyrin, sondern an einem (Tryptophan-)Aminosäurerest der Peptidkette. Für alle Häm-Peroxidasen wird den Wasserstoffbrücken-Bindungen durch distale Histidin-, Arginin- und Carboxylat-Gruppen eine wesentliche Rolle für die Peroxo-Koordination und die Moderierung der Reaktivität zuerkannt (YAMAGUCHI, WATANABE, MORISHIMA), da z.B. nicht Peroxidase-aktives Myoglobin auf den ersten Blick eine sehr ähnliche Häm-Koordination wie HRP besitzt.

6.4 Steuerung des Reaktionsmechanismus der Oxyhäm-Gruppe – Erzeugung und Funktion organischer freier Radikale

Sowohl die P-450-Cytochrome als auch die Häm-Peroxidasen durchlaufen reaktive Zwischenstufen mit ungewöhnlich hohen Oxidationsstufen des Eisens, für die sonst nur sehr wenige Beispiele (KOSTKA et al.), etwa in Form kationischer Komplexe $[Fe^{IV}(S_2CNR_2)_3]^+$ existieren. Was sind die Ursachen für die unterschiedliche Reaktivität (CHAMPION; DAWSON), für Monooxygenase-Aktivität (Sauerstoffübertragung, ein O aus O_2) im einen und direkten Einelektronenentzug, d.h. Bildung eines Substrat-Radikalkations im anderen Fall? Im Gegensatz zu P-450 weisen die meisten Peroxidase-Eisenzentren als Steuerliganden einen neutralen, aber deprotonierbaren Histidinrest auf. Dessen schwächeres Elektronendonorvermögen im Vergleich zum anionischen Thiolat-Liganden der P-450-Systeme bewirkt möglicherweise eine Verschiebung der radikalischen Reaktivität (Spin-Dichte) vom Eisen-gebundenen Sauerstoffatom zum Ligand-π-System (6.15), so daß der elektrophile Angriff nicht mit einer Sauerstoffübertragung verbunden ist (6.7, 6.8), sondern einfach die Aufnahme eines Elektrons vom Substrat und Sauerstoffablösung als Wasser beinhaltet (6.14). Es ist jedoch insbesondere die verschiedenartige Proteinumgebung dafür verantwortlich, daß im Fall des Cytochrom P-450 die gebildeten Radikale rasch zu den oxygenierten Produkten rekombinieren ("cage"-Reaktion), während bei den Peroxidasen eine Dissoziation der Reaktanden zu typischen "escape"-Produkten *freier* Radikale führt (6.16). So entstehen beispielsweise mit Peroxidasen aus Phenol-Substraten keine Dihydroxy-Aromaten wie im Fall der P-450-Katalyse, sondern die für Phenoxyl-Radikale typischen Aryl-Aryl-Kopplungsprodukte (ORTIZ DE MONTELLANO; PETER). Diese Beobachtung ist insofern bedeutsam, als die kontrollierte Oxidation von Phenolen zu Catecholen auch kupferkatalysiert vonstatten gehen kann (s. Kap. 10.2 und 10.3).

Peroxidasen

|O| $^{-II}$ $]^+$ Fe^{IV} (Porphyrin$^{•-}$), N-Histidin (HN) ⟷ |Ȯ| $^{-I}$ $]^+$ Fe^{IV} (Porphyrin^{2-}), N-Histidin (HN)

(6.15)

Cytochrom P-450

|O| $^{-II}$ Fe^{IV} (Porphyrin$^{•-}$), S$^-$–C ⟷ |Ȯ| $^{-I}$ Fe^{IV} (Porphyrin^{2-}), S$^-$–C

(modifiziert nach CHAMPION)

$$\text{O}{=}\text{Fe}^{IV}\,^{\bullet-} \xrightarrow{+\,Su} \begin{cases} \text{"cage"} \rightarrow (\text{Fe}^{III})^{2-} + SuO \\ \text{"escape"}\ \xrightarrow{+2H^+} (\text{Fe}^{III})^{2-} + H_2O + Su^{\bullet+} \xrightarrow{-H^+} \rightarrow \rightarrow \ 1/2\ Su_2 \end{cases} \quad (6.16)$$

Su: Substrat, z.B. Phenol C_6H_5–OH;

SuO: z.B. $C_6H_4(OH)_2$ Su$_2$: z.B. HO–C_6H_4–C_6H_4–OH

Wegen ihres ungewöhnlich positiven Redoxpotentials von etwa +1.5 V spielt die hohe (Radikal-)Reaktivität von oxidierten Peroxidasen eine wichtige Rolle beim Auf- und Abbau des hochpolymeren Lignins (ca. 25% der Welt-Biomasse), wobei Arylether-Bindungen mit Hilfe von niedrige pH-Werte bevorzugenden Lignin-Peroxidasen geknüpft und gespalten werden (Schoemaker). Auch für den Abbau (Detoxifikation !) von relativ leicht zu instabilen Radikalkationen oxidierbaren aromatischen Schadstoffen wie etwa chlorierten Polyarylen, Phenolen, Dioxinen und Furanen wird die Peroxidase-Aktivität von Mikroorganismen getestet (Hammel; Winkelmann).

Die hohe Reaktivität von Oxy-Hämeisenzentren gegenüber Substraten muß bei Myoglobin und Hämoglobin strikt vermieden werden, da sonst eine pathologisch tatsächlich auch auftretende Autoxidation dieser reinen O_2-Trägersysteme resultieren würde. Umso höher sind im nachhinein die Anforderungen an die Proteinumgebung im Sinne einer Inhibition solch thermodynamisch günstiger Prozesse zu bewerten (s. Kap. 5.2). Die vielfältigen Funktionen der Häm-Gruppe (5.8) sind in (6.17) nochmals zusammengefaßt und mit der Elektronenstruktur korreliert (nach Ortiz de Montellano).

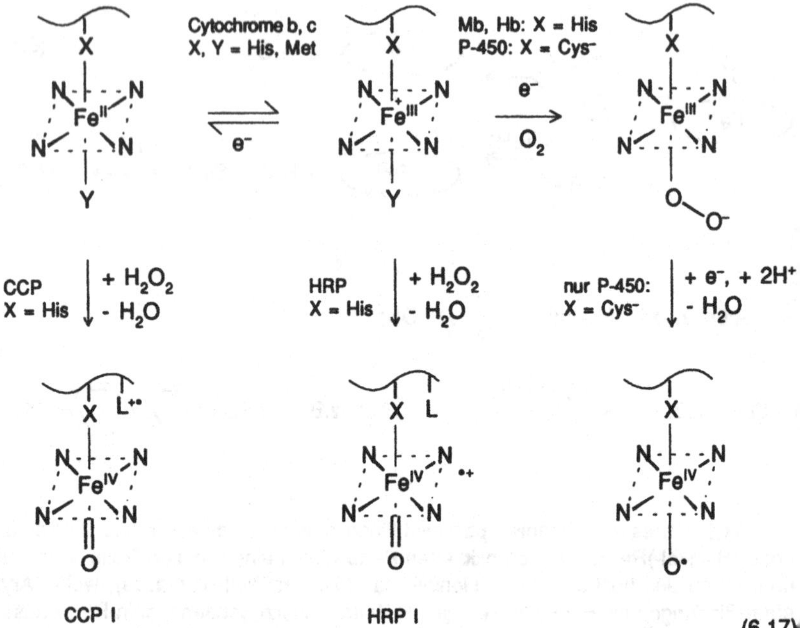

Cytochrome b, c
X, Y = His, Met

Mb, Hb: X = His
P-450: X = Cys^-

CCP
X = His
$+ H_2O_2$
$- H_2O$

HRP
X = His
$+ H_2O_2$
$- H_2O$

nur P-450:
X = Cys^-
$+ e^-, + 2H^+$
$- H_2O$

CCP I

HRP I

(6.17)

6.5 Hämoproteine in der katalytischen Umsetzung teilreduzierter Stickstoff- und Schwefeloxide

Die Hämgruppierung mit einer offenen Substrat-Koordinationsstelle kann ungesättigte Moleküle nicht nur über freie O-(O_2) und C-Elektronenpaare (CO) koordinieren; auch teilreduzierte Stickstoff- und Schwefel-Oxoverbindungen wie etwa Stickstoffmonoxid (Nitrosyl-Radikal) NO, Nitrit NO_2^- oder Sulfit SO_3^{2-} sind als Substrate für Hämoprotein-Katalyse erkannt worden (KRONECK, BEUERLE, SCHUMACHER; BRITTAIN et al.). In jedem Fall ist eine Bindung durch Elektronenpaarkoordination und π-Rückbindung vom zweiwertigen Metall in niedrig liegende Orbitale der ungesättigten Liganden möglich (6.18).

(6.18)

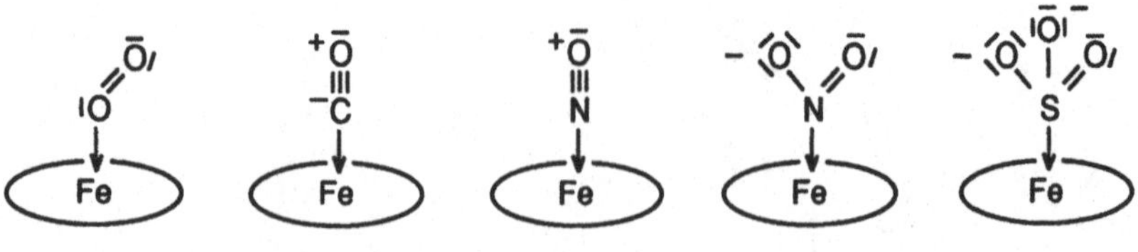

Schon lange war bekannt, daß organische Nitrite und Nitrate wie auch das Nitroprussid-Dianion $[Fe(CN)_5(NO)]^{2-}$ als sogenannte Nitro-Vasodilatoren die Muskelrelaxation von Wirbeltieren induzieren und damit gegen Bluthochdruck und Angina wirksam sein können (CLARKE, GAUL). Da Muskelrelaxation unter anderem durch Akkumulation des zyklischen Nukleotids Guanosinmonophosphat (cGMP) erfolgt (s. Kap. 14.2), wird inzwischen vermutet, daß die Guanylat-Cyclase durch Bindung ihres Häm-Bestandteils mit intermediär entstehendem freiem Nitrosyl-Radikal NO• (6.11) stimuliert wird (FÖRSTERMANN). Während in Fe-gebundener Form wegen der isoelektronischen Verwandtschaft mit CO und CN^- ein NO^+-Ligand vermutet werden kann, ist die Transport-Form des nach (6.11) biosynthetisierten "NO" teilweise umstritten (STAMLER, SINGEL, LOSCALZO). Die bedeutende Rolle von kurzlebigem NO ("Molekül des Jahres 1992": CULOTTA, KOSHLAND; Nobelpreise für Medizin des Jahres 1998: MURAD; FURCHGOTT; IGNARRO) nicht nur als gefäßerweiternder oder gezielt cytotoxisch wirkender Stoff, sondern auch als verbreiteter und in sehr verschiedenen Funktionen wirksamer Neurotransmitter (BURNETT et al.) erfordert eine rasche, (Calmodulin-) kontrollierte Synthese aus Arginin (6.11; MARLETTA). Guanylat-Cyclase wird auch durch das möglicherweise als Neurotransmitter fungierende CO aktiviert, welches beim Abbau der Häm-Gruppierung durch Hämoxygenase entsteht (vgl. Kap. 5.2; VERMA et al.).

Wie bei O_2 kann auch die biologische Bindung von NO im bakteriellen Stickstoffkreislauf ($N^{III}O_2^-/N^{II}O/N^I_2O$, s. Kap. 11.2) nicht nur durch Häm-Eisen, sondern auch durch mehrkernige Kupferzentren erfolgen (KRONECK, BEUERLE, SCHUMACHER; s. Kap. 10.3). Aufgrund der auch pharmakologisch sehr bedeutenden Rolle des relativ stabilen Radikals NO• wird seine Chemie intensiv untersucht: Redoxreaktionen zu NO^+ oder NO^-, Komplexbildung mit Metallverbindungen, Umsetzung mit anderen Radikalen wie etwa RS• oder $O_2^{\bullet -}$ (CLARKE, GAUL; FELDMAN, GRIFFITH, STUEHR).

Die vollständige Reduktion der um eine Stufe höher oxidierten Form des Stickstoffs (+III), des z.B. durch Molybdoenzyme (s. Kap. 11.1.1) aus Nitrat NO_3^- erzeugten Nitrits NO_2^-, kann im Rahmen der mikrobiellen Denitrifizierung durch hämhaltige Nitrit-Reduktasen erfolgen. Diese relativ großen Proteine enthalten generell mehrere, zum Teil spezielle (katalytische) Hämzentren, was im Hinblick auf die erforderlichen sechs Reduktionsäquivalente für vollständige Umsetzung (6.19) nicht überrascht (BRITTAIN et al.).

$$NO_2^- + 6\,e^- + 8\,H^+ \xrightarrow[\text{Nitrit-Reduktase}]{\text{Denitrifizierung}} NH_4^+ + 2\,H_2O \qquad (6.19)$$

Eine Nitrit nur zu NO reduzierende dissimilatorisch-bakterielle Nitrit-Reduktase weist in der katalytisch aktiven Hämgruppe Häm d_1 einen ungewöhnlichen Porphyrinliganden mit zwei Carbonylgruppen an zwei Pyrrolringen auf (CHANG, TIMKOVICH, WU; 6.20). Dissimilatorisch Nitrit-reduzierende Bakterien können auch Kupfer-Enzyme enthalten; einige assimilatorisch NO_2^--verwertende Mikroorganismen verwenden Sirohäm mit zweifach hydriertem Porphyrinring (6.20).

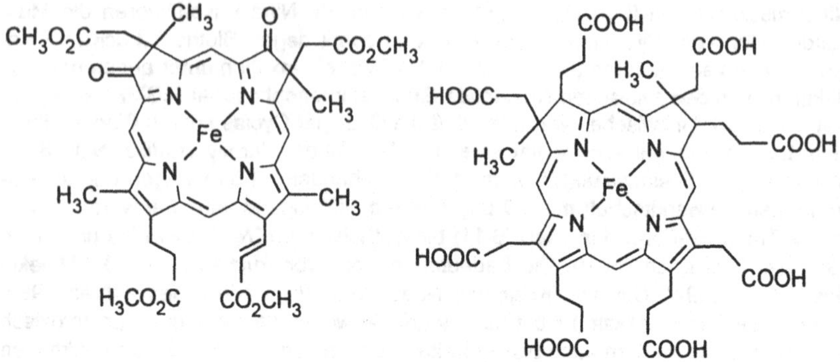

Häm d_1 Sirohäm (6.20)

Die Vierelektronen-Oxidation von Hydroxylamin NH_2OH zu Nitrit wird ebenfalls durch ein komplexes Multihäm-Enzym katalysiert (HENDRICH et al.).

Im Fall der vermutlich das teilreduzierte Schwefel(+IV)atom von SO_3^{2-} koordinierenden Sulfit-Reduktasen unterscheidet man ebenfalls zwischen dissimilatorischen Enzymen von einfachen Bakterien, bei denen SO_3^{2-} lediglich als terminaler Elektronenakzeptor fungiert, und assimilatorischen Enzymen z.B. von *E. coli*, die der Bereitstellung von (Hydrogen-)Sulfid für biosynthetische Zwecke dienen. Thermodynamisch metastabiles Sulfit kann durch Molybdän-enthaltende Enzyme aus Sulfat gebildet werden (s. Formel 11.11, S. 229).

$$SO_3^{2-} + 6\,e^- + 7\,H^+ \xrightarrow[\text{Sulfit-Reduktase}]{} HS^- + 3\,H_2O \qquad (6.21)$$

Das Problem der Reaktion (6.21) ist wie in (6.19) die Katalyse einer sechs Elektronen erfordernden Reaktion über mögliche Zwischenstufen (KRONECK, BEUERLE, SCHUMACHER), ausgehend von den normalerweise zur Verfügung stehenden Einelektronen-Äquivalenten. Solche Mehrelektronenprozesse wie etwa auch die Umsetzung $2H_2O/O_2$ ($4e^-$) oder die Stickstoff-Fixierung $8H^+ + N_2/2NH_3 + H_2$ ($8e^-$) erfordern das Zusammenwirken *mehrerer* redoxaktiver, häufig anorganischer Zentren (s. Kap. 4.3, 10.4 und 11.2), um einerseits die günstigeren Potentiale auszunutzen und andererseits die Bildung unerwünschter energiereicher und reaktiver Zwischenprodukte zu vermeiden (Problem der Mehrelektronenkatalyse; TRIBUTSCH). Die Sulfit-Reduktasen sind daher meist komplexe $\alpha_n\beta_m$-Oligomere, wobei die α-Untereinheit ein Flavoprotein ist, während die β-Untereinheit einen Fe/S-Cluster (s. Kap. 7) sowie eine Sirohämgruppe mit high-spin Eisen enthält. Aus spektroskopischen wie auch vorläufigen

Strukturuntersuchungen wurde eine direkte Kopplung beider Typen von Eisen-Zentren (Abstand ca. 0.44 nm) über ein µ-Cysteinat-Schwefelzentrum abgeleitet (6.22; McRee et al.).

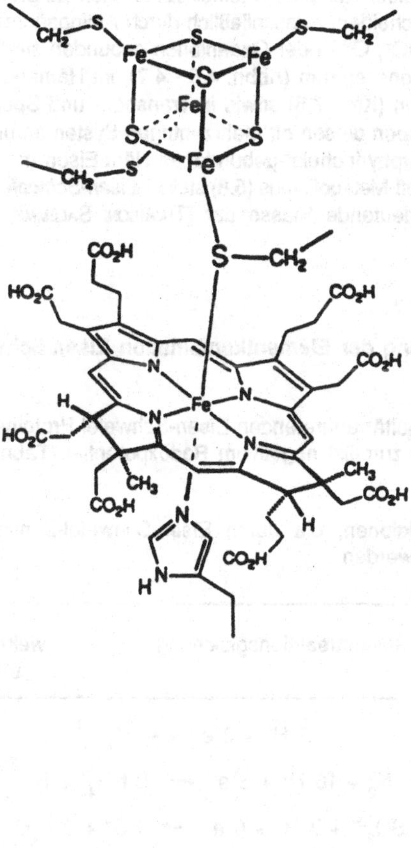

(6.22)

7 Eisen-Schwefel- und andere Nichthäm-Eisen-Proteine

Drei große Gruppen eisenhaltiger Proteine lassen sich aufgrund der Ligation des Metallzentrums unterscheiden. Ausschließlich durch Aminosäurereste, Bestandteile des Wassers (H_2O, HO^-, O^{2-}) oder Oxoanionen gebunden sind Eisenionen im photosynthetischen Reaktionszentrum (Abbn. 4.5 - 4.7), im Hämerythrin (Kap. 5.3), in Nichthäm-Eisen-Enzymen (Kap. 7.6) sowie in Transport- und Speicher-Proteinen des Metalls (s. Kap. 8). Neben diesen oft mehrzentrigen Systemen und dem in Kap. 5.2 und 6 vorgestellten Porphyrinchelat-gebundenen Häm-Eisen mit seinen vielfältigen Funktionen im Sauerstoff-Metabolismus (5.8) stellen *Eisen-Schwefel(Fe/S)-Proteine* eine dritte große und bedeutende Klasse dar (Thomson; Salemme; Cammack; Hall, Cammack, Rao).

7.1 Biologische Bedeutung der Elementkombination Eisen/Schwefel

Die Mehrzahl der ubiquitär auftretenden Eisen-Schwefel-Proteine dient der Einelektronenübertragung bei zumeist negativem Redoxpotential (Tabn. 7.1 und 7.2).

Tabelle 7.1: Einige Reaktionen, die durch Eisen-Schwefel-Zentren enthaltende Redoxenzyme katalysiert werden

Enzyme	Gesamtreaktionsgleichung	weitere Erläuterungen in Kapitel
Hydrogenasen	$2\ H^+ + 2\ e^- \rightarrow H_2$	9.3
Nitrogenasen	$N_2 + 10\ H^+ + 8\ e^- \rightarrow 2\ NH_4^+ + H_2$	11.2
Sulfit-Reduktase	$SO_3^{2-} + 7\ H^+ + 6\ e^- \rightarrow HS^- + 3\ H_2O$	6.5
Aldehyd-Oxidase	$R{-}CHO + 2\ OH^- \rightarrow R{-}COOH + H_2O + 2\ e^-$	12.5
Xanthin-Oxidase	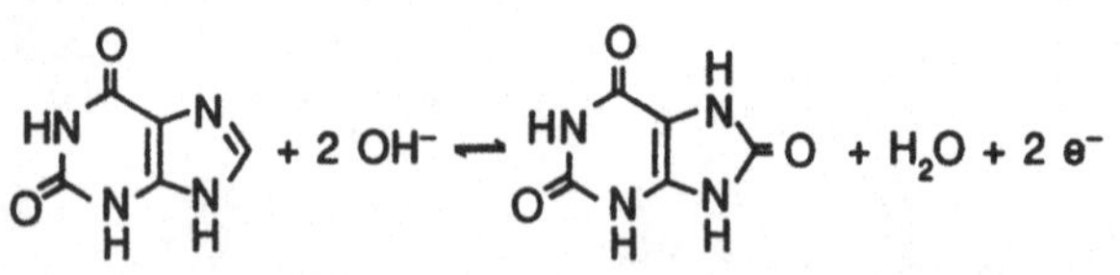	11.1.1
NADP-Oxidoreduktase	$NADP^+ + H^+ + 2\ e^- \rightarrow NADPH$	(Abb. 4.8)

Tabelle 7.2: Redoxpotentiale typischer Eisen-Schwefel-Proteine (nach THOMSON; vgl. hierzu Tab. 6.1)

Protein	typische Herkunft	Typ des Fe/S-Zentrums	Molekülmasse (kDa)	E (mV)
Rubredoxin	*Clostridium pasteurianum*	$[Rd]^{2+,3+}$	6	-60
2Fe-Ferredoxin	Spinat	$[2Fe\text{-}2S]^{1+,2+}$	10.5	-420
Adrenodoxin	adrenale Mitochondrien	$[2Fe\text{-}2S]^{1+,2+}$	12	-270
RIESKE-Zentrum	adrenale Mitochondrien	$[2Fe\text{-}2S]^{1+,2+}$	250 (bc_1-Komplex)	+280
4Fe-Ferredoxin	*Bacillus stearothermophilus*	$[4Fe\text{-}4S]^{1+,2+}$	9.1	-280
8Fe-Ferredoxin	*Cl. pasteurianum*	$2[4Fe\text{-}4S]^{1+,2+}$	6	-400
High Potential Iron-Sulfur Protein (HiPIP)	*Chromatium vinosum*	$[4Fe\text{-}4S]^{2+,3+}$	9.5	+350
Ferredoxin II	*Desulfovibrio gigas*	$[3Fe\text{-}4S]^{n+}$	24 (Tetramer)	-130
Ferredoxin I	*Azotobacter vinelandii*	$[3Fe\text{-}4S]^{n+}$ $[4Fe\text{-}4S]^{n+}$	14	-460

Fe/S-Zentren besitzen essentielle Funktionen innerhalb der Photosynthese (Abb. 4.9), der Zellatmung (Abbn. 6.1 und 6.2), der Stickstoff-Fixierung (s. Kap. 11.2) sowie bei der Umwandlung von H_2 (Hydrogenasen mit und ohne Nickel, Kap. 9.3), NO_2^- und SO_3^{2-} (Sulfit-Oxidation und -Reduktion, Kap. 6.5 und 11.1.1). Neben der reinen Elektronenübertragungsfunktion können Fe/S-Zentren auch die Fähigkeit zur redox- und nichtredoxchemischen Katalyse aufweisen; Beispiele hierfür sind die ausschließlich Eisen-Schwefel-Zentren enthaltenden Formen von Hydrogenase und Nitrogenase sowie Dehydratasen/Isomerasen vom Typ der Aconitase (s. 7.10; GRABOWSKI, HOFMEISTER, BUCKEL). Fe/S-Cluster können außerdem als Sensoren (auf O_2) und Regulatoren wirken (O'HALLORAN; BEINERT, KENNEDY), eine reine Struktur- und Polarisations-Funktion besitzt offenbar das [4Fe-4S]-Zentrum im DNA-Reparaturenzym Endonuklease III (KUO et al.).

In Proteinen treten die Eisen-Schwefel-Zentren zum Teil alleine, wie etwa in kleinen, elektronenübertragenden "Ferredoxinen" [Fd], oder auch gemeinsam mit anderen prosthetischen Gruppen, zum Beispiel mit weiteren Metallzentren (Ni, Mo, V, Häm-Fe) oder Flavinen auf. Charakteristisches Merkmal der Eisen-Schwefel-Proteine ist die Koordination von Eisenionen mit Protein-gebundenem Cysteinat-Schwefel (RS^-) und – in den mehrkernigen Fe/S-Zentren – mit "anorganischem", säurelabilem Sulfid-Schwefel (S^{2-}). Sulfid- und Eisen-Ionen sind oft reversibel extrahierbar; die verbliebenen Apoenzyme können dann mit externem S^{2-} und $Fe^{2+/3+}$ rekonstituiert werden (Abb. 7.1).

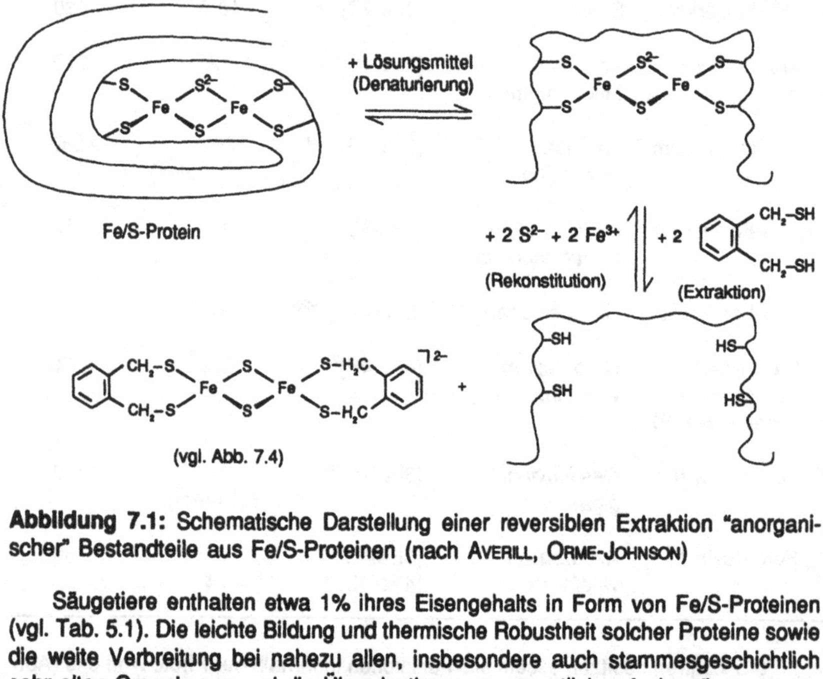

+ Lösungsmittel (Denaturierung)

Fe/S-Protein

+ 2 S^{2-} + 2 Fe^{3+} (Rekonstitution)

+ 2 (Extraktion)

(vgl. Abb. 7.4)

Abbildung 7.1: Schematische Darstellung einer reversiblen Extraktion "anorganischer" Bestandteile aus Fe/S-Proteinen (nach AVERILL, ORME-JOHNSON)

Säugetiere enthalten etwa 1% ihres Eisengehalts in Form von Fe/S-Proteinen (vgl. Tab. 5.1). Die leichte Bildung und thermische Robustheit solcher Proteine sowie die weite Verbreitung bei nahezu allen, insbesondere auch stammesgeschichtlich sehr alten Organismen und die Übereinstimmung wesentlicher Aminosäuresequenzen (7.7) lassen auf eine wichtige Rolle schon früh während der Evolution, d.h. in Abwesenheit von freiem O_2 schließen (MÜLLER, SCHLADERBECK 1985; WÄCHTERSHÄUSER). Hierfür sprechen auch die meist niedrigen Redoxpotentiale (Tab. 7.2), das Vorkommen in sehr temperaturbeständigen (>100°C) "hyperthermophilen" Mikroorganismen (ADAMS) und die Sauerstoffempfindlichkeit der reduzierten Stufen.

Es existieren experimentell unterstützte (BLÖCHL et al.) Hypothesen, wonach rein anorganische Eisensulfide vom Typ des FeS und des oxidierten, Disulfid(S_2^{2-})-enthaltenden Pyrits (FeS_2) am Beginn von chemoautotrophem Stoffwechsel durch Reduktion des CO_2 nach (7.1a; WÄCHTERSHÄUSER) oder (7.1b; WILLIAMS) und damit möglicherweise an der nicht heterotroph bedingten Entstehung des Lebens beteiligt gewesen sein könnten:

$$H_2S + 2\,FeS + CO_2 \rightarrow 2\,FeS_2 + HCOOH \qquad (7.1a)$$

$$H_2O + 2\,FeS + CO_2 \xrightarrow{h\nu} 2\,FeO + 1/n\,(CHOH)_n + 2\,S \qquad (7.1b)$$

Robuste "chemolithotrophe" Schwefelbakterien, die ihre Energie aus der Umwandlung anorganischer Verbindungen beziehen, besitzen mittlerweile große geobiotechnologische Bedeutung im Rahmen mikrobieller Laugungsverfahren ("bacterial leaching", "biomining"; BOSECKER; EWART, HUGHES; HUGHES, POOLE). Dabei handelt es sich um ein Laugungsverfahren hauptsächlich sulfidischer Erze mit Hilfe der kosmopolitischen Bakterien *Thiobacillus thiooxidans* und *T. ferrooxidans*, wobei schwerlösliche Sulfide (z.B. CuS, $CuFeS_2$) oder Oxide wie etwa UO_2 in lösliche Sulfate überführt und darin eingeschlossene Edelmetalle (Au !) freigesetzt werden (7.2).

$$S + 1.5\,O_2 + H_2O \xrightarrow{T.\ thiooxidans} H_2SO_4$$

$$2\,FeSO_4 + 0.5\,O_2 + H_2SO_4 \xrightarrow{T.\ ferrooxidans} Fe_2(SO_4)_3 + H_2O$$

$$MS + Fe_2(SO_4)_3 \longrightarrow MSO_4 + 2\,FeSO_4 + S$$

Gesamtreaktion:

$$MS\ (\text{schwerlöslich}) + 2\,O_2 \longrightarrow MSO_4\ (\text{löslich}) \qquad (7.2)$$

M: z.B. Cu, Zn, Ni, Co

Die Enzyme in den Bakterien beschleunigen die Oxidation von Eisen(II) und elementarem Schwefel derart, daß metallarme Erze, Abraumhalden der primären Erzgewinnung oder auch metallkontaminierte industrielle Rückstände und Abwässer durch dieses ökonomisch und ökologisch vorteilhafte Verfahren mit hervorragenden Ausbeuten aufgearbeitet werden können. Weltweit werden schon mehr als 25% des produzierten Kupfers durch mikrobiell unterstützte Laugung gewonnen (MOFFAT), in einer einzigen Mine kann die Ausbeute 50 t Kupfer pro Tag betragen. Bemerkenswert sind sowohl das pH-Optimum der Reaktion (7.2) bei pH 2-3, die Temperaturbeständigkeit und die erstaunliche Toleranz der Thiobacilli gegenüber Schwermetallionen. Gentechnologische Modifikationen zur Erhöhung und Übertragung der Temperaturstabilität oder Schwermetalltoleranz werden mit Blick auf mögliche Anwendungen in Metall-Dekontamination und -Recycling angestrebt. Prozesse wie (7.2) laufen in freier Natur je nach den Bedingungen auch reversibel ab und werden als Bioverwitterung bzw. *geochemische* Biomineralisierung bezeichnet (Rückreaktion).

Zurück zu den Fe/S-Proteinen: Nach dem Grad der Aggregation in "Clustern" unterscheidet man vier allgemeine Arten von Fe/S-Zentren (7.3, Abb. 7.2), wobei – von speziellen Ausnahmen abgesehen (s. 11.23) – die Metallatome meistens verzerrt tetraedrisch von vier Schwefelzentren umgeben sind. Diese durch den großen Raumbedarf von Schwefel bedingte Anordnung mit relativ niedriger Koordinationszahl unterscheidet sich von der üblichen Sechsfach-Koordination "biologischen" Eisens bei Bindung mit O- oder N-Liganden, d.h. kleineren Donoratomen aus der ersten Achterperiode. Eine bedeutsame Konsequenz hieraus ist die durchgängige high-spin-Konfiguration der Eisenatome in den Fe/S-Zentren wegen der um mehr als die Hälfte erniedrigten Ligandenfeldaufspaltung in Tetraeder-Symmetrie gegenüber derjenigen bei oktaedrischer Anordnung (s. 12.4).

Strukturell gesicherte Fe/S-Zentren (Bezeichnung und Ladungsstufen):

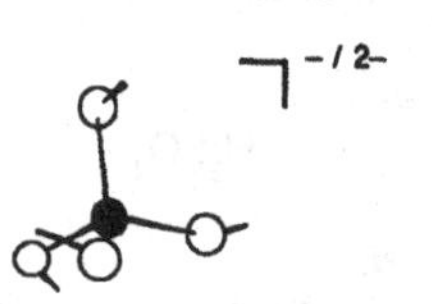

$]^{-/2-}$ a) Rubredoxin [Rd]$^{3+;2+}$

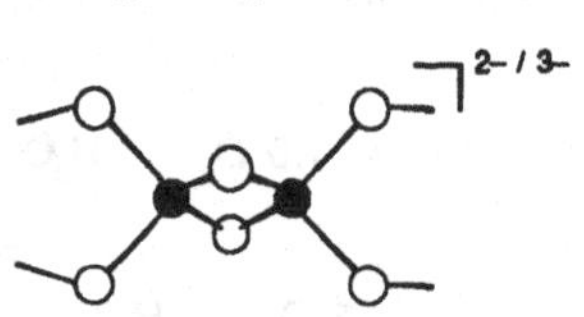

$]^{2-/3-}$ b) [2Fe-2S]$^{2+;1+}$

(7.3)

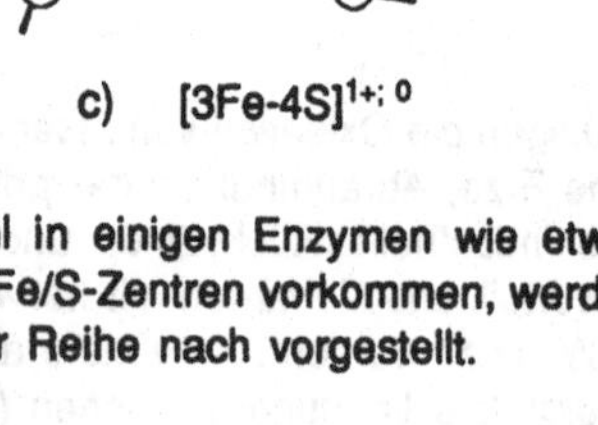

$]^{2-/3-}$ c) [3Fe-4S]$^{1+;0}$

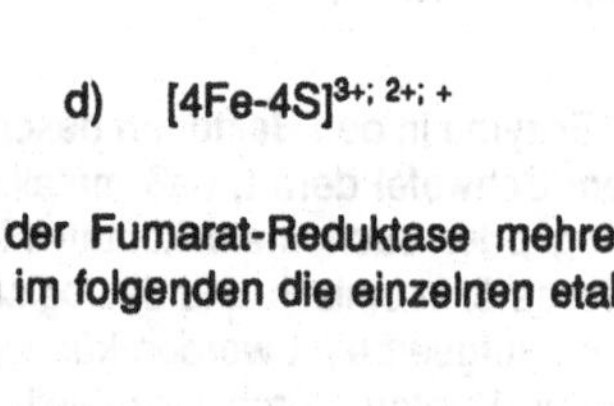

$]^{-/2-/3-}$ d) [4Fe-4S]$^{3+;2+;+}$

Obwohl in einigen Enzymen wie etwa der Fumarat-Reduktase mehrere verschiedene Fe/S-Zentren vorkommen, werden im folgenden die einzelnen etablierten Zentren der Reihe nach vorgestellt.

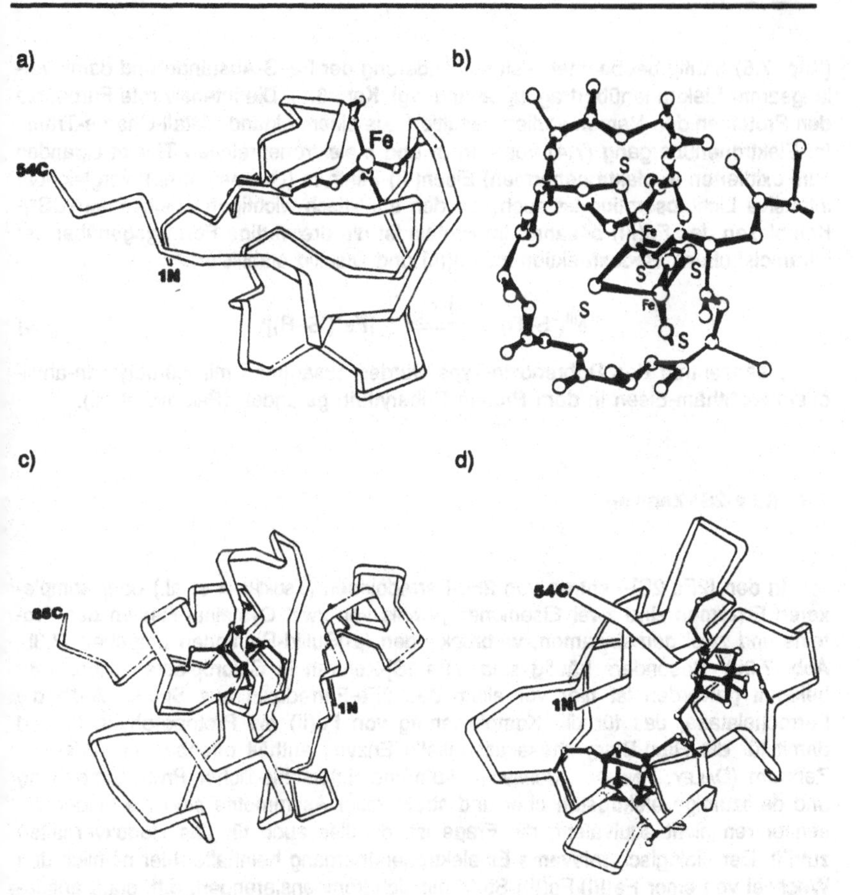

Abbildung 7.2: Strukturen von Fe/S-Zentren in Proteinen. a), c), d): Banddarstellung der Proteinfaltung aus SALEMME; b): Ausschnitt aus der näheren Proteinumgebung eines [2Fe-2S]-Zentrums nach TSUKIHARA et al.

7.2 Rubredoxine

Nur ein Eisenzentrum enthalten die Rubredoxine, kleine Redoxproteine, die in einigen Bakterien vorkommen. Vier Cysteinat-Liganden aus zwei Aminosäureteilsequenzen -Cys-X_2-Cys- fixieren das verzerrt tetraedrisch konfigurierte Eisenzentrum (Abb. 7.2a), welches zwischen der nahezu farblosen Eisen(II)-Stufe (S = 2) und der roten Eisen(III)-Form mit S = 5/2 wechselt, ohne daß – wie bei Modellverbindungen

(Kap. 7.5) häufig beobachtet – starke Änderung der Fe–S-Abstände und damit verlangsamte Elektronenübertragung auftritt (vgl. Kap. 6.1). Die intensiv rote Farbe, die den Proteinen den Namen verlieh, resultiert aus einem Ligand-Metall-Charge-Transfer-Elektronenübergang (7.4) von den σ- und π-elektronenreichen Thiolat-Liganden zum oxidierten (= elektronenarmen) Eisen(III)-Zentrum (GEBHARD et al.); vergleichbar intensive Lichtabsorption ist auch von den analytisch wichtigen Thiocyanat(NCS^-)-Komplexen des Fe(III) bekannt. Im Protein ist die dreiwertige Form gegenüber der intramolekularen Redoxreaktion zu Fe(III) und Disulfid stabilisiert.

$$Fe^{III}(^{-}S{-}R) \underset{}{\overset{h\nu}{\rightleftharpoons}} [Fe^{II}(^{\bullet}S{-}R)]^{\bullet} \qquad (7.4)$$

Eisenzentren des Rubredoxin-Typs wurden zusammen mit Hämerythrin-ähnlichem Nichthäm-Eisen in dem Protein Ruberythrin gefunden (PRICKRIL et al.).

7.3 [2Fe-2S]-Zentren

In den [2Fe-2S]-Zentren von 2Fe-Ferredoxinen (TSUKIHARA et al.) oder komplexeren Enzymen sind zwei Eisenionen jeweils von zwei Cysteinat-Resten des Proteins und zwei gemeinsamen, verbrückenden (μ-)Sulfid-Dianionen umgeben (7.3b, Abb. 7.2b). Besonders häufig sind [2Fe-2S]-Zentren in Chloroplasten (Abb. 4.8); bekannt geworden ist hier vor allem das 2Fe-Ferredoxin aus Spinat. Auch die Ferrochelatase, das für die Komplexierung von Fe(II) mit Protoporphyrin IX und damit für die Häm-Biosynthese essentielle Enzym, enthält offenbar ein [2Fe-2S]-Zentrum (DAILEY, FINNEGAN, JOHNSON). Aufgrund unterschiedlicher Proteinumgebung und demzufolge elektrostatischer und struktureller Asymmetrie sind die beiden Eisenzentren nicht äquivalent; die Frage ist, ob dies auch für das Redoxverhalten zutrifft. Der biologisch relevante Einelektronenübergang beinhaltet hier nämlich den Wechsel von einer Fe(III)/Fe(III)-Stufe mit sich kompensierenden, d.h. stark antiparallel gekoppelten Spins zu einer Einelektron-reduzierten gemischtvalenten Form. Ist eine unsymmetrische Formulierung Fe(II)/Fe(III) (Lokalisation) oder eher eine symmetrische Beschreibung entsprechend einer Delokalisierung Fe(2.5)/Fe(2.5) des Grundzustandes mit den Experimenten vereinbar? MÖSSBAUER-Spektroskopie (Kap. 5.3) wie auch andere physikalische Untersuchungsverfahren legen für natürlich vorkommende [2Fe-2S]-Zentren wie auch für Modellkomplexe (Kap. 7.5) eine lokalisierte Beschreibung mit *fixierten* Valenzen Fe(II) und Fe(III) nahe. Trotz antiferromagnetischer Kopplung der high-spin-Zentren über die Superaustausch-fähigen Sulfid-Ionen bleibt dann ein ungepaartes Elektron übrig, welches zum Beispiel ESR-spektroskopisch nachweisbar ist.

Innerhalb der Gruppe der [2Fe-2S]-Proteine existieren einige Zentren mit besonderen ESR-spektroskopischen Eigenschaften und zumeist angehobenem Redoxpotential (Tab. 7.2). Diese als "RIESKE-Zentren" bezeichneten Einheiten finden sich vor allem in Cytochrome enthaltenden Membranprotein-Komplexen von Mitochon-

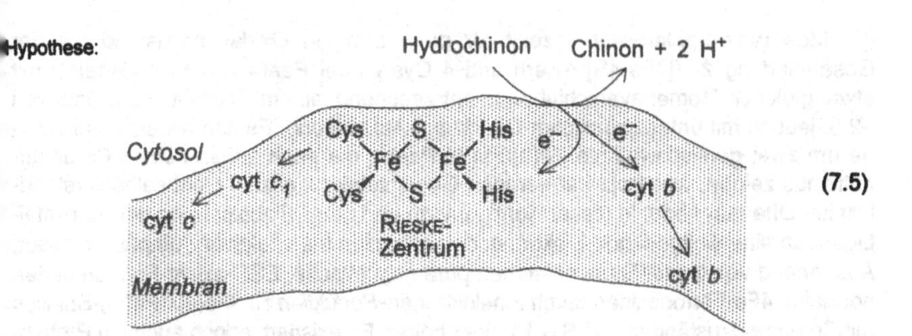

drien (bc_1-Komplexe; vgl. Abb. 6.1 und 6.2) und in Chloroplasten (b/f-Komplexe, vgl. Abb. 4.8). Die RIESKE-Zentren enthalten zwei deutlich unterschiedliche Eisenionen aufgrund unsymmetrischer Koordination (7.5) mit teilweiser Koordination des weniger elektronenreichen neutralen Histidins (LINK).

Die Funktion der RIESKE-Zentren ist es, im Verein mit einem Cytochrom *b* eine Verzweigung des Elektronenflusses in der Elektronentransportkette zu gewährleisten (LINK; LINK, SCHÄGGER, VON JAGOW): Ausgehend von Zweielektronen-liefernden Hydrochinonen existiert ein Weg *entlang* der Membran bei hohem Potential und ein Weg *durch* die Membran bei niedrigem Potential (7.5).

7.4 Mehrkernige Fe/S-Cluster: Bedeutung der Proteinumgebung und katalytische Aktivität

Die häufigsten und stabilsten Eisen-Schwefel-Zentren sind vom [4Fe-4S]-Typ. Diese "Cluster" kommen in vielen komplexeren Enzymen und in den sogenannten 4Fe-, 7Fe- und 8Fe-Ferredoxinen [Fd] vor; letztere enthalten zwei solcher [4Fe-4S]-Zentren relativ weit voneinander getrennt innerhalb eines Proteins (Abstand > 1 nm; vgl. Abb. 7.2d). Bei den 4Fe- und 8Fe-Ferredoxinen mit ausschließlich S-koordiniertem Eisen handelt es sich um relativ kleine, ubiquitäre Elektrontransfer-Proteine. Wie die Bezeichnung [4Fe-4S] andeutet, sind hier vier Eisen-Zentren und vier Sulfidionen in einer verzerrt würfelartigen Anordnung mit annähernder D_2-Symmetrie zusammengefaßt, wobei jedes verzerrt tetraedrisch konfigurierte Eisen-Zentrum noch mit je einem Cysteinat-Rest des Proteins koordiniert ist (7.3, 7.8, Abb. 7.2c,d). Die vier Eisenzentren selbst bilden in erster Näherung ebenfalls ein Tetraeder mit den μ_3-Sulfidionen auf den Tetraederflächen; diese sind daher ihrerseits wieder tetraedrisch angeordnet. [4Fe-4S]-Zentren sind an nahezu allen komplexeren biologischen Redoxreaktionen wie etwa Photosynthese, Atmung oder N_2-Fixierung als Elektronenüberträger bei negativem Potential (bis -0.7 V) beteiligt, sie können allerdings auch nichtredoxchemische Katalyse- oder Struktur-Funktionen haben.

MÖSSBAUER-Spektroskopie zeigt für den normalen Oxidationszustand mit der Gesamtladung 2- ($[4Fe\text{-}4S]^{2+}$-Kern und 4 Cys^{-}) zwei Paare von Eisendimeren mit etwa gleicher Isomerieverschiebung, entsprechend einem Oxidationszustand von +2.5, jedoch mit unterschiedlicher Quadrupol-Aufspaltung. Es handelt sich demzufolge um zwei gemischtvalente Fe(II)/Fe(III)-Paare, die nach außen *keinen* Paramagnetismus zeigen, was trotz der geraden Gesamtelektronenzahl nicht selbstverständlich ist. Offenbar findet in dieser Konfiguration und unter Einbeziehung der Schwefel-Liganden eine weitgehende Elektronendelokalisation mit effektiver Spinpaarung statt. Ausgehend von dieser Stufe entstehen paramagnetische, ESR-aktive Formen in den normalen 4Fe-Ferrodoxinen durch Einelektronen-*Reduktion* zu 3Fe(II)/1Fe(III)-Spezies mit Spingrundzuständen von $S = 1/2$ oder höher. Es existiert jedoch auch ein Proteintyp, in welchem das diamagnetische [4Fe-4S]-Zentrum bei hohem Potential reversibel zur paramagnetischen 1Fe(II)/3Fe(III)-Form *oxidiert* werden kann: das High Potential Iron-Sulfur-Protein (HiPIP; Tab. 7.2, Abb. 7.2c).

(7.6)

HiPIP	normales Ferredoxin	n in $[4Fe\text{-}4S]^{n+}$	ESR
oxidiertes HiPIP	super-oxidiertes Ferredoxin	3	aktiv
⇅ + 350 mV	⇅ - 50 mV		
reduziertes HiPIP	oxidiertes Ferredoxin	2	inaktiv
⇅ - 600 mV	⇅ - 400 mV		
super-reduziertes HiPIP	reduziertes Ferredoxin	1	aktiv

Die "Drei-Zustands-Hypothese" (7.6) beschreibt diesen Sachverhalt (HALL, CAMMACK, RAO), wobei sich HiPIP und normale 4Fe-Ferredoxine durch unterschiedliche Stabilität der Einelektronen-oxidierten bzw. -reduzierten Formen auszeichnen. Zwar gelingt es nach weitgehender Denaturierung des Proteins, auch die jeweils unphysiologischen "super-reduzierten" bzw. "super-oxidierten" Zustände zu beobachten, die Proteinumgebungen der intakten Spezies erlauben jedoch nur das biologisch "vorgesehene" Redoxverhalten.

In Einklang mit den Ausführungen bei Cytochromen (Kap. 6.1) und blauen Kupfer-Proteinen (s. Kap. 10.1) ändert sich die Geometrie des Clusters und des Proteins während des Elektronenaustausches nur wenig; Reduktion der $[4Fe\text{-}4S]^{3+}$-Form im HiPIP führt zu geringer Bindungsverlängerung, zu einer Expansion und einer etwas stärkeren Verzerrung des Clusters. Auch in normalen Ferredoxinen scheint die diamagnetische Form eine stärker vom idealen Fe_4-Tetraeder abweichende Struktur zu besitzen als die größere, weil elektronenreichere reduzierte Form (THOMSON); in jedem Fall ist offenbar der diamagnetische Cluster geometrisch stärker verzerrt: entatischer Zustand (Kap. 2.3.1). Scheinbar geringe Änderungen im Proteingerüst, etwa die größere Zahl hydrophober Aminosäure-Reste um den HiPIP-Cluster und die daher verminderte Zugänglichkeit von Wasser, bestimmen demnach Stabilität und Redoxpotential. Die Ausdehnung der Cluster bei Reduktion beruht auf der Elektroneneinlagerung in nicht- oder anti-bindende Cluster-Molekülorbitale; immer sind jedoch die kleineren Metall-Kationen näher am Cluster-Zentrum als die größeren Sulfid-Anionen (vgl. 7.3d).

Wie experimentelle und theoretische Studien an Proteinen, modifizierten Proteinen und an Modellverbindungen gezeigt haben, reagieren die [4Fe-4S]-Cluster sehr empfindlich auf geringfügige geometrische Änderungen (Bindungslängen, -winkel, Torsionswinkel). Konformationsabhängig können nicht nur das Redoxpotential und die Stabilität, sondern auch die Spin-Spin-Kopplung sein, wobei bei ungerader Elektronenzahl neben $S = 1/2$ auch höhere Spinzustände vorkommen. Wie die zentrale diamagnetische (2+)Stufe zeigen auch die benachbarten paramagnetischen Zustände der [4Fe-4S]-Systeme zwei gekoppelte Eisen-Dimere – ein ferromagnetisch gekoppeltes gemischtvalentes (II,III; $S = 9/2$) und ein homovalentes Paar mit variabler Spin-Spin-Kopplung (MOUESCA, RIUS, LAMOTTE). Der Grund für die im Gegensatz zu den [2Fe-2S]-Systemen hier vorgefundene Delokalisation (Resonanz) liegt in der strukturell bedingten Orthogonalität von Metall-Orbitalen, die über superaustauschende Sulfid-Brücken wechselwirken. Theoretischen Analysen zufolge läßt dies – gemäß der HUNDschen Regel – teilweise *ferro*magnetische Wechselwirkungen mit höherer Resonanzenergie dominieren (NOODLEMAN et al.). Die Elektronendelokalisation wird somit weniger leicht durch externe, z.B. vom Protein verursachte Asymmetrien gestört, die gleichwohl vorhanden sind und mit empfindlichen ESR/ENDOR- (MOUESCA, RIUS, LAMOTTE) und NMR-spektroskopischen Methoden detektierbar sind (BERTINI et al.). Die Beteiligung auch der Cystein-Thiolat-Zentren am Vorgang der Elektronenaufnahme geht unter anderem aus einer Verstärkung von Wasserstoffbrücken-Wechselwirkungen X–H···⁻S(Cys) hervor (BACKES et al.), verursacht durch eine Erhöhung der effektiven negativen Ladung am Cystein-Schwefelzentrum.

Die Aminosäuresequenz bestimmt nicht nur das Vorliegen von HiPIP- oder Normal-Form des [4Fe-4S]-Systems, sie legt auch primär erst fest, ob aus Cystein-enthaltendem Protein sowie aus enzymatisch eingebrachtem Eisen und Sulfid (über Sulfit-Reduktase und Thiosulfat-Schwefeltransferase) ein 4Fe- oder 2Fe-Ferredoxin entsteht. Einige repräsentative Aminosäurepositionen für die Cysteine in Fe/S-clusterbildenden Proteinen sind in (7.7) zusammengestellt (HALL, CAMMACK, RAO; CAMMACK; KUO et al.; GEORGIADIS et al.).

[Rd]	:	- Cys - X_2 - Cys - X_n - Cys - X_2 - Cys -	
[2Fe-2S]	:	- Cys - X_4 - Cys - X_2 - Cys - X_{29} - Cys -	
[3Fe-4S]	:	- Cys - $X_{5,7}$ - Cys - X_n - Cys -	
[4Fe-4S]			
"normales Fd"	:	- Cys - X_2 - Cys - X_2 - Cys - X_n - Cys -	(7.7)
HiPIP	:	- Cys - X_2 - Cys - X_{16} - Cys - X_{13} - Cys -	
Endonuklease III (nicht redoxaktiv)	:	- Cys - X_6 - Cys - X_2 - Cys - X_5 - Cys -	
Nitrogenase-Fe-Protein (Dimer)	:	- Cys - X_{34} - Cys - - Cys - X_{34} - Cys -	

Andere charakteristische Aminosäuresequenzen sind offenbar für die relativ neuen Typen von zuerst MÖSSBAUER-spektroskopisch entdeckten Eisen-Schwefel-Proteinen verantwortlich, welche, zum Teil neben [4Fe-4S]-Zentren und bei entsprechender Modifikation (CAMMACK; HOLM) in diese übergehend (7.8), spezielle [3Fe-4S]-Zentren enthalten (3Fe- und 7Fe-Ferredoxine; GEORGE, GEORGE). Diese Zentren können von den [4Fe-4S]-Analogen strukturell dadurch abgeleitet werden, daß ein labiles, *nicht Cysteinat-gebundenes* Eisenatom aus dem verzerrten Kubus entfernt wird (KISSINGER et al.); eine weitere [3Fe-4S]-Form mit *"linearer"* Anordnung der Metallzentren ist unter allerdings wenig physiologischen (basischen) Bedingungen nachgewiesen worden (7.3c, 7.8).

Cys–S, Fe, S, Fe, S, Cys–S, S, Fe, S–Cys [3Fe-4S]

$\underset{-Fe_a^{n+}}{\overset{+Fe_a^{n+}}{\rightleftharpoons}}$

S, Fe_a, Cys–S, Fe, S, Fe, S, Cys–S, S, Fe, S–Cys [4Fe-4S]

pH > 9.5 $+ Fe^{n+}$ (7.8)

Cys–S, S, S, S–Cys, Fe, Fe, Fe, Cys–S, S, S, S–Cys linearer [3Fe-4S]-Cluster

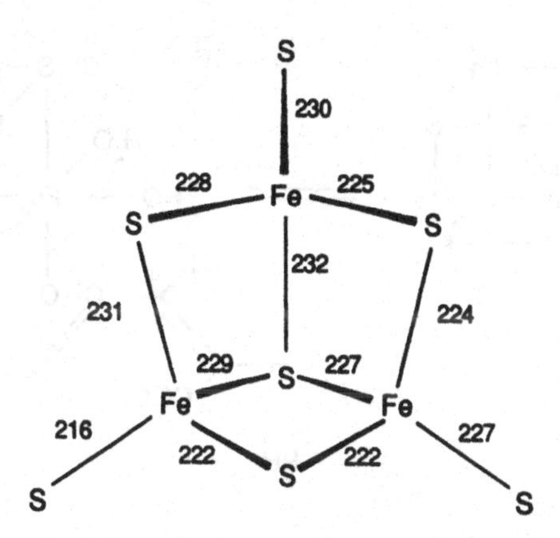

Abbildung 7.3: Struktur und einige geometrische Daten (Bindungslängen in pm) des [3Fe-4S]-Clusters aus *Desulfovibrio gigas* (nach Kissinger et al.)

Außer bei Ferredoxinen von Mikroorganismen (vgl. Tab. 7.2) findet man [3Fe-4S]-Systeme im Austausch mit der labilen [4Fe-4S]-Form (7.8) als Bestandteil der Aconitase (Aconitat-Hydratase/Isomerase) z.B. in Mitochondrien; dieses reine Eisen-Schwefel-Enzym katalysiert dort in einer *Nichtredox-Reaktion* die Einstellung des Gleichgewichts (7.9) im Citratzyklus (Beinert, Kennedy).

$$\underset{\substack{\text{Citrat}\\ (90\%\ \text{Gleichgewichtsanteil})}}{\mathrm{HCH{-}COO^-\,/\,HO{-}C{-}COO^-\,/\,CH_2{-}COO^-}} \;\underset{-\,OH^-}{\overset{-\,H^+}{\rightleftharpoons}}\; \underset{\substack{\text{Z-Aconitat}\\ (4\%)}}{\mathrm{(H)(COO^-)C{=}C(COO^-)(CH_2{-}COO^-)}} \;\underset{+\,OH^-}{\overset{+\,H^+}{\rightleftharpoons}}\; \underset{\substack{\text{Isocitrat}\\ (6\%)}}{\mathrm{HO{-}CH{-}COO^-\,/\,HC{-}COO^-\,/\,CH_2{-}COO^-}} \qquad (7.9)$$

Für den Mechanismus existiert folgende Hypothese:

(7.10)

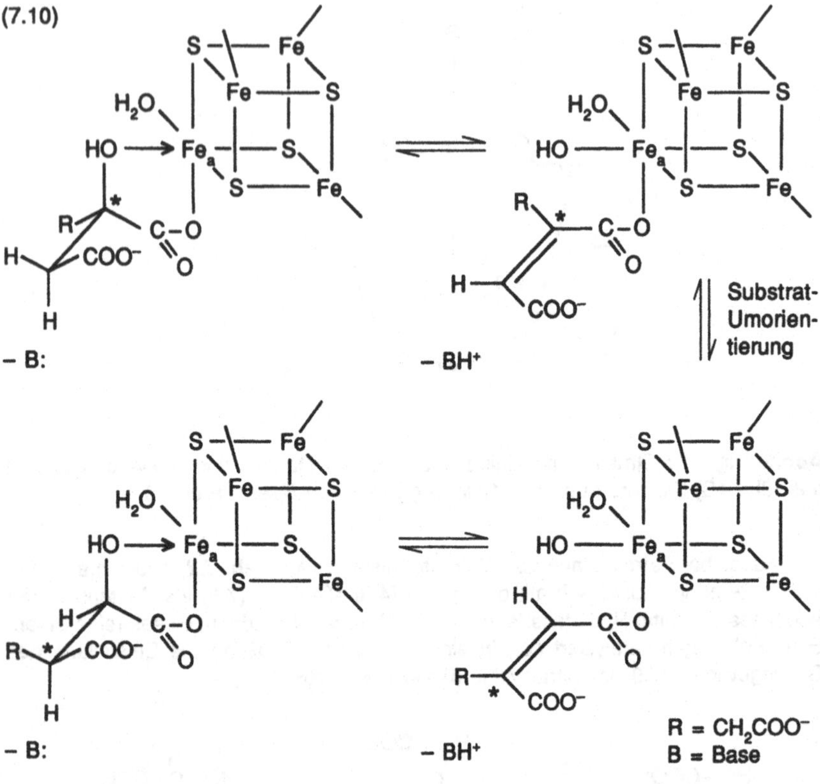

Substrat-Umorientierung

$R = CH_2COO^-$
B = Base

Das labile Eisenzentrum Fe_a der [4Fe-4S]-Form von Aconitase ist im aktiven Zustand von Wasser statt des üblichen Cysteinat-Liganden koordiniert. Nach Substitution und Bindung des Substrats (fünfgliedriger Chelatring, Erhöhung der Koordinationszahl auf 5 oder 6) führt eine Sequenz (7.10) von (HO)–C*-Bindungsspaltung/C–H-Deprotonierung, Drehung des dann *nicht* Chelat-fixierten Z-Aconitat-Liganden im Zwischenprodukt und Hydroxid-C(Olefin)-Bindungsbildung/C*(Olefin)-Protonierung zur raschen Einstellung des Gleichgewichts (7.9).

Die Elektronenstruktur der [3Fe-4S]-Zentren ist vom komplexchemisch-spektroskopischen Standpunkt interessant. Für den Grundzustand der oxidierten Form findet man *ein* ungepaartes Elektron (S = 1/2), entsprechend einer Formulierung mit drei annähernd gleich stark antiferromagnetisch gekoppelten (high-spin) Fe(III)-Zentren. Die reduzierte Form läßt sich als Kombination 1Fe(II)/2Fe(III) beschreiben und besitzt einen (S = 2)-Grundzustand, der den MÖSSBAUER-Daten zufolge durch antiparallele Spin-Spin-Wechselwirkung zwischen einem high-spin Fe(III)-Zentrum (S = 5/2) und einem in sich parallel Spin-Spin-gekoppelten Paar Fe(III)/Fe(II) mit S = 9/2 resultiert.

Angeregte Spinzustände sind in einigen Fällen leicht erreichbar; entsprechend ihrer "offenen", koordinativ ungesättigten Struktur sind die [3Fe-4S]-Zentren in 3Fe- oder 7Fe-Systemen für chemisch-katalytische Aktivität prädestiniert (HOLM).

Mit den 3Fe-Clustern ist das natürliche Inventar an Fe/S-Zentren noch nicht erschöpft; vorläufige Studien an biochemischem Material (CAMMACK; ADAMS; PIERIK et al; KIM, REES) wie auch Modelluntersuchungen (REYNOLDS, HOLM) lassen erwarten, daß eine Reihe weiterer möglicher Strukturen mit höherer Nukleariät als vier (sechs, acht) oder auch mit Nicht-Thiolat-Liganden im System Fe(II/III)/S(-II)/Protein etabliert werden kann.

Beispiele für solch komplexere [xFe-yS]-Zentren sind die sulfidverbrückten Doppelkuban-"P-Cluster" der Nitrogenase (7.11; KIM, REES; s. Kap. 11.2) mit ihrem sehr negativen Potential von -470 mV und einem komplexen Magnetismus sowie die (6Fe-)"H-Cluster" in den das Gleichgewicht $2H^+ + 2e^- \rightleftharpoons H_2$ katalysierenden Nickel-freien Hydrogenasen (ADAMS). Zum molekularen Mechanismus der H_2-Aktivierung durch Hydrogenase-Fe/S-Zentren liegen noch keine gesicherten Erkenntnisse vor; diskutiert wird side-on-Anlagerung von H_2 als η^2-Ligand an das Metall mit nachfolgender basenunterstützter Heterolyse zu H^+ und enzymatisch gebundenem Hydrid (ADAMS; vgl. 9.9).

(7.11)

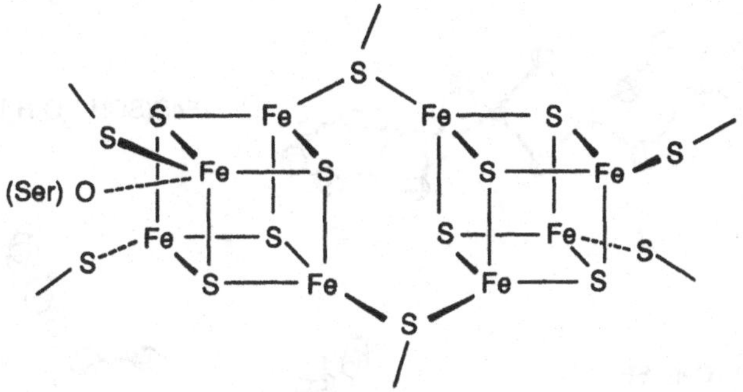

Eine polarisierende und strukturbestimmende Rolle scheint das [4Fe-4S]-Zentrum des DNA-Reparaturenzyms Endonuklease III zu besitzen, wobei der negativ geladene Cluster positiv polarisierte Aminosäuren bindet, welche ihrerseits mit dem negativ geladenen Phosphatgerüst der DNA wechselwirken (KUO et al.).

7.5 Modellverbindungen für Eisen-Schwefel-Proteine

Modellkomplexe für Fe/S-Zentren in Proteinen lassen sich zum Teil überraschend einfach in "spontaneous self-assembly"(SSA)-Reaktionen herstellen (MÜLLER, SCHLADERBECK, BÖGGE; MÜLLER, SCHLADERBECK 1986). Aus jeweils vier Äquivalenten

Thiol, Hydrogensulfid, Eisen(III) und acht Äquivalenten Base kann beispielsweise in polaren aprotischen Lösungsmitteln wie Dimethylsulfoxid (DMSO) unter reduzierenden Bedingungen ein [4Fe-4S]-Cluster-Ion erhalten werden:

$$6\ RSH + 4\ NaHS + 4\ FeCl_3 + 10\ NaOR \rightarrow Na_2[Fe_4S_4(RS)_4] + 10\ ROH + 12\ NaCl + RSSR \qquad (7.12)$$

Mit ungehinderten Thiolen als Cystein-Modelliganden entstehen meist die stabilen [4Fe-4S]-Systeme, während konformative Eingrenzung durch Anbieten von bevorzugt Chelatring-bildenden Dithiolen, etwa o-Xylol-α,α'-dithiol (7.12; Abb. 7.1), zu Modellen der [2Fe-2S]-Dimeren oder, in Abwesenheit von Sulfid, zu Modellen des Rubredoxins führt (Abb. 7.1 und 7.4).

$Fe[(SCH_2)_2C_6H_4]_2^-$

$[FeS(SCH_2)_2C_6H_4]_2^{2-}$

CH_2–SH

CH_2–SH

o-Xylol-α,α'-dithiol, $(HSCH_2)_2C_6H_4$

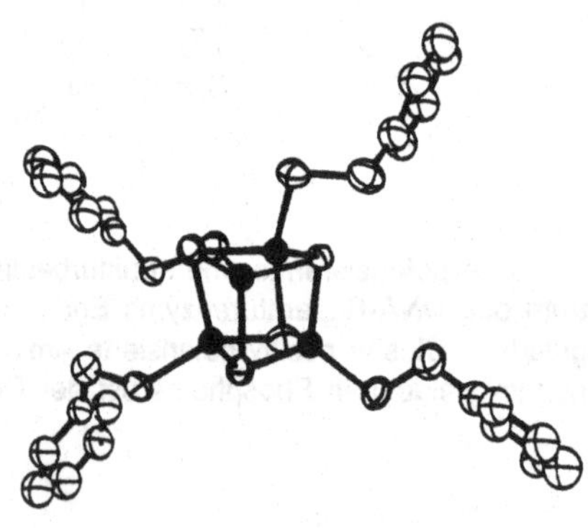

$[Fe_4S_4(SCH_2C_6H_5)_4]^{2-}$

Abbildung 7.4: Molekulare Strukturen von Modellkomplex-Anionen (nach Hall, Cammack, Rao)

Modellierung von [3Fe-4S]-Zentren sowie unsymmetrisch (3+1)-funktionalisierter Cluster erfordert größeren Aufwand, insbesondere speziell konstruierte Polythiolat-Liganden (Abb. 7.5; Holm).

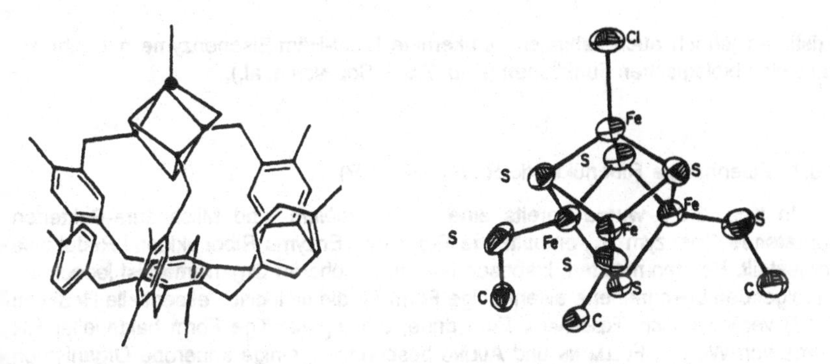

Abbildung 7.5: Molekulare Struktur eines nur an einem Metallzentrum funktionalisierten [4Fe-4S]-Clusters (links: Gesamtgerüst, rechts: Cluster-Teil; nach HOLM)

Erwartungsgemäß zeigen die meisten Modellsysteme wegen starker Geometrieänderung bei der Elektronenübertragung niedrigere Reaktionsgeschwindigkeiten als die natürlichen Fe/S-Proteine; die Modelle weisen daneben deutlich niedrigere und damit unphysiologische Redoxpotentiale auf (AVERILL, ORME-JOHNSON). Die Ursachen hierfür sind in der Proteinumgebung zu suchen, wobei Amin-Sulfid-Wasserstoffbrücken-Wechselwirkungen NH···⁻S (BACKES et al.), elektrostatische Effekte im Peptidgerüst und die geringen, aber doch effektiven Verzerrungen des Clusters eine Rolle spielen können. Angesichts der einfachen Struktur und Funktion von Fe/S-Proteinen ließen sich aufgrund bekannter Aminosäuresequenzen (7.7) schon künstliche "Proteine" dieser Art, d.h. Peptide mit kurzer Kettenlänge synthetisieren und bezüglich der Hydrogenase-Aktivität testen (NAKAMURA, UEYAMA). Die chemisch-synthetisch vielfach beobachtete Möglichkeit des Heteroatom-Einbaus in die Cluster spielt bei biologischem Material vor allem eine Rolle im Hinblick auf Ni-haltige Hydrogenasen (s. Kap. 9.3) sowie Mo- und V-haltige Nitrogenasen (s. Kap. 11.2 und 11.3).

7.6 Eisenenzyme ohne Porphyrin- und Schwefel-Liganden

Nach den in Kap. 5.2 und 6 vorgestellten Häm-Eisen-Proteinen und den im Vorangegangenen beschriebenen Eisen-Schwefel-Proteinen sollen an dieser Stelle die wichtigsten eisenhaltigen Enzyme diskutiert werden, die scheinbar ohne zusätzlichen Elektronenpuffer-Liganden auskommen. Das O_2-transportierende, also nicht-enzymatische Protein Hämerythrin mit Eisendimer-Zentren wurde bereits in Kap. 5.3 behandelt; in ähnlicher Weise behelfen sich auch einige andere weder Häm noch Sulfid enthaltende Eisenenzyme mit einer indirekten Metall-Metall-Wechselwirkung in mehrkernigen Metalloproteinen (LIPPARD; WILKINS), um eine beispielsweise für O_2-Aktivierung (FEIG, LIPPARD) ausreichende elektronische Flexibilität zu erreichen. Es existieren jedoch auch zahlreiche einkernige Nicht-Häm-Eisenenzyme mit sehr essentiellen biologischen Funktionen (Kap. 7.6.4, Solomon et al.).

7.6.1 Eisenhaltige Ribonukleotid-Reduktase (RR)

In Kap. 3.2.3 wurde bereits eine bei *Rhizobium*- und Milchsäure-Bakterien auftretende Coenzym B_{12}-enthaltende Form des Enzyms Ribonukleotid-Reduktase vorgestellt. Bei den meisten, insbesondere auch höheren Organismen ist jedoch die im folgenden beschriebene eisenhaltige Form für die biologisch essentielle Reaktion (7.13) verantwortlich (Reichard). Eine dritte, dimanganhaltige Form bakterieller RR wurde von Willing, Follmann und Auling beschrieben, einige anaerobe Organismen besitzen eine RR mit Fe/S-Cluster und Glycin-Radikal als aktiven Zentren. Sämtliche Ribonukleotid-Reduktasen enthalten Metallzentren *und* organische Radikale; sie katalysieren die Desoxygenierung (Reduktion) des Ribose-Rings zur 2'-Desoxyribose bei Nukleotiden und ermöglichen dadurch den ersten Schritt der DNA-Biosynthese. Die erforderlichen Elektronen werden von Dithiolen, z.B. Peptiden vom Typ der Thioredoxine zur Verfügung gestellt, die ihrerseits zur Disulfid-Form oxidierbar sind (7.13).

P_n–OCH_2, N-Base, O, 4', 1', 3', 2', OH OH — Ribonukleotid + Dithiol (SH, SH) → (Ribonukleotid-Reduktase) P_n–OCH_2, N-Base, O, OH H — 2'-Desoxyribonukleotid + H_2O + Disulfid (S, S)

P : Phosphorylgruppe (PO_3^-, vgl. 14.2) (7.13)

Es handelt sich bei den eisenhaltigen Ribonukleotid-Reduktasen um recht große Proteine mit Molekülmassen von 200 kDa und mehr; die Komplexität ist unter anderem durch hohe Anforderungen an eine exakte Steuerung der Reaktion bedingt (Rückkopplung, allosterische Regulation). Am besten untersucht ist die RR von *E. coli*, welche aus zwei verschiedenen, jeweils dimeren Untereinheiten ($\alpha_2\beta_2$) von ca. 171 und 87 kDa Molekülmasse besteht. Strukturellen Untersuchungen zufolge (Nordlund, Sjöberg, Eklund; Uhlin, Eklund) ist das aktive Zentrum an der Grenzfläche zwischen beiden Proteinuntereinheiten angesiedelt: Das größere Protein enthält Thiol-Gruppen mehrerer Cysteine, das kleinere Protein weist pro Untereinheit ein Tyrosyl-Radikal sowie eine benachbarte Dieiseneinheit auf. Die eisenhaltige RR war das erste Enzym, für welches ein stabiles freies Radikal im Protein als essentieller Bestandteil etabliert werden konnte (Ehrenberg); schon vorher wurde vermutet, daß die Funktion der Coenzym B_{12}-abhängigen RR auf radikalischer Reaktivität beruht (Kap. 3.2.3). Ähnlich wie beim verwandten Hämerythrin (Kap. 5.3) haben zahlreiche spektroskopische und magnetische Untersuchungen eine ungefähre Vorstellung von der

Struktur des Dieisen-Zentrums und seiner magnetischen Wechselwirkung mit dem Tyrosyl-Radikal geliefert, bevor die strukturellen Details durch Kristallstrukturanalyse der kleinere Proteinuntereinheit aufgeklärt werden konnten (NORDLUND, SJÖBERG, EKLUND).

Im oxidierten Zustand sind die beiden dreiwertigen high-spin Eisenzentren pro Untereinheit durch einen μ-Oxo- und einen $\mu,\eta^1{:}\eta^1$-Glutamat-Liganden verbrückt und im übrigen recht unsymmetrisch koordiniert (7.14): Ein Metallzentrum weist zwei η^1-Glutamat-Gruppen, einen Histidin-Rest (N_δ-Koordination) und ein Wassermolekül als Liganden auf, das andere, etwas weniger regulär oktaedrisch konfigurierte Eisenion koordiniert mit einem Wassermolekül, einem Histidin-Rest (N_δ) und chelatisierendem (η^2-)Aspartat. Charakteristisch ist die μ-Oxo-/μ-Carboxylato-verbrückte Struktur der Metallzentren, die auch beim Hämerythrin gefunden wurde und ebenso für manganhaltige Enzyme vermutet wird (vgl. 4.14). Offenbar handelt es sich – wie auch synthetische Studien nahelegen (LIPPARD; WIEGHARDT; KURTZ) – um eine bevorzugt entstehende Struktur ("self-assembly"), die eine wirksame Metall-Metall-Wechselwirkung bei einem Abstand von ca. 0.33 nm (RR) und damit elektronische Flexibilität begünstigt.

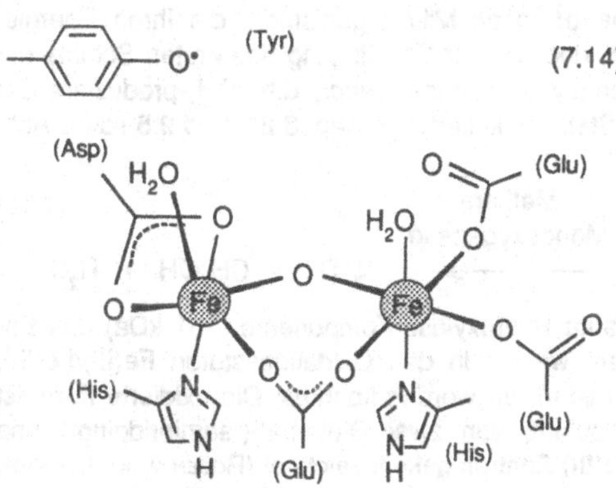

(7.14)

Die Präsenz von labil gebundenen Wassermolekülen an den Eisenzentren eröffnet die Möglichkeit einer Wechselwirkung mit dem in der Nähe, in 0.53 nm Entfernung befindlichen Tyrosyl-Radikal; eine magnetische Wechselwirkung zwischen antiferromagnetisch gekoppelten high-spin Fe(III)-Zentren und dem chemisch aktiven, auf der Fe–Fe-Achse gelegenen Radikal konnte etabliert werden (EHRENBERG).

Der reduzierten Form Fe(II)/Fe(II) des Eisendimers mit vermutlich zwei $\mu,\eta^1{:}\eta^1$-Glutamatliganden, aber ohne Oxobrücke (ATTA et al.), wird die Funktion zugeschrieben, im Zusammenwirken mit O_2 das neutrale Tyrosyl-Radikal zu erzeugen. Nach den Ergebnissen der Strukturanalyse (NORDLUND, SJÖBERG, EKLUND) schließt jedoch die Einbettung des Tyrosyl-Radikals im Proteininneren, mindestens 1 nm von der Proteinoberfläche entfernt, eine direkte Tyrosylradikal/Substrat-Wechselwirkung aus. Wahrscheinlicher ist die Beteiligung des Tyrosyl-Radikals an kontrollierten Elektronenübertragungsprozessen in Richtung auf die an der Proteinoberfläche befindlichen und potentiell ebenfalls radikalbildenden Cystein-Gruppen (UHLIN, EKLUND), wobei Disauerstoff-Spezies (O_2, O_2^{2-}), unterstützt durch die Eisenzentren, zur Erzeugung des Tyrosyl-Radikals beitragen könnten. Über H-Abstraktion, Wasserabspaltung aus radikalischen Zwischenstufen und Reduktion durch weitere Cysteine kann enzymatische Desoxygenierung stattfinden; die Rückreduktion ist durch externe Dithiole möglich (7.13). Die Desoxygenierung durch RR-Enzyme stellt so eine Umkehrreaktion bezüglich der O-Insertion durch P-450- (Kap. 6.2) oder die im folgenden beschriebene Methan-Monooxygenasen dar.

7.6.2 Methan-Monooxygenase

Dieses Enzym, ein Multiprotein-Komplex mit ca. 300 kDa Molekülmasse (AVERILL; ROSENZWEIG, LIPPARD), dient methano*trophen* Mikroorganismen, die ihren Energie- und Kohlenstoff-Bedarf durch CH_4 decken, zur Bewältigung des ersten Schritts der Methanoxidation (7.15). (Metalloenzyme methano*gener*, d.h. CH_4-produzierender Organismen, werden an anderer Stelle diskutiert; vgl. Kap. 3.2.3 und 9.5 sowie Abb. 1.2).

$$NADH + CH_4 + O_2 + H^+ \xrightarrow{\text{Methan-Monooxygenase}} NAD^+ + CH_3OH + H_2O \qquad (7.15)$$

Die als $\alpha_2\beta_2\gamma_2$-Dimer aufgebaute Hydroxylase-Komponente (251 kDa) des Enzyms enthält zwei Dieisenzentren, welche in den Oxidationsstufen Fe(III)/Fe(III), Fe(III)/Fe(II) und Fe(II)/Fe(II) charakterisiert werden konnten. Die oxidierte Form ist durch antiparallele Spin-Spin-Kopplung von zwei Glutamat-("semibridging") und Hydroxid-verbrückten high-spin Fe(III)-Zentren gekennzeichnet (ROSENZWEIG, LIPPARD), eine weitere Verbrückung erfolgte im untersuchten Kristall durch Acetat aus dem Kristallisationsmedium. Die Koordinationssphäre wird durch His, η^1-Glu, H_2O (Fe1) und His, 2 η^1-Glu (Fe2) ergänzt, wobei Acetat und Wasser vermutlich Bindungsstellen der Substrate O_2, CH_4 bzw. $CH_3O(H)$ besetzen. Aktiv ist nur die high-spin Fe(II)/Fe(II)-Form, die auch vermutlich das katalytische Zentrum darstellt; als möglicher weiterer Cofaktor ist in der Nähe eine Cystein-Gruppe gefunden worden.

Der Mechanismus der Reaktion (7.15) – auch andere Kohlenwasserstoffe werden mit einer gewissen Stereospezifität oxygeniert – beinhaltet vermutlich die Erzeugung reaktiver Substratradikale durch das oxygenierte Dimetallzentrum mit einer Oxoferryl(IV)-Gruppe (LEE et al.) und entspricht darin der Reaktivität Häm-enthaltender Monooxygenasen vom Typ des Cytochrom P-450 (Kap. 6.3 und 6.4). Das Interesse an diesem Enzym-Typ von beispielsweise in heißen Quellen auftretenden Organismen speist sich aus der Aussicht, sie für Zwecke der Boden- und Trinkwasser-Dekontamination sowie der organisch-petrochemischen Synthese und Energieträgerumwandlung einsetzen zu können.

7.6.3 Violette saure Phosphatasen (Fe/Fe und Zn/Fe)

Polyphosphat- und Phosphorsäureester-spaltende Enzyme enthalten meistens nicht-redoxaktive zweiwertige Metallionen (VINCENT, CROWDER, AVERILL) wie etwa Mg^{2+} (Kap. 14.1) oder auch Zn^{2+} in der alkalischen Phosphatase (Kap. 12.3). Es existieren jedoch ebenso mangan- (Kap. 14.1) und eisenhaltige Phosphatasen, wobei letztere durch ihre intensive Farbe und durch ihr Wirkungsoptimum im sauren

Bereich auffallen. Genauere Studien der häufig zwei Eisenzentren enthaltenden Enzyme mit ca. 40 kDa Molekülmasse aus vielerlei pflanzlichen, mikrobiellen und tierischen Quellen (Uteroferrin, Rindermilz-Phosphatase) haben leicht unterschiedliche Farben und Absorptionsspektren für die violette inaktive Fe(III)/Fe(III)-Stufe und die enzymatisch aktive rosafarbene Fe(II)/Fe(III)-Form, letztere mit schwach antiferromagnetischer Spin-Spin-Kopplung, erkennen lassen.

Die native Form einer Phosphatase aus Kidneybohnen enthält Zink(II)- und Eisen(III)-Zentren in einer vermutlich ähnlich verbrückten Struktur wie in den Fe(II)/ Fe(III)-Phosphatasen. Gefunden wurde hier röntgenstrukturanalytisch (Sträter et al.) eine Verbrückung durch Hydroxid und η^1-Aspartat; die verbleibenden Liganden sind 2 His, Asn, H_2O (für Zn^{2+}) und His, η^1-Asp^-, Tyr^-, OH^- für Fe(III).

Die beiden Metallzentren sind je nach Oxidationszustand unterschiedlich weit voneinander entfernt; charakteristisch ist vor allem die Bindung von Tyrosinat an das Fe(III)-Zentrum. Die Koordination solch π-elektronenreicher Liganden an ein oxidiertes Metallzentrum führt zur intensiven Ligand-Metall-Charge-Transfer(LMCT)-Absorption im Sichtbaren. Für die Bindung von Phosphorsäureester-Substraten werden aufgrund von Modellstudien (Bremer et al.) unterschiedliche Anordnungen, η^1- oder μ,η^1:η^1-Koordination diskutiert. Ein plausibler Mechanismus (Mueller et al.) beinhaltet den Angriff von durch Bindung an M(II), M = Fe oder Zn, aktiviertem Hydroxid (vgl. 12.3) an ein Fe(III)-koordiniertes Phosphat-Derivat; flexible Metall-Metall-Abstände wären hierfür eine Voraussetzung.

7.6.4. Einkernige Nichthäm-Eisen-Enzyme

Zu dieser Gruppe von Eisenenzymen zählen einige für den Fettsäurestoffwechsel, die Aminosäuresynthese und die Metabolisierung von Aromaten wichtige Mono- und Dioxygenasen sowie bedeutende Redox-Syntheseenzyme (z.B. für β-Lactame, Leukotriene, Prostaglandine) und Nitril-Hydratasen (Que).

Eine eisenhaltige, Tetrahydropterin-abhängige Monooxygenase katalysiert beispielsweise die Umsetzung von L-Phenylalanin zu L-Tyrosin, wobei ein Tetrahydropterin (vgl. 3.12 oder 11.8) zur Dihydroform oxidiert und Disauerstoff zu einem Molekül Wasser reduziert wird (*Mono*oxygenierung). Das essentielle high-spin Fe(III)-Zentrum scheint im Verlauf der Reaktion reduziert zu werden (Dix, Benkovic).

Nichthäm-Eisen-enthaltende Dioxygenasen sind recht verbreitet und dienen unter anderem der oxidativen Spaltung von Aromaten (vgl. 7.16). Catechol-1,2-Dioxygenase und verwandte Enzyme enthalten im oxidierten Zustand high-spin Eisen(III) mit einem Tyrosinat-Liganden (Ohlendorf, Lipscomb, Weber). Entsprechend einer plausiblen mechanistischen Hypothese (Que) bewirkt die Bindung von π-elektronenreichem Catecholat (Brenzkatechin-Dianion) an das π-elektronenarme und Lewis-acide high-spin Fe(III) sowohl eine Metall→Ligand-Ladungsübertragung mit entsprechender Schwächung der (O)C–C(O)-"Intradiol"-Bindung wie auch eine Spindelokalisa-

(7.16)

(Catechol)

- 2 H^+ + (h.s. Fe^{III})-Enzym

Fe^{III}-Enzym

Catecholat/h.s. Fe^{III}

Fe^{II}-Enzym

o-Semichinon/h.s. Fe^{II}

+ $^3O_2$

Fe^{III}-Enzym

O=Fe^{III}-Enzym

COOH
COOH

Z,Z-Muconsäure

tion vom Eisen(III) zum dann als *o*-Semichinon vorliegenden (Radikal-)Liganden. Primäre $^3O_2$-Aktivierung kann dann spinerlaubt durch high-spin Fe(II) erfolgen (vgl. Kap. 5.2), bevor über peroxidische Zwischenstufen das Endprodukt gebildet wird. Es existieren jedoch auch "Extradiol"-spaltende Nichthäm-Eisen-Enzyme (Que).

Zu den eisenhaltigen Enzymen, die zumindest indirekt Reaktionen von Disauerstoff mit organischen Substraten katalysieren, gehören auch die im Fettsäuremetabolismus stereospezifisch autoxidationsfördernden Lipoxygenasen (→ O_2-Insertion in C–H-Bindungen), bei welchen radikalische Reaktivität eine Rolle spielt. Kristallstrukturanalysen der Lipoxygenase aus Sojabohnen (Boyington, Gaffney, Amzel; Minor et al.) zeigen ein koordinativ ungesättigtes high-spin Eisenzentrum mit drei Histidin-Liganden, gebundenem C-Terminus (Carboxylat von Isoleucin) sowie möglicherweise einen Carboxamid-Sauerstoff aus der Peptidkette (Minor et al.). Für den Reaktionsmechanismus kann eine oxidative Deprotonierung der 1,4-Dien-Einheit im ungesättigten Fettsäure-Substrat durch Fe(III) und Aktivierung von $^3O_2$ durch das resultierende Fe(II)-Zentrum vermutet werden.

Keine Oxygenierung findet bei der high-spin Eisen(II)-Enzym-katalysierten Ringschlußreaktion (7.17) zu Isopenicillin N statt; hier werden *beide* Sauerstoffatome des O_2 zu Wasser reduziert. Für den aktiven Zustand des Metallzentrums dieser Isopenicillin N-Synthase sind zusätzlich zu den beiden gebundenen Reaktanden drei Histidin-Reste und ein Wassermolekül als Liganden postuliert worden (Ming et al.).

HOOC, NH$_2$, O, H, N, SH, O, N, H, COOH — O_2 — Fe(II)-Enzym Isopenicillin N-Synthase — $2\ H_2O$ (7.17)

Isopenicillin N

Eine biologische Redoxfunktion besitzt das ungewöhnliche low-spin Eisen(III)-Zentrum in bakterieller Nitril-Hydratase offenbar nicht (MASCHARAK). Dieses Enzym ist biotechnologisch interessant, da es die Gewinnung von Acrylamid (→ Synthesefasern) aus Acrylnitril katalysiert.

$$\text{R–CN} + H_2O \xrightarrow{\text{Nitril-Hydratase}} \text{R–C(O)NH}_2 \qquad (7.18)$$

Proteinkristallographische Daten sowie die langwellige LMCT-Absorption des Enzyms lassen auf sechsfach koordiniertes Eisen(III) (oder Cobalt(III)) mit zwei Amido-Stickstoffatomen (aus Peptidbindungen) und drei teilweise oxygenierten Cysteinato-Schwefelatomen und einem O-Donor-Liganden schließen (MASCHARAK).

8 Aufnahme, Transport und Speicherung eines essentiellen Elements: Das Beispiel Eisen

"Despite their fundamental role in processes of signaling, homeostasis, and cytotoxicity little detailed information is available on the mechanisms whereby metal ions enter eukaryotic cells. Exceptions include the uptake of Fe ... and the permeation of Ca^{2+} through Ca channels."

D.M. TEMPLETON, *J. Biol. Chem. 265* (1990) 21764

Die Beschreibung der Struktur sowie der physiologischen Funktion von Metallzentren in Enzymen oder Proteinen hat in der bioanorganischen Chemie immer einen breiten Raum eingenommen. Zwischen der allgemein feststellbaren Häufigkeit eines Elements im Organismus (vgl. Kap. 2.1) und der spezifischen Funktion, z.B. in einem Enzym, stehen jedoch komplexe, weil notwendigerweise selektive und kontrollierte Mechanismen für Aufnahme, Transport, Speicherung und gezielte Übergabe des Elements, etwa an das dafür vorgesehene Apoprotein, unter zeitlich und räumlich genau definierten physiologischen Bedingungen. Auf diesen schwer zugänglichen Aspekt der Zeit- und Ortsabhängigkeit bioanorganischer Reaktionen im konkreten Organismus hat vor allem WILLIAMS in mehreren Artikeln hingewiesen.

Am besten untersucht sind diejenigen Verbindungen, welche für Transport und Speicherung von Eisen, des physiologisch häufigsten und auch vielseitigsten Übergangsmetalls, verantwortlich sind. Für die meisten anderen Elemente existieren weitaus weniger gesicherte Informationen, es sollten dort jedoch prinzipiell vergleichbare Mechanismen wirksam sein.

8.1 Problematik der Eisenmobilisierung - Löslichkeit, Oxidationsstufen und medizinische Relevanz

Eisen ist ein essentielles Spurenelement für nahezu alle Organismen (Ausnahme: Milchsäurebakterien), die Verteilung im Körper eines erwachsenen Menschen wurde in Tab. 5.1 bereits vorgestellt. Komplexe Regelsysteme dienen der Aufnahme, dem Transport und der Speicherung des Eisens (WINKELMANN, VAN DER HELM, NEILANDS; LOEHR; SCHNEIDER; CRICHTON, WARD; CRICHTON). Im einzelnen handelt es sich dabei um folgende Prozesse:

- aktive oder passive Resorption im Zuge der Nahrungsaufnahme (Komplexierung, Lösung, Redoxreaktionen),
- selektiver Transport des Eisens durch Membranen in die Zellen,
- Verarbeitung innerhalb der Zellen, z.B. Einbau in ein Protein, sowie
- Eliminierung aus dem Stoffwechsel, entweder durch Ausscheidung oder durch vorübergehende Speicherung.

Ein Überschuß insbesondere von freiem high-spin Eisen(II) ist für den Organismus gefährlich, da es in Anwesenheit von Sauerstoff oder daraus entstehendem Peroxid (vgl. 4.6 oder 5.2) zur Bildung von Radikalen gemäß den Gleichungen (8.1) und (8.2) kommen kann (HALLIWELL, GUTTERIDGE).

$$\text{high-spin Fe(II)} + {}^3O_2 \rightarrow \text{Fe(III)} + O_2^{\bullet-} \quad (8.1)$$

$$\text{Fe(II)} + H_2O_2 \rightarrow \text{Fe(III)} + OH^- + OH^\bullet \quad (8.2)$$

Da potentiell schädigende (pathogene) Mikroorganismen für ihre Vermehrung auf eine kontinuierliche Eisenzufuhr als wachstumsbestimmendem Faktor angewiesen sind, spielt die Verfügbarkeit von Eisen im vielzelligen Organismus eine große Rolle im Hinblick auf mögliche Infektionen (Symptom: Absinken des Eisengehalts im Blutplasma; LETENDRE). Da Mikroorganismen fest gebundenes Eisen im Blutserum nicht aktivieren können, besitzen effektive, membranüberwindende Komplexbildner für freies oder im pathogenen Mikroorganismus vorhandenes Eisen eine antibiotische Wirkung. Das in Häm-Komplexen sehr fest gebundene Eisen kann nur intrazellulär enzymatisch freigesetzt werden (Hämoxygenase).

Der Metabolismus des Eisens im menschlichen Organismus besitzt generell medizinische Relevanz, von den empfohlenen 10-20 mg pro Tag in der Nahrung (vgl. Tab. 2.3) werden im Mittel nur etwa 10% resorbiert. Sowohl der in Entwicklungsländern verbreitete Eisenmangel (→ Anämie; SCRIMSHAW) wie auch ein Eisenüberschuß (SINGH) als möglicherweise langfristig wirkender Infarktrisikofaktor führen zu ernsten Entwicklungsstörungen und Krankheitssymptomen. Bluttransfusionen führen zu einer akuten Anreicherung des Eisens im Körper, da der Mensch pro Tag lediglich 1-2 mg ausscheiden kann. Komplexliganden wie z.B. Desferrioxamin (2.1, 8.8) komplexieren Eisen, auch wenn es an das Transportprotein Transferrin (Kap. 8.4.1) oder an Speicherproteine gebunden ist, nicht jedoch aus der Häm-Gruppe; der Komplex kann dann mit dem Urin ausgeschieden werden. Allerdings ist die Komplexbildung (genauer: Umkomplexierung) langsam, so daß hohe und kontinuierlich verabreichte Dosen des Medikaments für die Therapie notwendig sind (SINGH). Die sorgfältige Erforschung natürlich vorkommender Fe-Komplexliganden sowie ihrer synthetischen Analoga ist daher von Interesse für die Humanmedizin. In diesem Bereich werden Komplexbildner nicht nur bei primärer oder sekundärer Hämochromatose (Eisenvergiftung), sondern auch als Antibiotika verwendet. Man versucht, Chelatsysteme zu finden, die oral einsetzbar und in geringen Dosen therapeutisch wirksam sind, ohne im Gastrointestinalbereich, in Blutkreislauf, Leber oder Niere abgebaut zu werden.

Im Gegensatz zu Fe(II) ist Fe(III) in Abwesenheit starker Komplexbildner bei pH 7 unlöslich (5.1). Die theoretische Konzentration von Fe^{3+} beträgt aufgrund des Löslichkeitsprodukts von 10^{-38} M^4 für $Fe(OH)_3$ nur ca. 10^{-17} M, allerdings bewirkt die Bildung von geladenen Aqua/Hydroxo-Komplexen eine geringe Löslichkeit. Schon in den Mikroorganismen, welche die Entstehung einer oxidierenden Atmosphäre überlebt haben, gibt es daher spezielle niedermolekulare Verbindungen, um Eisen(III) aus der Umgebung komplexierend aufzunehmen, gegebenenfalls aus der festen

Phase, wie etwa aus Eisenoxid enthaltenden Partikeln (SCHNEIDER). Es handelt sich um lösliche Chelatbildner mit sehr hoher Affinität für Fe(III), die Siderophore ("Eisenträger"), welche das Eisen über Reduktions-/Protonierungs-Prozesse an Membranrezeptoren für Folgekomplexe zur Verfügung stellen (WINKELMANN, VAN DER HELM, NEILANDS).

Auch Pflanzen benötigen Eisen für ihr Wachstum, speziell für die Chlorophyll-Biosynthese. Eisen-effiziente Pflanzen sind in der Lage, auch aus kalkhaltigen Böden mit hohem pH-Wert und daher sehr niedriger Konzentration an freiem Eisen ausreichende Mengen zu extrahieren. Aus den Wurzeln dieser Pflanzen hat man Eisen-komplexierende Phyto-Siderophore isolieren können, die in Verbindung mit einem Wasserstoffionen-freisetzenden System arbeiten.

Im folgenden werden sowohl die relativ einfachen Eisen-Transportsysteme der Mikroorganismen als auch die komplexeren Mechanismen des Eisen-Metabolismus in höheren Organismen behandelt.

8.2 Siderophore: Eisen-Aufnahme durch Mikroorganismen

Bis heute sind etwa 200 verschiedene Siderophore von Bakterien, Hefen und Pilzen bekannt. Es handelt sich dabei um Chelatliganden mit niedrigem Molekulargewicht (bis ca. 1500 Da) und hoher Spezifität für Eisen(III). Ihre Biosynthese wird durch das Angebot an Eisen reguliert (Rückkopplung), wobei ein DNA-bindendes und durch Fe(II) aktiviertes Regulationsprotein (**Fe** **u**ptake **r**egulation, **fur**) zentrale Bedeutung besitzt (CRICHTON, WARD). Alle Siderophore bilden mit high-spin Fe(III) sehr dissoziationsstabile, annähernd oktaedrisch konfigurierte Chelat-Komplexe (RAYMOND, MÜLLER, MATZANKE). Ein Maß für die "Stärke" des zwischen Siderophor und Fe(III) gebildeten Komplexes ist die Komplexbildungskonstante K_f (8.3, 8.4).

$$Fe^{3+} + Sid^{n-} \rightleftharpoons FeSid^{(3-n)} \tag{8.3}$$

$$K_f = \frac{[FeSid^{(3-n)}]}{[Fe^{3+}][Sid^{n-}]} \tag{8.4}$$

[ ] : molare Konzentrationen;
Fe^{3+} : hydratisiertes Eisen(III);
Sid^{n-} : anionischer Siderophor-Ligand

$$Fe^{3+}(Sid^{3-}) + 3\,H^+ + e^- \rightleftharpoons Fe^{2+} + H_3Sid$$

$$E = E_o + 0.059\ V \cdot \lg \frac{[Fe^{3+}(Sid^{3-})]\,[H^+]^3}{[Fe^{2+}][H_3Sid]}$$

$$= E_o + 0.059\ V \cdot \lg \frac{[Fe^{3+}]}{[Fe^{2+}]} \cdot K_s \cdot K_f$$

$$\text{mit} \quad K_s = \frac{[H_3Sid]}{[H^+]^3\,[Sid^{3-}]} \tag{8.5}$$

Die Konstanten K_f variieren über einen weiten Bereich, von 10^{23} für Aerobactin bis zu ca. 10^{49}

für Enterobactin (Tab. 8.1). Die Konstanten für entsprechende Fe(II)-Komplexe sind aufgrund der geringeren Ladung und des größeren Ionenradius (s. Tab. 2.7) wesentlich kleiner, so daß die Abgabe des Eisens an die Zelle über einen mit Protonierung gekoppelten Reduktionsmechanismus erfolgen könnte. Entsprechend der NERNSTschen Beziehung für die Konzentrationsabhängigkeit des Redoxpotentials zeigt (8.5) eine Korrelation zwischen Stabilitätskonstante K_f, dem Redoxpotential des Übergangs Fe(II)/Fe(III), und der Säurekonstante K_s des Siderophor-Liganden. Je stabiler der Komplex des Fe(III) gegenüber Dissoziation ist, um so negativer sollte – bei unverändertem K_s – das Potential liegen (Tab. 8.1).

Tabelle 8.1: Stabilitätskonstanten und Redoxpotentiale von Eisenkomplexen natürlicher Siderophore (aus RAYMOND, MÜLLER, MATZANKE und KARPISHIN, RAYMOND)

Siderophor-Ligand	log K_f (Fe^{III}-Komplex)	E_0 (mV) (pH 7)	Liganden-Typ
Coprogen	30.2	-447	Hydroxamat
Desferrioxamin B	30.5	-468	Hydroxamat
Ferrichrom A	32.0	-448	Hydroxamat
Aerobactin	22.5	-336	Hydroxamat, Carboxylat
Enterobactin	ca. 49	-790 (pH 7.4)	Catecholat
Mugineinsäure (Phytosiderophor)	18.1	-102	Carboxylat, Amino-N

Generell unterscheidet man bei den hocheffektiven Siderophoren zwei Klassen: die Hydroxamate und die Catecholate (8.6).

a) Hydroxamat-Koordination:

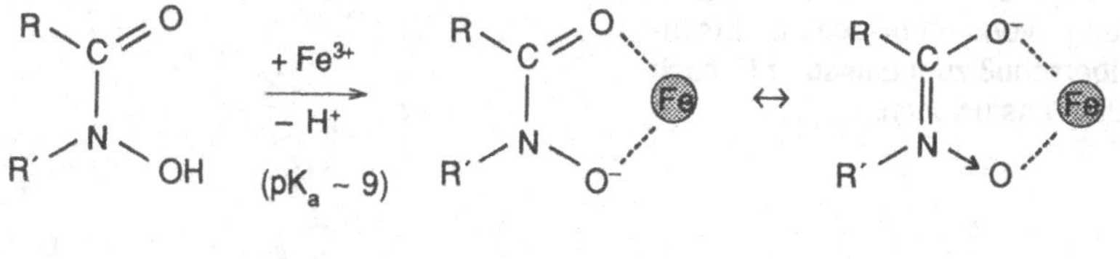

R–C(=O)–N(R')–OH $\xrightarrow[-\,H^+]{+\,Fe^{3+}}$ (pK_a ~ 9) R–C(=O→Fe)–N(R')–O⁻(→Fe) ↔ R–C(–O⁻→Fe)=N(R')–O(→Fe)

b) Catecholat-Komplex:

(R-substituiertes Catecholat: O⁻, O⁻ an Fe koordiniert)

Fe = Fe^{3+}

(8.6)

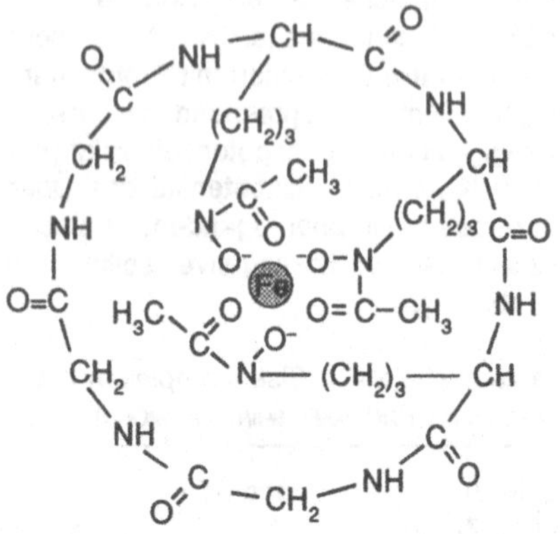

ein Ferrichrom-Komplex (8.7)

In beiden Fällen handelt es sich um Liganden, die weitgehend spannungsfreie ungesättigte Fünfring-Chelatsysteme mit negativ geladenen Sauerstoff-Koordinationsatomen zu bilden vermögen – eine Situation, die gegenüber der "harten" hochgeladenen Lewis-Säure Fe^{3+} zu hoher Komplexstabilität führt. Zu den Komplexen mit Hydroxamat-Siderophoren gehören Ferrichrome (8.7) und Ferrioxamine (2.1, 8.8) sowie Komplexe basierend auf Rhodotorulsäure (8.11) und Aerobactin (8.12) als Liganden.

Ferrichrome sind zyklische Hexapeptide aus Glycin und N-Hydroxy-L-ornithin, bei dem die drei Hydroxamin-Gruppen acetyliert vorliegen. Sie können von Pilzen hergestellt und von Bakterien aufgenommen werden. *In vivo* bevorzugen Ferrichrome eine Λ-Konfiguration (8.9) um das Eisenatom, die enantiomere Δ-Form ist wesentlich weniger effektiv bezüglich des bakteriellen Eisentransports.

Ein Vertreter der Ferrioxamin-Liganden ist das Desferrioxamin B (2.1, 8.8); in diesem nichtzyklischen Molekül sind drei nichtäquivalente Hydroxamat-Gruppen Teil der Kette. *In vivo* wird es von Spezies wie etwa *Streptomyces* synthetisiert, als Desferal® (Ciba Geigy) kommt es bei der Behandlung von chronischem Eisenüberschuß zum Einsatz, z.B. nach Bluttransfusionen.

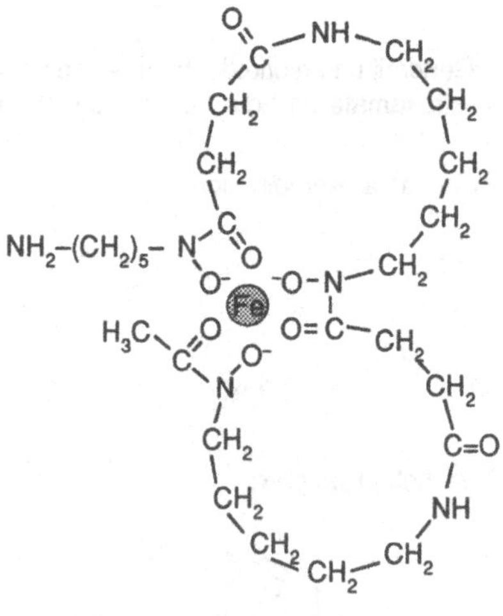

Ferrioxamin B (8.8)
ohne Fe: Desferrioxamin B

Spiegelbildisomerie bei oktaedrisch konfigurierten Komplexen

Auch streng oktaedrisch gebaute Komplexe verlieren durch Tris(chelat)-Ligation Spiegelebenen und Inversionszentren ($O_h \rightarrow C_3$-Symmetrie) und können daher in enantiomeren Formen, d.h. als Bild- und Spiegelbild-Isomere auftreten: das Metall als Chiralitätszentrum. Plaziert man den Oktaeder auf der Dreiecksfläche liegend, so kann man diese Isomerie auch im Sinne einer links- und rechtsdrehenden Helix (Schraubenanordnung) beschreiben; erstere wird als Λ-, letztere als Δ-Stereoisomer bezeichnet (8.9). Im Falle inerter Metall-Ligand-Bindungen (kinetische "Stabilität") sollten sich die beiden optischen Isomeren durch unterschiedliche Wechselwirkung mit enantiomeren "Reagenzien" wie z.B. biologischen Rezeptoren oder polarisiertem Licht unterscheiden lassen ("Drehwert", Circulardichroismus (CD) bei Absorptionsspektren).

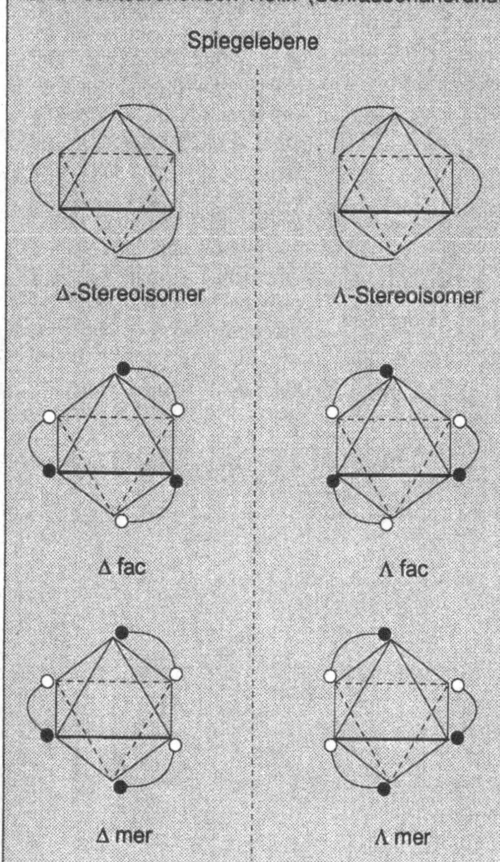

(8.9)

Sind, wie bei den Hydroxamaten, die beiden Chelatarme unterschiedlich (○, ●), so tritt zusätzlich eine Stellungsisomerie *fac/mer* auf. In der *fac*-Anordnung (von facial, oft auch mit "cis" bezeichnet) sind äquivalente Chelatarme auf jeweils eine Oktaeder-Dreiecksfläche gerichtet, im *mer*-Arrangement (von meridional, häufig als "trans" bezeichnet) liegen äquivalente Koordinationszentren jeweils auf einem "Meridian" des Oktaeders.

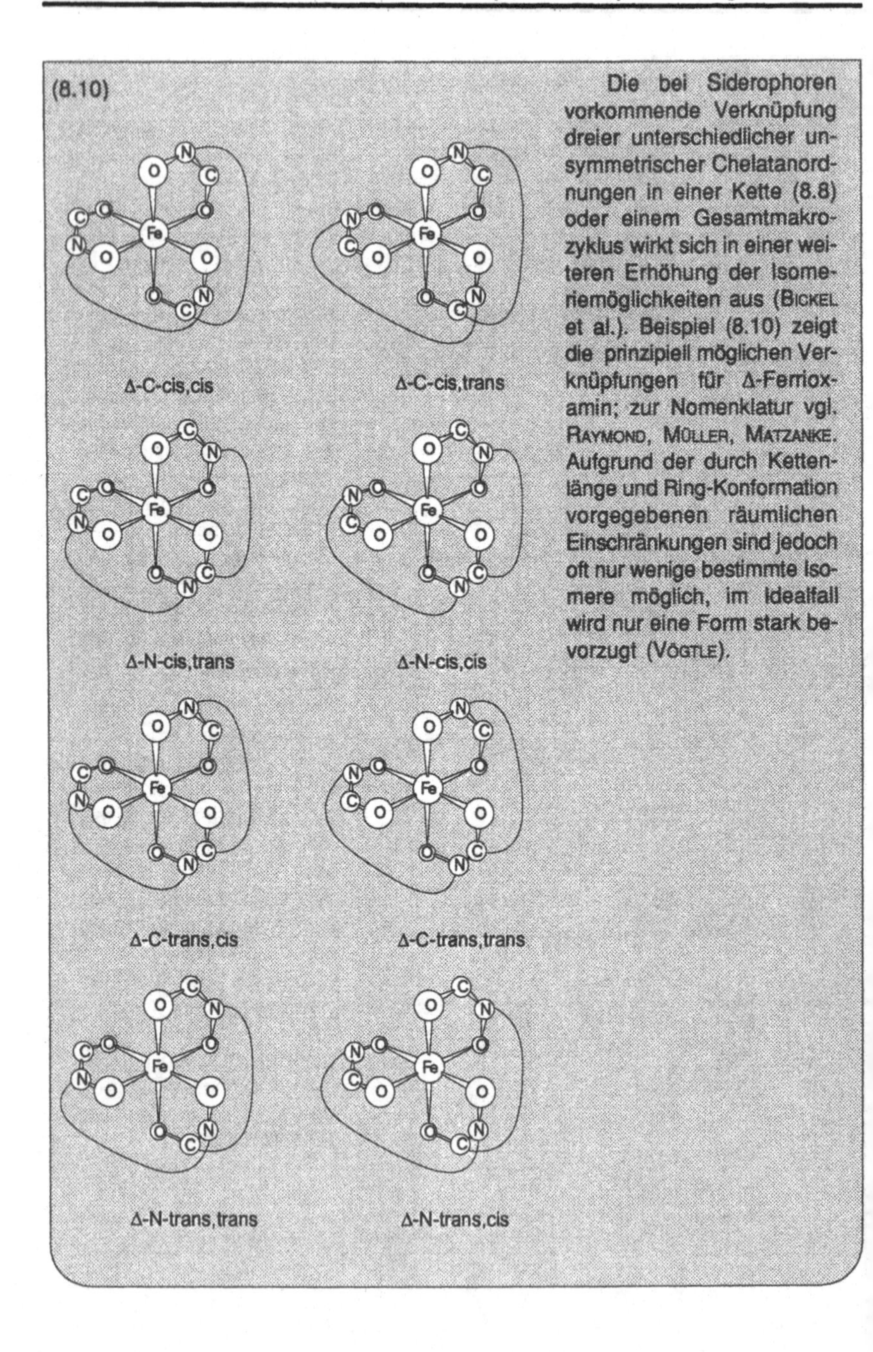

(8.10)

Δ-C-cis,cis Δ-C-cis,trans

Δ-N-cis,trans Δ-N-cis,cis

Δ-C-trans,cis Δ-C-trans,trans

Δ-N-trans,trans Δ-N-trans,cis

Die bei Siderophoren vorkommende Verknüpfung dreier unterschiedlicher unsymmetrischer Chelatanordnungen in einer Kette (8.8) oder einem Gesamtmakrozyklus wirkt sich in einer weiteren Erhöhung der Isomeriemöglichkeiten aus (BICKEL et al.). Beispiel (8.10) zeigt die prinzipiell möglichen Verknüpfungen für Δ-Ferrioxamin; zur Nomenklatur vgl. RAYMOND, MÜLLER, MATZANKE. Aufgrund der durch Kettenlänge und Ring-Konformation vorgegebenen räumlichen Einschränkungen sind jedoch oft nur wenige bestimmte Isomere möglich, im Idealfall wird nur eine Form stark bevorzugt (VÖGTLE).

Die Rhodotorulsäure (8.11) ist ein Dipeptid des N-Hydroxy-L-ornithins und wird von der Hefe *Rhodotorula pilimanea* synthetisiert. Im Gegensatz zu den meisten anderen Siderophoren, die mit Eisen 1:1-Komplexe bilden, zeigt die Rhodotorulsäure 3:2-Stöchiometrie; außer Eisen(III) kann beispielsweise auch Chrom(III) fest gebunden werden.

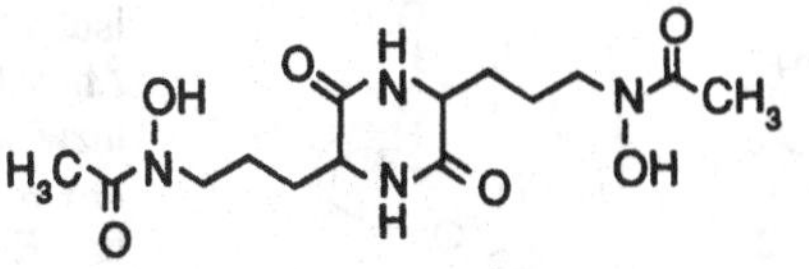

(8.11)

Rhodotorulsäure

Aerobactin (8.12) ist ein Abkömmling der Zitronensäure, in der die äußeren Carboxylreste durch Hydroxamsäuregruppen ersetzt worden sind. Einige Stämme von *E. coli* sowie Bakterien wie *Aerobacter aerogenes* synthetisieren diesen Chelatbildner.

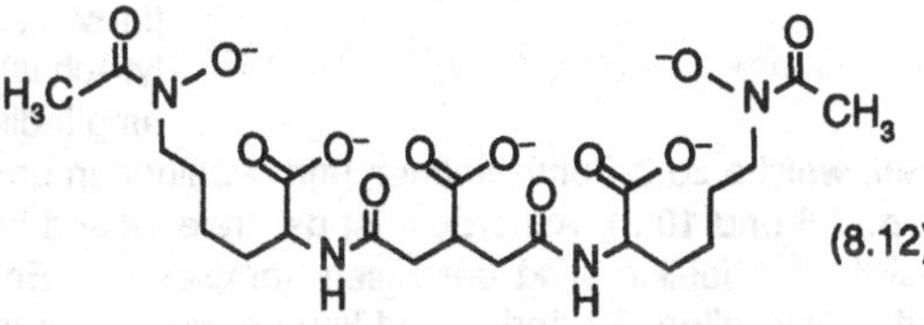

(8.12)

Aerobactin

Manche Siderophore enthalten mehrere verschiedene Koordinationsarrangements; so besitzt das Mycobactin (8.13) zwei Hydroxamat-Gruppen, einen Phenolat-Rest sowie eine Oxazolin-Gruppe, die ein (Imin-)-Stickstoffatom für die Bindung an das Eisen zur Verfügung stellt.

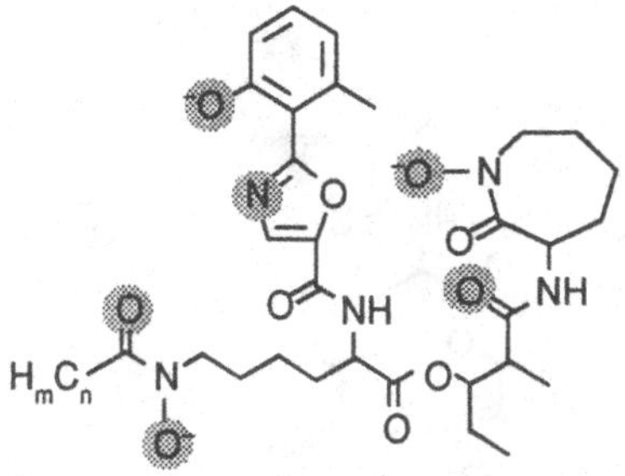

(8.13)

Mycobactin ($n > 12$)

: Koordinationszentren für Fe

Coprogene (8.14) z.B. aus Schimmelpilzkulturen enthalten wie die Rhodotorulsäure einen Diketopiperazin-Ring.

Während die Hydroxamate überwiegend in höheren Mikroorganismen wie Pilzen und Hefen vorkommen, werden die Catecholate hauptsächlich von Bakterien synthetisiert. Enterobactin und Para- sowie Agrobactin (8.15, 8.16) sind die wichtigsten Vertreter der Siderophore aus der Catecholat-Gruppe; im Gegensatz zu den Hydroxamaten bilden sie negativ geladene Komplexe mit Fe(III). Von allen bisher untersuchten natürlich vorkommenden Substanzen ist Enterobactin (8.15, auch Enterochelin genannt) der bei weitem stärkste Eisen-Chelatbildner; er kann z.B. aus

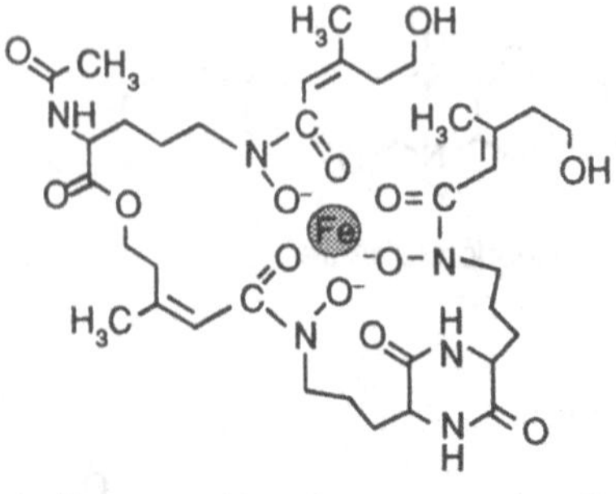

Coprogen-Komplex (8.14)

Salmonella thyphimurium und *E. coli* isoliert werden (RAYMOND, CASS, EVANS). Ähnlich effiziente Siderophore konnten inzwischen von marinen Bakterien erhalten werden (REID et al.), im Meerwasser ist Eisen das wachstumslimitierende Element. Trotz seiner sehr hohen Affinität für Eisen (K_f = 10^{49}), die bis zur Fe(III)-Mobilisierung aus Glas führen kann, ist Enterobactin für die Therapie von Eisenvergiftungen nicht geeignet. Enterobactin setzt sich nämlich aus einem hydrolytisch labilen Triesterring und oxidationsempfindlichen Catecholeinheiten zusammen, welche zu *o*-Semichinonen und *o*-Chinonen umgewandelt werden können (vgl. Kap. 7.6 und 10.3). Außerdem ist der freie Ligand in wäßrigen Medien nur schlecht löslich. Schließlich wirkt der Eisen-Komplex des Enterobactins wachstumsfördernd auf entwickeltere Bakterien und kann somit zu deren vermehrter Bildung im Körper führen (→ Infektion). Trotzdem werden chemische Varianten des Enterobactins als vielversprechende Chelatoren für die Eisen-Therapie getestet (RAYMOND, CASS, EVANS).

(8.15)

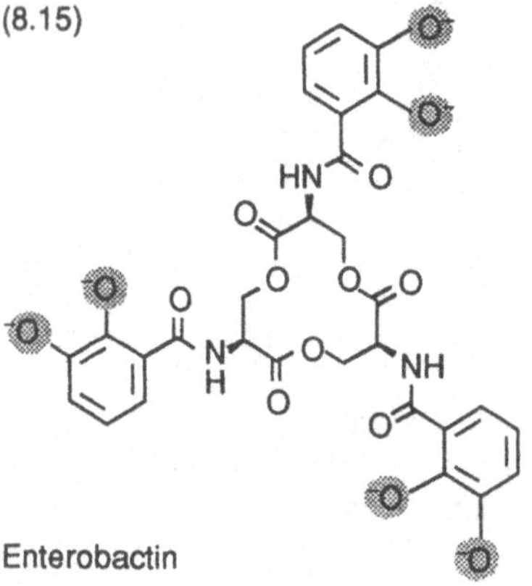

Enterobactin

(8.16)

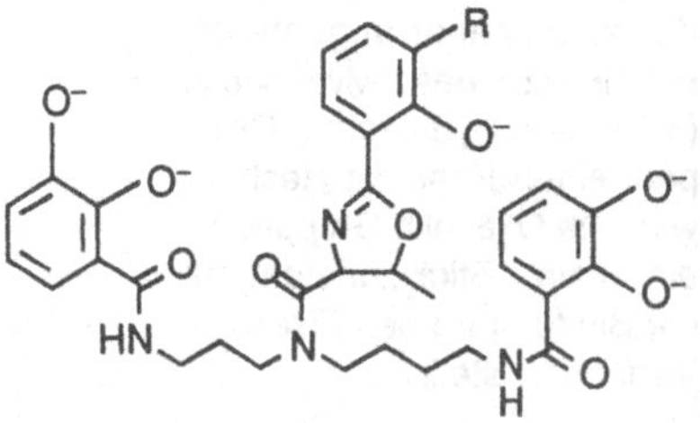

a) Agrobactin (R = OH)
b) Parabactin (R = H)

Synthetische Enterobactin-Analoge enthalten meist ebenfalls drei Catechol-Einheiten, die an Gerüsten mit annähernd dreizähliger Symmetrie wie etwa Mesitylen, Triaminen oder Cyclododecan-Derivaten verankert sind (8.17 a-c; vgl. auch Abb. 7.5).

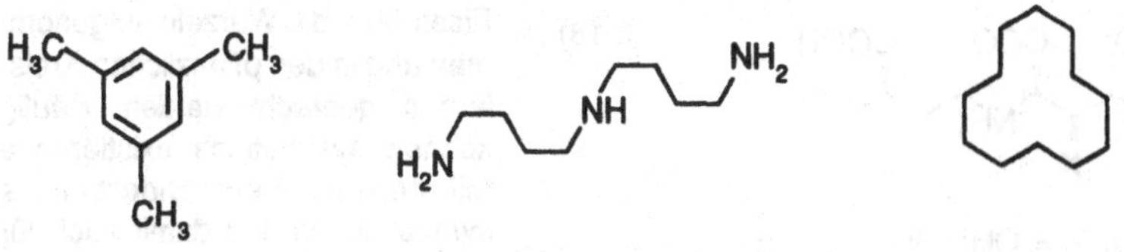

a) Mesitylen b) ein Triamin c) Cyclododecan

Obwohl der Fe(III)-Komplex des Enterobactins noch nicht kristallstrukturanalytisch untersucht werden konnte, lassen CD-Spektroskopie am Cr(III)-Komplex und eine Strukturanalyse der V(IV)-Verbindung (Abb. 8.1) auf eine Δ-Konformation schließen. Spiegelbildisomere Komplexe der natürlichen Fe(III)-Formen sind biologisch unwirksam. Die außerordentlich hohe Komplexstabilität wird durch intramolekulare Wasserstoffbrückenbindungen zwischen den Amid-NH-Gruppen und je einem der koordinierenden Catecholat-Sauerstoff zentren hervorgerufen; darüber hinaus wird den Amidfunktionen eine Rolle bei der Erkennung am Membranrezeptor und bei der protoneninduzierten reduktiven Ablösung von komplexiertem Eisen zuerkannt.

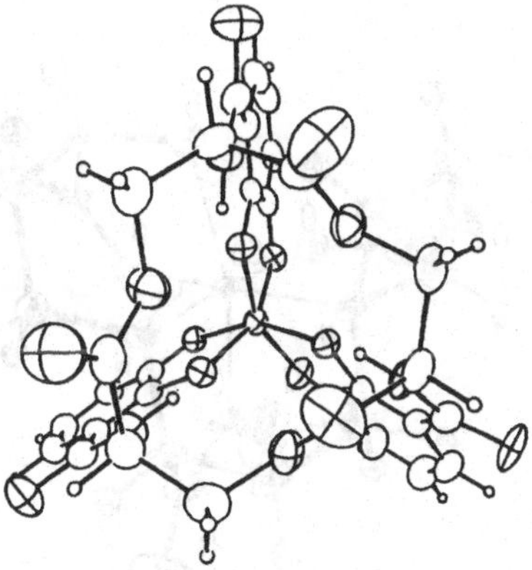

Abbildung 8.1: Struktur des Vanadium(IV)-Komplexes von Enterobactin (aus KARPISHIN und RAYMOND)

Da die Koordinationschemie von In(III) und Ga(III) der des Fe(III) sehr ähnlich ist, bemüht man sich, Siderophor-Chelatbildner auch in der Radiodiagnostik einzusetzen (Kap. 18.3). Durch Variation der Lipophilie des Liganden kann man eine gewisse organspezifische Verteilung der Radioisotope ^{111}In und ^{67}Ga erreichen (s. Tab. 18.1).

8.3 Phytosiderophore: Aufnahme von Eisen durch Pflanzen

Pflanzen benötigen Eisen für zahlreiche Komponenten innerhalb der Photosynthese (Abb. 4.9, Tab. 4.1) und auch für die Biosynthese des Chlorophylls. Bei sehr unterschiedlichem Angebot im Boden und unterschiedlicher Toleranz (Reis z.B. reagiert empfindlich auf Fe-Mangel) muß das generell schwer aus seinen Oxiden zu lösende

COO^- COO^- $COOH$ (8.18)

^+NH $^+NH_2$ Y

X

X = OH, Y = OH: Mugineinsäure
X = H, Y = NH_2: Nicotianamin

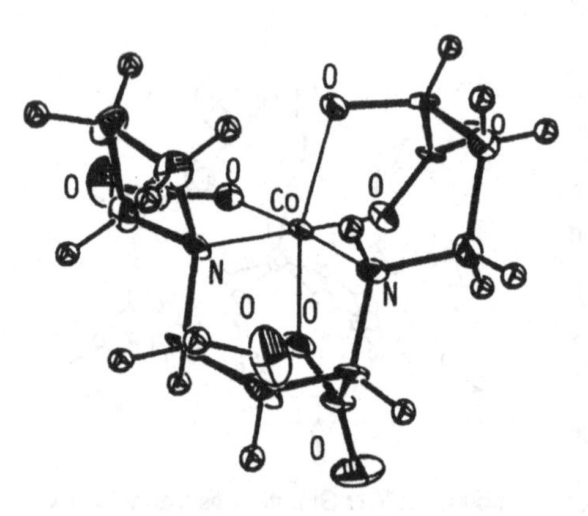

Abbildung 8.2: Struktur des Co(III)-Komplexes von Mugineinsäure (nach MINO et al.)

Eisen über die Wurzeln aufgenommen und in den pflanzlichen Kreislauf eingebracht werden. Häufig können symbiotisch existierende Mikroorganismen Siderophore synthetisieren und damit auch für die Pflanze Eisen mobilisieren. Zu den eigentlichen Phytosiderophoren zählen niedermolekulare Komplexbildner wie etwa die Aminosäuren Mugineinsäure und Nicotianamin (8.18).

Diese Verbindungen mit vier *S*-konfigurierten Chiralitätszentren enthalten einen viergliedrigen Azetidin-Ring. Abb. 8.2 zeigt die Molekülstruktur des Co(III)-Komplexes von Mugineinsäure; sowohl Carboxylat- als auch Amino-Funktionen des sechzähnig fungierenden Liganden sind an der Koordination des Metalls beteiligt.

8.4 Transport und Speicherung von Eisen

Für komplexe Organismen stellt sich verstärkt das Problem der Aufnahme des Eisens sowie des Eisentransports zu den sehr verschiedenen Zelltypen im Organismus. Die Aufnahme des Eisens aus der Nahrung sollte möglichst effektiv erfolgen; das potentiell chelatkomplexierende Reduktionsmittel Ascorbat (Vitamin C, vgl. 3.12) fördert eine rasche Eisenaufnahme im Sinne von (8.5), während die nicht reduzierenden, Fe(III) fest komplexierenden Phosphate einer solchen Resorption aus der Nahrung entgegenwirken können. Die Aufgabe des Eisen-Transports übernehmen in höheren Tieren nicht niedermolekulare Siderophore, sondern mittelgroße Proteine, die Transferrine (LOEHR; CRICHTON, WARD; ANDERSON et al.; BAKER). Ist das Eisen vom Transportsystem abgelöst und in der Zelle freigesetzt worden, so muß es wegen seines Gefährdungspotentials (8.1, 8.2) entweder gleich weiterverwendet oder aber gespeichert werden. Die Speicherfunktion fällt hochspezialisierten Proteinen zu, insbesondere dem Ferritin und dem unlöslichen Hämosiderin (CRICHTON, WARD; FORD et al.; THEIL; ST. PIERRE, WEBB, MANN). Sowohl Speicher- als auch Transportsysteme müssen unter physiologischen Bedingungen rasch und vollständig reversibel funktionieren, so daß lokale Überschuß- oder Mangelerscheinungen nicht auftreten. Solche Systeme sind bisher bei den verschiedensten Tierarten nachgewiesen worden; in Pflanzen wurden als Eisenspeicherproteine Phytoferritine, in Mikroorganismen die Häm-enthaltenden Bacterioferritine gefunden.

Abbildung 8.3 zeigt einen stark vereinfachten Überblick über das Zusammenwirken von Transferrin und Ferritin im Säugetier-Metabolismus. In blutbildenden Zellen des Knochenmarks wird Fe(III) vom Transportmolekül Transferrin freigesetzt und – vermutlich nach Reduktion zu Fe(II) – durch Ferritin oder Hämosiderin aufgenommen. Diese Aufnahme beinhaltet wiederum Oxidation des Fe(II) zu Fe(III). Die Hämoglobin-reichen Erythrozyten haben nur eine begrenzte Lebensdauer und werden unter anderem in der Milz abgebaut, das dabei freiwerdende Eisen wird im Ferritin-Komplex gespeichert. Über die Transportform Fe-Transferrin gelangt Eisen z.B. in die Leber oder in Muskelzellen, wo es zur Biosynthese von Enyzmen oder von Myoglobin zur Verfügung steht oder wieder durch Ferritin gespeichert wird. Bei Bedarf kann Fe(II) aus der Nahrung über die Darmschleimhäute aufgenommen werden, wo die Eisen-Sättigung des Ferritins in der Schleimhaut die Aufnahme reguliert.

8.4.1 Transferrin

Das Eisentransportprotein Ovotransferrin, früher als Conalbumin bezeichnet, wurde 1900 erstmalig aus Hühnereiweiß rein dargestellt; 1946 gelang die Extraktion des Serum-Transferrins aus menschlichem Blut. Alle Transferrine zeigen antibakterielle Eigenschaften, die durch überschüssiges Eisen stark vermindert werden. 1949 wurde nachgewiesen, daß ein Molekül Transferrin zwei Eisenatome aufnimmt; dabei werden gleichzeitig stöchiometrische Mengen Carbonat gebunden (ANDERSON et al.).

Die Hauptfunktion des Serum-Transferrins im menschlichen Organismus besteht darin, als Transportmolekül Eisen von Orten der Resorption, der Speicherung oder des Abbaus von roten Blutkörperchen zu den blutbildenden Zellen im Knochenmark zu befördern. Der Großteil des Eisens wird dabei von den Vorläufern neuer Erythrozyten aufgenommen, um Hämoglobin zu bilden (vgl. Tab. 5.1); während der Schwangerschaft wird eine größere Menge von Eisen an die Placenta und von dort an den Fetus geliefert.

Eine zweite, indirekte Aufgabe der Transferrine ist der Schutz gegen Infektionskrankheiten. Die Proteine nehmen Eisen mit einer solch hohen Affinität auf ($\log K_f \approx 20$), daß dieses parasitären Mikroorganismen nicht mehr zur Verfügung steht und deren Entwicklung auf diese Weise gehemmt wird. Es handelt sich damit um ein nichtspezifisches Immunsystem. Die antibakteriellen entzündungshemmenden Eigenschaften von Lactoferrin (aus Milch und anderen Sekreten) oder Ovotransferrin dienen so etwa dem Schutz von Schleimhäuten und des sich entwickelnden

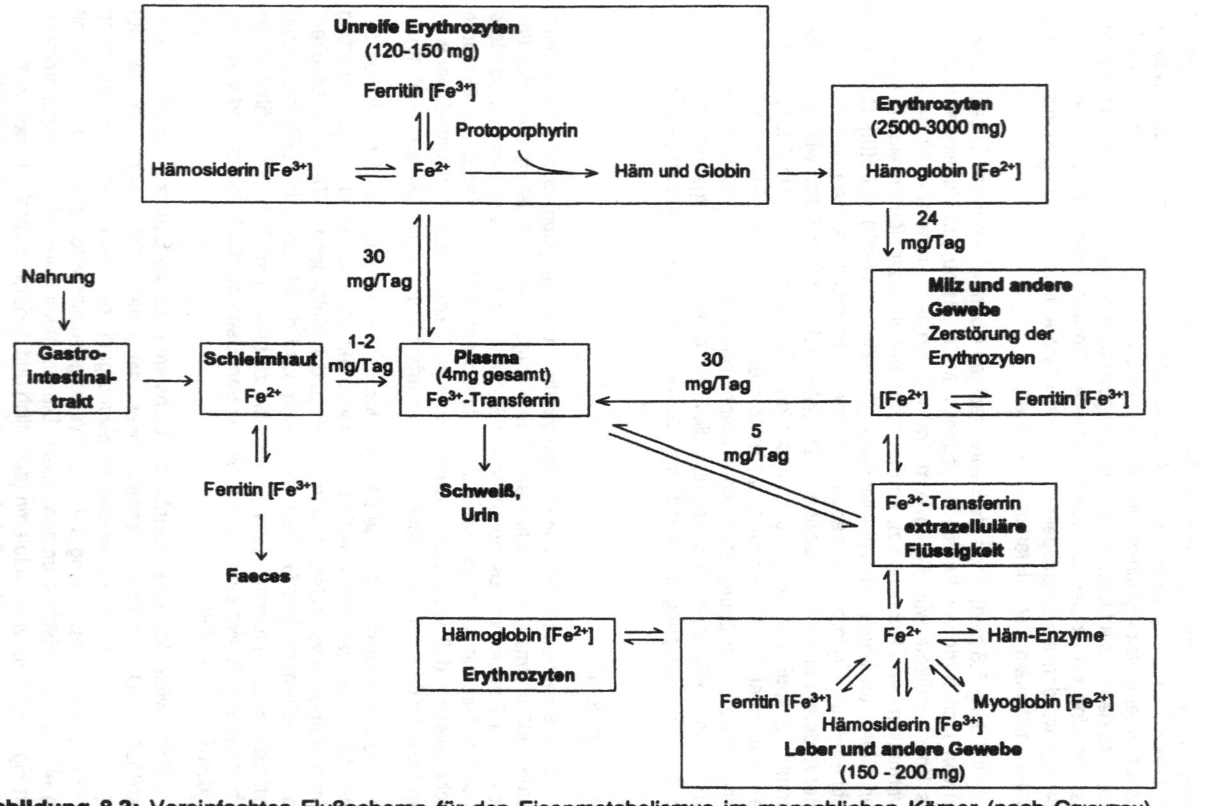

Abbildung 8.3: Vereinfachtes Flußschema für den Eisenmetabolismus im menschlichen Körper (nach CRICHTON)

Embryos. Lactoferrin spielt vermutlich eine Rolle bei der Ausprägung solcher Zellen, die direkt an körpereigenen Immunreaktionen beteiligt sind, weswegen menschliches Lactoferrin aus genetisch entsprechend modifizierten ("transgenen") Organismen gewonnen werden soll.

Die Transferrine (Ovo-und Serum-Transferrin, Lactoferrin) sind Glykoproteine mit einer Molekülmasse von etwa 80 kDa. Die einzelne Polypeptidkette ist in zwei halbmondförmige Bereiche gefaltet (vgl. Abb. 8.4), von denen jeder eine Bindungsstelle für Eisen enthält. Für die Aminosäuresequenz von menschlichem Serum-Transferrin fand man 42% Homologie zwischen dem C- und N-Terminus der Polypeptidkette. Der Prozentanteil von Kohlenhydraten an den Transferrinen variiert von Spezies zu Spezies und kann auch in unterschiedlichen Organen eines Organismus verschieden ausfallen. Die Saccharidketten tragen nicht zum Eisentransport bei; ihre Funktion liegt in der spezifischen Wechselwirkung mit Rezeptoren.

Alle Transferrine können pro Molekül zwei Fe^{3+}-Ionen, aber auch andere Metall-Ionen wie Cr^{3+}, Al^{3+} (s. Kap. 17.6), Cu^{2+}, Mn^{2+}, Co^{3+}, Co^{2+}, Cd^{2+}, Zn^{2+}, VO^{2+}, Sc^{2+}, Ga^{3+}, Ni^{2+} oder Lanthanoid-Ionen aufnehmen. Der Transport von Al^{3+} durch Transferrin in das zentrale Nervensystem (ohne daß dieses dort wie Fe^{3+} durch Reduktion wieder mobilisiert werden kann) stellt einen wesentlichen Aspekt der Aluminium-Toxizität dar (Fatemi et al., s. Kap. 17.6). Während das eisenfreie Apotransferrin farblos ist, zeigt eine rot-braune Farbe die Koordination des Fe^{3+} an. Die Anlagerung des Metallions an eine der beiden Koordinationsstellen im C- und N-terminalen Bereich erfolgt gleichzeitig mit "synergistischer" Bindung eines Carbonats und der Freisetzung von drei Protonen (Ladungseffekt). Die Protonen können entweder aus der Hydrolyse des an das Eisen gebundenen Wassers oder aus dem Protein stammen. Die beiden Bindungsstellen für das Eisen sind nicht äquivalent; am C-Terminus liegt eine etwas stärkere Affinität für Fe^{3+}-Ionen vor, was sich in Komplexbildung bei niedrigeren pH-Werten äußert (Konkurrenz zur Hydroxid-Bindung, vgl. 8.20). Für Eisen-gesättigtes Lactoferrin wurden in den Koordinationssphären der beiden annähernd oktaedrisch konfigurierten Metallzentren jeweils folgende Liganden gefunden (Abb. 8.4): Zwei Tyrosinat-Reste, welche die Farbe der Fe(III)-Form bedingen (LMCT-Übergang), ein η^1-Aspartat- und ein Histidin-Ligand sowie η^2-koordiniertes Carbonat, welches sowohl an das Metall als auch über mehrere Wasserstoffbrücken an das Protein gebunden ist. Für die Transportfunktion sinnvoll ist die reversible Umwandlung von offener zu geschlossener, kompakter Konformation der halbmondförmigen Proteinabschnitte nach Bindung von Fe^{3+} und CO_3^{2-} (Abb. 8.4).

In vitro-Studien haben gezeigt, daß sowohl Fe^{2+} als auch Fe^{3+} von Transferrin aufgenommen werden können. Fe^{2+} wird jedoch nur schwach gebunden und muß daher im Protein oxidiert werden. Fe^{3+} bildet sehr stabile Komplexe mit effektiven Stabilitätskonstanten K_f in der Größenordnung von 10^{20} M^{-1} (vgl. Tab. 8.1). Aus *in vitro*-Experimenten geht weiter hervor, daß die Stabilität der Komplexe mit sinkendem pH-Wert drastisch abnimmt (vgl. 8.5). Bei pH = 4.5 liegt die Stabilitätskonstante bereits unter der des Citratkomplexes, so daß es möglich wird, das Eisen durch Zusatz von Citrat $^-OOC-CH_2-C(OH)(COO^-)-CH_2-COO^-$ aus dem Transferrinkomplex herauszulösen. In welcher Form das Eisen dem Apotransferrin *in vivo* zugeführt

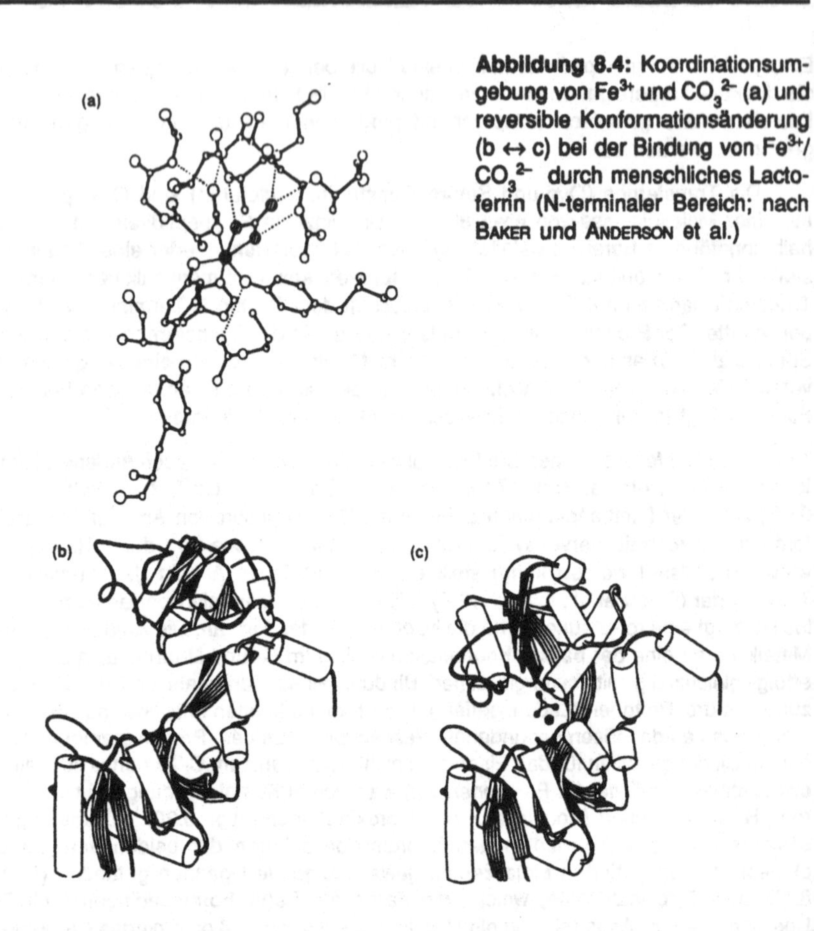

Abbildung 8.4: Koordinationsumgebung von Fe^{3+} und CO_3^{2-} (a) und reversible Konformationsänderung (b ↔ c) bei der Bindung von Fe^{3+}/CO_3^{2-} durch menschliches Lactoferrin (N-terminaler Bereich; nach Baker und Anderson et al.)

wird, ist bis heute unbekannt; es existieren jedoch Hypothesen, wie das im Transferrin gebundene Eisen an die Zellen weitergegeben wird. Drei Phasen lassen sich hierbei konstruieren: Auf die Anlagerung des Eisen-Transferrin-Komplexes an einen spezifischen Rezeptor in der Zellwand folgt Einschnürung zum Endosom, die e^-/H^+-induzierte Abspaltung des möglicherweise chelatkoordinierten Eisens vom Transferrin sowie der Rücktransport des freien Apotransferrins in das Plasma. Ein solcher Zyklus kann erklären, warum die kleine Gesamtmenge der Transferrinmoleküle (s. Tab. 5.1) durchschnittlich 40 mg Eisen pro Tag transportiert, während ihre individuelle Aufnahmekapazität nur bei etwa 7 mg Eisen liegt.

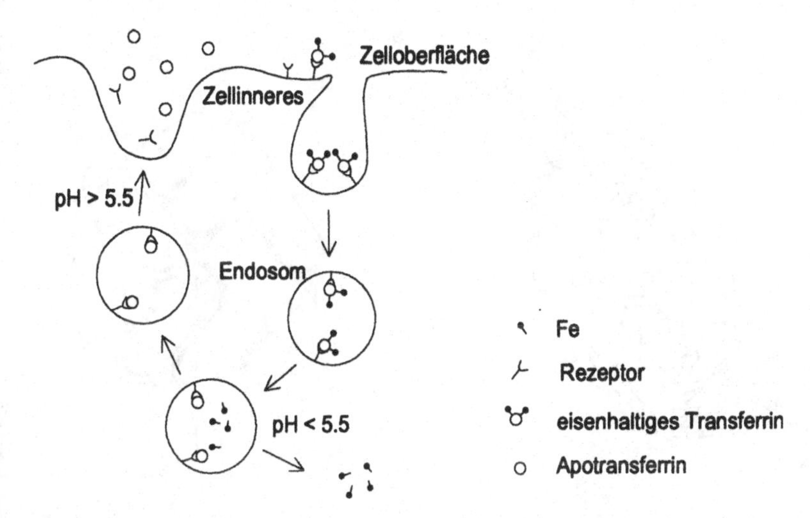

Abbildung 8.5: Transferrin-Aufnahme und Demetallierung am Beispiel einer menschlichen Tumorzelle (nach CHASTEEN, THOMPSON, MARTIN)

8.4.2 Ferritin

Eisen, das wie in Abb. 8.5 beschrieben in Zellen freigesetzt wird, muß entweder sofort biosynthetisch verwertet oder in unschädlicher Form gespeichert werden. Insbesondere seit der biogenen O_2-Anreicherung der Atmosphäre wurde ein solches System nötig, welches einerseits der Bevorratung des immer weniger bioverfügbaren, weil als Fe(III)-Hydroxid/Oxid ausgefallenen Eisens dient, gleichzeitig jedoch die unkontrollierte Reaktion reduzierten Eisens mit O_2 und seinen Folgeprodukten (8.1, 8.2) verhindern kann. Als Speicher dienen die sehr großen Proteine Ferritin und Hämosiderin, von denen vor allem das besser definierte, lösliche Ferritin umfassend untersucht worden ist (FORD et al.; THEIL). Ferritin wurde bereits 1935 von LAUFBERGER isoliert, kristallisiert und aufgrund seines hohen Eisengehalts von maximal 20 Gew.% als Eisenspeicher vorgeschlagen; man findet es in höheren Tieren wie auch in Pflanzen. Im menschlichen Körper liegen etwa 13% des Eisens als Ferritin vor (Tab. 5.1); gefunden wird es hauptsächlich in Leber, Milz und Knochenmark. Das sehr große Molekül besteht aus einem anorganischen Kern variabler Größe, der von einer Proteinhülle umgeben ist.

Apoferritin, der eisenfreie Proteinanteil des Ferritins, hat eine durchschnittliche Molekülmasse von 440 kDa. Es kann aus eisenhaltigem Ferritin durch Reduktion mit Natriumdithionit oder Ascorbat in Gegenwart geeigneter Chelatbildner hergestellt werden. Das wasserlösliche Protein besteht aus 24 gleichartigen Untereinheiten, die so angeordnet sind, daß sie eine Hohlkugel mit etwa 12 nm Außendurchmesser bilden (Abb. 8.6). Der freie Innenraum besitzt einen Durchmesser von etwa 7.5 nm und ist im Holoferritin mit anorganischem Material gefüllt (SMITH et al.).

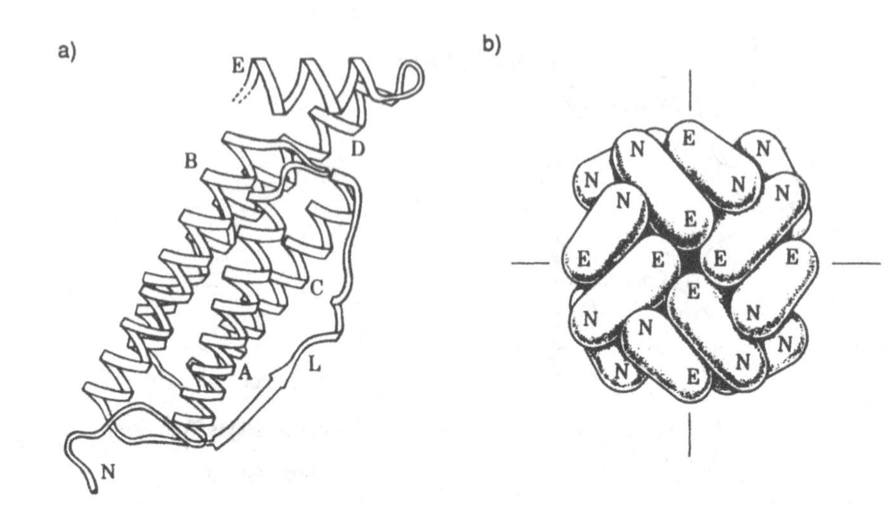

Abbildung 8.6: a) Bandstruktur des α-Helix-Gerüsts einer Apoferritin-Untereinheit. N: N-Terminus; A, B, C, D: lange α-Helices; E: kurze α-Helix; L: Schleife.
b) Schematische Darstellung der Anordnung von Untereinheiten im Apoferritin-Molekül (Hohlkugel; Blick in Richtung der vierzähligen Achse). N und E bezeichnen die relative Lage des N-Terminus bzw. der kurzen α-Helix E (nach FORD et al.)

Die Kristallstruktur des Apoferritins wurde mit einer Auflösung von 0.28 nm bestimmt (Abb. 8.6). Danach besteht eine Untereinheit aus vier langen α-Helices, die zu einem Bündel gruppiert sind, und einer querliegenden kurzen fünften α-Helix. Zwei der langen Helices sind durch eine Schleife miteinander verbunden; zwei dieser Schleifen aus benachbarten Untereinheiten lagern sich zu einem β-Faltblatt zusammen. 24 Untereinheiten bilden das Apoferritin-Molekül mit seiner hohen Symmetrie (rhombisches Dodekaeder, kubische Raumgruppe F432, a ≈ 18.5 nm; Abb. 8.6). Die räumliche Anordnung ermöglicht eine Ausbildung von Kanälen entlang der vier drei- und der drei vierzähligen Symmetrieachsen. Diese Kanäle spielen eine große Rolle bei der Einlagerung und der Freisetzung des Eisens. Die sechs Kanäle mit vierzähliger Symmetrie sind wegen der jeweils flankierenden zwölf Leucin-Reste sehr hydrophob, die acht Kanäle mit dreizähliger Symmetrie besitzen dagegen eher hydrophilen Charakter, bedingt durch die Anwesenheit von Aspartat- und Glutamat-Resten. Während der Kristallstrukturanalyse wurden diese Kanäle mit Cd^{2+}-Ionen angefüllt.

Die bislang erhaltenen Daten lassen darauf schließen, daß die Ferritine der Säugetiere weitgehend isomorph sind. Hingegen weichen die aus Bakterien wie etwa *E. coli* isolierten Ferritine schon in der Aminosäuresequenz merklich ab; die Bakterioferritine enthalten zusätzlich Häm-Eisen-Gruppen mit axialer Methionin-Koordination (Kap. 6.1).

Im Zentrum der aus Apoferritin gebildeten Protein-Hohlkugel ist Raum für den anorganischen Kern, der maximal 4500 Eisen-Zentren in vorwiegend oxidisch gebundener Form enthalten kann; die übliche Füllmenge beträgt ca. 1200 Fe-Zentren. Der Kern besitzt eine solch hohe Elektronendichte, daß er ohne Anfärbung im Elektronenmikroskop sichtbar ist. Rein stöchiometrisch liegt das Eisen(III) als $Fe_9O_9(OH)_8(H_2PO_4)$ vor, wobei dem im Anteil stark schwankenden Phosphat nur eine geringe Bedeutung für die eigentliche Volumen-Struktur zukommt. Aus EXAFS-Daten kann man schließen, daß jedes Eisen von 6.4 ± 0.6 Sauerstoffatomen im Abstand von 195 ± 2 pm und von 7 ± 1 Eisenatomen im Abstand von 329 ± 5 pm umgeben ist. Die Struktur ähnelt der des metastabilen Minerals Ferrihydrit, $5\ Fe_2O_3 \cdot 9\ H_2O = Fe^{III}{}_{10}O_6(OH)_{18}$ (St. Pierre, Webb, Mann), das eine Schichtstruktur mit hexagonal dichtester Kugelpackung von Sauerstoffzentren (O^{2-}, OH^-) und Eisen(III) in den zur Hälfte besetzten Oktaeder- und Tetraeder-Lücken aufweist (Eggleton, Fitzpatrick; Abb. 8.7). Es existieren auch wohlcharakterisierte synthetische $Fe^{III}/OH^-/O^{2-}$-Oligomere mit Modellcharakter für den Ferritin-Eisenoxid-Kern (Hagen). Das Phosphat ist im Ferritin an den jeweiligen Enden einer Schicht so gebunden, daß auf 18 Fe(III)-Zentren etwa zwei Phosphatgruppen entfallen. Zwar ist ein großer Teil des Phosphats nicht essentiell für die Bildung von Ferritin, wie auch der variable Anteil nahelegt; diesem Anion kommt jedoch eine generelle Bedeutung bei der Verknüpfung von organischen Polymeren, z.B. Proteinen, mit anorganischen Festkörperpartikeln zu (vgl. Abbn. 15.3 und 18.2). Auch im Falle des Ferritins kann eine solche Verknüpfung, etwa zwischen den anorganischen Schichten untereinander oder mit der Proteinhülle, vermutet werden.

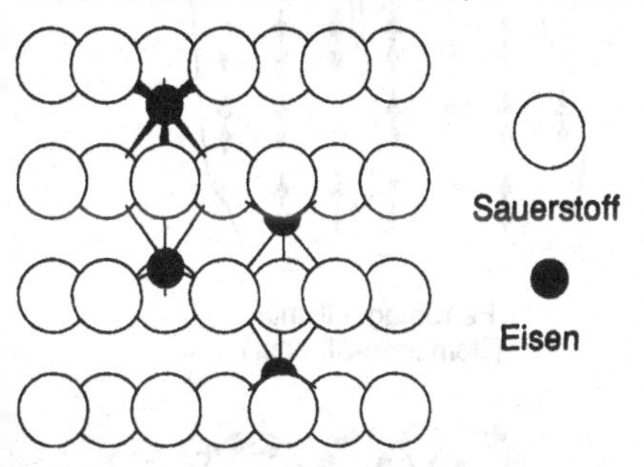

Abbildung 8.7: Ausschnitt aus der Ferrihydrit-Struktur

Das magnetische Verhalten des Ferritin-Kerns ist ausführlich untersucht worden. Die gefundenen Ergebnisse sind am besten durch antiferromagnetische Kopplung zwischen jeweils zwei Oxid-verbrückten Eisen-Zentren zu erklären (vgl. die Ribonukleotid-Reduktase, Kap. 7.6.1). Das effektive magnetische Moment pro Metallzentrum μ_{eff} paßt allerdings mit 3.85 Bohrschen Magnetonen nicht ohne weiteres auf den Grundzustand freier Fe^{3+}-Ionen ($S = 5/2$), sondern eher auf einen Zustand mit der Spinquantenzahl $S = 3/2$; daher wurde ein Superaustausch-Prozeß zwischen den Eisenatomen zur Erklärung herangezogen. Im Mössbauer-Spektrum zeigt sich ein weiteres charakteristisches Verhalten von Ferritin-Eisen (St. Pierre et al.): Während man bei tiefen Temperaturen ein für den geordneten magnetischen Zustand erwartetes sechs-Linien-Spektrum erhält, fallen die Linien bei höheren Temperaturen zu einem Dublett zusammen (Quadrupol-Aufspaltung). Dieser Effekt wird verursacht durch ferromagnetische Spin-Spin-Kopplung innerhalb feinster Partikel ($d < 20$ nm) und deren temperaturabhängige gegenseitige Orientierung ("Superparamagnetismus", Abb. 8.8) – ein Phänomen, das Parallelen in verschiedenen feinst-

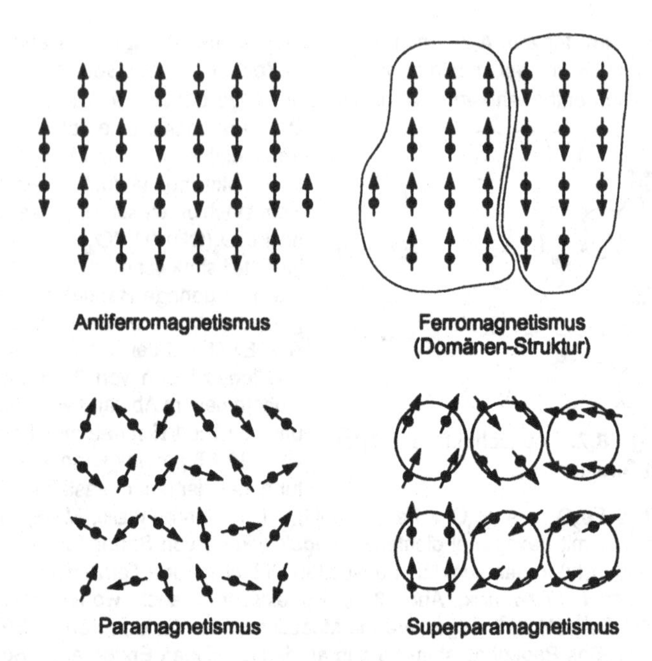

Abbildung 8.8: Alternativen der Anordnung von Spins in magnetischen Partikeln

verteilten Metalloxiden hat. Es ist daher folgerichtig, daß synthetische "Nanopartikel" mit Hilfe der Ferritin-Hülle erzeugt werden können (DAGANI; MELDRUM, HEYWOOD, MANN).

Für die Bildung von Ferritin aus Apoferritin gibt es zwei grundsätzlich verschiedene Möglichkeiten: Wenn Eisen(III) bereits als polymeres Oxid/Hydroxid-Aggregat vorläge, könnte das im Gleichgewicht mit seinen Untereinheiten stehende Apoferritin das Ferritin-Gebilde um den bereits bestehenden Eisen-Kern herum formen (Templat-Effekt). Die Bildung ist andererseits auch im Rahmen eines Redoxprozesses vorstellbar, wobei in Gegenwart von Apoferritin und einem Elektronenakzeptor (letztlich O_2) Fe(II) während des Einlagerns zu Fe(III) oxidiert wird.

$$4\ Fe^{2+} + O_2 + 6\ H_2O + 1/n\ \text{Apoferritin} \rightarrow 4\ FeO(OH) \cdot 1/n\ \text{Apoferritin}\ (\equiv \text{Ferritin}) + 8\ H^+ \quad (8.19)$$

Da die Biosynthese des Apoferritins der des Ferritins vorangeht und eine Dissoziation in die Untereinheiten erst unter unphysiologischen Bedingungen stattfindet, wird der zweiten Alternative (8.19) der Vorrang gegeben.

Vermutet wird, daß Fe^{2+}-Ionen (Fe^{3+} ist hier inaktiv) durch die Kanäle zwischen den Untereinheiten in das Innere des Apoferritins gelangen (3000 Fe/s) und dann an "Ferroxidase"-aktiven Zentren katalytisch oxidiert werden. An der Innenwand des

Apoferritins befinden sich vor allem Carboxylatgruppen (Glutamat, Aspartat), deren vollständige Veresterung die Eisenaufnahme blockiert. Carboxylat-gebundene und bereits teilweise oxidierte oligomere Eisen-Zentren können offenbar als Ausgangspunkte für die Anlagerung, die Oxidation von weiterem Fe(II) und für das Wachstum des Eisenkerns dienen; gemischtvalente Fe(II)/Fe(III)-Zentren sind als bevorzugte Keimbildungszentren des Ferritin-Kerns postuliert worden. Als Oxidationsmittel dient letztendlich O_2, dessen Verbreitung ja auch erst den Aufbau eines solchen löslichen, vesikulären Eisen-Speichers und Eisen/O_2-Schutzsystems notwendig machte. Es muß nicht unbedingt alles Eisen als Fe(III) gespeichert werden, was für eine rasche Mobilisation des Metalls eine Rolle spielen kann. Dadurch würde auch der mit der Oxidation einhergehende erhebliche Protonenfluß (8.19) geringer.

Das Eisenoxidhydroxid bildet entsprechend der üblichen Polykondensation (HAGEN; FLYNN; POWELL, HEATH; 8.20) einen mehr oder weniger geordneten "quasikristallinen" Verband, welcher so lange wachsen kann, bis er den Hohlraum des Apoferritins ausfüllt.

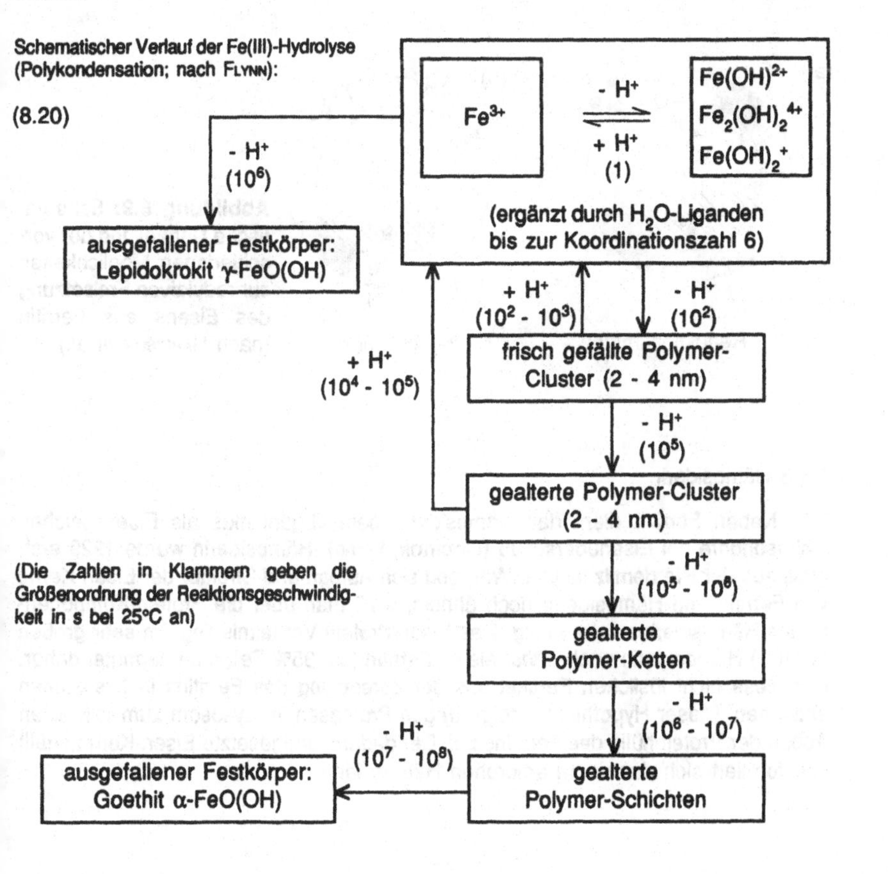

Sowohl die Form, in der Eisen dem Apoferritin zugeführt wird, als auch das Aufnahmesystem für reduktiv freigesetztes Fe(II) sind noch unbekannt. Weiterhin besteht Unklarheit über den unmittelbaren Elektronenakzeptor, die Ferritin-Reduktase, und deren Reaktionspartner. Eine Alternative der physiologischen Eisenfreisetzung beinhaltet die Elektronenübertragung durch die Proteinhülle.

Alternativen der Eisenmobilisierung sind in Abb. 8.9 zusammengefaßt. In Darstellung (a) werden die hydrophilen Kanäle mit dreizähliger Symmetrie für den Transport von Fe(II) aus dem Ferritin *heraus* sowie die hydrophoben Kanäle mit vierzähliger Symmetrie (dunkel unterlegt) für den *Einlaß* von kleinen Reduktionsmitteln herausgestellt. Eisen(II)-Chelatbildner können die Freisetzung des Eisens durch eine Verschiebung des Gleichgewichts vereinfachen. Die zweite Möglichkeit (b) ist der Elektronentransfer durch die Proteinhülle, wobei Fe(III) reduziert und als Fe(II) durch die hydrophilen Kanäle transportiert wird. Erwiesen ist, daß zwischen den Eisenionen in Inneren und an der Außenseite des Ferritins ein dynamisches Gleichgewicht existiert.

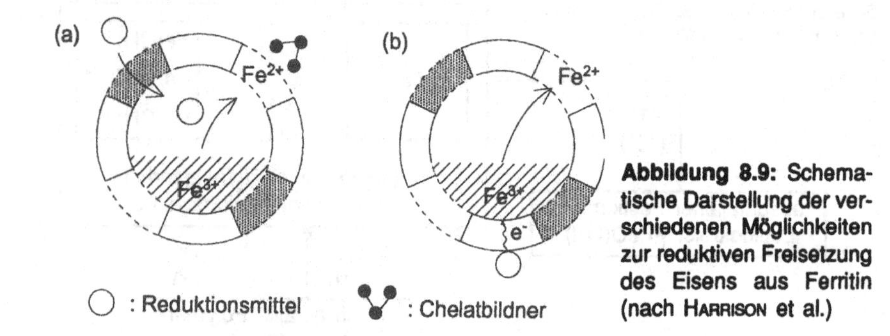

Abbildung 8.9: Schematische Darstellung der verschiedenen Möglichkeiten zur reduktiven Freisetzung des Eisens aus Ferritin (nach Harrison et al.)

8.4.3 Hämosiderin

Neben Ferritin dient das Hämosiderin dem Organismus als Eisenspeicher, insbesondere bei Eisenüberschuß (Crichton, Ward). Hämosiderin wurde 1929 erstmals aus der Pferdemilz isoliert. Während sich Aufbau und Struktur der Eisen-Kerne von Ferritin und Hämosiderin noch ähneln, weiß man über die Protein-Komponente des Hämosiderins sehr wenig. Das Eisen/Protein-Verhältnis liegt im sehr großen (4 MDa) Hämosiderin noch *höher* als im Ferritin (ca. 35% Fe), man vermutet daher, daß diese nicht löslichen Partikel aus der Zersetzung des Ferritins in Lysosomen entstehen. Dieser Hypothese zufolge tragen Proteasen im Lysosom zum teilweisen Abbau der Proteinhülle des Ferritins bei. Der dadurch freigesetzte Eisen-Kern zerfällt und formiert sich dann zum amorphen Hämosiderin.

9 Nickelhaltige Enzyme: Die steile Karriere eines lange übersehenen Biometalls

9.1 Überblick

Nickel war lange Zeit das einzige Element aus der zweiten Hälfte der 3d-Übergangsmetallreihe, für das eine biologische Bedeutung nicht sicher nachgewiesen werden konnte. Die Gründe für dieses "Übersehen" lagen darin, daß Nickel(II)-Ionen mit physiologisch relevanten Liganden keine sehr charakteristische Lichtabsorption zeigen, MÖSSBAUER-Effekte für Ni-Isotope experimentell nicht leicht zugänglich sind und selbst paramagnetisches Ni^{I} (d^9) oder Ni^{III} (d^7) nicht immer eindeutig mittels ESR-Spektroskopie nachweisbar ist (die natürliche Häufigkeit von ^{61}Ni mit $I = 3/2$ beträgt nur 1.25%). Nickel ist außerdem – wie heute erwiesen – meist nur *ein* Bestandteil von komplexen, mehrere Coenzyme wie auch weiteres anorganisches Material enthaltenden Enzymen, so daß seine Präsenz, etwa in Gegenwart von Fe/S-Clustern, lange unbemerkt bleiben konnte. Mit empfindlicheren Detektionsmethoden in der Atomabsorptions- oder -emissions-Spektroskopie (AAS, AES) und bei magnetischen Messungen (SQUID-Suszeptometer) sowie durch ESR an ^{61}Ni-angereichertem Material konnten jedoch einige nickelhaltige Enzyme bei Pflanzen sowie vor allem im Bereich von Mikroorganismen (Archäbakterien; THAUER) nachgewiesen und teilweise charakterisiert werden (vgl. Abb. 1.2). Nickel ist sowohl in der Lithosphäre wie auch als gelöstes Ni^{2+} im Meerwasser ausreichend vorhanden, so daß in Anbetracht seines geringen Bedarfs als Ultraspurenelement (NIELSEN) natürliche Nickelmangelerscheinungen kaum auftreten – selbst der Nickelgehalt von Edelstahl konnte durch Mikroorganismen mobilisiert werden (Abb. 1.2). Für die recht verbreiteten Nickel-Allergien sind Ni^{2+}-spezifische Antikörper verantwortlich (PATEL et al.), und als eine der exotischeren Hypothesen für das Aussterben der Saurier und vieler anderer Lebewesen zu Ende der Kreidezeit wurde eine globale Nickel-Vergiftung durch meteoritisches Material postuliert (BEARD).

Ende der sechziger Jahre wurde zum ersten Mal vermutet, daß Nickel ein notwendiger Bestandteil für das Wachstum einiger anaerob lebender Bakterien ist; 1975 wurde das Metall in pflanzlicher Urease nachgewiesen. Nach dem gegenwärtigen Stand der Forschung (THAUER; KOLODZIEJ; HALCROW, CHRISTOU; MARONEY) kommt Nickel als essentielle Komponente mit verschiedenen Oxidationsstufen und Koordinationsanordnungen in den folgenden wesentlichen Enzymtypen vor. Die **Ureasen** von Bakterien und Pflanzen enthalten von N,O-Liganden gebundenes Nickel(II), die **Hydrogenasen** vieler Bakterien (z.B. von "Knallgas"-Bakterien oder von sulfatreduzierenden Stämmen) sowie die **CO-Dehydrogenase** (= bakterielle **Acetyl-Coenzym A-Synthase**) anaerober Bakterien und eine bakterielle **Superoxid-Dismutase** enthalten überwiegend von Schwefel-Liganden umgebenes Nickel. Die **Methyl-Coenzym M-Reduktase** der methanogenen Bakterien besitzt einen Nickel-Tetrapyrrolkomplex als prosthetische Gruppe, das Coenzym F430 (vgl. 2.5). Ein weiterer, bezüglich seiner Funktion noch nicht verstandener Nickel-Komplex eines Tetrapyrrolliganden wurde in Form des Tunichlorins aus Manteltieren (Tunicaten) isoliert (BIBLE et al.). Auffallend ist, daß Nickel wie auch das chemisch sehr verwandte Cobalt in seiner biosynthetischen Verwendung weitgehend auf evolutionsgeschichtlich alte Organismen beschränkt ist.

9.2 Urease

Die z.B. aus Schwertbohnen (jack beans, *Canavalia ensiformis*) gewonnene Urease ist historisch interessant (COSTA), da sie trotz gegenteiliger Auffassung RICHARD WILLSTÄTTERS das erste Enzym war, das in reiner, kristalliner Form hergestellt werden konnte (J. SUMNER, 1926). Erst etwa fünfzig Jahre später wurde der Nickelgehalt des Enzyms festgestellt (DIXON et al.).

Die "klassische" Urease (Harnstoff-Amidohydrolase) katalysiert den Abbau von Harnstoff zu Kohlendioxid und Ammoniak:

$$H_2N-CO-NH_2 + H_2O \xrightarrow{\text{Urease}} [H_2N-COO^- + NH_4^+] \longrightarrow 2\,NH_3 + CO_2 \qquad (9.1)$$

Harnstoff ist ein sehr stabiles Molekül, das unkatalysiert mit einer Halbwertszeit von 3.6 Jahren (38°C) zu Isocyansäure und Ammoniak hydrolysiert.

$$H_2N-CO-NH_2 + H_2O \longrightarrow NH_3 + H_2O + H-N{=}C{=}O \qquad (9.2)$$

Durch die Katalyseaktivität des Enzyms wird die Geschwindigkeit der vollständigen Hydrolyse um einen Faktor von etwa 10^{14} (!) erhöht. Er klärbar ist dieser erstaunliche Effekt durch eine Änderung des Reaktionsmechanismus (vgl. Abb. 2.8). Während die unkatalysierte Reaktion eine direkte Eliminierung von Ammoniak beinhaltet, läuft unter Einfluß des Enzyms wahrscheinlich eine Hydrolysereaktion mit Carbaminat H_2N-COO^- als erstem Zwischenprodukt ab. Eine Metall-Substrat-Bindung wie in (9.3) würde diesen zweiten Reaktionsweg erleichtern. Für eine solche Bindung spricht, daß an Nickel bindende Phosphorsäurederivate die Aktivität des Enzyms stark herabsetzen.

Ni … O=C(NH₂)–NH–H ⟶ Ni–O⁻–C(=NH)–NH₃⁺ (9.3)

Röntgenstrukturanalysen an kristallinen Ureasen lieferten strukturelle Informationen in bezug auf das Nikkel im aktiven Zentrum (MARONEY; KARPLUS, PEARSON, HAUSINGER). Die Untereinheiten der oligomeren Enzyme enthalten jeweils zwei nahe benachbarte Nickel(II)-Ionen. Sechsfach und fünffach koordiniertes Ni(II) sind jeweils durch zwei Histidin-Liganden im Protein verankert und durch ein aus Lysin und CO_2 gebildetes Carbamat verbrückt. Freie Koordinationsstellen sind in Abwesenheit des Substrats durch H_2O abgesättigt (THAUER).

In Einklang mit Modellstudien sowie den genannten experimentellen Daten steht der folgende vereinfachte Reaktionsmechanismus (BLAKELEY, ZERNER), der den elektrophilen Angriff eines Nickel(II)-Zentrums am Carbonylsauerstoff und den nukleophilen Angriff einer Nickel(II)hydroxo-Spezies am Carbonylkohlenstoff beinhaltet (push-pull-Mechanismus, vgl. Kap. 12.2):

(9.4)

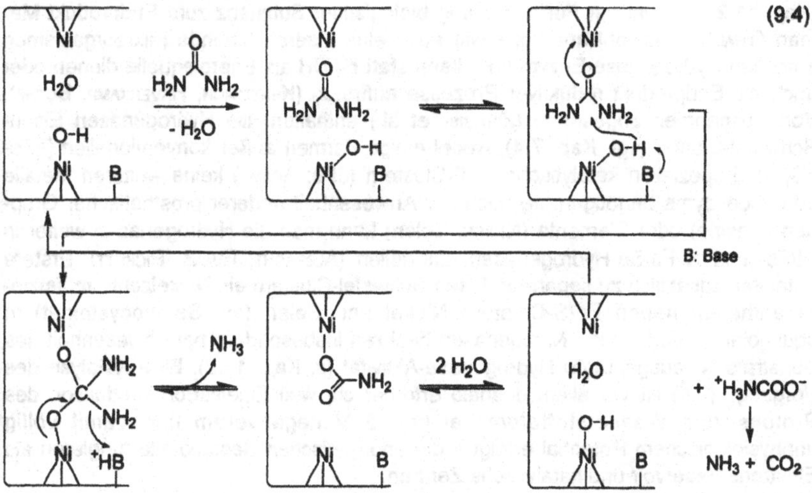

B: Base

Entsprechende mechanistische Vorstellungen existieren für die Funktion von zinkhaltigen Hydrolyse-Enzymen (Kap. 12); dort übernehmen weitgehend Protonen die Funktion des elektrophilen Reagenzes. Zink-Enzyme besitzen deshalb meist nur ein Metallzentrum zur Bereitstellung des Hydroxids (= H_2O-Aktivierung). Nicht völlig klar ist, warum das Element Nickel lediglich in Ureasen vorkommt; es ist beispielsweise möglich, in den gut charakterisierten zinkhaltigen Enzymen Carboxypeptidase A (CPA) und Carboanhydrase (CA) Zink durch Nickel zu ersetzen (s. Kap. 12). In Ni-CPA etwa bleibt ein Teil der Peptidase-Aktivität des ursprünglichen Zn-Enzyms erhalten. Die Kristallstruktur ergab hier eine quadratisch pyramidale Geometrie des Nickel-Ions (vgl. 12.5), obwohl aus spektroskopischen Daten zunächst auf oktaedrische Koordination geschlossen wurde. Möglicherweise sind es geringere stereochemische Selektivitätsanforderungen und die größere Anzahl koordinationsfähiger Heteroatome im Harnstoff, die zur Bevorzugung zweier Nickel(II)-Zentren mit ihrer gegenüber dem Zink(II) höheren Koordinationszahl führen.

9.3 Hydrogenasen

Hydrogenasen sind Enzyme, welche die reversible Zweielektronen-Oxidation (9.5) des molekularen Wasserstoffs katalysieren.

$$H_2 \xrightleftharpoons{\text{Hydrogenase}} 2\,H^+(aq) + 2\,e^- \qquad (9.5)$$

Diese Reaktion spielt eine bedeutende Rolle bei der "Fixierung" des Stickstoffs (Kap. 11.2) und bei der Fermentierung biologischer Substanz zum Endprodukt Methan (THAUER). Sowohl anaerobe wie auch einige aerob lebende Mikroorganismen enthalten Hydrogenase-Enzyme; H_2 kann statt NADH als Energiequelle dienen oder auch als Endprodukt reduktiver Prozesse auftreten (KENTEMICH, HAVERKAMP, BOTHE). Von Ausnahmen abgesehen (ZIRNGIBL et al.) enthalten alle Hydrogenasen Eisen-Schwefel-Cluster (vgl. Kap. 7.4), wobei einige Formen außer konventionellen [4Fe-4S]- und speziellen katalytischen "H"-Clustern (6Fe; ADAMS) keine weiteren Metalle oder Coenzyme benötigen. Je nach der Anwesenheit anderer prosthetischer Gruppen (Flavine) oder Elemente (Nickel, Selen) kann man die Hydrogenasen weiter in Ni/Fe- und Ni/Fe/Se-Hydrogenasen unterteilen (ALBRACHT; EVANS, PICKETT). Erstere enthalten zusätzlich zu separaten Eisen-Schwefel-Clustern ein Nickelzentrum, letztere enthalten neben Fe/S-Clustern Nickel und Selen (als Selenocysteinat) in äquimolarem Verhältnis. Nitrogenasen besitzen insbesondere bei Abwesenheit des Substrats N_2 ausgeprägte Hydrogenase-Aktivität (s. Kap. 11.2). Eine Katalyse des Vorgangs (9.5) ist vor allem deshalb erforderlich, weil Einelektronenreduktion des Protons zum Wasserstoff*atom* bei um -2 V negativerem und damit völlig unphysiologischem Potential erfolgt – die anorganischen Bestandteile fungieren als Elektronenreservoir und katalytische Zentren.

Zahlreiche photosynthetisierende Bakterien und Algen besitzt Hydrogenase-Aktivität; man unterscheidet je nach Vorzugsrichtung der Reaktion zwischen unidirektionellen "Aufnahme"-Hydrogenasen ($H_2 \rightarrow H^+$) und bidirektionellen "reversiblen" Hydrogenasen. Die meist mittelgroßen (40 - 100 kDa) Hydrogenase-Enzyme arbeiten zwar prinzipiell reversibel (9.5), jedoch liegen die Potentiale der elektronenübertragenden Fe/S-Cluster und Flavine häufig so, daß Katalyse unter physiologischen Bedingungen vorzugsweise in eine Richtung abläuft. Zur *Entwicklung* von Wasserstoff kommt es nur unter streng anaeroben Bedingungen, während die Oxidation von H_2 sowohl aerob als auch anaerob erfolgen kann. Unter anaeroben Bedingungen erfolgt dabei Reduktion von CO_2 oder auch Sulfat (*Desulfovibrio gigas*); in manchen Mikroorganismen findet man sowohl eine im Cytoplasma lösliche wie auch eine membrangebundene Hydrogenase (Abb. 9.1). Die lösliche Form katalysiert hier die Reduktion von NAD^+ durch H_2, in der Membran werden die bei der Oxidation des Wasserstoffs entstehenden Elektronen in die Atmungskette eingebracht und dienen zur Darstellung energiereicher Phosphate (ADAMS; 9.6).

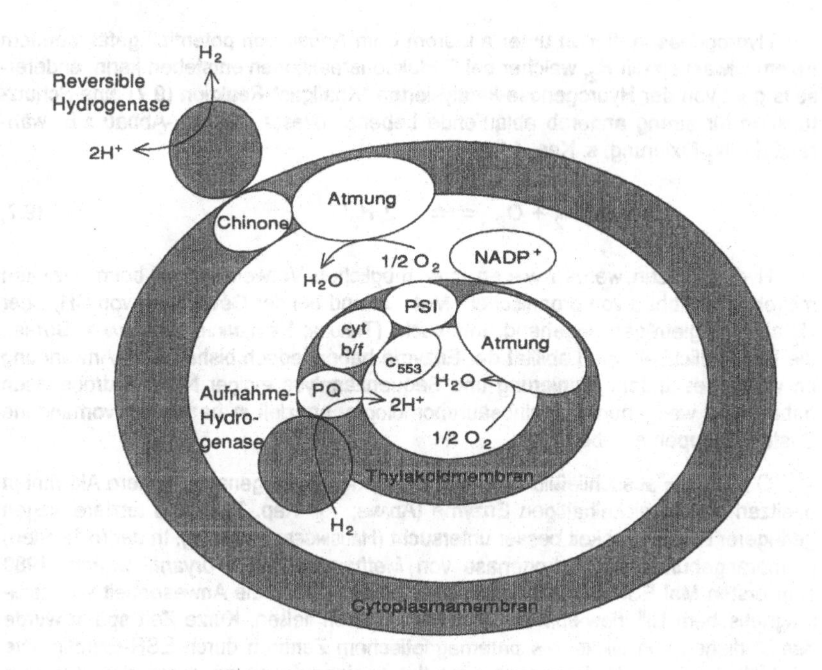

Abbildung 9.1: Anordnung der Proteinkomplexe (vgl. Kap. 4 und 6), einschließlich der beiden Hydrogenasen, im photosynthetisierenden Cyanobakterium *Anacystis nidulans* (nach KENTEMICH, HAVERKAMP, BOTHE)

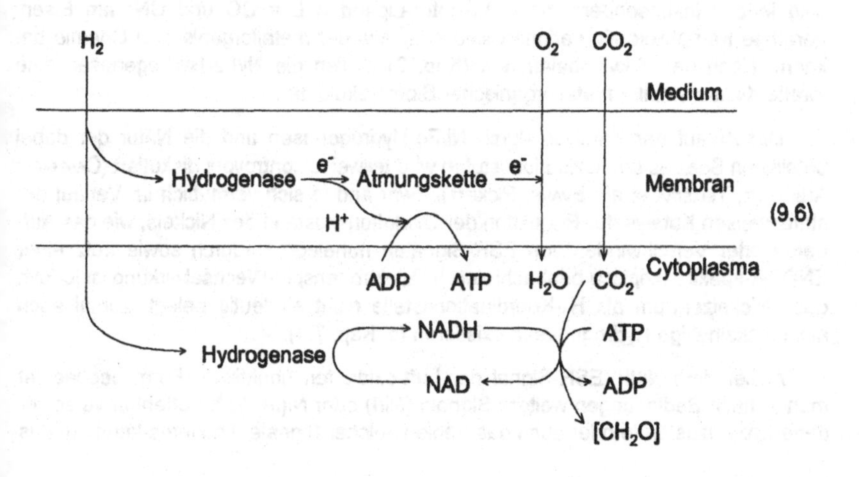

(9.6)

Hydrogenasen dienen unter anderem dem Abbau von potentiell gefährdendem freiem Diwasserstoff H_2, welcher bei Reduktionsreaktionen entstehen kann; andererseits geht von der Hydrogenase-katalysierten "Knallgas"-Reaktion (9.7) eine Schutzfunktion für streng anaerob ablaufende Lebensprozesse aus (O_2-Abbau z.B. während der N_2-Fixierung, s. Kap. 11.2)

$$2\,H_2 + O_2 \rightleftharpoons 2\,H_2O \qquad (9.7)$$

Hydrogenasen werden wegen ihrer möglichen Verwendbarkeit beim gezielten mikrobiellen Abbau von organischem Material und bei der Gewinnung von CH_4 oder H_2 als Energieträger eingehend untersucht (THAUER; KENTEMICH, HAVERKAMP, BOTHE); die Empfindlichkeit und Labilität der Enzyme haben jedoch bisher einer Anwendung im Wege gestanden. Klonierung und Sequenzanalyse einiger Ni/Fe-Hydrogenasen haben eine weitgehende Aminosäurehomologie, speziell in bezug auf vorhandene Cystein-Gruppen ergeben.

Obwohl die ausschließlich Eisen enthaltenden Hydrogenasen höhere Aktivitäten besitzen als die nickelhaltigen Enzyme (ADAMS; vgl. Kap. 7.4), sind letztere wegen geringerer Empfindlichkeit besser untersucht (HAUSINGER; ALBRACHT). In der (oxidierten) membrangebundenen Hydrogenase von *Methanobacterium bryantii* wurden 1980 zum ersten Mal ESR-Signale gemessen, die sich durch die Anwesenheit von paramagnetischem Ni^{III} (low-spin d^7, S = 1/2) erklären ließen. Kurze Zeit später wurde das Vorliegen von Nickel als paramagnetischem Zentrum durch ESR-Experimente mit ^{61}Ni-markierter Hydrogenase bestätigt (Linienaufspaltung durch den Kernspin I = 3/2).

Für Ni/Fe-Hydrogenasen wurde proteinkristallographisch ein bimetallisches Zentrum $(Cys^-)_2Ni(\mu\text{-}Cys^-)_2FeL_3$ gefunden (VOLBEDA, FONTECILLA-CAMPS). Eine zusätzliche Ni-Fe-Verbrückung durch OH^- oder H_2O wird vermutet. Erstaunlich und einzigartig sind jedoch insbesondere die σ-Akzeptor-Liganden L = CO und CN^- am Eisen, derartige Komplexkonfigurationen sind eher aus der metallorganischen Chemie bekannt. Nach den Alkylcobalaminen (Kap. 3) stellen die Ni/Fe-Hydrogenasen eine zweite Klasse stabiler metallorganischer Biomoleküle dar.

Der Ablauf der Katalyse durch Ni/Fe-Hydrogenasen und die Natur der dabei beteiligten Spezies und Oxidationsstufen wird teilweise kontrovers diskutiert (CAMMACK; ALBRACHT; TEIXEIRA et al.; EVANS, PICKETT). Zwar ändert sich vermutlich im Verlauf der stufenweisen Katalysator-Reduktion der Oxidationszustand des Nickels, wie das Auftreten oder Verschwinden von ESR-Signalen nahelegt. Dadurch sowie trotz einer ENDOR-spektroskopisch beobachteten ^1H/Elektronenspin-Wechselwirkung ist jedoch das Nickelzentrum als H_2-Koordinationsstelle nicht eindeutig belegt, zumal auch nicht-nickelhaltige Hydrogenasen existieren (s. Kap. 7.4).

Außer dem Ni(III)-ESR-Signal der Luft-oxidierten (inaktiven) Form beobachtet man je nach Bedingungen weitere Signale (Ni(I) oder Ni(III) ?) für offenbar verschiedene Enzymzustände oder auch das Fehlen solcher Signale. Letzteres kann auf das

Vorliegen von Ni(II) mit einer geraden Anzahl von d-Elektronen oder auch auf antiferromagnetische Kopplung eines (S = 1/2)-Nickelzentrums mit reduzierten [4Fe-4S]-Clustern zurückgeführt werden.

Eine typische Zusammensetzung weist die strukturell charakterisierte (VOLBEDA, FONTECILLA-CAMPS) Hydrogenase ($\alpha\beta$, 60+28 kDa) des sulfatreduzierenden Bakteriums *Desulfovibrio gigas* auf. Neben dem Nickel sind ein nicht-labiler [3Fe-4S]-Cluster (vgl. Abb. 7.3) und zwei in ihrer Charakteristik ungewöhnliche [4Fe-4S]-Zentren am (Ein-)Elektronentransport und an der Zweielektronenreduktion (9.5) beteiligt. In der aktiven Form liegt den ESR-Messungen zufolge Ni(II) und ein reduzierter [3Fe-4S]-Cluster vor; aus ihr kann nach H_2-Aufnahme über eine nicht ESR-aktive Stufe (Ni^{II}-H_2 ?) ein der Formulierung Ni^{III}-H^{-I} $\leftrightarrow$ Ni^{I}-H^{+I} zugeordnetes ESR-Signal erzeugt werden. Angesichts der nicht genau bekannten, im Zweifelsfall sehr unsymmetrischen Koordinationsgeometrie ist es unmöglich, allein aufgrund der ESR-Informationen zwischen dem teilweise vorgeschlagenen Ni^{I} (d^9; ALBRACHT) und low-spin Ni^{III} (d^7; TEIXERA et al.) zu unterscheiden. Für den Fall der letztgenannten Alternative müßte das Potential Ni(II)/Ni(III) ungewöhnlich niedrig liegen, dies kann jedoch in Nickel/Thiolat-Modellkomplexen mit der Koordinationsanordnungen NiS_4, NiS_4N_2 oder NiN_6 erreicht werden (KRÜGER, HOLM).

Ein Katalysemechanismus für Hydrogenase-Zentren sollte berücksichtigen, daß diese Enzyme auch den H/D-Austausch mit Wasser nach (9.8) beschleunigen.

$$H_2 + D_2O \xrightleftharpoons{\text{Hydrogenase}} HD + HDO \qquad (9.8)$$

Ein Modell hierfür (9.9) beinhaltet die heterolytische Spaltung von H_2, wobei das hydridische Wasserstoffatom am Metall verbleibt, während der protische Bestandteil (H^+) am metallkoordinierten Sulfid-Zentrum oder im weiteren Verlauf an einer anderen basischen Stelle im Protein bindet. *Funktionale* Modellverbindungen mit Thiolat-koordiniertem Nickel sind selten (EFROS et al.).

$$E + H_2 \longrightarrow EH^- + H^+$$

$$EH^- + D^+ \longrightarrow HD + E \qquad (9.9)$$

E: Enzym

$$[M]\text{–}S^- + H_2 \longrightarrow [M(H^{\delta-})]\text{–}S(H^{\delta+})^-$$

Interesse weckt vor allem die Natur der vermuteten Bindung von Wasserstoff an das auch technisch einzigartige Katalysatormetall Nickel (Keim); aus der metallorganischen Chemie sind Hydride des Nickels bekannt. Diskutiert wird sogar die Möglichkeit einer side-on(η^2-)-Koordination des Diwasserstoff-Moleküls (Crabtree), wie sie vor allem bei metallorganischen Komplexen gefunden wurde (Kubas).

Ni/Fe-Hydrogenasen zeigen eine Konkurrenz zwischen H_2- und CO-Bindung; photochemische Reaktionen der Carbonyl-Komplexe und die für Wasserstoffverbindungen besonders ausgeprägten kinetischen Isotopeneffekte werden deshalb zur Interpretation des Reaktionsmechanismus herangezogen.

ESR- und XAS-Messungen an Hydrogenasen aus *Desulfovibrio baculatus* haben eine Koordination von Selenocysteinat am Nickel erkennen lassen (Ni – Se 244 pm); weitere Liganden sind ein S oder Cl (217 pm Abstand) sowie drei bis vier N- oder O-Atome im Abstand von ca. 206 pm zum Metall (Eidsness et al.). Die Ni/Fe/Se-Hydrogenasen besitzen eine deutlich eingeschränkte Fähigkeit in bezug auf den H/D-Austausch (9.8).

9.4 CO-Dehydrogenase = CO-Oxidoreduktase = Acetyl-*Co*A-Synthase

Viele methanogene und acetogene, d.h. Methan- und Essigsäure-produzierende Bakterien enthalten ein "CO-Dehydrogenase"-Enzym, welches die Oxidation (9.10) von CO zu CO_2 katalysiert. Im biochemischen Sprachgebrauch wird Oxidation oft als Dehydrogenierung bezeichnet; da CO keinen Wasserstoff enthält, wäre statt "CO-Dehydrogenase" (keine Beziehung zu Hydrogenasen !) eher die Bezeichnung CO-Oxidoreduktase angebracht.

$$CO + H_2O \rightleftharpoons CO_2 + 2\,H^+ + 2\,e^- \qquad (9.10)$$

Die Reaktion ist enzymatisch reversibel und kann daher zur alternativen Fixierung (Assimilation) von CO_2 dienen. Die eigentliche biologische Funktion ist dabei die reversible Bildung von Acetyl-Coenzym A (vgl. 3.15 und Tab. 3.1) im Zusammenwirken mit HS-*Co*A und einer Methylquelle (vgl. 9.15) sowie corrinoiden Proteinen mit Methylcobalt-Funktion CH_3 – [Co] (vgl. Kap. 3.2.4), einer Methyltransferase und einer Fe/S-enthaltenden Disulfid-Reduktase (Qiu et al.; Shin, Anderson, Lindahl; Thauer).

$$CH_3\text{–[Co]} + \underset{\underset{CO_2}{\uparrow}}{CO} + HS\text{–}CoA \rightleftharpoons CH_3C(O)S\text{–}CoA + H^+ + [Co]^- \qquad (9.11)$$

Das gebildete Acetyl-S-CoA („aktivierte Essigsäure") kann in autotrophen Bakterien zum Pyruvat $CH_3C(O)COO^-$ carboxyliert werden. In den methanogenen Bakterien erfolgt der weitere Abbau der Essigsäure zu CO_2 und CH_4 vermutlich auch über CO als Zwischenstufe.

Bisher hat man nachweisen können, daß die CO-Dehydrogenasen aller anaeroben Bakterien Nickel enthalten, während aerobe Spezies hierfür Molybdopterin verwenden (s. Kap. 11.1). Die CO-Dehydrogenase des Essigsäurebakteriums *Clostridium thermoaceticum* ist intensiv untersucht worden. Das Enzym besteht aus 3 x 2 Untereinheiten $(\alpha\beta)_3$ mit Molekülmassen von je 82 und 73 kDa. Es enthält zahlreiche (> 10) Eisen- und Schwefelatome pro αβ-Einheit, zusammen mit unterschiedlichen Mengen an Zink sowie einem kleinen (1-2 Ni ?), aber essentiellen Anteil an Nickel (SHIN, ANDERSON, LINDAHL).

Strukturdaten aus proteinkristallographischen Untersuchungen zeigen ein durch Cystein und Sulfid koordiniertes Nickel, welches sich in einen Fe/S-Cluster insertiert hat (THAUER). Mechanismus (9.12) kann die aufgrund von Markierungsexperimenten erwiesenermaßen reversibel verlaufende Carbonylierung durch CO-Dehydrogenase beschreiben, falls reversibel extrahierbares Nickel als CO-Koordinationszentrum gewählt wird (vgl. jedoch QIU et al.).

H_3C–C*(=O)–SCoA + Dehydrogenase(E)–Ni ⇌ E(SCoA)–Ni–C*(=O)–CH_3 (Acyl-Komplex) ⇌ E(SCoA)–Ni(*CO)–CH_3 (Alkylcarbonyl-Komplex)

Alkylcarbonyl-Komplex ⇌ (+ CO, −*CO) E(SCoA)–Ni(CO)–CH_3

H_3C–C(=O)–SCoA + E–Ni ⇌ E(SCoA)–Ni–C(=O)–CH_3 ⇌ E(SCoA)–Ni(CO)–CH_3

(9.12) *CO: markiertes CO, z.B. ^{13}CO

Die Insertion von CO in eine Metall-Kohlenstoffbindung ist im metallorganischen Bereich – auch bei Nickel-Verbindungen – bekannt (Umwandlung Alkylcarbonyl → Acyl; STOPPIONI, DAPPORTO, SACCONI). Mit vierzähnigen Tripod-Liganden konnten Modellkomplexe (9.13) mit $[Ni^{II}–Me]$-, $[Ni^{II}–COMe]$-, $[Ni^{II}–H]$- und $[Ni^{I}–CO]$-Funktion etabliert sowie die Reaktionssequenz $[Ni–CH_3]$ → $[Ni–COCH_3]$ → CH_3COSR' nachvollzogen werden (STAVROPOULOS et al.).

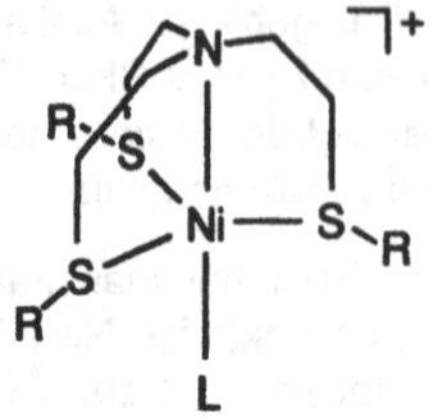

R = ^{i}Pr, ^{t}Bu (9.13)

9.5 Methyl-Coenzym M-Reduktase

Die Methyl-Coenzym M-Reduktase dient in methanogenen Bakterien der unmittelbaren Erzeugung von Methan durch Katalyse der Reduktion von Methyl-Coenzym M (2-Methylthioethansulfonat).

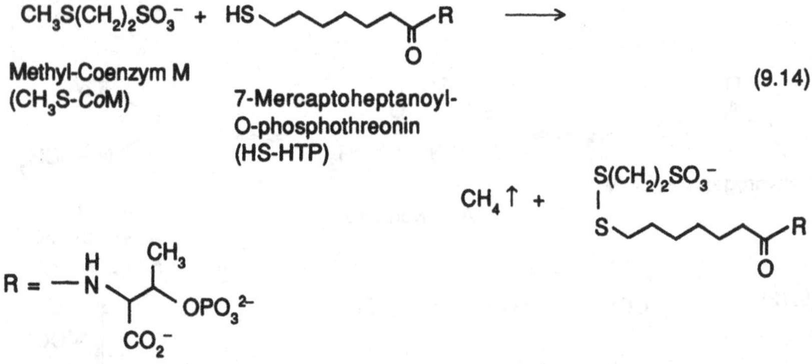

$CH_3S(CH_2)_2SO_3^-$ + HS–(CH₂)₆–C(=O)–R ⟶

Methyl-Coenzym M (CH_3S-*CoM*)

7-Mercaptoheptanoyl-O-phosphothreonin (HS-HTP)

(9.14)

CH_4↑ + $S(CH_2)_2SO_3^-$ | S–(CH₂)₆–C(=O)–R

R = –NH–CH(CO_2^-)–CH(CH_3)–OPO_3^{2-}

Dies ist der letzte Schritt in der energieliefernden CH_4-Produktion aus CO_2 durch autotrophe methanogene Archäbakterien wie etwa *Methanobacterium thermoautotrophicum* (vgl. Abb. 1.2).

Methanogene Bakterien sind unter anderem am anaeroben Abbau der organischen Bestandteile des Klärschlamms beteiligt, dem vom Volumen her größten biotechnologischen Prozeß (THAUER). Daneben findet mikrobielle Methanproduktion in Sedimenten (→ Erdgaslagerstätten), beim Reisanbau, im Wiederkäuermagen wie auch im Darm von Säugetieren statt; das atmosphärische Spurengas CH_4 hat neuerdings wegen seines Beitrags zum "Treibhauseffekt" Aufmerksamkeit erlangt. Während der größere Teil des biogenen Methans aus dem Abbau von Acetat stammt, ist vom chemischen Standpunkt die Bildung aus CO_2 interessanter.

In dem acht Elektronen erfordernden Prozeß (9.15) spielen mehrere Coenzyme eine Rolle (THAUER; WOLFE; WON et al.): Methanofuran dient der Aufnahme des CO_2

(9.15)

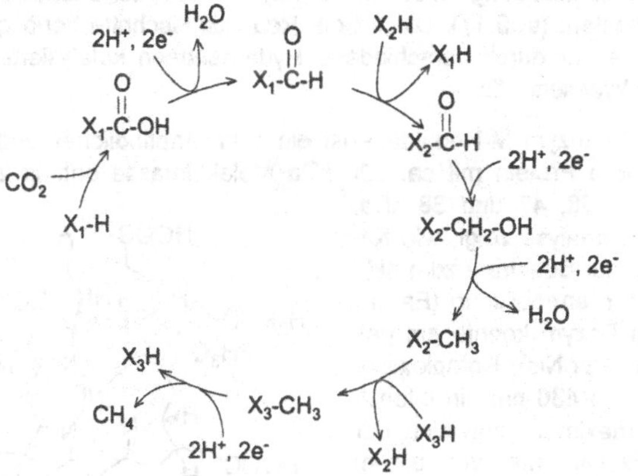

CO_2 + X_1-H → X_1-C(=O)-OH; 2H⁺, 2e⁻ → H_2O + X_1-C(=O)-H; + X_2H → X_1H + X_2-C(=O)-H; 2H⁺, 2e⁻ → X_2-CH_2-OH; 2H⁺, 2e⁻ → H_2O + X_2-CH_3; + X_3H → X_2H + X_3-CH_3; 2H⁺, 2e⁻ → CH_4 + X_3H

Brutto-Gleichung: $CO_2 + 8\,e^- + 8\,H^+ \rightarrow CH_4 + 2\,H_2O$

↑ Hydrogenasen

"4 H_2"

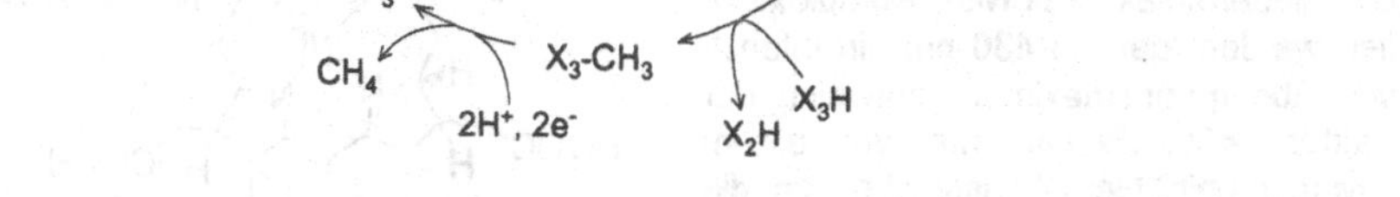

$^-OOC(CH_2)_2CH(COO^-)CH[(CH_2)_2C(=O)NHCH(COO^-)]_2(CH_2)_2C(=O)NH(CH_2)_2$-C₆H₄-O$CH_2$-(Furan)-$CH_2$-$NH_2$

Methanofuran, X_1H

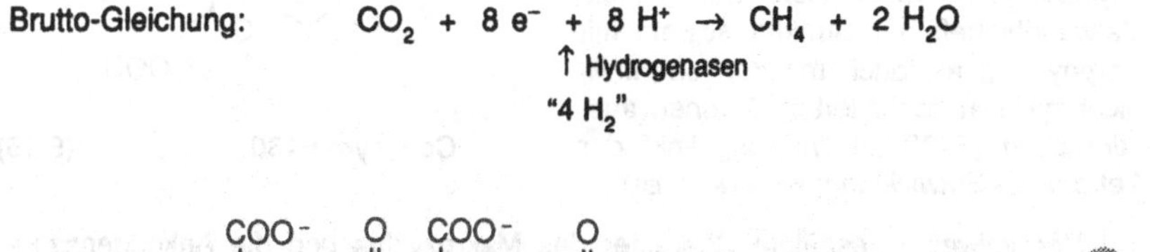

Tetrahydromethanopterin, X_2H

HS-$(CH_2)_2$-SO_3^- HS-*Co*M (Coenzym M), X_3H

: Substitutionsstelle für C_1-Fragmente

und der Umwandlung der Carboxylfunktion innerhalb der ersten $2e^-$-Reduktion. Die dabei entstehende Formylgruppe – CHO wird auf das Tetrahydromethanopterin übertragen, das damit funktionell der Tetrahydrofolsäure (3.12) der Eukaryonten gleicht. Nach zwei weiteren Elektrontransferschritten (Formyl → Hydroxymethyl → Methyl) wird die gebildete Methylgruppe auf Coenzym M übertragen, das unter Katalyse durch Methyl-Coenzym M-Reduktase Methan abspaltet, wobei die Triebkraft dieser Reaktion in der Disulfidbildung zwischen Coenzym M und der zusätzlichen Komponente HS-HTP besteht (s. 9.17). Die für die Reduktionsschritte benötigten Elektronen stammen aus der durch verschiedene Hydrogenasen katalysierten Oxidation des molekularen Wasserstoffs.

Die Methyl-Coenzym M-Reduktase ist ein sehr empfindliches und komplexes Enzym. Das dimere Protein mit ca. 300 kDa Molekülmasse enthält zweimal drei Untereinheiten mit 68, 47 und 38 kDa. Die Proteinstrukturanalyse zeigt, wie Kanäle den Zugang der Substrate zum aktiven Nickel-Zentrum ermöglichen (Ermler et al.). Aus dem Enzym konnte ein gelber, niedermolekularer Nickelkomplex isoliert werden, der bei 430 nm ein intensives Absorptionsmaximum aufweist: der Faktor F430. Es wird hier von einem "Hydrocorphin"-Gerüst gesprochen, um die Verwandtschaft der Struktur sowohl mit Porphyrinen als auch mit den ebenfalls nicht zyklisch konjugierten Corrinen auszudrücken (F430 als "missing link" der Tetrapyrrol-Entwicklung; Eschenmoser).

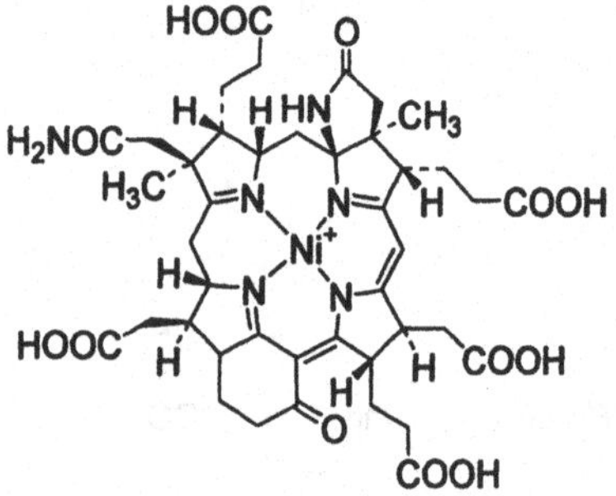

Coenzym F430 (9.16)

Der teilweise gesättigte Charakter des Makrozyklus und die Ankondensation zusätzlicher gesättigter Ringe bewirken eine ausgeprägte Flexibilität in Richtung auf starke Faltung des Tetrapyrrol-Komplexes (S_4-Verzerrung, s. Abb. 2.9). Dadurch wird dem normalerweise axial nicht aktivierten high-spin Nickel(II)-Zentrum (S = 1) ein Spincrossover-Übergang zum niedriger koordinierten low-spin Ni(II) (S = 0) sowie die Elektronenübertragung zum d^9-konfigurierten Ni(I)-Zustand (S = 1/2) erleichtert. Low-spin d^8-Konfiguration, also Spinpaarung, resultiert nur bei starker Verzerrung des oktaedrischen Ligandenfeldes, wenn demnach die einer Spinpaarung entgegenwirkende Entartung der e_g-Orbitale deutlich aufgehoben ist (s. 2.7, Abb. 2.10). Wie für ein Ni(I)-Teilchen mit d^9-Konfiguration erwartet, findet man bei reduziertem F430 ein halbbesetztes $d_{x^2-y^2}$-Orbital mit Spindelokalisation zu den äquatorialen Stickstoffzentren und einem nukleophilen Elektronenpaar im d_{z^2}-Orbital (Hollinger et al.). Die beiden im F430-System koordinativ nicht gesättigten Zustände low-spin Ni(II) und Ni(I) sind für die Aktivierung von Methylderivaten E-CH_3 im Sinne einer oxidativen Addition von Bedeutung (Lin, Jaun), sie erfordern jedoch wegen sehr unterschiedlicher Abstände Ni-N eine flexible Geometrie des Chelatliganden: high-spin Ni^{II}-N 210 pm, low-spin Ni^{II}-N 190 pm, Ni^{I}-N ca. 200 pm (Renner et al.). Das Corphin-

Gerüst selbst ist ebenso wie der Corrin-Ligand zur Aufnahme von einem Elektron fähig, insbesondere auch wegen der Anwesenheit einer konjugierten Carbonylgruppe im Cyclohexanon-Ring (JAUN). Dies erzeugt für die Reduktion des Komplexes eine Ambivalenz hinsichtlich der Alternative Metall- oder Ligand-Reduktion (RENNER et al.); ähnliche Ambivalenzen existieren bei Eisen-Porphyrinen (vgl. Kap. 6.4). Erwähnt werden muß weiter die nur einfach negative Ladung des deprotonierten Corphin-Liganden im inneren makrozyklischen Ring; Porphyrin-Liganden sind dort zweifach deprotonierbar.

Der genauere Reaktionsmechanismus für das Nickelzentrum im Cofaktor F430 ist noch in der Diskussion (PFALTZ; BERKESSEL; ERMLER et al.). Im folgenden hypothetischen Schema (9.17) wird dem Nickelion im Komplex F430 eine Rolle als Elektronenüberträger (oxidierende Kupplung eines Thiols und eines Thioethers zum Sulfuranyl-Radikal) und als kurzlebiges Methylgruppen-Koordinationszentrum zuerkannt (→ metallorganische Zwischenstufe). Eine direkte Bindung von Thioether- oder Thiolat-Schwefelatomen der Substrate an das Nickel ist eine weitere mögliche Funktion. Die Spaltung von Alkyl-Thiol-(C – S)-Bindungen durch aktive Nickel-Spezies ist technisch von RANEY-Nickel und ähnlichen Entschwefelungskatalysatoren bekannt.

(9.17)

intramolekularer Elektronentransfer
$[Ni^{II}]/^{-}S\text{-}HTP$
$[Ni^{I}]/\dot{S}\text{-}HTP$
$CH_3S\text{-}CoM$
$^{-}S\text{-}HTP$
$[Ni^{II}]$
$H_3C\text{-}\dot{S}(CoM)\text{-}S\text{-}HTP$
$+ [Ni^{I}]$
$X_2\text{-}H$
$X_2\text{-}CH_3$
H^+
$CH_3\text{-}[Ni^{III}]$
CH_4
H^+
$CoM\text{-}S\text{-}S\text{-}HTP$
Disulfid-Reduktase

9.6 Modellverbindungen

Im Zusammenhang mit Modellverbindungen für die noch sehr neuen und koordinationschemisch unzureichend charakterisierten Nickelproteine soll hier das Problem scheinbar exotischer Oxidationsstufen angesprochen werden. Während in der metallorganischen Chemie des Nickels vor allem die niedrigen Oxidationsstufen +I und 0 vorkommen, die auch in der technischen Katalyse bei Hydrierungen (vgl. Hydrogenasen), Entschwefelungen (vgl. Methyl-Coenzym M-Reduktase) und Carbonylierungen (vgl. CO-Dehydrogenase) eine Rolle spielen, schien es sich bei Ni(III) lange Zeit um eine eher ungewöhnliche Oxidationsstufe des Metalls zu handeln. Mittlerweile, und nicht zuletzt beeinflußt durch den Nachweis dreiwertigen Nickels in oxidierten, wenn auch nicht notwendigerweise aktiven Proteinen, wurde eine Vielzahl von Ni(III)-Komplexen mit deprotonierten Amin-Chelatliganden, Peptiden, Oximen, Thiolaten und Phosphinen dargestellt. Eine wesentliche Rolle spielt hierbei die Einengung der Koordinationsgeometrie durch Chelatliganden, da sich die Präferenzen von d^8 (Ni^{II})- und d^7 (Ni^{III})-Elektronenkonfigurationen deutlich unterscheiden (vgl. 3.3). Auf diese Weise, wie auch durch Anbieten elektronenreicher Thiolat (RS^-)-, Sulfid(S^{2-})- oder Amid(R_2N^-)-Liganden, kann das Potential für den Übergang Ni(II/III) soweit erniedrigt werden, daß Ni(III)-Spezies unter physiologischen Bedingungen stabil werden (Krüger, Holm).

Zu den stabilen Ni(III)-Verbindungen zählen Komplexe kleiner, C(O)NH-deprotonierter Peptide (Lappin, Murray, Margerum). Das Nickel(III)-Zentrum befindet sich in (9.18) quadratisch planar vom Peptid koordiniert, während die axialen Positionen von relativ schwach gebundenen Wassermolekülen eingenommen sind. Solche Komplexe mit Oligopeptiden wie etwa [Gly-Gly-Gly]$^{3-}$ sind relativ einfach durch elektrochemische Oxidation entsprechender Ni(II)-Komplexe darzustellen. Die deprotonierten Peptid(Carboxamid)-Stickstoffzentren sind, wie auch Thiolat-Liganden, starke σ- *und* π-Donatoren und als solche in der Lage, höhere Oxidationsstufen zu stabilisieren. Während Komplexe wie (9.18) jedoch noch hohe Redoxpotentiale für Ni(II/III) von ca. 0.9 V aufweisen, liegen diese Werte für Hydrogenasen und andere Nickelenzyme deutlich niedriger – wahrscheinlich als Konsequenz mehrfacher Cysteinat-Ligation (Krüger, Holm).

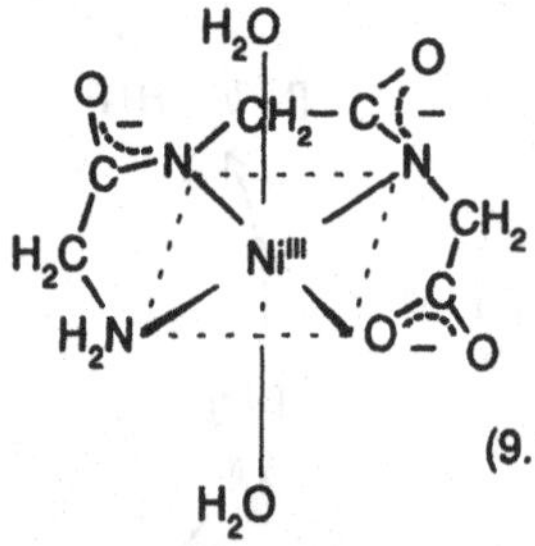

(9.18)

10 Kupferhaltige Proteine: Die Alternative zu biologischem Eisen

Kupfer- und Eisen-enthaltende Proteine besitzen häufig vergleichbare Funktionalität (Tab. 10.1); hingewiesen wurde bereits auf die Entsprechung der reversibel O_2-bindenden Proteine Hämerythrin (Fe, Kap. 5.3) und Hämocyanin (Cu, s. Kap. 10.2). Beide Metalle treten weiterhin in Elektronentransfer-Proteinen für die Photosynthese und Atmung sowie beim Metabolismus des Sauerstoffs, z.B. in Oxidasen/Oxygenasen, und bei der Beseitigung seiner zellschädigenden Reduktions-Zwischenprodukte auf.

Eisen und Kupfer weisen jedoch trotz offensichtlicher Gemeinsamkeiten in den physiologischen Funktionen auch einige wesentliche Unterschiede auf.

– Kupfer tritt im biologischen Bereich nicht – wie das Eisen im Häm – in Tetrapyrrolligand-komplexierter Form in Erscheinung; insbesondere das Imin-Stickstoffzentrum im Imidazol-Ring des Histidin-Restes ist in der Lage, Kupfer sowohl thermodynamisch als auch kinetisch in beiden physiologisch relevanten Oxidationsstufen (+I) und (+II) ausreichend fest zu binden.

Tabelle 10.1: Korrespondenz von Eisen- und Kupferproteinen (jeweils Beispiele)

Funktion	Fe-Protein (*h*: Häm-System) (*nh*: Nicht-Häm-System)	Cu-Protein
O_2-Transport	Hämoglobin (*h*) Hämerythrin (*nh*)	Hämocyanin
Oxygenierung	Cytochrom P-450 (*h*) Methan-Monooxygenase (*nh*) Catechol-Dioxygenase (*nh*)	Tyrosinase Quercetinase (Dioxygenase)
Oxidase-Aktivität	Peroxidasen (*h*) Peroxidasen (*nh*)	Amin-Oxidasen Laccase
Elektronen-Übertragung	Cytochrome (*h*)	"blaue" Cu-Proteine
Antioxidations-Funktion	Peroxidasen (*h*) bakterielle Superoxid-Dismutasen (*nh*)	Superoxid-Dismutase (Cu, Zn) aus Erythrozyten
NO_2^--Reduktion	hämhaltige Nitrit-Reduktase (*h*)	Cu-enthaltende Nitrit-Reduktase

- Die Redoxpotentiale liegen für Cu(I/II) generell *höher* als für Fe(II/III), sowohl mit physiologischen als auch nichtphysiologischen Liganden. Entsprechend können Kupferproteine wie Caeruloplasmin die Oxidation von Fe(II) zu Fe(III) katalysieren (Ferroxidase-Reaktivität).
- In neutraler wäßriger Lösung und auch im Meerwasser ist die oxidierte Form Cu^{2+} *besser löslich* als das mit Halogenid- und Sulfid-/Thiolat-Liganden schwerlösliche Cu(I) – anders als im System Fe(II/III), wo die oxidierte Form *schwerer löslich* ist (5.1). Angesichts der biogenen O_2-Produktion im Laufe der Erdgeschichte besitzt dieser Unterschied auch geochemische Bedeutung (Fe-Ausfällung und Cu-Mobilisierung; KAIM, RALL; OCHIAI).
- Entsprechend der evolutionsgeschichtlich späteren Verfügbarkeit wird Kupfer häufig extrazellulär, Eisen hauptsächlich intrazellulär angefunden (vgl. Kap. 13.1).

Da der Mensch keine Kupfer-Proteine zum stöchiometrischen Sauerstoff-Transport benötigt, ist die Gesamtmenge im Körper mit ca. 150 mg für einen Erwachsenen relativ gering. Trotzdem handelt es sich um ein essentielles Spurenelement (PASCALY, JOLK, KREBS; LINDER, GOODE) mit Bedeutung vor allem in der Atmungskette (vgl. Abb. 6.1). Vier etablierte Beispiele für pathologische Störungen im Zusammenhang mit dem Kupferstoffwechsel und Kupferenzymen beim Menschen sollen hier erwähnt werden:

- Bei der WILSONschen Krankheit, einer erblichen Störung der primären Kupfer-Speicherfunktion des Körpers durch das Protein Caeruloplasmin (Tab. 10.2), reichert sich das Metallion vor allem in Leber und Gehirn übermäßig an, was zu Demenz, Leberversagen und letztlich zum Tode führt. Eine Therapie dieser Krankheit wie auch von akuten Kupfer-Vergiftungen besteht in der Verabreichung von möglichst spezifisch Cu-komplexierenden Chelatliganden, insbesondere von D-Penicillamin (vgl. 2.1). Dieses Molekül enthält neben einer für die Ausschwemmung wichtigen hydrophilen Säurefunktion S(Thiolat)- und N(Amin)-Koordinationsstellen und ist daher recht spezifisch für Kupfer(I/II).
- Akuter Kupfer-Mangel kann insbesondere bei Neugeborenen auftreten, da sich der komplexe Transport- und Speichermechanismus für dieses Metall unter Einbeziehung von Serumalbumin, Caeruloplasmin und Metallothionein (s. Kap. 17.3) erst nach einigen Lebensmonaten stabilisiert. Wegen der essentiellen Rolle des Kupfers bei der Atmung (→ Cytochrom *c*-Oxidase, Kap. 10.4) kann dies zu ungenügender Sauerstoffverwertung im Gehirn und damit zu bleibenden Schäden führen. Auch gegenüber Cu-Überschuß sind Säuglinge empfindlich; normal ist bei der Geburt eine hohe Sättigungs-Konzentration in der Leber.
- Das MENKESsche "Kraushaar"-Syndrom beruht auf einer erblich bedingten Störung von intrazellulärem Kupfertransport (DAVIES). Die resultierenden Kupfer-Mangelsymptome bei Kleinkindern sind schwere Störungen der geistigen und körperlichen Entwicklung sowie das Auftreten von sprödem Kraushaar (kinky hair); Abhilfe bieten hier Injektionen von Kupfer-Histidin-Komplexlösungen. Das Auftreten von spärlichem, sprödem Haar aufgrund von Störungen im Kupfer-Metabolismus läßt erkennen, daß dieses Element am Aufbau von Bindegewebe

(Kollagen, Keratin) beteiligt ist (s. Kap. 10.3). Das fehlerhafte Gen, welches für das MENKE-Syndrom verantwortlich ist, konnte auf dem X-Chromosom lokalisiert und in der Folge kloniert werden; das zugehörige ATPase-Transportprotein (vgl. Kap. 13.4) enthält sechs Cys-X_2-Cys-Einheiten als vermutete Kupfer-Bindungsstellen (DAVIES).

- Defekte (Mutationen) in der Cu,Zn-Superoxid-Dismutase sind für die erbliche Form der amyotrophischen Lateralsklerose (ALS), einer nicht seltenen neurodegenerativen Erkrankung mit Lähmung der motorischen Nerven verantwortlich (DENG et al.; ROSEN et al.).

Kupfer und Molybdän (s. Kap. 11.1) stehen als N- *und* S-affine Metalle in einer antagonistischen (Konkurrenz-)Situation, was bei der Tierzucht auf Mo-reichen und Cu-armen Böden zu gravierenden Kupfer-Mangelerscheinungen führen kann (MILLS). Diesem Phänomen wird durch entsprechende Anreicherung der Tiernahrung entgegengewirkt; chemische Grundlage ist offenbar die Nichtverfügbarkeit von Kupfer für den Metabolismus durch Koordination an die im Verdauungstrakt aus Molybdän und schwefelhaltigen Verbindungen gebildeten Thiomolybdate $MoO_nS_{4-n}{}^{2-}$ (MÜLLER et al.; s. 11.4). Auch bei Belastung mit Fe, Zn oder Cd können derartige "sekundäre" Kupfer-Mangelerscheinungen auftreten.

In neueren Arbeiten (BURNS et al.) wird berichtet, daß Prion-Proteine (PrP) mehrere Cu^{2+}-Ionen über Histidin und deprotoniertes Glycinamid binden können, in Abhängigkeit vom pH-Wert. Eine Funktion in der Regulierung biologischen Kupfers wird diskutiert.

Von der Funktion her kann man zwei Hauptgruppen von Kupfer-Proteinen unterscheiden: reine Elektronenübertragungs-Proteine und mit O_2 oder dessen Metaboliten wechselwirkende Systeme. Es existieren daneben einige große Proteine mit mehrfacher Funktion wie etwa das Caeruloplasmin, welches aus den eingangs genannten Gründen bei der Regulierung des Eisenmetabolismus mitwirkt.

Vom strukturellen und spektroskopischen Standpunkt unterscheidet man aufgrund einer nicht immer ganz zweckmäßigen Konvention drei verschiedene Typen von biologischen Kupfer-Zentren (Tab. 10.2), welche zum Teil mehrfach in einem Protein vorliegen können (Tab. 10.3). Neuere Untersuchungen weisen auf spezielle Kombinationen wie etwa Typ 2/Typ 3-Trimere (SOLOMON, BALDWIN, LOWERY) sowie auf weitere, im klassischen Schema nicht erfaßte Kupferzentren vom Typ Cu_A der Cytochrom *c*-Oxidase hin (s. Kap. 10.3 und 10.4). In Transport- und Speicherproteinen ist Cu(I) vorwiegend durch Cysteinat-Reste koordiniert (DAVIES; vgl. auch die Metallothioneine, Kap. 17.3).

Tabelle 10.2: "Klassische" Kupferzentren in Proteinen

Typische Koordinationsgeometrie	Funktion, Struktur, spektroskopische Charakteristik
Typ 1 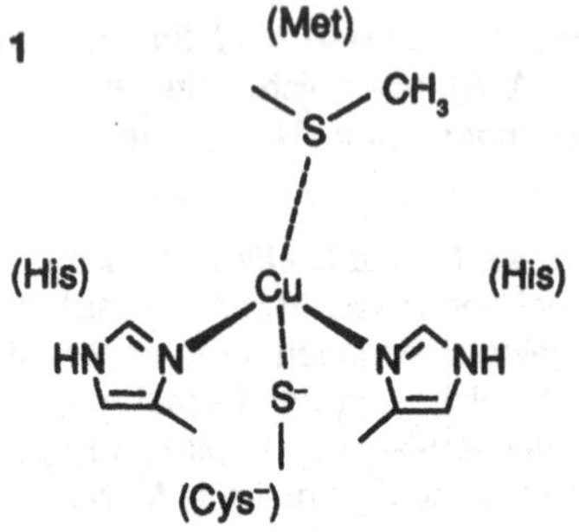 (Met) CH_3 S Cu (His) (His) HN N N NH S^- (Cys^-)	**Typ 1**: "blaue" Kupferzentren Funktion: reversibler Elektronentransfer $Cu^{II} + e^- \rightleftharpoons Cu^{I}$ Struktur: stark verzerrtes Polyeder, (3+1)-Koordination Absorption der oxidierten Kupfer(II)-Form bei ca. 600 nm, molarer Extinktionskoeffizient $\varepsilon > 2000\ M^{-1}cm^{-1}$; LMCT-Übergang $S^-(Cys^-) \rightarrow Cu(II)$ ESR/ENDOR der oxidierten Form: kleine $^{63,65}Cu$-Hyperfeinkopplung und g-Anisotropie, Wechselwirkung des Elektronenspins mit $^-S{-}CH_2{-}$; $Cu(II) \rightarrow S(Cys)$-Spindelokalisation
Typ 2 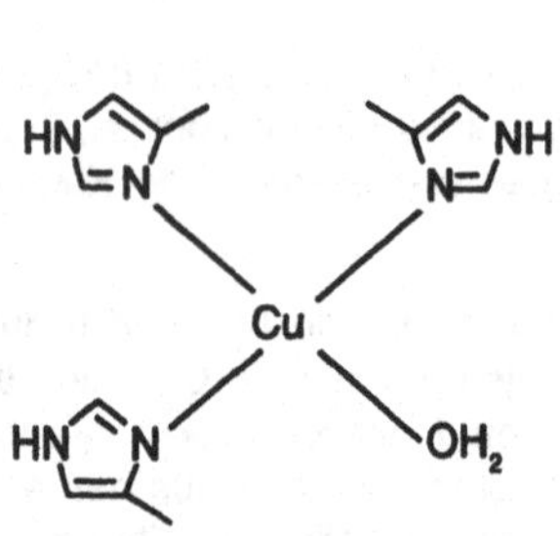 HN N NH N Cu HN N OH_2	**Typ 2**: normales, "nichtblaues" Kupfer Funktion: O_2-Aktivierung im Zusammenwirken mit organischen Coenzymen aus dem Cu^{I}-Zustand Struktur: weitgehend planar mit schwacher zusätzlicher Koordination (JAHN-TELLER-Effekt für Cu^{II}) Typische schwache Absorptionen von Cu(II), $\varepsilon < 1000\ M^{-1}\ cm^{-1}$; Ligandenfeldübergänge (d → d) Normales Cu(II)-ESR
Typ 3 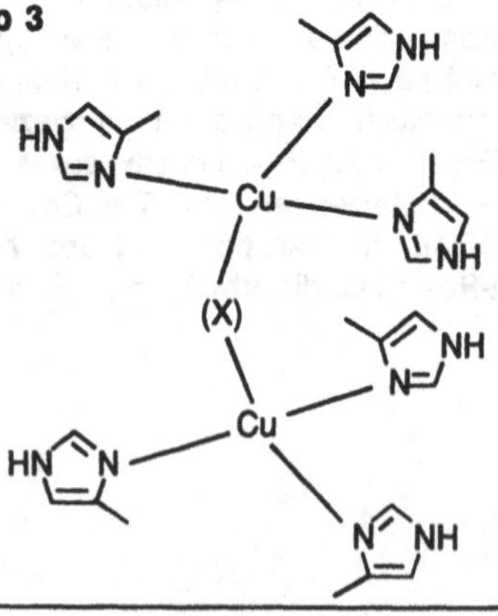 NH N HN N Cu N NH (X) NH N Cu HN N N NH	**Typ 3**: Kupfer-Dimere Funktion: O_2-Aufnahme aus dem Cu^{I}-Cu^{I}-Zustand Struktur: (verbrücktes) Dimer, Cu–Cu-Abstand ≥ 360 pm Nach O_2-Aufnahme intensive Absorptionen bei 350 und 600 nm, $\varepsilon \approx 20000$ und $1000\ M^{-1}cm^{-1}$; LMCT-Übergänge $O_2^{2-} \rightarrow Cu(II)$ ESR-inaktive Cu^{II}-Form wegen antiferromagnetisch gekoppelter d^9-Zentren

Tabelle 10.3: Ausgewählte Kupfer-Proteine

Funktion und typische Proteine	Molekülmasse (kDa)	Cu-Typ(en)	Vorkommen, Reaktivität
Elektronen-Überträger ($Cu^{I} \rightleftharpoons Cu^{II} + e^{-}$)			
Plastocyanin	10.5	1 Typ 1 (E = 0.3-0.4V)	Beteiligung an pflanzlicher Photosynthese (s. Abb. 4.9)
Azurin	15	1 Typ 1 (E = 0.2-0.4V)	Beteiligung an bakterieller Photosynthese
"Blaue" Oxidasen ($O_2 \rightarrow 2\ H_2O$)			
Laccase	60-140	1 Typ 1 (E = 0.4-0.8V) 1 Trimer	Oxidation von Polyphenolen und -aminen in Pflanzen
Ascorbat-Oxidase	2x75	2 Typ 1 (E = 0.4V) 2 Trimere	Oxidation von Ascorbat zu Dehydroascorbat in Pflanzen (3.12)
Caeruloplasmin	130	3 Typ 1 (E = 0.4V) 1 Trimer	Cu-Transport und -Speicherung, Fe-Mobilisierung und -Oxidation, Oxidase- und Antioxidations-Funktion im Serum von Tieren und Menschen
"Nicht-blaue"-Oxidasen ($O_2 \rightarrow H_2O_2$)			
Galactose-Oxidase	68	1 Typ 2	Alkohol-Oxidation in Pilzen (10.13)
Amin-Oxidasen	>70	1 Typ 2	Abbau von Aminen zu Carbonylverbindungen (10.14), Vernetzung von Kollagen

(**Tabelle 10.3**, Fortsetzung)

Monooxygenasen ($O_2 \rightarrow H_2O$ + Substrat-O)			
Dopamin-β-Monooxygenase	4×70	8 Typ 2	Seitenketten-Oxidation von Dopamin zu Noradrenalin in der Nebennierenrinde (10.8)
Tyrosinase	42	2 Typ 3	ortho-Hydroxylierung von Phenolen und Weiteroxidation zu o-Chinonen in Haut, Fruchtfleisch etc. (10.10)
Dioxygenasen ($O_2 \rightarrow$ 2 Substrat-O)			
Quercetinase	110	2 Typ 2	oxidative Spaltung von Quercetin in Pilzen
Terminale Oxidase ($O_2 \rightarrow 2\ H_2O$)			
Cytochrom *c*-Oxidase	>100	Cu_A Cu_B	Endpunkt der Atmungskette (Abbn. 6.1 und 6.2)
Superoxid-Abbau ($2\ O_2^{\bullet -} \rightarrow O_2 + O_2^{2-}$)			
Cu,Zn-Superoxid-Dismutase	2 x 16	2 Typ 2	$O_2^{\bullet -}$-Disproportionierung z.B. in Erythrozyten
Disauerstoff-Transport			
Hämocyanin	n x 50 (Mollusken) n x 75 (Arthropoden)	2 Typ 3 pro n	O_2-Transport in Hämolymphe von Mollusken und Arthropoden (n=8)
Funktionen im Stickstoff-Kreislauf:			
Nitrit-Reduktase	3×36	3 Typ 1 3 "Typ 2"	NO_2^--Reduktion (dissimilatorisch)
N_2O-Reduktase	2×70	2 Cu_A 2 Cu_Z	Reduktion von N_2O zu N_2 (10.15) im Stickstoff-Kreislauf

Elektronenspinresonanz II (ESR I auf S. 45)

Anders als bei der Co(II)-Stufe des Cobalamins (low-spin d^7; 3.7) wird in normalen Cu(II)-Komplexen (d^9) aufgrund der JAHN-TELLER-Verzerrung nicht das d_{z^2}-Orbital, sondern das $d_{x^2-y^2}$-Orbital durch ein ungepaartes Elektron besetzt. Die oktaedrische Konfiguration ist bei d^9-Systemen instabil, da hier ein entartetes Orbital (e_g, 2.7) nur teilweise gefüllt ist; das System entgeht dieser nicht eindeutigen Situation (10.1) durch geometrische Verzerrung (Symmetrieerniedrigung → Aufhebung der Entartung: JAHN-TELLER-Effekt erster Ordnung).

(10.1)

E ↑

↑↓ $d_{x^2-y^2}$ ↑ d_{z^2} oder   ↑ $d_{x^2-y^2}$ ↓↑ d_{z^2}

Oktaeder

JAHN-TELLER-Verzerrung ⇒

↑ $d_{x^2-y^2}$

↑↓ d_{z^2}

quadratische (Bi-)Pyramide

Diese Orbitalbesetzung läßt sich aus den typischen "anisotropen" ESR-Spektren von immobilisierten, statistisch orientierten Komplexen z.B. in gefrorener Lösung oder im polykristallinen Festkörper herleiten:

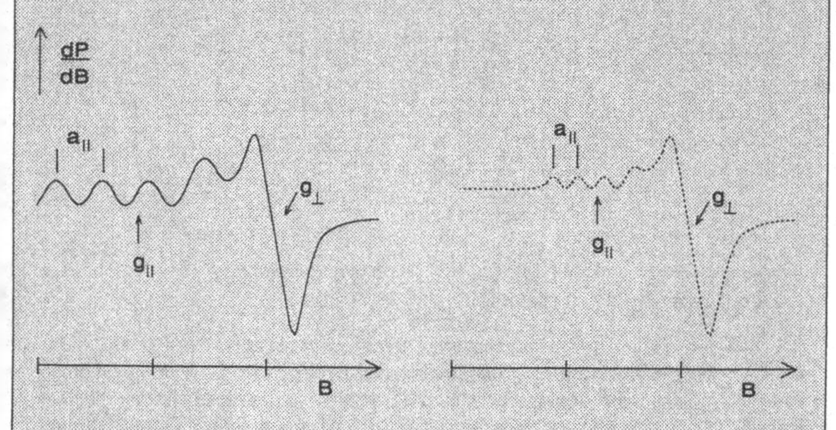

Abbildung 10.1: Typische anisotrope ESR-Signale (1. Ableitung bei gleichem Maßstab der Feldstärke B) für einen normalen Cu(II)-Komplex (—) und für ein "blaues" Kupfer(II)-Protein (····)

Es resultiert zunächst eine Signalaufspaltung, welche die Symmetrie des einfach besetzten Orbitals im homogenen Magnetfeld reflektiert. Diese anisotrope Wechselwirkung kann in allen drei Raumrichtungen verschieden sein und so zu einem "rhombischen Signal" mit drei verschiedenen g-Faktoren führen; im Falle von JAHN-TELLER-verzerrtem Cu(II) mit quadratischer, quadratisch-pyramidaler oder -bipyramidaler Konfiguration wird jedoch allgemein ein "axiales" Spektrum mit zwei zusammenfallenden g-Komponenten $g_x = g_y = g_\perp$ (senkrecht zur Magnetfeldachse) und einer separaten g-Komponente $g_z = g_\parallel$ parallel zum Magnetfeld beobachtet (Abb. 10.1). Für eine d^9-Konfiguration mit $(d_{x^2-y^2})^1$ gilt $g_\parallel > g_\perp \approx 2.01$, außerdem ist die Wechselwirkung des ungepaarten Elektrons mit dem Kernspin I = 3/2 der Kupfer-Isotope $^{63,65}Cu$ in axialer Richtung wesentlich größer als für die Komponenten senkrecht zum Magnetfeld: $a_\parallel > a_\perp$ (SYMONS). Dementsprechend ist die größere g-Komponente mehr oder weniger deutlich in vier Linien aufgespalten (vier Kernspin-Orientierungen M_I = +3/2, +1/2, -1/2, -3/2 relativ zum Magnetfeld); nur Übergänge mit $\Delta S = \pm 1$ und $\Delta I = 0$ sind erlaubt (10.2).

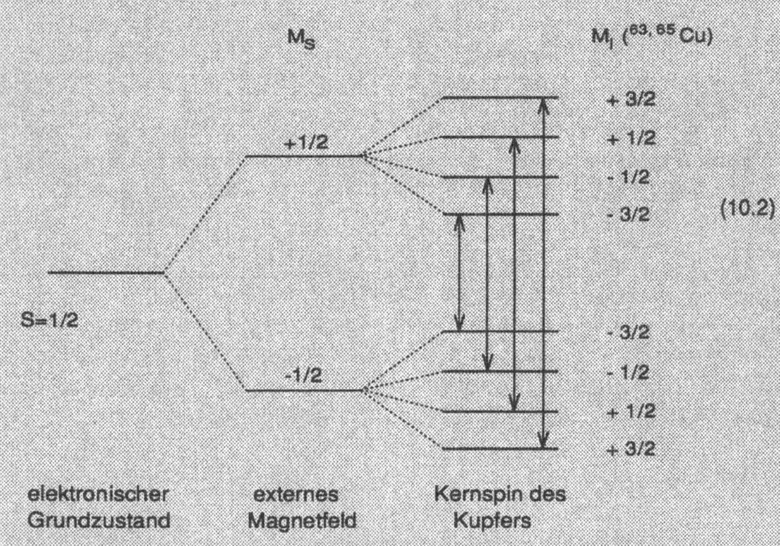

Bei den blauen Kupferproteinen mit ihrer nichtquadratischen Konfiguration auch im Cu(II)-Zustand und einer deutlichen Kovalenz der Cu-Thiolat-Bindung sind sowohl g-Anisotropie, d.h. die Differenz $g_\parallel - g_\perp$, wie auch die $^{63,65}Cu$-Hyperfeinkopplung deutlich reduziert (Abb. 10.1), entsprechend einem geringeren Anteil des Metalls mit seiner großen Spin-Bahn-Kopplungskonstante am einfach besetzten Molekülorbital. Umgekehrt findet man über ENDOR-Untersuchungen eine signifikante Wechselwirkung des Cysteinat-Restes mit dem ungepaarten Elektron (WERST, DAVOUST, HOFFMAN).

10.1 Der Typ 1: "Blaue" Kupfer-Proteine

Ausschließlich Typ 1-Kupferzentren finden sich in "blauen" Kupfer-Proteinen wie etwa Azurin oder Plastocyanin (Tab. 10.3; κυαηοζ: dunkelblau). Die Farbe ist deshalb auffallend, weil in Metalloproteinen die Metallzentren optisch so "verdünnt" sind, daß nur von symmetrieerlaubten Elektronenübergängen herrührende intensive Absorptionen im sichtbaren Bereich Anlaß zu einem deutlichen Farbeffekt geben. Die sehr schwache blaue Farbe von normalem Cu^{2+}(aq), z.B. in kristallinem Kupfer(II)sulfat-Pentahydrat, rührt von "verbotenen" Elektronenübergängen zwischen d-Orbitalen unter-

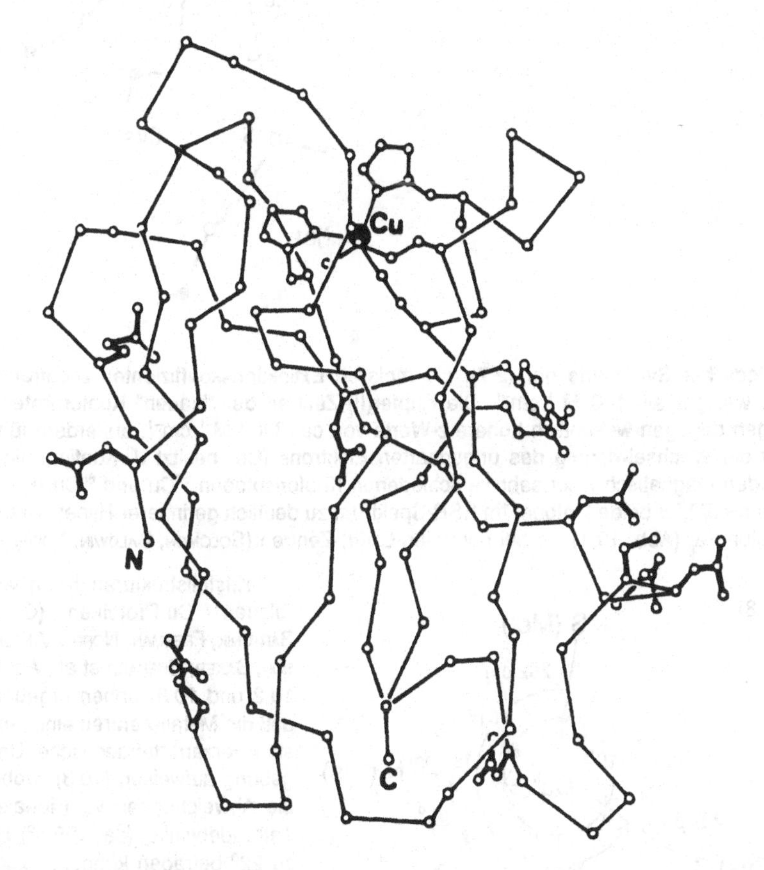

Abbildung 10.2: Struktur des oxidierten Plastocyanins aus Pappel-Blättern (*Populus nigra*; α-C-Gerüstdarstellung der Polypeptidkette mit einigen ausgewählten Aminosäureresten, nach GUSS, BARTUNIK, FREEMAN)

Abbildung 10.3: Koordinationsumgebung des Kupfers in Azurin aus dem Bakterium *Alcaligenes denitrificans* (α-C-Zentren; aus Norris, Anderson, Baker)

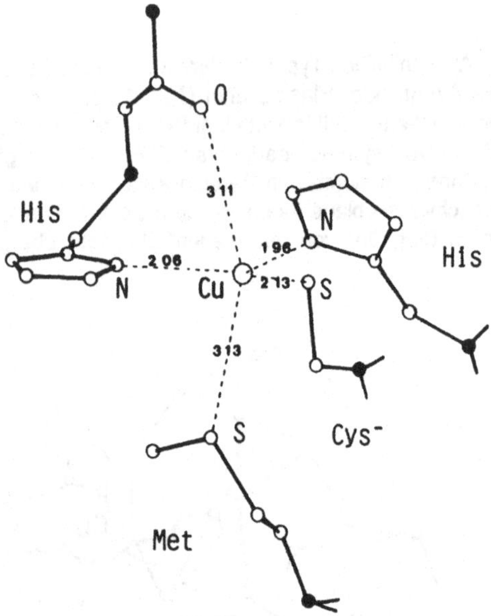

schiedlicher Symmetrie her (2.7), die molaren Extinktionskoeffizienten ε betragen hier weniger als 100 M^{-1} cm^{-1}. Die Kupfer(II)-Zentren der "blauen" Kupferproteine zeigen dagegen wesentlich höhere ε-Werte von ca. 3000 M^{-1} cm^{-1}, außerdem führt hier die Wechselwirkung des ungepaarten Elektrons (Cu^{II} besitzt d^9-Konfiguration) mit den magnetisch nicht sehr verschiedenen Kupferisotopen ^{63}Cu und ^{65}Cu (Kernspin I = 3/2 für beide Isotope) im ESR-Spektrum zu deutlich geringerer Hyperfeinaufspaltung $a_{\parallel}$ (Abb. 10.1) als bei normalen Cu(II)-Zentren (Solomon, Baldwin, Lowery).

(10.3)

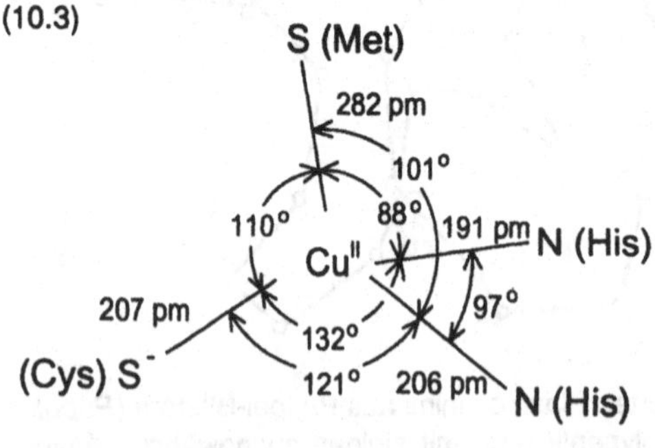

Kristallstrukturanalysen von "blauen" Cu-Proteinen (Guss, Bartunik, Freeman; Norris, Anderson, Baker; Shepard et al.; Abbn. 10.2 und 10.3) haben ergeben, daß die Metall-Zentren eine sehr stark verzerrt "tetraedrische" Umgebung aufweisen (10.3), wobei die Abweichungen vom idealen Tetraederwinkel (ca. 109.5°) bis zu 22° betragen können.

Fest koordiniert sind zwei Histidin-Reste und ein H-Brücken-bildender Cysteinat-Ligand in einer annähernd trigonal-planaren Anordnung; hinzu kommen ein schwach gebundener (10.3) Methionin-Rest (Ausnahme: Stellacyanin mit axialem Glutamin) sowie – in Azurin – das sehr schwach koordinierte Sauerstoffatom einer Peptidbindung ("3+1"- bzw. "3+1+1"-Koordination). Die Beschreibung dieser Strukturen als eher trigonal-pyramidal oder -bipyramidal beruht daher auf einer Einschätzung von Koordinations-Bindungsstärken. Sicher ist jedoch, daß vor allem der Cysteinat-Ligand für das ungewöhnliche Verhalten der Typ 1-Kupfer-Zentren verantwortlich ist (SOLOMON, BALDWIN, LOWERY). Die intensive Lichtabsorption der Cu(II)-Form ist – wie auch im Falle des oxidierten Rubredoxins (7.4) – einem Ligand-Metall-Charge-Transfer (LMCT) zuzuordnen, d.h. Elektronenladung geht durch Lichtanregung vom π- und σ-elektronenreichen Thiolat-Liganden zum elektronenarmen (oxidierten) Metallzentrum über.

$$(R{-}CH_2{-}S^-)Cu^{II}(His)_2(Met) \xrightarrow[(LMCT)]{h\nu} [(R{-}CH_2{-}S^{\bullet})Cu^{I}(His)_2(Met)]^* \qquad (10.4)$$

Auch schon im Grundzustand gibt das Cysteinat-Schwefelatom Ladung an das Metallzentrum ab, was sich in einer Delokalisation des Spins vom Metall (niedrige ESR-Kopplungskonstante) zum Cysteinat-Schwefelzentrum manifestiert (ESR/ENDOR-nachweisbare Kopplung mit $^-S{-}CH_2{-}$; WERST, DAVOUST, HOFFMAN).

Die starke Verzerrung der "Tetraeder"-Geometrie kommt durch wohlkonservierte Aminosäuresequenzen His-X_k-Cys-X_n-His-X_m-Met zustande (n,m=2-4; k groß); ebenso wie die Mischung der Liganden (2 N, 2 S) stellt diese stark verzerrte Anordnung einen Kompromiß (→ entatischer Zustand !) zwischen Cu(I) = d^{10} einerseits mit überwiegend tetraedrischer Koordination durch "weiche" (S-)Liganden und Cu(II) = d^9 andererseits mit bevorzugt quadratisch-planarer oder quadratisch-pyramidaler Geometrie und typischer N-Ligand-Koordination dar. Die verzerrte Anordnung am Metall (10.3) liegt damit vermutlich nahe an der Übergangszustands-Geometrie zwischen der tetraedrischen und der planaren Vorzugs-(Energieminimums-)Konfiguration der beiden beteiligten Oxidationszustände, wodurch die Geschwindigkeit der Elektronenübertragung erhöht wird (SHEPARD et al.). Ähnliche "Zwischen-Geometrien" (MALMSTRÖM) und vergleichbare Elektronendelokalisation zwischen Metall einerseits und Porphyrin- oder Schwefel-Liganden andererseits wurden auch bei anderen Proteinen mit anorganischen Elektronentransfer-Zentren, den Eisen/Schwefel- und den Cytochrom-Proteinen gefunden (Kap. 6.1 und 7.2 - 7.4).

Gute Modellverbindungen für die "blauen" Typ 1-Kupferproteine wurden lange Zeit vergeblich gesucht, da nur mit speziellen, mehrzähnigen Chelat-Liganden und Thiolat-Koordinationszentren die spektroskopischen Eigenschaften annähernd reproduziert werden können, ohne daß direkte Reduktion des Cu(II) durch Thiolate eintritt (vgl. 10.5; BHARADWAJ, POTENZA, SCHUGAR). Interessanterweise führt auch

```
MeOOC      H2C - CH2      COOMe
     \    /        \     /
  HC - N            N - CH
   |   H \       /  H    |          (10.5)
   |       Cu            |
  H2C - S /     \ S - CH2
```

der Einbau von Cu^{2+} statt Zn^{2+} in das Insulin-Hexamer (s. Kap. 12.7) zu einer spektroskopischen Ähnlichkeit mit "blauen" Kupferzentren, wenn ein Thiol bereitgestellt wird (BRADER, DUNN). Eine "Maskierung" blauer Kupferzentren gelingt durch Metallaustausch mit dem eine ähnliche Koordination bevorzugenden, aber weder ESR- noch Charge-Transfer-aktiven Hg^{2+} (KLEMENS et al.).

Ähnlich wie beim Redoxpaar Fe(II/III) sind auch für Cu(I/II) die Potentiale bioanorganischer Systeme meistens höher als die einfacher Modell-Komplexverbindungen. Der Potentialbereich von Proteinen mit Typ 1-Kupferzentren liegt zwischen 0.18 V (Stellacyanin mit Gln statt Met als axialem Cu-Liganden) und 0.68 V (Rusticyanin). Verantwortlich für die relativ hohen Cu(I/II)-Potentiale sind neben der besonderen Stabilisierung niedriger Oxidationsstufen durch die angebotenen Liganden (Met !) die Cu(II)-*destabilisierenden* Abweichungen von der quadratisch-planaren oder -pyramidalen Konfiguration (MALMSTRÖM).

10.2 Typ 2- und Typ 3-Kupfer-Zentren in O_2-aktivierenden Proteinen: Sauerstofftransport und Oxygenierung

Die zweikernigen Kupfer-Zentren des Typs 3 besitzen einen ESR-inaktiven oxidierten Zustand aufgrund antiferromagnetisch gekoppelter Cu(II)-Zentren (vgl. 4.11). Diese Zentren finden sich immer in Zusammenhang mit der Aktivierung von $^3O_2$; Beispiele sind das O_2-transportierende Protein Hämocyanin (*Hc*) sowie O_2-abhängige Oxidasen (e^--Transfer) und Monooxygenasen (1 O-Transfer, vgl. Tab. 10.3).

Bemerkenswert ist zunächst, daß Triplett-Disauerstoff von den diamagnetischen Cu(I)-Zentren der Desoxy-Formen sehr rasch aufgenommen wird (KARLIN, GULTNEH); auch die Oxy-Formen zeigen aufgrund von antiparalleler Spin-Spin-Kopplung der Cu(II)-Zentren einen diamagnetischen Grundzustand. Möglicherweise spielen bei der Desoxy-Form niedrig liegende, elektronisch angeregte (Triplett-)Konfigurationen $3d^94p^1$ oder $3d^94s^1$ der Kupfer(I)-Dimeren eine Rolle, wie sie für einige $3d^{10}\cdots3d^{10}$-Systeme mit potentiell verfügbaren 4s- und 4p-Niveaus vermutet werden können (MERZ, HOFFMANN).

Von Hämocyanin, dem hochmolekularen, Protein-assoziierten O_2-Überträger für zahlreiche Arten von Mollusken (z.B. Tintenfische) und Arthropoden (z.B. Krustentiere oder Spinnen), existieren inzwischen strukturelle Informationen in bezug auf das metallhaltige Zentrum des Proteins (MAGNUS, TON-THAT, CARPENTER). Zwei koordinativ ungesättigte Cu(I)-Zentren, jeweils durch einen schwach und zwei stark gebundene Histidin-Reste am Proteingerüst verankert, sind in der (farblosen) Desoxy-Form benachbart (10.6).

Für die Oxy-Form wurde aufgrund von Modellverbindungen (s. 5.6 und 10.7) vermutet, daß sie entweder *cis*-μ-η^1:η^1- (KARLIN, GULTNEH) oder μ-η^2:η^2-koordinierten Disauerstoff (KITAJIMA, MORO-OKA; KARLIN et al.; BALDWIN et al.) auf der Peroxid-Oxida-

(10.6)

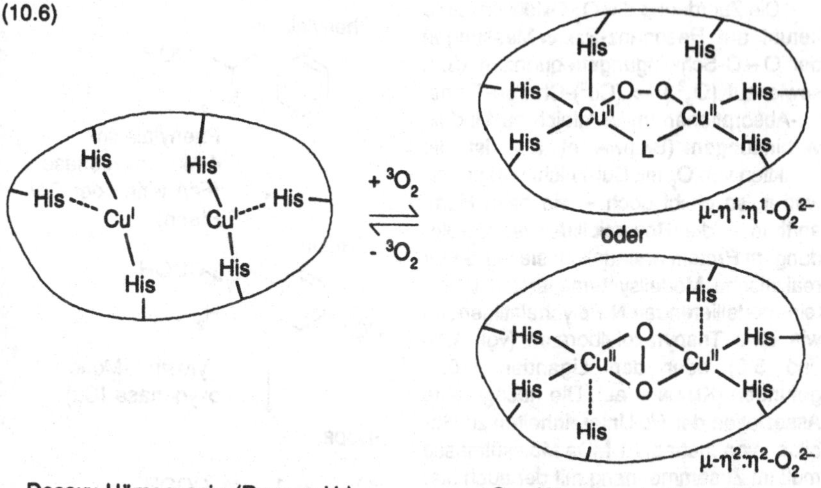

Desoxy-Hämocyanin (Desoxy-*Hc*)

μ-η^1:η^1-O_2^{2-} oder μ-η^2:η^2-O_2^{2-}

Oxy-Hämocyanin (Oxy-*Hc*)

d_{Cu-Cu} ca. 360 pm

tionsstufe enthält. Im erstgenannten Modell wurde zusätzliche Verbrückung der im "inner sphere"-Zweielektronentransfer entstandenen Cu(II)-Zentren mit einem Hydroxo-Liganden L = OH^- unter Bildung eines fünfgliedrigen Ringsystems angenommen (10.6). Die Alternative einer Verbrückung durch zweimal side-on-koordiniertes O_2^{2-} (μ-η^2:η^2) wurde erst nach Auffinden entsprechender Modellverbindungen (Kitajima, Moro-Oka; s. 5.6) in Betracht gezogen (!); diese Alternative benötigt keinen zusätzlichen Liganden L und ist mit der stark geschwächten O–O-Bindung (Baldwin et al.) besser vereinbar; die mittlerweile vorliegenden proteinkristallographischen Daten belegen eindeutig diesen ungewöhnlichen Bindungsmodus (Magnus, Ton-That, Carpenter).

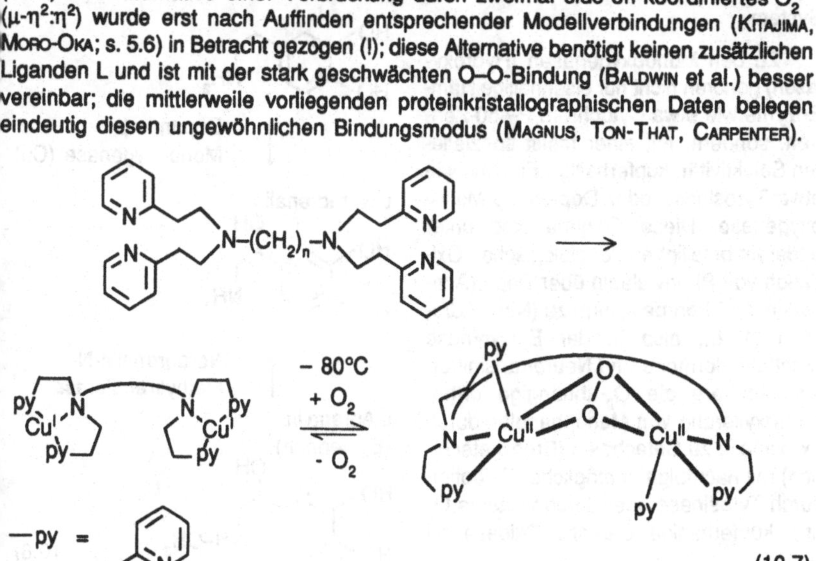

(10.7)

Die Zuordnung der O_2-Oxidationsstufe beruht auf Resonanz-RAMAN-Messungen der O – O-Schwingungsfrequenzen (5.3) sowie auf (O_2^{2-}) → (Cu^{II})-Charge-Transfer-Absorptionen im Vergleich zu Modellverbindungen (BALDWIN et al.). Ist die Reaktion von O_2 mit Cu(I) nicht völlig unerwartet, so bleibt doch – wie beim Hämerythrin – die Reversibilität der O_2-Bindung im Protein erstaunlich; sie wurde für realistische Modellsysteme erst mit Protein-modellierenden N-Polychelatliganden wie etwa Trispyrazolylboraten (vgl. 4.14 und 5.6) oder den Liganden (10.7) gefunden (KARLIN et al.). Die hochgradige Assoziation der *Hc*-Untereinheiten zu Gebilden von mehr als 1 MDa Molekülmasse muß im Zusammenhang mit der auch hier angestrebten und bis zu einem gewissen Grade erreichten Kooperativität gesehen werden (REED; vgl. Kap. 5.2). Immerhin beruht der O_2-Transport in den bis zu 150 kg schweren und bis zu 30 km/h schnellen Tiefseekraken, den höchstentwickelten Wirbellosen, auf dem Hämocyanin-System.

Zu den Monooxygenasen (Hydroxylasen) gehören nicht nur eisenhaltige Häm-Enzyme wie etwa Cytochrom P-450-Zentren, sondern, mit einer meist spezielleren Selektivität, kupferhaltige Enzyme wie etwa Tyrosinase oder Dopamin-β-Monooxygenase. Diese Enzyme sind unter anderem beteiligt an der biologischen Oxidation von Phenylalanin über Dopa (Antiparkinson-Therapeutikum) zu (Nor-) Adrenalin (10.8), also in der Biosynthese wichtiger Hormone und Neurotransmitter. Insbesondere die O_2-abhängige ortho-Hydroxylierung von Monophenolen durch Tyrosinase zu Catecholen (Brenzkatechinen) mit nachfolgend möglicher Oxidation durch Tyrosinase oder durch weiteres O_2 und kupferhaltige Catechol-Oxidase zu

L-Phenylalanin

COOH
NH_2

↓ Phenylalanin-4-Monooxygenase (Fe/Pterin oder Cu/Pterin)

L-Tyrosin

HO COOH
NH_2

↓ Tyrosin-3-Monooxygenase (Cu)

L-Dopa

HO 2 1 COOH
3
HO 4 5 6 NH_2

↓ Dopa-Decarboxylase

Dopamin

HO
HO NH_2

↓ Dopamin-β-Monooxygenase (Cu)

L-Noradrenalin

OH
HO
HO NH_2

↓ Noradrenalin-N-Methyltransferase

L-Adrenalin (Epinephrin)

OH
HO
HO NH–CH_3 (10.8)

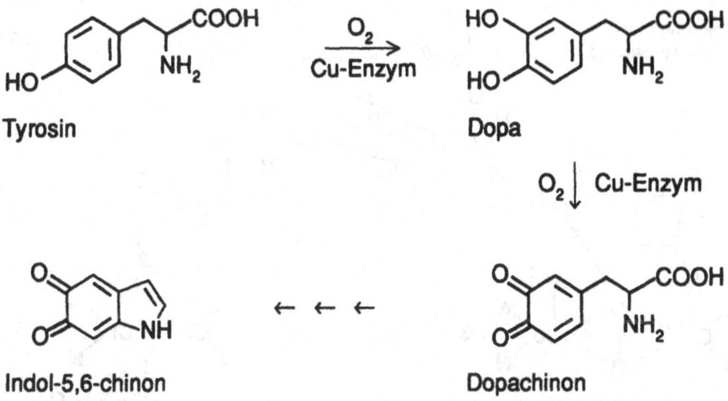

Tyrosin $\xrightarrow[\text{Cu-Enzym}]{O_2}$ Dopa

O_2 ↓ Cu-Enzym (10.9)

Indol-5,6-chinon ← ← ← Dopachinon

↓ Polymerisation

vermutete Melanin-Struktur

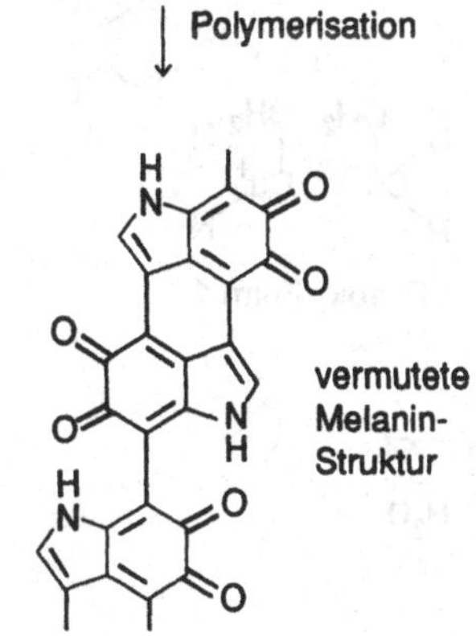

o-Chinonen hat biochemisch umfassende Bedeutung. Zahlreiche natürliche Wirkstoffe, Vitamine wie etwa die Ascorbinsäure oder hormonell aktive Substanzen (10.8) enthalten vicinale Polyhydroxy- oder Polyalkoxy-substituierte aromatische Ringe.

Die Kupferenzym-katalysierte oxidative Umwandlung der Brenzkatechin-Derivate zu den stark Licht-absorbierenden *o*-Chinonen macht sich insbesondere nach deren Polymerisierung zu Melaninen durch entsprechende Rot- bis Braun-Färbung bemerkbar (10.9). Beispielsweise handelt es sich bei den Melanin-Pigmenten von Haut, Haaren, Federn oder der Insekten-Cuticula wie auch bei den Braunpigmenten angeschnittener, d.h. durch Luft oxidierter Früchte um polymere *o*-Chinon-Derivate (Peter; Peter, Förster). Kupferenzym-enthaltendes Bananen-Fruchtfleischgewebe kann daher in Elektrodenmembranen für einen Dopamin-empfindlichen Biosensor, die "Bananatrode", verwendet werden (Sidwell, Rechnitz). In diesem Zusammenhang sei auch erwähnt, daß Cu(I)-Zentren als Bindungsstellen für das weitverbreitete Pflanzenhormon Ethylen $H_2C{=}CH_2$ diskutiert werden (Ainscough, Brodie, Wallace).

Durch Isotopen-Markierung wurde die Herkunft des in Substrate eingebauten Sauerstoffs aus O_2 belegt; ein möglicher Mechanismus der Monophenol-Oxygenierung und -Oxidation zum *o*-Chinon durch kupferhaltige Polyphenoloxidasen ist in (10.10) dargestellt (Solomon, Baldwin, Lowery; Nasir, Cohen, Karlin).

Monooxygenierung und Oxidation durch Tyrosinase: (10.10)

N: His-Iminzentrum; Ladungsänderungen nicht berücksichtigt

Gesamtreaktion: $Ar(H)OH + O_2 \rightarrow Ar(O)_2 + H_2O$

(10.11)

Das aus der Desoxy-Form **1** und O_2 reversibel gebildete Addukt **2** mit *cis*-μ-η^1:η^1- oder μ-η^2:η^2-Struktur (Alternative in 10.10) ist in der Lage, an einem Kupfer-Zentrum ein Phenolat über das Sauerstoffatom zu koordinieren (10.10: **3**). Durch konformative Änderung wird ein Übergangszustand **4** ermöglicht, in welchem nach elektrophilem Angriff eines peroxidischen Sauerstoffatoms an der ortho-Position des Aromaten ein Cu-Chelatkomplex des nun gebildeten Catecholats, entsteht (10.10: **5**). Durch Elektronenaufnahme in das antibindende σ^*-Orbital wird die O-O-Einfachbindung gespalten (Monooxygenase-Reaktivität). Protonierung des verbleibenden Hydroxo-Liganden (10.10: **5**) zu abspaltbarem Wasser kann einen verbrückenden (μ-)Catecholato-Komplex **6** des Kupferdimers liefern, der sich unter intramolekularer Elektronenübertragung in das oxidierte *o*-Chinon-Produkt und die katalytisch aktive Desoxy-Anfangsstufe des Enzyms reorganisiert (10.10).

Die Tyrosinase kann – wie die Catechol-Oxidase – auch bereits vorliegende 1,2-Dihydroxy-Aromaten zu *o*-Chinonen oxidieren; vergleichbare Reaktivität gilt für aromatische 1,2-Diamino-Verbindungen. Die speziellen räumlichen Einschränkungen im Übergangszustand und die elektronischen Voraussetzungen in Form einer Positivierung des am geringer koordinierten Kupfer gebundenen Peroxid-Sauerstoffatoms bedingen die Selektivität der Tyrosinase für die *o*-Hydroxylierung von Phenolen. Diese Reaktion ermöglicht nicht nur den Aufbau von Wirkstoffen und die Melanin-Bildung, über die Nicht-Hämeisen-enthaltende Catechol-Dioxygenase (Kap. 7.6.4) werden die *o*-Polyphenole unter Ringöffnung weiter umgewandelt (vgl. 7.16), was für den mikrobiellen Abbau von Aromaten in der Umwelt Bedeutung hat.

Dopamin-β-Monooxygenase katalysiert die spezifische Oxygenierung in der benzylischen Position einer aliphatischen Seitenkette (10.8). Pro Enzym-Untereinheit wurden zwei verschiedene, voneinander isolierte "Typ 2"-artige Kupferzentren gefunden, von welchen das eine, das katalytisch aktive O_2-bindende Zentrum, vermutlich zwei Histidin- und einen S-Liganden (Methionin ?) koordiniert (REEDY, BLACKBURN).

10.3 Kupferproteine als Oxidasen/Reduktasen

Neben den Monooxygenasen existieren kupferhaltige "blaue" (mit Typ 1-Cu) und "nicht-blaue" Oxidasen (ohne Typ 1-Cu), welche sämtlichen aufgenommenen Disauerstoff in H_2O (blaue Oxidasen) bzw. H_2O_2 (nichtblaue Oxidasen) umwandeln. Zu ersteren gehören Laccase und Ascorbat-Oxidase sowie als polyfunktionelles Protein Caeruloplasmin, zu letzteren die Galactose-Oxidase sowie Amin-Oxidasen. Das Typ 1-Cu-Zentrum begünstigt offenbar die Weiterreduktion von H_2O_2 zu H_2O. Die meist kompliziert strukturierten Oxidase-Enzyme besitzen oft mehrere Typen von Kupfer-Zentren; so weist das große Protein Caeruloplasmin eine Ferroxidase- und Antioxidations-Aktivität auf (vgl. Kap. 10.5), obwohl seine primäre Funktion im Plasma in Kupfer-Transport und -Speicherung sowie in der Regulation und Mobilisierung des Eisens gesehen wird. Die Notwendigkeit einer gegenseitigen Kontrolle Cu/Fe ist aus der eingangs spezifizierten Wechselbeziehung (Tab. 10.1) heraus verständlich; Störungen des Kupferspeichermechanismus können zu Anämie als sekundärer Eisen-Mangelerkrankung führen.

Strukturelle Daten für oxidierte Laccase und Ascorbat-Oxidase (MESSERSCHMIDT, LUECKE, HUBER) zeigen, daß hier Typ 2- und Typ 3-Kupferzentren nahe benachbart liegen (Abstand ≤ 400 pm, Abb. 10.4), so daß im Effekt ein Kupfer-*Trimer* mit neuen Eigenschaften formuliert werden kann (COLE, CLARK, SOLOMON). Diese Anordnung scheint die Vierelektronenreduktion des O_2 zu 2 H_2O über einen hypothetischen Mechanismus (10.11) zu begünstigen; im Gegenzug erfolgen vier Einelektronenoxidationen an den Polyphenol-Substraten.

Die Kristallstrukturananlyse von aus Zucchini-Schalen gewonnener Ascorbat-Oxidase zeigt ein Kupfer-Trimer sowie ein separates Typ 1-Cu-Zentrum im Abstand von mehr als 1200 pm (Abb. 10.4). Im Trimer sind zwei durch je drei Histidin-Reste

(a)

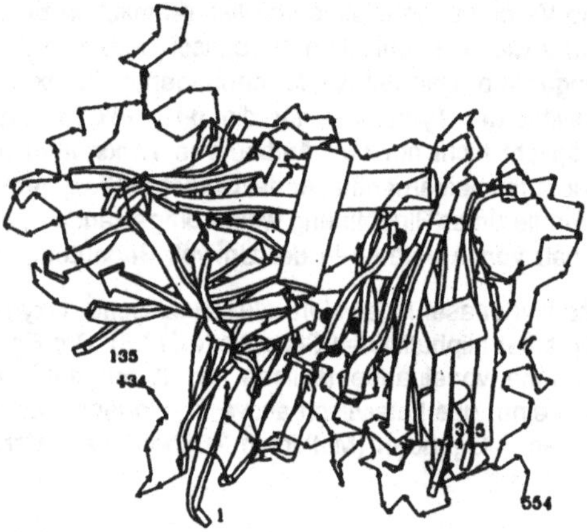

135
434
395
554
1

(b)

His, His, His, Cu^{II}, His 390 pm, H_2O oder HO^- — Cu^{II}, 340 pm, OH^-, His 400 pm, Cu^{II}, His, His, His

Reduktion

His 410 pm, Cu^{I}, — Cu^{I}, 510 pm, His 440 pm, Cu^{I}

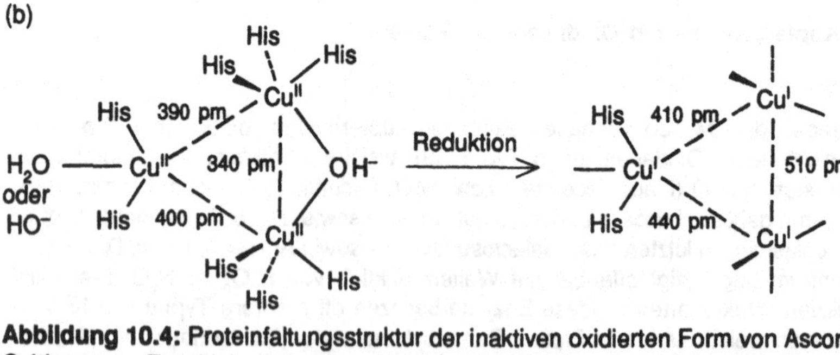

Abbildung 10.4: Proteinfaltungsstruktur der inaktiven oxidierten Form von Ascorbat-Oxidase aus Zucchini mit hervorgehobenen (•) Kupferzentren (a) sowie Dimensionen und Liganden im oxidierten und reduzierten Trimer (b; nach MESSERSCHMIDT, LUECKE, HUBER; HUBER)

koordinierte Metallzentren offenbar durch dissoziierbares Hydroxid verbrückt (inaktive oxidierte Form); das dritte, unvollständig koordinierte (Typ 2-)Kupfer-Zentrum ist mit zwei Histidin-Resten und einem ebenfalls entfernbaren H_2O- oder OH^--Liganden verbunden. Strukturell wird dadurch bereits die Funktion solcher Enzyme verdeutlicht: die Umwandlung des $4e^-$-Oxidationsvermögens von O_2 (Cu-Trimer als Koordinationsstelle) in einzelne, durch Typ 1-Kupfer gerichtet an eine Substrat-Bindungsstelle weitergeleitete $1e^-$-Oxidations-Äquivalente (vgl. 10.11). Im reduzierten Cu(I)-

Kupfer-Oxidationszustände im Reaktionszyklus von Laccase (modifiziert nach Farver, Goldberg, Pecht; vgl. auch Messerschmidt, Luecke, Huber) (10.11)

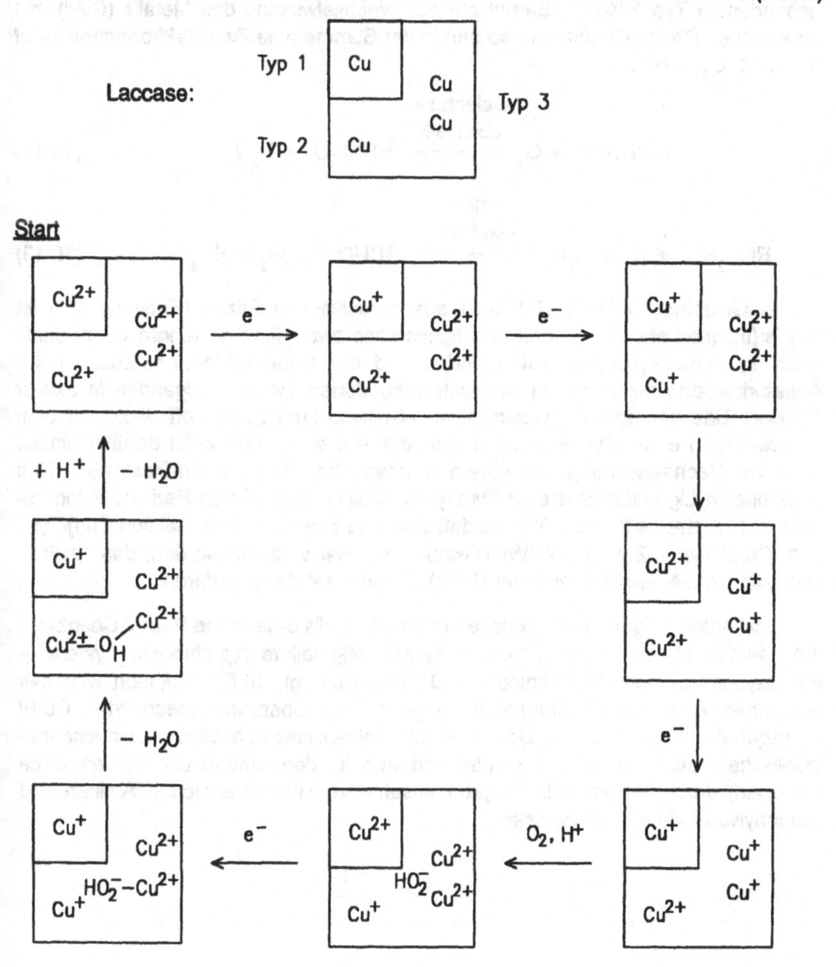

Zustand wird der Brückenligand unter Verringerung der Koordinationszahl als H_2O abgespalten und die Cu···Cu-Abstände nehmen deutlich zu (Abb. 10.4(b)). In der oxygenierten Form liegt an einem Typ 3-Kupfer end-on-gebundenes Hydroperoxid HO_2^- vor (MESSERSCHMIDT, LUECKE, HUBER).

Die genauere Inspektion der Aminosäuresequenzen läßt einen komplexer werdenden Stammbaum von Kupferproteinen in der Reihenfolge Plastocyanin (1 Cu), Ascorbat-Oxidase (3+1 Cu) und Caeruloplasmin (6 Cu) erkennen (HUBER).

Die Reaktivität der nichtblauen Oxidasen vom Typ der stereospezifischen Galactose-Oxidase (10.12) oder der Amin-Oxidasen (10.13) mit hauptsächlich Histidin-gebundenem Typ 2-Kupfer beruht auf der Wechselwirkung des Metalls ($Cu^{I,II}$). mit organischen Redox-Cofaktoren, so daß in der Summe eine *Zweielektronenreaktivität* resultiert ($O_2 \rightarrow H_2O_2$).

$$RR'CHOH + O_2 \xrightarrow{\text{Galactose-Oxidase}} RR'C{=}O + H_2O_2 \qquad (10.12)$$

$$RCH_2NH_2 + O_2 + H_2O \xrightarrow{\text{Amin-Oxidase}} RCHO + H_2O_2 + NH_3 \qquad (10.13)$$

In Galactose-Oxidase (68 kDa) aus parasitischen Pilzen (KNOWLES, ITO) ist Kupfer(II) quadratisch pyramidal konfiguriert mit zwei Histidin-, einem ungewöhnlichen Tyrosinat/Tyrosylradikal-Liganden und der Substratbindungsstelle in der Äquatorialebene sowie einem schwach gebundenen Tyrosinat-Liganden in axialer Position. Das äquatoriale Tyrosin ist in *o*-Stellung zum Sauerstoff direkt mit dem Schwefelatom eines Cystein-Restes verknüpft (ITO et al.) und weist darüber hinaus eine π/π-Wechselwirkung mit einem aromatischen Tryptophan-Rest auf. Dem äquatorialen Liganden wird eine Tyrosyl-Radikal/Tyrosinat-Anion-Redoxfunktion zuerkannt (vgl. Kap. 4.3 und 7.6.1), so daß sich eine Zweielektronenreaktion $Cu(I)/Tyr^- \rightleftharpoons Cu(II)/Tyr^\bullet + 2\,e^-$ ergibt (WHITTAKER); zuvor war versucht worden, das zusätzliche Oxidationsäquivalent mit einer Cu(III)-Oxidationsstufe zu erklären.

Bei kupferhaltigen Amin-Oxidasen treten ebenfalls organische Redox-Coenzyme auf; identifiziert wurde hier das aus Tyrosin abgeleitete *o,p*-chinoide System 6-Hydroxydopa-Chinon ("Topachinon TPQ"; MCINTIRE; vgl. 10.8). Diskutiert wird hier eine intraenzymatische Elektronenübertragung Cu(II)/Coenzym-Catecholat → Cu(I)/Coenzym-Semichinon (10.14; DOOLEY et al.). Amin-Oxidasen besitzen zahlreiche metabolische Funktionen; sie sind unter anderem für den Aufbau von Bindegewebe (Kollagen) durch vernetzende Polykondensationsreaktionen zwischen Aminen und Carbonylverbindungen bedeutsam.

RCH_2NH_2 RCHO

E–Q_{ox} / Cu(II) → E–*Q^{2-} / Cu(II)

$H_2O_2 + NH_3$

2 H^+

[E–*$Q^{\bullet-}$ / Cu(II)–O_2] ← E–*$Q^{\bullet-}$ / Cu(I)

O_2

E: Enzym
Q: Chinon, hier TQ:

$Q^{\bullet-}$: Semichinon
Q^{2-} : Catecholat
*Q^{n-} : Imin- bzw. Amin-Form

(10.14)

Aus den für den globalen Stickstoffkreislauf (s. Abb. 11.1) wichtigen Nitrit- und Distickstoffmonoxid-reduzierenden sowie Ammoniak zu Hydroxylamin (NH_2OH) oxidierenden Mikroorganismen wurden kupferhaltige Redoxenzyme mit ungewöhnlichen spektroskopischen Eigenschaften der Metallzentren isoliert.

$$N_2O + 2\,e^- + 2\,H^+ \xrightarrow{N_2O\text{-Reduktase}} N_2 + H_2O \qquad (10.15)$$

Die katalytischen Cu-Zentren von N_2O-Reduktasen aus Mikroorganismen sind vierkernige Cluster ("Cu_Z"). Ein besonders langwellig absorbierender Kupfer-Typ ist auch als Bestandteil "Cu_A" der im folgenden vorgestellten Cytochrom *c* -Oxidase beobachtet worden. Es handelt sich hierbei um spezielle zweikernige, möglicherweise (LAPPALAINEN, SARASTE) Cysteinat-verbrückte Kupfer-Zentren; das ESR-Signal der oxidierten Form ist nur mit einer delokalisiert gemischtvalenten Cu(I)/Cu(II)-Spezies vereinbar ("Cu(1.5)/Cu(1.5)"; ANTHOLINE et al.).

Für die kupferhaltigen bakteriellen Nitrit-Reduktasen (es existieren auch Polyhäm-enthaltende Formen, vgl. Kap. 6.5; KRONECK, BEUERLE, SCHUMACHER; BRITTAIN et al.) wurden auf dem Wege zu N_2O Nitrosyl-Zwischenstufen Cu(I)–^+NO postuliert, obwohl einfache Nitrosylkomplexe des Cu(I) erst in der Folge strukturell charakterisiert worden sind (CARRIER, RUGGIERO, TOLMAN; AVERILL). Die Strukturanalyse der Nitrit-Reduktase aus *Achromobacter cycloclastes* läßt ein trimeres Enzym mit 6 Cu-Zentren erkennen (GODDEN et al.), wobei Typ 1- und "Pseudo-Typ 2"-Kupferzentren ca. 1250 pm voneinander getrennt vorliegen. Die am Grund eines von Lösungsmitteln angefüllten Kanals liegenden und durch Histidin-Liganden jeweils verschiedener Protein-Untereinheiten gebundenen "Pseudo Typ 2"-Kupferzentren werden aufgrund ihrer ungewöhnlichen tetraedrischen Koordination als Bindungs- und Reduktionsstellen für NO_2^- betrachtet (AVERILL; GODDEN et al.).

10.4 Cytochrom *c*-Oxidase

Die Cytochrom *c*-Oxidase, das "Atmungsferment" OTTO WARBURGS (BEINERT), stellt als Membran-Enzym die letzte Reduktions- und Phosphorylierungsstelle innerhalb der Atmungskette dar (vgl. Abbn. 6.1 und 6.2). Sie dient der Umwandlung von O_2 und H^+ in Wasser und stellt daher als terminales O_2-konsumierendes System das Gegenstück zu den Sauerstoff-produzierenden manganhaltigen Zentren der photosynthetischen Membran dar. Die Gemeinsamkeit der Inkorporation dieser beiden Enzyme in Membranen ergibt sich aus der Notwendigkeit für kontrollierte Stofftrennung beim Redoxprozeß (vektorieller Membrantransport von e^- und H^+); beide Male erschwert diese Tatsache jedoch eine strukturelle Charakterisierung der sehr komplexen Systeme (BEINERT; BUSE; BABCOCK, WIKSTRÖM).

Die Cytochrom *c*-Oxidase (Abb. 10.5) ist über ein Cytochrom *c* mit dem periplasmatischen Raum und mit dem bc_1-Komplex verknüpft (Abbn. 6.1 und 6.2, 7.5). Es handelt sich um einen der wichtigsten, aber auch am kompliziertesten zusammengesetzten Typ von Metalloproteinen mit bis zu 13 Untereinheiten (Gesamtmolekülmasse >100 kDa). War man bis 1985 noch von einem Metallgehalt von 2 Cu und 2 (Häm-)Fe ausgegangen, so lassen neuere verfeinerte Analysenmethoden an Enzymen aus Mikroorganismen oder Rinderherz-Mitochondrien (204 kDa) auf insgesamt drei Kupfer-Zentren, zwei Häm a/a_3-Eisenatome sowie je ein Zn^{2+}- und Mg^{2+}-Ion pro monomerem Proteinkomplex schließen (STEFFENS et al.). Das Enzym liegt in der Mitochondrienmembran vermutlich als Dimer assoziiert vor (Abb. 10.5).

Das monomere Haupt-Protein (Untereinheit I, ca. 60 kDa) enthält als anorganische Bestandteile

- ein separates Cytochrom *a* (Metall-Metall-Abstände > 1.5 nm) mit low-spin Eisen(III), zwei axialen Histidin-Liganden, niedriger Porphyrin-Symmetrie und hohem Redoxpotential, sowie
- einen Komplex aus Cytochrom a_3 (high-spin Eisen) und Cu_B, die im oxidierten Zustand (Fe^{III}, Cu^{II}) anti-

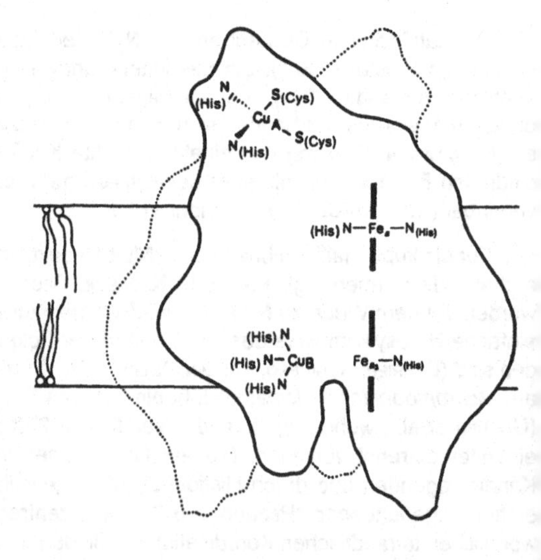

Abbildung 10.5: Schematische Darstellung der Redoxzentren im dimeren Multiproteinkomplex Cytochrom *c*-Oxidase in der Mitochondrienmembran (vgl. Abb. 6.2)

ferromagnetisch gekoppelt sind: (S = 5/2) - (S = 1/2) → (S = 2) und daher kein konventionelles ESR-Signal zeigen. Auch im völlig reduzierten Zustand ist S = 2 wegen der abgeschlossenen Schale des Cu(I) (d^{10}) und der high-spin-Konfiguration des Eisen(II). Letztere ist für eine Wechselwirkung mit dem Triplett-Disauerstoff wegen der geraden Anzahl ungepaarter Elektronen prädestiniert (Spin-Bilanz, vgl. Kap. 5.2), jedoch wäre auch das andere biochemisch relevante O_2-aktivierende Zentrum, nämlich nicht-isoliertes Kupfer in der Oxidationsstufe +I, in diesem reduzierten "a_3-Komplex" der Cytochrom-Oxidase vertreten. Leider liegen über strukturelle Details der beiden antiparallel Spin-Spin-gekoppelten und weniger als 500 pm voneinander entfernten Metallzentren des a_3-Komplexes noch keine ausreichenden Details vor (Babcock, Wikström). Ein Histidin-Rest wird für die axiale Koordination von cyt a_3 angenommen wobei die sechste Koordinationsstelle für Bindung von O_2 freibleibt; Cu_B ist dieser freien Position zugewandt und von drei Histidin-Resten umgeben (Abb. 10.5).

Untereinheit II (26 kDa) enthält außerhalb des eigentlichen Membranbereichs ein inzwischen als zweikernig identifiziertes Kupfer-Zentrum "Cu_A" mit im oxidierten Zustand ungewöhnlicher spektroskopischer Charakteristik, d.h. mit schwacher, sehr langwelliger Absorption bei 830 nm sowie sehr kleiner g-Anisotropie und ^{63,65}Cu-Kopplung im ESR-Spektrum. Es handelt sich um ein delokalisiertes gemischtvalentes System Cu(1.5)/Cu(1.5), worauf vor allem die ESR-Aufspaltung in sieben Linien durch Wechselwirkung eines

Für den Ablauf der Vierelektronen-Reduktion von O_2, katalysiert durch den cyt a_3/Cu_B-Komplex der Cytochrom *c*-Oxidase, ist folgender Mechanismus vorgeschlagen worden (Babcock, Wikström; Varotsis et al.):

(h.s.) Fe^{II} Cu^{I} (S=2)

↓ $^3O_2$ (S = 1)

(l.s.) $Fe^{II}(^1O_2)$ ···· Cu^{I}

↓

$Fe^{III}-(O_2^{2-})$ ···· Cu^{II}

$+ e^-$ ↓

$Fe^{III}-(O_2^{2-})$ Cu^{I}

$+ H^+$ ↓

$Fe^{III}-(OOH^-)Cu^{I}$

↓

$Fe^{II}-(OOH^-)$ ···· Cu^{II}

$+ H^+$ ↓

$Fe^{IV}=O$ $(H_2O)Cu^{II}$

$+ e^-$ ↓

$Fe^{III}(OH)$ ···· $(HO)Cu^{II}$ (S=2)

$+ 2 H^+, + 2 e^-$

$- 2 H_2O$

Gesamtreaktion: (10.16)

$O_2 + 4 e^- + 4 H^+ \rightarrow 2 H_2O$ bzw.

$O_2 + 4 \text{ Cyt } c^{2+} + 8 H^+_{innen} \rightarrow 2 H_2O + 4 \text{ Cyt } c^{3+} + 4 H^+_{außen}$

Elektronspins mit zwei äquivalenten Kernspins I = 3/2 hindeutet (ANTHOLINE et al.). Die Verbrückung dieser stark gekoppelten Metallzentren z.B. durch Cysteinat-S wird vermutet (LAPPALAINEN, SARASTE), als Alternative hierzu wurde eine erste direkte Metall-Metall-Bindung im biochemischen Bereich postuliert (BLACKBURN et al.).

Dem Cytochrom *a* und dem Cu_A werden im wesentlichen Elektronenübertragungs-Funktionen bei physiologisch hohem Potential zuerkannt, der Mechanismus der 4-Protonen/4-Elektronen-Reduktion des O_2 kann wie die 4-Elektronen-Oxidation von zwei H_2O (4.9) stufenweise formuliert werden (10.16; BABCOCK, WIKSTRÖM).

In der aufnahmebereiten, durch Cu_A und Cytochrom *a* zweielektronenreduzierten Form enthält der a_3-Komplex high-spin Eisen(II). Die Kopplung zwischen Eisen und Kupfer-Zentrum ermöglicht nach der Koordination des über einen Kanal eindiffundierten O_2 (Abb. 10.5) dessen rasche inner-sphere-Reduktion zum Peroxoliganden. Aufnahme eines Protons und eines Elektrons (stufenweiser vektorieller e^-, H^+-Transport in der Membran, → Phosphorylierung) kann von ESR-spektroskopisch nachweisbaren Hydroperoxo-Komplexen unter Spaltung der O-O-Einfachbindung zu dem bekannten Häm-Oxoferryl(IV)-System mit S = 1 führen (vgl. Kap. 6.3). Weitere Addition eines Elektrons bewirkt in diesem Modell die Reduktion des Oxoferryls; die beiden Hydroxo-Metallzentren dieses Fe(III)/Cu(II)-Ruhezustandes sind unter Wasserabspaltung zum Anfangszustand reduzierbar. Die Vierelektronen-Reduktion des O_2 verläuft so rasch, daß die mechanistischen Untersuchungen vor allem auf Tieftemperatur-Abfangtechniken beruhen (BABCOCK, WIKSTRÖM). Noch nicht abschließend geklärt ist, ob die endergonische Protonentranslokation (10.16) nahe an den Redoxzentren über Säure/Base-Liganden oder weiter entfernt über einen Konformationswechsel-Mechanismus erfolgt; möglicherweise ist das in einer der kleineren Proteinuntereinheiten gebundene Zn^{2+}-Ion über Aqua- oder Hydroxo-Liganden an der Protonenübertragung beteiligt (vgl. Kap 12.1 und 12.2).

Im Gegensatz zum $^3O_2$-freisetzenden Mangan-Enzym der Wasser-Oxidase (Kap. 4.3) weisen die kritischen Stufen der O_2-*konsumierenden* Cytochrom *c*-Oxidase eine *gerade* Anzahl ungepaarter Elektronen auf, was die effektive Bindung und nachfolgende Umsetzung von $^3O_2$ begünstigt. Ebenso wie bei dem reversibel O_2-übertragenden und am Beginn der Atmung stehenden Nichtenzym Hämoglobin konkurriert hier gasförmiges Kohlenmonoxid mit O_2. Toxikologisch wichtiger ist jedoch die sehr effektive Inhibierung der nur in geringer Menge vorliegenden Cytochrom *c*-Oxidase (Tab. 5.1) durch lösliches Cyanid, welches über eine irreversible Bindung an den Häm a_3 /Cu_B-Komplex den Atmungsprozeß im terminalen enzymatischen Teil blockiert.

10.5 Cu,Zn-Superoxid-Dismutase: Ein substratspezifisches Antioxidans

Superoxid-Dismutasen (SODs) katalysieren – wie auch viele nicht-enzymatische, physiologisch allerdings wegen unkontrollierten Verhaltens nicht wünschenswerte "freie" Übergangsmetallionen – die Disproportionierung ("Dismutation") von zelltoxischem $O_2^{\bullet -}$ zu O_2 und H_2O_2. Wasserstoffperoxid kann über Katalasen weiter disproportionieren (→ O_2 und H_2O, vgl. 6.12) oder über Peroxidasen und Haloperoxidasen anderweitige Verwendung finden (s. Kap. 6.3, 11.4 und 16.8). Neben der hier vorgestellten Cu,Zn-haltigen Superoxid-Dismutase aus dem Cytoplasma von Eukaryonten existieren auch Formen, welche Eisen (Bakterien) oder Mangan enthalten (Mitochondrien-SOD, Bakterien; FRIDOVICH; CASS). Manganhaltige Superoxid-Dismutasen wurden strukturell gut charakterisiert (STALLINGS et al); das Mn(III)-Zentrum (2 $Mn^{III} \rightleftharpoons Mn^{II} + Mn^{IV}$) ist trigonal-bipyramidal von drei Histidin-Resten, einem η^1-Aspartat- und vermutlich einem Wasser-Liganden umgeben.

Angesichts der Metastabilität des Radikalanions $O_2^{\bullet -}$ ist zunächst keine ausgesprochene Katalysator-Spezifizität von Superoxid-Dismutasen erforderlich; benötigt werden sauerstoffaffine Metallkationen, die ihre Wertigkeit leicht um eine Stufe ändern können. O_2-aktivierende Zentren wie etwa Häm-Systeme, Typ 3-Kupferproteine, Nicht-Häm-Dimere, Kupfer/Cofaktor-Komplexe oder Cytochrom *c*-Oxidase enthalten unter anderem deshalb mindestens *zwei* wechselwirkende redoxaktive Zentren (2 Metalle oder 1 Metall + π-System), um die Einelektronenreduktion des O_2 zu $O_2^{\bullet -}$ zu umgehen; diese Maßnahmen können jedoch das Entstehen geringer Anteile von Superoxid $O_2^{\bullet -}$ bzw. seiner konjugierten Säure $HO_2^{\bullet}$ (5.2) durch "Leckage" von Einelektronen-Äquivalenten nicht vollständig verhindern (FRIDOVICH). Die Dismutierung von $O_2^{\bullet -}$ sollte im physiologischen Bereich sehr rasch, d.h. annähernd diffusionskontrolliert erfolgen, um unkontrollierte Oxidationen durch dieses auch von Herbiziden mit O_2 gebildete Radikalanion und seine mit Übergangsmetallionen gebildeten Folgeprodukte zu vermeiden (vgl. 3.11 und 4.6). Eine weitere wesentliche Voraussetzung für SODs ist ihre Resistenz gegenüber Abbau (Autoxidation) durch das aggressive Edukt ($O_2^{\bullet -}$) und die Produkte (O_2^{2-}, O_2).

Die relativ kleine (2 x 16 kDa) Cu,Zn-SOD aus Erythrozyten, früher auch als Erythrocuprein bezeichnet, ist strukturell gut untersucht (TAINER et al.); sie enthält Kupfer und Zink verbrückt durch den deprotonierten, resonanzstabilisierten (10.17) Imidazolat-Ring eines Histidin-Restes. Die übrigen Aminosäure-Liganden sind 3 His (Cu) bzw. 2 His und 1 Asp^- (Zn). Die Geometrie am Kupfer ist im Vergleich zu einem regulären Tetraeder stärker verzerrt als diejenige am Zink (Abb. 10.6), wodurch eine durch H_2O vorübergehend besetzte Koordinationsstelle für $O_2^{\bullet -}$ am katalytisch aktiven Kupfer geschaffen wird (→ quadratisch pyramidale Anordnung, vgl. Abb. 10.7).

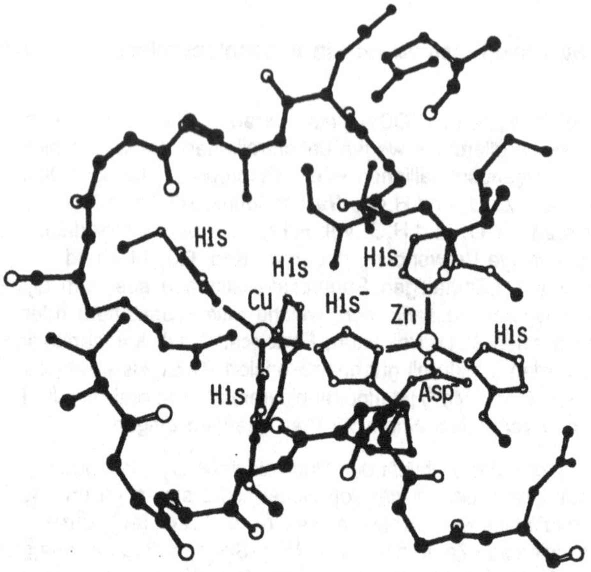

Abbildung 10.6: Struktur des Dimetall-Zentrums von Cu,Zn-SOD aus Rinder-erythrozyten (nach TAINER et al.)

Der genaue Mechanismus der Dismutierung, insbesondere die Funktion des Zn^{2+} und des Imidazolats sind teilweise noch umstritten; wesentlich ist, daß das redoxaktive Metallzentrum (hier Cu) metastabiles Superoxid in der einen Form oxidieren, in einer anderen Oxidationsstufe hingegen reduzieren kann. Gemäß (10.17) und (10.18) wird vermutet, daß nach Oxidation des $O_2^{\bullet -}$ zu O_2 durch die Ausgangsform **1** (SODs dürfen durch O_2 *nicht* oxidierbar sein!) das nun reduzierte Kupfer(I)-Zentrum durch ein Proton ersetzt werden kann und somit ein normaler, geometrisch relaxierter Zink-Komplex **3** des Histidins resultiert. Das koordinativ ungesättigte, aber noch im Protein verankerte Kupfer(I) kann durch Wasserstoffbrücken-koordiniertes Superoxid-Anion oxidiert werden (**4**), wobei das gebildete basische (Hydro-)Peroxid (5.2) durch den Imidazolring des Zink-koordinierten Histidins protoniert und so zu H_2O_2 umgesetzt wird. Triebkraft hierfür wäre unter anderem die Affinität von Kupfer(II) zum Imidazol-Rest des Histidins. Entfernung des Zn^{2+} scheint nur eine unwesentliche Verringerung der enzymatischen Aktivität zu bewirken; möglicherweise besitzt dieses Metallion eine rein strukturelle Funktion. Die hohe Konzentration der Cu,Zn-Superoxid-Dismutase in Erythrozyten hat auch zu der Vermutung geführt, daß es sich primär um ein Metall-Speicherprotein handelt und die SOD-Funktion sekundär ist.

Katalysezyklus für Cu,Zn-Superoxid-Dismutase

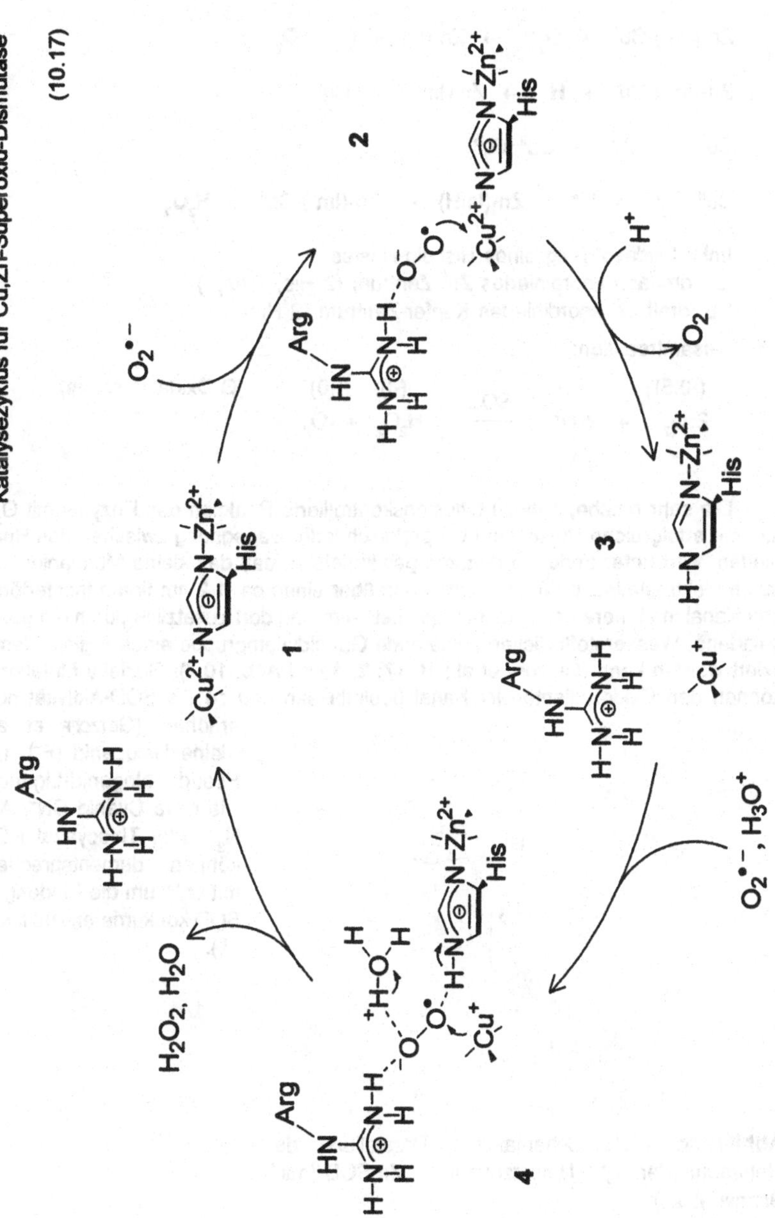
(10.17)
1
2
3
4
Arg
His
O2•−
H+
O2
O2•−, H3O+
H2O2, H2O

hypothetischer Mechanismus: (10.18)

$$Zn\text{-}(Im^-)\text{-}Cu^{II} + \mathbf{O_2^{\bullet -}} \rightarrow Zn\text{-}(Im^-)\text{-}Cu^{I} + \mathbf{O_2}$$

$$Zn\text{-}(Im^-)\text{-}Cu^{I} + \mathbf{H^+} \rightarrow Zn\text{-}(ImH) + Cu^{I}$$

$$Cu^{I} + \mathbf{O_2^{\bullet -}} \rightarrow Cu^{II}\cdots O_2^{2-}$$

$$Cu^{II}\cdots O_2^{2-} + \mathbf{H^+} + Zn\text{-}(ImH) \rightarrow Zn\text{-}(Im^-)\text{-}Cu^{II} + \mathbf{H_2O_2}$$

ImH: Imidazol-Ring eines Histidin-Restes
Zn: dreifach koordiniertes Zn^{II}-Zentrum (2 His, 1 Asp^-)
Cu: dreifach koordiniertes Kupfer-Zentrum (3 His)

Gesamtreaktion:

$$\underset{(-0.5)}{2\,O_2^{\bullet -}} + 2\,H^+ \xrightarrow{SOD} \underset{(-I)}{H_2O_2} + \underset{(0)}{O_2} \quad \text{(O-Oxidationsstufe)}$$

Die sehr rasche, nahezu diffusionskontrollierte Reaktion des Enzyms mit $O_2^{\bullet -}$, d.h. die erfolgreiche Umsetzung bei praktisch jeder Begegnung zwischen den Reaktanden, wird unter anderem dadurch gewährleistet, daß das kleine Monoanion $O_2^{\bullet -}$ durch elektrostatische Wechselwirkungen über einen ca. 1.2 nm tiefen trichterförmigen Kanal ins Innere des Proteins "geleitet" wird und dort zusätzlich durch die positiv geladene, Wasserstoffbrücken-anbietende Guanidiniumgruppe eines Arginin-Restes fixiert werden kann (GETZOFF et al.; 10.17: **2**, **4** und Abb. 10.7). Gezielte Mutationen können den Feldgradienten im Kanal beeinflussen und so die SOD-Aktivität noch erhöhen (GETZOFF et al.). Kleine Halogenid (F^-)- und Pseudohalogenid-Liganden wie etwa Cyanid CN^-, Azid N_3^-, oder Thiocyanat NCS^- können dementsprechend mit $O_2^{\bullet -}$ um die Bindung an SOD konkurrieren (BERTINI et al.).

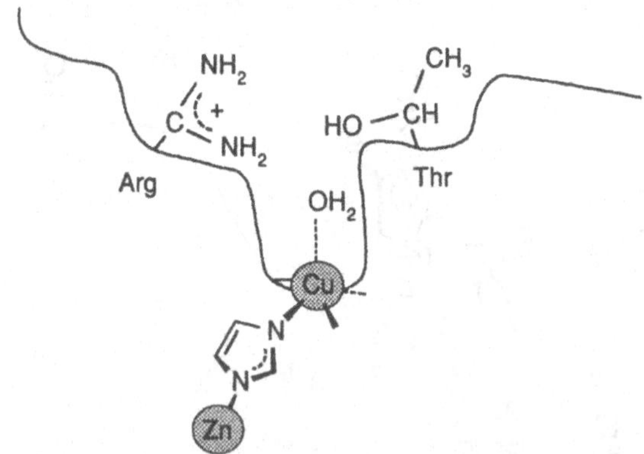

Abbildung 10.7: Schematische Darstellung des Hohlraums der $O_2^{\bullet -}$-Umsetzung in Cu,Zn-SOD (nach BERTINI et al.)

Nach der Beschreibung H_2O_2-umwandelnder Häm-Peroxidasen (vgl. 6.12) sind hier die Enzyme für den Abbau eines zweiten toxischen Reduktionsprodukts des O_2 vorgestellt worden. Eine dritte Gruppe von biologischen Antioxidantien, nämlich Enzyme für die Detoxifikation gegenüber dem hochreaktiven Hydroxyl-Radikal, wird in Tabelle 16.1 präsentiert.

Wie beim Peroxid-Abbau (→ Substrat-Oxidation) und der ursprünglichen "Ökokatastrophe" biogener O_2-Entstehung (→ Atmung) entwickelte sich auch in bezug auf das Superoxid eine Verwertung dieses scheinbar rein toxischen Naturstoffs durch Organismen. Die für das körpereigene Abwehrsystem höherer Organismen wichtigen Phagocyten ("Freßzellen", Neutrophile) produzieren mit Hilfe der "respiratory burst oxidase" große Mengen an Superoxid und dessen Folgeprodukten (H_2O_2, ClO^-), um eingedrungene Mikroorganismen nach deren Umhüllung abzutöten (Segal, Abo). Dieses Abwehrsystem, das im Falle von Autoimmunkrankheiten wie etwa rheumatischer Arthritis (s. Kap. 19.4.3) Funktionsstörungen aufweisen kann, läßt sich durch Verabreichung von Superoxid-Dismutase als in großer Menge gewonnenem entzündungshemmendem Medikament beeinflussen. Vergleichbares gilt für die Folgen ionisierender Strahlung, welche vor allem sauerstoffhaltige Radikale produziert (Sorenson; s. Kap. 18.1); ebenso existieren Zusammenhänge zwischen der SOD-Aktivität und der Geschwindigkeit von Alterungsprozessen (Orr, Sohal) sowie der erblich bedingten Entstehung neurodegenerativer Erkrankungen wie der amyotrophischen Lateralsklerose durch Punktmutationen im Enzym (Deng et al.; Rosen et al.).

11 Biologische Funktion der "frühen" Übergangsmetalle: Molybdän, Wolfram, Vanadium, Chrom

Im Gegensatz zu "späten" Übergangsmetallen wie Cobalt, Nickel oder Kupfer zeichnen sich die Metalle aus dem vorderen Bereich der Übergangsmetallreihen dadurch aus, daß sie unter aeroben Bedingungen in wäßriger Lösung hohe Oxidationsstufen, hohe Koordinationszahlen und "harte", insbesondere negativ geladene Sauerstoff-Koordinationszentren bevorzugen. In vielen Fällen ergibt sich dadurch eine negative Gesamtladung der resultierenden Oxo- oder Hydroxo-Komplexe, was vor allem im Hinblick auf physiologische Aufnahme- und Mobilisierungs-Mechanismen von Bedeutung ist. Für Scandium und Titan am Beginn der ersten (3d-)Übergangsmetallreihe konnte zwar noch keine physiologische Bedeutung nachgewiesen werden; Vanadium und Chrom sowie dessen schwerere Homologe im Periodensystem, Molybdän und Wolfram, besitzen jedoch recht differenzierte physiologische Funktionen. Das biologisch bedeutendste Element in dieser Reihe ist zweifellos das Molybdän, dessen Chemie und enzymatische Funktionen (STIEFEL, COUCOUVANIS, NEWTON; BRAY; BURGMAYER, STIEFEL) im Bereich von Sauerstoff-Übertragung und Stickstoff-Fixierung ausführlicher vorgestellt werden.

11.1 Sauerstoff-Übertragung durch Wolfram- und Molybdän-enthaltende Enzyme

11.1.1 Überblick

Der essentielle Charakter von Molybdän für Lebensprozesse ist zwar seit längerem aus den Ernährungs- und Agrarwissenschaften bekannt, aus anorganisch-chemischer Sicht stellt dies jedoch eine Besonderheit dar: Molybdän ist nach dem gegenwärtigen Kenntnisstand das einzige Element aus der zweiten (4d-)Übergangsmetallreihe des Periodensystems, dem eine biologische Funktion zukommt. Die Erklärung hierfür greift zunächst auf die Bioverfügbarkeit zurück: Zwar ist Molybdän wie auch alle anderen Schwermetalle aus diesem Bereich des Periodensystems in der Erdkruste recht selten anzutreffen (Abb. 2.2), es ist jedoch in der stabilsten, sechswertigen Form als Molybdat(VI) MoO_4^{2-} bei pH 7 gut in (Meer-)Wasser löslich (ca. 100 mM, vgl. Abb. 2.2). Es zeigt hierin – wie auch in struktureller Hinsicht – eine starke Ähnlichkeit zum biologisch wichtigen, weil Schwefel-transportierenden Sulfat-Ion SO_4^{2-}. Im Gegensatz zum Molybdat(VI) sind die Oxometallate MO_n^{m-} des schwereren Homologen Wolfram sowie der links im Periodensystem stehenden Metalle Niob, Tantal, Zirconium und Hafnium bei pH 7 kaum löslich; die weiter rechts im Periodensystem erscheinenden 4d- und 5d-Elemente, die Platinmetalle wie auch Technetium (s. Kap. 18.3.2) und Rhenium sind offenbar zu selten, als daß sie biologische Bedeutung haben.

Im Jahre 1983 wurde jedoch erstmals eine aus dem Mikroorganismus *Clostridium thermoaceticum* isolierte Formiat($HCOO^-$)-Dehydrogenase beschrieben, die neben Eisen, Schwefel und Selen (vgl. Kap. 7.4 und 16.8) Wolfram statt Molybdän als aktivierende Komponente enthält (Yamamoto et al.; s. Tab. 11.1). Seither sind zunehmend weitere Wolfram-inkorporierende Mikroorganismen gefunden worden (Wagner, Andreesen), insbesondere bei thermophilen (ca. 65°C; Schmitz, Albracht, Thauer) oder hyperthermophilen Archäa (ca. 100°C; George et al.). Letztere werden in der Nähe hydrothermaler Heißwasserquellen (hot vents) gefunden, die entlang der mittelozeanischen Rücken auf dem Meeresgrund auftreten und die über einen chemolithotrophen Stoffwechsel (Sulfid-Oxidation, CO_2-Reduktion) ein von Sonnenlicht unabhängiges Leben ermöglichen. Analoge Wolfram- und Molybdän-Enzyme sind in sauerstoffübertragender Funktion und Zusammensetzung sehr ähnlich, in Einklang mit anorganisch-chemischer Erfahrung erfordern die Wolfram-Enzyme höhere Temperaturen (Molybdän-Enzyme als Anpassung an die sinkende Oberflächentemperatur der Erde ?) und ein negativeres Redoxpotential für die Übergänge zwischen sechs-, fünf- und vierwertiger Form.

Die Regel, daß die schwereren Homologen innerhalb einer Übergangsmetallgruppe höhere Oxidationsstufen bevorzugen, bedeutet umgekehrt, daß das dem MoO_4^{2-} analoge, bei pH 7 ebenfalls gut lösliche Chromat(VI) CrO_4^{2-} ein starkes, unter physiologischen Bedingungen nicht lange beständiges Oxidationsmittel darstellt. In Kapitel 17.8 wird dargelegt, weshalb CrO_4^{2-} aus diesem Grunde sogar mutagen wie auch cancerogen wirkt.

Neben der Bioverfügbarkeit muß natürlich auch eine nützliche Funktion vorhanden sein, um Metalle wie Molybdän oder Wolfram zu essentiellen Elementen werden zu lassen. Die im folgenden wegen ihrer besseren Charakterisierung hauptsächlich vorgestellten Molybdoenzyme stellen einerseits neben eisen- und kupferhaltigen Proteinen (vgl. Tab. 10.1) eine weitere Klasse von Hydroxylasen, zum zweiten spielt ein "FeMo-Cofaktor" eine wesentliche Rolle bei der Hauptform der Distickstoff(N_2)-fixierenden Nitrogenasen (s. Kap. 11.2).

11.1.2 Der Molybdopterin-Cofaktor

Die Chemie des Molybdäns in wäßriger Lösung ist bei niedrigeren Oxidationsstufen als +VI durch Aggregation ("Cluster"-Bildung) gekennzeichnet. Es treten, wie in (11.1) gezeigt, dimere und trimere ionische Systeme auf, in denen die Metalle durch Hydroxo- oder Oxo-Brücken verknüpft sowie durch Wasser-Liganden koordinativ abgesättigt sein können (EXAFS-Messungen: Cramer et al.).

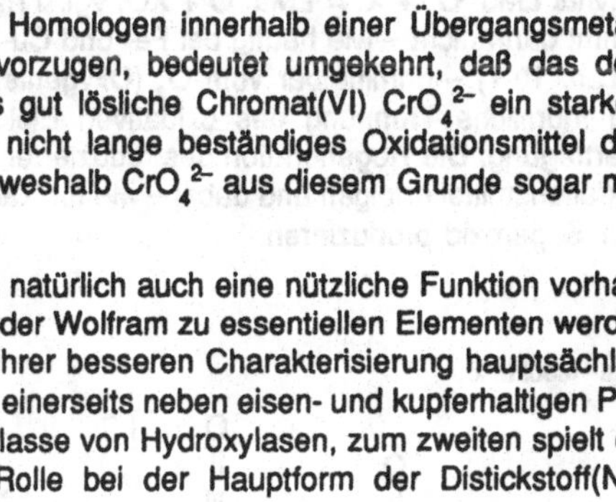

$[Mo_2O_4]^{2+}$ Mo(V) — $[Mo_3O_4]^{4+}$ Mo(IV) — $[Mo_2(OH)_2]^{4+}$ Mo(III) — $[Mo{\equiv}Mo]^{4+}$ Mo(II) (11.1)

In Gegenwart eines Proteins als vielzähnigem, abschirmendem Chelatsystem oder auch bei Verwendung spezieller Cofaktor-Liganden kann diese Aggregation zurückgedrängt werden, so daß dann – wie auch bei vielen anderen Metallen – eine eher "ungewöhnliche" biologische Komplexchemie dieser Oxidationsstufen resultiert. Die physiologisch relevanten Oxidationszustände des Molybdäns reichen vermutlich von +IV bis +VI, und die entsprechenden Redoxpotentiale liegen – anders als bei den homologen Chrom-Komplexen (zu hoch) und Wolfram-Systemen (relativ niedrig) – mit ca. -0.3 V im biochemisch gut nutzbaren Bereich. In diesen Oxidationsstufen besitzt Molybdän eine etwa gleichermaßen ausgeprägte Affinität zu negativ geladenen O- und S-Liganden (Oxid, Sulfid, Thiolate, Hydroxid); auch N-Liganden werden gut koordiniert. Eine wesentliche biologische Funktion des Molybdäns scheint es zu sein, kontrollierte Zweielektronen-Übergänge und Sauerstoff-Transfers zwischen einem entsprechenden Substrat und räumlich davon getrennten Einelektronen-Überträgern wie etwa Cytochromen, Fe/S-Zentren oder Flavinen zu katalysieren. Kopplung beider Teilfunktionen führt formal zur direkten Übertragung eines Sauerstoff*atoms* vom Metallzentrum auf das Substrat oder umgekehrt (Oxotransferase-Aktivität $LMo^{VI}O_2 + X \rightleftarrows LMo^{IV}O + XO$, vgl. 11.2; HOLM). Der übertragene Sauerstoff kommt dann nicht – wie häufig bei Fe- und Cu-haltigen Hydroxylasen (Oxygenasen, s. Tab. 10.1) – unmittelbar vom O_2 (Oxygenierung), das Resultat ist eine zeitliche und räumliche Trennung des oxidativen Elektronentransfers von der Sauerstoff-Übertragung. Die Regeneration des reduzierten Enzyms kann natürlich durch O_2 als Oxidationsmittel erfolgen und dabei – wie für Xanthin-Oxidase wohlbekannt – Peroxid oder Superoxid produzieren.

Nitrat-Reduktase:

$$L{-}Mo{=}O \;(Mo(IV)) + NO_3^- \rightleftarrows [L{-}Mo(O){-}O{-}NO_2]^- \xrightarrow{-NO_2^-} L{-}Mo(O){=}O \;(Mo(VI))$$

$$L{-}Mo(O)_2 \;(Mo(VI)) \underset{-e^-,\,-H^+}{\overset{+e^-,\,+H^+}{\rightleftarrows}} L{-}Mo(O)(OH) \;(Mo(V)) \underset{-e^-,\,-H^+,\,H_2O}{\overset{+e^-,\,+H^+}{\rightleftarrows}} L{-}Mo{=}O \;(Mo(IV))$$

L: Liganden in der Koordinationssphäre des Molybdäns (11.2)

"Oxidation"

Im biochemischen Sprachgebrauch kann Oxidation entweder Elektronenentzug (→ Oxidase- oder Oxidoreduktase-Enzyme), Wasserstoffentfernung (→ Dehydrogenase-Enzyme) oder Einführung von Sauerstoff bedeuten (→ Oxygenase-, Hydroxylase-Enzyme). Bei den O_2-abhängigen Oxygenasen wird zwischen Mono- und Dioxygenasen unterschieden (vgl. Tab. 10.3); die Sauerstoff-Übertragung kann mechanistisch auf verschiedene Weise in Teilschritten erfolgen: $O = O^{\bullet-} - e^-$ (P-450) $= O^{2-} - 2\ e^-$ (Mo).

Zahlreiche Molybdän-abhängige Hydroxylasen sind heute bekannt (PILATO, STIEFEL; HILLE; Tab. 11.1), zu ihnen gehören die Xanthin-Oxidase, die Sulfit-Oxidase und die Nitrat-Reduktase (s. 11.2). Wichtige Funktionen im Stoffwechsel besitzen auch Mo-haltige Enzyme vom Typ der Aldehyd-Oxidasen, die nicht nur ihrem Namen entsprechend am Alkohol-Stoffwechsel beteiligt sein können (s. Kap. 12.5), sondern ebenso

Tabelle 11.1: Einige molybdänhaltige Hydroxylasen und die dadurch katalysierten Reaktionen

Enzym	Molekülmasse (kDa)	prosthetische Gruppen	typische Funktion
Xanthin-Oxidase	275 (Dimer)	2 Mo, 4 Fe_2S_2, 2 FAD	Oxidation von Xanthin zu Harnsäure in Leber und Niere (11.12, 11.13)
Nitrat-Reduktase	228 (Dimer)	2 Mo, 2 cyt *b*, 2 FAD	Nitrat/Nitrit-Umwandlung in Pflanzen, Tieren und Mikroorganismen (11.2): $NO_3^- + 2\ H^+ + 2\ e^- \rightleftharpoons NO_2^- + H_2O$
Aldehyd-Oxidase	280 (Dimer)	2 Mo, 4 Fe_2S_2, 2 FAD	Oxidation von Aldehyden, Heterozyklen, Aminen, Sulfiden in der Leber
Sulfit-Oxidase	110 (Dimer)	2 Mo, 2 cyt *b*	Sulfit-/Sulfat-Umwandlung in der Leber (Sulfit-Entgiftung, 11.5): $SO_3^{2-} + H_2O \rightleftharpoons SO_4^{2-} + 2\ e^- + 2\ H^+$
Arsenit-Oxidase	85	1 Mo, FeS	Umwandlung von Thiolat-blockierendem AsO_2^- durch Mikroorganismen $AsO_2^- + 2\ H_2O \rightleftharpoons AsO_4^{3-} + 2\ e^- + 4\ H^+$
Formiat-Dehydrogenase (Mo)	>100	Mo, Fe_nS_n, Se	CO_2-Reduktion durch Mikroorganismen $HCOO^- \rightleftharpoons CO_2 + 2\ e^- + H^+$
Formiat-Dehydrogenase (W)	340	W, Fe_nS_n, Se	CO_2-Reduktion durch Mikroorganismen $HCOO^- \rightleftharpoons CO_2 + 2\ e^- + H^+$

die Sauerstoffatom-Übertragung in den Systemen Amin/Aminoxid, Arsenit/Arsenat (s. Kap. 16.4) oder Sulfid/Sulfoxid katalysieren. Letztere Reaktion spielt eine wichtige Rolle bei der Umwandlung von D-Biotin-5-oxid in das eigentlich coenzymatische Biotin (Vitamin H) sowie bei der Umwandlung von Dimethylsulfoxid (DMSO) in das für den globalen Schwefel-Kreislauf wichtige Dimethylsulfid (WEINER et al.). Mo- und W-enthaltende Formiat- und Formylmethanofuran-Dehydrogenasen sind essentiell innerhalb des C_1-Stoffwechsels ($CO_2 \rightarrow \rightarrow \rightarrow CH_4$) von Mikroorganismen. Generell katalysieren Molybdoenzyme die in (11.3) zusammengefaßten Reaktionen.

$$\text{>C-H} \rightarrow \text{>C-OH}$$

$$R_nE| \rightarrow R_nE{\rightarrow}O$$

$$E = N, S, As \qquad (11.3)$$

Fehlfunktionen der Molybdoenzyme in höheren Organismen sind bekannt und äußern sich z.B. in Problemen des Harnsäuremetabolismus (→ Gicht, beeinträchtigte Aktivität der Xanthin-Oxidase) oder in neurologischen Störungen (Dysfunktion der Sulfit-Oxidase). Unklar ist die etablierte Rolle des Molybdäns bei der Zahnhärtung. Auf den lange aus der Viehzucht bekannten Cu/MoS-Antagonismus wurde in Kap. 10 schon kurz hingewiesen; die Nukleophilie von elektronenreichem koordiniertem Sulfid als "weicher" Base führt bei den im Wiederkäuermagen gebildeten Thiomolybdaten(VI) nicht nur zu einer Farbe (energiearmer LMCT-Übergang $S^{-II} \rightarrow Mo^{+VI}$), sondern auch zu deren Eignung als effiziente Chelatliganden für positiv geladene, gleichwohl π-elektronenreiche ("weiche") Metallionen wie insbesondere Cu^+. Der Entzug von für die Funktionsfähigkeit von Kollagenasen erforderlichem Kupfer (Kap. 10.3) kann zur Bindegewebsschwäche von Weidetieren auf Molybdänreichen Böden führen.

MoS_4^{2-} : $(S{=})_2Mo(S^-)_2$ $\qquad Cu^+ \qquad (11.4)$

weiches Nukleophil (Sulfid-Zentren)	weiches Elektrophil (Ladung 1+)
π-elektronenarm (Mo^{VI}, d^0-Konfiguration)	π-elektronenreich (d^{10}-Konfiguration)

Die Oxidationsäquivalente werden bei den nicht direkt O_2-abhängigen Oxidationsreaktionen der Molybdoenzyme über Elektronentransferproteine in Einelektronenschritten zur Verfügung gestellt. Dementsprechend ist Molybdän in diesen Enzymen immer von Cofaktoren wie etwa Cytochromen, Fe/S-Zentren oder Flavinen begleitet (Tab. 11.1). Die relativ großen Proteine sind jedoch meist noch nicht soweit strukturell charakterisiert, daß schon definitive Mechanismen des Zusammenwirkens der einzelnen Komponenten als gesichert gelten können. Schema (11.5) zeigt daher zunächst einen eher funktionalen Katalysezyklus für die wichtige Sulfit-Oxidation zu Sulfat, wobei intermediär auch ESR-spektroskopisch nachweisbares Mo(V) mit seiner d^1-Konfiguration beobachtet wird. Oxid-Liganden sind entweder nach Reduktion aufgrund stark erhöhter Basizität protoniert oder nach erfolgtem O-Transfer durch Hydroxid aus dem umgebenden Wasser ersetzt worden.

Sulfit-Oxidase:

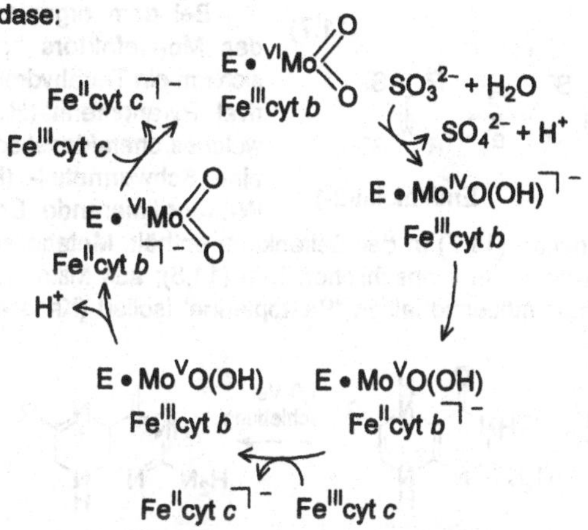

$$\mathrm{E \bullet {}^{VI}Mo(=O)_2 \; Fe^{III}cyt\,b} \xrightarrow{SO_3^{2-} + H_2O \;\to\; SO_4^{2-} + H^+} \mathrm{E \bullet Mo^{IV}O(OH)]^- \; Fe^{III}cyt\,b} \to \mathrm{E \bullet Mo^{V}O(OH) \; Fe^{II}cyt\,b]^-} \xrightarrow{Fe^{III}cyt\,c \;\to\; Fe^{II}cyt\,c]^-} \mathrm{E \bullet Mo^{V}O(OH) \; Fe^{III}cyt\,b} \xrightarrow{-H^+} \mathrm{E \bullet {}^{VI}Mo(=O)_2 \; Fe^{II}cyt\,b]^-} \xrightarrow{Fe^{III}cyt\,c \;\to\; Fe^{II}cyt\,c]^-} \mathrm{E \bullet {}^{VI}Mo(=O)_2 \; Fe^{III}cyt\,b} \tag{11.5}$$

E: (Apo-)Enzym; Fe cyt: Cytochrom mit Angabe der Eisen-Oxidationsstufe

Gesamtreaktion: $SO_3^{2-} + H_2O + 2\,Fe^{III}cyt\,c \;\rightarrow\; SO_4^{2-} + 2\,H^+ + 2\,Fe^{II}cyt\,c]^-$

ESR-Untersuchungen an auftretenden Mo(V)-Zwischenstufen haben sich zu Anfang als ein Verfahren zur Bestimmung der Koordinationsverhältnisse erwiesen. Berühmt geworden ist der Versuch von BRAY und MERIWETHER (1966), die einer friesischen Kuh ^{95}Mo-angereichertes Molybdat injizierten, um in der aus der Milch gewonnen Xanthin-Oxidase die Kopplung des ungepaarten Elektrons mit dem Kernspin I = 5/2 des ^{95}Mo eindeutig nachweisen zu können. Aus solchen Experimenten wie auch aus dem Hinweis auf drei zugängliche Metalloxidationsstufen wird die Beteiligung von Mo(VI), Mo(V) und Mo(IV) an den enzymatischen Reaktionen hergeleitet.

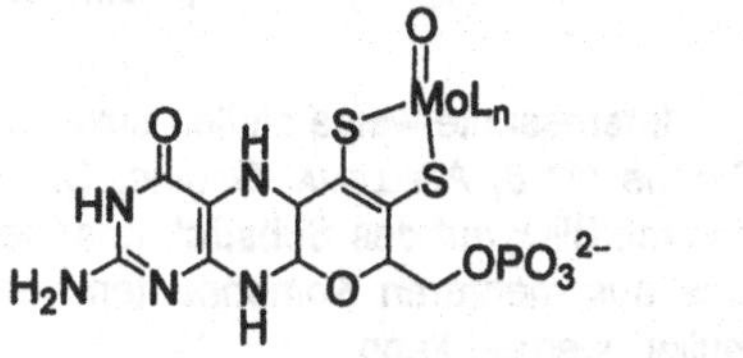

Die Struktur des Mo-Cofaktors (HILLE) wurde interessanterweise erst geklärt, nachdem die Proteinkristallstruktur eines verwandten Wolframenzyms, einer Aldehydoxidase, aus hyperthermophilen Mikroorganismen gelöst wurde (ROY, ADAMS).

Mo-Cofaktor ("Moco"); L_n: Liganden

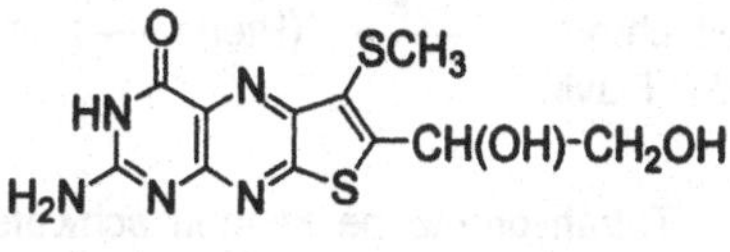

Urothion (11.6)

(11.7)

1,2-Dithioketon $\underset{-e^-}{\overset{+e^-}{\rightleftharpoons}}$ $\underset{-e^-}{\overset{+e^-}{\rightleftharpoons}}$ Endithiolat(2-)

Bei dem organischen Teil des Mo-Cofaktors handelt es sich um ein Tetrahydropterin-Derivat "Pyranopterin" (HILLE; 11.6), welches charakteristischerweise eine Schwermetall- (Mo- oder W-)koordinierende Endithiolat- bzw. "Dithiolen"-Chelatfunktion (11.7) in der Seitenkette enthält. Metabolisiert findet sich dieses Pterin als Urothion im menschlichen Urin (11.6); aus Mikroorganismen wurden sehr ähnliche, aber nukleotidhaltige "Baktopterine" isoliert (KRÜGER, MEYER).

(11.8)

Pterin $\underset{}{\overset{+2\,e^-,\ +2\,H^+}{\rightleftharpoons}}$ 5,8-Dihydropterin $\xrightarrow{\text{1,3-Verschiebung}}$ 7,8-Dihydropterin

7,8-Dihydropterin $\xrightarrow{+2\,e^-,\ +2\,H^+}$ 5,6,7,8-Tetrahydropterin

5,6,7,8-Tetrahydropterin $\underset{-2\,e^-,\ -2\,H^+}{\rightleftharpoons}$ chinoides 6,7-Dihydropterin $\longrightarrow$ 7,8-Dihydropterin

Interessanterweise stellen sowohl Dithiolene (11.7; BURNS, MCAULIFFE) wie auch Pterine (11.8; ABELLEIRA, GALANG, CLARKE) potentiell redoxaktive π-Systeme dar, so daß mit Blick auf das Substrat, das Metall und die weiteren prosthetischen Gruppen eine aus mehreren Komponenten bestehende Elektronentransfer-Kette (11.9) formuliert werden kann.

(11.9)

Fe/S-System, Cytochrom, oder Flavin $\xrightarrow{-1e^-\ -1e^-}$ (Pterin ⟶) Dithiolen ⟶ Oxo-Molybdat $\xrightarrow{-2e^-,\ +O^{2-}}$ Substrat

Tetrahydropterine können schwefelkoordiniertes Molybdän(VI) reduzieren und werden dabei selbst zum enzymatisch wieder reduzierbaren chinoiden Dihydropterin oxidiert (BURGMAYER et al.); für Mo- oder W-abhängige Oxotransferase-Enzyme wurde nur die Endithiolat-Koordination des Schwermetalls gefunden. Die etablierte Koordinationsfähigkeit von Pterinen (ABELEIRA, GOLANG, CLARKE) schließt alternative Koordinationsanordnungen wie etwa (11.10) *in vitro* nicht aus (FISCHER, STRÄHLE, VISCONTINI).

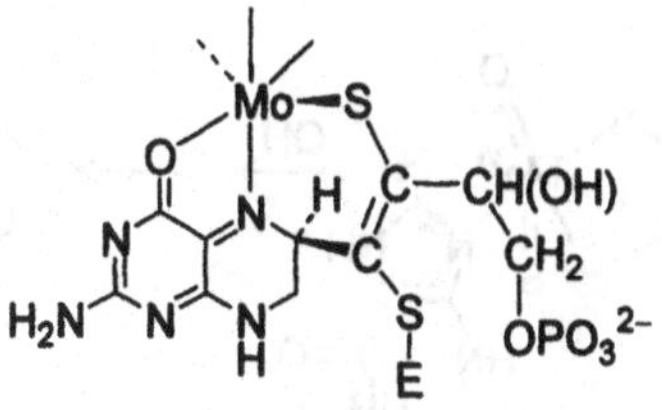

Im oxidierten Zustand enthalten Nitrat-Reduktase und Sulfit-Oxidase eine zweite Oxo-Funktion am Metall (11.11), die bei Reduktion abgebaut werden kann; entweder erfolgt hier ein Oxotransfer mit nachgeschalteter H_2O- oder OH^--Koordination, oder zwei aufeinanderfolgenden Einelektronentransferschritte sind von Protonierung des dadurch wesentlich basischeren Sauerstoffatoms begleitet (11.11). Für die Xanthin- und Aldehyd-Oxidase wird im oxidierten Zustand ein Sulfid-Ligand gefunden, welcher nach Reduktion zu einem "Sulfhydryl"-Liganden protoniert werden kann (11.11, 11.13).

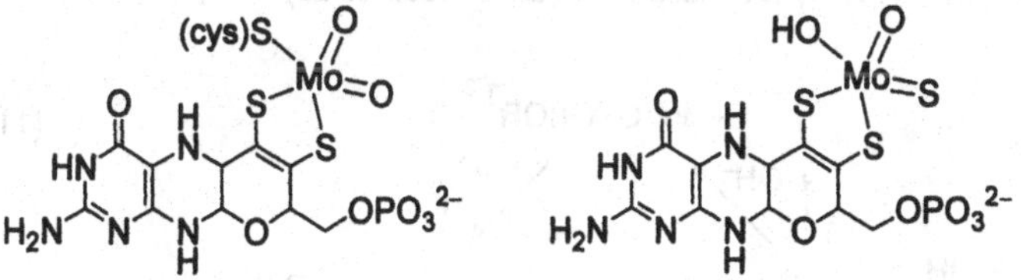

E = H, CH_3, Protein (11.10)

Sulfit-Oxidase

Xanthin-Oxidase

(11.11)

Die DMSO-Reduktase (11.12) wurde mit deprotoniertem Serin und die Formiat-Dehydrogenase mit Selenocysteinat als weiterem Liganden am Molybdän kristallisiert (HILLE).

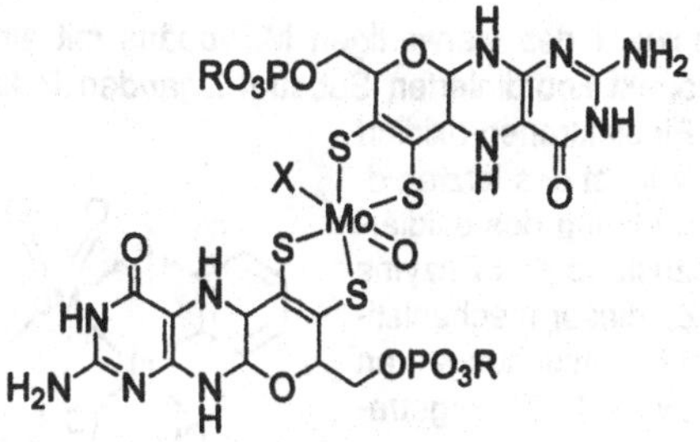

(11.12)

X = O(Ser) oder Se(Cys)

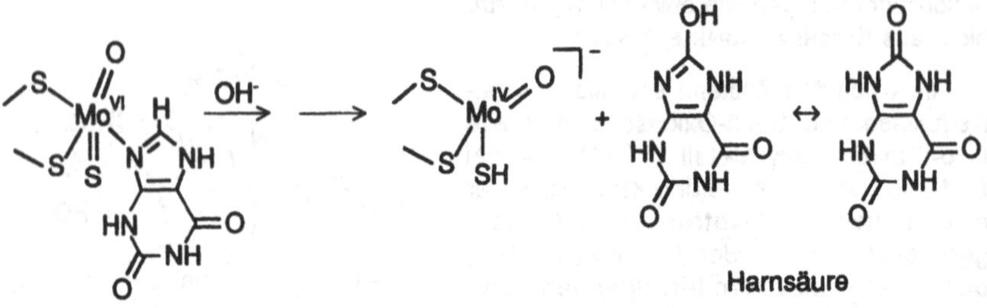

(Xanthin) Harnsäure (11.13)

Das Auftreten verschiedener ESR-Signale mit teilweise sichtbarer Protonen-"Superhyperfeinstruktur" für die Mo(V)-Spezies während der stufenweisen Wiederoxidation des Mo(IV) nach erfolgter Sauerstoffübertragung auf das Substrat RH läßt sich über Schema (11.14) rationalisieren (GREENWOOD et al.):

(11.14)

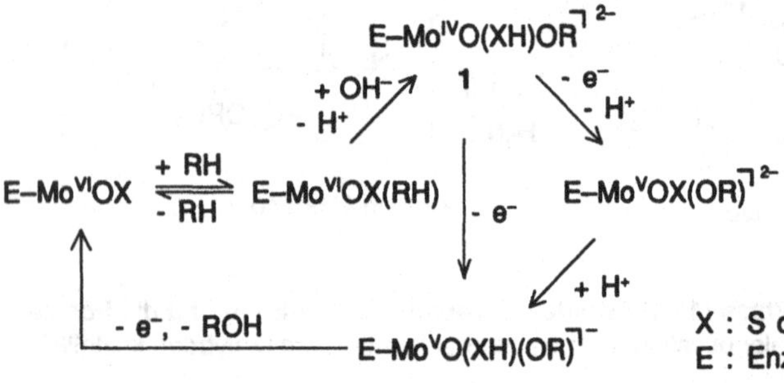

X : S oder O
E : Enzym + Molybdopterin

Der aktivierte Komplex **1** des vierwertigen Molybdäns mit einem Oxo-, einem Sulfhydryl- und dem indirekt koordinierten Substrat-Liganden R kann unter gleichzeitiger Deprotonierung Einelektronen-oxidiert werden, bevor mit dem Verlust des letzten d-Elektrons und unter Freisetzung des oxidierten Substrats der Ruhezustand des Enzyms wiederhergestellt wird. Zu dieser mechanistischen Hypothese haben Untersuchungen an Modellkomplexen wie etwa (11.15) beigetragen (XIAO et al.).

(11.15)

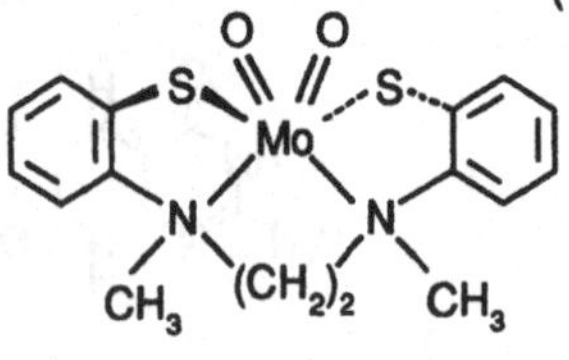

Vergleichbare Modellverbindungen dienten zur stufenweisen Simulation eines Enzym-analogen Katalysezyklus für die energetisch sehr begünstigte Sauerstoff-übertragung von Dimethylsulfoxid auf das physiologisch nicht relevante Triphenyl-phosphin (HOLM 1990; 11.16).

(11.16)

$(C_6H_5)_3PO$ — DMF — N–Mo(S)(S)(DMF)=O — $(CH_3)_2SO$ — DMF

N–Mo(S)(S)(OP(C_6H_5)_3)=O   N–Mo(S)(S)(OS(CH_3)_2)=O

$(C_6H_5)_3P$ — N–Mo(S)(S)(=O)=O — $(CH_3)_2S$

DMF : $O{=}C(N(CH_3)_2)H$

N(S)(S) : 2,6-Bis(2-thiolato-2,2-diphenylethyl)pyridin (Ph, Ph, S^-, N, S^-, Ph, Ph)

11.2 Metalloenzyme im biologischen Stickstoffkreislauf: Molybdän-abhängige Stickstoff-Fixierung

Der anorganisch-biologische Stickstoffkreislauf (Abb. 11.1) besitzt in mehrfacher Hinsicht eine große Bedeutung. Erst die Möglichkeit der technischen Stickstoff-Fixierung im Rahmen der Ammoniaksynthese nach F. HABER UND C. BOSCH (11.17a) hat es erlaubt, angesichts des oft wachstumslimitierenden Stickstoffgehalts des Bodens beim Nutzpflanzenanbau eine der wachsenden Erdbevölkerung annähernd entsprechende Nahrungsproduktion zu gewährleisten. Die Bedeutung der Stickstoffverbindungen für die landwirtschaftliche Düngung geht nicht zuletzt daraus hervor, daß unter den mengenmäßig bedeutendsten Produkten der chemischen Industrie Ammoniak an führender Stelle steht; in vorderen Positionen finden sich auch Ammoniumnitrat, Harnstoff und Salpetersäure als Folgeprodukte der technischen "Fixierung" von aus der Luft gewonnenem Stickstoff. Entsprechend erreicht die technische Stickstoff-Fixierung vom Gesamtumsatz her schon weit über 10%, möglicherweise bis zu 40% des biologischen Prozesses (SÖDERLUND, ROSSWALL), wobei auch noch der Beitrag von physikalisch-atmosphärisch, z.B. in gewittrigen Entladungen umgewandeltem N_2 berücksichtigt werden muß.

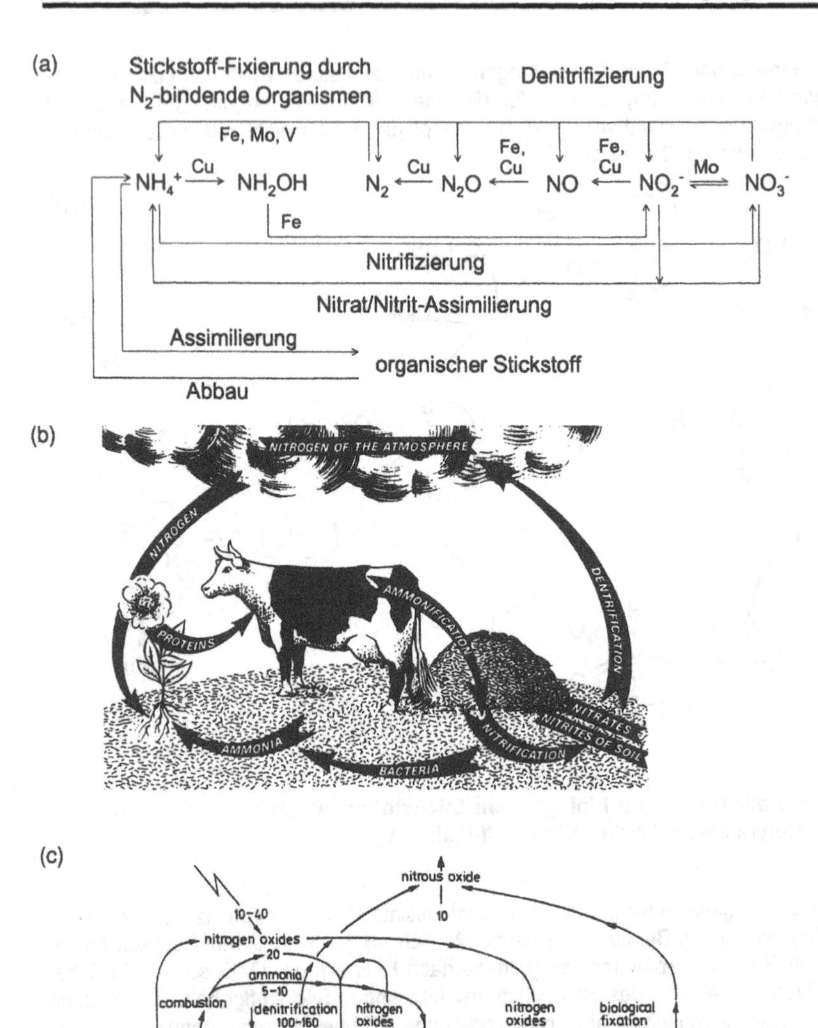

Abbildung 11.1: Chemische (a), biologische (b) und ökologische Darstellung (c) des Stickstoffkreislaufs (nach BURGMAYER, STIEFEL; WILLIAMS; SÖDERLUND, ROSSWALL)

Die Schattenseiten hohen Düngemitteleinsatzes bestehen in einer starken Belastung von Böden, Grund- und Oberflächenwasser mit Ammonium oder Nitrat; außerdem entstehen die auch bei Verbrennungsprozessen mit Luft auftretenden Gase NO und NO_2 (→ Ozonbildung, "Sommer-Smog") sowie das Treibhausgas N_2O in ökologisch immer bedenklicher werdenden Konzentrationen.

In den am globalen Stickstoffkreislauf beteiligten biologischen Systemen sind generell metallhaltige Enzyme aktiv (Abb. 11.1a). Man unterscheidet grob die Vorgänge der Stickstoff-Fixierung (11.17), der Nitrifizierung (11.18) und der Denitrifizierung (11.19).

Stickstoff-Fixierung:

$$N_2 + 3\,H_2 \xrightarrow[\text{Metalloxid-Katalysator}]{>400°C,\ >100\text{ bar (technisch)}} 2\,NH_3 \quad \text{(Gasreaktion)} \qquad (11.17a)$$

$$N_2 + 10\,H^+ + 8\,e^- \xrightarrow[\text{Nitrogenase}]{20°C,\ 1\text{ bar (biologisch)}} 2\,NH_4^+ + H_2 \qquad (11.17b)$$

$$NH_4^+ + 2\,O_2 \xrightarrow{\text{Nitrifizierung}} NO_3^- + H_2O + 2\,H^+ \qquad (11.18)$$

$$2\,NO_3^- + \underbrace{12\,H^+ + 10\,e^-}_{\text{(aus "Biomasse" = reduzierte C-Verbindungen)}} \xrightarrow{\text{Denitrifizierung}} N_2 + 6\,H_2O \qquad (11.19)$$

Die Nitrifizierung dient dem Verfügbarmachen von Stickstoff in Form von Nitrat für die Mehrzahl der auf diese Weise Stickstoff-assimilierenden höheren Pflanzen, wobei vor allem der Sprung über das stabile Distickstoff-Molekül N_2, die Stufe des nullwertigen Stickstoffs, gelingen muß (*Nitrosomas*-Bakterien). Voraussetzungen sind hier aerobe Bedingungen sowie Puffermöglichkeiten für die entstehenden Protonen im Boden oder in mineralischen Baustoffen (atmosphärische Verwitterung !). Metalloenzyme für einige Stufen der ökologisch immer wichtiger werdenden *De*nitrifizierung (Ferguson) sind bereits vorgestellt worden: Die molybdänhaltige Nitrat(N^{+V})-Reduktase (→ Nitrit), die Kupfer- oder Hämeisen-enthaltenden Nitrit(N^{+III})-Reduktasen (vgl. Kap. 6.5 und 10.3) sowie die kupferhaltigen Distickstoffmonoxid(N^{+I})-Reduktasen (10.15). Denitrifizierung erfordert eher anaerobe Bedingungen sowie organische Substanz als Reduktionsmittel. Noch unklar ist die potentiell große physiologische Bedeutung von Stickstoffmonoxid NO als freiem radikalischem oder metallkoordiniertem Zwischenprodukt (Kap. 6.5 und 10.3). Endpunkt der Denitrifizierung ist das sehr stabile, inerte und flüchtige Distickstoff-Molekül, dessen Recycling, d.h. biologische Wiederverfügbarmachung durch den energetisch und reaktionsmechanistisch aufwendigen Prozeß der Stickstoff-Fixierung mit Hilfe von Nitrogenase- (eigentlich: "Dinitrogenase-")Enzymen erfolgt.

Der in seiner Bedeutung nur der Photosynthese vergleichbare Vorgang (11.17b) findet ausschließlich bei prokaryontischen "diazotrophen" Lebewesen statt, z.B. bei freilebenden Bakterien vom Stamm *Azotobacter*; am bekanntesten sind jedoch die an den Wurzelknöllchen von Leguminosen symbiontisch lebenden *Rhizobium*-Bakterien (ERFKAMP, MÜLLER). Die Begrenzung auf relativ wenige zur N_2-Fixierung befähigte Lebewesen äußert sich unter anderem im Auftreten von "Pionier"-Pflanzen bei der Neubesiedlung eines nährstoffarmen, etwa gerade von Gletschern freigegebenen Landes. Nach Verfügbarmachung von nichtflüchtigen (= fixierten) anorganischen Stickstoffverbindungen wird das Element in Form von Aminogruppen in organische Trägerverbindungen wie Glutarsäure oder Asparaginsäure eingebaut, um zur Biosynthese von Proteinen und Nukleobasen weiterverwendet zu werden.

Erfordert die Reduktion des Distickstoff-Moleküls angesichts dessen thermodynamischer Stabilität einen hohen Energiebedarf, der in Form von zahlreichen ATP-Äquivalenten (mit Mg^{2+} als Hydrolyse-Katalysator, Kap. 14.1) sowie mindestens sechs Elektronen pro N_2 bei physiologisch sehr negativem Potential (< -0.3 V) aufgebracht werden muß, so folgt aus der bekannten Reaktionsträgheit des Distickstoff-Moleküls zusätzlich die Notwendigkeit leistungsfähiger Katalysatoren, eben der Nitrogenase-Enzyme (ERFKAMP, MÜLLER; LOWE, THORNELEY, SMITH; SMITH, EADY). Trotzdem handelt es sich noch immer um sehr langsame Enzyme mit Turnover-Zeiten im Sekunden-Bereich: (11.17b) ist ein Achtelektronenprozeß mit angekoppelter ATP-Hydrolyse.

Obwohl inzwischen eine große Anzahl von stabilen Komplexverbindungen des N_2 bekannt ist (HENDERSON, LEIGH, PICKETT), wurde die erste derartige Substanz, ein Komplex (11.20) des 4d-Übergangsmetalls Ruthenium, erst im Jahr 1965 beschrieben. Komplexe des zu N_2 isoelektronischen Kohlenmonoxids, die Metallcarbonyle, sind dagegen seit über 100 Jahren bekannt. Koordination des zentrosymmetrischen N_2 (überwiegend end-on, η^1) erfordert einen zweifachen Angriff: Neben der Inanspruchnahme des rotationssymmetrischen freien Elektronenpaares an einem N-Atom durch das elektrophile Metallion sollte das Metall im Gegenzug über π-Wechselwirkungen Elektronendichte in die niedrig liegenden unbesetzten Molekülorbitale des Dreifachbindungssystems von N≡N liefern (11.20; π-Rückbindung, push-pull-Mechanismus; vgl. auch 5.7). Benötigt werden daher zur N_2-Fixierung π-elektronenreiche Metallzentren (HENDERSON, LEIGH, PICKETT).

(11.20)

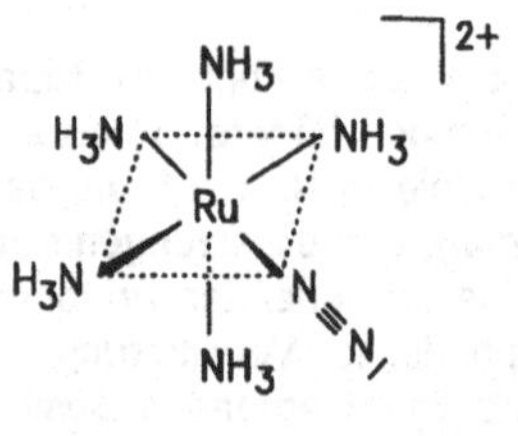

$[Ru(NH_3)_5(N_2)]^{2+}$

Bindungsmodell:

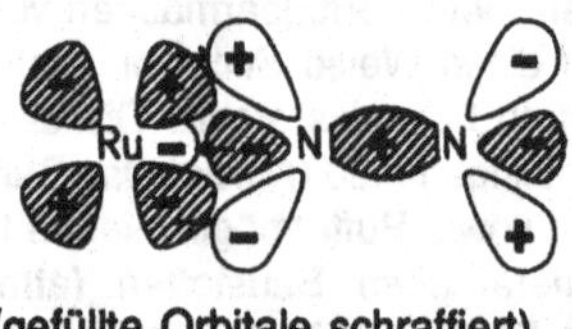

(gefüllte Orbitale schraffiert)

Das niedrige Redoxpotential und die hohe Reaktivität der Nitrogenase-Enzyme erfordern weiter, daß konkurrierende, d.h. besser koordinierende ähnliche Moleküle abwesend sind; insbesondere gilt dies für Disauerstoff (O_2). N_2-fixierende Mikroorganismen sind daher entweder Anaerobier oder haben komplexe Schutzmechanismen zum Ausschluß von O_2 aus dem Bereich der Nitrogenase-Enzyme entwickelt. Es existieren in diesen Bereichen eisenhaltige Proteine, die als O_2-Sensoren fungieren können. Durch das zu N≡N isoelektronische Kohlenmonoxid $^{-}C{\equiv}O^{+}$ wird die Nitrogenase-Aktivität ebenso wie durch NO gehemmt, mit anderen kleinen Mehrfachbindungssystemen entstehen charakteristische Reduktionsprodukte (Tab. 11.2).

Tabelle 11.2: Durch Nitrogenasen katalysierte Reduktionen

Substrat	Produkte	Zahl der benötigten Elektronen
|N≡N|	$2\,NH_3 + H_2$	8 e^-
H–C≡C–H	C_2H_4 bzw. Z-$C_2H_2D_2$ (aus C_2D_2)[a]	2 e^-
H–C≡N|	$CH_4 + NH_3$ (CH_3NH_2)	6 e^- (4 e^-)
CH_3–$\overset{+}{N}$≡C|$^-$	$CH_3NH_2 + CH_4$	6 e^-
$^-$⟨N=$\overset{+}{N}$=N⟩$^-$	$N_2H_4 + NH_3$ ($N_2 + NH_3$)	6 e^- (2 e^-)
$^-$⟨N=$\overset{+}{N}$=O⟩	$N_2 + H_2O$	2 e^-
Cyclopropen (CH_2 / HC=CH)	1/3 Cyclopropan (CH_2 / H_2C–CH_2) + 2/3 CH_3–CH=CH_2	2 e^-
2 H^+	H_2	2 e^-
2 H^+	H_2	2 e^-

[a]Teilweise Vierelektronenreduktion zu C_2H_6 bei der Vanadium-abhängigen Nitrogenase

Bemerkenswert sind bei der Reaktivität konventioneller, d.h. Molybdän-enthaltender Nitrogenasen die Z(*cis*)-Hydrierung von Acetylen nur bis zur Stufe des Ethylens sowie die Spaltung der Dreifachbindung von Isocyaniden. Nitrogenase besitzt darüber hinaus eine intrinsische Hydrogenase-Aktivität, die bei der biologisch "vorgesehenen" N_2-Fixierungsreaktion, nicht jedoch bei den Reduktionen nichtphysiologischer Substrate aus Tabelle 11.2 zu einer obligatorischen Produktion von Diwasserstoff H_2 führt (11.21).

$$N_2 + 8\,H^+ + 8\,e^- \longrightarrow H_2 + 2\,NH_3 \underset{pK_s\,=\,9.2}{\overset{2\,H^+}{\rightleftharpoons}} 2\,NH_4^+ \qquad (11.21)$$

Selbst ein Druck von 50 bar N_2 vermochte nicht, die Bildung von 25% H_2 pro Reaktionsäquivalent entsprechend (11.21) zurückzudrängen, so daß hier kein einfaches Verdrängungsgleichgewicht vorliegen kann. Umgekehrt ist Diwasserstoff (im Gleichgewicht) ein Inhibitor der N_2-Fixierung. Es wird daher angenommen, daß die stufenweise in Einelektronen/Einprotonen-Additionsschritten erfolgende Reduktion des

Enzyms E erst nach dem dritten Äquivalent zur Aufnahme von N_2 führt (SMITH, EADY), wobei möglicherweise side-on-gebundener molekularer Wasserstoff durch N_2 verdrängt wird (11.22).

$$E \xrightarrow{e^-/H^+} E\text{–}H \xrightarrow{e^-/H^+} E\text{–}\overset{H}{\underset{H}{|}} \xrightarrow{e^-/H^+} \overset{H}{\underset{}{|}}\!E\text{–}\overset{H}{\underset{H}{|}} \;\underset{N_2 \quad H_2}{\overset{N_2 \quad H_2}{\rightleftharpoons}}\; \overset{H}{\underset{}{|}}\!E(N_2) \xrightarrow{5\,e^-,\ 5\,H^+} 2\,NH_3 + E \qquad (11.22)$$

In den meisten Fällen wird der entstandene Diwasserstoff sofort durch Hydrogenasen (Kap. 9.3) unter Energiegewinn zu Protonen zurückoxidiert.

Gehemmt wird die Nitrogenase-Aktivität durch einen Überschuß des Produktes Ammonium, durch das vermutliche Zwischenprodukt Hydrazin N_2H_4 (s. 11.25) sowie bei Mangel essentieller anorganischer Komponenten. Benötigt werden das schon erwähnte Mg^{2+} für die ATP-Hydrolyse, Schwefel (in Form von Sulfid oder umzuwandelndem Sulfat), Eisen und – zumindest bei der "klassischen" Nitrogenase – Molybdän (Wolfram ist hier kein Ersatz !).

Die Molybdän-enthaltende "konventionelle" Form der Nitrogenase (s. Abb. 11.4) besteht zunächst aus einem speziellen, für die Funktion essentiellen dimeren Eisenprotein, der "Dinitrogenase-Reduktase" (ca. 62 kDa), mit einem *zwischen* den beiden Untereinheiten gebundenem einzigen Fe_4S_4-Cluster, der bei einem physiologisch sehr negativen Potential von ca. -0.35 V zu einer paramagnetischen Form reduziert werden kann. Dieses "Fe-Protein" der Nitrogenase enthält zwei Mg^{2+}/ATP-Rezeptoren, da für jedes einzelne zu übertragende Elektron zwei ATP-Molekülionen zu hydrolysieren sind; durch Bindung von ATP oder ADP erniedrigt sich das Potential um weitere 0.1 V.

Die zweite Komponente, die eigentliche Dinitrogenase oder das "FeMo-Protein" (vgl. Abb. 11.4), ist ein $\alpha_2\beta_2$-Protein-Tetramer (220 kDa), welches neben zwei sehr speziellen [8Fe-8S]-Systemen (P-Cluster: Cystein-verbrückte [4Fe-4S]-Cluster; 7.11) zwei "FeMo-Cofaktoren" (M-Cluster) mit der jeweiligen anorganischen Zusammensetzung $MoFe_7S_9$ aufweist.

Durch die weitgehende kristallographische Strukturaufklärung einer Nitrogenase aus *Azotobacter vinelandii* mit ca. 270 pm Auflösung im Jahre 1992 (GEORGIADIS et al.; KIM, REES) sind einige frühere, aufgrund von physikalischen Messungen und chemischen Modellen gewonnene Annahmen bestätigt worden; die eigentliche Struktur des gesamten $MoFe_7S_9$-Clusters (11.23) war jedoch so nicht vorhergesagt worden. Bekannt war aus EXAFS-Messungen (Fe,Mo) am Protein und am mit N-Methylformamid $HN(CH_3)C(O)H$ extrahierbaren anionischen FeMo-Cofaktor ("FeMo-co"; 1.5 kDa), daß ein durch Molybdän modifizierter Fe/S-Kuban-Cluster vorliegt und daß das in vierwertiger Form vorliegende Molybdän von S-, O- und N-Donoratomen umgeben ist. Tatsächlich befindet sich im M-Cluster sechsfach koordiniertes Molybdän an der Ecke eines Heterokuban-Clusters, nach außen erfolgt die Bindung an einen Histidin-

(11.23)

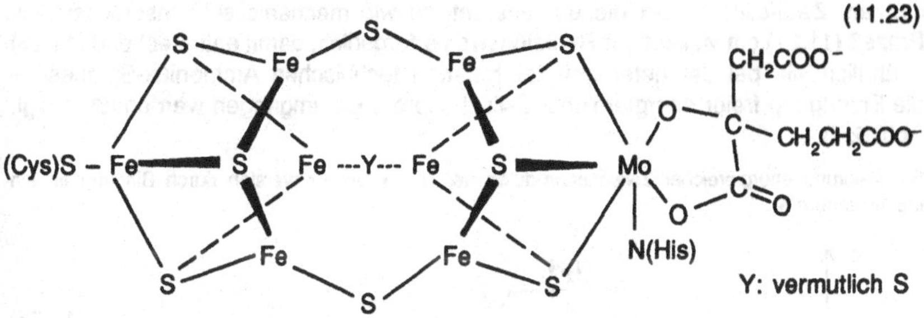

Y: vermutlich S

Rest sowie an einen tetraanionischen Homocitrat-Chelatliganden (11.24: Homocitronensäure = (R)-2-Hydroxy-1,2,4-butantricarbonsäure). Für das mit Hilfe eines separaten Gens synthetisierte Homocitrat ist noch keine Funktion bekannt.

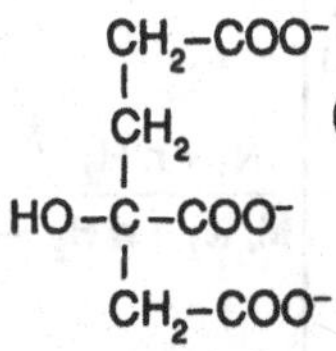

(11.24)

Der Heterokuban-Cluster ist mit einem speziellen, nur durch einen Cysteinat-Liganden mit dem Protein verbundenen [4Fe-3S]-Cluster über drei Gruppen verbrückt, von denen zwei eindeutig und die dritte ("Y") vermutlich als (μ-)Sulfid identifiziert werden können (KIM, REES). Während das koordinativ abgesättigte Molybdänatom erst nach Abspaltung eines Liganden für die N_2-Bindung bereit wäre, bieten sich hierfür auch die sechs annähernd trigonal konfigurierten und damit koordinativ "offenen" Eisenzentren an; schließlich existieren Mo- und sogar Heterometall-unabhängige Nitrogenasen (Kap. 11.3). Die Funktion des Molybdäns in der Anordnung (11.23) kann zumindest teilweise in der Stabilisierung einer für die N_2-Aktivierung notwendigen Asymmetrie gesehen werden.

Asymmetrie und hohe Komplexität folgen auch aus Heteroatom-ENDOR-Messungen (TRUE et al.). Im reduzierten Zustand enthält der Cofaktor vierwertiges Molybdän; der Gesamtelektronenspin von S = 3/2 ist jedoch vorwiegend an den jeweils deutlich unterschiedlichen, überwiegend S-koordinierten Eisen-Zentren zu finden, welche gleichwohl den MÖSSBAUER-Spektren zufolge eine hohe Elektronendelokalisation aufweisen. Die beiden M-Cluster sind im achsensymmetrischen (Abb. 11.4) Dinitrogenase-Protein ca. 7 nm voneinander entfernt, der Abstand zwischen M- und zugehörigem P-Cluster beträgt etwa 2 nm.

Im reduzierten Fe-Protein (Dinitrogenase-Reduktase) besteht die Rolle des ungewöhnlichen [4Fe-4S]-Clusters in der Gewährleistung von Elektronenfluß bei niedrigem Potential unter gleichzeitiger ATP-Hydrolyse als Triebkraft (2 ATP pro Elektron). Innerhalb des FeMo-Proteins übernehmen vermutlich die bis zur reinen Fe(II)-Form reduzierbaren polynuklearen P-Cluster den Elektronentransport zum FeMo-Cofaktor bei sehr niedrigem Potential.

Über den eigentlichen Mechanismus der Metalloenzym-katalysierten Umwandlung von N_2 zu NH_3 existieren bislang nur Hypothesen, die sich auch auf umfangreiches Material bei nichtenzymatischen Komplexen z.B. des nullwertigen Molybdäns stützen. Zweifellos ist bei diesem energetisch wie mechanistisch anspruchsvollen Prozeß (11.21) ein vielstufiger Reaktionsweg erforderlich, damit entsprechend (11.25) – ähnlich wie bei der heterogen-katalysierten technischen Ammoniak-Synthese – die Erzeugung freier energiereicher Zwischenprodukte umgangen werden kann (vgl. Abb. 2.7).

Stabilisierung energiereicher Zwischenprodukte der $N_2 \rightarrow NH_3$-Konversion durch Bindung an ein Metallzentrum M:

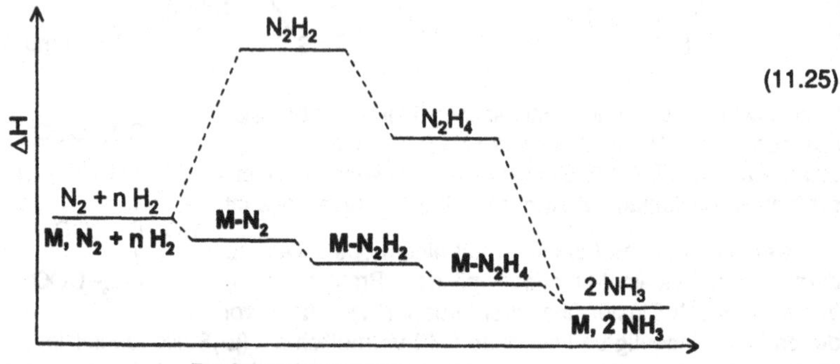

(11.25)

Außer der Koordinationsstelle im Enzym ist auch der Koordinationsmodus des N_2 noch ungeklärt; es wird allerdings – wie auch bei den meisten strukturell charakterisierten Distickstoff-Komplexen (HENDERSON, LEIGH, PICKETT) – eine end-on-Koordination angenommen (vgl. 5.7 und 11.20); nur wenige N_2-Komplexe mit side-on-Koordination sind bekannt. Die bei freien Komplexen häufig zu beobachtende Verbrückung zweier Metallzentren (vgl. 5.11) durch das aufgrund π-Rückbindung basischer gewordene N_2 ist mit Blick auf die Struktur (11.23) nicht auszuschließen, wobei allerdings die durch das Molybdänzentrum verursachte Aymmetrie zu berücksichtigen ist.

Ein auf Modellreaktionen basierender Katalyse-Mechanismus (11.26) kann wie folgt formuliert werden (SMITH, EADY):

Mögliche Zwischenstufen metallkatalysierter N_2-Reduktion mit Bezeichnung der N-Liganden (LM = Metallkomplex mit freier Koordinationsstelle):

$$\underset{\text{Distickstoff}}{LM{-}N{\equiv}N} \xrightarrow{+H^+,\,e^-} \underset{\text{Diazenido(1-)}}{LM{=}N{=}NH} \xrightarrow{+H^+,\,e^-} \underset{\text{Hydrazido(2-)}}{LM{\equiv}N{-}NH_2} \xrightarrow{+H^+} LM{\equiv}N{-}^{+}NH_3$$

$$LM{\equiv}N{-}^{+}NH_3 \xrightarrow{+H^+,\,e^-} \underset{\text{Nitrido}}{LM{\equiv}N} + NH_4^+$$

$$NH_4^+ + LM \xleftarrow{+H^+} \underset{\text{Ammin}}{LM{-}NH_3} \xleftarrow{+2H^+,\,2e^-} \underset{\text{Imido}}{LM{=}NH} \xleftarrow{+H^+,\,e^-} \underset{\text{Nitrido}}{LM{\equiv}N}$$

$$LM \xrightarrow{+N_2} LM{-}N{\equiv}N$$

(11.26)

Die vermutete mehrfache Addition von e^-/H^+ vor Beginn der eigentlichen Stickstoff-Fixierung führt nach Stickstoffanlagerung zur Verdrängung von H_2 (11.22), wobei N_2 und e^-/H^+ zu einem Diazenido(1-)-Liganden NNH^- zusammentreten könnten (11.26). Dieser kann nach einer weiteren e^-/H^+-Addition zu einem terminalen Hydrazido(2-)-Liganden $H_2N{-}N^{2-}$ werden, der bei anderer Verteilung der Oxidationsstufen auch als neutraler Aminonitren-Ligand $H_2N{-}N$ formulierbar ist. Tatsächlich läßt sich bei Unterbrechen ("Quenchen") des Nitrogenase-Reaktionszyklus Hydrazin als teilreduzierte Form des Stickstoffs nachweisen. Bei Protonierung des Diazenido-Liganden würde die in freiem Zustand unbeständige (-I)-wertige Form, das Diazen (Diimin, H−N=N−H), resultieren; Metallkomplexe können Diazen durch mehrfache Metallkoordination und Wasserstoffbrücken-Wechselwirkungen (N–H···S) stabilisieren (Abb. 11.2; SELLMANN et al.).

Ausgehend vom Hydrazido(2-)-Komplex kann $e^-/2H^+$-Addition (11.26) zur Abspaltung eines ersten Ammonium-Ions und zur Bildung einer Metall-Nitrido-Funktion M≡N mit formal hoher Metalloxidationsstufe führen. Weitere sukzessive e^-/H^+-Aufnahme führt dann über Imido(HN^{2-})- und Amido(H_2N^-)-Komplexe zum Ammin-Komplex, der bei Protonierung das zweite Ammonium-Ion liefert.

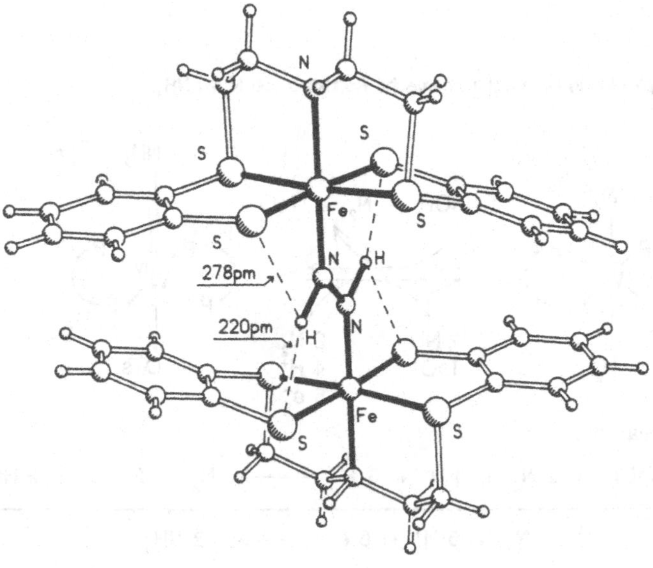

Abbildung 11.2: Molekülstruktur eines zweikernigen Eisen-Komplexes des Diazens (HN=NH; nach SELLMANN et al.)

Viele der Stufen aus (11.26) sind in Modellkomplexen mit Metallen in *niedrigen* Oxidationsstufen realisiert; es existieren jedoch auch metallorganische Mo(IV)-Komplexe des partiell reduzierten Distickstoffs wie etwa $[(C_5Me_5)Me_3Mo]_2(\mu\text{-}N_2)$ (SCHROCK et al.). In bezug auf zyklischen Reaktionsverlauf und Hydrazin- oder Ammoniakproduktion sind jedoch zunächst Komplexe des formal nullwertigen Molybdäns und Wolframs erfolgreich gewesen; immobilisierte Systeme (11.27; KAUL, HAYES, GEORGE) oder elektrochemische Experimente (11.28; PICKETT, TALARMIN) sind hier zu nennen.

(11.27)

Polymer — CH_2 — $P(Ph)$ … $Mo^0(N_2)_2(PPh_2Me)_2$ (mit Ph_2P) $\xrightarrow[-N_2,\ -BF_3\cdot THF,\ -BF_4^-]{+\ THF,\ +\ 2\ HBF_4}$ Polymer — CH_2 — $P(Ph)$ … $[Mo^{IV}(=N\text{-}NH_2)(F)(PPh_2Me)_2]^+$ (mit Ph_2P)

Metallkomplex-katalysierte elektrochemische Reduktion von N_2 zu NH_3: (11.28)

$W^0(N_2)_2(P\frown P)_2$ $\underset{2\ NH_3,\ TsO^-\ \ \ \ 2\ N_2,\ 4\ H^+,\ 6\ e^-}{\overset{2\ TsOH\ \ \ \ N_2\ +\ TsO^-}{\rightleftharpoons}}$ $[W^{IV}(=N\text{-}NH_2)(OTs)(P\frown P)_2]^+$

Gesamtreaktion:

$$2\ TsOH + 2\ N_2 + 4\ H^+ + 6\ e^- \longrightarrow N_2 + 2\ TsO^- + 2\ NH_3$$

$$N_2 + 6\ H^+ + 6\ e^- \longrightarrow 2\ NH_3$$

$P\frown P$ = $Ph_2P{-}CH_2{-}CH_2{-}PPh_2$ (diphos) TsOH = $CH_3{-}C_6H_4{-}SO_3H$

Nicht nur die an der EXAFS-Charakteristik orientierte strukturelle Modellierung des aktiven Nitrogenase-Zentrums (SMITH, EADY) und die Versuche zur komplexchemischen Simulation zumindest von Teilen der katalytischen Reaktivität, sondern auch genetische Variationen bei den betreffenden Mikroorganismen und deren Auswirkung auf die durch Mutanten synthetisierten Proteine haben zu einem weiteren Verständnis der biologischen Stickstoff-Fixierung beigetragen. Gefördert wurden diese auch im bioanorganischen Bereich willkommenen Entwicklungen (SMITH, EADY; ERFKAMP, MÜLLER) der molekularbiologisch gezielten Protein-Modifikation durch das Bestreben, den Satz von mindestens siebzehn *nif*-Genen (*ni*trogen-*f*ixation) von Mikroorganismen direkt auf Nutzpflanzen zu übertragen. Die mit der klassischen, d.h. Molybdän-abhängigen Nitrogenase gemachten Erfahrungen haben sich auch als sehr wertvoll erwiesen, um die beiden neu etablierten Vertreter, die Vanadium-abhängige und die Heteroatom-unabhängige Nitrogenase zu charakterisieren.

11.3 Alternative Nitrogenasen

Entgegen einer schon in den dreißiger Jahren veröffentlichten Vermutung von H. BORTELS in bezug auf das Element Vanadium wurde lange Zeit Molybdän als unabdingbar für die Stickstoff-Fixierung erachtet. Erst die neueren Möglichkeiten der Ultraspurenelement-Analyse wie auch der genetischen Manipulierbarkeit N_2-fixierender Organismen haben in den achtziger Jahren eindeutig gezeigt, daß in Abwesenheit von Molybdän oder von FeMo-Cofaktor-synthetisierenden Genen *alternative* Nitrogenasen aufgebaut werden können (CHISNELL, PREMAKUMAR, BISHOP; ERFKAMP, MÜLLER; SMITH, EADY). In Gegenwart von Vanadium bildet sich eine Vanadium-abhängige Nitrogenase; ist auch dieses Metall nicht verfügbar, so kann durch einige Organismen eine dritte, nur noch Eisen enthaltende Form synthetisiert werden. Bei ausreichender Molybdän-Versorgung ist die Ausbildung der alternativen Nitrogenasen unterdrückt, so daß diese unter Normalbedingungen weniger effektiven Enzyme in erster Näherung als "back up"-Systeme einzuschätzen sind.

Es existieren zahlreiche Gemeinsamkeiten, allerdings auch Unterschiede zwischen den drei Nitrogenase-Typen (SMITH, EADY). Zunächst ist nicht völlig unerwartet (MÜLLER et al.), daß die zweitbeste Form der Nitrogenase Vanadium enthält; V und Mo sind im Periodensystem der Elemente über eine "Schrägbeziehung" verbunden (andere Schrägbeziehungen: Mn/Ru in bezug auf O_2-Erzeugung, s. Kap. 4.3; Fe/Rh in bezug auf H^+/H_2-Konversion, s. Kap. 7.4 und 9.3). Die Entsprechung $V \leftrightarrow Mo$ drückt sich nicht zuletzt in einer vergleichbaren Chemie beider Elemente in wäßriger Lösung aus. Das komplizierte Stabilitätsdiagramm in Abb. 11.3 zeigt, daß Vanadium wie auch Molybdän (vgl. 11.1) sehr stark zur Bildung Oxo-/Hydroxo-verbrückter Aggregate neigen.

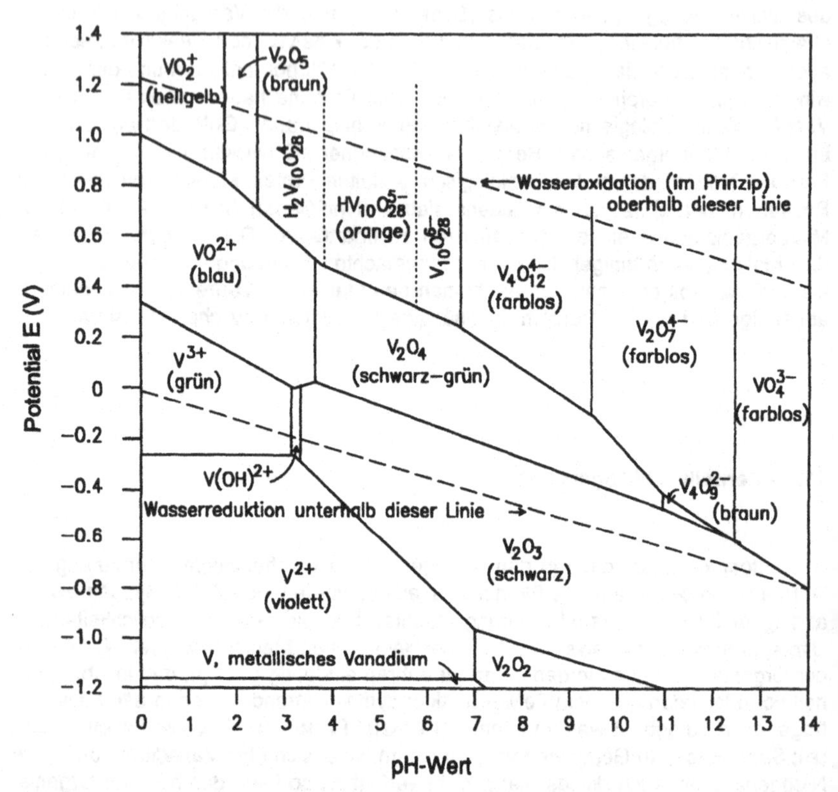

Abbildung 11.3: Stabilitätsdiagramm von Vanadium in Wasser: Existenzbereiche verschiedener hydratisierter Spezies und Festkörper in Abhängigkeit von Redoxpotential und pH-Wert (nach GARRELS, CHRIST)

Vanadium ist zwar in der Erdkruste, nicht jedoch im Meerwasser häufiger vertreten als Molybdän (Abb. 2.1), so daß letzteres Vorteile hinsichtlich der Leistungsfähigkeit entsprechender Enzyme haben sollte. In der Tat besitzt die V-abhängige Nitrogenase eine etwas geringere Aktivität in bezug auf N_2-Reduktion; nachteilig ist außer der geringfügigen N_2H_4-Produktion vor allem, daß hier ca. *50%* der Reduktionsäquivalente für die H_2-Bildung aufgewandt werden müssen (nur 25% beim Mo-System, vgl. 11.21). Typischerweise zeigt die V-Nitrogenase nur geringe Aktivität bei der Acetylen-Reduktion, wobei teilweise vollständige Vierelektronen-Hydrierung bis zum Ethan erfolgt (Abb. 11.4). Bemerkenswerterweise ist jedoch die V-Nitrogenase bei 5°C effizienter als das Molybdän-System, was die Konservierung dieser Form im Laufe der Evolution begünstigt haben mag (SMITH, EADY). Die empfindlichsten, Heterometall-unabhängigen (Fe-)Nitrogenasen sind noch wenig charakterisiert; ihre Aktivität scheint geringer zu sein als die der V- oder Mo-enthaltenden Enzyme.

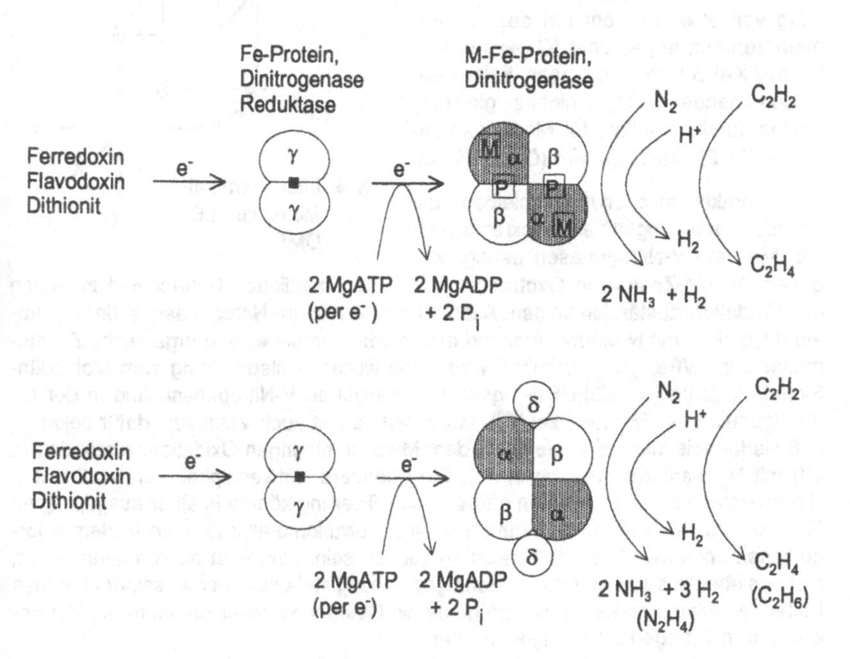

Abbildung 11.4: Schematischer Aufbau von Nitrogenase-Enzymen: Mo-abhängige (oben) und V-abhängige Nitrogenase (unten)

Für beide alternative Nitrogenasen wurde eine Zusammensetzung aus zwei Proteinen, ähnlich wie beim Mo-System gefunden. Insbesondere das V-Enzym weist zahlreiche Parallelen mit dem Mo-Analogen auf (Abb. 11.4): Ein dimeres Fe-Protein mit Mg^{2+}/ATP-Bindungsstellen steht einem größeren Protein gegenüber, welches im Falle des V-Systems ein Hexamer $\alpha_2\beta_2\delta_2$ mit zwei kleinen δ-Einheiten ist. Nicht nur die grobe Enzym-Struktur, sondern auch gewisse invariante Aminosäuren in der Polypeptidsequenz und die daraus folgende anorganische Zusammensetzung des wohl aktiven Clusterzentrums sind für V- und Mo-Nitrogenase vergleichbar (Smith, Eady). In beiden Fällen legen EXAFS-Messungen die Existenz von Heterokuban-Teilstrukturen MFe_3S_4 nahe, bei der Vanadium-abhängigen Nitrogenase sind 3±1

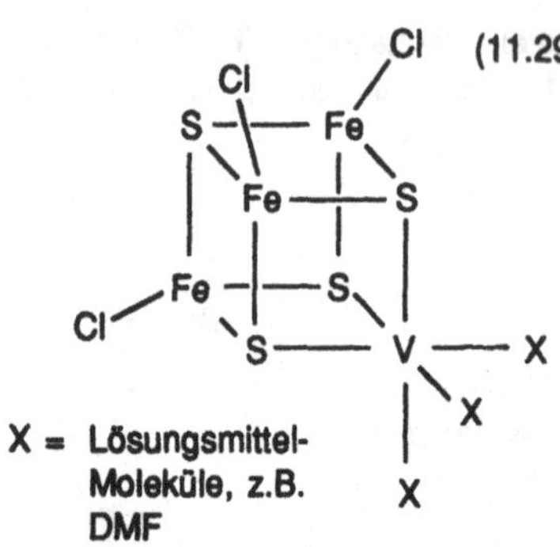

Sulfid-Zentren in ca. 232 pm Abstand, 3±1 Eisenatome in 274 pm Abstand und etwa drei leichte Atome (O,N) in einer Entfernung von etwa 214 pm um das Heterometallzentrum angeordnet (GARNER et al.). Eisen-EXAFS-Untersuchungen liefern ein entsprechendes Bild, welches gleichermaßen durch Resultate für Modellkomplexe wie (11.29) bestätigt wird (CIURLI, HOLM).

(11.29)

X = Lösungsmittel-Moleküle, z.B. DMF

Charakteristischerweise bleiben die Geometrieänderungen bei Redoxreaktionen von Mo- und V-Nitrogenasen gering, wogegen die Mo-Zentren in Oxotransferasen einen deutlichen Unterschied zwischen den Oxidationszuständen zeigen. Auch bei der Vanadium-Nitrogenase ist der Heteroatom-Cofaktor mit N-Methylformamid extrahierbar, wobei eine anorganische Zusammensetzung $VFe_{5-6}S_{4-5}$ erhalten wird. Eine weitere Entsprechung zum Molybdän-System liegt im (S=3/2)-ESR-Signal der reduzierten V-Nitrogenase und in der d^2-Konfiguration des Metalls (hier V^{III}). Wie Molybdän ist auch Vanadium dafür bekannt, daß niedermolekulare Komplexe mit dem Metall in niedrigen Oxidationszuständen (≤ +II) mit N_2 reagieren (REHDER et al.). Die offenbare Notwendigkeit von bestimmten Heteroatomen für einigermaßen effiziente N_2-Fixierung könnte in einer ausgeprägten Fähigkeit zur Mehrelektronen-Pufferung von Polythiometallat-Zentren in dem erforderlichen negativen Potentialbereich zu suchen sein. MÜLLER et al. vermuten daher, daß das ebenfalls zu Molybdän in Schrägbeziehung stehende, wegen seiner extremen Seltenheit allerdings kaum bioverfügbare 5d-Übergangsmetall Rhenium als Heteroelement in Nitrogenasen fungieren könnte.

11.4 Biologisches Vanadium außerhalb von Nitrogenasen

Außer in den erst seit ca. 1986 etablierten Vanadium-abhängigen Nitrogenasen ist dieses Element seit längerem als Bestandteil einiger besonderer Organismen bekannt, welche Vanadium in hohem Maße anreichern können (WEVER, KUSTIN; REHDER; BUTLER, CARRANO). Es handelt sich vor allem um Meeresorganismen (Seescheiden, Braunalgen) sowie um Flechten und Pilze (Fliegenpilz). In bezug auf höhere Lebewesen haben die lange bekannte Inhibitor-Wirkung von Vanadat(V) auf Phosphat-abhängige Enzyme (s. Kap. 13.4 und 14.1), aber auch die mögliche therapeutische Funktion von Vanadyl(IV)-Komplexen als Insulin-"Ersatz" für den Glukosestoffwechsel einige Bedeutung (SHECHTER, SHISHEVA). Auf das mengenmäßig bedeutende Vorkommen von Vanadium, insbesondere in Tetrapyrrolligand-komplexierter Form, in einigen Erdölsorten wurde in Tab. 2.7 bereits hingewiesen.

Ähnlich wie bei der Analogie Molybdat/Sulfat besteht auf der Stufe des Orthovanadats VO_4^{3-} eine recht gute, wenn auch nicht vollständige (KRAUSS, BASCH) chemische Entsprechung zum (Ortho-)Phosphat PO_4^{3-}, welches eine vergleichbare strukturelle Charakteristik (Tetraeder mit Tendenz zur Bildung trigonal bipyramidaler Koordination) und eine ähnliche Aggregationsneigung zeigt (vgl. ATP, 14.2). Als Übergangsmetall kann Vanadium ausgehend von der Oxidationsstufe +V mit leeren, energetisch niedrig liegenden 3d-Orbitalen durch physiologische Reduktionsmittel wie etwa Glutathion (16.4) zu niedrigeren Oxidationsstufen (+IV, +III) reduziert werden (vgl. Abb. 11.3). Während V(V)- und V(III)-Verbindungen durch Heteroatom-NMR-Spektroskopie untersucht werden können (REHDER; ^{51}V: I = 7/2, 99.75% natürliche Häufigkeit), eignen sich V(IV), das Vanadyl(IV)-Ion VO^{2+} und deren Komplexe wegen der d^1-Konfiguration vor allem für den ESR-spektroskopischen Nachweis.

Die essentielle Bedeutung des Ultraspurenelements Vanadium für den Menschen ist noch weitgehend ungeklärt (Aufnahme ca. 10-60 µg/Tag; NIELSEN). Bei Untersuchungen zur Vanadat-unterstützten Stimulierung cardiovaskulärer Aktivität von mit Insulin behandelten diabetischen Ratten stellte sich heraus, daß neben dieser Funktion auch der Glukosemetabolismus selbst durch *orale* Verabreichung von Verbindungen des Vanadiums (wie auch des Cr^{III}, Kap. 11.5) günstig beeinflußt werden kann. Wirksam sind hier offenbar die durch Koordination mit lipophilen Liganden membranüberwindenden Vanadyl(IV)-Komplexe $L_nV^{IV}O$ (SHECHTER, SHISHEVA), insbesondere aber auch Peroxo-Komplexe (BUTLER, CLAGUE, MEISTER). Andererseits wirken Vanadat und dessen Aggregationsformen (CRANS) schon in relativ geringen Konzentrationen als Inhibitoren für Enzyme wie etwa die Na^+/K^+-ATPase (s. Kap. 13.4) und verwandte Phosphattransferasen (Kinasen, Cyclasen, Phosphatasen, Ribonukleasen; s. Kap. 14.1). Daneben wird offenbar die Biosynthese der für Metallkoordination und Proteinkonformation essentiellen Aminosäure Cystein durch Vanadat gehemmt. Das normalerweise eisentransportierende Apotransferrin (Kap. 8.4.1) bindet Vanadium in den Oxidationsstufen III - V recht stark.

Seit Anfang des Jahrhunderts bereits ist bekannt, daß einige Meeresorganismen, Seescheiden (*Ascidiae*) aus der Gruppe der Manteltiere (Tunicaten), Vanadium in bestimmten Blutzellen bis auf einen Faktor von über 10^7 gegenüber dem Meerwasser anreichern können. Ursprüngliche Annahmen, wonach diesen Mengen an reduziertem Vanadium (+III, teilweise +IV) eine O_2-Transportfunktion zukommt, sind nicht haltbar; möglicherweise dienen sie als primitives Immunsystem, der Templat-Synthese von Peptiden (11.30) oder als Komponenten im anaeroben Metabolismus (SMITH et al.). Diskutiert wird weiterhin, bei welchem pH-Wert und in

(11.30)

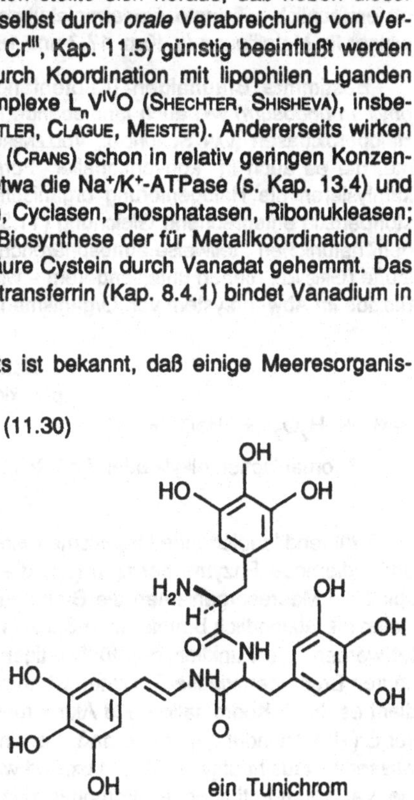

ein Tunichrom

welcher Komplexanordnung Vanadium in diesen sehr sulfatreichen Zellen auftritt (SMITH et al.; BAYER et al.; MICHAEL, PATTENDEN).

Aus Fliegenpilzen (Gattung *Amanita muscaria*) ist ein vanadiumhaltiger Naturstoff "Amavadin" isolierbar, dessen Identität lange Zeit unklar war (BAYER, KOCH, ANDEREGG). Die Strukturanalyse zeigt achtfach koordiniertes Vanadium (V^{V} oder V^{IV}, BERRY et al.) mit zwei 2,2'-(Oxyimino)dipropionat-Liganden (11.31). Dieser Komplex weist eine außerordentlich hohe Stabilität auf (vgl. die ähnliche Hydroxamat-Funktion bei Eisen-Komplexen, Kap. 8.2), wodurch die bemerkenswerte Anreicherung aus dem umgebenden Boden bis auf ca. 200 ppm erst ermöglicht wird. Eine Funktion der V-Aufnahme ist auch hier noch unklar, gerade Pilze synthetisieren oft erstaunlich effiziente niedermolekulare Chelatbildner für Metallionen (s. Kap. 17.3 und 18.2).

(11.31)

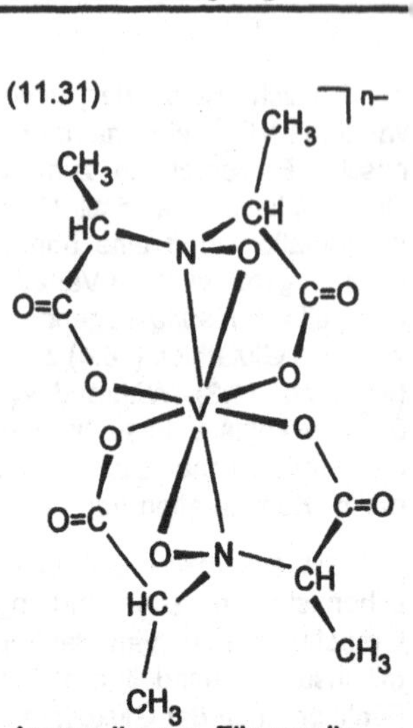

Amavadin aus Fliegenpilz
$n = 1$ (V^{V}) oder 2 (V^{IV})

Bestimmte Braunalgen (Knotentang, *Ascophyllum nodosum*) wie auch landlebende Flechten und Pilze enthalten V-abhängige Haloperoxidasen (VAN SCHIJNDEL, VOLLENBROEK, WEVER; VILTER; BUTLER). Diese Enzyme, die es auch in "konventioneller" Form als Häm-Proteine gibt (vgl. Kap. 6.3), katalysieren die Halogenierung organischer Substrate unter Mithilfe von Wasserstoffperoxid entsprechend Gleichung (11.32). Die dabei in großer Menge entstehenden "natürlichen", teilweise atmosphärenchemisch relevanten Halogenkohlenwasserstoffe (GRIBBLE) dienen unter anderem – wie viele ihrer synthetischen Analogen – als Biozide im Abwehrsystem von Organismen.

$$R\text{–}H + H_2O_2 + Hal^- + H^+ \xrightarrow{\text{Halo-peroxidase}} R\text{–}Hal + 2\,H_2O \qquad (11.32)$$

R: organischer Alkyl- oder Aryl-Rest; Hal: Cl, Br, I

Während landlebende Organismen wie Pilze und Flechten vor allem chlorierende und iodierende Enzyme besitzen (vgl. die Thyreoperoxidasen, Kap. 6.3 und 16.7), spielt bei Meeresorganismen die Bromierung z.B. zu Bromoform $CHBr_3$ eine große Rolle; als letztendlich bromierende Spezies kann aktiviertes Hypobromit ^{-}OBr vermutet werden. Die Funktion des fünfwertigen Vanadiums in den ca. 110 kDa großen sauren Bromoperoxidase-Enzymen ist noch nicht endgültig etabliert. Möglicherweise dient es durch Koordination und Aktivierung von (Hydro-)Peroxid der Bildung reaktiver Br(+I)-Verbindungen, ohne daß das ein höheres Potential erfordernde, im Meerwasser weitaus häufigere Chlorid oxidiert wird. Einige Substrate können jedoch durch die Vanadium-enthaltende Bromoperoxidase auch chloriert werden (BUTLER). Entsprechend der Peroxidase-Funktion wird unter physiologischen Bedingungen nur V(V) gefunden, welches über ein Histidin im Protein verankert ist. Vanadat (VO_3^-)- und Oxoperoxovanadium-Formen wurden kristallographisch nachgewiesen (BUTLER). Die besondere thermische und chemische Stabilität der V-abhängigen Peroxidase (VILTER) eröffnet potentielle Anwendungen im medizinisch-diagnostischen, biotechnologischen oder auch Waschmittel-Bereich.

11.5 Chrom(III) im Stoffwechsel

Während Chrom(VI) in Form des Chromats CrO_4^{2-} als mutagener und cancerogener Stoff erkannt worden ist (s. Kap. 17.8), stellt das Metall in seiner in wäßriger Lösung stabilsten Oxidationsstufe +III ein essentielles Spurenelement dar (VINCENT). Dies gilt, obwohl dreiwertiges Chrom ähnlich wie dreiwertiges Eisen (vgl. Kap. 8) oder Aluminium(III) (s. Kap. 17.6) aufgrund der Schwerlöslichkeit des Hydroxids bei pH 7 und wegen langsamer Substitutionsreaktionen nur sehr ineffizient resorbiert werden kann. Verantwortlich für die ungewöhnliche Reaktionsträgheit selbst hinsichtlich des Austauschs von koordiniertem H_2O ist unter anderem die stabile d^3-Konfiguration mit halbgefüllten t_{2g}-Orbitalen in Oktaedersymmetrie.

Konkret postuliert wurde die Beteiligung eines Chrom(III)-enthaltenden Glukosetoleranzfaktors (GTF) an der optimalen Wirkung von Insulin. Dementsprechend sind in der Naturheilkunde chromhaltige Pflanzen wie etwa das Hirtentäschelkraut zur Behandlung von Diabetes mellitus (Typ II) eingesetzt worden (MÜLLER, DIEMANN, SASSENBERG), und Chrom(III)-Therapie kann tatsächlich den Insulinbedarf reduzieren helfen. Es handelt sich bei GTF vermutlich um einen typischen, d.h. oktaedrisch konfigurierten und substitutionsinerten Cr(III)-Komplex mit zwei *trans*-ständigen Nicotinsäure-Liganden, dessen restliche vier Koordinationsstellen zum Teil mit Schwefel-Liganden, etwa aus dem Peptid Glutathion besetzt sein könnten (11.33).

(11.33)

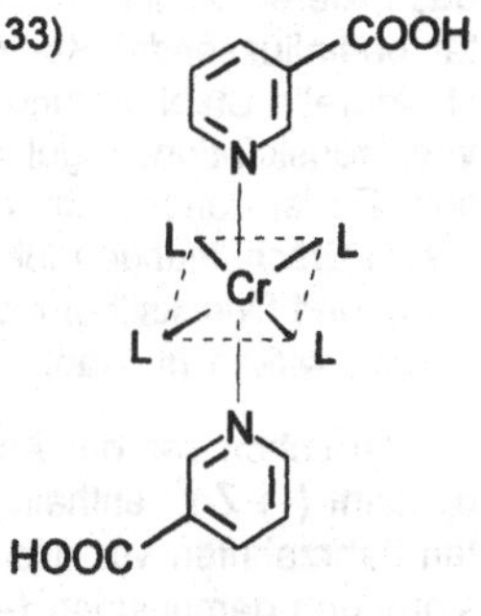

COOH N L L Cr L L N HOOC

L = Glycin, Cystein ?

Möglicherweise ist dieser Komplex ein integraler Bestandteil des Membranrezeptors für das Hormon Insulin (s. Kap. 12.7); bei Mikroorganismen (Hefezellen) scheint der Glukosetoleranzfaktor jedoch nicht notwendigerweise Chrom enthalten zu müssen. Als Unsicherheitsfaktor mag hier gelten, daß Chrom als Bestandteil rostfreier Edelstähle ubiquitär ist und seine mögliche "natürliche" Funktion im Ultraspurenbereich nicht leicht spezifiziert werden kann.

12 Zink: Enzymatische Katalyse von Aufbau- und Abbau-Reaktionen sowie strukturelle und genregulatorische Funktionen

12.1 Überblick

Nach dem Element Eisen ist Zink mit ca. 2 g pro 70 kg Körpergewicht das zweithäufigste 3d-Metall im menschlichen Organismus, eine bedeutende Rolle spielt es auch für viele andere Lebewesen (Bertini et al.; Prince; Williams; Vahrenkamp; Vallee, Auld; Prasad). Das Element kommt unter physiologischen Bedingungen nur zweifach ionisiert vor; aufgrund der abgeschlossenen d-Schale (d^{10}-Konfiguration) ist Zn^{2+} in Komplexverbindungen diamagnetisch und farblos. Entfällt dadurch einerseits die Möglichkeit von leichter elektronischer Anregung am Metall selbst, so findet sich andererseits Zink(II) biologisch nie von (farbigen) Tetrapyrrol-Liganden koordiniert, obwohl synthetische Komplexe dieses Typs sehr stabil sind. Zink-enthaltende Proteine konnten folglich erst mit verbesserten analytischen Methoden seit etwa 1930 eindeutig nachgewiesen werden; inzwischen sind schon über 300 Vertreter bekannt (vgl. Tab. 12.1). Unter diesen befinden sich zahlreiche essentielle Enzyme, die den Aufbau (Synthetasen, Polymerasen, Ligasen, Transferasen) oder den Abbau (Hydrolasen) von Proteinen, Nukleinsäuren, Lipid-Molekülen, Porphyrin-Vorstufen und anderen wichtigen bioorganischen Verbindungen katalysieren. Weitere Funktionen betreffen das Fixieren bestimmter, die Reaktionsgeschwindigkeit und/oder die Stereoselektivität beeinflussender Konformationen von Proteinen in Oxidoreduktasen sowie die strukturelle Stabilisierung von Insulin, von Hormon/Rezeptor-Komplexen oder auch von Transkriptions-regulierenden Faktoren für die Übertragung genetischer Information. Es ist daher nicht verwunderlich, daß Zinkmangel zu gravierenden pathologischen Erscheinungen führt (Bryce-Smith) und daß die schwereren Homologen Cadmium und Quecksilber nicht zuletzt durch Verdrängen des Zn^{2+} aus seinen Enzymen toxisch wirken (s. Kap. 17.3 und 17.5).

Ist schon seit der Antike die Wirkung zinkhaltiger Salben auf die Wundheilung bekannt (→ Zn^{2+}-enthaltende Kollagenase), so haben Untersuchungen in den letzten Jahrzehnten vor allem die Rolle von Zink bei der Behebung von Wachstumsstörungen demonstriert (→ Zn^{2+}-Wechselwirkung mit Wachstumshormonen; Somers et al.). Es wurde weiter gefunden, daß Zinkmangel Appetitlosigkeit, Abstumpfen des Geschmacksinns, Neigung zu Entzündungen, Beeinträchtigung des Immunsystems (AIDS-ähnliche Symptome) und eine ganze Reihe weiterer Störungen hervorrufen kann (Bryce-Smith). Hohe Zinkgehalte finden sich bei Fetus und Säuglingen sowie in den Fortpflanzungsorganen, insbesondere im Sperma – ein weiterer Hinweis auf die katalysierende Funktion des Zinks bei Aufbaureaktionen. Der durch die heutigen Ernährungsgewohnheiten nicht immer gedeckte und bei Alkohol-Konsum erhöhte tägliche Zink-Bedarf wird zwischen 3 mg (Kleinkinder) und 25 mg (Schwangere) eingeschätzt. Es existiert offenbar eine relativ große Toleranz für höhere Dosen, bevor Vergiftungserscheinungen auftreten.

Tabelle 12.1: Einige Zink-enthaltende Proteine

Zink-Protein	Molekülmasse (kDa)	Liganden	Funktion
Carboanhydrase (CA)	30	3 His 1 H_2O	Hydrolyse (12.6)
Carboxypeptidase (CPA)	34	2 His 1 η^2-Glu 1 H_2O	Hydrolyse (12.2, 12.11)
Thermolysin	35	2 His 1 η^1-Glu 1 H_2O	Hydrolyse (12.2)
alkalische Phosphatase	2 x 47	2x{2 His, 1 η^2-Asp, 1 H_2O} 2x{1 His, 2 η^1-Asp, 1 H_2O?}	Phosphatester-Hydrolyse (14.1) Mg^{2+}-Zentren: 2x{1 η^1-Asp, 1 η^1-Glu, 1 Thr, 3 H_2O}
5-Aminolävulinat-Dehydratase	8 x 35	8x{3 S, 1 N/O}	Kondensation (12.18)
Alkohol-Dehydrogenase (ADH)	2 x 40	2x{2 Cys, 1 His, 1 H_2O} 2x 4 Cys	Oxidation von 1°- oder 2°-Alkoholen mittels NAD^+ (12.19)
Glyoxalase	2 x 23	2x{2 His, 2 Glu?, 2 H_2O}	Reduktion von α-Diketonen mittels Glutathion (12.21)
Superoxid-Dismutase (SOD)	2 x 16	2x{2 His, 1 μ-His^-, 1 Asp}	Disproportionierung von $O_2^{\bullet -}$ (10.18)
Gen-Transkriptions-faktoren	TFIII A: 40 GAL4: 17	n x {2 His, 2 Cys} 2 x 4 Cys	Struktur-Funktion: Bildung spezifisch gefalteter Domänen
Insulin-Hexamer	6 x 6	2 x{3 His, n L}	Struktur-Funktion: Stabilisierung oligomerer Speicherformen
Metallothionein	6	≤7x 4 Cys	Transport- und Speicherprotein (?)

Vom reaktionschemischen Standpunkt aus besteht die wesentliche biologisch wirksame Funktion des zweiwertigen Zinks in seiner Lewis-Acidität, d.h. in der Fähigkeit, durch Polarisation

$$Zn^{2+} \longleftarrow \overset{\delta-}{\ }\text{Substrat}\overset{\delta+}{\ } \qquad (12.1)$$

von Substraten (einschließlich H_2O) bei *physiologischem* pH Kondensationsreaktionen wie etwa die Polymerisation von RNA oder umgekehrt Hydrolyseprozesse, beispielsweise die Spaltung von Peptiden oder Estern, zu katalysieren.

$$\text{R–XH} + \text{HO–A} \underset{\text{Hydrolyse}}{\overset{\text{Kondensation}}{\rightleftharpoons}} \text{R–X–A} + H_2O \qquad (12.2)$$

z.B. X = NH, A = –C(=O)–R' — Peptidasen, Lactamasen, Kollagenasen; Dehydratasen

X = O, A = –C(=O)–R' — Esterasen

X = O, A = PO_3^{2-} — Phosphatasen, Nukleasen

Solche Reaktionen werden chemisch-synthetisch oft durch starke Säuren oder Basen katalysiert; entsprechende pH-Bedingungen sind jedoch physiologisch nur in ganz wenigen Fällen verwirklicht (Magenflüssigkeit, s. Abb. 13.3). Die Alternative besteht in der Verwendung eines elektrophilen Polarisators, eines Lewis-sauren Metallkations mit relativ hoher effektiver Ladung (OCHIAI).

Kann ein direkter Lewis-*Säure*-Angriff durch das Metallkation an nukleophilen Substraten erfolgen, so ist umgekehrt auch eine für die Hydrolyse wichtige "Umpolung" der Lewis-Säure Zn^{2+} zu einer Lewis-Base $[-Zn-OH]^+$ möglich. Grundlage hierfür ist die jeder Metallhydroxid-Fällung vorausgehende Deprotonierung von Aqua-Komplexen (12.3), deren fortschreitende Polymerisation (vgl. 8.20) bei einem immobilisierten *monofunktionellen* System innerhalb eines Proteins nicht möglich ist (vgl. 5.13).

$$\geqslant Zn{-}OH_2]^{2+} \overset{K_s}{\rightleftharpoons} \geqslant Zn{-}OH]^{+} + H^+ \qquad (12.3)$$

(Wasseraktivierung !)

Der pK_s-Wert, der für freies $[Zn(OH_2)_6]^{2+}$ noch ca. 10 beträgt, kann sich für enzymatische Systeme bis auf etwa 6 verringern, wobei jedoch die Fähigkeit zum Angriff (kinetischer Aspekt) des metallgebundenen Hydroxids auf elektrophile Zentren in hydrolysierbaren Substraten erhalten bleibt.

Die Funktion der Substrataktivierung erfordert zunächst eine feste Verankerung des Metalls im Enzym; Zn^{2+} wird – wie Cu^{2+} – vor allem durch Histidin *kinetisch* fest gebunden (kein rascher Austausch, vgl. Kap. 2.3.1). Damit unterscheidet sich Zn^{2+} von den sonst teilweise ähnlichen zweiwertigen Ionen Mg^{2+}, high-spin Mn^{2+}, Fe^{2+} und Co^{2+}, welche außerdem geringere Lewis-Acidität aufweisen (Ochiai). Im Gegensatz zu Cu^{2+} und Ni^{2+} ist Zn^{2+} einerseits nicht redoxaktiv, was unerwünschte Elektronentransferprozesse ausschließt; andererseits bevorzugt es aufgrund der d^{10}-Konfiguration (keine Ligandenfeldeffekte) und seiner Stellung im Periodensystem eher *niedrige* Koordinationszahlen bei isotroper, d.h. ungerichteter Polarisationswirkung. Dadurch kann das Apoenzym die Koordinationsgeometrie stark beeinflussen, und es können im Verlauf der enzymatischen Katalyse auch *größere* Substrate in der Weise am Metall koordinieren, daß eine verzerrte, dem Übergangszustand der Reaktion ähnelnde Geometrie möglich ist. In der Tat wurde das Konzept des entatischen Zustands (Kap. 2.3.1) nicht zuletzt aus Strukturen zinkhaltiger Enzyme mit ihrer typischen, bezüglich der Aminosäurereste ungesättigten Metallkoordination abgeleitet (Vallee, Auld). Im Gegensatz zur kinetisch festen Bindung des Metalls an das Protein-Gerüst erfordert die Aktivierung von Wasser (→ Hydrolyse-Funktion) eine labile Bindung dieses Teilchens im Verlauf der Katalyse; Zn^{2+} gehört zu den Metallionen mit sehr raschem H_2O-Ligandenaustausch.

d-Elektronenkonfigurationen für high-spin Co^{2+} (d^7):

	Oktaedersymmetrie	Tetraedersymmetrie	
e_g	↑ ↑		
		↑ ↑ ↑	t_2
		↑↓ ↑↓	e
t_{2g}	↑↓ ↑↓ ↑		

(12.4)

Die eine oktaedrische Konfiguration oft stark begünstigende Ligandenfeldstabilisierung (vgl. 2.9) spielt bei gefüllter (Zn^{2+}), halb-gefüllter (high-spin Mn^{2+}) oder leerer d-Schale (Mg^{2+}) keine Rolle. Als wertvoll für physikalische Untersuchungen hat sich der Metallaustausch von Zn^{2+} durch das high-spin Co^{2+}-Ion (d^7) erwiesen, welches aufgrund der vollständig gefüllten Ligandenfeld-stabilisierten (e-)Orbitale in Tetraedersymmetrie (12.4) eine gewisse Präferenz für diese Koordinationsgeometrie zeigt (Berg, Merkle). Die offene d-Schale des Co^{2+}-Ions erlaubt mehrere Elektronenübergänge im Sichtbaren, weswegen die Substitution von Zn^{2+} durch Co^{2+} oft verwendet wird, um z.B. pK_s-Werte ionisierbarer Gruppen in der Ligandensphäre des Metallions zu bestimmen.

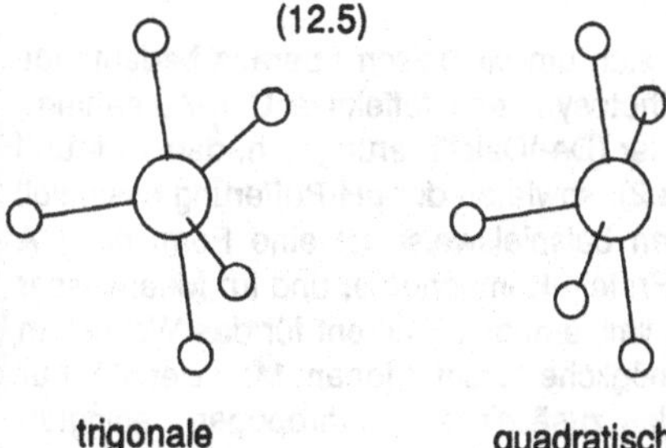

Ausgehend von der für Zn(II) typischen Koordinationszahl 4 führt zusätzliche Anlagerung eines Substrats (Metallkatalyse als Reaktion zwischen koordinierten Liganden) zu strukturell sehr flexiblen Systemen der Koordinationszahl 5, für welche keine eindeutige Bevorzugung einer der beiden idealtypischen Geometrien quadratische Pyramide oder der trigonale Bipyramide (12.5) existiert und die damit nicht zu einer *metallbedingten* Einschränkung der Substratspezifität beitragen (Protein → Selektivität; Metall → Aktivität, vgl. Kap. 2.3.1).

Neben der Polarisationsfunktion in hydrolysierenden oder kondensationskatalysierenden Enzymen kann Zink auch eine rein strukturelle, konformationsfixierende Rolle besitzen. Spezielle Beispiele sind die zinkhaltige Superoxid-Dismutase (Kap. 10.5: zusätzliche Fixierung und Aktivierung eines vorübergehend vom Substrat verdrängten Histidin(at)-Liganden) und die Alkohol-Dehydrogenase (Kap. 12.5: räumliche Fixierung und elektronische Aktivierung des Substrats für die Redox-Reaktion mit einem organischen Coenzym). In Proteinen findet sich Zink nicht nur mit Histidin, sondern teilweise oder auch ausschließlich mit negativ geladenen Schwefel- (Cysteinat-) oder Sauerstoff- (z.B. Glutamat-)Liganden koordiniert, neben der variablen Koordinationszahl (3 - 6) besitzt Zn^{2+} demnach eine weitere Flexibilität in bezug auf Typ und Ladung koordinierter Aminosäurereste. Zum überwiegenden Teil befindet sich Zink – anders als das erst durch biogene Oxidation als Cu(II) freigesetzte Kupfer – im Zellinneren. Als erstes wohldokumentiertes Beispiel für zinkhaltige Enzyme wird im folgenden die Carboanhydrase vorgestellt.

12.2 Carboanhydrase (CA)

Carboanhydrasen katalysieren die Einstellung des Hydrolyse-Gleichgewichts (12.6) für CO_2:

$$H_2O + CO_2 \rightleftharpoons HCO_3^- + H^+ \qquad (12.6)$$

Diese Reaktion, die normalerweise recht langsam verläuft (s. 12.7), kann enzymatisch um das 10^7-fache beschleunigt werden, weshalb einige Formen von Carboanhydrase als "perfekt evolvierte Enzyme" mit maximal möglichem Umsatz, d.h. diffusionskontrollierter Reaktion bezeichnet wurden. Es ist daher nicht überraschend, daß den Einzelheiten gerade dieser enzymatischen Katalyse einer scheinbar einfachen anorganischen Reaktion (12.6) sehr viel Interesse entgegengebracht wird (Botré, Gros, Storey; Liljas et al.), insbesondere auch hinsichtlich der quantenmechanischen Behandlung (Zheng, Merz; Liang, Lipscomb).

Bei den Carboanhydrasen handelt es sich um biologisch überaus bedeutende Enzyme, welche an Prozessen wie der Photosynthese (effektive CO_2-Aufnahme), der Atmung (rasche CO_2-Entsorgung) und der (De-)Calcifizierung, d.h. dem Auf- und Abbau carbonathaltiger Skelette (Kap. 15.3.2), sowie an der pH-Pufferung essentiell beteiligt sind. In menschlichen Erythrozyten beispielsweise ist eine Form der CA nach dem Hämoglobin die zweithäufigste Protein-Komponente, und im Meerwasser stellt Zn^{2+} aus den genannten Gründen ein limitierendes Element für das Wachstum von Phytoplankton dar (Co^{2+} und Cd^{2+} als mögliche "Ersatz"-Ionen; Morel et al.). Für die notwendige biologische Bewältigung des zusätzlichen, anthropogen bedingten CO_2-Eintrags in die Atmosphäre durch Verbrennen organischen Materials (→ "Treibhauseffekt") stellt die Carboanhydrase eine wesentliche Komponente dar ("Bio"-Recycling von CO_2).

Aufgrund unterschiedlicher Einsatzbereiche innerhalb höherer Organismen existieren zahlreiche, strukturell sehr ähnliche, aber unterschiedlich effektive und pH-abhängige Varianten (Isozyme) des Enzyms Carboanhydrase; Abb. 12.1 zeigt eine strukturelle Darstellung der menschlichen CA, Form II(c). Dabei handelt es sich um ein mittelgroßes Protein (4x4x5.5 nm) aus 259 Aminosäuren mit einer Molekülmasse von ca. 30 kDa; das dipositive Zink-Ion befindet sich von drei neutralen Histidin-Resten koordiniert am Grunde eines 1.6 nm tiefen, in hydrophile und lipophile Bereiche gegliederten konischen Hohlraums.

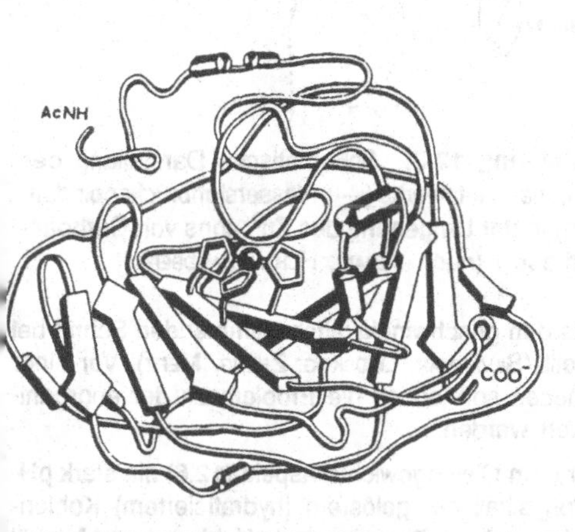

Abbildung 12.1: Strukturdarstellung der menschlichen Carboanhydrase II mit stilisiertem Proteingerüst und dreifach Imidazolfünfring-koordiniertem Zink (nach LILJAS et al.)

Die Strukturanalyse des substratfreien Enzyms läßt erkennen, daß die vierte Koordinationsstelle durch ein Wassermolekül besetzt wird, welches über Wasserstoffbrücken-Bindungen mit weiteren Aminosäureresten und Wassermolekülen verbunden ist (s. 12.10a). Die Koordinationsgeometrie des Zinks ist verzerrt tetraedrisch; das Metall läßt sich durch Chelatkomplexbildner wie etwa 2,2'-Bipyridin entfernen, worauf ein inaktives Apoprotein resultiert. Wie bei vielen Proteinen stellt auch hier das durch H-Brücken gebundene Wasser innerhalb und außerhalb des Enzyms (Abb. 12.2) einen integralen Bestandteil für Struktur

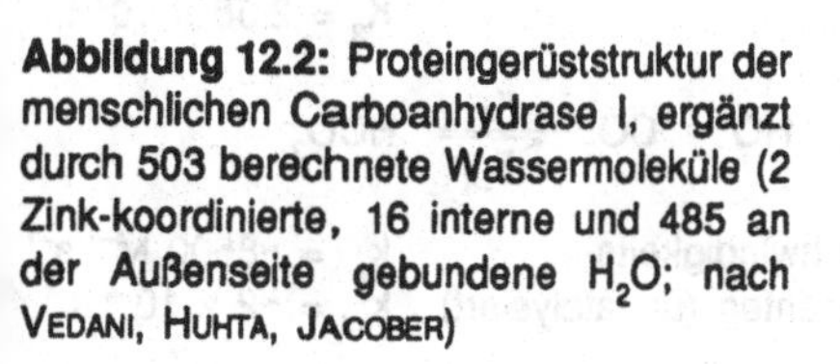

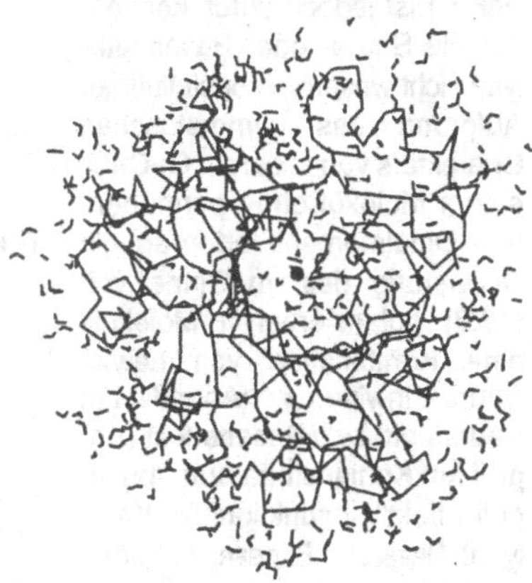

Abbildung 12.2: Proteingerüststruktur der menschlichen Carboanhydrase I, ergänzt durch 503 berechnete Wassermoleküle (2 Zink-koordinierte, 16 interne und 485 an der Außenseite gebundene H_2O; nach VEDANI, HUHTA, JACOBER)

und Funktion dar. Im Falle der Carboanhydrase kommt dem beobachteten geordneten Netzwerk von Wassermolekülen (Abb. 12.3) eine besondere Bedeutung zu, da es sich hier um ein sehr effizientes *Hydrolyse-Enzym* handelt (SILVERMAN, LINDSKOG).

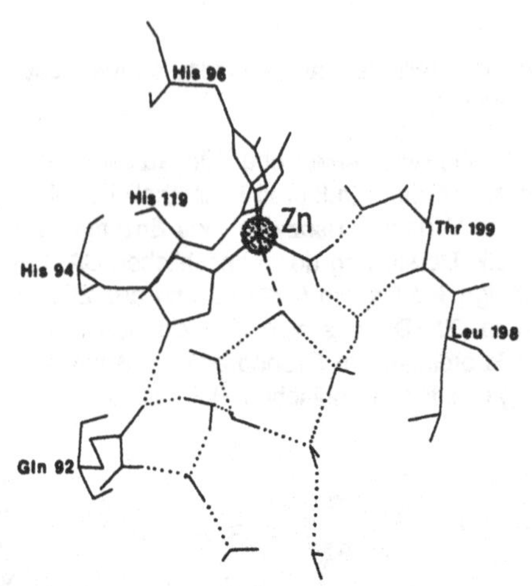

Abbildung 12.3: Schematische Darstellung des Protonen-Netzwerks (·····: Wasserstoffbrückenbindungen) in der Umgebung des Zn^{2+}-Ions von Carboanhydrase I (nach VEDANI, HUHTA, JACOBER)

Detaillierte experimentelle Untersuchungen (^{18}O-Markierung; Effekt von Metallsubstitution, H/D-Austausch, Inhibitoren oder pH auf Reaktionsgeschwindigkeit und Gleichgewichtslage) wie auch theoretische Studien legen nahe, daß nicht die CO_2/HCO_3^--Konversion, sondern die Protonenübertragung (proton shuttling) unter Beteiligung von Aminosäureresten und des H_2O-Netzwerks den geschwindigkeitsbestimmenden Schritt bei der CO_2-Hydrolyse durch CA darstellt (SILVERMAN, LINDSKOG; ZHENG, MERZ). Vor einer Diskussion mechanistischer Hypothesen soll jedoch die Problematik der anorganischen Reaktion (12.6) näher erläutert werden.

Die Hydrolyse von CO_2 ist unter dem Gleichgewichts-Aspekt (12.6) ein stark pH-abhängiger Prozeß, denn neben "physikalisch" gelöstem (hydratisiertem) Kohlendioxid spielt auch das in geringem Ausmaß (12.7) vorliegende Kohlensäure-Molekül H_2CO_3 eine Rolle. Die erstaunlich langsame Hydratisierung von CO_2 (Halbwertszeit der Umsetzung ca. 20 s bei 25°C; PRINCE) ist jedoch durch konventionelle Säure- oder Basenkatalyse nicht wesentlich beeinflußbar. Aufgrund des symmetrischen Charakters von linearem O=C=O, einem Molekül ohne permanentem Dipolmoment, erfordert die Aktivierung des im Sinne von (12.8) polarisierbaren Moleküls eine Kombination von Lewis-Säure-Einwirkung (Angriff am Sauerstoff) *und* Baseneffekt (Angriff am Kohlenstoffatom; "push-pull-Effekt", bifunktionelle Katalyse: BRESLOW, BERGER, HUANG).

$$H_2O + CO_2 \overset{K_1}{\rightleftharpoons} H^+ + HCO_3^- \qquad (12.7)$$

$$K_3 \searrow\!\!\nwarrow \quad H_2CO_3 \quad \nearrow\!\!\swarrow K_2$$

Gleichgewichtskonstanten: $K_1 = 4.44 \times 10^{-7}$
$K_2 = 1.72 \times 10^4\ M^{-1}$
$K_3 = 2.58 \times 10^3\ M$

$$HO^- + CO_2 \underset{k_{-4}}{\overset{k_4}{\rightleftharpoons}} HCO_3^-$$

Geschwindigkeitskonstanten (unkatalysiert): $k_4 = \sim 8500\ M^{-1}\ s^{-1}$
$k_{-4} = \sim 2 \times 10^{-4}\ s^{-1}$

Nicht-enzymatische Katalyse dieser Reaktion ist daher vor allem durch ambivalente, Lewis-Säure/Base-amphotere Systeme wie etwa arsenige, schweflige, unterbromige Säure oder Monohydroxo-Metallkomplexe möglich (PRINCE). Diese Verbindungen weisen sowohl basische freie Elektronenpaare als auch eine Akzeptor-(Säure-) Funktion auf; die Effizienz solch kleiner, unspezifischer Systeme und Modellverbindungen ist jedoch um Größenordnungen niedriger als die der Carboanhydrase.

$$\overset{\delta-}{\langle O} = \overset{\delta+}{C} = \overset{\delta-}{O\rangle} \longrightarrow \text{(Lewis-)Säure}, \quad \text{(Lewis-)Base} \uparrow C \qquad (12.8)$$

Als basisches Zentrum für einen nukleophilen Angriff des Enzyms am CO_2-Kohlenstoff dient am Metall gebundenes *Hydroxid*, welches durch Deprotonierung des ursprünglich dort befindlichen Wasserliganden mit Hilfe eines Aminosäurerestes (Histidin-64) gebildet werden kann. Umfangreiche Modellstudien haben gezeigt, daß das aufgrund der Abschirmung durch den Proteinliganden nicht polymerisierende Zn^{II}-OH eine Nukleophilie aufweist, die zum Angriff auf CO_2 ausreichen sollte. Während das Metallzentrum selbst dazu beiträgt, das CO_2-Molekül in weitgehend linearer Anordnung Zn···O=C=O anzuziehen, zu orientieren und zu polarisieren (LIANG, LIPSCOMB), erfolgt der produktive Angriff an den Sauerstoffzentren des Substrats durch acide *Protonen* innerhalb des schon erwähnten H-Brücken-Netzwerks; die sehr rasche Geschwindigkeit der Hydrolyse bei physiologischem pH wird offenbar durch das in Abb. 12.3 dargestellte "Protonen-Relais-System" begünstigt. Protonen-Verschiebungen innerhalb Wasserstoffbrücken-gebundener Systeme können, insbesondere bei fixierter Struktur, extrem rasch verlaufen; im Effekt erfolgen die entscheidenden Angriffe am CO_2 somit durch die Bestandteile des Wassers, H^+ und OH^-, weswegen die Autoprotolyse von H_2O als geschwindigkeitsbestimmender Schritt benannt wurde (SILVERMAN, LINDSKOG).

Die einfachste, ohne strukturelle Detailangaben mit den Experimenten vereinbare Sequenz lautet daher (E: Protein):

$$[\text{E-Zn-OH}]^+ \xrightarrow{CO_2} [\text{E-Zn(OH)}CO_2]^+ \rightarrow [\text{E-Zn-}HCO_3]^+ \xrightarrow{H_2O} [\text{E-Zn-}H_2O]^{2+} + HCO_3^- \qquad (12.9)$$

(Rückreaktion $[\text{E-Zn-}H_2O]^{2+} \rightarrow [\text{E-Zn-OH}]^+$ unter $-H^+$)

Für die Bindung des gebildeten Hydrogencarbonats im Übergangszustand werden mehrere Alternativen diskutiert, welche vor allem eine unsymmetrische (4+1)-Koordination (3N, 2O; vgl. 12.10b) am Metall nahelegen (VEDANI, HUHTA, JACOBER). Metallkomplexe mit Hydrogencarbonat-Liganden sind generell leicht löslich (→ Wasserhärte-Gleichgewicht, 15.2) und labil, d.h. sie neigen zur Umwandlung in die wesentlich beständigeren Carbonat-Komplexe. Ersetzt man das Proton im HCO_3^--Liganden jedoch durch einen organischen Rest R, so können Modellkomplexe des Typs $L^3Zn(RCO_3)$ (L^3 = Tris(pyrazolyl)borat, vgl. 4.14) isoliert werden (LOONEY et al.). Untersuchungen an entsprechenden Nitrat-Komplexen (LOONEY, PARKIN) legen nahe, daß eine eher unsymmetrische Koordination der potentiell symmetrisch bindenden Chelat-Liganden XO_2^- (X = HCO oder NO) für Zink(II)-Komplexe charakteristisch ist und damit zur leichten Ablösung und raschen Katalyse beitragen könnte. Dem

Hydrogencarbonat verwandte, aber stärker bindende und damit den Übergangszustand stabilisierende Substrate wie etwa Formiat, Hydrogensulfit oder Sulfonamide hemmen die CA-Reaktivität (LILJAS et al.).

Einer der detaillierteren hypothetischen Mechanismen, der einzelne Zwischenstufen illustriert und das über ein Wassernetzwerk mit dem Zink verbundene, in seiner Konformation pH-abhängige Histidin-64 einschließt, ist in Schema (12.10b) vorgestellt (ZHENG, MERZ).

(12.10)

(a) Ausgangssituation:

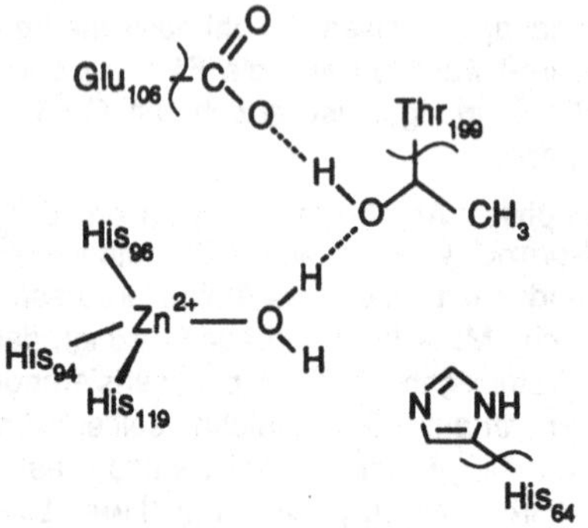

Glu_{106}, Thr_{199}, CH_3, His_{96}, Zn^{2+}, His_{94}, His_{119}, His_{64}

(b) Hypothetischer Reaktionsmechanismus:

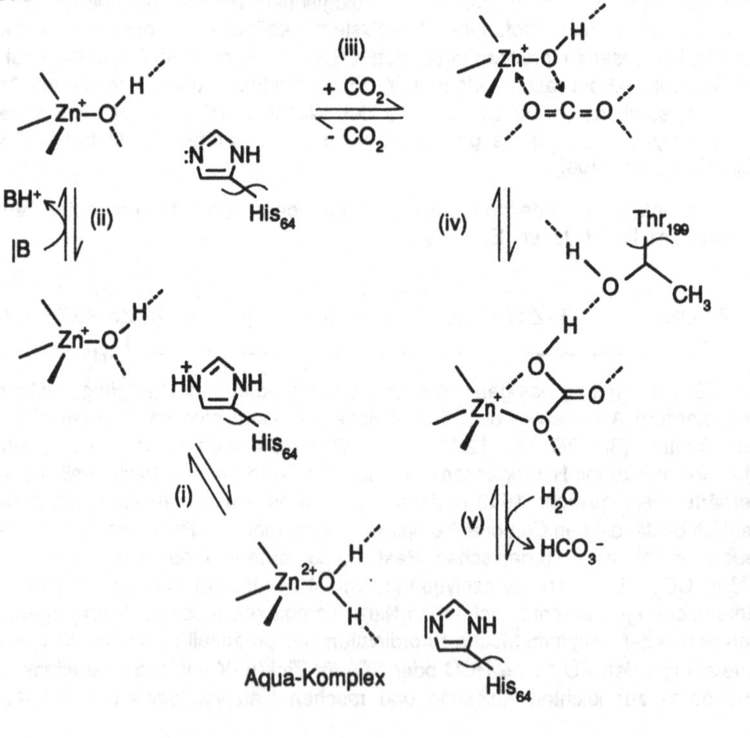

(iii) $+ CO_2$ / $- CO_2$

BH^+, $|B$ (ii)

(iv) Thr_{199}, CH_3

(i)

(v) H_2O, HCO_3^-

Aqua-Komplex

His_{64}

Ausgehend vom Aqua-Komplex erfolgt indirekter Protonentransfer (i) über dazwischengeschaltete Moleküle des Wasser-Netzwerks zum Histidin-64, von wo das Proton als stöchiometrisches Produkt der Vorwärtsreaktion (12.6) an entferntere Puffermoleküle B weitertransportiert wird (ii). Das am Zink verbliebene Hydroxid bildet mit gelöstem, durch Wasserstoffbrücken-Wechselwirkungen teilweise schon aktiviertem CO_2 sehr rasch über einen Übergangszustand (iii) den Produktkomplex (iv), aus welchem im letzten Schritt (v) labiles HCO_3^- durch Wasser verdrängt wird.

12.3 Carboxypeptidase A (CPA) und andere Hydrolasen (Peptidasen, Proteinasen, Lipasen, Phosphatasen)

Das wohl am intensivsten untersuchte Peptid-hydrolysierende Metalloenzym ist die Carboxypeptidase A, die als Verdauungsferment typischerweise aus Rinderpankreas isoliert wird. Entsprechend ihrer Spezifität wird sie genauer als Peptidyl-L-aminosäurehydrolase bezeichnet, wobei aufgrund der enzymatischen Bindungsstellen für das Substrat besonders rasch L-Aminosäuren mit großen hydrophoben, vorzugsweise aromatischen Resten wie etwa Phenylalanin am C-Terminus gespalten werden (12.11, 12.15). Die CPA ist jedoch auch in der Lage, die Hydrolyse bestimmter Ester zu katalysieren.

$$R-C(=O)-NH-CH(CH_2Ph)-COO^- \xrightarrow{H_2O} R-C(=O)-OH + H_2N-CH(CH_2Ph)-COO^- \qquad (12.11)$$

Carboxypeptidase A ist bezüglich ihrer Struktur (röntgendiffraktometrische Auflösung 154 pm), ihrer Selektivität und des zugrundeliegenden Reaktionsmechanismus über Jahrzehnte hinweg sehr eingehend untersucht worden (CHRISTIANSON, LIPSCOMB). Obwohl sie selbst offenbar keine essentielle Bedeutung im Organismus besitzt (Mangelfunktionen sind nicht bekannt), stellt sie in vielerlei Hinsicht ein Anschauungsmodell für andere metallhaltige oder auch metallfreie (Serin- oder Thiol-)Proteinasen dar, welche im Metabolismus insgesamt eine zentrale Rolle spielen.

Im Falle der CPA konnte nicht nur das substratfreie Enzym mit "natürlichem" Zink oder auch einigen anderen Metallionen strukturell untersucht werden (REES et al.), es existieren auch Kristallstrukturanalysen für verschiedene Enzym/Inhibitor-Komplexe, wodurch man annimmt, einzelne Phasen der vielstufigen enzymatischen Katalyse in "eingefrorenem" Zustand beobachten zu können. Solche Studien – gerade bei zinkhaltigen Proteasen – liefern seit einigen Jahren die experimentellen Grundlagen für Computer-unterstütztes "molecular modeling" von Enzym-Substrat- und vor allem von Proteaseenzym-Inhibitor-Wechselwirkungen. Wegen der vielfältigen hormonellen Steuerungsfunktion kleinerer Peptide hat die gezielte Suche nach Inhibitoren spezieller Metallopeptide wie etwa des "angiotensin converting enzyme" (ACE) bereits zur erfolgreichen Neuentwicklung maßgeschneiderter Pharmaka gegen Bluthochdruck geführt ("drug design"; PETRILLO, ONDETTI).

Abbildung 12.4: Polypeptid-Kette der Carboxypeptidase A mit kugelförmig dargestelltem Zn^{2+} (nach CHRISTIANSON, LIPSCOMB)

Mit etwa 300 Aminosäuren und einer Molekülmasse von ca. 34 kDa ist die CPA ähnlich groß wie die Carboanhydrase; auch hier befindet sich ein katalytisch essentielles Zn^{2+}-Ion im Inneren eines Hohlraums des sonst weitgehend globulär gefalteten Polypeptids (Abb. 12.4). Das Metall ist von zwei Histidin-Liganden und einem chelatisierenden (η^2-)Glutamat-Anion sowie von einem Molekül H_2O koordiniert; dieses Wassermolekül ist über H-Brücken mit Serin-197 und einem weiteren Glutamat-270 verknüpft. Wichtig für die Funktion des Enzyms sind – wie bei der CA – saure und basische Aminosäurereste in der Umgebung des aktiven Zentrums (vgl. 12.14). Hierzu gehören neben der sauren Phenolgruppe von Tyrosin-248 insbesondere das Glutamat-270 als basisches Carboxylat sowie die Arginin-Gruppen Arg-127 und Arg-145 in ihrer jeweils protonierten Form $C(\alpha)-CH_2-CH_2-CH_2-NH-C(=^+NH_2)NH_2$.

Peptidase- und Esterase-Reaktivität unterscheiden sich in einigen kinetischen Merkmalen, etwa im geschwindigkeitsbestimmenden Schritt, wie auch interessanterweise im Effekt der Metallsubstitution. Bleibt die Peptidase-Funktion im wesentlichen auf das "natürliche" Zink sowie auf Co^{2+} beschränkt (vgl. 12.4), so findet man Esterase-Aktivität mit einer ganzen Reihe von zweiwertigen Ionen (Aktivitäten: $Mn^{2+} > Cd^{2+} > Zn^{2+} > Co^{2+} > Hg^{2+} > Pb^{2+} > Ni^{2+}$). Es wird daher vermutet, daß der Reaktionsmechanismus für Ester- und Peptid-Hydrolyse im Detail unterschiedlich sein könnte. Signifikante strukturelle Unterschiede nach Metallsubstitution sind trotz qualitativ gleichwertiger Koordination (2 His, η^2-Glu^-, H_2O) festgestellt worden (REES et al.). Dabei war die Abweichung von der trigonal-bipyramidalen Konfiguration (12.5) beim "natürlichen" Zink-System am geringsten, gefolgt vom Co^{2+}- und Mn^{2+}-Komplex. Mit Cd^{2+} und insbesondere Ni^{2+} resultiert eine Annäherung an die quadratisch-pyramidale Struktur (12.5), welche auch als oktaedrische Anordnung mit offener Koordinationsstelle beschrieben werden kann. Eine direkte Korrelation dieser strukturellen Variationen mit der unterschiedlichen Reaktivität konnte noch nicht etabliert werden, die größere strukturelle Flexibilität liegt bei der trigonal-bipyramidalen Anordnung.

Zur mechanistischen Problematik ist festzuhalten, daß es sich bei Estern wie auch bei Peptiden mit ihrer Carboxamid-Bindung um polarisierbare Systeme aus Carbonylakzeptor- und Alkoxy- oder Aminodonorkomponenten handelt (12.12). Wie bei der CO_2-Aktivierung ist damit ein mehrfacher Angriff durch Elektrophile *und* Nukleophile notwendig; wegen der angestrebten Hydrolyse erfordert dies die Einbeziehung von H-Brücken-bildenden sauren und basischen Komponenten wie etwa Aminosäureresten oder koordiniertem Wasser. Die Vielfalt hydrolysierbarer Systeme (auch Autoproteolyse des Enzyms selbst ist eine Möglichkeit) macht eine Substrat-Selektivität erforderlich, so daß zusätzlich zu dem multiplen Angriff an den eigentlichen funktionellen Gruppen mehrere weitere Enzym/Substrat-Haft- bzw. -Erkennungs-Stellen existieren (Kooperativität, "induced fit").

Carbonsäureester:

Carboxamid:

(12.12)

Die beiden gegenwärtig geläufigen mechanistischen Hypothesen sind im folgenden zusammengestellt. Die Alternative (12.13) beinhaltet eine Koordination von elektrophilem Metall am Carbonylsauerstoff des Peptids oder Esters, worauf der dadurch weiter positivierte Carbonylkohlenstoff direkt vom Glutamat-270 nukleophil unter Bil-

(12.13)

dung einer intermediären gemischten Anhydridfunktion Glu–C(O)–O–C(O)–R angegriffen wird. Hydrolyse des Anhydrids, etwa mittels Zink-koordiniertem Wasser/Hydroxid, führt zur Produktbildung.

Tatsächlich existieren direkte Hinweise auf ein Auftreten von Anhydriden während der Hydrolyse bestimmter Substrate durch CPA (BRITT, PETICOLAS), im Gegensatz dazu nehmen CHRISTIANSON und LIPSCOMB eine Möglichkeit (12.14) an, die in bezug auf die Metallfunktion eine Parallele zum Carboanhydrase-Mechanismus aufweist. Hierbei wird das am Zink in der fünften Koordinationsstelle gebundene Wasser über Deprotonierung durch Glutamat-270 wieder in ein nukleophiles, Metall-modifiziertes Hydroxid umgewandelt (12.3), welches seinerseits am Carbonylkohlenstoffzentrum des Peptids (oder Esters) angreift (12.14b).

(12.14) (a)

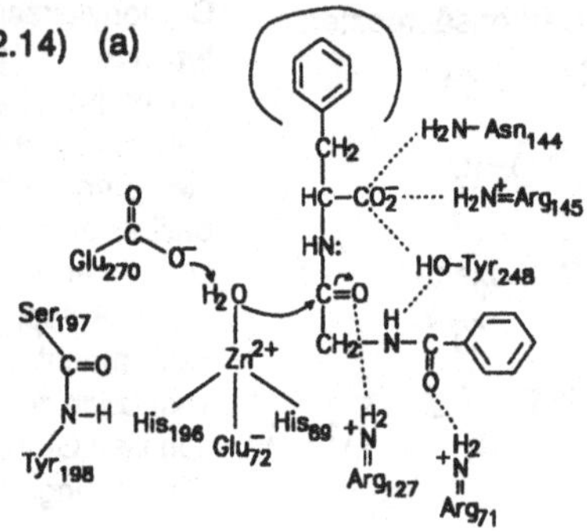

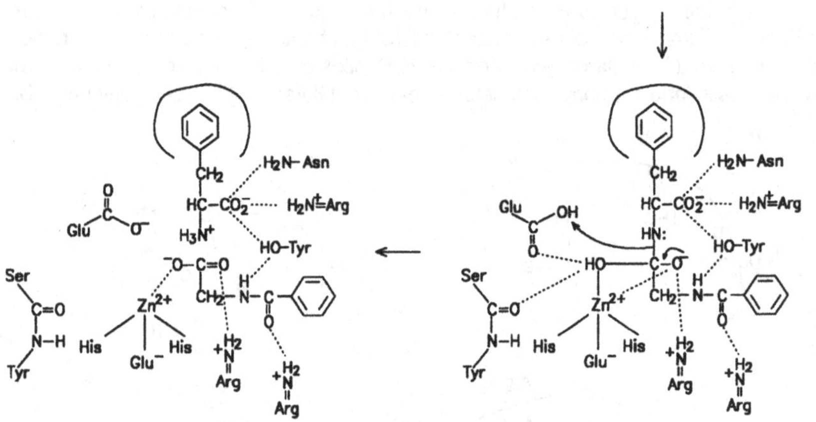

(b)

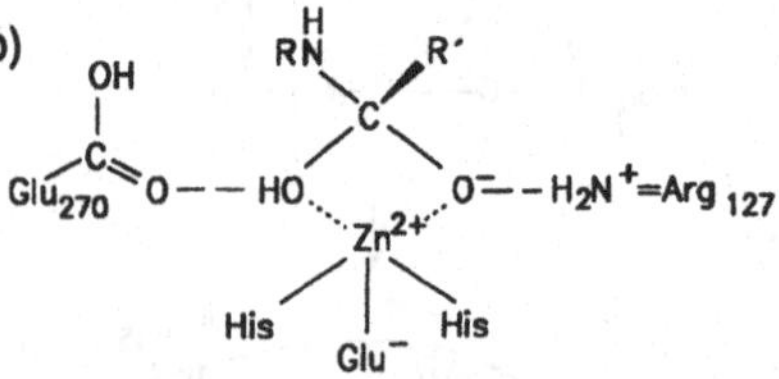

Der elektrophile Angriff erfolgt nach (12.14) primär durch die konjugiert-saure Form eines Arginins am Carbonylsauerstoff über Wasserstoffbrücken-Wechselwirkung; H-Brücken sind ebenso an Bindung und Aktivierung des Substrats beteiligt. Zusätzliche direkte Zink-Polarisation der Carbonylfunktion in Kombination mit einem Angriff Metall- und Glutamat-aktivierten Wassers bzw. Hydroxids am Carbonylkohlenstoff (12.14) bewirkt letztendlich die Hydrolyse. In jedem Fall dient das netto einfach positiv geladene Metall der *elektrostatischen* Stabilisierung negativer Partialladungen während der enzymatischen Katalyse, vor allem im Übergangszustand.

Die Strukturaufklärung einer am N-Terminus der Polypeptidkette angreifenden *Amino*peptidase (TAYLOR; 12.15) hat das Vorliegen zweier nahe benachbarter Zink-Zentren gezeigt, wobei als Liganden zum Teil verbrückende η^1- oder η^2-Glutamat- oder -Aspartat-Gruppen fungieren (BURLEY et al.). Eines der beiden Zink-Zentren ist auch hier erwartungsgemäß koordinativ ungesättigt in bezug auf Aminosäurereste.

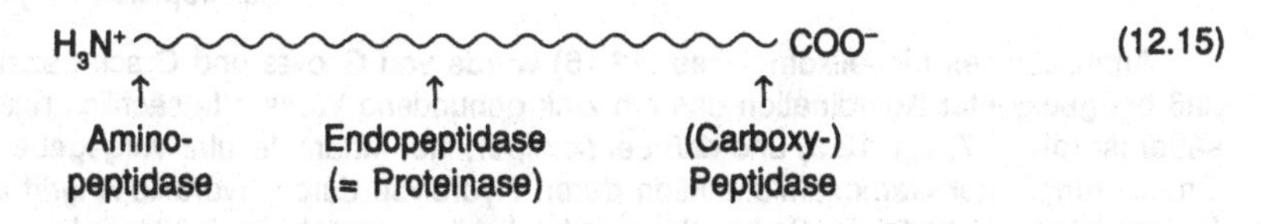

Eine weitere strukturell wohldokumentierte Zink-enthaltende Protease ist die Proteinase (= Endopeptidase, 12.15) Thermolysin, ein durch seine vierfache Ca^{2+}-Bindung (vgl. Abb. 2.7 und Kap. 14.2) thermisch und gegen Autoproteolyse, d.h. gegen Abbau des *eigenen* Peptidgerüsts stabilisiertes Enzym aus *Bacillus thermoproteolyticus*. Im Gegensatz zu (Amino-)Peptidasen hydrolysieren Proteinasen wie Thermolysin, das Verdauungsenzym Astacin oder Matrix-Metalloproteinasen (MMPs; WOESSNER) nicht am Terminus, sondern im Inneren eines Proteins. In Kollagenasen und Astacin weist das Zink-Ion drei Histidin-Liganden auf (LOVEJOY et al.). Zinkabhängige gewebsauflösende MMPs wie etwa Kollagenasen, Gelatinasen oder Stromelysin sind unter anderem essentiell für Embryonalentwicklung, Wundheilung, Tumormetabolismus, arthritische Prozesse oder Amyloidprotein-Abbau (→ Alzheimer-Syndrom; MIYAZAKI et al.). Sie werden charakteristischerweise in inaktiver "Zymogen"-Form produziert, die durch Entfernen eines blockierenden Cysteinat-Ligand am katalytischen Zn^{2+}-Zentrum aktiviert werden kann (WOESSNER). Wesentliche strukturelle Merkmale zinkhaltiger Proteasen sind offenbar gut konserviert (LOVEJOY et al.; MATTHEWS). Dies betrifft sowohl die Koordinationsumgebung am Metall wie auch die relativen räumlichen Positionen des Zinks, der Base (Glutamat) und der Säure (Arginin bei CPA, Histidin bei Thermolysin) im aktiven Zentrum.

Ein interessanter Aspekt im Zusammenhang mit dem Problem der Autoproteolyse ist das Vorkommen zinkhaltiger Proteasen in sehr effektiv bindegewebsauflösenden und gerinnungshemmenden Toxinen von Giftschlangen. Aus dem Gift der texanischen Klapperschlange (western diamond rattlesnake, *Crotalus atrox*) sind beispielsweise fünf solcher aggressiver Toxine isoliert worden, die ihre Wirkung jeweils nach Entfernung des Metalls durch Komplexierung mit EDTA verlieren (BJARNASON, TU). Die noch effizienteren Toxine vom Tetanus- und Botulinus-Typ sind ebenfalls als zinkabhängige Proteinasen erkannt worden, welche ihre Neurotoxizität durch spezifischen Abbau eines synaptischen Membranproteins entfalten (SCHIAVO et al.).

(12.16)

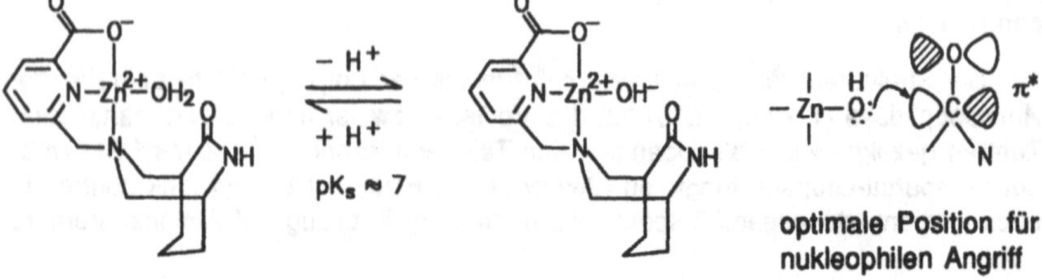

$$\text{[Zn}^{2+}\text{-OH}_2\text{-Komplex]} \underset{+\,H^+}{\overset{-\,H^+}{\rightleftharpoons}} \text{[Zn}^{2+}\text{-OH}^-\text{-Komplex]} \qquad pK_s \approx 7$$

optimale Position für nukleophilen Angriff

Anhand eines Modellkomplexes (12.16) wurde von GROVES und OLSON gezeigt, daß bei geeigneter Koordination das am Zink gebundene Wasser tatsächlich relativ sauer ist ($pK_s \approx 7$, vgl. 12.3) und daß bei richtiger, hier intramolekular vorgegebener Orientierung einer Carboxamidfunktion deren Hydrolyse durch Hydroxid-Angriff am (unbesetzten) π^*-Orbital der Carbonylgruppe tatsächlich um mehrere Größenordnungen beschleunigt werden kann.

Zu den potentiell zinkhaltigen Hydrolyse-Enzymen gehören außer den zur Resistenz gegen Penicillin-Antibiotika beitragenden β-Lactamasen und den ebenfalls Ester-spaltenden Phospholipasen weiterhin Phosphatasen (einschließlich Nukleasen), bei denen je nach optimalem pH zwischen sauren (s. Kap. 7.6.3) und alkalischen Vertretern unterschieden wird. Die alkalische Phosphatase aus *E. coli* weist in ihrer aktiven Form drei benachbarte Metallzentren (2 Zn, Mg) mit unterschiedlicher, kooperativ verlaufender Protein-Bindung auf (s. Tab. 12.1, VINCENT, CROWDER, AVERILL; TSUBOUCHI, BRUICE). Auf die speziellen Erfordernisse der Phosphat-Hydrolyse mit fünffach koordiniertem Phosphor im Übergangszustand wird in Kap. 14.1 näher eingegangen.

12.4 Katalyse von Kondensations-Reaktionen durch zinkhaltige Enzyme

Dienen die Hydrolasen dem Abbau von Peptid- oder (Phosphat-)Ester-Bindungen, so können Zink-enthaltende Enzyme umgekehrt auch zur Katalyse von Kondensationsprozessen beitragen (12.2). Die bislang bekannteren Vertreter, die Aldol-Kondensationen des Typs (12.17) reversibel katalysierenden Metallo-Aldolasen, die

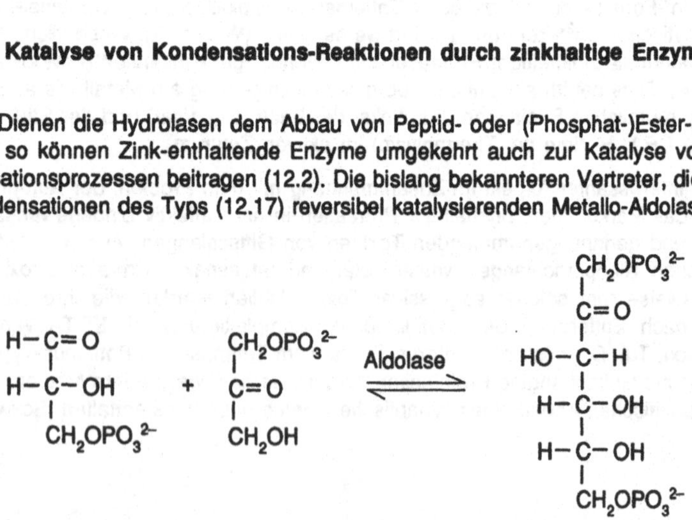

$$\begin{array}{c}\text{H}-\text{C}=\text{O}\\ |\\ \text{H}-\text{C}-\text{OH}\\ |\\ \text{CH}_2\text{OPO}_3^{2-}\end{array} + \begin{array}{c}\text{CH}_2\text{OPO}_3^{2-}\\ |\\ \text{C}=\text{O}\\ |\\ \text{CH}_2\text{OH}\end{array} \overset{\text{Aldolase}}{\rightleftharpoons} \begin{array}{c}\text{CH}_2\text{OPO}_3^{2-}\\ |\\ \text{C}=\text{O}\\ |\\ \text{HO}-\text{C}-\text{H}\\ |\\ \text{H}-\text{C}-\text{OH}\\ |\\ \text{H}-\text{C}-\text{OH}\\ |\\ \text{CH}_2\text{OPO}_3^{2-}\end{array} \qquad (12.17)$$

5-Aminolävulinat-Dehydratase und die DNA- bzw. RNA-Polymerasen, sind jedoch weniger gut charakterisiert als die Proteasen.

Zwar ist der für die Funktion essentielle Zink-Gehalt z.B. der biologisch sehr wichtigen RNA-Polymerasen (Molekülmasse 380 kDa) mit 2 Metallzentren pro Mol etabliert (Wu, Wu); Einzelheiten der Koordinationsumgebung und Funktionsweise der Metalle in dem sehr komplexen Enzym sind jedoch noch Gegenstand von Spekulationen.

Im Zusammenhang mit der Toxizität von Blei (s. Kap. 17.2) ist bemerkenswert, daß das Schwermetallion Pb^{2+} unter anderem ein zinkabhängiges Enzym hemmt, das dem Aufbau einer essentiellen Vorstufe in der Tetrapyrrol-Biosynthese dient. Es handelt sich um die 5-Aminolävulinat-Dehydratase, welche die Kondensation zweier offenkettiger Moleküle 5-Aminolävulinsäure zu dem funktionalisierten Pyrrol Porphobilinogen katalysiert (12.18; Beyersmann).

$$HOOC{-}CH_2{-}CH_2{-}C(=O){-}CH_2{-}NH_2 \; + \; HOOC{-}CH_2{-}CH_2{-}C(=O){-}CH_2{-}NH_2 \xrightarrow{-\,2\,H_2O} \text{Porphobilinogen} \qquad (12.18)$$

5-Amino-lävulinsäure   Porphobilinogen

Für das Enzym, ein Oktamer mit etwa 280 kDa Molekülmasse, wird die Koordination dreier Cysteinato-Liganden und eines leichteren Atoms (N oder O) pro Metallzentrum angenommen (Parkin).

12.5 Alkohol-Dehydrogenase (ADH) und verwandte Enzyme

Primäre Alkohole, insbesondere Ethylalkohol (Ethanol), werden in zwei Schritten metabolisiert: Durch zinkhaltige Alkohol-Dehydrogenasen (ADH) entstehen zunächst Aldehyde, die dann durch Aldehyd-Dehydrogenase (ALDH, vgl. Tab. 11.1) weiter zur Stufe des Carboxylats, z.B. zu Acetat oxidiert werden. Für Weidetiere oder auch frei fermentierende Mikroorganismen wie etwa Hefezellen besitzen Enzyme zur Erzeugung oder Umwandlung von Alkoholen große Bedeutung; darüber hinaus hat die Stereospezifität (Enantioselektivität, vgl. Abb. 12.5) des umgekehrten Prozesses der Carbonyl-*Reduktion* durch ADH das intensive Interesse von seiten der organischen Synthesechemie hervorgerufen (Wuest).

Die am meisten untersuchte Form, die von Pferden gewonnene dimere Leber-Alkohol-Dehydrogenase (LADH) besitzt als Metalloenzym zwei Zink-Ionen pro Untereinheit (Molekülmasse ca. 2 x 40 kDa). Dabei ist das eine, das katalytisch aktive Zentrum, durch einen Histidin-Rest und durch zwei negativ geladene Cysteinat-Gruppen im Protein verankert und weist in der vierten Koordinationsstelle ein labil gebundenes Wassermolekül auf (ZEPPEZAUER; EKLUND, JONES, SCHNEIDER). Aus dieser Koordination mit zwei Thiolat-Liganden folgt – anders als bei CA oder CPA – eine *neutrale* Gesamtladung am Metall sowie eine Beschränkung auf die Koordinationszahl 4 auch im Übergangszustand wegen des hohen Raumbedarfs und der gegenseitigen Abstoßung der großen Schwefelatome. Das zweite Zink-Ion in der Untereinheit wird von vier Cystein-Liganden koordiniert und ist – wie etwa auch das entsprechend gebundene Zinkzentrum der Aspartat-Transcarbamoylase – an der enzymatischen Katalyse nicht unmittelbar beteiligt (Strukturfunktion). Die Hefe-ADH (YADH, Y steht für yeast) und die Glycerin(1,2-Diol)-Dehydrogenase besitzen nur ein Zink-Zentrum pro Untereinheit (PFLEIDERER, SCHARSCHMIDT, GANZHORN). Bestimmte bakterielle Alkohol-Dehydrogenasen können statt verzerrt tetraedrisch konfiguriertem Zink high-spin Eisen(II) mit vermutlich oktaedrischer Konfiguration enthalten (3 oder 4 His-, 2 oder 3 O-Liganden; TSE, SCOPES, WEDD). Da Zink selbst nicht redoxaktiv ist, benötigt die normale ADH ein Dehydrogenase-Coenzym, das NAD^+/NADH-System (3.12), so daß die Gleichung der durch das Enzym katalysierten (reversiblen) Reaktion im Falle eines primären Alkohols lautet:

$$R-CH_2-OH + NAD^+ \underset{}{\overset{ADH}{\rightleftharpoons}} R-CHO + NADH + H^+ \qquad (12.19)$$

Wie Abb. 12.5 nahelegt, besteht die Funktion des Zinks in einer Koordination am Sauerstoffatom des Substrats, wodurch eine räumliche Fixierung und möglicherweise zusätzliche Aktivierung für die streng stereospezifische Reaktion erfolgt.

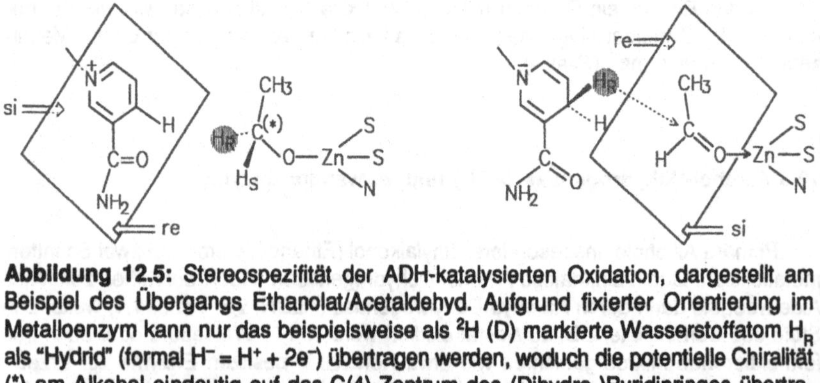

Abbildung 12.5: Stereospezifität der ADH-katalysierten Oxidation, dargestellt am Beispiel des Übergangs Ethanolat/Acetaldehyd. Aufgrund fixierter Orientierung im Metalloenzym kann nur das beispielsweise als ^2H (D) markierte Wasserstoffatom H_R als "Hydrid" (formal $H^- = H^+ + 2e^-$) übertragen werden, woduch die potentielle Chiralität (*) am Alkohol eindeutig auf das C(4)-Zentrum des (Dihydro-)Pyridinringes übertragen wird (Enantioselektivität). Die Bezeichnungen R/S bzw. re/si in bezug auf chirale Zentren oder auf Flächen entsprechen organisch-chemischer Konvention (nach CEDERGREN-ZEPPEZAUER)

Mit verschiedenartigen Substraten, wozu vor allem kurzkettige primäre und auch sekundäre aliphatische Alkohole zählen (Aldehyde oder Ketone als Produkte), werden sehr unterschiedliche Reaktionsgeschwindigkeiten beobachtet; daraus lassen sich Modelle der Substratanordnung im Übergangszustand mit Raumdifferenzierung für einen großen und einen kleinen Rest am O-gebundenen C-Atom ableiten (12.20).

(12.20)

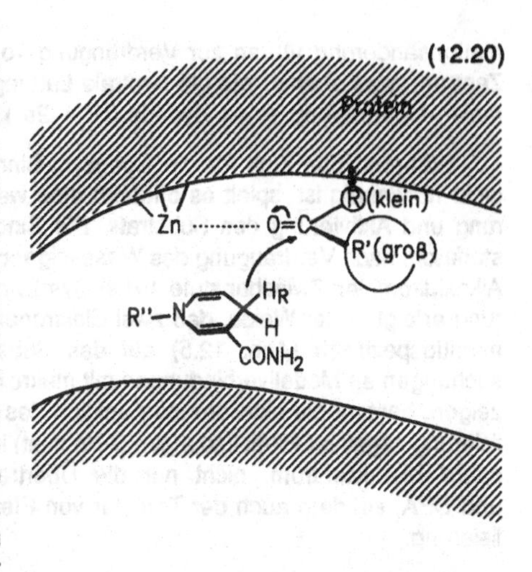

Für die wichtigsten natürlichen alkoholischen Substrate wie etwa einfache primäre Alkanole existiert eine vom ADH-Typ-abhängige Spezifität. Während Methanol nur langsam zum Formaldehyd weiteroxidiert und damit auch nur langsam abgebaut wird (Neurotoxizität des Methanols), werden höhere primäre Alkohole wie etwa n-Propanol oder n-Butanol zwar rasch zum Aldehyd oxidiert (Prince); die verzögerte Weiteroxidation dieser höheren Aldehyde führt jedoch zu unangenehmen physiologischen Erscheinungen ("Kater"-Syndrom). Nicht genügend schnelle Weiteroxidation des beim Ethanol-Metabolismus entstehenden Acetaldehyds durch Enzyme vom Typ der Aldehyd-Oxidase (vgl. Tab. 11.1) kann genetisch bedingt sein (häufiges Vorkommen bei Ostasiaten; Goedde, Agarwal) oder durch Verabreichung von Schwermetall-komplexierendem Tetraethylthiuramdisulfid $Et_2N{-}C(S){-}S{-}S{-}C(S){-}NEt_2$ (Disulfiram, "Antabus") in der Alkoholtherapie bewirkt werden; auch hier rufen die hohen Aldehydkonzentrationen unangenehme Symptome hervor. Andere bekannte Unterschiede in der Verträglichkeit für die erwiesenermaßen zu Mißbildungen und Krebsentstehung führende Rauschdroge Ethanol beruhen auf einer Variation der ADH-Verfügbarkeit; Frauen verfügen offenbar im Magen über weniger ADH-Enzym, so daß bei gleichem Alkoholkonsum mehr in die Blutbahn und in das zentrale Nervensystem gelangen kann. Leberzirrhosen sind generell mit Störungen des Zink-Stoffwechsels verbunden (Vallee).

Obwohl an der LADH zahlreiche Untersuchungen vorgenommen worden sind (Zeppezauer), stellt dieses Enzym wegen der möglichen Wechselwirkungen zwischen Protein, Metall, Coenzym, Substrat und wäßrigem Medium ein sehr komplexes System dar. Die Funktionsweise des Zink-Zentrums in der LADH läßt sich wie folgt beschreiben (Eklund, Jones, Schneider): Das dimere Enzym reagiert auf Bindung des Coenzyms mit einer ausgeprägten Konformationsänderung, mit einer Rotation von einer offenen in eine geschlossene Form. Dabei sind der hydrophile Nukleotid-Teil und der eigentlich redoxaktive, eher unpolare 1,4-Dihydropyridin-Ring des NADH von unterschiedlichen Bereichen jeweils einer Enzym-Untereinheit umgeben. Das aktive Zentrum befindet sich ca. 2 nm tief im Inneren des Proteins am Grund von hydrophoben Kanälen, die den Zugang von Substrat ermöglichen. Coenzym-Bindung und Konformationsänderung führen zur Verdrängung von Wassermolekülen aus dem aktiven Zentrum, was ebenso wie die neutrale Ladung am Metall wegen der zumindest formalen Übertragung eines Hydrids ($H^+ + 2e^-$) sinnvoll ist.

Während das Zink für die Coenzym-Bindung und die Konformationsänderung nicht notwendig ist, spielt es offenbar eine wesentliche Rolle bei Bindung, Orientierung und Aktivierung des Substrats. Die Bindung erfolgt über das Substrat-Sauerstoffatom nach Verdrängung des Wasserliganden, wobei möglicherweise eine Metall-Alkoxidkomplex-Zwischenstufe $[(His)(Cys^-)_2Zn^{2+}(^-OR)]^-$ durchlaufen wird. Orientierung erfolgt in der Weise, daß zwei Elektronen und ein Proton direkt vom Coenzym enantiospezifisch (Abb. 12.5) auf das Substrat übertragen werden. Wie Untersuchungen an Modellverbindungen mit makrozyklischen Polyamin-Liganden am Zink zeigen, besteht die aktivierende Funktion des Metalls in der elektrostatischen Stabilisierung negativer Partialladungen (Alkoholat) im Übergangszustand durch das Lewis-saure Metallzentrum; nicht nur die Übertragung von Hydroxid OH^- durch CA und CPA, sondern auch der Transfer von Elektronen bedürfen einer solchen Stabilisierung.

Die zinkhaltige Glyoxalase I, die am reduktiven Abbau potentiell toxischer α-Dicarbonylverbindungen beteiligt ist (12.21; MANNERVIK, SELLIN, ERIKSSON), enthält ein anderes organisches Redox-Coenzym, das Glutathion GSH (s. Kap. 16.8).

$$G\text{-}SH + H-C(=O)-C(=O)-R \rightarrow G-S-C(=O)-C(H)(OH)-R \qquad (12.21)$$

G-SH: Glutathion, γ-Glu-Cys-Gly

Das Metallzentrum ist hier nicht von Schwefelliganden koordiniert, wodurch eine höhere Koordinationszahl als vier möglich wird.

12.6 Der "Zink-Finger" und andere genregulierende Metalloproteine

Die empirisch belegte Bedeutung von Zink für das Wachstum von Organismen und insbesondere seine hohe Konzentration in den Reproduktionsorganen legen nahe, daß dieses Metall nicht nur bei der Hydrolyse von Auf- und Abbau-Reaktionen, sondern auch bei der Übertragung ("Überschreibung") genetischer Information und damit deren Vervielfältigung (Replikation) beteiligt sein könnte. Erst seit 1985 ist jedoch gesichert, daß bestimmte DNA-Basensequenz-erkennende Proteine, die der selektiven Aktivierung und Regulation genetischer Transkription dienen, für ihr Funktionieren mehrere ca. 30 Aminosäuren lange Protein-Domänen mit einigen invarianten Zink-koordinierenden Aminosäuren benötigen (BERG). Diese Einheiten werden wegen der ursprünglich angenommenen Peptid-Konformation als "Zink-Finger" bezeichnet (RHODES, KLUG).

Entdeckt wurde der Zinkgehalt solcher Gen-"anschaltender" Transkriptionsfaktoren dadurch, daß ihre Stabilität und Funktionsfähigkeit bei Zusatz von Komplexbildnern wie etwa EDTA zur Pufferlösung stark abnimmt. Der erste so formulierte Transkriptionsfaktor (TF) IIIA aus Eizellen noch nicht geschlechtsreifer südafrikanischer Krallenfrösche (*Xenopus laevis*) enthält ca. neun solcher Domänen mit der Aminosäuresequenz (12.22). Inzwischen wurden derartige Zink-Finger-Motive in unterschiedlich langer linearer Aneinanderreihung auch bei vielen anderen Organismen gefunden, ca. 1% der menschlichen DNA codiert möglicherweise für Zink-Finger-Proteine (RHODES, KLUG).

$$\underline{\text{Cys}}\text{-X}_{2,4}\text{-}\underline{\text{Cys}}\text{-X}_3\text{-Phe-X}_5\text{-Leu-X}_2\text{-}\underline{\text{His}}\text{-X}_{3,4}\text{-}\underline{\text{His}} \qquad (12.22)$$

Jede dieser inzwischen auch gentechnologisch als Einheit synthetisierten Domänen zeigt eine hohe Affinität zur Bindung von Zn^{2+}, in geringerem Ausmaß auch von Co^{2+}, Ni^{2+} oder Fe^{2+} (KRIZEK, BERG), es resultiert eine charakteristische Faltung (12.23) durch Koordination der 2 Cys^-- und 2 His-Reste am Metallion (Strukturfunktion). Die so entstehenden Ausstülpungen (Zink-"Finger") besitzen charakteristischerweise β-Faltblatt-Struktur auf der Cys^--Seite und α-Helix-Anordnung auf der His-Seite. Ersten Strukturanalysen zufolge (PAVLETICH, PABO) können sich hintereinander angeordnete Zink-Finger-Bereiche von Proteinen dicht an den DNA-Doppelstrang schmiegen, wobei mehrfache spezifische Protein/Basenpaar-Wechselwirkungen eine gegenseitige Erkennung ermöglichen (Abb. 12.6).

"Zink-Finger" (12.23)

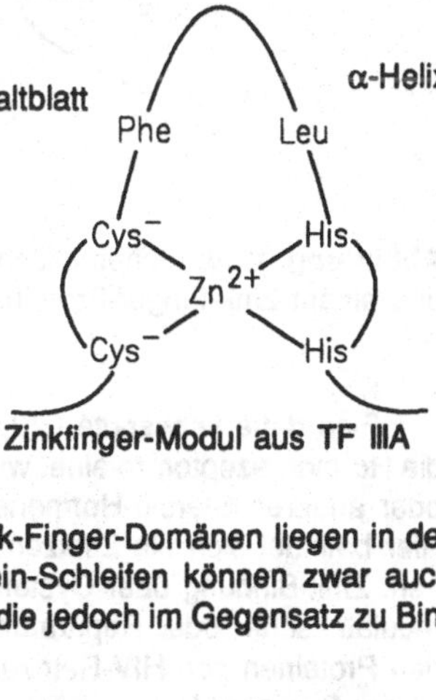

β-Faltblatt — α-Helix

Phe — Leu

Cys^- — His

Zn^{2+}

Cys^- — His

Zinkfinger-Modul aus TF IIIA

Die Vorteile des modularen Designs mittels Zink-Finger-Domänen liegen in der Variabilität und Stabilität; spezifisch gefaltete Protein-Schleifen können zwar auch durch Disulfid-Brücken zusammengehalten werden, die jedoch im Gegensatz zu Bindungen zum Zn^{2+} reduktiv leicht spaltbar sind.

Das Transkriptions-aktivierende Protein GAL4 aus Hefezellen ist ebenfalls stark Zn^{2+}-bindend, im Unterschied zum klassischen Zink-Finger werden dort jedoch zwei Metallzentren von sechs Cysteinat-Resten gebunden (12.24; KRAULIS et al.).

Zink-Koordination im Hefe-Transkriptionsfaktor GAL4:

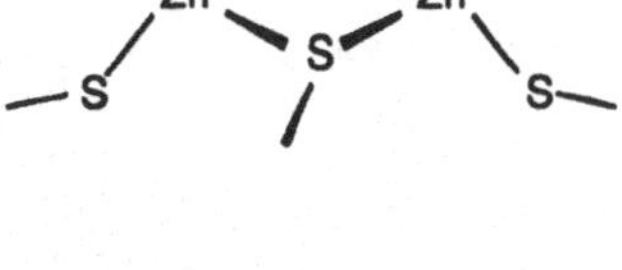

S S S

Zn Zn

S S S

(12.24)

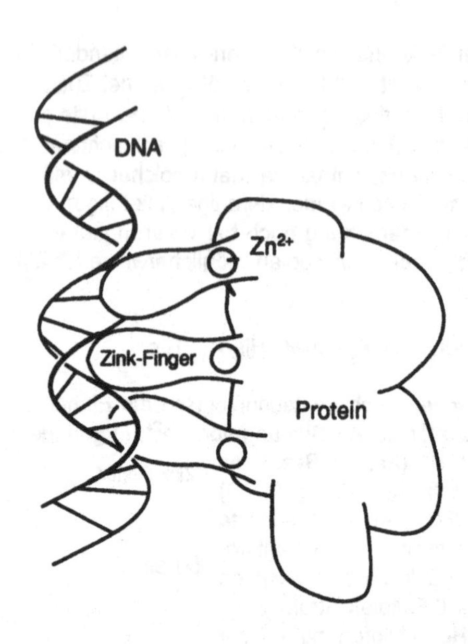

Abbildung 12.6: Schematische Darstellung der Wechselwirkung zwischen DNA und einem Zink-Finger-Protein.

Eine dritte verwandte Gruppe von zinkabhängigen "Erkennungs"-Faktoren sind die Hormonrezeptorproteine, welche erst nach Bindung von Thyroid-, Glucocorticoid- oder anderen Steroid-Hormonen zur Genaktivierung befähigt sind (RHODES, KLUG). Hier befindet sich ein Zinkzentrum pro Domäne von vier Cysteinat-Zentren umgeben. Zink-Bindung über Cystein-Reste wurde auch bei Proteinen mit entwicklungsregulatorischer oder Reparatur-Funktion (s. 12.25) sowie bei Nukleinsäure-bindenden Proteinen von HIV-Retroviren und von Tumor-Suppressor-Systemen gefunden (BERG; CHO et al.).

Die hohe Spezifizität genregulatorischer Proteine (O'HALLORAN) für Zink beruht offenbar auf der typischen Toleranz von koordinativ und redox-inertem Zn^{2+} bezüglich verzerrt tetraedrischer Koordination: Die Ligandenfeld-Stabilisierungsenergie hat für das Zink-Ion mit voll besetzter d-Schale keine Bedeutung, während sonst innerhalb der ersten Reihe der Übergangsmetallionen beim Übergang vom (stabilisierten) hexakoordinierten Wasserkomplex $[M(H_2O)_6]^{2+}$ zu einem tetrakoordinierten Komplex typische Abhängigkeiten vom d-Orbital-Besetzungsgrad existieren.

12.7 Insulin, hGH, Metallothionein und DNA-Reparatursysteme als zinkhaltige Proteine

Eine Strukturfunktion – wenn auch mit anderer Zielsetzung als in den soeben beschriebenen Beispielen – besitzt Zn^{2+} in seinen oligomeren Komplexen mit Peptidhormonen, die als Vorrats- oder Speicherformen dienen. Beispielsweise erfolgt die Dimerisierung des menschlichen Wachstumshormons (human growth hormone, hGH) über eine Koordination (2 His, Glu^-) durch zwei Zinkionen (Cunningham et al.). Ähnliche oligomere Speicherformen existieren für das aus zwei relativ kurzen Peptidketten bestehende Hormon Insulin. Verschiedene Modifikationen von allosterischen Insulin-Hexameren mit zwei oder vier Zinkionen (neben Ca^{2+}-Ionen) sind nachgewiesen und kristallographisch charakterisiert worden (Brader, Dunn). Das oktaedrisch konfigurierte Metall im T-Zustand der 2 Zn-Form ist von drei Histidin-Liganden *verschiedener* Insulin-Dimerer koordiniert (Abb. 12.7); die drei übrigen, mit Wasser besetzten Koordinationsstellen erlauben entsprechend einem einfachen Modell die leichte reversible Entfernung des die Peptide zusammenhaltenden Zn^{2+}, etwa durch externe Chelatliganden. Eine weniger aktivierte Form des allosterischen Insulin-Hexamers liegt im R-Zustand vor, in welchem das Metallion eine niedrigere Koordinationszahl aufweist (Abb. 12.7).

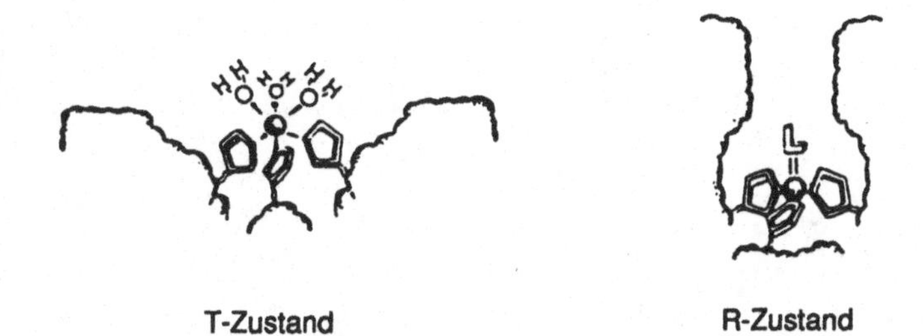

Abbildung 12.7: Anordnung der Imidazolringe von Histidin-Liganden aus drei verschiedenen Insulin-Peptidketten am strukturierenden Zn^{2+}-Zentrum im T- und R-Zustand des 2 Zn/Insulin-Hexamers (L = Cl^-; nach Brader, Dunn)

Ein mögliches Transport- und Speichersystem für Zink wie auch für Kupfer existiert in Form der kleinen, extrem Cystein-reichen Metallothionein-Proteine, die in Kapitel 17.3 näher vorgestellt werden. Ihre Präferenz für weiche, zweiwertige Kationen mit der bevorzugten Koordinationszahl 4 führt zur besonders effizienten Bindung von Cd^{2+}, weswegen diesen Proteinen eine Schwermetall-Entgiftungsfunktion zugemessen wird. Der hohe Cystein-Gehalt von Metallothioneinen ist außerdem für ihre Reaktivität beim Abfangen oxidierender Radikale wie etwa $^{\bullet}OH$ verantwortlich, so daß es sich hier um ein potentiell multifunktionelles System handelt.

Über eine Strukturfunktion hinaus geht die Rolle des vierfach Cysteinat-koordinierenden Zn^{2+}-Ions im *Ada*-DNA-Reparaturprotein von *E. coli.* Das Protein erkennt potentiell mutagene methylierte Strukturen wie etwa Phosphat-Triester oder 6-O-methylierte Guanin-Basen in der DNA und entfernt diese Methylgruppen durch Übertragung auf einen speziellen, zuvor zinkkoordinierten Cystein-Rest (12.25). Dieser Vorgang löst weiter die Aktivierung eines Methylierungsresistenz-Gens aus (MYERS et al.). Das Zn^{2+}-Ion ist sowohl an der Aktivierung des methylaufnehmenden Cysteins als auch an der Konformationsänderung nach erfolgter Methylübertragung beteiligt.

Cys⁴²– S, S – Cys³⁸, M, S – Cys⁶⁹, Cys⁷²– S, H_3C, O, P, RO, OR, O

(12.25)

13 Ungleich verteilte Mengenelemente: Funktion und Transport von Alkalimetall- und Erdalkalimetall-Kationen

13.1 Charakterisierung von K^+, Na^+, Ca^{2+} und Mg^{2+}

Alle bisher behandelten Metalle lassen sich unter die Rubrik "Spurenelemente" einordnen, wenn als Kriterium ein Tagesbedarf von weniger als 25 mg für den erwachsenen Menschen herangezogen wird (vgl. Tab. 2.3). Die Ionen des Magnesiums und Calciums (zweiwertig) sowie des Natriums und Kaliums (einwertig; PASTERNAK) fallen eindeutig nicht in diese Kategorie, wie auch aus ihrem hohen Mengenanteil im menschlichen Organismus hervorgeht (Tab. 2.1). Diese Kationen sind durch ihre Häufigkeit in der Erdkruste wie auch im Meerwasser für nicht-katalytische Funktionen prädestiniert (Abb. 2.2); zusammen mit Anionen wie Chlorid werden sie oft auch als "Elektrolyte", "Mengenelemente" oder "Makro-Mineralstoffe" bezeichnet. Da für die vier Metallionen K^+, Na^+, Ca^{2+} und Mg^{2+} die katalytische Rolle hinter anderen, große Mengen erfordernden Funktionen zurücktritt, werden im folgenden die beiden wichtigsten solchen Funktionen vorgestellt:

a) Der Aufbau von stützenden und abgrenzenden **Strukturen** erfordert eine größere Menge an Material, wobei neben den Silikaten insbesondere calciumhaltige Festkörper als Bestandteile von Innen- und Außenskeletten, Zähnen, (Eier-)Schalen, aber auch Erdalkalimetallion-stabilisierten Zellmembranen eine wichtige Rolle spielen (s. Kap. 15). Weniger offensichtlich sind Erdalkali- und Alkali-Metallkationen daran beteiligt, über elektrostatische Wechselwirkungen und osmotische Effekte Membran-, Enzym- und Polynukleotid(DNA^{n-}, RNA^{n-})-Konformationen zu stabilisieren; darauf beruht beispielsweise die Denaturierung vieler Biomoleküle in reinem, entionisiertem Wasser.

b) Die generell schwache, oft nur durch aufwendige molekulare Konstruktion erreichbare Bindung von Erdalkalimetall- und Alkalimetall-Kationen an Liganden kann dazu genutzt werden, die freie, entlang einem eigens erzeugten Konzentrationsgefälle sehr rasch verlaufende Diffusion von elektrisch geladenen Teilchen zum **Informationstransfer** zu verwenden. Während eine direkte Ladungs*trennung* zu hohen, chemisch-synthetisch nutzbaren Spannungen führt (vgl. Kap. 4.2), entsteht ein niedriges, nur der Signalerzeugung dienendes Membranpotential durch *unterschiedliche Konzentrationen verschiedener Ionen*. Die dazu erforderliche Spezifität ist vor allem aufgrund der für atomare (kugelförmige) Ionen kennzeichnenden Verhältnisse Radius/Ladung und Oberfläche/Ladung möglich; wie Tab. 13.1 zeigt, unterscheiden sich gerade hierin die vier genannten Kationen sehr deutlich voneinander. Sie unterscheiden sich damit auch von den auf Grund der Eigendissoziation des Wassers ubiquitären Protonen, deren Gradient eine sehr wichtige Rolle im Energietransfer spielt (chemiosmotischer Effekt; vgl. ATP-Synthese, Kap. 14.1). Offensichtlich ist die nur durch Diffusion begrenzte maximale Geschwindigkeit einer chemischen Reaktion ("Diffusionskontrolle") für viele Informationstransfer-erfordernde Vorgänge erstrebenswert (vgl. Abb. 13.1).

Informations*rezeption*:
Sinnesorgane

Informations*leitung* und *-verarbeitung*:
peripheres und zentrales Nervensystem

Körper*reaktion*:
motorischer Apparat (z.B. Muskelbewegung)

Abbildung 13.1: Die Notwendigkeit rascher Informationsverarbeitung (nach G. LARSON, Copyright © 1988 by Universal Press Syndicate, reprinted by permission of Editors Press Service, Inc.)

Voraussetzung für die Ausnutzung der Diffusion von Ionen als einem der schnellsten chemischen Prozesse ist ein zuvor mit Energieaufwand aufgebauter Konzentrationsgradient ("gespanntes" System, vgl. Kap. 2.3.1), der sich in dem Potentialdiagramm (Abb. 13.2) entsprechend einem Pumpspeicherwerk-Modell darstellen läßt. Dabei werden die Ionen *aktiv* durch die biologische Membran *entgegen* dem Konzentrationsgefälle "gepumpt", bis ein gewisses, ständig aufrecht zu erhaltendes Ungleichgewicht erreicht ist; der diffusionskontrollierte Konzentrationsausgleich kann dann *passiv* über Ionenkanäle mit unterschiedlich gesteuerter Schleusenfunktion erfolgen.

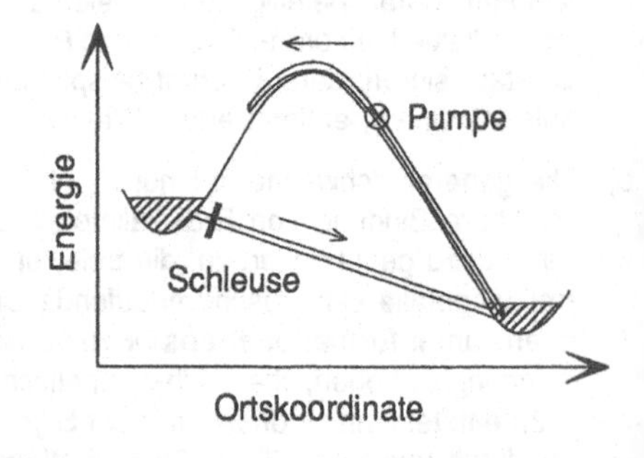

Abbildung 13.2: Pumpspeicherwerk-Modell der Aufrechterhaltung eines lokalen Ungleichgewichts der Ionenkonzentration

Einige charakteristische Eigenschaften der vier genannten Kationen sind in Tabelle 13.1 zusammengefaßt.

Tabelle 13.1: Charakteristik der vier biologisch wichtigen Alkalimetall- und Erdalkalimetall-Kationen

Eigenschaft	K^+	Na^+	Ca^{2+}	Mg^{2+}
Ionenradius r (pm)	138	102	100	72
r/q[a]	138	102	50	36
Relativwert r/q (Mg^{2+} = 1)	3.83	2.83	1.39	1.00
Oberfläche $O=4\pi r^2$ des kugelförmigen Ions (in pm^2)	239 300	130 700	125 700	65 100
Relativwert O/q (Mg^{2+} = 1)	$7.35 \approx 2^3$	$4.02 \approx 2^2$	$1.93 \approx 2^1$	$1.00 = 2^0$
bevorzugte Koordinationszahl	6-8	6	6-8	6
bevorzugte Koordinationsatome	O	O	O	O,N,O=P(O−)$_3$
bevorzugter Ligandentyp	mehrzähnige Chelatliganden, insbes. Makrozyklen		anionische Liganden, z.B. verbrückende Carboxylate	
Verteilung:[b]				
im menschlichen Erythrozyten (intrazellulär)	92	11	0.1	2.5
im menschlichen Blutplasma (extrazellulär)	5	152	2.5	1.5
Tintenfisch-Nerv (innen)	300	10	0.0005	7
Tintenfisch Nerv (außen)	22	440	10	55

[a]Verhältnis Ionenradius/Ladung [pm/Elementarladung] bei oktaedrischer Koordination (Ionenradien aus W.L. JOLLY, *Modern Inorganic Chemistry*, McGraw-Hill, New York, 1984)

[b]In mmol/kg (aus M.N. HUGHES, *The Inorganic Chemistry of Biological Processes*, 2nd Edn., Wiley, Chichester, 1981)

Anhand der für einfache Ionen wichtigen Verhältnisse Radius/Ladung r/q und insbesondere Oberfläche/Ladung O/q (Tab. 13.1: Relationen entsprechend Potenzen von 2 !) ergibt sich, daß die vier genannten Kationen einander *nicht* ersetzen und somit im Zusammenwirken mit größen- und ladungsspezifischen Liganden deutlich individuelle Funktionen haben können. Die jeweils größeren Kationen innerhalb einer Gruppe des Periodensystems neigen zur Ausbildung höherer Koordinationszahlen als sechs und geringerer Koordinationssymmetrie, was sich in der Eignung für strukturelle, konformationsspezifische Funktionen in Enzymen manifestiert (s. Kap. 14.2). Zahlreiche Enzyme wie z.B. Dialkylglycin-Decarboxylase oder Pyruvat-Kinase werden so erst durch die Koordination von K^+ aktiviert (s. Abb. 14.2; TONEY et al.; CHOCK, TITUS). Außer dem am stärksten polarisierenden Mg^{2+} mit seiner Neigung zur Bindung auch an N-Liganden (Chlorophyll, vgl. Kap. 4) und Phosphate (s. Kap. 14.1) bevorzugen die anderen "harten" Kationen aus Tabelle 13.1 Liganden mit Sauerstoff-Koordinationszentren. Reichen für die zweiwertigen Erdalkalimetall-Dikationen aufgrund elektrostatischer Wechselwirkungen mehrere zweizähnige Chelatliganden wie etwa η^2-Carboxylatgruppen innerhalb eines Proteins noch zur Fixierung aus, so sind die Alkalimetallkationen nur mit vielzähnigen, am besten makrozyklischen oder quasi-makrozyklischen Chelatliganden fest zu binden.

Von wesentlicher biochemischer Bedeutung für den Informationstransfer durch die Kationen aus Tabelle 13.1 sind die deutlich unterschiedlichen Konzentrationen im intra- und extrazellulären Raum. Solche Bereichsgliederungen sind zwar bei den vier genannten Kationen am ausführlichsten untersucht worden, sie gelten jedoch auch für anionische Elektrolytbestandteile (Abb. 13.3) und für viele Spurenelemente (z.B. liegt Kupfer vorwiegend extrazellulär, Zink hauptsächlich intrazellulär vor; WILLIAMS). Für die weitere Diskussion ist daher festzuhalten, daß im Zellinneren die Ionen von Kalium und Magnesium sowie Hydrogenphosphate überwiegen, während im extrazellulären Raum Na^+, Ca^{2+} und Cl^- dominieren. Der bei weitem größte Gradient existiert für Ca^{2+}, dessen Konzentration im Zellinneren nur etwa ein Zehntausendstel des Wertes außerhalb von Zellen beträgt.

Die große Bedeutung der vier genannten Kationen geht auch daraus hervor, daß Störungen im Haushalt dieser "Elektrolyte" (Fließgleichgewicht, Abb. 2.1) zu ernsten Beeinträchtigungen der Befindlichkeit führen können. Diskutiert wird so etwa ein Überschuß von Natriumionen im Verein mit Chlorid (kochsalzreiche Nahrung) als Hypertonie-begünstigender Faktor. Andererseits ist es gerade für den älteren Organismus immer schwerer, eine zu rasche Ausscheidung des sehr labilen K^+ aufgrund gestörter Membranpermeabilität zu vermeiden. Magnesium- und Calcium-Mangel sind in zunehmendem Maße Gegenstand von Diskussionen in der gesundheitsbewußten Öffentlichkeit und in der Werbung, z.B. für isotonische Getränke. Während fehlendes Magnesium aufgrund seiner Bedeutung für den ATP-Metabolismus (s. Kap. 14.1) zu geringerer geistiger und körperlicher Leistungsfähigkeit führen kann (BRAUTBAR et al.; SCHMIDBAUR, CLASSEN, HELBIG), treten bei schwerem Calciummangel oder nicht genügend effizienter Aufnahme und Verwertung wegen Hormonstörung (Kap. 14.2) unter anderem Beeinträchtigungen des Skelettaufbaus ein (s. Kap. 15.1).

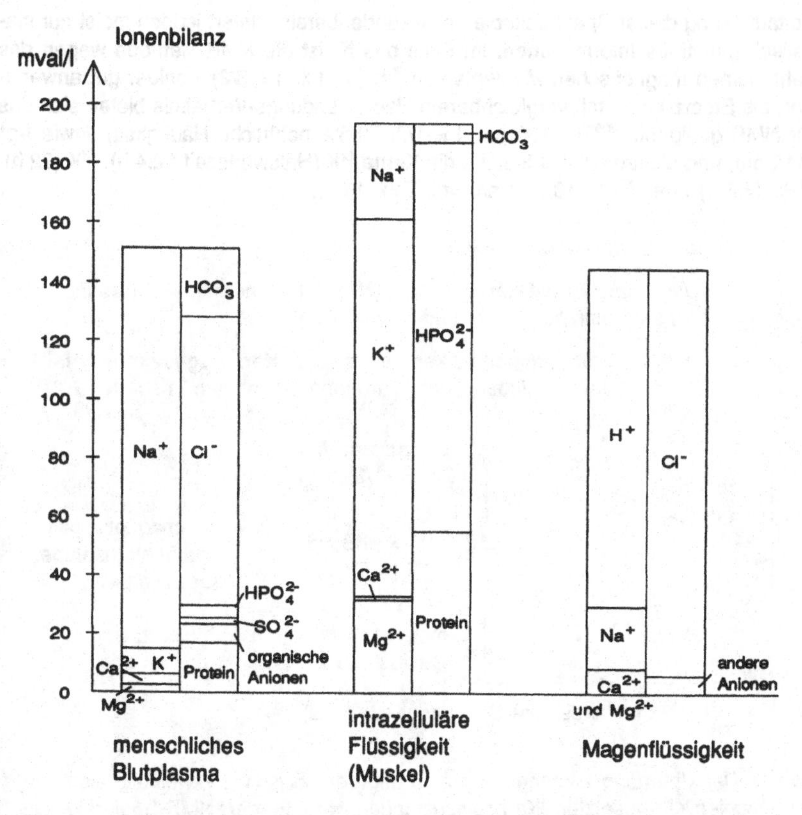

Abbildung 13.3: Aufteilung kationischer und anionischer Elektrolyte (Ionen) in drei typischen Körperflüssigkeiten des Menschen (GAMBLE-Diagramme, nach A.L. LEHNINGER, *Biochemistry*, 2nd Edn., Worth, New York, 1975)

Detaillierte Erkenntnisse über die biochemischen Reaktionen der Kationen aus Tab. 13.1 sind erst in neuerer Zeit gewonnen worden, da sich ihr Nachweis wegen analytischer Probleme schwierig gestaltet. Die Alkalimetall- und Erdalkalimetall-Kationen sind aufgrund ihrer abgeschlossenen Elektronenschalen farblos und diamagnetisch (Elektronenkonfiguration der Edelgase), darüber hinaus leicht löslich und mobil wegen der nur labilen Bindung an normale Liganden. Aus diesem Grunde sind für physikalische Untersuchungen häufig spektroskopisch geeignetere Ersatz-Ionen mit allerdings möglichst ähnlicher Ionencharakteristik verwendet worden.

Für Natrium hat sich inzwischen die Heteroatom-Kernresonanz (NMR) des in 100% natürlicher Häufigkeit vorkommenden Isotops ^{23}Na mit seinem Kernspin von $I = 3/2$ als brauchbares Verfahren entwickelt, um über Bindungsverhältnisse dieses Ions auch in biologischer Umgebung Auskunft zu erhalten (LASZLO). Die geringe

Zeitauflösung dieser Spektroskopie im Sekundenbereich liefert jedoch meist nur statistisch gemittelte Informationen. Im Falle des K^+ ist die NMR-Methode wegen des sehr kleinen magnetischen Moments von ^{39}K (93.1%, I = 3/2) weniger gut anwendbar; als Ersatz-Ionen mit vergleichbarem Radius/Ladungs-Verhältnis bieten sich das für NMR geeignete $^{205}Tl^+$ (150 pm; I = 1/2, 70.5% natürliche Häufigkeit) sowie Ag^+ (115 pm) und als radioaktive Isotope die Kerne ^{42}K (Halbwertszeit 12.4 h), ^{43}K (22 h), ^{81}Rb (4.6 h) oder ^{86}Rb (18.7 d) an (vgl. Tab. 18.1).

Heteroatom-Kernresonanz (NMR)

Voraussetzung für die Kernresonanz (NMR, Nuclear Magnetic Resonance) eines Isotops ist eine Kernspin-Quantenzahl $I \neq 0$.

In einem äußeren Magnetfeld kann ein solcher Kern insgesamt $m_I = I, I-1, ..., (-I+1), -I$ energieverschiedene Orientierungen einnehmen (13.1: I = 1/2).

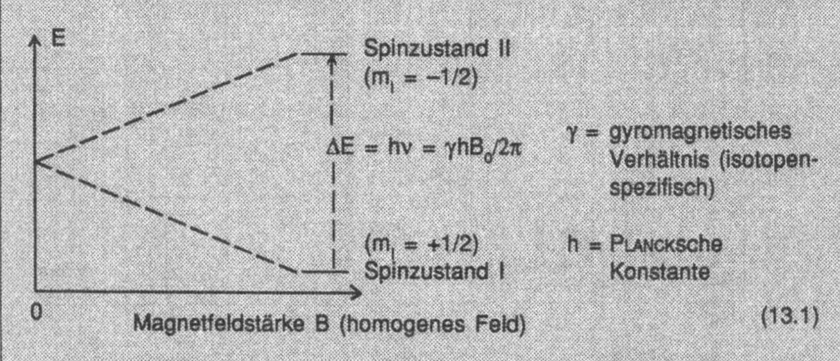

(13.1)

Der Übergang zwischen den aufgrund der BOLTZMANN-Verteilung leicht unterschiedlich besetzten Kernspinzuständen wird in der NMR-Spektroskopie untersucht; bei Magnetfeldstärken von einigen Tesla liegen die Resonanzfrequenzen im Radiowellenbereich. Die Resonanzenergie hängt nicht nur von der Art des Kerns (bestimmt durch γ), sondern auch von seiner elektronischen und damit chemischen Umgebung ab ("chemische Verschiebung"). Die meist nur geringen, im ppm-Bereich liegenden Effekte können wegen der oft hohen spektralen Auflösung noch nachgewiesen und interpretiert werden. Dabei liefern die Wechselwirkungen Kernspin/Kernspin und Kernspin/Elektronenspin (bei paramagnetischen Spezies) weiteren Aufschluß über die elektronische und geometrische Struktur.

In der Heteroatom-, d.h. der Nicht-^{1}H-NMR-Spektroskopie (WRACKMEYER) sind einige Kerne wegen sehr kleinem γ oder einem großen Quadrupolmoment bei I >1/2 nicht oder nur sehr schlecht beobachtbar. Ein weiteres Problem liegt in oft niedrigen natürlichen Häufigkeiten spektroskopisch interessanter Kerne, so daß auch angesichts der generell geringen Mengenempfindlichkeit dieser

Methode relativ hohe Konzentrationen oder isotopenangereichertes Material für die Aufnahme eines aussagekräftigen Spektrums notwendig werden.

Vom biologischen Standpunkt sind "Mengen"-Ionen wie $^{23}Na^+$, $^{39}K^+$, $^{43}Ca^{2+}$ und $^{25}Mg^{2+}$ besonders interessant. ^{23}Na- und ^{39}K-NMR-Spektroskopie wird vor allem eingesetzt, um Konzentrationen der Ionen im intra- und extrazellulären Raum zu bestimmen. Dabei macht man sich unter anderem zunutze, daß sich das Signal der Ionen im extrazellulären Raum bei Zugabe spezifischer paramagnetischer Reagentien gegenüber dem unveränderten Signal der Ionen innerhalb der Zelle verschiebt (OGINO et al.).

Magnesium-Dikationen enthalten in natürlicher Häufigkeit von nur 10% das Isotop ^{25}Mg mit I = 5/2 und einem kleinen magnetischen Kernmoment. Mg^{2+} läßt sich jedoch oft leicht durch das paramagnetische (S = 5/2), ESR-spektroskopisch gut nachweisbare Mn^{2+} mit halbbesetzter 3d-Schale ersetzen.

Für den Nachweis von Calciumionen bieten sich folgende Möglichkeiten an: Das NMR-aktive Isotop ^{43}Ca ist mit einem Kernspin I = 7/2 und nur 0.13% natürlicher Häufigkeit erst nach Anreicherung für biochemische Untersuchungen geeignet (s. Kap. 14.2); Eu^{2+} mit halbbesetzter 4f-Schale als Ersatz mit nur wenig höherem Ionenradius (117 pm) bietet immerhin die Gelegenheit zu ESR- und MÖSSBAUER-Untersuchungen. Für die gerade beim Ca^{2+} sehr wichtige Möglichkeit, Konzentrationsänderungen im mikromolaren Bereich auch innerhalb sehr kurzer Zeiträume verfolgen zu können, existieren Ca^{2+}-spezifische Chelatbildner als Farb- oder Fluoreszenz-Indikatoren mit kurzer Ansprechzeit (s. 14.11).

Im folgenden wird die Lösung des Komplexierungs- und Transport-Problems (CHOCK, TITUS) für Erdalkalimetall- und insbesondere Alkalimetall-Kationen zunächst am Beispiel natürlicher und künstlicher makrozyklischer Komplexbildner diskutiert (VÖGTLE, WEBER, ELBEN; DIETRICH).

13.2 Komplexe von Alkali- und Erdalkalimetallionen mit Makrozyklen

In wäßriger Lösung liegen Ionen wie Na^+, K^+, Mg^{2+} oder Ca^{2+} immer als sehr labile, d.h. mit Wassermolekülen aus der Lösung im Nanosekunden-Bereich austauschende Hydratkomplexe $[M(H_2O)_n]^{m+}$ vor. Bei der Bildung beständiger Komplexe mit vielzähnigen (Chelat-)Molekülen L aus wäßriger Lösung handelt es sich daher um eine Substitution der Wasser-Liganden aus der ersten Koordinationssphäre (13.2); H_2O-Moleküle aus den weiteren Koordinationssphären spielen hinsichtlich der Energiebilanz ebenfalls eine große Rolle.

$$[M(H_2O)_n]^{m+} + L \rightleftharpoons [ML]^{m+} + n\,H_2O \qquad (13.2)$$

Die allgemein beobachtete kinetische und thermodynamische Stabilität von Chelatkomplexen kann auf mehrere Faktoren zurückgeführt werden. Zunächst findet während der Reaktion (13.2) häufig eine Erhöhung der Zahl freier Teilchen und damit der Entropie statt, wobei der stark ladungsabhängige Gesamt-Hydratisierungsgrad zu berücksichtigen ist. Geeignete Konstruktion des Chelatkomplexes kann ferner zu einer Vielzahl konformationsbedingt günstiger Metall-Ligand-Wechselwirkungen zwischen den Donoratomen und dem Metall-Kation in fixierten Chelatringstrukturen und damit zu Beiträgen von seiten der Enthalpie führen. Schließlich resultiert eine "statistische" (kinetische) Stabilisierung, d.h. eine Erhöhung der Beständigkeit von Chelatkomplexen durch die sehr geringe Wahrscheinlichkeit für einen gleichzeitigen Bruch *aller* Metall-Donor-Bindungen, was für einen dissoziativen Zerfall von Chelatkomplexen notwendig wäre. Die "virtuelle" Konzentration von Donoratomen D ist bei nur teilweisem Bindungsbruch aufgrund der räumlichen Nähe von festgehaltenen, unkoordinierten, aber nicht wirklich freien Donorzentren (13.3) sehr hoch, so daß Wahrscheinlichkeit *und* Gleichgewichtseffekte die Wiederanlagerung und damit den Nicht-Zerfall begünstigen (BUSCH, STEPHENSON).

(13.3)

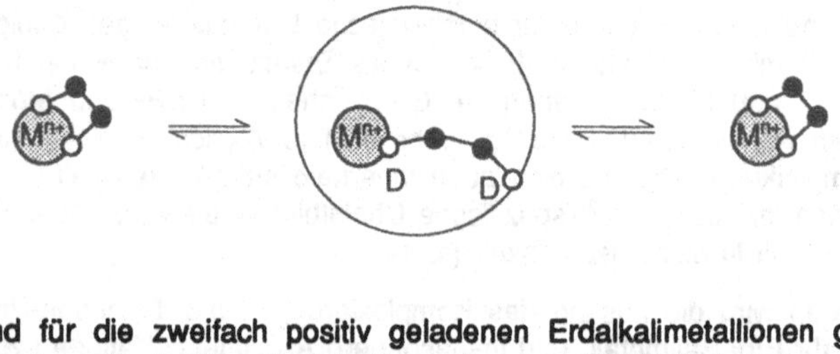

M^{n+} ⇌ M^{n+} D D ⇌ M^{n+}

Sind für die zweifach positiv geladenen Erdalkalimetallionen gut geeignete mehrzähnige offenkettige Chelatbildner wie etwa EDTA (vgl. 2.1) seit langem bekannt, so ist die effiziente Komplexierung von Alkalimetall-Monokationen durch synthetische Moleküle erst seit der gezielten Entwicklung von makrozyklischen Liganden (13.4a,b) wie etwa den Kronenethern (PEDERSEN, FRENSDORFF), den Kryptanden (DIETRICH, LEHN, SAUVAGE) und vergleichbaren Komponenten für "Supramolekulare Chemie" (LEHN; VÖGTLE) seit Beginn der siebziger Jahre verfügbar (Nobelpreis 1987 für PEDERSEN, LEHN und CRAM).

(13.4a)

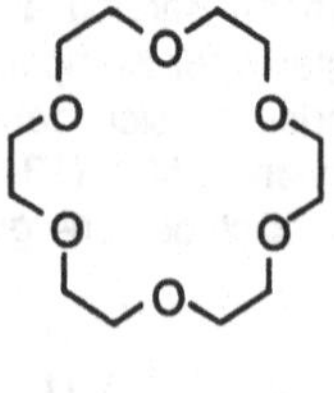

$O-(CH_2-CH_2-O)_4$

$O-(CH_2-CH_2-O)_4$

[18]Krone-6 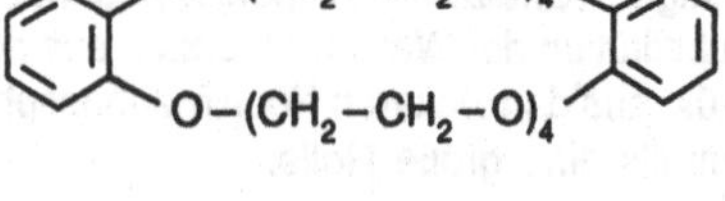 Dibenzo[30]krone-10

(13.4b)

Kryptand[2.2.2] + M^{n+} ⇌ $[Kryptat]^{n+}$

Kryptand[2.2.2] Kryptat (Komplex)

Bei diesen synthetischen Systemen wie auch bei den zahlreichen natürlich vorkommenden, aus niederen Organismen isolierten "Ionophoren" (PRESSMAN; VÖGTLE, WEBER, ELBEN; DIETRICH) erfolgt die Metallion-Komplexierung durch mehrere strategisch verteilte Heteroatom-Donorzentren. Beteiligt sind Ether-, Alkohol- oder Carbonyl-Sauerstoffzentren in Carboxylat-, Ester- oder Säureamid-Gruppen; des weiteren sind auch Schwefel-Analoga dieser Sauerstoff-Donorgruppen oder Stickstoff-Komponenten wie etwa Amin(NR_3)-, Pyridin- oder Imin(RN=C–)-Funktionen verwendbar (13.4a,b). Eine Besonderheit *makrozyklisch* komplexierender Liganden liegt darin, daß die Ringgröße dem Ionenradius angepaßt sein kann (Größenselektivität; HANCOCK). Im Gegensatz zu den weitgehend ebenen, vierzähnigen und ebenfalls größenselektivenTetrapyrrol-Makrozyklen (Tab. 2.7) zeigen effektive Liganden für Alkalimetall-Kationen im Komplex eine dreidimensionale Umhüllung des festzuhaltenden Ions (vgl. Abb. 13.4 und Abb. 2.11).

Aus diesem Grund sind die polyzyklischen Kryptanden (13.4) mit ihrem weitgehend vorgebildeten Hohlraum den monozyklischen Kronenethern *cyclo*-$(OCH_2CH_2)_n$ in bezug auf Komplexstabilität und Ionengrößen-Selektivität überlegen (LEHN; DIETRICH, LEHN, SAUVAGE). Die Vielzahl von im einzelnen nur schwachen koordinativen Wechselwirkungen führt bei geeigneter molekularer Architektur zu einer insgesamt starken und inerten koordinativen Bindung des Metallions durch den Makrozyklus.

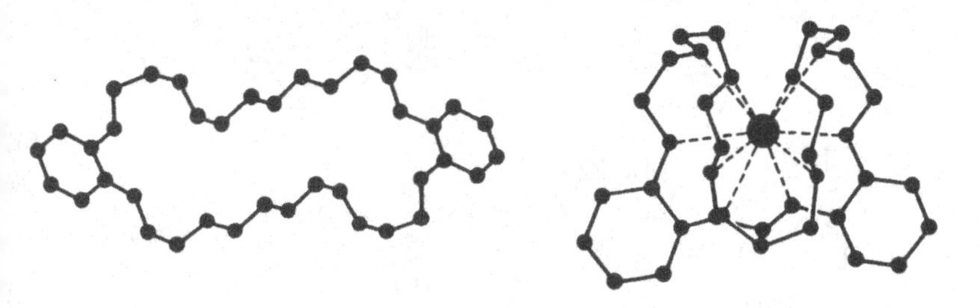

Abbildung 13.4: Molekülstrukturen von Dibenzo[30]krone-10 (links, s. 13.4a) und des K^+-Komplexes (rechts), jeweils im Einkristall (nach DIETRICH, LEHN, SAUVAGE)

Die oft erhebliche Konformationsänderung – wie in Abb. 13.4 demonstriert – belegt den strukturierenden "Templat"-Effekt auch schwach koordinierender Alkalimetallkationen auf geeignete polyfunktionelle Substrate.

Die biologische und physiologisch-toxikologische (MOLLENHAUER, MORRE, ROWE) wie auch organisch-synthetische Bedeutung solcher Komplexe geht daraus hervor, daß im Komplex die hydrophilen Heteroatom-Donorzentren des Makrozyklus nach innen zum Metallkation gekehrt sind, während das mit Alkyl- oder Aryl-Gruppen besetzte Äußere des Komplexes eher lipophilen Charakter besitzt. Es gelingt dadurch einerseits, ionische Verbindungen wie etwa $KMnO_4$ zumindest teilweise in unpolaren organischen Lösungsmitteln zu lösen, andererseits wird auf diese Weise ein Transport von (polaren) Metallkationen durch biologische Membranen (Abb. 13.5) mit ihrer hydrophoben, ca. 5-6 nm umspannenden fluiden Lipid-Doppelschicht möglich (VÖGTLE, WEBER, ELBEN). Damit stellt die Komplexierung durch Makrozyklen *eine* der Möglichkeiten dar (vgl. Abb. 13.8), den transmembranen Transport schwach koordinierender hydrophiler Metallkationen zu bewerkstelligen.

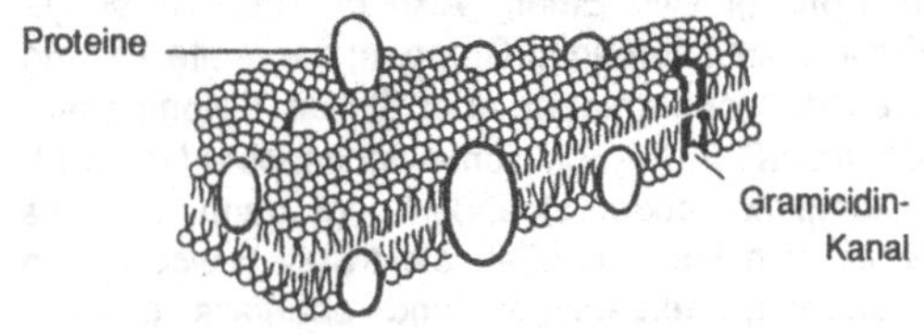

Abbildung 13.5: Vereinfachte Darstellung einer biologischen Membran (nach VÖGTLE, WEBER, ELBEN)

Natürliche Ionophore wie etwa die in (2.10, 13.5, 13.6) gezeigten Komplexliganden sind als häufig pharmakologisch aktive Naturstoffe in großer Zahl aus Pilzen,

(13.5)

Nonactin

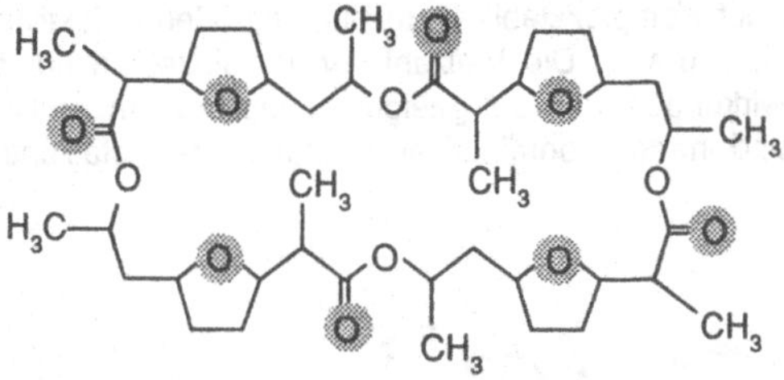

(13.6)

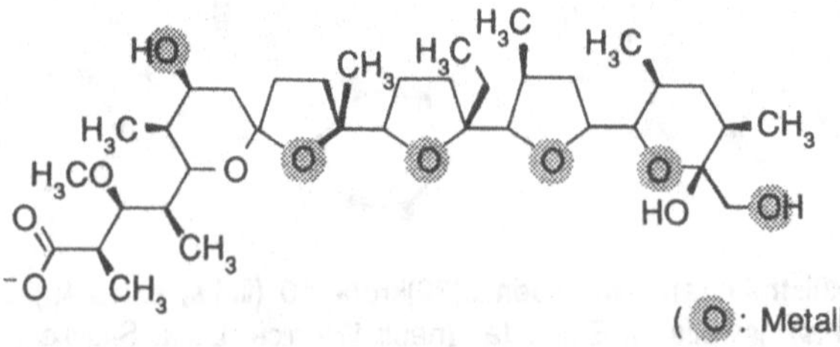

Monensin A

(O: Metall-Koordinationszentren)

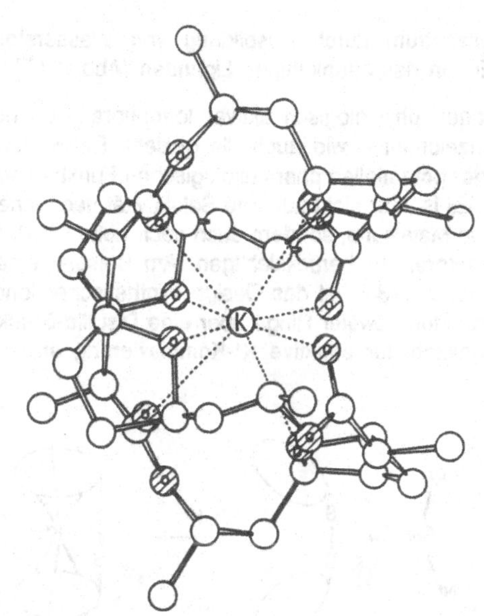

Abbildung 13.6: Molekülstruktur des K^+/Nonactin-Komplexes im Kristall (Sauerstoffzentren schraffiert; nach KILBOURN et al.)

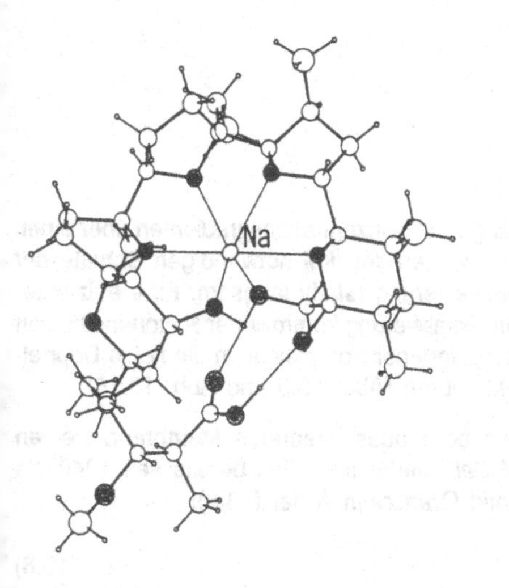

Abbildung 13.7: Molekülstruktur des Na^+/Monensin-Komplexes im Kristall (Sauerstoffzentren dunkel; aus WARD et al.)

Flechten oder Meeresorganismen isoliert worden (PRESSMAN; MICHAEL, PATTENDEN). Da ihre gezielte Anwendung den Ionenhaushalt und damit die Membranfunktion von Bakterien stören kann, ohne unter Umständen die komplexeren Ionentransportmechanismen höherer Wirtsorganismen wesentlich zu beeinträchtigen, sind viele dieser Moleküle antibiotisch wirksam (Abwehrfunktion). Wie die beiden bekanntesten Beispiele, Valinomycin (2.10) und Nonactin (13.5), erkennen lassen, handelt es sich hierbei um makrozyklische Oligopeptide oder -ester mit einer Vielzahl chiraler Zentren. Dies hat Bedeutung hinsichtlich einer möglichen Rezeptor-Selektivität; weiterhin ist von den zahlreichen möglichen Konformationen oft nur eine bestimmte für die Metall-Komplexierung optimal (VÖGTLE). Typisch für einen solchen Komplex ist das K^+/Nonactin-System mit seiner hohen Koordinationszahl von 8 für das Metallzentrum und mit um dieses Zentrum gefaltetem Makrozyklus (Abb. 13.6).

In einigen Fällen, etwa beim Dodecadepsipeptid Valinomycin (2.10) werden mit diesen Makrozyklen erstaunlich hohe Selektivitäten von $\geq 10^3$ für die K^+/Na^+-Diskriminierung beobachtet, wobei diese Unterscheidung allerdings stark vom Lösungsmittel abhängen kann (LEHN). Einige wichtige Vertreter wie etwa der zunächst acyclische, Na^+-transportierende Polyether Monensin A (13.6; MOLLENHAUER, MORRE, ROWE) vollführen einen Ringschluß zum

Quasi-Makrozyklus erst am Metallzentrum durch Ausbildung von Wasserstoffbrückenbindungen zwischen den Enden des offenkettigen Liganden (Abb. 13.7).

Das Auffinden weiterer natürlicher, physiologisch aktiver Ionophore – oft nur durch Zahlenkombinationen gekennzeichnet – wie auch die gezielte Entwicklung synthetischer Analoga sind wegen der potentiellen pharmakologischen Funktion solcher Verbindungen von Bedeutung. Es ist hier nicht nur eine Selektivität nach innen bezüglich der Ladung und Größe des Metallions, sondern auch nach außen, z.B. in bezug auf Membran-gebunde Rezeptoren zu berücksichtigen. Am Beispiel eines kleinen synthetischen zyklischen Peptids (13.7) ist das Design synthetischer Ionophore gut erkennbar; erst nach Verbindung zweier Ringe über eine Disulfid-Brücke wird die kritische hohe Koordinationszahl für effektive K^+-Komplexierung erreicht (SCHWYZER et al.).

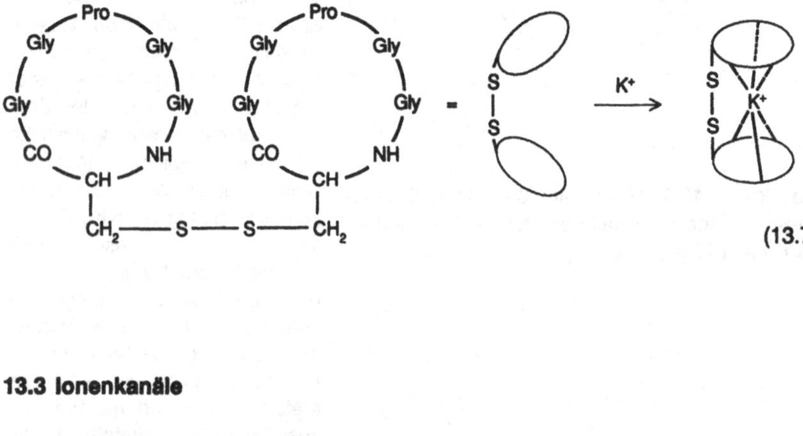

Pro Gly Gly Gly Gly CO NH CH CH_2 – S – S – CH_2 CH CO NH Gly Gly Gly Gly Pro = S–S $\xrightarrow{K^+}$ S–S K^+

(13.7)

13.3 Ionenkanäle

Der passive Kationentransport entlang dem Konzentrationsgradienten über einen Carriermechanismus (Abb. 13.8) verläuft wegen der drei notwendigen Schritte der Komplexierung, Wanderung und Dekomplexierung relativ langsam. Eine effizientere, biosynthetisch allerdings aufwendigere Realisierung kontrollierter Kationendiffusion besteht im Einbau von Ionenkanälen verschiedener Komplexität in die fluide Doppelschicht der biologischen Phospholipid-Membran (Abb. 13.5 und Abb. 13.10).

Ionenkanäle können aus integralen oder quasi-integralen Membranproteinen entstehen; ein besonders einfaches *Modell* hierfür stellt das bereits seit 1940 als Antibiotikum verwendete Pentadecapeptid Gramicidin A dar (13.8).

Gramicidin A: (13.8)

HC(O)NH–(L)-Val–Gly–(L)-Ala–(D)-Leu–(L)-Ala–(D)-Val–(L)-Val–(D)-Val–(L)-Trp–(D)-Leu–(L)-Trp–(D)-Leu–(L)-Trp–(D)-Leu–(L)-Trp–C(O)NH–CH_2–CH_2–OH

Ionentransportmechanismen:

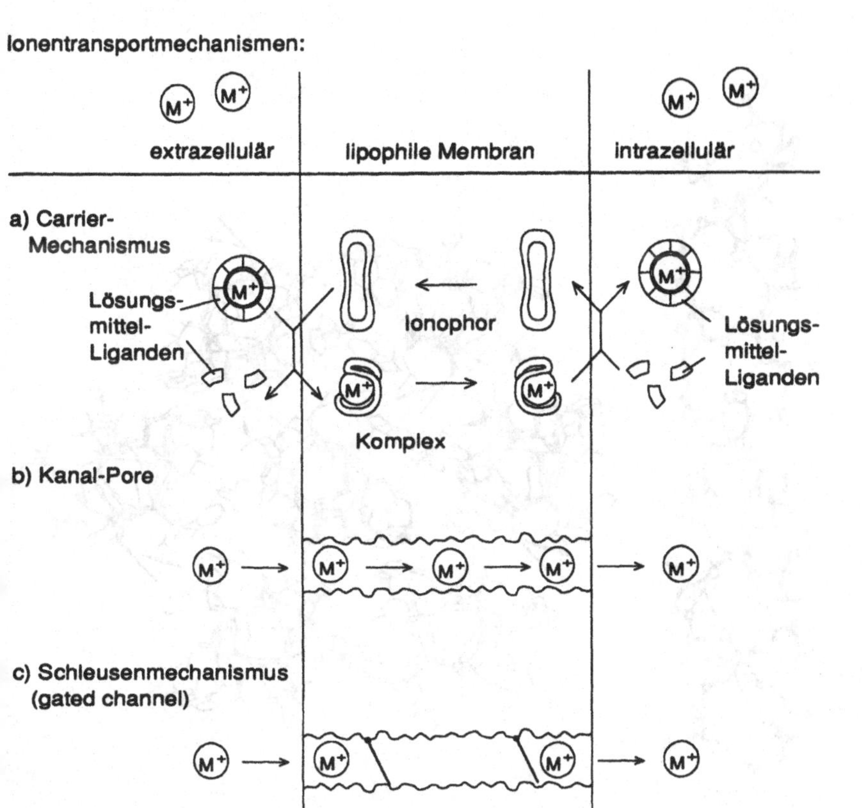

Abbildung 13.8: Mechanistische Alternativen für den passiven Ionentransport durch Membranen (nach VÖGTLE, WEBER, ELBEN; Ladungsausgleich nicht berücksichtigt)

Gramicidin A aus *Bacillus brevis* bildet aufgrund der antiparallelen helikalen Aggregation zweier Moleküle eine Röhrenstruktur mit ca. 3 nm Länge (Abb. 13.9) und einem Kanal-Innendurchmesser von 385 - 547 pm (LANGS; WALLACE, RAVIKUMAR).

Da die Dicke biologischer Phospholipid-Doppelschichtmembranen 5-6 nm beträgt, müssen zwei Gramicidindimer-Röhren in der fluiden Membran hintereinander angeordnet sein, um dann als Membran-"Pore" (Abb. 13.8) einen sehr raschen, gegenüber dem Transport durch Ionophore um mehrere Größenordnungen effizienteren Kationendurchfluß zu ermöglichen. Während einige Alkalimetallionen (z.B. Na^+) sowie andere monopositive Ionen geeigneter Größe möglicherweise in rudimentär solvatisierter Form, d.h. als Monoaqua-Komplexe hintereinander ("single file") durch diesen Kanal gelangen können, blockiert das zweifach positiv geladene Ca^{2+} diesen Durchgang beim Gramicidin.

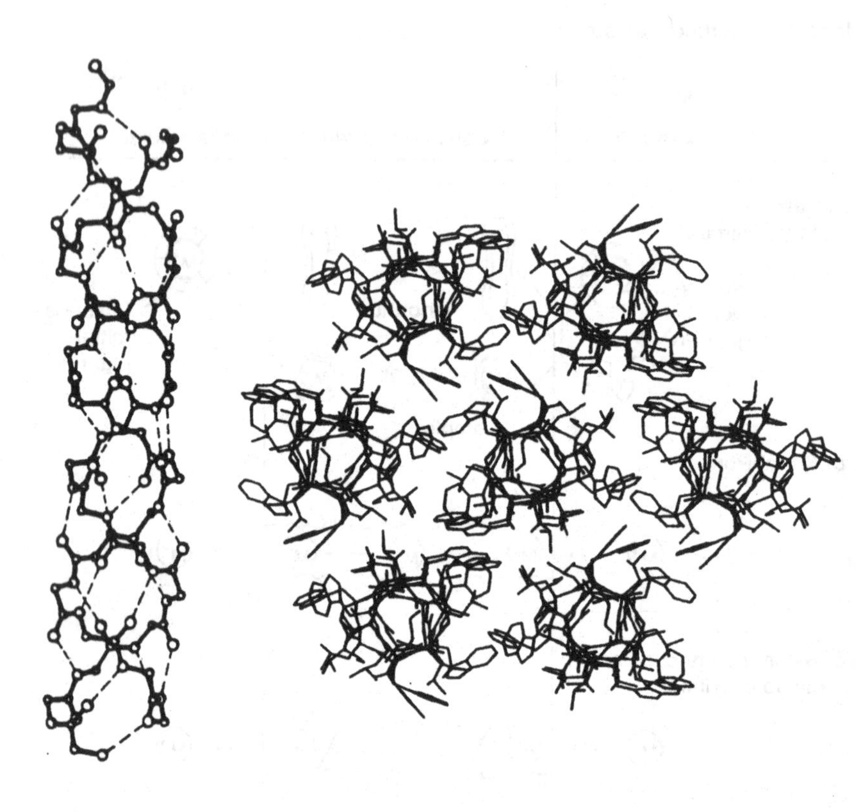

Abbildung 13.9: Struktur der Polypeptidgerüste in kristallinem Gramicin A-Dimer (links) und perspektivischer Blick entlang hexagonal gepackter Kanäle im Kristall (rechts; nach LANGS)

Die eigentlichen Ionenkanäle sind als integrale Membranproteine wesentlich komplexer aufgebaut. Als allgemeines Konstruktionsprinzip mehrerer Gruppen von Ionenkanälen hat sich ein Aufbau herausgestellt, bei dem vier oder mehr transmembrane Proteinabschnitte als Bündel die Pore bilden (Abb. 13.10). Nicht unerwartet enthalten die als Porenwand fungierenden Seiten polare Aminosäurereste (HUCHO, WEISE; DOUGHERTY, LESTER). Besondere Bedeutung kommt dem Kanaleingangsbereich zu, wo entsprechend geladene Proteinreste die Ionendiffusion fördern und möglicherweise zur Selektivität beitragen sowie "Schleusentore" (gates) den Ionendurchtritt kontrollieren können. Die Strukturaufklärung von Ionenkanalproteinen für K^+ und Cl^- (DUTZLER, CAMPBELL, MACKINNON) ist durch den Chemie-Nobelpreis des Jahres 2003 für R. MACKINNON gewürdigt worden.

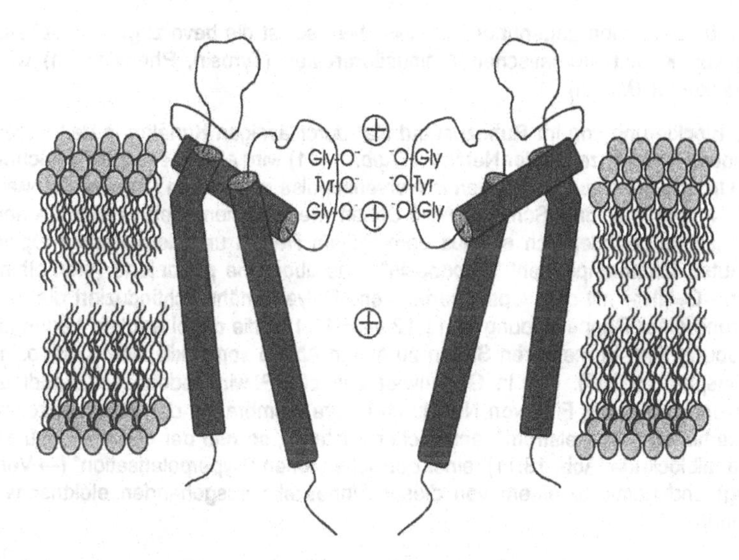

Abbildung 13.10: Strukturmodell eines K^+-Ionenkanals

Die Beeinflussung dieser ionenselektiven Schleusentore durch Entwicklung geeigneter "Liganden", seien es Inhibitoren ("Blocker") oder Stimulatoren, ist wegen der Bedeutung der zahlreichen inzwischen identifizierten Ionenkanäle ein Hauptarbeitsgebiet heutiger Arzneimittelforschung und Medizin (→ Kardiologie, Onkologie, Neurologie; CHANGEUX; FRANKS, LIEB). Für die Entwicklung der "patch-clamp"-Methode, durch die Membranbereiche mit nur einem einzelnen Ionenkanal präpariert und hinsichtlich der vergleichsweise hohen elektrischen Leitfähigkeit, der Öffnungszeit und der Reaktion auf externe Einflüsse untersucht werden können, haben E. NEHER und B. SAKMAN daher den Nobelpreis 1991 für Medizin erhalten (NEHER; SAKMAN).

Die "gates" (Abb. 13.8) sind bei Kanalproteinen normalerweise geschlossen, um die Aufrechterhaltung des Konzentrationsgradienten zu gewährleisten. Beeinflußt werden kann die Öffnung der Schleusen von Ionenkanälen durch extern zugefügte oder organismuseigene niedermolekulare Verbindungen ("Liganden": z.B. Neurotransmitter wie Glutamat, Nukleotide oder Toxine wie etwa Nikotin), durch ausgeschüttetes Ca^{2+} (vgl. Kap. 14.2), durch andere Peptide oder durch Veränderung der elektrischen Potentialdifferenz (Spannung) zwischen den Membranseiten. Spannungs-kontrollierte Kanäle sind daher biologische Schaltelemente, welche der Umwandlung von elektrischen in stoffliche Signale dienen. Stellt die Entwicklung von rezeptorspezifischen organischen Verbindungen (vgl. 14.10) zur Blockierung von Ionenkanälen einen hohen Anspruch an das "molecular modeling", so kann andererseits die unspezifische Blockierung etwa von K^+-Kanälen durch $^+N(C_2H_5)_4$, Cs^+ oder Ba^{2+} leicht aufgrund von Größen- und Ladungseffekten verstanden werden. Durch H^+ blockierte K^+-Kanäle in den Geschmacksrezeptoren sind vermutlich auslösend für die Empfindung "sauer" Ein noch ungelöstes Problem ist die Präferenz von K^+-Kanälen

Kanälen für dieses Ion gegenüber Na^+ (JAN, JAN), selbst die bevorzugte π-Wechselwirkung von K^+ mit aromatischen Aminosäureresten (Tyrosin, Phenylalanin) wird hierfür diskutiert (MILLER).

Die Blockierung von im Ruhezustand Na^+-durchlässigen Kanälen in den scheibenhaltigen Stäbchenzellen der Netzhaut (Abb. 13.11) wird als ein essentieller Schritt bei der Umwandlung von Lichtreizen in Nervenimpulse angesehen (STRYER; SCHNAPF, BAYLOR). In den für das Schwarz/Weiß-Sehen wesentlichen, sehr empfindlichen Stäbchenzellen befindet sich ein aus dem Polyen Retinal und dem Protein Opsin aufgebautes Membranpigment "Rhodopsin". Das über eine protonierte Azomethin-Funktion $-C{=}NH^+-$ mit dem Opsin verbundene Polyen erfährt lichtinduziert die Isomerisierung einer Doppelbindung (Z-11,12 → E-11,12); die dabei erfolgte Ladungsverschiebung führt in mehreren Stufen zu einem Abbau von zyklischem Guanosinmonophosphat (cGMP). Nur in Gegenwart von cGMP wird jedoch ein ständiger energieverbrauchender Fluß von Na^+ durch innere Membranen der Stäbchenzellen aufrechterhalten ("Dunkelstrom": entatischer Zustand), so daß der cGMP-Abbau zu einer Kanalblockade (Abb. 13.11), einer deutlichen Ionen-"Hyperpolarisation" (→ Verstärkung) und damit zu einem von dieser Sinneszelle ausgehenden elektrischen Signal führt.

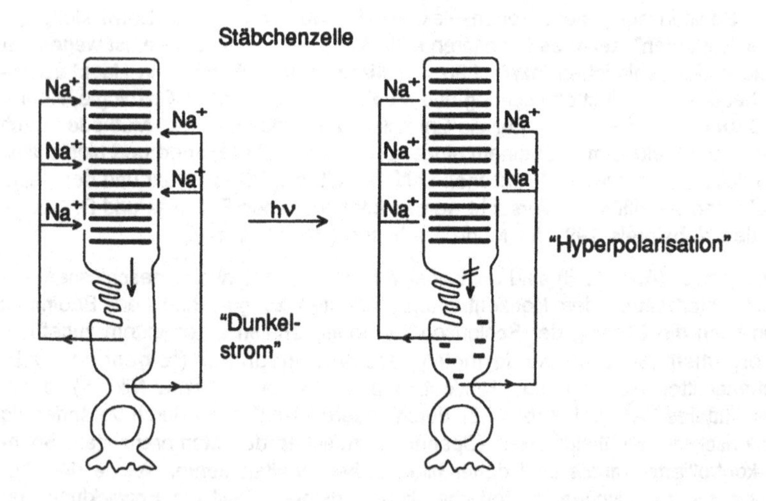

Abbildung 13.11: Stäbchenzelle der Netzhaut mit Na^+-Kanal-enthaltenden Scheiben ("discs")

13.4 Ionenpumpen

Eine passive Ionendiffusion entlang dem Konzentrationsgradienten ist nur möglich, weil im stationären "Ruhezustand" das Konzentrationsgefälle durch ständigen aktiven, energieverbrauchenden Ionentransport entgegen der Diffusionsneigung und damit entgegen der Tendenz zur Erhöhung der Entropie aufrechterhalten wird. Die dafür notwendigen komplexen Protein-Systeme, die gegen kontrollierten wie auch unkontrollierten Ladungsausgleich ("Leckage") arbeitenden Ionenpumpen, gehören wegen ihres kontinuierlich hohen Energieverbrauchs in Form von hydrolisierbaren ATP-Äquivalenten (14.2) zu den ATPasen (PEDERSEN, CARAFOLI). Ein großer Teil des laufenden Energiebedarfs der ruhenden Zelle (Fließgleichgewicht, Abb. 2.1) wird durch das Aufrechterhalten des Ionenungleichgewichts verursacht. Selbst im ruhenden Zustand entspricht der tägliche Umsatz von ständig recyclisiertem ATP durch einen erwachsenen Menschen etwa der Hälfte seines Körpergewichts. Als große, komplexe Membranproteine sind die Ionenpumpen sehr empfindliche Gebilde, deren Aktivität beispielsweise stark temperaturabhängig ist. Für die einzelnen Ionen existieren oft mehrere Arten von Ionenpumpen, wobei wegen des immer notwendigen Ladungsausgleichs – wie auch im Falle des Transports durch Ionophore – zwei prinzipielle Alternativen realisiert werden können: Eine als "Symport"-Prozeß bezeichnete Möglichkeit besteht im simultanen Transport von Kation und Anion in *gleicher Richtung*; im "Antiport"-Prozeß werden dagegen Ionen gleicher Ladung durch Bewegung in *entgegengesetzter Richtung* ausgetauscht. Beim Aufstellen der Ladungsbilanz müssen natürlich die bei der ATP-Hydrolyse entstehenden Protonen berücksichtigt werden (s. 13.9).

Die bekannteste Ionenpumpe ist die Na^+/K^+-ATPase als Bestandteil des für die Aufrechterhaltung von Membranpotentialen wesentlichen "Natrium-Kalium-Pump-Systems" (SKOU; Nobelpreis für Chemie 1997). Das vergleichbare Problem des Protonentransports über Membranen hinweg ist im Zusammenhang mit der Elektronenübertragung (H^+/e^--Symport !) bei Photosynthese und Atmung bereits angesprochen worden (Kap. 4.1 und 10.4).

Das wichtige und bei allen eukaryontischen Organismen sehr ähnlich aufgebaute Membranprotein Na^+/K^+-ATPase ist aus zwei Peptid-Paaren zusammengesetzt (Heterodimer) und besitzt so eine Peptid-Molekülmasse von $2x112(\alpha) + 2x35(\beta)$ » 294 kDa. Die Funktion dieses noch nicht im molekularen Detail definierten Protein-Oligomeren ist es, Natrium- und Kalium-Ionen im Antiport-Verfahren entgegen den jeweiligen Konzentrationsgradienten unter Mg^{2+}-katalysierter Hydrolyse von ATP auszutauschen (vgl. Abb. 14.3), bis ein bestimmter energiereicher "Spannungs"-Zustand erreicht ist (Ungleichgewicht, Abb. 13.1). Die maßgebende Brutto-Gleichung lautet:

$$3\,Na^+(iz) + 2\,K^+(ez) + ATP^{4-} + H_2O \xrightarrow{Mg^{2+}} 3Na^+(ez) + 2\,K^+(iz) + ADP^{3-} + HPO_4^{2-} + H^+ \qquad (13.9)$$

iz: intrazellulärer, ez: extrazellulärer Bereich

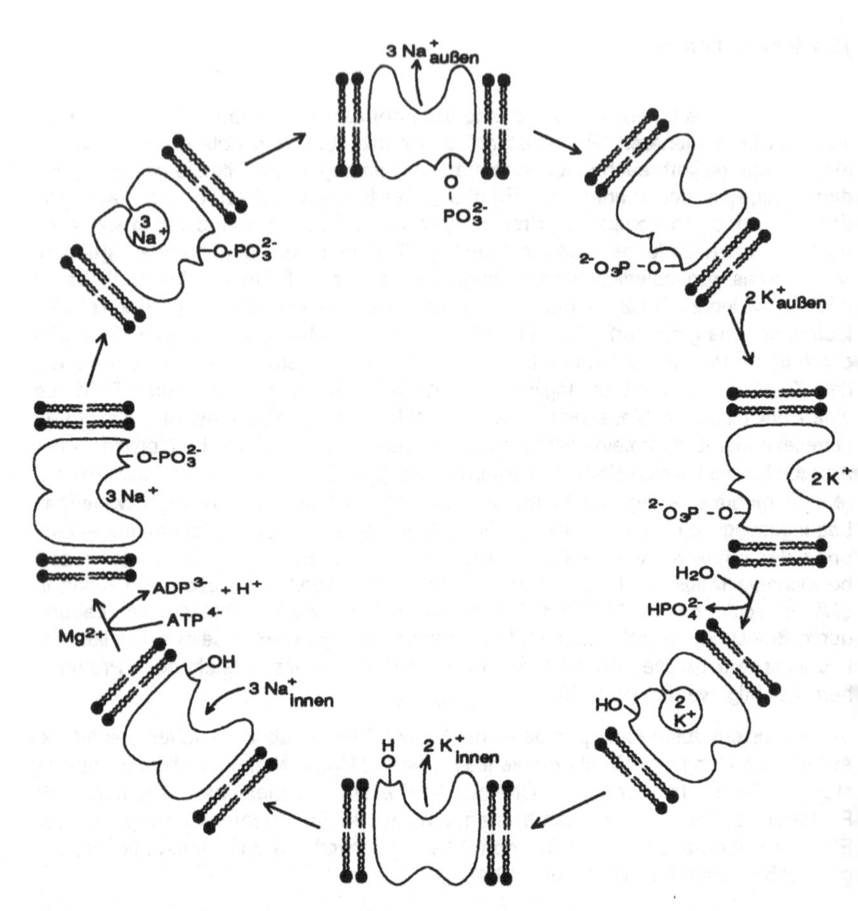

Abbildung 13.12: Schematischer Funktionsmechanismus der Na^+/K^+-ATPase (nach P. KARLSON, *Kurzes Lehrbuch der Biochemie für Mediziner und Naturwissenschaftler*, 13. Aufl., Thieme, Stuttgart, 1988. Vgl. auch Abb. 14.3)

Es wird angenommen, daß das Protein zu diesem Zweck mindestens zwei deutlich voneinander verschiedene Konformationen E_1 und E_2 einnehmen kann, in welchen die Bindung der Metallionen sehr verschieden sein muß; Abbildung 13.12 verdeutlicht dies. Wegen der Alternativen Na^+/K^+, ATP^{4-}/ADP^{3-} und der Konformationen E_1/E_2 müssen mindestens $2^3 = 8$ unterschiedliche Zustände dieses Proteinsystems existieren. Eine weitere funktionelle Voraussetzung ist die Möglichkeit zur Translokation der Ionen, d.h. ihr Transport zwischen intra- und extrazellulärem Raum, und die (intrazelluläre) energetische Ankoppelung der ATP-Hydrolyse; charakteristisch ist der dimere Aufbau des Proteins, was auf einen "flip-flop"-Mechanismus schließen läßt. In einer umgekehrten Betrachtungsweise co-katalysiert Na^+ die Phosphorylierung, während K^+ die Dephosphorylierung aktiviert, sie zumindest nicht hemmt (Na^+-Pumpfunktion der Na^+/K^+-ATPase; BASHFORD, PASTERNAK).

Alle bisher bekannten Details, z.B. Bindungsstellen, sind am größeren α-Protein lokalisiert worden; die Rolle des glykosylierten β-Proteins ist weitgehend ungeklärt (LINGREL, KUNTZWEILER). Eine Inhibierung der Na^+/K^+-ATPase ist bereits durch niedermolekulare Stoffe möglich. Beispielsweise führen extrazellulär bindende Steroide wie Ouabain oder der Wirkstoff Digitoxigenin aus *Digitalis* durch Hemmung der Enzymfunktion zu einem Anstieg der Na^+-Konzentration innerhalb von Herzmuskelzellen. Die Folge hiervon ist eine Verlangsamung des Na^+/Ca^{2+}-Austauschs durch das entsprechende Antiport-System (REUTER) und damit aufgrund steigender intrazellulärer Ca^{2+}-Konzentration ein verstärktes Kontraktionsvermögen (cardiotonische Aktivität). In Spuren vorliegendes intrazelluläres Vanadat(V) wirkt ebenfalls stark hemmend auf die Na^+/K^+-ATPase; vermutlich blockiert das aufgrund seiner Größe eher zur Koordinationszahl 5 neigende Vanadium aus der 5. Nebengruppe des Periodensystems die notwendige ATP-Hydrolyse durch übermäßige Stabilisierung des Übergangszustandes mit fünffach koordiniertem Phosphor (14.7, Abb. 14.3).

Mit dem Transport von Ionen, insbesondere von Na^+, sind häufig auch andere Vorgänge verknüpft wie etwa der transmembrane Transport von Kohlenhydraten und Aminosäuren oder die Änderung von Protonengradienten (Na^+/H^+-Antiportsystem; MOLLENHAUER, MORRE, ROWE). Umgekehrt können Hormone wie etwa Steroide, kleine Peptide oder die Schilddrüsenhormone (16.2) die Funktion Na^+-abhängiger ATPasen stimulieren. Dies verleiht den niedermolekularen Verbindungen wegen der großen Bedeutung des Na^+-Transports für den Energiehaushalt (DIBROV), für das elektrische Membranpotential sowie für die über Ca^{2+} vermittelten Vorgänge (Kap. 14.2) eine hohe pharmakologische Wirksamkeit. Ein weiteres effizientes Kationen-Pumpsystem stellt die H^+/K^+-ATPase dar, welche im Antiportverfahren, gekoppelt mit K^+/Cl^--Symport, für die außerordentliche, 10^6-fache Anreicherung von H^+ im Magen verantwortlich ist (pH ≈ 1).

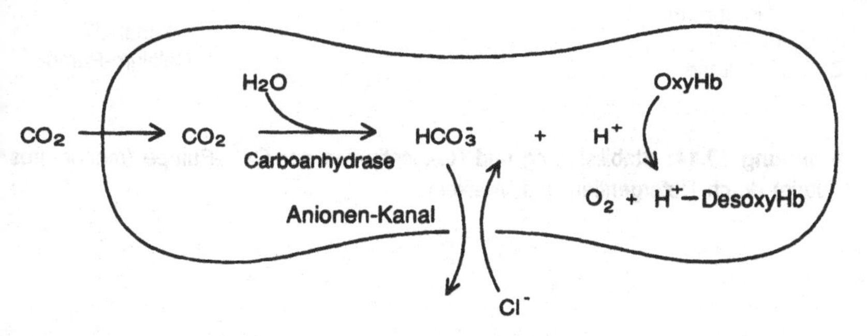

Abbildung 13.13: Funktion des HCO_3^-/Cl^--Antiport-Systems in Erythrozyten (Hb: Hämoglobin)

Während über Anion-spezifische Ionenpumpen im molekularen Detail noch wenig bekannt ist (vgl. IKEDA, SCHMID, OESTERHELT und Kap. 16.4), wurde ein für die Atmung (CO_2-Entsorgung) wichtiges passives Antiport-System HCO_3^-/Cl^- (Abb. 13.13) in Erythrozyten identifiziert.

Zu den bekanntesten Störungen des Cl^--Haushalts gehört die relativ verbreitete Mukoviszidose (zystische Fibrose), die aus einer genetisch bedingten Fehlregulation von Chlorid-Kanälen resultiert.

Große Anstrengungen werden unternommen, um die außerordentlich effektiven Ca^{2+}-spezifischen Pumpen – durch Vanadat(V) hemmbare monomere ATPasen mit 134 kDa Molekülmasse (CARAFOLI; TOYOSHIMA et al.) – im sarkoplasmatischen Retikulum von Muskelzellen (Kap. 14.2) zu untersuchen, aus der Membran zu isolieren und in künstlichen Lipid-Vesikeln zu rekonstituieren (Abb. 13.14). Um den hier besonders großen Konzentrationsgradienten zwischen Zellinnerem (ca. 10^{-7} M) und dem umgebenden Bereich (ca. 10^{-3} M) zu erzeugen, müssen diese effizienten Ionenpumpen in hoher Konzentration vorliegen. Die an den Ca^{2+}-Transport gekoppelte ATP/ADP-Umwandlung ist reversibel, so daß über Ca^{2+}-Konzentrationsunterschiede und Ca^{2+}-Komplexierung eine ATP-Synthese möglich ist.

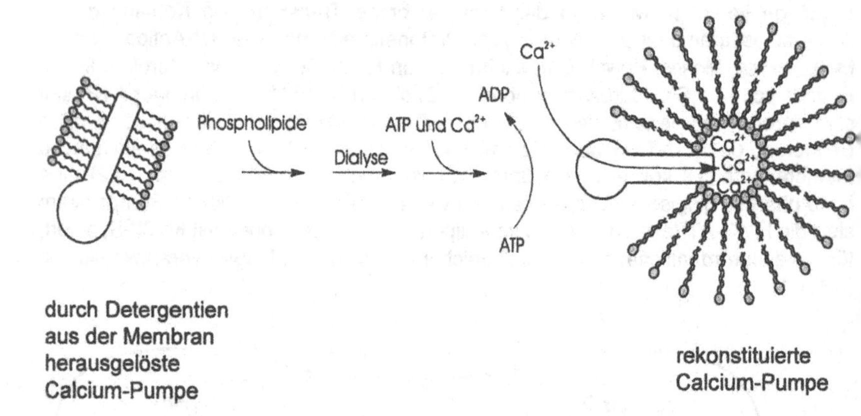

Abbildung 13.14: Stabilisierung und Rekonstitution der Ca^{2+}-Pumpe (monomeres Protein) durch Detergentien und Vesikel

14 Katalyse und Regulation bioenergetischer Prozesse durch die Erdalkalimetallionen Mg^{2+} und Ca^{2+}

14.1 Magnesium: Katalyse des Phosphat-Transfers durch zweiwertige Ionen

Unter den vier nicht zu den Spurenelementen gerechneten Bio-Metallkationen nimmt Mg^{2+} aufgrund seines geringen Ionenradius eine Sonderstellung ein (vgl. Tab. 13.1; MARTIN; BLACK, HUANG, COWAN). Dieses Ion bevorzugt wegen des relativ kleinen Verhältnisses Radius/Ladung und der daraus folgenden Lewis-Acidität *mehrfach* negativ geladene Liganden, insbesondere Polyphosphate; im Gegensatz zum verwandten und in der katalytischen Funktion teilweise ähnlichen Zn^{2+} ist Mg^{2+} jedoch eindeutig ein "hartes" Elektrophil (vgl. Abb. 2.6), welches mit einfachen N- und S-Liganden wie His oder Cys^- keine inerten Komplexe mehr bildet. Darüber hinaus bevorzugt Mg^{2+} sehr stark die Koordinationszahl sechs mit weitgehend oktaedrischer Konfiguration, während die sonst in der biologischen Funktion vergleichbaren Ionen entweder zu niedrigeren (Zn^{2+}) oder höheren Koordinationszahlen neigen (Ca^{2+}). Daß jedoch von dieser Regel unter dem "entatischen Streß" durch ein Enzymprotein auch abgewichen werden kann, zeigt das Beispiel der Enolase (14.9).

Das Magnesium-Ion als Bestandteil der Chlorophylle ist bereits in Kap. 4.2 vorgestellt worden; erwähnt werden soll an dieser Stelle auch seine Carbamat-stabilisierende Rolle bei der photosynthetischen CO_2-Fixierung durch Ribulose-1,5-bisphosphat-carboxylase ("Rubisco"; ANDERSSON et al.), seine Fähigkeit zur Vermittlung von Erkennung zwischen niedermolekularen Wirkstoffen und Biopolymeren (HINRICHS et al.) sowie seine dem Calcium-Ion qualitativ vergleichbare Rolle in Innen- und Außenskeletten (s. Kap. 15). Während langfristiger Magnesiummangel demzufolge vor allem das Wachstum beeinträchtigt, führt eine kurzfristige Unterversorgung wegen der Antagonisten-Rolle des Mg^{2+} gegenüber Ca^{2+} (vgl. Tab. 13.1) zu relativem Ca^{2+}-Überschuß im Zellinneren und dementsprechend erhöhter Muskelerregbarkeit (Krämpfe), zur Leistungsminderung wegen unzureichender Energiefreisetzung über Phosphattransfer (s.u.) und zur Hemmung des Proteinmetabolismus. Es existiert daher eine hormonelle Kontrolle des Mg^{2+}-Transports, z.B. in Herzmuskelzellen und bei Mangelsituationen ist eine "Magnesium-Therapie" angebracht (SCHMIDBAUR, CLASSEN, HELBIG).

Enzymatisch ist Mg^{2+} vor allem ein essentieller Faktor bei der biochemischen Hydrolyse und Übertragung von Phosphaten sowie bei damit verbundenen Reaktionen, wie etwa der nicht-oxidativen Spaltung von Nukleinsäuren durch Nuklease- und DNA-Polymerase-Proteine (PELLETIER et al.) oder Ribozyme (PYLE et al.). Mono-, Di- und Triphosphat-Gruppen sind Bestandteile nicht nur von Nukleotid-Einheiten der RNA oder DNA, sondern auch von mittelfristig speicherbaren und durch "einfache" Hydrolyse, d.h. durch PO_3^--Transfer vom Substrat zum Wasser (14.1) aktivierbaren Energieträgern in Organismen (WESTHEIMER).

$$X{-}O{-}PO_3^{n-} + H_2O \xrightarrow{M^{2+}} X{-}O^{(n-1)-} + H_2PO_4^- \qquad (14.1)$$

	pK$_s$:
H_3PO_4	
$+H^+ \uparrow\downarrow -H^+$	1.96
$H_2PO_4^-$	
$+H^+ \uparrow\downarrow -H^+$	7.21
HPO_4^{2-}	
$+H^+ \uparrow\downarrow -H^+$	12.32
PO_4^{3-}	(in reinem H_2O)

Neben dem schon mehrfach angesprochenen Adenosintriphosphat ($ATP^{(4-)}$, 14.2)* sei an dieser Stelle auch das aus ATP erzeugbare Kreatinphosphat (14.3) genannt, welches als Speicher hinsichtlich kurzfristiger anaerober Hydrolyse bedeutsam ist und z.B. durch *in vivo*-^{31}P-NMR-Spektroskopie von Muskelgewebe gut nachgewiesen werden kann.

(14.2)

ATP^{4-} (γ, β, α) + H_2O ⇌ ($\Delta G^0 \sim -35$ kJ/mol) $H_2PO_4^-$ + ADP^{3-}

ADP^{3-}
(Adenosindiphosphat)

* Biochemischer Gepflogenheit entsprechend sind die Ladungen von ATP^{4-} und ADP^{3-} nicht immer explizit angegeben, sie sollten jedoch bei der Aufstellung von Reaktionsgleichungen berücksichtigt werden.

$$\underset{\text{Kreatin}}{H_3C{-}N(CH_2COO^-){-}C(=NH_2^+){-}NH_2} + ATP^{4-} \rightleftharpoons \underset{\text{Kreatinphosphat}}{H_3C{-}N(CH_2COO^-){-}C(=NH_2^+){-}NH{-}P(=O)(O^-){-}OH} + ADP^{3-} \quad (14.3)$$

Im Schnitt synthetisiert und verbraucht ein normal aktiver Erwachsener täglich eine ATP-Menge, die seinem eigenen Körpergewicht entspricht; in der Summe werden die Bestandteile von Gleichung (14.2) mehr als jede andere chemische Verbindung an auf der Erdoberfläche ablaufenden chemischen Reaktionen umgesetzt.

Alle biologischen Phosphattransfer-Reaktionen, Phosphorylierungen durch Kinasen ebenso wie Dephosphorylierungen durch Phosphatester-spaltende Phosphatasen (VINCENT, CROWDER, AVERILL), erfordern die Anwesenheit von katalysierenden, zweifach positiv geladenen Metallionen. Neben Mg^{2+} (Ionenradius 72 pm bei Koordinationszahl sechs) können auch Zn^{2+} (74 pm) in den alkalischen Phosphatasen (Kap. 12.3), high-spin Fe^{2+} (78 pm) in sauren Phosphatasen (Kap. 7.6.3) sowie die relativ großen Ionen high-spin Mn^{2+} (83 pm) (BEESE, STEITZ) und Ca^{2+} (100 pm) diese Rolle *in vivo* ausfüllen. Im Prinzip wären weiterhin Cd^{2+} (95 pm) und Pb^{2+} (119 pm) geeignet, welche jedoch aufgrund ihres "weicheren" Charakters unerwünscht feste Bindungen mit Schwefelliganden eingehen können (s. Kap. 17.2 und Kap. 17.3).

Die Funktion von dipositiven Metall-Katalysatoren bei der Phosphatübertragung, einschließlich der Hydrolyse, liegt zunächst in der möglichst effektiven Kompensation der hohen negativen Ladung, die sich aufgrund des Ionisationsgrades vor allem kondensierter Polyphosphate bei physiologischem pH ergibt. Die Ladungskompensation betrifft *beide* Seiten der Reaktionsgleichung, wodurch sich eine Verringerung der Aktivierungsenergie durch M^{2+}-Ionen ergeben sollte (AQVIST, WARSHEL). Dreiwertige Metallionen M^{3+} kompensieren zwar negative Ladungen noch besser, wegen zu starker Bindung kommt jedoch – außer in speziell konstruierten Fällen (TSUBOUCHI, BRUICE) – keine Katalyse zustande (s. Kap. 17.6). Weiterhin aktivieren die metallischen Lewis-Säuren M^{2+} schwache Lewis-Basen wie etwa das Wasser und erzeugen so durch "Umpolung" ein unter physiologischen Bedingungen existentes Nukleophil (M^{2+})–OH (vgl. 12.3). Gerade bei Polyphosphaten ist außerdem offensichtlich, daß ein genügend polarisierendes Dikation chelatartig an Sauerstoffatome *mehrerer* Phosphateinheiten koordinieren und damit eine räumliche Fixierung, einschließlich einer aktivierenden Ringspannung bewirken kann (vgl. 14.5). Schließlich können Metallionen durch Koordination *beider* Reaktanden das leichte Erreichen des Übergangszustandes einer assoziativen Reaktion begünstigen (14.4, 14.7).

Einfaches Modell einer durch ein M^{2+}-Ion katalysierten Phosphatesterhydrolyse:

(14.4)

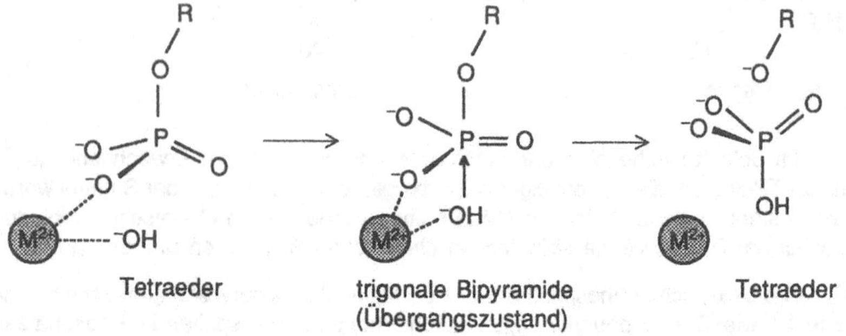

Tetraeder → trigonale Bipyramide (Übergangszustand) → Tetraeder

Aus zahlreichen Modellstudien (SIGEL) haben sich für die so wichtige Hydrolyse von ATP und anderen Nukleosid-Triphosphaten folgende allgemeine Erkenntnisse bezüglich des Reaktionsmechanismus ergeben:

Ein teilweise hydratisiertes Metallion kann an jeweils ein Sauerstoffzentrum der α-, β- oder γ-Phosphatgruppe (CINI) sowie, bei freier Beweglichkeit des Nukleotids, an das N(7)-Imin-Stickstoffzentrum des Purin-Heterozyklus koordinieren (Makrochelatstrukturen; 14.5).

Vorgeschlagene Hydrolyse-produktive $(ATP^{4-})(M^{2+})$-Strukturen (SIGEL):

(14.5)

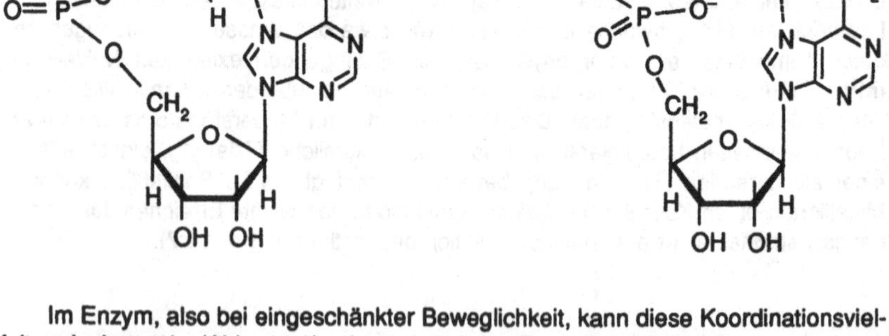

Im Enzym, also bei eingeschänkter Beweglichkeit, kann diese Koordinationsvielfalt reduziert sein (Abb. 14.1); eine zusätzliche Reaktivitätssteigerung ist denkbar, wenn die Möglichkeit einer Dimerisierung von Komplexen wie (14.5) durch Stapelung zweier heterozyklischer Basen besteht (SIGEL). Die maximal reaktive Spezies enthält

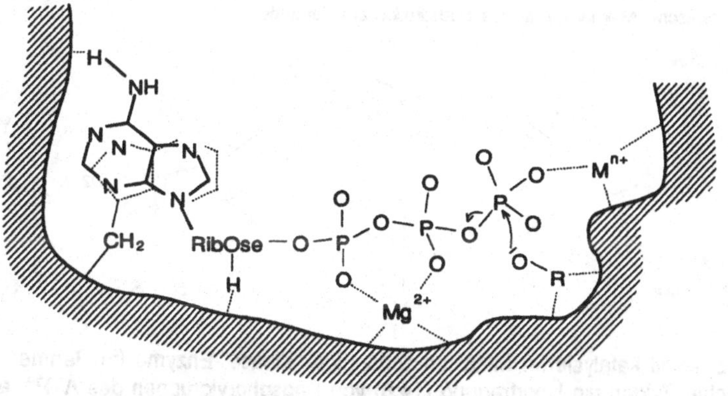

Abbildung 14.1: Hypothetische Anordnung eines reaktiven $Mg(ATP)^{2-}$-Komplexes im Enzym. Teilweise Enzym-gebundene Metallionen fixieren die Triphosphatkette für nukleophilen Angriff, hier eines Alkoholats oder Esters, am terminalen Phosphat. Koordination des Adenin-Heterozyklus erfolgt möglicherweise durch π-Wechselwirkung mit Tryptophan. Ablösung des $Mg(ADP)^-$ ist als Folge stärkerer Mg^{2+}-β-Phosphat-Bindung und damit schwächerer Mg^{2+}-Enzym-Bindung vorstellbar (nach SIGEL)

vermutlich sogar zwei Metallionen (Abb. 14.1; vgl. TSUBOUCHI, BRUICE), von denen eines der Ladungsneutralisierung dient und ein anderes an der basischeren terminalen Phosphatgruppe angreift und dabei ein dem Wasser entnommenes Hydroxidion für die Anlagerung an das γ-Phosphorzentrum bereitstellt (14.4).

Da es sich bei der allgemeinen Phosphatübertragungs-Reaktion (14.6)

$$X{-}PO_3^{2-} + Y \rightarrow Y{-}PO_3^{2-} + X \qquad (14.6)$$

X,Y: Carboxylfunktionen, Phosphate, Guanidine, Alkohole, Wasser

um eine nukleophile Substitution handelt, kann diese reaktionsmechanistisch als dissoziativer Prozeß (S_N1) unter Verringerung der Koordinationszahl am Phosphor auf drei oder – begünstigt durch gemeinsame Metallkoordination der Reaktanden – als assoziativer Vorgang (S_N2) unter Erhöhung der Koordinationszahl im Übergangszustand auf fünf ablaufen (14.7; PELLETIER et al.); im letzteren und biochemisch relevanten Fall ist mit einer stereochemischen Kontrollierbarkeit der Reaktion zu rechnen. Ein guter anorganisch-chemischer Hinweis auf die Koordinationszahl 5 im Übergangszustand ist die Inhibition von ATPasen durch Spuren von Vanadat(V); das größere Vanadium aus der fünften *Neben*gruppe des Periodensystems ist bei dieser Koordinationszahl stabiler als das kleinere Phosphoratom in Phosphaten und kann so den Übergangszustand bis hin zur Hemmung des katalytischen Ablaufs der Reaktion stabilisieren (TRACEY et al.). Auch die bei pH 7 im Gleichgewicht vorliegenden aggregierten Oligovanadate (vgl. Abb. 11.3) sind als Inhibitoren Phosphat-übertragender Enzyme bekannt.

Mechanistische Alternativen für die Substitution am Tetraeder: (14.7)

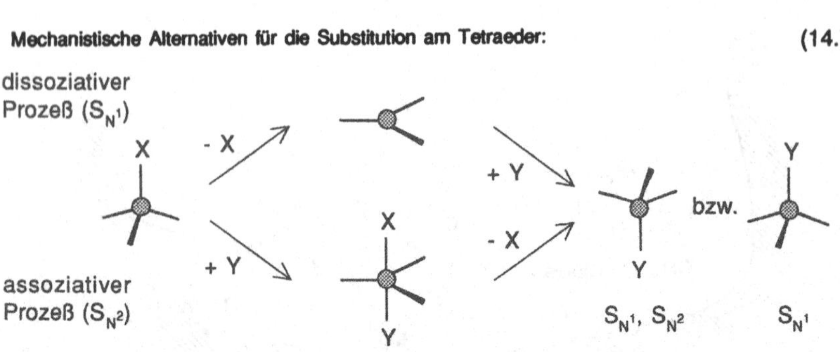

dissoziativer Prozeß (S_N1)

X

- X

+ Y

- X

+ Y

X

Y

Y

Y

bzw.

assoziativer Prozeß (S_N2)

S_N1, S_N2 S_N1

Speziell katalysieren Metallion-abhängige "Kinase"-Enzyme im Rahmen metabolischer Zyklen die Übertragung (14.8) von Phosphorylgruppen des ATP^{4-} auf andere Substrate, etwa auf Kohlenhydrate (z.B. Glucose), Carboxylate (z.B. Pyruvat, $CH_3-C(=O)-COO^-$; 14.9), Guanidine (z.B. Kreatin, 14.3) oder Protein-Bestandteile (z.B. Tyrosin). Für die Aufklärung der umfassenden zellregulatorischen Funktionen von Proteinkinasen und -phosphatasen wurde der Nobelpreis für Medizin des Jahres 1992 an E. Krebs und E. Fischer verliehen. Kristallstrukturanalysen von Kinasen (DeBondt et al.) zeigen Mg^{2+}-Koordination von α-, β- und γ-Phosphat des ATP sowie von Aminosäureresten und Wasser. Während des katalytischen Prozesses wird eine Verschiebung des Mg^{2+} zwischen αβ- und βγ-Phosphatgruppen vermutet.

$$ATP^{4-} + X{-}H \xrightarrow{\text{Kinase}} ADP^{3-} + X{-}PO_3^{2-} + H^+ \qquad (14.8)$$

Zur Untersuchung der Metallbindung in Kinasen und ähnlichen Enzymen wird häufig Mg^{2+} durch paramagnetisches Mn^{2+} ersetzt, um über das ESR-Signal dieses high-spin d^5-Ions selbst oder über seinen Einfluß auf andere Kerne Informationen hinsichtlich der Koordinationsverhältnisse zu erhalten (Lodato). Ein häufig zitiertes Beispiel für diese Vorgehensweise ist die Untersuchung der erst durch zusätzliche M^+-, speziell K^+-Koordination erfolgenden Aktivierung der Pyruvat-Kinase (Abb. 14.2). Anhand von magnetischen Resonanzmessungen (Linienbreiteneffekte für ^{205}Tl-NMR) wurde nach Koordination des monovalenten Metallions Tl^+ eine deutliche Konformationsänderung im Enzym festgestellt (Kayne, Reuben) – ein Beispiel für doppelte Metallsubstitution (K^+, $Mg^{2+} \rightarrow Tl^+$, Mn^{2+}) aus spektroskopischen Gründen.

Modellmechanismen für die katalytische Rolle des Mg^{2+} sind auch für die schon diskutierte Na^+/K^+-ATPase vorgestellt worden (Kap. 13.4; Repke, Schön). Wie die Sequenz in Abb. 14.3 veranschaulicht, besteht die Rolle des Mg^{2+}-Ions möglicherweise in einer chelatartigen Koordination an Triphosphat-Sauerstoffzentren des ATP (vgl. Abb. 14.1) mit resultierender Aktivierung des terminalen Phosphorzentrums für Veresterung durch einen Aminosäurerest (z.B. Glu^-) des Proteins. Eine Isomerisierung des im Übergangszustand der Reaktion trigonal bipyramidal konfigurierten $P(O_5)$-Systems im Sinne einer "Pseudorotation" könnte mit der Na^+-transportierenden

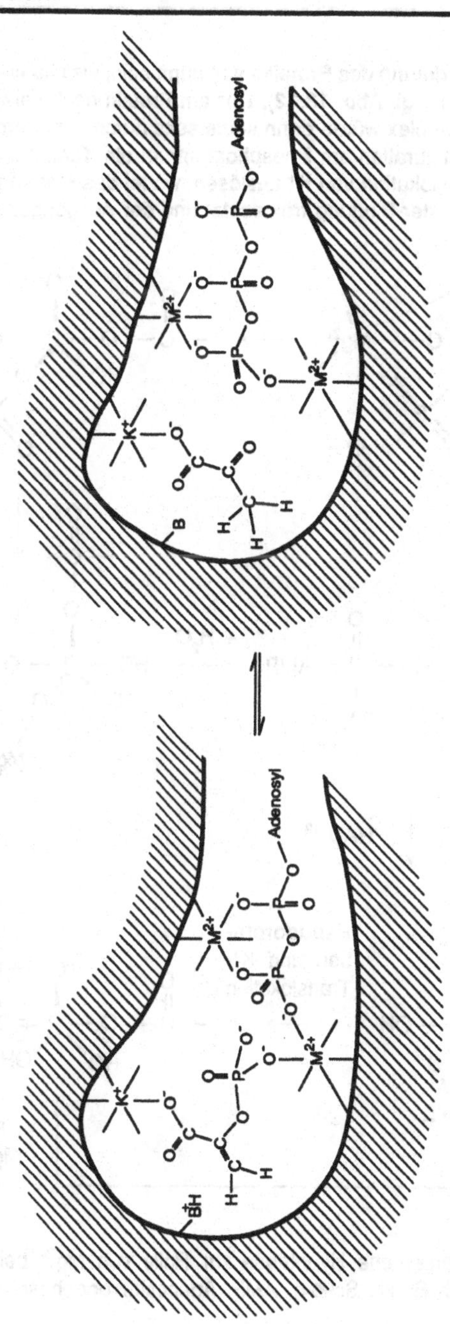

Abbildung 14.2: Vermuteter Reaktionsmechanismus für Metallionen-abhängige Pyruvat-Kinase

starken Konformationsänderung des Proteins verknüpft sein, welche wiederum Anlaß der Hydrolyse zu ADP ist (vgl. Abb. 13.12). Der am Protein noch verankerte Monophosphat-Magnesium-Komplex würde dann seinerseits durch Pseudorotation zurück in die ursprüngliche Konfiguration am Phosphorzentrum die Konformations-Rückbildung und damit die Translokation von K^+ auslösen, wobei das Monophosphat durch Hydrolyse der Phosphatester-Bindung freigesetzt und der Ausgangszustand wieder erreicht wird.

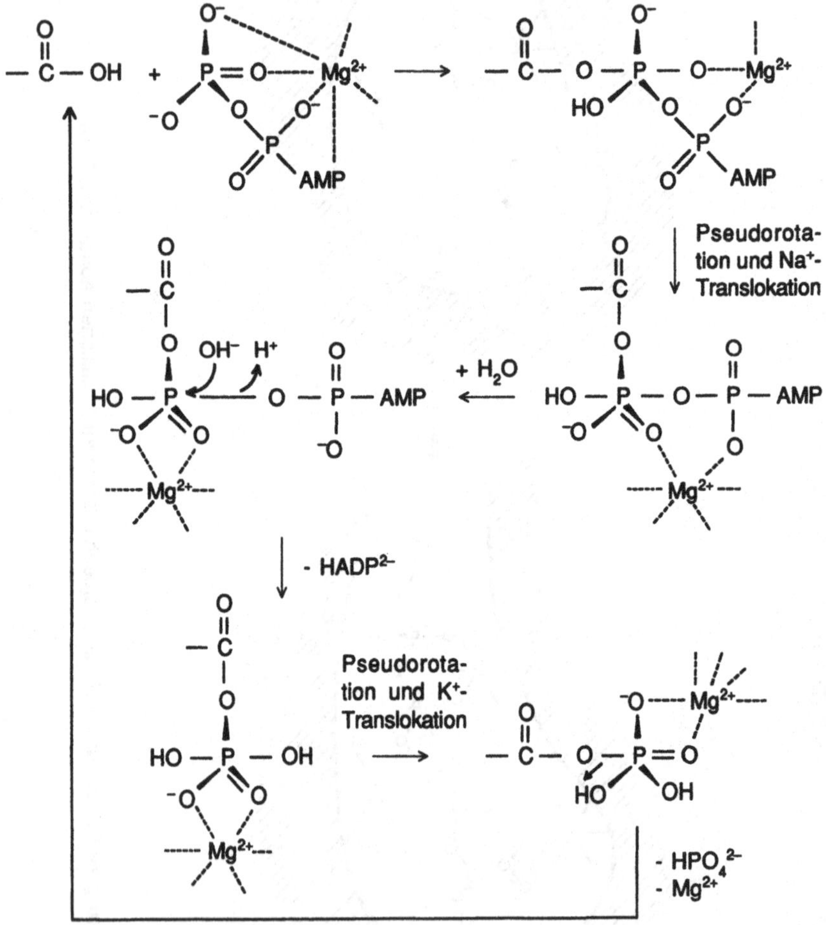

Abbildung 14.3: Mechanistische Hypothese zur Rolle von Mg^{2+} bei der Na^+/K^+-ATPase (modifiziert nach REPKE, SCHÖN). AMP: Adenosinmonophosphat

Als Lewis-acides Ion kann Mg^{2+} auch als Bestandteil von nicht phosphatübertragenden Enzymen, etwa von Kohlenhydrat-Isomerasen, DNA-aktivierenden Topoisomerasen, Saccharid-hydrolysierenden Enzymen (β-Galaktosidase), Methyltransferasen und Enolasen auftreten. Letztere katalysieren in einer Eliminierungsreaktion (Dehydratation) die Synthese des reaktiven Phosphoenolpyruvats, welches seinerseits Pyruvatkinase-katalysiert am Ende des Glykolyse-Zyklus mit ADP den Energiespeicher ATP und Pyruvat bildet (14.9).

2-Phosphoglycerat $\xrightarrow[\text{Enolase}]{-H_2O}$ Phosphoenolpyruvat $\xrightarrow[\text{Pyruvat-Kinase}]{ADP^{3-} + H^+ \;\to\; ATP^{4-}}$ Pyruvat

(Enolase-Zentrum: $(H_2O)_2Mg^{2+}(Glu)(Asp)_2$)

(14.9)

Strukturellen Daten zufolge (Lebioda, Stec) benötigt die Hefe-Enolase ein dipositives Metallzentrum (Mg^{2+} als natürlicher Cofaktor, geringere Aktivität mit Zn^{2+}), welches trigonal-bipyramidal von zwei Wassermolekülen und einem Glutamatrest in der trigonalen Ebene sowie von zwei Aspartatgruppen in axialer Stellung koordiniert ist. Die insbesondere für Mg^{2+} äußerst ungewöhnliche und außerhalb dieses Enzyms offenbar noch nicht beobachtete Koordinationsgeometrie kommt durch sehr starke Wasserstoffbrückenbindungen zustande, die den Winkel $O(Glu^-)–M^{2+}–OH_2(1)$ in der trigonalen Ebene auf die notwendigen 120° aufgeweitet halten. Das zweite, offenbar labilere Wassermolekül $OH_2(2)$ wird während der Katalyse vermutlich durch die Hydroxylgruppe des Substrats 2-Phosphoglycerat (14.9) ersetzt. Zweck dieser ungewöhnlichen und sicher energiereichen Koordinationsgeometrie (→ entatischer Zustand) ist die Beschleunigung der Substitution. Mit Ca^{2+} resultiert zwar eine festere Bindung zum Apoenzym unter oktaedrischer Koordination (Größeneffekt), das Enzym ist dann jedoch inaktiv (Lebioda, Stec). Eine ungewöhnliche Metallkoordination für ein dehydratisierendes Zentrum wurde bereits im Falle der Aconitase beobachtet (Kap. 7.4).

14.2 Calcium als Bestandteil biologischer Regelkreise

"Calcium probably fulfills a greater variety of biological functions than any other cation" (SIEGEL, 1973)

"Without any doubt calcium is the chemical element that was the most researched ... in biology during the last decennium" (ANGHILERI, 1987)

Neben dem Eisen, und dieses wahrscheinlich noch übertreffend, ist Calcium (in ionischer Form als Ca^{2+}) das wohl bedeutendste und auch vielseitigste "bioanorganische" Element. Seine weite Verbreitung, in gebundener Form in der Erdkruste sowie in gelöster Form im Meerwasser (Abb. 2.2), waren der vielfältigen Verwendung durch die belebte Natur zweifellos förderlich (Bioverfügbarkeit). Aus der Existenz verschiedener anorganischer Calcium-Verbindungen mit oft stark pH-abhängiger Löslichkeit (vgl. Tab. 15.1 und Tab. 15.2) ergibt sich die Bedeutung solcher Materialien im Bereich biologischer Festkörper, z.B. für Außen- und Innenskelette; dieser Aspekt wird in Kapitel 15 separat vorgestellt.

Neben den großen im Skelett gespeicherten Mengen an Ca^{2+} (etwa 1.2 kg beim erwachsenen Menschen, Umsatz bis zu 0.7 g/Tag) nehmen sich die ca. 10 g *nicht* im Festkörper vorliegenden Calciums eher bescheiden aus. Calcium-Ionen spielen jedoch eine zentrale Rolle bei vielen grundlegenden physiologischen Vorgängen, von der Zellteilung über hormonale Sekretion (z.B. Insulinbereitstellung), Blutgerinnung, Antikörperreaktion, Photosynthese (Tab. 4.1), Sinneswahrnehmung (Kap. 13.4) und Energieerzeugung (ATP-Dephosphorylierung, Glykogen-Abbau) bis hin zur Muskelbewegung (ANGHILERI; GERDAY, BOLIS, GILLES; PIETROBON, DI VIRGILIO, POZZAN; RÜEGG). Wie im Falle der Alkalimetallkationen erfahren auch beim Ca^{2+} die spezifischen Liganden weit größere Aufmerksamkeit als das relativ inerte Metallzentrum selbst, so daß an dieser Stelle nur ein recht knapper Überblick zur biochemischen Bedeutung des Calciums aus *anorganisch*-chemischer Sicht gegeben werden kann.

Verallgemeinernd läßt sich Ca^{2+} als Informations-Zwischenträger ("second/third messenger"; CORNELIUS), als Auslösefaktor ("Trigger"), Regulator und Signalverstärker verstehen (CARAFOLI, PENNISTON; RASMUSSEN). Über vielfältige komplexe Rückkopplungsmechanismen werden umgekehrt die Calcium-Aufnahme, -Speicherung und -Freisetzung durch hormonell beeinflußte Regelkreise gesteuert (KLUMPP, SCHULTZ).

Störungen dieses komplexen Regulationsmechanismus besitzen medizinisch-pharmakologisch sehr große Bedeutung. Nur erwähnt werden können hier

- die Aktivierung der Ca^{2+}-Resorption über spezifische Calcium-bindende Proteine im Darmgewebe (SZEBENYI, MOFFAT) durch 1,25-Dihydroxycalciferol, dem physiologisch wirksamen, durch P-450 katalysierte Oxidation (Kap. 6.2) gebildeten Metaboliten des Vitamin D,

- die unerwünschte Abscheidung von Calcium-Salzen, z.B. von Oxalaten, Phosphaten oder Steroiden in Gefäßen oder den Ausscheidungsorganen (Steinbildung) aufgrund fehlerhafter Kontrollmechanismen, oder
- die übermäßige Erregung von (Herz-)Muskelgewebe durch zu leicht intrazellulär einströmende Ca^{2+}-Ionen, wogegen in großem Umfang Ca^{2+}-kanalblockierende "Calcium-Antagonisten" vom 1,4-Dihydropyridin-Typ eingesetzt werden (14.10; GOLDMANN, STOLTEFUSS; FOSSHEIM et al.).

(14.10)

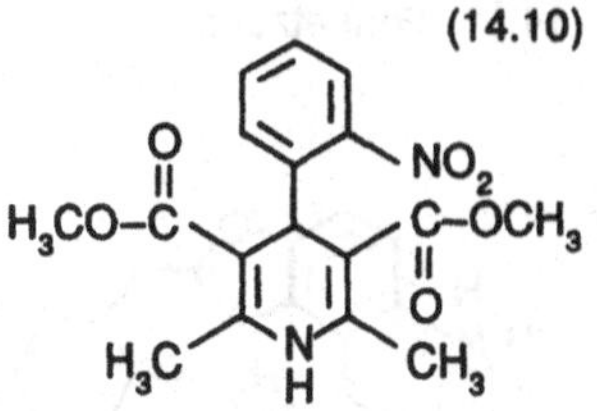

Nifedipin ("Adalat®"), ein Calcium-Antagonist

Darüber hinaus wird für viele neuronale Erkrankungen ein gestörter Calcium-Haushalt als Ursache vermutet, der entweder endogen bedingt oder durch externe toxische Substanzen verursacht sein kann.

Die Kontrolle der Ca^{2+}-Konzentration ist unter anderem deshalb so wesentlich, weil dieses Ion an zellulären Membranen einen außerordentlich hohen Konzentrationsunterschied von mehr als drei Größenordnungen aufweisen kann (Tab. 13.1). Innerhalb der Zelle ist die Konzentration von "freiem" Calcium mit ca. 10^{-7} M sehr gering, während außerhalb etwa 10^{-3} M vorliegen. Ca^{2+}-Konzentrationsgradienten existieren nicht nur zwischen Zellinnerem und -äußerem, sondern auch zwischen Teilbereichen innerhalb komplexerer Zellen, z.B. in Mitochondrien und im Zellkern (BACHS, AGELL, CARAFOLI). In diesem Zusammenhang sind auch die pH-abhängigen Anionenkonzentrationen von Phosphaten und Carbonaten zu berücksichtigen, da sonst (unerwünscht) das Löslichkeitsprodukt überschritten wird (vgl. Tab. 15.1). Erst die aufgrund der kontinuierlichen Leistung der Ca^{2+}-Pumpen (CARAFOLI; Abb. 13.14) sehr geringe intrazelluläre Ca^{2+}-Konzentration erlaubt die vielfältige Steuerung und insbesondere die *Verstärkung* von Enzymaktivität.

Der quantitative Nachweis von Calcium-Ionen, insbesondere bei rasch ablaufenden Ca^{2+}-Transportvorgängen, ist dadurch enorm erleichtert worden, daß Ca^{2+}-spezifische Komplexbildner mit rasch, d.h. im ms-Bereich abklingender, stark koordinationsabhängiger Fluoreszenz gefunden worden sind. Diese Komplexbildner erlauben es, mikroskopische Untersuchungen mit hoher zeitlicher und räumlicher Auflösung im Konzentrationsbereich von 10^{-1}-10^{-5} M Ca^{2+} vorzunehmen (TSIEN; OCHSNER-BRUDERER, FLECK). Hierzu gehören einerseits "Leuchtproteine" wie etwa Aequorin aus biolumineszierenden Organismen (HIRANO et al.), aber auch synthetische Reagenzien wie etwa "Quin 2AM" (14.11).

(14.11)

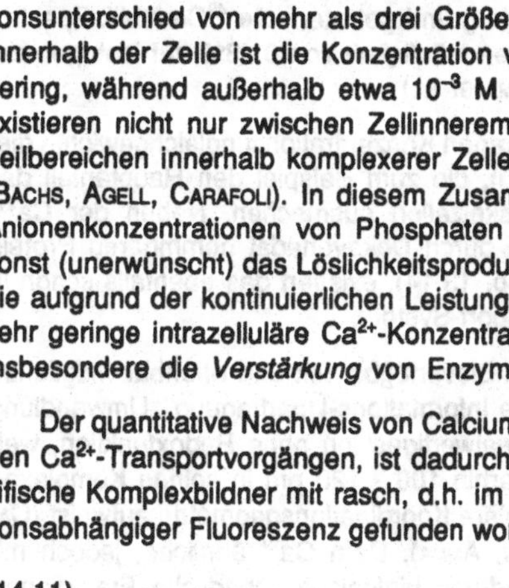

R = $CH_2OC(O)CH_3$ "Quin 2AM"

(14.11, Fortsetzung)

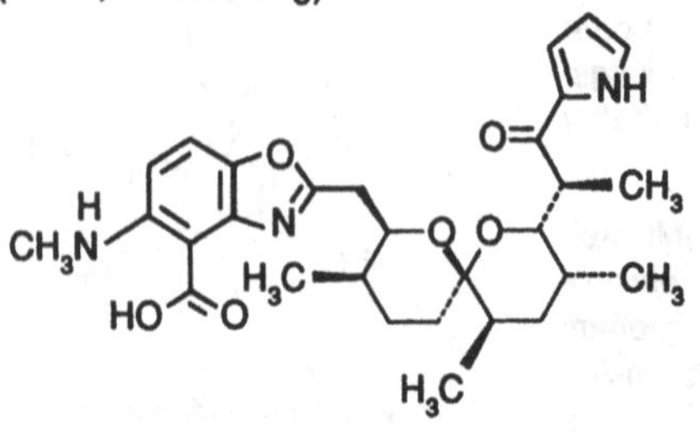

Calcimycin 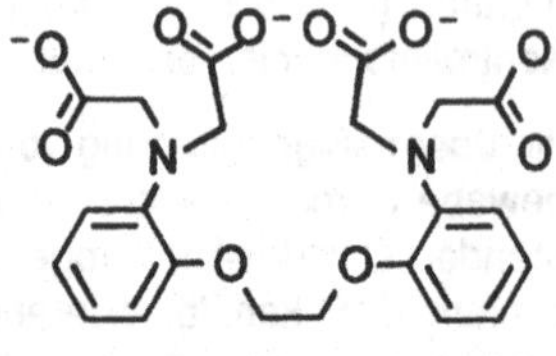 "BAPTA"

Es existieren natürlich auch nichtlumineszierende Ca^{2+}-spezifische Ionophore wie etwa Calcimycin und ähnliche Substanzen aus Streptomyces-Stämmen (ALBRECHT-GARY et al.) oder das synthetische 1,2-Bis(*o*-aminophenoxy)ethan-N,N,N',N'-tetraacetat ("BAPTA", 14.11). Andere Möglichkeiten der quantitativen Calcium-Bestimmung wie etwa die Fällung mit Oxalat oder der Nachweis durch ionensensitive Mikroelektroden sind dagegen in den Hintergrund getreten; die ^{43}Ca-NMR-Spektroskopie muß wegen der geringen natürlichen Häufigkeit von 0.13% auf Isotopen-angereichertes Material zurückgreifen (OGOMA et al.).

Zur Aufrechterhaltung der transmembranen Konzentrationsungleichgewichte dienen verschiedene Ca^{2+}-Pumpen (CARAFOLI), die zum Beispiel den Hauptanteil des sarkoplasmatischen Retikulums von Muskelzellen ausmachen. Neben der Ca^{2+}-abhängigen ATPase, einem monomeren, durch Dekavanadat hemmbaren Protein von über 100 kDa Molekülmasse (vgl. Abb. 13.14), existiert das ebenfalls schon in Kap. 13.4 erwähnte Natrium/Calcium-Antiport-System.

Weshalb ist – abgesehen von seiner Bioverfügbarkeit und offenbar möglichen Kontrollierbarkeit – gerade das Ca^{2+} für die Informations-Übertragung, -Umwandlung und -Verstärkung geeignet? Es ist ein zweiwertiges Ion ohne Redoxfunktion, welches aufgrund des Ionenradius von immerhin 100 - 120 pm in seinen Komplexen eine hohe, variable und häufig recht irreguläre Koordinationsgeometrie aufweist (CARAFOLI, PENNISTON; SZEBENYI, MOFFAT; SWAIN, AMMA). Dem Ca^{2+} ähnliche, jedoch mit Thiolaten (Cys^-) komplexierende und dadurch biologisch schädliche Fremdionen sind Cd^{2+} (95 pm) und Pb^{2+} (119 pm, Kap. 17.2 und 17.3); weniger toxisch als Calcium-"Ersatz" sind Mn^{2+} (83 pm) und das schwerere Homologe Sr^{2+} (118 pm), dessen mögliche biologische Bedeutung durch das Ca^{2+} verdeckt sein kann (vgl. Tab. 2.1). Typisch für die Bindung von Ca^{2+} in Proteinen sind Koordinationszahlen von 7 oder gar 8, nicht jedoch die wenig spezifische, weil gegenüber äußeren Einflüssen sehr stabile oktaedrische Konfiguration (Koordinationszahl 6). Beobachtet werden bei Koordinationszahl 7 die pentagonale Bipyramide (VYAS, VYAS, QUIOCHO; SWAIN, AMMA) wie etwa im α-Lactalbumin der Milch, die trigonal prismatische Anordnung mit Überdachung einer Rechtecksfläche (SWAIN, AMMA; 14.12) oder ein verzerrtes Oktaeder mit zusätzlicher Koordinationsstelle durch (η^2-)Carboxylat-Chelatkoordination (SZEBENYI, MOFFAT; SATYSHUR et al.).

(14.12)

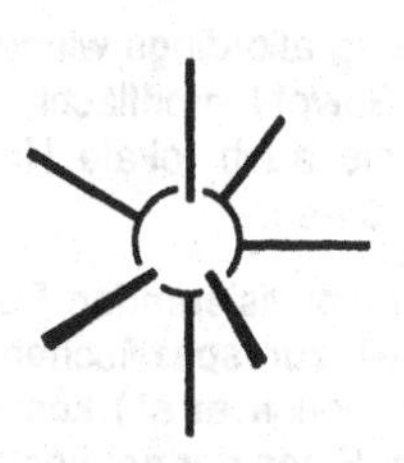

pentagonale Bipyramide

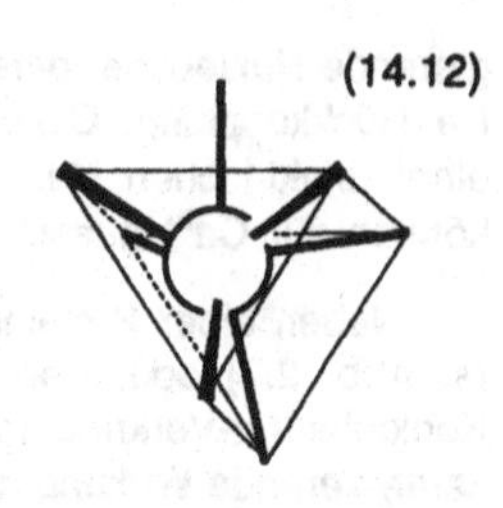

trigonales Prisma mit überdachter Rechtecksfläche

Da Ca^{2+} gerne mit den kleinen Wassermolekülen, mit Carbonylsauerstoffatomen von Peptidbindungen (CHAKRABARTI), mit den Hydroxylgruppen chelatisierender Kohlenhydrate (WEIS, DRICKAMER, HENDRICKSON) sowie mit den potentiell chelatbildenden (2.3) Carboxylatresten koordiniert, wie sie in sauren Proteinen vorliegen, werden hohe Koordinationszahlen relativ leicht erreicht; ein gut untersuchtes Beispiel ist das in der glatten Muskulatur vorkommende, Ca^{2+}- und auch Mg^{2+}-bindende Parvalbumin (Abb. 14.4). Im Gegensatz zur unspezifischen, angenähert oktaedrischen Konfiguration des Magnesiumzentrums ist im Calcium-Analogen eine wenig reguläre, d.h. spezifische und damit *vom Protein bestimmbare Koordinationsgeometrie* verwirklicht; gleichzeitig gewährleistet der größere Ionenradius eine höhere Geschwindigkeit der (De-)Komplexierung und damit rascheren Informationstransfer.

Abbildung 14.4: Koordination am Metall in Mg^{2+}- (links) und Ca^{2+}-haltigem Parvalbumin (rechts; nach CARAFOLI, PENNISTON)

Mehrere Typen Ca^{2+}-enthaltender Proteine sind inzwischen von der Funktion her relativ gut verstanden:

Calcium-ausschüttende Bereiche sind in Membrannähe mit sehr sauren Ca^{2+}-Speicherproteinen, den Calsequestrinen (ca. 40 kDa) ausgestattet, welche bis zu 50 Calcium-Ionen binden können (OHNISHI, REITHMEIER). Hieraus werden die der Informations-Transmission und -Verstärkung dienenden großen Mengen an Ca^{2+} freigesetzt, welche z.B. die Muskelkontraktion auslösen ("Trigger"-Funktion des Ca^{2+}). Die Aktivierung des gespeicherten Calciums erfolgt durch noch nicht in allen Einzelheiten verstandene Mechanismen, vermutlich über als anionische "second messenger" fungierende Nukleotide, deren Bildung allerdings wiederum durch Ca^{2+} beeinflußbar ist (→ Rückkopplung; CORNELIUS). Sowohl großflächige Membrandepolarisation durch einen elektrischen Nervenreiz als auch lokale Hormon/Rezeptor-Wechselwirkung können zur Ca^{2+}-Ausschüttung führen.

Neben einer Proteinstruktur-stabilisierenden Funktion wie etwa in Thermolysin (s. Abb. 2.7) oder der Fähigkeit zur spezifischen Protein-Protein- bzw. Protein-Kohlenhydrat-Verknüpfung (McLAUGHLIN et al.) können Ca^{2+}-Ionen auch Hydrolyse-katalysierende Wirkung besitzen. Eines der am besten untersuchten Beispiele ist die Phosphordiester-spaltende Staphylokokken-Nuklease (COTTON, HAZEN, LEGG; AQVIST, WARSHEL), die eine eher für Mg^{2+} typische Metallkoordination des katalytischen Zentrums aufweist (2 η^1-Asp, 1 Thr, 2 H_2O, 1 Substrat-O).

Von einer weiteren Gruppe ubiquitärer, sehr stabiler und evolutionsgeschichtlich offenbar schon sehr alter Ca^{2+}-spezifischer Proteine des "Calmodulin"-Typs sind Aminosäuresequenzen und Strukturen bestimmt worden (KLUMPP, SCHULTZ; BABU et al.). Es handelt sich um recht kleine Proteine (Molekülmasse ca. 17 kDa) mit mehreren "sauren", Calcium-bindenden Bereichen (Carboxylat-Reste: Glutamat, Aspartat). Die Funktion solcher, der Aktivierung vieler "Calcium-abhängiger" Enzyme dienenden Ca^{2+}-Rezeptor-Proteine ist es, durch kooperative (FORSEN, KÖRDEL) Bindung mehrerer (2-4) Ca^{2+}-Ionen die Konformation so zu ändern, daß die Erkennung (MEADOR, MEANS, QUIOCHO) und Aktivierung eines Enzyms durch spezifische Calmodulin-Protein-Wechselwirkung erfolgen kann (Abb. 14.5).

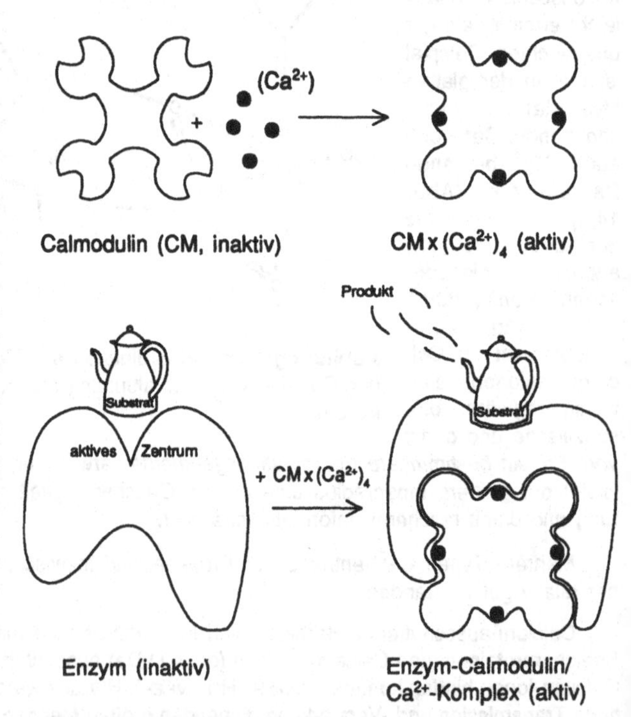

Abbildung 14.5: Modellvorstellung zur Aktivierung von Enzymen mittels Ca^{2+}-haltiger Proteine vom Typ des Calmodulins (nach KLUMPP, SCHULTZ)

Aktiviert werden durch Calmodulin-Ca^{2+}-Komplexe unter anderem
- Adenylat- und Guanylat-Cyclasen zur Bildung von cAMP und cGMP,
- die NO-Synthetase (s. Kap. 6.5 und 13.4),
- die Ca^{2+}-ATPasen (Rückkopplung !),
- die NAD-Kinase zur Synthese von NADP (3.12) sowie
- die Phosphorylase-Kinase, die zum Abbau des Energiespeichers Glykogen beiträgt.

Im weiteren Sinne zur Calmodulin-Familie mit einer typischen "EF-hand"-Proteinanordnung (Abb. 14.6; Klumpp, Schultz) gehören die in der glatten Muskulatur vorkommenden, vermutlich der Muskelrelaxation dienenden Parvalbumine (vgl. Abb. 14.4), die in der gestreiften Muskulatur vorhandenen Troponine (Abb. 14.7) sowie die im Nervensystem vorkommenden S100-Proteine (Kligman, Hilt). Etwa 200 Proteine sind bekannt, in denen häufig mehrere benachbarte Ca^{2+}-selektive "EF-hand"-Bindungsstellen vorliegen (vgl. Abb. 14.7). Eine neue Klasse stellen die für das Zellwachstum wichtigen Phospholipid- und Membran-bindenden Ca^{2+}-Proteine vom Typ des Calpactins und der "Annexin-Proteine" dar (Demange et al.).

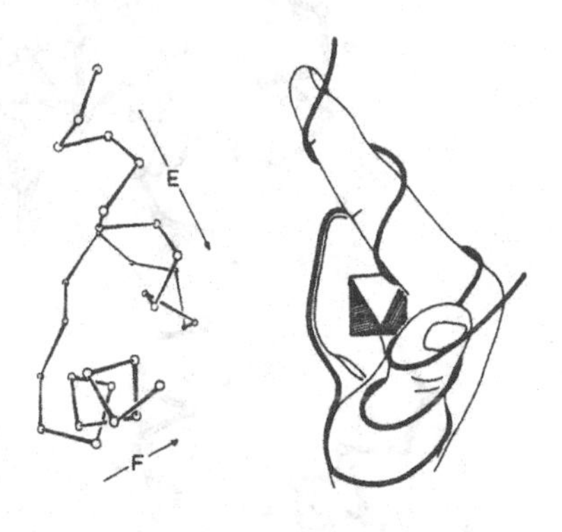

Abbildung 14.6: "EF-hand"-Struktur: Ca^{2+} wird in angenähert oktaedrischer Konfiguration am Aufeinandertreffen von E-α-Helix und F-α-Helix des Proteins gebunden

Als ein konkretes und wohluntersuchtes Beispiel für die "Messenger"-Funktion der Calcium-Ionen soll hier vereinfacht die Muskelkontraktion dargestellt werden (Rüegg). Ca^{2+}-veranlaßte Ausschüttung eines Neurotransmitters aus der Nervenzelle führt zur Öffnung von K^{+}-Kanälen, wodurch eine Depolarisation der normalerweise wegen des Ionenungleichgewichts polarisierten biologischen Membran eintritt. Über eine Aktivierung spannungsgesteuerter Na^{+}-Kanäle wird in einem noch wenig verstandenen Schritt die Ausschüttung von Ca^{2+} aus den Speicherproteinen im sarkoplasmatischen Retikulum bewirkt. Calcium-spezifische Kanäle können spannungsgesteuert sein (Öffnungszeiten ca. 1 ms), aber auch durch Nukleotide wie etwa cGMP oder Inositol-1,4,5-triphosphat (IP_3) kontrolliert werden (Cornelius; Ochiai). Blockierung bzw. Inhibition wird nicht nur durch niedermolekulare organische "Antagonisten" (14.10), sondern auch durch andere Metallkationen wie etwa Co^{2+} oder die mit dem Ca^{2+} (100 pm) von der Größe her verwandten (Evans) Lanthanoid-Ionen La^{3+}–Lu^{3+} (103-86 pm) hervorgerufen.

Die starke Erhöhung der Ca^{2+}-Konzentration nach ihrer Freisetzung aus dem sarkoplasmatischen Retikulum führt zu einer Aufnahme dieser Ionen durch Troponin C (Satyshur et al.), einem dem Calmodulin ähnlichen Protein mit ca. 18 kDa Molekülmasse und "EF-hand"-Bindungsstellen (Abb. 14.7), welches verschiedene Konfor-

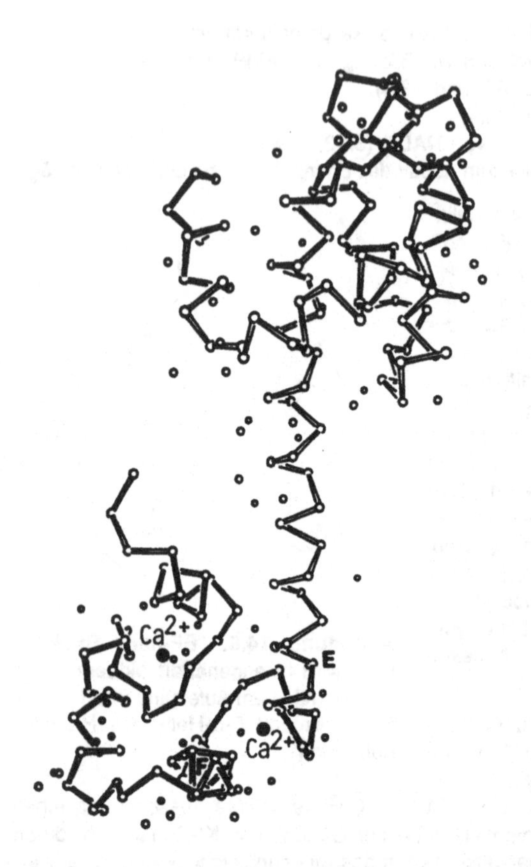

Abbildung 14.7: Struktur des kristallisierten 2 Ca^{2+}-enthaltenden Troponin C aus der Skelettmuskulatur des Huhns. α-C-Gerüstdarstellung mit Identifizierung der Helices E und F; Wassermoleküle sind durch offene Kreise, die beiden siebenfach koordinierten Ca^{2+}-Ionen in der unteren Hälfte des Proteins durch gefüllte Kreise dargestellt (aus SATYSHUR et al.)

mationen mit unterschiedlichen Ca^{2+}-Affinitäten einnehmen kann (Abb. 14.8). Das durch Ca^{2+} aktivierte Troponin C bewirkt über die Deblockierung des entatischen Ausgangszustandes eine mit räumlicher Versetzung einhergehende Verknüpfung von dünner, ebenfalls M^{2+}-bindender Actin-Faser und dicker Myosin-Faser. Die durch Ca^{2+}-Bindung ausgelöste gleichzeitige gegenseitige Verschiebung der Fasern ruft makroskopisch eine Kontraktion des Muskel-Faserbündels hervor, zuvor gebundenes ADP und Phosphat werden freigesetzt. Vereinfacht wird hierbei durch einen elektrischen Reiz (Membrandepolarisation) chemische Energie, primär in Form von ATP, in mechanische Energie umgewandelt, wobei Ca^{2+} der raschen Verstärkung und der Umsetzung in ein spezifisches chemisches Signal dient. Erst nach Mg^{2+}-erfordernder Bindung und Hydrolyse von ATP wird Ca^{2+} wieder freigesetzt und in den Speicher zurückgepumpt, was zur Trennung von Myosin- und Actin-Faser führt: der entatische blockierte Ausgangszustand ist wieder hergestellt.

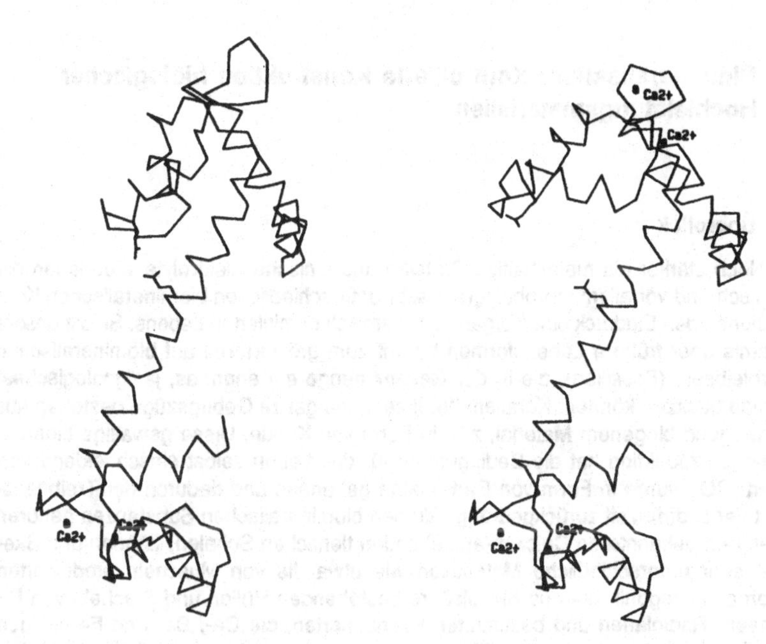

Abbildung 14.8: Strukturänderung des Troponin C-Dicalcium-Komplexes (links) durch zusätzliche Ca^{2+}-Bindung (rechts, α-C-Gerüstdarstellung des Proteins; nach FUJIMORI et al.)

Notwendig für eine länger andauernde Muskelkontraktion ist die kontinuierliche Erzeugung von ATP für die Myosin-ATPase und das rasche Herauspumpen von Ca^{2+} durch die Membranpumpen. Für die glatte Muskulatur konnte ein ständiger zyklischer Ca^{2+}-Fluß als Voraussetzung für anhaltende Kontraktion gezeigt werden (RASMUSSEN).

Eine große Bedeutung im Zusammenhang mit der Muskelkontraktion, aber auch mit anderen Ca^{2+}-gesteuerten Prozessen, besitzt die Aktivierung von phosphatübertragenden Kinasen (14.8) durch Ca^{2+}. Calcium-Ionen und ihre Calmodulin-Komplexe spielen als Auslöser ("Trigger") von sogenannten Reaktions-Kaskaden eine wesentliche Rolle für die Erzeugung von ATP durch Glykogen-Abbau oder für die Blutgerinnung und andere sekretorische Vorgänge. In einigen Fällen (Sehvorgang, Kap. 13.4), in welchen Calcium-Ionen als letztendliche Aktivatoren angesehen wurden, haben neuere Untersuchungen die Aktivierung weiterer, spezifischerer Nukleotide durch Dephosphorylierung ergeben (→ anionische second/third/fourth ... messengers). In nahezu allen Fällen sind hierbei komplexe, vom Verhältnis der Reaktionsgeschwindigkeiten abhängige Rückkopplungsmechanismen zwischen Calcium-Ionen und Nukleotiden gefunden worden.

15 Biomineralisation: Kontrollierte Konstruktion biologischer Hochleistungsmaterialien

15.1 Überblick

Noch stärker als metallhaltige Proteine und ionische Elektrolyte widerlegen die chemisch und vor allem morphologisch sehr unterschiedlichen biomineralischen Konstruktionen den Eindruck eines organisch-chemisch dominierten Lebens. Selbst unsere Kenntnis über frühere Lebensformen beruht zum größten Teil auf biomineralischen Überbleibseln (Fossilien), die in der Gesamtmenge ein enormes, ja "geologisches" Ausmaß besitzen können: Korallenriffe, Inseln und ganze Gebirgszüge bestehen aus überwiegend biogenem Material, z.B. in Form von Kreide. Diese gewaltige bioanorganische Produktion hat die Bedingungen für das Leben selbst einschneidend verändert: CO_2 wurde in Form von Carbonaten gebunden und dadurch der Treibhauseffekt der Erdfrühzeit zurückgedrängt. Zu den biomineralischen Substanzen gehören neben den bekannteren Calcium-enthaltenden tierischen Schalen, Zähnen und Skeletten sehr unterschiedliche Materialien wie etwa die von Muscheln produzierten Perlen aus Aragonit, die aus Kieselsäure bestehenden Hüllen und Stacheln von Diatomeen, Radiolarien und bestimmten Pflanzenarten, die Ca-, Ba- und Fe-haltigen Kristallite in Schwerkraft- und Magnetfeldsensoren sowie auch einige der eher pathologischen "Steine" in Niere oder Harnblase. Das in Kapitel 8.4.2 vorgestellte Eisenspeicherprotein Ferritin ist aufgrund von Struktur und anorganischem Gehalt ebenfalls schon als Biomineral aufzufassen.

Das relativ neue und hochgradig interdisziplinäre Forschungsgebiet der Biomineralisation (Mann, Webb, Williams; Mann 1986, 1993; Mann et al.; Lowenstam; Addadi, Weiner) berührt sowohl die Geologie, die Biologie wie auch die modernen Materialwissenschaften (Mann 1986, 1993; Heuer et al.) und beschäftigt sich im chemischen Bereich mit den molekularen Kontroll- und Organisationsmechanismen, die biologische Systeme bei der Bildung definierter anorganischer Festkörper einsetzen. Das Produzieren morphologisch komplexer Mineralien nach einem genetisch bestimmten Bauplan ergibt sich bei den Organismen vor allem aus einer Notwendigkeit für feste Stütz- und Schutzstrukturen. Dabei gibt es zunächst keine natürliche Präferenz für anorganische oder organische Stützmaterialien in Endo- oder Exo-Skeletten; zum großen Teil organisch-chemisch aufgebaut sind etwa die relativ schnell gebildeten Polysaccharid-Chitingerüste der Wirbellosen sowie die Skelette der Knorpelfische. Tatsächlich liegt jedoch in den meisten biomineralischen Konstruktionen ein organisch-anorganisches Kompositsystem vor; die Knochen der Wirbeltiere beispielsweise bestehen zur Hauptsache aus dem Calcium-"Mineral" Hydroxylapatit und einer organischen Matrix. Der Vorteil des anorganischen Bestandteils liegt in seiner Härte und Druckfestigkeit, die auch größere Landlebewesen möglich macht; durch die organische Matrix aus Kollagenfasern, Glykoproteinen und Mucopolysacchariden sind Elastizität, Zug-, Biege- und Bruchfestigkeit gewährleistet. Die moderne Werkstofftechnik ist wegen solcher Vorteile ebenfalls auf die Entwicklung von Kompositmaterialien übergegangen (Verbundwerkstoffe, insbesondere faserverstärkte Werkstoffe), und auch mikrostrukturelle Untersuchungsverfahren wie etwa die hochauflösende Elektronenmikroskopie sind in beiden materialwissenschaftlichen Bereichen gleichermaßen notwendig.

Die wichtigsten Biominerale in ihren verschiedenen polymorphen Formen sowie ihr Vorkommen und ihre typischen Funktionen sind in Tab. 15.1 zusammengestellt. Ein Beispiel für die morphologische Komplexität biomineralischer Erscheinungsformen ist in Abb. 15.1 gezeigt.

Unabdingbare Voraussetzung für ein Biomineral ist die geringe Löslichkeit unter normalen physiologischen Bedingungen. In Tab. 15.1 sind daher zum Vergleich einige nach (15.1) vereinfachte Löslichkeitsprodukte K_L angegeben.

$$\text{Kation} + \text{Anion} \rightleftharpoons \text{Festkörper} + \text{lösliches Kation/Anion-Aggregat}$$

$$K_L = [\text{Kation}] \cdot [\text{Anion}]; \quad pK_L = -\lg K_L \tag{15.1}$$

[ ]: molare Konzentrationen;

(15.1) gilt nur bei Austausch Festkörper/Lösung (heterogenes Gleichgewicht)

Die bioanorganischen Festkörper können als variabel zusammengesetzte oder reine Phasen, in amorpher oder (mikro-)kristalliner Form sowie als Komposite mit polymeren organischen "Matrix"-Materialien wie etwa Proteinen, Lipiden oder Polysacchariden auftreten. Sie können intrazellulär, an der Zelloberfläche (epizellulär) oder im extrazellulären Raum entstehen. Tabelle 15.1 gibt die Vielzahl der möglichen anorganischen Bestandteile nur unvollständig wieder; es fehlen etwa die exotischeren Fluoride und Sulfide. In der Summe spielen vor allem folgende Biominerale eine überragende Rolle:

- die oft mit Mg^{2+} angereicherten Calciumcarbonate Calcit und Aragonit,
- Calciumphosphate vor allem in Form des Hydroxylapatits,
- amorphe Kieselsäure, sowie
- die Eisenoxide/-hydroxide Ferrihydrit und Magnetit.

Alle anderen Biominerale kommen entweder nur als Spurenbestandteile oder in sehr wenigen Spezies vor.

Zu den Funktionen der Biominerale gehört neben der schon erwähnten mechanischen **Stützfunktion** wegen des Mengenbedarfs automatisch auch eine **Speicherfunktion**. Umgekehrt kann die Bildung von Biomineralen insbesondere bei Mikroorganismen einer **Ablagerung** (Au !; MANN 1992) oder sogar **Entgiftung** dienen (z.B. CdS, s. Kap. 17.3). Dies impliziert das Vorhandensein aktiver Regel- und Transportsysteme (vgl. Kap. 8 und Kap. 14.2), welche die (De-)Mineralisation und Regeneration steuern.

Tabelle 15.1: Die wichtigsten Biominerale

chemische Zusammensetzung	mineralische Erscheinungsform	Löslichkeitsexponent pK_L^{*a} bei pH 7	Vorkommen und Funktion (Beispiele)
Calciumcarbonat			
$CaCO_3$[b]	Calcit	8.42	Exoskelette (z.B. Eischalen, Korallenstöcke, Schneckenhäuser), Stacheln, Schwerkraftsensor
	Aragonit	8.22	
	Vaterit	7.6	
	amorph	7.4	
Calciumphosphate (vgl. Tab. 15.2)			
$Ca_{10}(OH)_2(PO_4)_6$	Hydroxylapatit	≈13[a]	Endoskelette (Wirbeltier-Knochen und -Zähne)
$Ca_{10}F_2(PO_4)_6$	Fluorapatit	≈14[a]	
Calciumoxalate			
$CaC_2O_4(\cdot\ n\ H_2O)$ n = 1,2	Whewellit, Weddelit	8.6	Calciumspeicher und Fraßschutz bei Pflanzen, Harn- und Nierensteine
Metallsulfate			
$CaSO_4 \cdot 2\ H_2O$	Gips	4.2	Schwerkraftsensor
$SrSO_4$	Cölestin	6.5	Stützgerüste (*Acantharia*)
$BaSO_4$	Baryt	10.0	Schwerkraftsensor
Kieselsäure			
$SiO_2 \cdot n\ H_2O = SiO_n(OH)_{4-2n}$	amorph	Löslichkeit < 100 mg/l	Schalen von Diatomeen und Radiolarien, Schutzmechanismen für Pflanzen
Eisenoxide			
Fe_3O_4	Magnetit		Magnetosensor, Zähne von Käferschnecken
α,γ-Fe(O)OH	Goethit, Lepidokrokit		Zähne von Schnecken
"$5Fe_2O_3 \cdot 9\ H_2O$"	Ferrihydrit (vgl. Abb. 8.6)		Zähne von Schnecken, Eisenspeicher (Kap. 8.4.2)

[a]Löslichkeitsprodukte K_L^* in reinem Wasser zur Vergleichbarkeit reduziert auf die Einheit M^{-2}.
[b]In Biomineralen häufig mit größeren Anteilen $MgCO_3$ vorkommend (pK_L = 5.2).

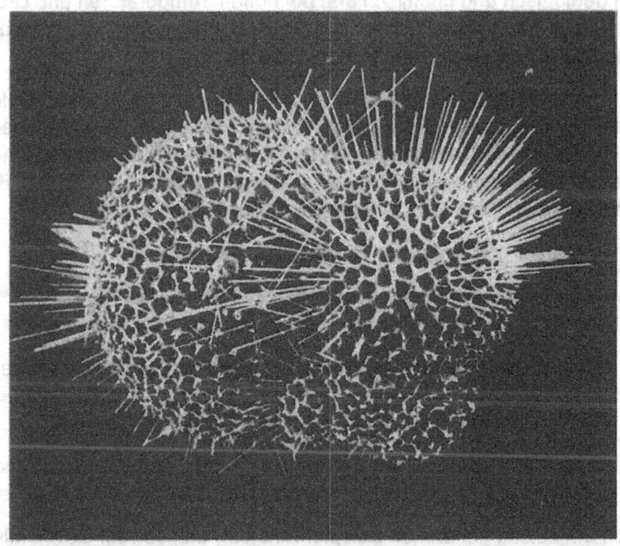

Vergrößerung:

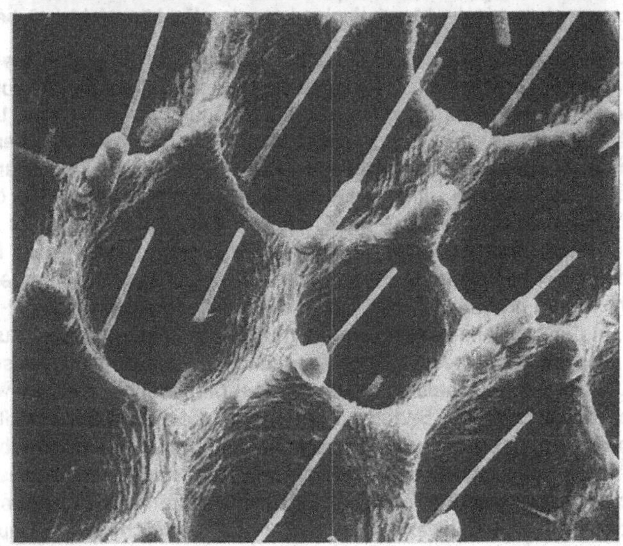

Abbildung 15.1: Foraminifere mit stachelbewehrter, porenhaltiger Hülle aus Calcit (*Globigerinoides sacculifer,* aus Phil. Trans. Roy. Soc. London *B 304* (1984) 425. Vgl. auch Bild der Wissenschaft 4/1990, S. 116)

Das in der Erdkruste recht verbreitete Mineral Magnetit beispielsweise bildet sich geologisch und chemisch erst bei hohen Temperaturen und Drücken. Es existieren jedoch "magnetotaktische" Bakterien, die Magnetit unter physiologischen Bedingungen herstellen können (s. Kap. 15.3.4).

Ungewöhnlich ist andererseits, daß einige marine Einzeller Cölestin ($SrSO_4$) zur Skelettbildung verwenden (PERRY, WILCOCK, WILLIAMS). Das Meerwasser ist in bezug auf dieses Mineral untersättigt, so daß nur *aktive* Mechanismen innerhalb des Lebewesens das Vorhandensein dieser Skelette garantieren können. Beim Tod der Organismen lösen sich die Cölestinstrukturen daher rasch auf.

Weitere Funktionen der Biominerale bestehen im

- Aufbau von mechanisch anspruchsvollen **Werkzeugen** und **Waffen** ("aktiver Schutz"), etwa von Zähnen zur Tötung und Zerkleinerung der Nahrung, in der
- Bildung von **Sensor-Komponenten,** z.B. von spezifisch schweren Kristalliten in den Schwerkraft-empfindlichen Gleichgewichtsorganen oder von magnetischen Mikrokristalliten in magnetotaktischen Bakterien, sowie im
- passiven mechanischen **Schutz** von Tieren (vgl. Gehäuse der Mollusken) und Pflanzen (z.B. silikathaltige Stacheln) vor Feinden oder klimatischen Einflüssen.

Auch am zuletzt genannten Beispiel wird klar, daß sowohl die chemische Zusammensetzung wie auch die Morphologie zur vollen Funktionsfähigkeit beitragen.

Die chemische Präferenz bei der Bildung von in großen Mengen benötigten Biomineralen wird in erster Linie durch die Bioverfügbarkeit der Komponenten bestimmt; vergleichbares gilt für die geologische Entstehung von Mineralen. Unterschiede bestehen allerdings darin, daß die Materialeigenschaften im biologischen Bereich sowohl von der chemischen Zusammensetzung als auch von der kontrolliert "aufgezwungenen" Morphologie bestimmt werden. Dabei kommt insbesondere den organischen Komponenten eine "Matrix"- oder "Templat"-Funktion in bezug auf vektorielles, d.h. gerichtetes, nicht isotropes und nicht Kristallphasen-immanentes Kristallwachstum und damit in bezug auf die Katalyse der Keimbildung zu. Biologischer Calcit etwa soll nicht – wie im unbeeinflußten Fall – als rhomboedrischer Kalkspat-Kristall, sondern z.B. in der funktionell sinnvolleren Form aus Abb. 15.1 wachsen. Außerdem müssen Biominerale im Gegensatz zu geologischen Mineralen in einem wesentlich kürzeren, d.h. biologisch akzeptablen Zeitraum auf- und abbaubar sein; es werden daher oft sehr kleine kristalline Bereiche oder Einkristalle mit großer Oberfläche (Stacheln) gebildet, auf die relativ rasch zugegriffen werden kann. Trotzdem beträgt beispielsweise die Halbwertszeit des Calcium-Austausches in einem erwachsenen Menschen gerade wegen des relativ langsamen Umsatzes im Skelett mehrere Jahre. Pathologische Effekte aus Abweichungen von der normalen Ab- und Aufbaugeschwindigkeit sind allgemein geläufig; hierzu zählen calciumhaltige Gefäßablagerungen und normalerweise proteingehemmte Steinbildung (MUSTAFI, NAKAGAWA) in Ausscheidungsorganen (CaC_2O_4, Apatite, $MgNH_4PO_4$), aber auch Zerfallserscheinungen wie Karies und Knochenresorption (Osteoporose) oder ungenügende Mineralisation (Rachitis).

Je nach Art und Komplexität der bereits erwähnten Kontrollmechanismen kann man verschiedene Grade der Biomineralisation unterscheiden (LOWENSTAM). Der primitivste Typ ist die sogenannte biologisch induzierte Mineralisation; sie tritt vor allem bei Bakterien und Algen auf. Die Biomineralisate bestehen hier nach der durch Ionenpumpen (vgl. Kap. 13.4) verursachten Übersättigung und spontaner Kristallisation aus polykristallinen Aggregaten mit zufallsverteilter Orientierung im extrazellulären Raum. In Bakterien kommt es häufig zu Reaktionen von in biologischen Prozessen gebildeten Gasen mit Metallionen im externen Medium. Bei photosynthetisierenden Algen wird Biomineralisation beispielsweise durch eine Reduzierung des CO_2-Gehalts im Wasser bewirkt:

$$Ca^{2+} + 2\,HCO_3^- \rightleftharpoons CaCO_3\,(s) + CO_2\,(g) + H_2O \qquad (15.2)$$

↳ Photosynthese

Das Gleichgewicht (15.2) wird durch CO_2-Assimilierung auf die rechte Seite verschoben, und $CaCO_3$ fällt aus. Ähnlich wie bei der Eisen(II)-Oxidation durch überschüssiges O_2 hat vermutlich auch hier die photosynthetische Aktivität zu geologisch und klimatisch bedeutenden chemischen Veränderungen geführt (→ langfristige CO_2-Senke). Der reversible Prozeß (15.2) ist aus dem Alltag bekannt ("Wasserhärte-Gleichgewicht"); bei einfachen Organismen liegt hier keine gezielte Steuerung der Kristallbildung vor.

Von größerem materialkundlichem Interesse sind die biologisch besser kontrollierten Vorgänge. Hierbei entstehen bioanorganische Festkörper meistens als definierte Komposite aus anorganischen und organischen Materialien. Die organische Phase kann aus Proteinen, Lipiden oder Polysacchariden bestehen; ihre Eigenschaften sind wesentlich für die spätere Morphologie und Strukturintegrität des Festkörpers. Je nach Grad der Beteiligung der organischen Phase kann man vier Typen von Biokompositen unterscheiden (MANN, WEBB, WILLIAMS):

- Typ I (Beispiel: Eisenoxid-enthaltende Zähne der Käferschnecken) besteht aus zufällig angeordneten Kristallen, deren Struktur durch die physikalisch-chemischen Eigenschaften der Mineralisationszone bestimmt wird. Die organische Matrix gibt lediglich mechanische Stabilität.

- Typ II (Beispiel: Eischalen der Vögel) zeigt matrixunterstützte Kristallbildung an fest vorgegebenen Stellen, aber wenig Kontrolle über das eigentliche Kristallwachstum.

- Typ III (Beispiel: pflanzliche Kieselsäure-Einlagerungen, Diatomeen-Gerüste) besitzt nur eine amorphe Mineralphase; die organische Matrix dirigiert Keimbildung *und* das vektorielle Wachstum der anorganischen Phase.

- Typ IV (Beispiele: Knochen, Zähne, Muschelschalen) wird durch die Organisation der Matrix sowohl in bezug auf Kristallkeimbildung als auch auf orientiertes (epitaktisches) Kristallwachstum gesteuert.

15.2 Keimbildung und Kristallwachstum

Keimbildung und Kristallwachstum sind Vorgänge, die in einem übersättigten Medium auftreten und die bei einem gezielten Mineralisationsprozeß kontrolliert werden müssen. Diese Voraussetzungen können im Organismus durch Transportmechanismen sowie durch Beeinflussung der Oberflächenreaktivität geschaffen werden. Die Transportmechanismen können transmembranen Ionenfluß (vgl. Kap. 13), Ionen-(De-)Komplexierung, enzymatisch katalysierten Gasaustausch (CO_2, O_2, H_2S), lokale Redoxpotential- (→ Fe) oder pH-Änderungen sowie Variationen der Ionenstärke des Mediums beinhalten; all dies kann eine Übersättigung in einem begrenzten Raum erzeugen und aufrechterhalten. Keimbildung ist dagegen mit der Kinetik von Oberflächenreaktionen verknüpft; von der Oberflächenbeschaffenheit sind außerdem Prozesse wie Cluster-Bildung, Kristallform und Phasenumwandlungen beeinflußt. Es existieren im biologischen Bereich auch zahlreiche Oberflächen-Strukturen und kristallisationshemmende Substanzen, welche unerwünschte Keimbildung verhindern sollen. Bekannt geworden sind in diesem Zusammenhang die Strategien von Fischen in antarktischen Küstengewässern, die sich vor Eisbildung in körpereigener Flüssigkeit auch unterhalb von 0 °C schützen können (Hew, Yang).

Das Heranwachsen eines Kristalls oder eines amorphen Festkörpers aus dem unter Aktivierung (Keimbildungsenergie) gebildeten Keim kann direkt aus der Lösung oder durch die ständige Zufuhr entsprechender Ionen oder Moleküle erfolgen (Abb. 15.2). Über eine deutliche Änderung der Viskosität des Mediums, z.B. durch Gelbildung einer biologischen Matrix, kann selbst die Diffusion von Teilchen stark verändert werden; ein derartiger Mechanismus ist vermutlich für die Ablagerungen von amorpher Kieselsäure in Pflanzen verantwortlich (Parry, Hodson, Sangster).

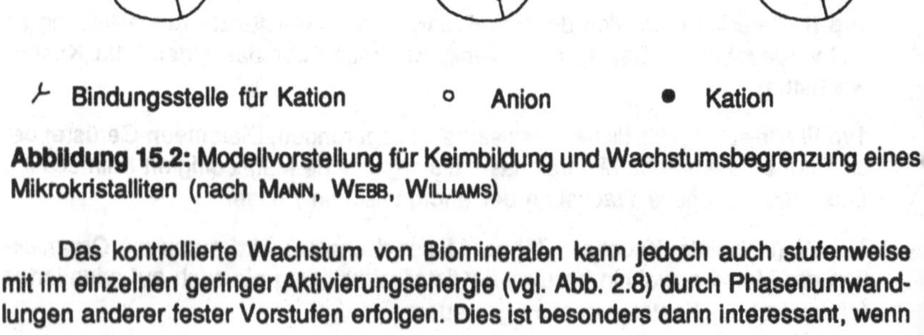

Bindungsstelle für Kation ○ Anion ● Kation

Abbildung 15.2: Modellvorstellung für Keimbildung und Wachstumsbegrenzung eines Mikrokristalliten (nach Mann, Webb, Williams)

Das kontrollierte Wachstum von Biomineralen kann jedoch auch stufenweise mit im einzelnen geringer Aktivierungsenergie (vgl. Abb. 2.8) durch Phasenumwandlungen anderer fester Vorstufen erfolgen. Dies ist besonders dann interessant, wenn die Minerale auch als Speicher für die beteiligten Komponenten dienen; die Vorstufen sind energiereicher und meist auch leichter mobilisierbar. Die Phasenumwandlungen sind hauptsächlich chemisch gesteuert; so scheint das Redoxpotential eine wichtige Rolle bei der Umwandlung von Ferrihydrit zu Magnetit in magnetotaktischen Bakterien oder den Zähnen von Käferschnecken zu spielen. Eine vergleichbare Funktion kommt dem pH-Wert bei vielen Kondensationsprozessen zu.

Für den Aufbau konkreter Mikrostrukturen sind zwei Grenzfälle denkbar: rein epitaktisches Kristallwachstum auf (organischen) Matrices oder die Verbindung vorgebildeter anorganischer Kristallite durch organisches "Kitt"-Material (KRAMPITZ, GRASER). Die Bedeutung der Matrix liegt danach in der Kontrolle der Keimbildung, in der Orientierung und Begrenzung des Kristallwachstums sowie in der Immobilisierung der Kristallite.

Einer der wichtigsten und faszinierendsten Aspekte von Biomineralen ist, daß ihre Gestalt nicht mit der vorgegebenen Kristallform des anorganischen Materials übereinstimmen muß. Weit bestimmender für die endgültige Morphologie ist die räumliche Einschränkung (vgl. Abb. 15.2) bei der Bildung durch Biopolymere, Membranen oder Vesikel, selbst wenn die fertigen Strukturen letztlich außerhalb einer Zelle errichtet werden. Eine derartige Modifikation des Kristallwachstums kann allerdings auch nicht-biologisch erfolgen, wobei recht einfache Chemikalien ("habit modifiers") im Wachstumsmedium die Erscheinungsform (den "Habitus") des entstehenden Minerals beeinflussen. Beispielsweise läßt sich die spindelförmige Struktur der Calcit-Kristalle in Schwerkraftsensoren (s.u.) durch Kristallisation in Gegenwart von 5 mM Malonsäure reproduzieren. Monomolekulare Schichten von Stearinsäure bewirken eine Kristallisation von $CaCO_3$ als scheibenförmige Vaterit-Einkristalle statt als rhomboedrischer Calcit (MANN et al. 1988).

15.3 Beispiele für Biominerale

15.3.1 Calciumphosphate in Wirbeltierknochen

Der Wirbeltier-Röhrenknochen besteht in seiner wasserfreien Stützsubstanz aus elastischen Faserproteinen (ca. 30%, hauptsächlich Kollagen) sowie aus den in einer "Kittsubstanz", den Glykoproteinen eingelagerten anorganischen Anteilen: Calciumphosphat, mikrokristallisiert vor allem als Hydroxylapatit (ca. 55%), daneben geringere Anteile von Calciumcarbonat, Kieselsäure, Magnesiumcarbonat, anderen Metallionen sowie Citrat als "Bindemittel" (zusammen ca. 15%). Kollagene sind Faser-Proteine mit etwa 300 kDa Molekülmasse; drei Polypeptid-Ketten sind in den Fibrillen zu einer Superhelix zusammengewunden (Dimensionen ca. 1.3 x 300 nm, MILLER). Lange Zeit wurde angenommen, daß die anorganische Phase zum größeren Teil aus amorphem Calciumphosphat besteht, welches sich in einem Alterungsprozeß zu mikrokristallinem Hydroxylapatit umlagert. Neuere Untersuchungen mit Hilfe der ^{31}P-NMR-Spektroskopie haben jedoch gezeigt, daß die amorphe Form zu keinem

Zeitpunkt in größeren Mengen bei der Entwicklung des Knochens vorkommt, statt dessen wurden mit dieser Methode saure Phosphatgruppen entdeckt. Diese stammen aus Proteinen mit O-Phosphoserin- und O-Phosphothreonin-Gruppen, über die vermutlich der anorganisch-mineralische Bestandteil und die organische Matrix miteinander verbunden sind (Abb. 15.3). Die Phosphoproteine sind an den Kollagenfasern so angeordnet, daß Ca^{2+} in regelmäßigen, der anorganischen Kristallstrukturmetrik entsprechenden Abständen gebunden werden kann und somit die Voraussetzung für Kristallinität der anorganischen Phase gegeben ist (GLIMCHER). Die Grundbausteine des anorganischen Bestandteils bilden kleine Kristallite (ca. 5-50 nm) des Hydroxylapatits.

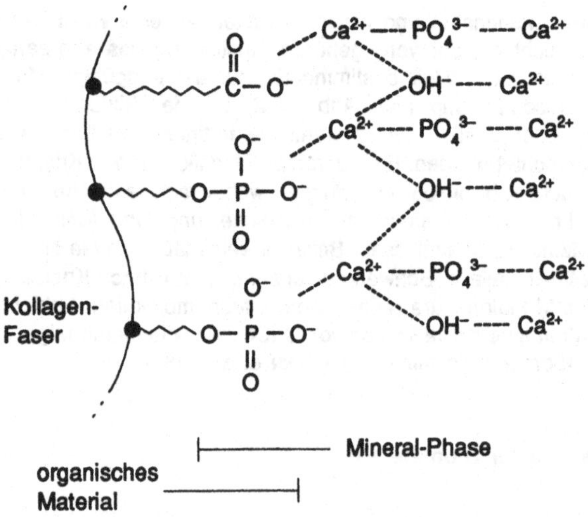

Abbildung 15.3: Schematische Darstellung der Verknüpfung Kollagen/Hydroxylapatit durch Carboxylat- und Phosphat-Gruppen (nach GLIMCHER)

Apatit ist auch als nicht-biologisches Mineral bekannt (ELLIOTT), ihm kommt als Düngemittel und wichtigstem Rohstoff der Phosphorchemie große technische Bedeutung zu. Das anorganische Material von Knochen, das Knochenmehl, wird gleichfalls als Düngemittel verwendet, während aus der organischen Substanz Kollagen-Leim gewonnen werden kann. Die komplexe Kristallstruktur (SUDARSANAN, YOUNG) des Hydroxylapatits geht aus Abb. 15.4 hervor.

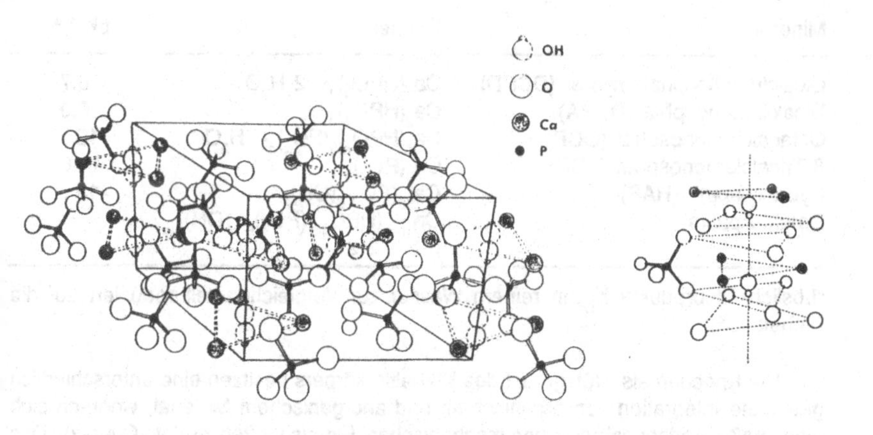

Abbildung 15.4: Elementarzelle von "hexagonalem" Hydroxylapatit mit nur zur Hälfte besetzten OH^--Positionen (links) sowie ein Blick auf eine dreizählige Achse mit Anionen-Kanal (rechts, nach SUDARSANAN, YOUNG)

Durch die Hydroxidgruppen verlaufen dreizählige Achsen (hexagonale Struktur, Raumgruppe $P6_3/m$). Um diese Achsen sind Phosphat-Sauerstoffatome angeordnet, deren Packung Lücken für die Einlagerung von Ca^{2+} läßt. Jede Hydroxidgruppe ist dann von einem Dreieck aus Calciumionen umgeben, allerdings sitzen die OH^--Gruppen statistisch verteilt entweder 30 pm oberhalb oder unterhalb der von den Ca^{2+}-Ionen aufgespannten Fläche. Diese hexagonale Struktur ist besonders anfällig für Substitution und Defektbildung (Ionenaustausch-Verhalten, H^+-Diffusion), was für eine ausreichend hohe Auf- und Abbaugeschwindigkeit des kontinuierlich mitwachsenden Endoskeletts vorteilhaft ist. Hydroxid kann durch Fluorid oder Chlorid, Phosphat durch Carbonat oder Sulfat und Ca^{2+} durch andere zweiwertige Ionen wie etwa Sr^{2+} ersetzt werden. Im menschlichen Zahnschmelz (s.u.) liegt F^- in Mengen zwischen 30 und 3000 ppm vor, und es konnte eine noch nicht eindeutig kausal erklärte Abhängigkeit der Resistenz gegenüber Karies von der Fluoridionenkonzentration festgestellt werden (vgl. Kap. 16.6). Chlorid ist in sogar noch größeren Mengen (0.1-0.5%) als F^- vorhanden; ein Nachweis für die Funktion des Chlorids konnte bisher noch nicht erbracht werden (SUDARSANAN, YOUNG).

Die Kristallisation von komplex aufgebautem, schwer löslichem Apatit erfolgt vorteilhaft durch kinetisch kontrollierte intermediäre Abscheidung metastabiler Vorstufen (OSTWALDsche Stufenregel, vgl. Tabelle 15.2). Bei höherem pH-Wert erfolgt die Umlagerung von anfangs *in vitro* ausfallendem amorphem Calciumphosphat zu Hydroxylapatit (HAP) über Octacalciumphosphat (OCP), bei niedrigeren pH-Werten kann Dicalciumphosphatdihydrat (DCPD) eine Zwischenstufe sein.

Tabelle 15.2: Biologisch relevante Calciumphosphate (vgl. Tab. 15.1)

Mineral	Formel	pK_L^{*} [a]
Dicalciumphosphatdihydrat (DCPD)	$Ca_2(HPO_4)_2 \cdot 2\ H_2O$	6.7
Dicalciumphosphat (DCPA)	$Ca_2(HPO_4)_2$	6.0
Octacalciumphosphat (OCP)	$Ca_8(HPO_4)_2(PO_4)_4 \cdot H_2O$	≈12
ß-Tricalciumphosphat (TCP)	$Ca_3(PO_4)_2$	11.6
Hydroxylapatit (HAP)	$Ca_{10}(PO_4)_6(OH)_2$	≈13
Defekt-Apatite	$Ca_{10-x}(HPO_4)_x(PO_4)_{6-x}(OH)_{2-x}$ $0 \geq x \geq 2$	

[a]Löslichkeitsprodukte K_L^{*} in reinem Wasser zur Vergleichbarkeit reduziert auf die Einheit M^{-2}

Die Knochen als Stützgerüst des Wirbeltierkörpers besitzen eine unterschiedlich gestaltete Integration von organischem und anorganischem Material, wodurch sich eine große Variationsbreite der mechanischen Eigenschaften ergibt (Currey). Das Verhältnis der beiden Komponenten zueinander spiegelt einen Kompromiß zwischen Härte (hoher anorganischer Anteil) und Bruchfestigkeit (geringer anorganischer Anteil) wider. Die erst teilweise erfolgreichen Versuche zur festkörperchemischen Synthese eines tauglichen, d.h. physiologisch tolerierten und langzeitbeständigen Knochen-Ersatzmaterials ("Biokeramik"; Heimke) für medizinische Verwendung haben die Leistungsfähigkeit und die Komplexität des natürlichen Vorbildes erkennen lassen. Eine bedeutende Rolle spielt zusätzlich die makroskopische Architektur der Röhren- oder Gitterkonstruktionen (Leichtbauweise); die Tragfähigkeit des menschlichen Oberschenkelknochens beträgt etwa 1650 kg.

Kontinuierliche Knochenbildung erfolgt aus einer peripheren Knochenbildungsschicht, die aus einer äußeren und einer inneren Bindegewebsschicht mit Osteoblasten-Zellen besteht. Die an Phosphatasen reichen Osteoblasten scheiden eine gallertartige Grundsubstanz, das Osteoid ab; durch die allmähliche Einlagerung anorganischen Materials wird das Osteoid schließlich zu einer Hartsubstanz, und die nun eingemauerten Osteoblasten werden zu eigentlichen Knochenzellen (Osteozyten). Zur Umwandlung und um z.B. eine übermäßige Verdickung des Knochens zu verhindern, laufen parallel zu den Aufbauvorgängen auch Abbauprozesse ab (Fließgleichgewicht). Mehrkernige Riesenzellen, die Osteoklasten, bauen den Knochen ab (Citrat als Chelatbildner?), wobei die Steuerung der Osteoklastentätigkeit durch das die Demineralisation fördernde Parathormon der Nebennierenrinde und seinen Antagonisten Thyreocalcitonin erfolgt (vgl. Kap. 14.2).

Das im Skelett eingelagerte und damit gespeicherte Ca^{2+} steht in ständigem Austausch mit gelösten Calciumionen. Damit es zum Knochenwachstum kommen kann, muß in der Knochenmatrix ein relatives Überangebot an Ca^{2+} und an entsprechenden Anionen wie Phosphat und Carbonat aktiv geschaffen werden. Dies geschieht durch intensive Tätigkeit von ATP-verbrauchenden Ionenpumpen, z.B. der

Ca^{2+}-ATPase für den aktiven Calciumtransport. Carbonat und Phosphat liegen physiologisch als Hydrogenanionen vor; bei ihrem Einbau in den Knochen werden daher Protonen frei, die innerhalb des Knochengewebes beweglich sind (Ionenleitung) und die aus dem Bereich der Keimbildung entfernt werden müssen.

Durch den ständigen Auf- und Abbau der Knochensubstanz sowie bedingt durch die substitutionsfreundliche Struktur des Hydroxylapatits (Abb. 15.4) können Schwermetallionen wie etwa Cd^{2+} oder Pb^{2+} bei chronischer Schwermetallvergiftung (Kap. 17.2 und Kap. 17.3) anstelle von Ca^{2+} in das Kristallgitter eingebaut werden, zu einer Veränderung der Knochenstruktur und dadurch zu schlechteren mechanischen Eigenschaften bis hin zu sehr schmerzhaften Knochendeformationen führen.

Die dauerhaften Zähne der höheren Wirbeltiere enthalten als Außenschicht den Zahnschmelz, der im ausgewachsenen Organismus *keine* lebenden Zellen mehr aufweist und zu etwa 80-90% aus anorganischen Mineralien, in der Hauptsache Hydroxylapatit besteht (VON KOENIGSWALD). In der Entwicklung eines Zahnes durchläuft der Zahnschmelz die größten Veränderungen. Er wird abgeschieden mit einem Mineralgehalt von nur 10-20%, die restlichen 80-90% sind spezielle Matrixproteine und Flüssigkeit. Die organischen Bestandteile des Zahnschmelzes werden dann nahezu vollständig durch das Biomineral ersetzt. Ein besonderes Merkmal des Schmelzes sind die im Vergleich zum Knochen wesentlich größeren Kristallbildungen in Form langer, hochgradig orientierter "Schmelzprismen" aus Hydroxylapatit (VON KOENIGSWALD; ROBINSON, WEATHERELL, HÖHLING). Diese relativ "tote" Struktur ist zwar von der Materialhärte und Haltbarkeit im biologischen Bereich unübertroffen, eine Regeneration ist jedoch – wie bekannt – nicht mehr möglich.

Umstritten ist die Rolle des durch Spuren von Fluorid (vgl. Kap. 16.6) gebildeten Fluoroapatits $Ca_{10}F_2(PO_4)_6$ bei der Verhinderung von mikrobiell gefördertem Abbau des Zahnschmelzes (Karies). Diskutiert werden vor allem eine oberflächliche Zahn-"Härtung" (Korrosionsschutz), eine verbesserte ionische Remineralisation oder eine Desaktivierung säurebildungsfördernder Enzyme durch oberflächlich vorhandenes Fluorid (DAWES, TEN CATE; s. Kap. 16.6).

15.3.2 Calciumcarbonat

$CaCO_3$-Kristalle wachsen bei Ei- und Molluskenschalen in einem vorgegebenen Verband aus Proteinen und Polysacchariden. Aus diesen Schalen kann nach Herauslösen des $CaCO_3$ durch Chelatbildner wie EDTA bei neutralem pH-Wert die reine organische Matrix erhalten werden (KRAMPITZ, GRASER). Sie setzt sich aus einem wasserlöslichen Protein- und Oligosaccharid-Anteil und wasserunlöslichen hydrophoben Proteinen mit ebenfalls signifikantem Polysaccharidgehalt zusammen. Die löslichen Proteine und sulfathaltigen Oligosaccharide sind stark sauer und können daher als Polyanionen Ca^{2+} gut binden. Löslich sind außerdem signifikante Mengen von Carboanhydrase (vgl. Kap. 12.2), die offensichtlich zur Erzeugung HCO_3^--übersättigter Lösungen erforderlich sind und so rasches Schalenwachstum erst ermöglichen.

Der Mineralisationsprozeß beginnt vermutlich an der unlöslichen Matrix auf der Eischalenhaut. Diese bindet Ca^{2+} und HCO_3^-, letzteres durch Abfangen der dabei freiwerdenden Protonen als NH_4^+, welches durch die lösliche Matrix mit ihren Sulfatresten gebunden werden kann (KRAMPITZ, GRASER). Während des eigentlichen Schalenwachstums werden $CaCO_3$ und das lösliche Protein deponiert; das Wachstum wird bei Beendigung der NH_3-Produktion durch Mucosazellen gestoppt.

Meeresorganismen wie Algen, Schwämme, Korallen oder Mollusken bilden $MgCO_3$-haltiges Calciumcarbonat in großen Mengen als Folge photosynthetischer Aktivität (15.2). Wird in Wasser gelöstes CO_2 photosynthetisch aufgenommen, so steigt nach (12.7) der pH-Wert des umgebenden Mediums, die Konzentration an CO_3^{2-} wird höher und das Gleichgewicht in Richtung auf Ausfällung von $CaCO_3$ verschoben (15.2, 15.3).

$$HCO_3^- \rightleftharpoons H^+ + CO_3^{2-} \qquad pK_s = 10.33 \text{ (Frischwasser)} \quad 10.89 \text{ (Meerwasser)} \qquad (15.3)$$

Die in ihrer Architektur artenspezifischen Kalkablagerungen von Korallen hängen so direkt von der Vergesellschaftung mit photosynthetisierenden Algen ab. CO_2-Aufnahme und $CaCO_3$-Abscheidung durch Meeresorganismen sind von Temperatur, Salzgehalt, Pufferkapazität des Mediums und vom ursprünglichen pH-Wert abhängig. Kalkabscheidung in kompartmentisierten Zellen mit kleinem Volumen ist besonders begünstigt, weil dort Diffusionseffekte keine große Rolle spielen. Wegen der etwas besseren Löslichkeit von $MgCO_3$ (vgl. Tab. 15.1) ist dessen Anteil oft so gering, daß die $CaCO_3$-Strukturen Calcit oder Aragonit dominieren. Geringste Mengen von "faserverstärkenden" Proteinen reichen jedoch bereits aus, um aus sprödem Calcit z.B. die morphologisch und mechanisch weitaus funktionelleren Stacheln von Seeigeln werden zu lassen (BERMAN et al.).

Schwerkraft- oder Trägheits-empfindliche Sinnesorgane, z.B. im menschlichen Ohr, enthalten spindelförmige Mineralablagerungen ("Statoconia", "Otoconia" aus Calcit oder größere "Statolithe", "Otolithe" aus Aragonit) in Verbindung mit membranverknüpften Sinneszellen. Funktionell verleihen die spezifisch schweren ($\rho \approx 2.9$ g/cm^3) anorganischen Mineralien der Membran Masse, so daß Beschleunigungen empfindlicher wahrgenommen werden können. Die Bewegung der Statoconia relativ zu den Sinneszellen gibt Auskunft über die Richtung und Intensität der Beschleunigung. Strukturell konnte die Ähnlichkeit der organischen Matrix der Statoconia mit derjenigen anderer kalkhaltiger Biomineralisate gezeigt werden.

15.3.3 Kieselsäure

Während Silicium in der Erdkruste in Form von Silikaten quantitativ an vorderster Stelle steht (Abb. 2.2), beschränkt sich dieses Element in der Biosphäre auf eine zumeist nur marginale Rolle (Tab. 2.1, Kap. 16.3). Dies kann zurückgeführt werden auf die geringe Löslichkeit der "Kieselsäure" H_4SiO_4 und ihrer oligomeren Kondensationsprodukte $SiO_n(OH)_{4-2n}$ (vgl. Abb. 15.5), in Wasser von pH 1-9 beträgt diese Löslichkeit etwa 100-140 ppm. In Gegenwart der Kationen von Calcium, Aluminium oder Eisen sinkt diese Löslichkeit weiter ab, in Meerwasser wurde eine Löslichkeit von nur ca. 5 ppm gemessen. In der Biosphäre wird gelöstes Silikat von Organismen aufgenommen, dort polymerisiert oder mit anderen Festkörpern verknüpft (BIRCHALL).

Kieselsäure ist als Biomineral vor allem bei Einzellern (ROBINSON, SULLIVAN), bei "Glas"-Schwämmen sowie im Pflanzenreich vertreten (PARRY, HODSON, SANGSTER), wo es mit passiver Schutzfunktion (Fraßschutz) in Form von "Phytolithen" in den Zellwänden von Nutzpflanzen, Gräsern, Schachtelhalmen und den spröden Spitzen der Brennhaare verschiedener Nesselgewächse vorkommt.

Diatomeen (Kieselalgen) sind, wie Kieselgur-Ablagerungen belegen, eine recht alte Gruppe äußerst formenreicher Einzeller, die normalerweise von zwei innerhalb der äußeren Plasmaschicht abgelagerten siliciumhaltigen Schachtel- und Deckel-artigen Schalen umgeben sind. Nach Zellteilung müssen jeweils zwei neue Schalen gebildet werden, um die Tochterzelle zu schützen. In den Schalen liegt amorphes, polymeres $SiO_n(OH)_{4-2n}$ vor (Abb. 15.5). Die Struktur der biogenen Kieselsäure wird bestimmt durch Membran-Proteine, an denen die Keimbildung durch Kondensation (H_2O-Abspaltung) zwischen Kieselsäure und den OH^--Gruppen der organischen Matrix erfolgen kann.

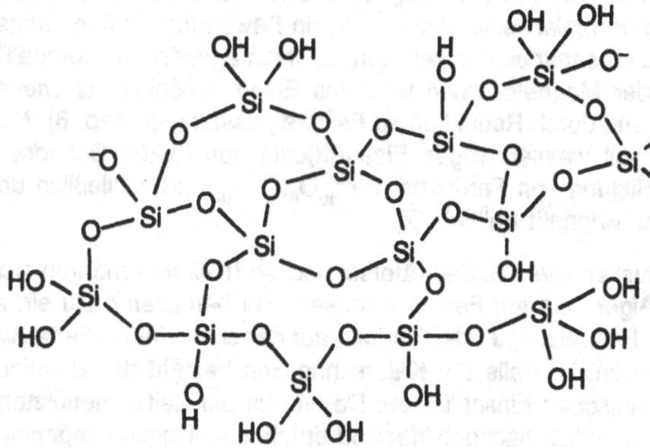

Abbildung 15.5: Schematische Atomverknüpfung in amorpher Kieselsäure

Sprödigkeit und chemische Oberflächen-Beschaffenheit von polykondensierter Kieselsäure kann dem Menschen über die Funktion in Brennesselgewächsen hinaus gefährlich werden. So wird das häufige Vorkommen von Speiseröhrenkrebs in bestimmten Gegenden in Verbindung gebracht (PARRY, HODSON, SANGSTER) mit Staub von SiO_2-haltigem Getreide, wobei die faserige Mikrostruktur (Fraßschutz) der Kieselsäurepartikel an ebenfalls krebsauslösende Asbest-Mineralfasern erinnert. Die chemischen Grundlagen der membranauflösenden und cancerogenen Wirkung von nur langsam entfernbarer mineralischer oder biogener Kieselsäure als Fasern oder Staub sind noch ungeklärt; Säure-Base-Wechselwirkungen, irreversible Kondensationsprozesse und sogar oberflächlich gebildete Sauerstoffradikale werden diskutiert (FUBINI, GIAMELLO, VOLANTE).

15.3.4 Eisenoxide

Die Biomineralisation von Eisen ist wegen der methodischen Möglichkeiten wie vor allem der MÖSSBAUER-Spektroskopie ein relativ gut erforschtes Kapitel der bioanorganischen Chemie (vgl. Kap. 8). Phosphat- und Silikat-Festkörper sind dagegen erst seit ca. 1980 durch die Festkörper-NMR-Untersuchungstechnik (^{29}Si, ^{31}P) zugänglich geworden. Zusätzlich zu den in Kap. 8.4.2 bereits genannten Eisenhydroxid-Kondensationsprodukten gibt es biogenes Eisenoxid auch in Form von Magnetit (Fe_3O_4). Dieser wurde in magnetotaktischen Bakterien nachgewiesen (FRANKEL, BLAKEMORE; BLAKEMORE, FRANKEL), aber auch bei Käferschnecken, Tauben, Bienen und sogar beim Menschen (KIRSCHVINK, KOBAYASHI-KIRSCHVINK, WOODFORD). Speziell die ubiquitären magnetotaktischen Bakterien zeigen eindeutig eine auf Eisenmineralien basierende Orientierung am Magnetfeld der Erde. Im Elektronenmikroskop werden für diese Bakterien dunkel erscheinende eisenhaltige Partikel beobachtet, die jeweils von einer Membran umgeben sind: die Magnetosomen. Diese Partikel bestehen überwiegend aus Magnetit, Fe_3O_4, seltener aus Greigit (Fe_3S_4, HEYWOOD et al.); ihre Größe entspricht mit 40-120 nm den magnetischen Einzeldomänen des Fe_3O_4. Die Magnetosomen sind normalerweise kettenförmig in Bewegungsrichtung angeordnet, so daß hierdurch die Gesamtheit der Teilchen als "biomagnetischer Kompaß" wirken kann. Zur Bildung der Magnetosomen wird das Eisen zunächst als chelatisiertes Fe^{3+} aufgenommen und durch Reduktion zu Fe^{2+} freigesetzt (vgl. Kap. 8). Nach kontrollierter Oxidation fällt wasserhaltiges Eisen(III)oxid aus (8.20); Dehydratisierung führt zunächst zur Bildung von Ferrihydrit $Fe^{III}_{10}O_6(OH)_{18}$ und schließlich unter teilweiser Reduktion zu Magnetit $Fe^{II}Fe^{III}_2O_4$.

Bestimmte Mollusken wie z.B. die Käferschnecken (*Chiton*) ernähren sich in der Gezeitenzone von Algen, die auf Felsen wachsen. Sie benutzen dazu ein zungenförmiges Organ, die Raspelzunge oder Radula, auf der sich mineralisierte Auswüchse als "Zähne" befinden. Im Falle der Käferschnecken besteht das Biomineral aus Eisenoxiden mit organischen Einschlüssen. Da die mit der Zeit abgenutzten Zähne auf der Radula kontinuierlich nachgebildet und durch weiter hinten liegende ersetzt werden, ergab sich hier die günstige Gelegenheit, die Entwicklungsstufen dieser Zähne entsprechend der räumlichen Verteilung auf der Radula zu studieren. Junge Zähne bestehen aus rein organischem Material ohne Einschluß einer anorganischen Phase. Wenn die Mineralisation eingesetzt hat, lassen sich durch Röntgenemissionsmessungen die anorganischen Elemente Fe, Zn, S, Ca, Cl, P und K in unterschiedlichen Konzentrationen nachweisen. In den ersten Phasen der Mineralisation nimmt der Eisen-Gehalt stark zu, um dann bei etwa 10% konstant zu bleiben. Als erstes eindeutiges Mineral wurde wieder Ferrihydrit gefunden (Abb. 8.6), welches nach und nach durch Goethit oder Lepidokrokit und schließlich Magnetit ersetzt wird. Ausgewachsene Zähne enthalten als eisenhaltiges Mineral hauptsächlich Magnetit, jedoch findet man weiterhin Calcium und Phosphate zur Verankerung, vermutlich in einer dem Apatit ähnlichen Struktur.

15.3.5 Schwermetallsulfate

Die einzelligen Plankton-Lebewesen der Ordnung *Acantharia* aus der Gruppe der Strahlentierchen (Radiolarien) besitzen Exoskelette aus Strontiumsulfat-Einkristallen, die sehr komplexe Formen annehmen können (Abb. 15.6). Die Entstehung dieser Formen ist eng mit der Morphologie der Zelle verknüpft, da Strontiumsulfat als Cölestin im unbeeinflußten Zustand flache Rhomben bildet. Vesikel, in denen die Strontiumsulfatkristalle aufgebaut werden, bilden sich vom Zentrum der Zelle ausgehend entlang radialer Filamente. Es sind Spezies bekannt, die ein 20-Strahlen-System mit nahezu perfekter D_{4h}-Symmetrie aufweisen (PERRY, WILCOCK, WILLIAMS). Während die allgemeine Struktur durch die Lage der Vesikel bestimmt wird, ist die Kristallstruktur des $SrSO_4$ für die Winkel verantwortlich. Die hohe Symmetrie und die Einfachheit dieses speziellen Minerals machen die *Acantharia* zu bevorzugten Studienobjekten.

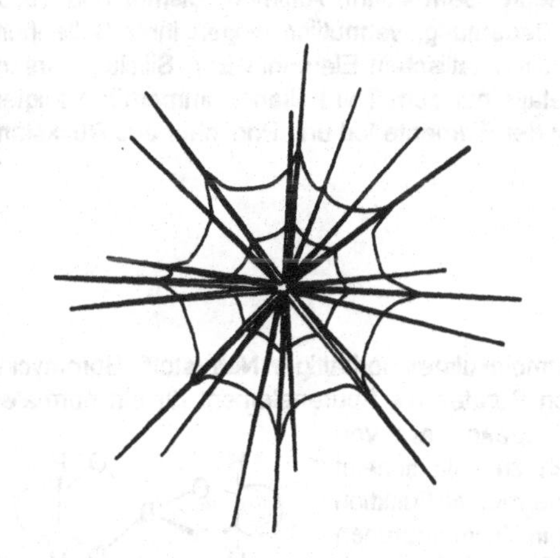

Abbildung 15.6: 20-strahlige *Acantharia*-Spezies mit inneren Zellmembranen (ca. 1 mm Gesamtdurchmesser, aus PERRY, WILCOCK, WILLIAMS)

In bestimmten einzelligen Schmuckalgen (Desmidiaceen) liegt Bariumsulfat in kristalliner Form als Schwerspat (Baryt, $BaSO_4$, $\rho = 4.5$ g/cm^3) in Vesikeln vor. Die Zellen von *Closterium* beispielweise sind halbmondförmig gebogen, wobei oft zwei Vesikel mit Barytkristallen an entgegengesetzten Enden der Zelle gelagert sind (Schwerkraft-, Trägheits-Sensor?). Die Kristalle zeigen hier die normale rhombische Form von Baryt; anders als bei *Acantharia* hat hier offenbar die Morphologie der Zelle keinen Einfluß auf die Kristallform.

16 Biologische Bedeutung anorganischer Nichtmetall-Elemente

16.1 Überblick

Aus der Gruppe der nichtmetallischen Elemente im oberen rechten Bereich des periodischen Systems gehören Kohlenstoff, Wasserstoff, Stickstoff, Sauerstoff, Schwefel, Phosphor und Chlor (Kirk) traditionell zur "normalen" Biochemie. Von den übrigen nicht- oder halbmetallischen Elementen sind die Edelgase (wegen geringer Reaktivität) sowie die stabilen Elemente Germanium, Antimon, Bismut und Tellur ohne bislang bekannte biologische Bedeutung, vermutlich wegen ihrer Seltenheit. Über die Rolle der verbleibenden nichtmetallischen Elemente Bor, Silicium, Arsen, Selen, Fluor, Brom und Iod sind Details nur zum Teil bekannt; immerhin erfolgten jedoch die erstmaligen Darstellungen der Elemente Iod und Phosphor aus Rückständen von Lebewesen.

16.2 Bor

Obwohl bereits 1967 ein niedermolekularer borhaltiger Naturstoff "Boromycin" entdeckt wurde und Bor in Form von Boraten als Spurenelement für ein normales Wachstum von (Nutz-)Pflanzen, insbesondere von Rüben und Kohlarten, unentbehrlich zu sein scheint (Nielsen), wurde seine schon länger vermutete Funktion der Vernetzung von Kohlenhydraten in Zellmembranen erst 2001 strukturell nachgewiesen (O'Neill et al.; Höfte). Die Affinität des Bors zu *cis*-Hydroxylfunktionen von Kohlenhydraten ist aus der Chemie dieses Elements wohlbekannt.

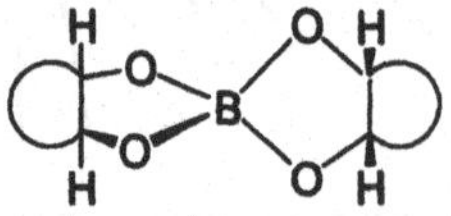

(16.1)

16.3 Silicium

Kieselsäure $SiO_2 \cdot n\ H_2O$ ist im vorangegangenen Kapitel als Festkörper-konstituierender Bestandteil von Meeresorganismen, aber auch von landlebenden Pflanzen und Tier-Skeletten aufgeführt worden (Kap. 15.3.1 und 15.3.3). Angesprochen wurde dort auch die pathogene Wirksamkeit kieselsäurehaltiger Stäube und Fasern. Wie bei vielen Spurenelementen werden auch hier besonders in der Wachstumsphase gravierende Mangelerscheinungen evident (Nielsen; Exley). Über Details der Bindung von Silikat-Gruppen z.B. während der Knochenbildung sind nicht zuletzt wegen analytischer Probleme nur wenige Angaben verfügbar; vermutet wird eine Assoziation mit Proteinen und Polysacchariden wie bei der Biosilifizierung von Meeresorganismen (Tacke; Kap. 15.3.3). Eine wichtige Rolle spielen vermutlich die

Wechselbeziehungen zwischen Silikaten und hochgeladenen Metallionen wie etwa Al^{3+} (PERRY, KEELING-TUCKER; Kap. 17.6).

16.4 Arsen und dreiwertiger Phosphor

In den siebziger Jahren wurde gefunden, daß ein völliger Arsenmangel bei landlebenden Tieren zu Reproduktions- und Wachstumsstörungen führen kann, wobei insbesondere der Metabolismus einiger Aminosäuren beeinträchtigt ist (NIELSEN). Andererseits ist jedoch Arsen in der löslichen Form $As(OH)_3$ des "Arseniks" As_2O_3 ein für Menschen schon in geringen Dosen wirksames Gift und Cancerogen. Aufgrund der durch das Periodensystem illustrierten Verwandtschaft von Arsenaten zu Phosphaten einerseits und der "Thiophilie", d.h. der Affinität zu negativ geladenen S(-II)-Liganden andererseits können koordinativ ungesättigte Arsenverbindungen die über Disulfid-Brücken konformationsbestimmenden und redoxaktiven Sulfhydrylgruppen von Enzymen blockieren. Bei akuter Vergiftung (→ Magen-Darm-Krämpfe) ist daher die Anwendung von Thiolat-Chelattherapeutika wie etwa Dimercaprol (2.1) angezeigt.

Die in Historie (Napoleon) und Fiktion vielbeachtete, teilweise auch medizinisch genutzte Giftwirkung von Arsen zeigt eine breite Varianz, denn sowohl Pflanzen oder Tiere als auch Menschen können eine Resistenz entwickeln (steirische "Arsenikesser") oder bereits besitzen (FELDMANN). Letzteres kann auch vor den Folgen chronischer Vergiftung durch arsenhaltiges Trinkwasser schützen, Methylierungs- und Oxidoreduktase-Enzyme (Kap. 11.1) sind hier involviert. Überwiegend sind jedoch bei Gehalten von deutlich oberhalb des empfohlenen Grenzwertes von 0.010 mg/l typische Hautkrankheitssymptome (Arsenmelanose) bis hin zu Tumoren von Haut, Lunge, Leber oder Blase zu beobachten. Nach früheren Massenvergiftungen in Argentinien, Chile und Taiwan haben seit ca. 1990 die zahlreichen neuen Brunnen im Gangesdelta (Bangladesh, Westbengalen) zu einer nahezu flächendeckenden Arsenvergiftung geführt. Durch die entwicklungspolitisch geförderte Brunnenvertiefung (zum Schutz vor Infektionskeimen) wurde Arsen in einem komplexen geochemischen Redoxmechanismus ($Fe^{II/III}$, $As^{III/V}$, O_2/H_2O) aus dem arsenhaltigem Pyrit im Untergrund gelöst (DONNER).

In organischer, speziell (bio-)methylierter Form (vgl. Kap. 3.2.4 und Kap. 17.3) sind Arsenverbindungen weniger giftig und insbesondere bei Meeresorganismen wie Algen, Fischen oder Schalentieren verbreitet (FRANCESCONI, EDMONDS). S-Adenosylmethionin und Methylcobalamin sind in der Lage, dreiwertiges Arsen rasch zu Verbindungen wie etwa (16.2) zu methylieren, teilweise sogar enantiospezifisch.

$O{=}As(CH_3)_2R$, R = OH, CH_3, CH_2CH_2OH, 5'-Desoxyribosyl und Derivate

$(CH_3)_3As^+{-}R$, R = 5'-Desoxyribosyl und Derivate

$(CH_3)_3As^+{-}CH_2COO^-$ ("Arsenobetain") (16.2)

Vermutet wird, daß die aufgrund der Fällung durch mehrwertige Kationen geringen

Phosphatkonzentrationen in natürlichen Gewässern effiziente Aufnahme- und Anreicherungsmechanismen nötig macht, wobei allerdings auch die verwandten und in nur wenig niedrigerer Konzentration vorliegenden Arsenate und Vanadate aus der 5. Haupt- und Nebengruppe des Periodensystems aufgenommen werden. Reduktion und Biomethylierung sind aufgrund der Redoxpotentiale zwar für Arsen(+V,+III)-Verbindungen, nicht jedoch für Phosphate mit unter physiologischen Bedingungen überwiegend (s.u.) fünfwertigem Phosphor möglich. Diese Differenzierbarkeit dürfte der Grund für das Auftreten peralkylierter Arsinoxide, Arsonium-Salze und Arsenobetaine (16.2) als ausscheidbare Naturstoffe sein. Eine alternative Entgiftungsstrategie (s. Kap. 17.1) besteht im energieverbrauchenden Hinaustransportieren aus der Zelle durch anionenspezifische ATPasen in der Membran. In Arsen-resistenten Mikroorganismen konnte eine derartige Oxyanion-Pumpe identifiziert werden, die das Ausscheiden von Arsenit, Antimonit und Arsenat bewerkstelligt (ROSEN et al.); letzteres wird durch Molybdän-enthaltende Oxidasen gebildet (Tab. 11.1).

Phosphat, das wie Arsenat spezifisch als Monohydrogen-Anion HEO_4^{2-} durch ein Transportprotein gebunden wird (LUECKE, QUIOCHO), kann möglicherweise in Spuren unter den stark reduzierenden Bedingungen der Methanbildung aus CO_2 (Abb. 1.2, Kap. 9.5) entsprechend (16.3) zu mutagenem Phosphan (PH_3) konvertiert werden (GASSMANN, GLINDEMANN).

$$HPO_4^{2-} + 10\,H^+ + 8\,e^- \rightarrow PH_3 + 4\,H_2O \qquad (16.3)$$

Implikationen dieses Befunds wie etwa die Selbstentzündlichkeit von Sumpfgas (über pyrophores P_2H_4 als Nebenprodukt), die Rolle von biogenem PH_3 im globalen Phosphorkreislauf oder der Zusammenhang zwischen phosphatreicher Nahrung und Darmkrebs werden diskutiert (GASSMANN, GLINDEMANN). In diesem Zusammenhang ist auch die biogene Oxidation von Phosphit zu Phosphat mittels Sulfat (16.4) zu erwähnen, wie sie in Sedimenten des Canale Grande in Venedig nachgewiesen wurde (BUCKEL).

$$4\,HPO_3^{2-} + SO_4^{2-} + 2\,H^+ \rightarrow 4\,HPO_4^{2-} + H_2S \qquad (16.4)$$

16.5 Brom

Bromide sind schon im 19. Jahrhundert als Sedativa bei Erkrankungen des Nervensystems eingesetzt worden. Offensichtlich ist hier eine Modifizierung des transmembranen Ionenungleichgewichtes möglich (vgl. Kap. 13), ausreichende Details zur molekularen Wirkung von Br^- auf Ionen-Kanäle und -Pumpen sind jedoch noch nicht bekannt. Wegen der relativen Häufigkeit von löslichem Bromid (und auch Iodid) im Meerwasser treten in Algen und anderen Meeresorganismen größere Mengen organischer Brom- und Iodverbindungen auf (KIRK; GRIBBLE), die durch Häm- oder Vanadium-enthaltende Haloperoxidasen erzeugt werden können (vgl. Kap. 11.4).

16.6 Fluor

Der cariostatische Effekt von Fluoriden ist seit langem etabliert. Zu den diskutierten Wirkungsmechanismen dieses Spurenbestandteils zählen die effektive Remineralisierung von Zähnen, die "Härtung" der Zahn-Oberfläche durch eine kompakte, säureresistente Schicht unter Beteiligung von besonders schwerlöslichem Fluorapatit (vgl. Tab. 15.1) und die Hemmung kariesfördernder Enzyme wie etwa Enolasen durch aus dem Festkörper-Depot gelöstes Fluorid (Dawes, ten Cate). Weiter umstritten ist in diesem Zusammenhang der Nutzen von fluoridiertem Trinkwasser. Anders als in der Bundesrepublik Deutschland ist diese Maßnahme in den USA, in Kanada und Australien trotz Bedenken wegen potentieller Toxizität (Fluorose) recht verbreitet. Die Fähigkeit von Fluoriden, viele (Schwer-) Metallionen zu komplexieren und damit bioverfügbar zu machen, ist ein weiteres Argument gegen die Fluoridierung von Trinkwasser, weshalb dort komplexe Fluorosilicate wie SiF_6^{2-} Verwendung finden (Urbansky).

Zur Kariesprävention wird Fluorid spurenweise in Zahnpasten und anderen medizinischen Verabreichungen verwendet. Neben NaF werden solche Formen bevorzugt, die eine effiziente Bindung durch die Hydroxylapatit-Oberfläche des Zahnes versprechen: Monofluorophosphat PO_3F^{2-}, SnF_2 oder Organoammonium-Fluoride. Für Heranwachsende gewährleisten Fluorid-enthaltende Tabletten und Gelees eine effektivere Aufnahme in den sich bildenden Zahnfestkörper. Fluorid gehört jedoch – ähnlich wie Selen – zu den Stoffen, die für den Menschen einen sehr schmalen bio-optimalen Konzentrationsbereich (Abb. 2.3) von nur etwa einer Zehnerpotenz aufweisen; der Umschlag von förderlicher Aktivität zu giftiger Wirkung ist daher relativ leicht möglich. Aus diesem Grunde scheiden auch fluoridreiche Organismen wie etwa der antarktische Krill als Nahrungsmittel für den Menschen aus. Einige wenige Pflanzen, Bakterien und Schmetterlingsraupen akkumulieren toxische fluororganische Verbindungen wie etwa das über eine Fluorinase biosynthetisierte Fluoroacetat $FH_2C–COO^-$ (O'Hagan et al.).

Besonders die ausgeprägte Schwerlöslichkeit des Calciumfluorids CaF_2 ist es, die wegen der Bedeutung von Ca^{2+} für so viele Bereiche (Kap. 14.2) sowohl akute (→ Gewebsnekrose) wie auch chronische Fluoridvergiftungen als schwerwiegend erscheinen läßt. Fluorose manifestiert sich durch Zahnverfärbungen, Skelettdeformationen, Nierenversagen und Muskelschwäche, bei akuten Vergiftungen ist Calciumglukonat als Gegenindikation angezeigt. Das Einwirken von sauren Fluoridlösungen auf Gewebe, insbesondere die Haut, führt trotz des nur mittelstark sauren Charakters der Flußsäure ($pK_s \approx 3.2$) zu schwer heilenden und sofort behandlungsbedürftigen Verätzungen. Ursache ist auch hier die Desaktivierung des für die Wundheilung essentiellen Calciums durch Bildung von schwerlöslichem CaF_2. Zahlreiche Metalloenzyme können durch Bindung von F^- an das Metallzentrum inaktiviert werden.

16.7 Iod

Das schwerste (und seltenste) stabile Halogen, das Iod, ist schon 1811 von B. Courtois aus der Asche von Meeresalgen isoliert und in der Mitte des 19. Jahrhunderts als essentieller Bestandteil auch höherer Organismen erkannt worden. Erleichtert wurde diese Beobachtung dadurch, daß sich das sehr charakteristische Element in der Schilddrüse stark anreichert und dort sogar in Form *polyiodierter* kleiner organischer Verbindungen, der Schilddrüsenhormone Thyroxin (Tetraiodothyronin) und des noch wirksameren Triiodothyronins vorliegt (16.5).

(16.5)

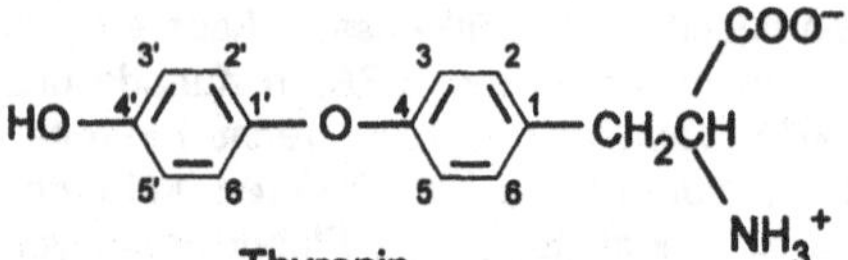

Thyronin

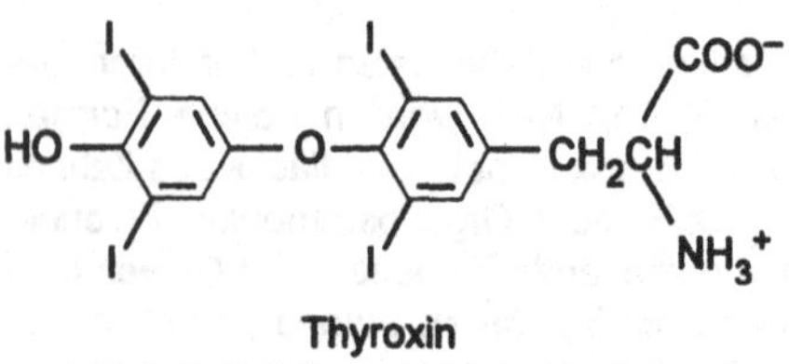

Thyroxin
(3,5,3',5'-Tetraiodothyronin, T_4)

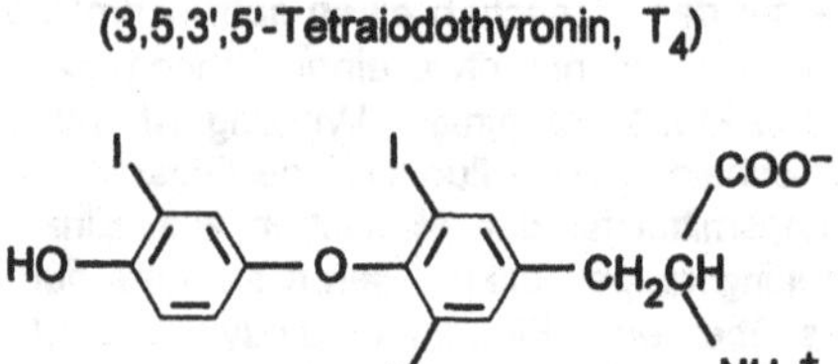

3,5,3'-Triiodothyronin, T_3

Diese zweifache, d.h. physiologische *und* mehrfache molekulare Anreicherung ist außergewöhnlich, sie muß in Zusammenhang mit der zentralen Rolle der Thyroidhormone für die Steuerung des energetischen Metabolismus und damit verbundener Vorgänge, von der Biosynthese von ATPasen bis hin zur Mauser bei Vögeln, gesehen werden. Allgemein bekannt sind die physiologischen Störungen sowohl in bezug auf Unterfunktion ("niedrige Lebensaktivität": Kältegefühl, Müdigkeit, Kretinismus bei Fehlen in der Wachstumsphase) wie auch in Richtung auf eine Überfunktion (Unruhe, Nervosität, Hitzegefühl, BASEDOWsche Krankheit). Bei Schilddrüsenunterfunktion kann Kompensation durch gesteigertes Wachstum des Organs erfolgen (Kropf, Struma) mit erhöhter Neigung zur Tumorbildung; dem kann durch künstliche Iodzufuhr in meeresfernen Gegenden entgegengewirkt werden. Teilweise wird hierzu das Trinkwasser iodiert (Italien) oder das Speisesalz ausschließlich in iodierter Form angeboten (Schweiz, ehemalige DDR), interessanterweise wirkt ein Überschuß an Cobalt hemmend auf die Aufnahme von Iod durch Thyronin. Die nicht seltenen Schilddrüsentumore können wegen der extremen Lokalisation des Iods im Körper erfolgreich mit den radioaktiven Isotopen ^{131}I und ^{123}I diagnostiziert und behandelt werden (Radioiod-Therapie, s. Kap. 18.3.1).

Welche Funktion hat dieses seltene Element in den Hormonen? Es ist in Kohlenstoff-gebundener Form bei normalen physiologischen Potentialen nicht redoxaktiv und offenbar nicht an der Bindung von Enzymen beteiligt. Auch werden Metallionen durch die Verbindungen (16.5) nicht wesentlich beeinflußt. Eine Erklärung hat zu berücksichtigen, daß gebundenes Iodid als schwerstes stabiles Halogenid ein ungewöhnlich großer, nahezu kugelförmiger Substituent ist; der Ionenradius des Iodid-Anions von ca. 220 pm wird von keinem anderen monovalenten Elemention erreicht. Substituiert man das Thyronin in den 3,5,3'-Positionen statt mit Iodid mit

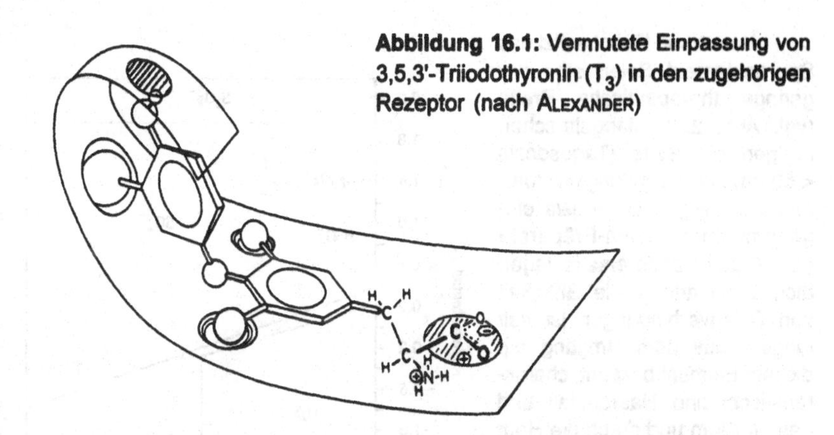

Abbildung 16.1: Vermutete Einpassung von 3,5,3'-Triiodothyronin (T_3) in den zugehörigen Rezeptor (nach ALEXANDER)

den annähernd kugelsymmetrischen Methylgruppen oder in 3'-Stellung mit dem noch größeren Isopropyl-Rest $-CH(CH_3)_2$, so findet man eine den natürlichen polyiodierten Systemen vergleichbare hormonelle Aktivität. Vermutet wird daher eine Rezeptor-Struktur (WAGNER et al.) für die Schilddrüsenhormone, bei der insbesondere *eine* größere kugelförmige "Schloß"-Vertiefung für den Substituenten in der 3'-Position des Hormon-"Schlüssels" vorgebildet ist (Abb. 16.1).

Möglicherweise hat sich die Entsprechung nach Abb. 16.1 herausgebildet, als Organismen noch gut über das im Meerwasser nicht sehr seltene Iodid verfügen konnten (vgl. Abb. 2.2). Bei der Iodierung des aus der Aminosäure Tyrosin entstandenen Thyronins handelt es sich um eine elektrophile Substitution am phenolischen, d.h. elektronenreichen Aromaten. Verantwortlich sind hier in erster Linie Häm-enthaltende Thyreoperoxidasen (vgl. Kap. 6.3). Es folgt die oxidativ radikalische Kopplung zweier 3,5-Diiodotyrosin-Moleküle (MA, SIH, HARMS); die Deiodierung von T_4 zum eigentlich aktiven T_3 erfolgt durch selenhaltige Deiodinasen s. 16.8; BERRY, BANU, LARSEN; LOW, BERRY).

16.8 Selen

Das "aktuellste" Nichtmetall im bioanorganischen Bereich ist zweifellos das Selen, das schwerere Homologe des Schwefels (DÜRRE, ANDREESEN; FLOHE, STRASSBURGER, GÜNZLER; FORCHHAMMER, BÖCK; WENDEL; LOW, BERRY; MUGESH, DU MONT, SIES). Populärwissenschaftliche und werbende Veröffentlichungen lassen es als ein Wundermittel gegen das Altern und gegen Krebs erscheinen. Selen besitzt eine dem Schwefel zwar qualitativ entsprechende Chemie, jedoch sind die Selen-Analogen der Thiole, die Selenole, leichter oxidierbar. Andererseits ist – wie das Stabilitätsdiagramm in Abb. 16.2 belegt – die vierwertige Stufe der selenigen Säure auch thermodynamisch stabil im Gegensatz zu den nur metastabilen Sulfiten. Die Reaktivität der Selenverbindungen schließlich ist aufgrund längerer Bindungen vom Se zu den Nachbaratomen allgemein höher als bei Schwefel-Analogen.

Ähnlich wie Fluor besitzt das Spurenelement Selen eine nur geringe therapeutische Breite (vgl. Abb. 2.3), Mangelerscheinungen einerseits (Tagesdosis < 50 µg) und Vergiftungssymptome, z.B. wegen Überdosis eingenommener Selen-Präparate (> 500 µg/d) andererseits liegen dicht beieinander. Die Giftigkeit von Selenverbindungen ist seit langem aus dem Umgang mit diesem Element bekannt; charakteristisch sind Haarausfall und das im Atem und durch die Haut austretende, durch Biomethylierung gebildete Dimethylselen $(CH_3)_2Se$ mit seinem in geringsten Spuren wahrnehmbaren knoblauchähnlichen Geruch. Störungen des zentralen Nervensystems sowie charakteristische Degeneration von verhorntem, d.h. Disulfidbrücken-enthaltendem Gewebe in Hufen und Haaren sind auch bei Weidetieren beobachtet worden, die auf besonders selenreichen Böden in Zentralasien oder im mittleren Westen der USA grasen. Umgekehrt können gerade für Weidetiere mit ihrer stark spezialisierten Kost auf extrem selenarmen Böden Selen-Mangelerscheinungen auftreten, wobei insbesondere Muskelschwäche bei Jungtieren und Reproduktionsstörungen beobachtet worden sind (DÜRRE, ANDREESEN). Eine offenbar ähnliche Symptomatik findet sich in der sogenannten "Keshan"-Krankheit, einer zum Tode führenden Herzschwäche bei Jugendlichen aus Regionen Chinas mit sehr selenarmen Böden. Da

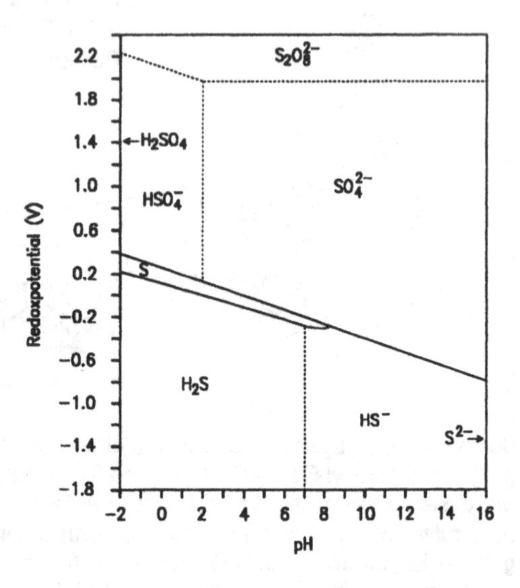

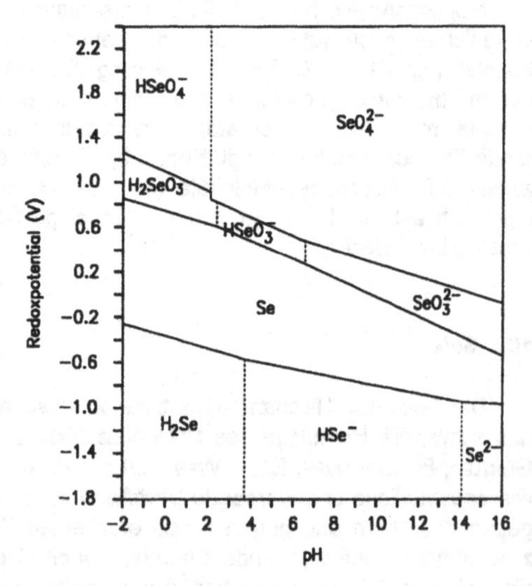

Abbildung 16.2: Stabilitäts-(Pourbaix-)Diagramme für Schwefel (oben) und Selen (unten; nach DOUGLAS, MCDANIEL, ALEXANDER)

Selen in noch stärkerem Maße als Schwefel zur Bindung an weiche Schwermetallionen neigt, besteht hier ein Antagonismus zwischen dem Schwermetall- (z.B. Kupfer-) Anteil und dem Selengehalt von Böden. Eine Schwermetall-Entgiftungsfunktion ist für Selenoproteine – vermutlich wegen der sehr geringen Mengen – noch nicht eindeutig etabliert worden; hierfür stehen in größerer Menge schwefelreiche Proteine zur Verfügung, die Metallothioneine (Kap. 17.3). Die Keshan-Krankheit und ähnliche Se-Mangelerscheinungen konnten durch Verabreichung von Na_2SeO_3 im Spurenbereich weitgehend zurückgedrängt werden.

Bei Säugetieren führt ein Selenmangel (WENDEL) zu Lebernekrosen und erhöhter Anfälligkeit für Leberkrebs. Selenoproteine spielen eine wesentliche Rolle bei der Reifung von Samenzellen, was die bei Tieren beobachtete Unfruchtbarkeit als Folge von Selenmangel erklärt. Das Fehlen von Peroxid-zerstörenden Selen-Enzymen (s.u.) in der Augenlinse wird mit dem Entstehen von oxidativ bedingtem Star in Verbindung gebracht. Mit Blick auf die antioxidative Funktion selenhaltiger Enzyme sind für den Menschen einige statistische Korrelationen zwischen Selenwerten oder der Selenverfügbarkeit im Trinkwasser einerseits und der Häufigkeit bestimmter Krebsarten (Brust-, Darm-, Enddarm-Krebs) andererseits aufgestellt worden. Auch bei bakteriellen Tests, z.B. dem AMES-Test, wurde der antimutagene Effekt von Selenverbindungen festgestellt, obwohl dieses Element zuvor – wie viele andere auch (s. Kap. 19) – als krebsauslösend beschrieben worden war (DÜRRE, ANDREESEN). Bei normalen Ernährungsgewohnheiten sollte ein Selenmangel in Mitteleuropa trotz der Seltenheit dieses Elements und gestiegener Schwermetallbelastung nicht auftreten, der Jahresbedarf beträgt nur ca. 100 mg. Angereichert findet sich Selen in Form organischer Verbindungen in Pilzen, Knoblauch, Zwiebeln, Spargel, Fisch sowie der Leber und Niere von Schlachttieren. Die Verfügbarkeit von Selen variiert offenbar geographisch und jahreszeitlich sehr stark, wobei neben der Bodenzusammensetzung der pH-Wert des Trinkwassers eine große Rolle spielt. Schwermetalle wie Cd, Cu, Cr, Pb, Hg und auch das thiophile Zink fungieren als Selen-Antagonisten. Wegen der geringen therapeutischen Breite wird generell von der nicht ärztlich überwachten Einnahme von Selenpräparaten abgeraten.

Die wichtigste selenhaltige Verbindung in Organismen ist das Selenocystein (STADTMANN), die 21. essentielle Aminosäure, die über eine Selenophosphat-Zwischenstufe enzymatisch biosynthetisiert wird (16.6; MULLINS et al.).

$$ATP^{4-} + H_2O + HSe^- \rightarrow AMP^{2-} + H_2PO_4^- + HPO_2Se^{2-} \qquad (16.6)$$

Ungewöhnlich ist die Codierung dieser Aminosäure, denn das bei der Transkription verwendete Codon UGA war vor allem als "Stop"-Befehl bekannt. Darüber hinaus unterscheidet sich der Einbau von Selenocystein in Proteine deutlich von dem anderer Aminosäuren; vermutet wird, daß das UGA-Codon multifunktional ist und je nach physiologischen Erfordernissen unterschiedliche Effekte hervorruft (LOW, BERRY). Dies könnte angesichts der geschilderten Konzentrationsproblematik einen

Regulationsmechanismus für wechselndes Angebot und verschiedenartigen Bedarf an Selen, z.B. in fakultativ aerobem/anaerobem Metabolismus darstellen.

In den bekannten Selen-enthaltenden Proteinen erscheint Selenocystein jeweils nur einmal innerhalb einer Polypeptidkette. Außer in einigen substratspezifischen bakteriellen Dehydrogenasen (Dürre, Andreesen; Low, Berry), in Ni/Fe/Se-Hydrogenase (Kap. 9.3) und Glycin-Reduktase (16.7; Arkowitz, Abeles)

$$\underset{\text{Glycin}}{^{+}NH_3{-}CH_2{-}COO^{-}} + H_2PO_4^{-} + 2\,H^{+} + 2e^{-} \xrightarrow[-\,H_2O]{\text{Glycin-Reduktase}} {^{+}NH_4} + \underset{\text{Acetylphosphat}}{CH_3{-}COOPO_3^{2-}} \qquad (16.7)$$

tritt Selen bei Säugetieren in Iodothyronin-Deiodinasen (16.8; Berry, Banu, Larsen; Low, Berry) sowie in der relativ gut charakterisierten Glutathion-Peroxidase auf, welche die Reaktion (16.9) katalysiert:

$$ROOH + 2\,G{-}SH \xrightarrow{\text{Glutathion-Peroxidase}} G{-}S{-}S{-}G + H_2O + ROH \qquad (16.9)$$

G–SH: Glutathion, γ-Glu-Cys-Gly

Glutathion ist ein Tripeptid, das über oxidative Disulfidbildung am zentralen Cysteinteil dimerisieren kann. Durch Reaktion (16.9) werden die aufgrund unvollständiger O_2-Umsetzung gebildeten und potentiell membranschädigenden Lipid-Hydroperoxide (vgl. Kap. 5.1 und 6.3) durch sehr rasche Oxidation des Glutathions G–SH zum Disulfid G–S–S–G abgebaut. Damit besitzt das Tripeptid Glutathion zusammen mit dem Se-haltigen Enzym eine Funktion als Antioxidans (Flohe, Straßburger, Günzler), ähnlich wie andere Peroxidasen, Superoxid-Dismutasen (16.10), die Vitamine C und E (16.11). Eine grobe Gliederung von in ihrer Funktion teilweise miteinander verknüpften Antioxidantien (Harris) ist in Tabelle 16.1 zusammengestellt (vgl. hierzu 4.6, 5.2 und 16.10).

(16.10)

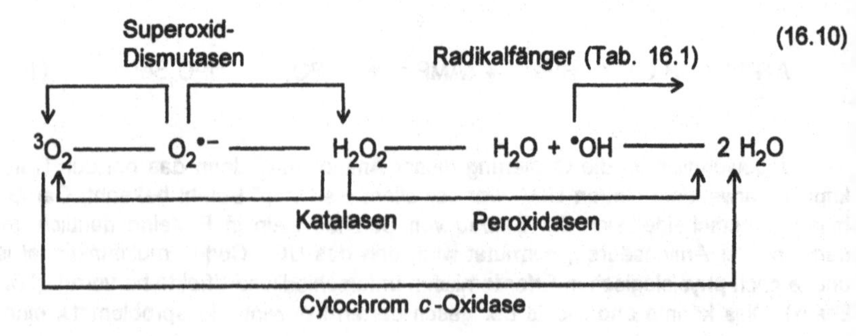

Tabelle 16.1: Einige biologische Antioxidantien

antioxidativ wirkende Verbindungen	Kapitel bzw. (Formel)	Zielmoleküle
Enzyme		
Peroxidasen, Katalasen (Fe, Mn, V, Se)	6.3 11.4 16.8	ROOH, HOOH
Superoxid-Dismutasen (Cu, Zn, Fe, Mn)	10.5	$O_2^{\bullet -}$, $HO_2^{\bullet}$
Nicht-Enzyme		
Vitamin C (Ascorbat), Caeruloplasmin (im Plasma)	(3.12) 10	$^{\bullet}OH$
Vitamin E (α-Tocopherol), β-Carotin (in Membranen)	(16.6)	$ROO^{\bullet}$
Transferrin	8.4.1	$^{\bullet}OH$
S-reiche Verbindungen, z.B. Metallothionein oder Glutathion	17.3	$^{\bullet}OH$, ROOH
Harnsäure	(11.13)	$^{\bullet}OH$
Goldhaltige Verbindungen (Therapeutika)	19.4	$^{1}O_2$ (hypothetisch)

(16.11)

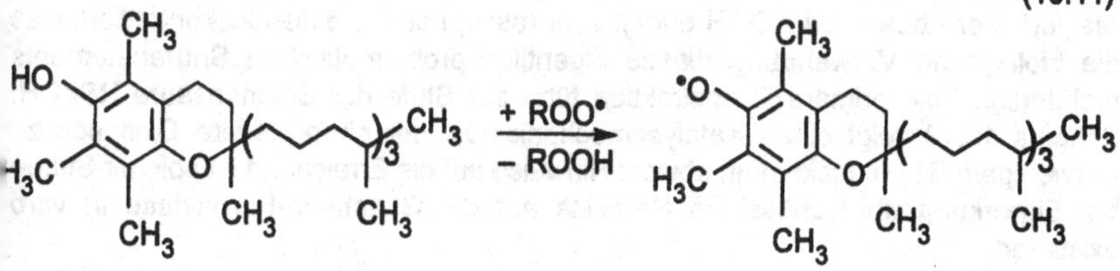

Vitamin E

Die Glutathion-Peroxidasen sind tetramere Proteine mit Untereinheiten von je 21 kDa Molekülmasse. Erstmals isoliert wurden diese Selenoenzyme aus Erythrozyten, d.h. aus Zellen mit sehr hohem "oxidativem Streß". Trotz vielerlei Vorkehrungen (Tab. 16.1) erfolgt nämlich in nicht geringem Umfang die z.B. durch freies Eisen(II) katalysierte unkontrollierte Oxidation der langen Alkylgruppen von Fettsäuren durch $^3O_2$ und dessen Umwandlungsprodukte (4.6, 5.2). Entsprechend dem vereinfachten Schema 16.12 kann in einer Radikalkettenreaktion mit durch Peroxide und Übergangsmetalle ermöglichter Verzweigung eine besonders effektive Autoxidation zahlreicher Lipidmoleküle erfolgen (GUTTERIDGE, HALLIWELL), wodurch über eine resultierende Vernetzung die Membranstabilität und -funktion empfindlich beeinträchtigt werden. Da die Funktionsfähigkeit bereichstrennender Membranen zu den elementaren Voraussetzungen für höhere Lebensformen zählt, führen entsprechende Störungen zu schwerwiegenden Folgen. Umgekehrt stellt die Verhinderung dieser Kettenreaktionen eine wesentliche Voraussetzung für die Existenz von Organismen insbesondere in sauerstoffhaltiger Atmosphäre dar. So sind nach neueren, jedoch nicht völlig unumstrittenen Hypothesen der Alterungsprozeß wie auch zum Teil unkontrolliertes Tumorwachstum auf eine nicht (mehr) ausreichend effiziente Verhinderung oxidativ-radikalischer Degradation zurückzuführen ("free radical theory of aging": kurze Lebensdauer bei hohem, radikalproduzierendem O_2-Umsatz pro Körpergewicht und Zeiteinheit; GILBERT, COLTON; FINKEL, HOLBROOK).

$$\text{Start:} \quad R\text{-}H + {}^3O_2 \xrightarrow{(Fe)} R^\bullet + HO_2^\bullet \tag{16.12}$$

$$\text{Kette:} \quad R^\bullet + O_2 \longrightarrow ROO^\bullet$$

$$ROO^\bullet + R{-}H \longrightarrow R^\bullet + ROOH \quad \text{(Lipidhydroperoxid)}$$

$$\text{Verzweigung:} \quad 2\ ROOH \xrightarrow{Fe,Cu} ROO^\bullet + RO^\bullet + H_2O$$

$$\text{Abbruch:} \quad R^\bullet + R^\bullet \longrightarrow R{-}R \quad \text{(Vernetzung)}$$

Für den molekularen Mechanismus des Peroxid-Abbaus durch Selen-enthaltende Glutathion-Peroxidase (FLOHE, STRASSBURGER, GÜNZLER) wird angenommen, daß bei pH 7 überwiegend die ionisierte, d.h. die Selenolat-Form $R{-}Se^-$ des Selenocysteins reagiert. Der Abbau von ROOH erfolgt sehr rasch, nahezu diffusionskontrolliert, was die biologische Verwendung dieses eigentlich problematischen Spurenelements rechtfertigt. Eine primäre O-Abstraktion führt zur Stufe der Selenensäure RSeOH. Schema 16.13 zeigt einen Katalysemechanismus, der ohne weitere Oxidation zu vierwertigem Selen auskommt, obwohl Hinweise auf die Erreichbarkeit solcher Stufen bei Einwirkung überschüssigen Peroxids auf die Glutathion-Peroxidase *in vitro* existieren.

(16.13)

$$\text{ROOH, H}^+ \rightarrow \text{ROH};\quad \text{E–Se}^- \rightarrow \text{E–SeOH};\quad \text{E–SeOH} + \text{G–SH} \rightarrow \text{E–Se–S–G} + H_2O;\quad \text{E–Se–S–G} + \text{G–SH} \rightarrow \text{E–Se}^- + \text{H+, G–S–S–H}$$

E: Enzym

Eine Diselenid-Bildung ist wegen der räumlichen Entfernung im strukturell ausreichend charakterisierten tetrameren Protein auszuschließen (REN et al.). Als Zwischenstufe im Mechanismus (16.13) kommt daher eine Selenylsulfid-Brücke zwischen Enzym und Glutathion-Substrat in Frage, Modellverbindungen mit Se–S-Bindung konnten in der Tat synthetisiert werden. Glutathion und das Protein sind über geladene Aminosäurereste zueinander fixiert, so daß eine hohe Spezifität des Enzyms für gerade dieses Thiol resultiert; eine Spezifität gegenüber dem Peroxidsubstrat ist offenbar nicht gegeben und auch biologisch nicht sinnvoll (FLOHE, STRASSBURGER, GÜNZLER).

17 Die bioanorganische Chemie vorwiegend toxischer Metalle

17.1 Überblick

Die vorangegangenen Kapitel haben gezeigt, auf welche Weise anorganisch Elemente in Form ihrer Verbindungen lebensnotwendig sein können. Bei nur genügen großer Dosis sind jedoch in jedem Falle Vergiftungserscheinungen zu erwarte (PARACELSUSsches Prinzip, vgl. Abb. 2.3). In bezug auf mögliche Toxizität (HUTZINGER BODEK et al.; FELLENBERG; FUHRMANN; BRAUN et al.; MARTIN; SCHÄFER et al.) existieren jedoc noch zwei weitere Gruppen anorganischer Elemente: solche, die aufgrund ihrer Selten heit oder mangelnde Bioverfügbarkeit, z.B der Unlöslichkeit be pH 7, (noch) nicht al relevant für Lebens prozesse erkannt wur den, und solche Ele mente, von dene bislang *ausschließlic* negative Effekte be kannt geworden sin (Abb. 17.1). Zu letzte ren gehören vor allen die "weichen" thio philen Schwermetall Quecksilber, Thal lium, Cadmium un Blei.

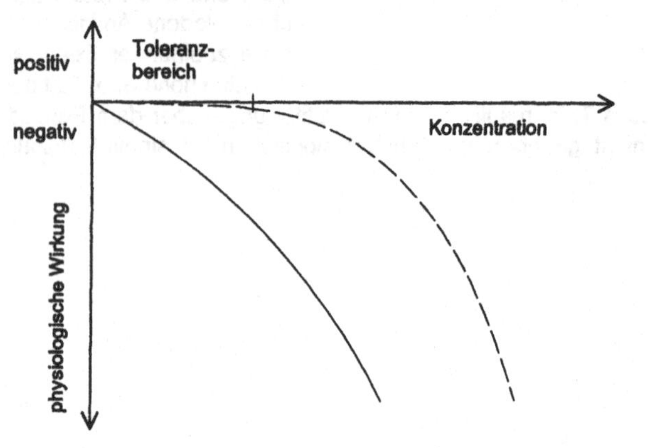

Abbildung 17.1: Mögliche Dosis-Wirkungs-Diagramme für nicht-essentielle Elemente (vgl. Abb. 2.3)

Die meisten anderen potentiell toxischen Schwermetalle wie etwa Sb, Sn, Bi, Zr Lanthanoide, Th oder Ag sind in ihren Verbindungen unter physiologischen Bedingun gen (oxidierende Atmosphäre, pH 7, Chlorid-Gehalt) nur sehr schwer löslich. Dies gil auch für die Leichtmetalle Titan und Aluminium; die anthropogen bedingte pH-Absen kung in den Böden läßt allerdings das Al^{3+} zunehmend bioverfügbar werden, wodurc es als stark polarisierendes "hartes" Kation mit hohem Verhältnis Ladung/Ionenradius in unerwünschter Weise an Proteine und Nukleotide binden kann (Kap. 17.6). Enzyme können durch Angriff von Schadmetall-Ionen am aktiven Zentrum oder an essentiellen Sulfhydrylgruppen blockiert werden; unmittelbar einleuchtend ist ferner die Möglichkeit der Substitution von "natürlich vorgesehenen" Metallzentren in Metalloenzymen durch Fremdmetalle mit ähnlicher chemischer Charakteristik: K ↔ Tl, $^{134/137}Cs$; Mg ↔ Be Al; Ca ↔ Pb, Cd, ^{90}Sr; Zn ↔ Cd; Fe ↔ ^{239}Pu (vgl. 18.3).

Organismen haben schon vor dem zusätzlichen Eintrag von Schadstoffen in die Umwelt durch den Menschen mit solchen "Giften" wie Cadmium oder Quecksilber auskommen müssen – sei es in Form einer kontinuierlichen "Belastung" (z.B. im Meerwasser, s. Abb. 2.2) oder bei plötzlich auftretenden katastrophalen Erscheinungen, etwa nach Vulkanausbrüchen. Für *jedes* Element existiert daher ein auch durch die Biosphäre beeinflußter Kreislauf, das gesamte Öko-System befindet sich – wie die Einzelindividuen – in einem energetischen und stofflichen Fließgleichgewicht (Abb. 2.1). Für einige Elemente wie insbesondere Blei, Quecksilber, Arsen oder Chrom spielt die chemische Verbindungsform, d.h. der Oxidationszustand und die Ligation eine große Rolle hinsichtlich der Toxizität. So sind in vielen, aber keineswegs allen (As !) Fällen die (bio)alkylierten Kationen R_nM^+ wesentlich toxischer als die Metalle selbst oder ihre hydratisierten Kationen $M^{(n+1)+}$. Zur Entfernung unerwünschter anorganischer Stoffe haben Organismen verschiedenartige, meist energieerfordernde Entgiftungsstrategien entwickelt (SILVER, MISRA, LADDAGA):

- Es können enzymatische Umwandlungen von toxischen zu weniger toxischen Stufen ($Hg^{2+} \rightarrow Hg^0$; $As(OH)_3 \rightarrow {}^+AsR_4$) oder zu flüchtigen, an die Umwelt wieder abgebbaren Verbindungen stattfinden ($SeO_3^{2-} \rightarrow Me_2Se$).
- Spezielle Membranen können den Durchtritt hochgeladener Ionen in besonders gefährdete Bereiche wie Gehirn, Fetus, Zellinneres oder Zellkern verhindern und Schadstoffe auf der Oberfläche binden.
- Ionenpumpen können eingedrungene unerwünschte Stoffe aus besonders gefährdeten Zellräumen entfernen (AsO_4^{3-}) oder durch Anbieten eines Gegenions unschädlich machen (z.B. $Cd^{2+} + S^{2-} \rightarrow CdS\downarrow$; DAMERON et al.).
- Hochmolekulare Verbindungen wie etwa die Metallothionein-Proteine können bis zu einer gewissen Speicherkapazität toxische Ionen fixieren und damit "aus dem Verkehr ziehen".

Eine gesetzliche Abstufung der Gefährdung durch Schwermetalle existiert in Form der Klärschlammverordnung (Tab. 17.1). Allerdings sind diese und ähnliche Grenzwerte immer als aus *politischer Bewertung* hervorgegangene Größen einzuschätzen, die teilweise schon in natürlichen Böden überschritten werden und die Verbindungsform der jeweiligen Elemente nicht berücksichtigen (Problem der Speziation). Entsprechend Abbildung 2.4 ist die Reaktion einer Population auf unterschiedliche Stoffkonzentrationen nicht einheitlich, sondern zeigt im

Tabelle 17.1: Maximal zulässige Schwermetallbelastung von landwirtschaftlich genutzten Böden nach der Klärschlammverordnung (1992)

Schwermetall (ionische Form)	Zulässiger Anteil (mg/kg Trockenmasse)
Zink (Zn^{2+})	200
Kupfer (Cu^{2+})	60
Chrom (Cr^{3+})	100
Blei (Pb^{2+})	100
Nickel (Ni^{2+})	50
Cadmium (Cd^{2+})	1.5
Quecksilber (Hg^{2+})	1

Idealfall nur quantitativer Unterschiede einen typischen S-förmigen Verlauf, wie er auch zur Rechtfertigung der LD_{50}-Werte (letale Dosis für 50% der Population) bei der toxikologischen Abschätzung herangezogen wird. Innerhalb einer Population komplexerer Organismen wie auch im Vergleich zwischen verschiedenen Spezies sind jedoch auch qualitative Unterschiede in der Reaktion auf "Element-Gifte" zu erwarten.

Entgiftung auf künstlichem Wege durch Komplexierung ist insbesondere bei akuten Schädigungen angezeigt, für die einzelnen Metallionen existieren entsprechend ihrer Charakteristik unterschiedliche Chelat-Liganden (2.1). Typisch ist die Vorliebe von Zn^{2+}, Cd^{2+} und insbesondere Cu^{2+} für N,S-Liganden, von Arsen- und Quecksilberverbindungen für ausschließliche S-Koordination oder von Pb^{2+} und Cd^{2+} für teilweise S-haltige Polychelat-Liganden (vgl. 17.1). Da die Komplexe im physiologischen pH-Bereich stabil und mit dem Urin ausspülbar sein sollen, werden im allgemeinen Chelatliganden mit zusätzlichen hydrophilen Gruppen (-OH, -COOH) verwendet. Die letztlich jedoch nicht allzu hohe Selektivität sowie unerwünschte Nebenwirkungen machen die Verabreichung von Chelattherapeutika primär zu einer Notfallmaßnahme (Jones).

Radioaktive Isotope sowie die potentielle Mutagenität von Metallverbindungen sind in den Kapiteln 18 und 19 behandelt; im folgenden werden die Schadfunktionen der vier "weichen" Elemente Blei, Cadmium, Thallium und Quecksilber sowie der drei "harten" Metalle Aluminium, Beryllium und Chrom ausführlicher dargestellt.

17.2 Blei

Das älteste und – auf die Menge bezogen – am extensivsten vom Menschen in die Umwelt verbreitete Schadmetall ist das Blei (Schümann, Hunder). Im Gegensatz zu Quecksilber und Cadmium ist es in der Erdkruste nicht allzu selten (Abb. 2.2), seine leichte Gewinnung und Verarbeitung, seine Korrosionsbeständigkeit und die zunächst scheinbar geringe Toxizität haben es in den Hochzivilisationen der Antike zu einem unentbehrlichen Gebrauchsmetall werden lassen (Nriagu). Eine logarithmische Darstellung der Weltbleiproduktion (Abb. 17.2) illustriert, wie die Gewinnung von Schmuck- und Münzmetallen (Silber, Gold) mit der unvermeidlichen Koproduktion von Blei und seinem Eintrag in die Umwelt einherging; im Vorgang der "Kupellation" wird erhitztes Rohmetall mit Luft behandelt, um das unedlere Blei als flüssiges und auch relativ flüchtiges Blei(II)oxid auszutreiben.

Nach Erschöpfung der bekannten Bleireserven in der Spätantike trat mit der Entdeckung Amerikas und seiner Edelmetallvorkommen eine deutliche Steigerung der Weltbleiproduktion ein, die durch einen Bedarf für das Element in Druck- (Bleisatz) und Waffen-Technik (Bleimunition) gefördert wurde und nach der industriellen Revolution mit zusätzlichem Bedarf für Akkumulatoren, Lagermetalle, Lote, optische Gläser, Farbpigmente (Bleiweiß, Mennige), Abschirmmaterial und Treibstoffadditive noch weiter zunahm. Erst in den letzten Jahren ist ein Abflachen der Weltbleiproduktion eingetreten, es steht jedoch hinter Eisen, Aluminium und Kupfer in der Mengenbilanz produzierter Metalle an vorderer Stelle.

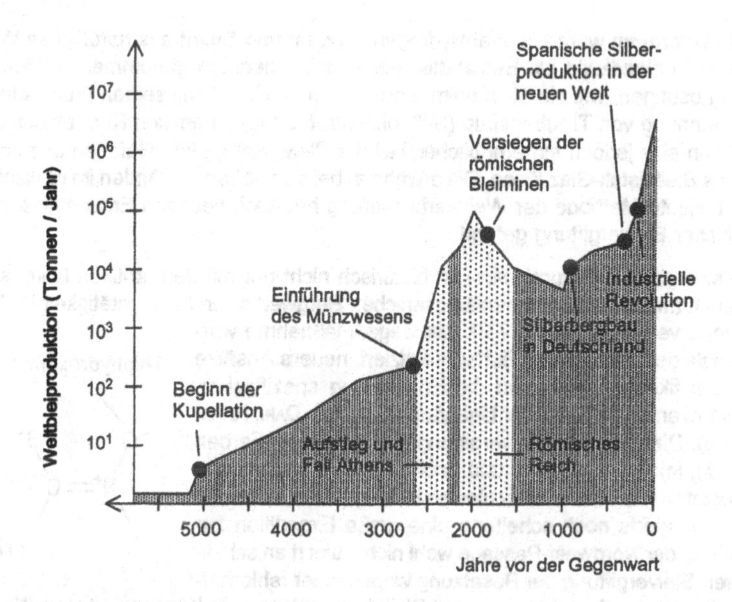

Abbildung 17.2: Logarithmische Darstellung der Weltbleiproduktion seit Beginn der Zivilisation (nach NRIAGU)

Aus Untersuchungen an Bohrkernen aus dem grönländischen Inlandeis oder Torfmooren in der Schweiz (SHOTYK et al.) ergibt sich, daß die globale Luftbelastung mit Bleiverbindungen innerhalb der letzten 3000 Jahre um mehr um ein vielfaches angestiegen ist; von der für prähistorische Zeiten geschätzten Konzentration von 0.4 ng Pb/m^3 hat der Bleigehalt bis auf ca. 500 - 10000 ng/m^3 in Ballungszentren zugenommen (SCHÜMANN, HUNDER). Blei ist damit auch dasjenige Metall, dessen globaler Kreislauf die stärkste anthropogene Veränderung aller Elemente erfahren hat; gegenüber dem "natürlichen" Zustand wird sein globaler Elementfluß heute um mindestens eine Größenordnung höher eingeschätzt.

Nicht nur organische Bleiverbindungen wie das Treibstoffadditiv Tetraethylblei $Pb(C_2H_5)_4$, sondern auch anorganische Bleiverbindungen zeigen eine relativ hohe Flüchtigkeit und damit eine Tendenz zur raschen globalen Verbreitung durch die Atmosphäre; ähnliches gilt für Cadmium- und Quecksilberverbindungen. Ein großer Teil des Bleis in der Umwelt ist jedoch oxidisch an kleinste Partikel gebunden und kann so z.B. von Lebensmitteln durch sorgfältiges Waschen entfernt werden.

In Lösung sind die Verhältnisse etwas verwickelter: Mit einem Redoxpotential $E(Pb^{2+}/Pb) = -0.13$ V gegen die Normalwasserstoffelektrode ist Blei zwar kein edles Metall, bei pH 7 beträgt das Potential $2H^+/H_2$ jedoch -0.42 V, so daß Blei von reinem sauerstofffreien Wasser nicht angegriffen wird. Luftsauerstoff würde Blei zwar auch in neutraler Lösung langsam oxidieren, wenn nicht die Schwerlöslichkeit von basischem Bleicarbonat und Bleisulfat das Entstehen entsprechender Schutzschichten auf dem

Metall hervorrufen würde, wobei Hydrogencarbonat und Sulfat aus natürlichen Wässern und Kohlendioxid als Bestandteil der Luft in Anspruch genommen werden. In sauren Lösungen, wie sie etwa beim Eindampfen von Wein mit seinen Fruchtsäuren zur Gewinnung von Traubensirup (Süßkonzentrat, *sapa*) im antiken Rom entstanden sind, kann sich jedoch ein erheblicher Teil der Bleiwandung von Gefäßen und sogar Pb^{2+} aus Bleikristall-Glas lösen. Die erwähnte, bei den höheren Ständen im römischen Reich beliebte Methode der Weinverbesserung hat nach heutigen Erkenntnissen zu chronischer Bleivergiftung geführt.

Bleivergiftung (Saturnismus) ist historisch nicht nur mit dem antiken Rom, sondern auch mit der intensiven mittelalterlichen Bergwerks- und Hüttentätigkeit in Zentraleuropa verknüpft (Abb. 17.3). Als Gegenmaßnahme wurde damals der Verzehr von Butter praktiziert, neuere Ansätze der Detoxifikation beinhalten die Entwicklung spezifischer, Thiohydroxamat-enthaltender Liganden (17.1; ABU-DARI, HAHN, RAYMOND). Die Liste von Bleivergiftungen durch Maler-Farben (F. GOYA), im Druckgewerbe und in ökologisch stark belasteten Gebieten wie etwa Oberschlesien ist lang; in der Mitte des 19. Jahrhunderts noch scheiterte eine große Expedition zur Erkundung der Nordwest-Passage wohl nicht zuletzt an schleichender Bleivergiftung der Besatzung wegen einer fehlerhaften Fertigung der damals neuen, mit Bleilot verschlossenen Konservendosen (KOWA... et al.).

Thiohydroxamat:

^{-}O S^{-} $N^{+}=C$

(17.1)

Abbildung 17.3: Mittelalterliche Bleiverhüttung erforderte den Verzehr von Milchprodukten wie etwa Butter (im Vordergrund) als Mittel gegen Bleivergiftung (aus G. AGRICOLA: *De re metallica*, 1556)

Wie bei vielen anderen Elementen ist auch die physiologische Verweildauer von Blei und seinen Verbindungen vom Ort der Deposition im Körper abhängig. Im Blut und in weichem Gewebe (Leber, Niere) beobachtet man Retentionszeiten von etwa einem Monat, Blei-Verbindungen werden mit dem Urin, dem Schweiß oder als Bestandteile von (sulfidhaltigen) Haaren und Nägeln ausgeschieden (SCHÜMANN, HUNDER). Die feste Bindung von Schwermetallen an sulfidreiches Keratin in den langzeitstabilen Haaren und Nägeln erlaubt einen guten forensischen Nachweis von Schwermetallvergiftung; das langsame Wachstum ermöglicht in einigen Fällen sogar, den zeitlichen Ablauf dieser Vergiftungen zu verfolgen. Der weit überwiegende Anteil des Bleis wird jedoch nicht zuletzt wegen vergleichbar schwerlöslicher Salze von Pb^{2+} und Ca^{2+} im Knochen gespeichert (SCHÜMANN, HUNDER; KOWAL et al.), wo die Verweildauer 30 Jahre betragen und möglicherweise Einfluß auf die Ausbildung von Osteoporose nehmen kann.

Vergiftung mit organischen Bleiverbindungen, insbesondere mit dem aus Tetraethylblei durch Carbanion-Abgabe entstehenden Triethylblei-Kation $(C_2H_5)_3Pb^+$ (RÖDERER), führt ähnlich wie bei Organoquecksilber-Kationen RHg^+ (Kap. 17.5) und Triorganozinn-Kationen R_3Sn^+ (HILL) zu schweren Störungen des zentralen und peripheren Nervensystems (Krämpfe, Lähmungen, Koordinationsverlust). Begünstigt wird dies durch die Permeabilität von Membranen, einschließlich der Blut-Hirn-Schranke (GOLDSTEIN, BETZ) für solche Teilchen. Vergiftungen mit anorganischen Bleiverbindungen bewirken dagegen primär hämatologische und gastro-intestinale Symptome (Koliken). Physiologisch wird schon bei relativ geringen Blei-Konzentrationen eine Hemmung der zinkabhängigen 5-Aminolävulinsäure-Dehydratase (ALAD) beobachtet (12.18), welche einen essentiellen Schritt der Porphyrin-(Häm-)Biosynthese, den Pyrrolringschluß zu Porphobilinogen, katalysiert (Kap. 12.4; WARREN et al.). Das Auftreten von unumgesetzter 5-Aminolävulinsäure (ALA) im Urin ist daher ein Indiz für Bleivergiftung (SCHÜMANN, HUNDER). Da auch der Einbau von Eisen in den Porphyrin-Liganden mit Hilfe der Hämsynthetase (Ferrochelatase; DAILEY, JONES, KARR) durch Bleiverbindungen inhibiert wird, erscheinen Porphyrin-Vorstufen, die "Protoporphyrine" im Urin. Entsprechend resultiert bei Bleivergiftung eine Form der Anämie (Abmagerung, Mattigkeit), bevor schließlich auch hier die neurotoxischen Symptome, insbesondere ein geistiges Zurückbleiben bei Heranwachsenden, manifest werden (SCHÜMANN, HUNDER; KOWAL et al.; ABU-DARI, HAHN, RAYMOND; SILBERGELD). Weitere toxische Effekte bei Bleivergiftungen sind Reproduktionsstörungen (Sterilität, Fehlgeburten). Die Reduktion von organischen Bleiverbindungen in Kraftstoffen auf dem nordamerikanischen Kontinent hat inzwischen zu einem deutlichen Rückgang der Bleibelastung geführt (SCHÜMANN, HUNDER; ROSMAN et al.). Ein gerade bei Blei je nach Herkunftsquelle unterschiedliches Isotopenverhältnis (Blei als Endpunkt radioaktiver Zerfallsreihen, 18.1) erlaubt detaillierte Verteilungs- und Herkunftsanalysen (KOWAL et al.; ROSMAN et al.).

17.3 Cadmium

Cadmium besitzt in seiner ionischen Form Cd^{2+} mit einem Ionenradius von 95 pm eine große chemische Verwandtschaft zu zwei biologisch sehr wichtigen Metallionen, dem leichteren Homologen Zn^{2+} (74 pm) und dem etwa gleich großen Ca^{2+} (100 pm). Entsprechend kann Cadmium sowohl als "weicheres" (Abb. 2.6), thiophileres Metall das Cysteinat-koordinierte Zink aus entsprechenden Enzymen verdrängen, in speziellen Fällen sogar ersetzen (STRASDEIT), als auch das Calcium in Knochengewebe substituieren; Cadmium wird deutlich giftiger eingeschätzt als Blei (vgl. Tab. 17.1). Die nach chronischer Cadmiumvergiftung auftretenden und äußerst schmerzhaften Skelettdeformationen und -versprödungen sind in großem Ausmaß in Japan als "Itai-Itai-Krankheit", insbesondere bei zu Osteoporose neigenden älteren Frauen beobachtet worden, nachdem cadmiumhaltige Abwässer in den fünfziger Jahren auf Reisfelder geleitet worden waren. Obwohl die Skelettschädigungen im wesentlichen indirekt durch Beeinträchtigung der Nierenfunktion nach Cd-Vergiftung resultieren, betrugen die Cadmium-Gehalte im anorganischen Teil der Skelette von Itai-Itai-Patienten bis über ein Gewichtsprozent, erschwerend kam hier eine Calcium-arme Ernährung hinzu. Ist Cadmium erst in den Skelett-Speicher gelangt, so beträgt die biologische Verweildauer einige Jahrzehnte.

Cadmium wird als Bestandteil von "Batterien" (Ni/Cd-Akkumulator, steigende Tendenz), Farbpigmenten (CdS oder CdSe), Kunststoff-Stabilisatoren und zur Oberflächenbehandlung von Metallteilen verwendet (jeweils fallende Tendenz); ferner tritt es als Begleitprodukt bei der Verhüttung von Zink auf. Die Aufnahme von Cadmium kann über die Nahrung erfolgen, Leber und Niere von Schlachttieren sowie Wildpilze gelten als potentiell cadmiumreich. Besonders effektiv ist die Cadmium-Absorption über den Tabakrauch, der Cd-Gehalt im Blut von Rauchern ist um ein Vielfaches höher als der von Nichtrauchern. In hohen Konzentrationen haben sich Cadmiumverbindungen im Tierversuch als carcinogen erwiesen.

Hauptorte der primären Cadmium-Anreicherung sind auch im menschlichen Körper Leber und Niere, wobei hier wie bei einer großen Anzahl anderer Organismen kleine (ca. 6 kDa) und mit bis zu 30% ungewöhnlich Cystein-reiche Proteine das weiche Schwermetallion Cd^{2+}, aber auch Zn^{2+} und Cu^{+} bevorzugt binden. Diese "Metallothioneine" zeigen eine starke Sequenzhomologie, insbesondere in bezug auf die Cysteinreste (Abb. 17.4), so daß von einer evolutionsgeschichtlich frühen Optimierung und einer essentiellen Funktion dieser Verbindungen ausgegangen werden kann (DIETER, ABEL; GRILL, ZENK; STILLMAN, SHAW, SUZUKI). Neben Leber und Niere sind bei Säugetieren Dünndarm, Bauchspeicheldrüse und Hoden reich an diesen Proteinen. Untersuchungen zur Struktur der Säugetier-Form sind mittels Röntgenbeugung (FUREY et al.), EXAFS-, UV-, CD- und vor allem ^{113}Cd-NMR-Spektroskopie erfolgt (^{113}Cd: $I = 1/2$, 12.3% nat. Häufigkeit). Übereinstimmend wurde gefunden, daß insgesamt sieben jeweils vierfach S-koordinierte Metallzentren in zwei Clustern durch neun bzw. elf Cysteinatreste gebunden werden können (Abb. 17.4).

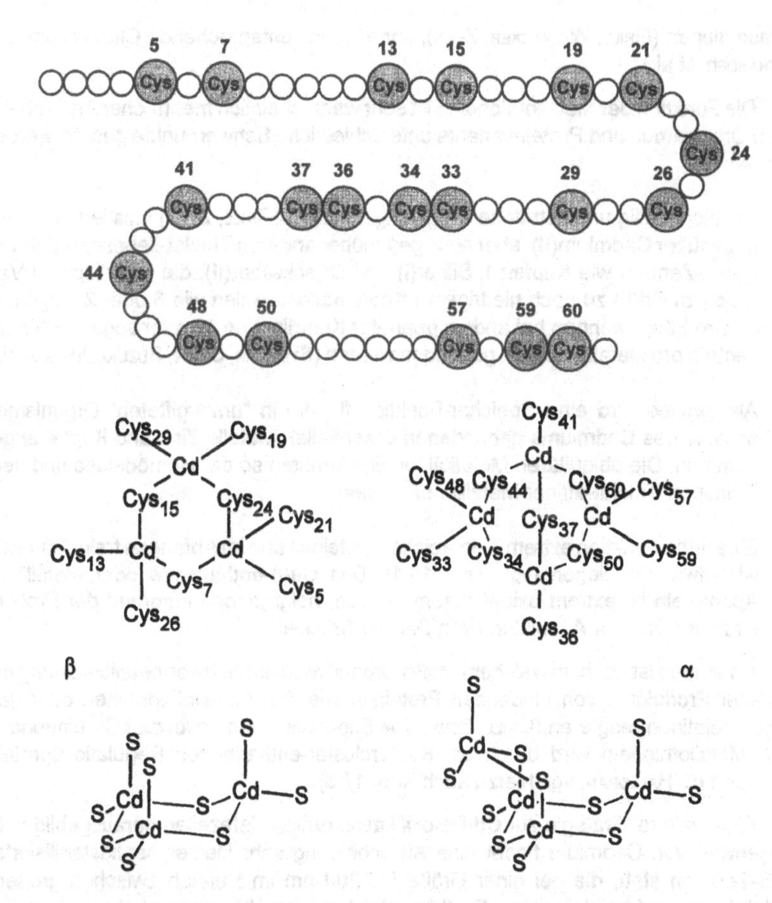

Abbildung 17.4: Typische Cystein-Verteilung in der Aminosäuresequenz von Säugetier-Metallothionein (oben), Bindung der zwölf terminalen und acht verbrückenden Cysteinat-Reste an insgesamt sieben Cd-Zentren (Mitte) sowie idealisierte Strukturen der beiden resultierenden Cluster (unten): [3Cd-3S]-Sessel (β-Cluster, M_3S_9) und [4Cd-5S]-Adamantan-Fragment (α-Cluster, M_4S_{11})

Die Peptidsynthese der Cys-reichen Domänen von Metallothioneinen hat gezeigt, daß derartige synthetische Polypeptide eine Metallbindung eingehen und damit den Weg zu modifizerten Metallothioneinen eröffnen können. Schalentiere und Mikroorganismen wie etwa die Hefe besitzen modifizierte Metallothioneine mit etwas anderen Clusterzusammensetzungen und Metallselektivitäten. Bei Pflanzen und Mikroorganismen treten zum Teil Cystein-reiche Peptide, die Phytochelatine H-[g-Glu-Cys]$_n$Gly-OH (n=2-11) auf, welche vermutlich ebenfalls der Schwermetall-(Cu-, Zn-, Cd-) Homöostase dienen (GRILL, WINNACKER, ZENK), ohne jedoch entsprechende Cluster zu bilden (STRASDEIT et al.).

Die Funktion der Metallothioneine ist sehr wahrscheinlich mehrfacher Art, wobei je nach Organismus und Proteinvariante unterschiedliche Schwerpunkte gesetzt werden können:

- Die nicht völlig unumstrittene Entgiftungsfunktion (GRILL, ZENK) existiert vor allem gegenüber Cadmium(II), aber auch gegenüber anderen Thiolat-liebenden Schwermetall-Zentren wie Kupfer(I), Silber(I) und Quecksilber(II), die allerdings im Vergleich zu Cd(II) zu noch niedrigeren Koordinationszahlen wie 3 oder 2 neigen. In diesen Fällen können bei anders gearteter Koordination 12 oder sogar 18 Metallzentren pro Metallothionein gebunden werden (STILLMAN, SHAW, SUZUKI; JIANG et al.).

- Als zweites wird eine Speicher-Funktion für die in "unvergifteten" Organismen anstelle des Cadmiums gebundenen essentiellen Metalle Zink und Kupfer angenommen. Die ubiquitären Metallothioneine könnten so der Homöostase und dem Transport Thiolat-affiner Metallionen dienen.

- Eine dritte Funktion extrem Thiol-reicher Proteine kann im Abfangen freier Radikale wie etwa •OH liegen (vgl. Tab. 16.1). Das Cu(I)-enthaltende oder metallfreie Apoprotein ist extrem oxidationsempfindlich, neigt jedoch aufgrund der Proteinstruktur *nicht* zur Ausbildung von Disulfid-Brücken.

Umstritten ist noch, in welchem Maße Organismen auf Schwermetallbelastung mit erhöhter Produktion von bindenden Proteinen wie den Metallothioneinen oder den Phytochelatinen reagieren (GRILL, ZENK). Die Expression von bevorzugt Cu-bindenden Hefe-Metallothionein wird durch ein Kupfercluster-enthaltendes Regulationsprotein gesteuert (O'HALLORAN; vgl. hierzu auch Kap. 17.5).

Eine weitere Strategie zur Cd-Detoxifikation haben Hefezellen herausgebildet. In Gegenwart von Cadmium findet eine Ausscheidung sehr kleiner peptidstabilisierter CdS-Teilchen statt, die bei einer Größe bis 200 nm im Bereich zwischen großem Metallcluster und halbleitendem Festkörperkristall liegen (DAMERON et al.).

Im Gegensatz zu vielen anderen Schwermetallen gelangt Cadmium *nicht* leicht in das zentrale Nervensystem oder in den Fetus, da es unter physiologischen Bedingungen in der ionisierten Form kaum zu stabilen membranüberwindenden metallorganischen Verbindungen R_2Cd oder RCd^+ bioalkyliert werden kann (THAYER; KRISHNAMURTHY). Grund hierfür ist das relativ niedrige Oxidationspotential des mit E = - 0.40 V wenig edlen Elements; bioalkyliert werden dagegen Verbindungen der Elemente Hg (+0.85 V), Se (+0.20 V), Te (-0.02), Pb (-0.13 V, jedoch geringe Stabilität), Sn (-0.15 V), As (-0.22 V) und möglicherweise Tl (-0.34 V; Potentiale jeweils für die Oxidation zur niedrigsten stabilen Oxidationsstufe des Elements bei pH 7). Wie in Kap. 3.2.4. erläutert, erfolgt Cobalamin-katalysierte Biomethylierung der edleren Elemente carbanionisch, die der leichter oxidierbaren Elemente wahrscheinlich radikalisch.

17.4 Thallium

Wie Cadmium ist Thallium in seiner unter physiologischen Bedingungen stabilen einwertigen Form Tl^+ ein thiophiles Schwermetall, welches an Stelle eines anderen "natürlichen" Analogen, hier an Stelle des etwa gleich großen K^+, durch Membranen in sensitive Bereiche gelangen kann. Ursache hierfür ist die leichte Reduzierbarkeit von Tl^{3+} zu Tl^+ (E_0 = +1.28 V), der ähnliche Ionenradius von Tl^+ (159 pm) und K^+ (151 pm, jeweils für Koordinationszahl acht) sowie die dem Silber-Ion Ag^+ entsprechende Affinität zu anionischen S(-II)-Liganden bei etwas besserer Löslichkeit des Chlorids. Langfristige Symptome schwerer Thalliumvergiftung sind Lähmungserscheinungen und Störungen der Sinneswahrnehmung (Neurotoxizität), typisch sind jedoch zunächst Gastroenteritis und Haarausfall.

Entsprechend der Ähnlichkeit K^+/Tl^+ gelangt letzteres in fast alle Bereiche des Organismus und kann dann als Depotgift gespeichert werden. Viele K^+-assoziierte Enzyme wie etwa Aminosäure- und Enzym-Synthetasen, die Na^+/K^+-ATPase (Kap. 13.4) und vor allem der für die Nervenzellen energieliefernde Pyruvat-Metabolismus (Kap. 14.1, Abb. 14.2) werden durch Thallium inhibiert (DOUGLAS, BUNNI, BAINDUR). Als Gegenmaßnahmen bei einer Thalliumvergiftung sind ausdrücklich *nicht* Chelattherapeutika, sondern Dialysen, K^+-Zufuhr und die Verabreichung größerer Mengen gemischtvalenter Eisencyanid-Komplexe vom Typ des Berliner Blaus $Fe_4[Fe(CN)_6]_3$ in kolloidaler Form angezeigt (LABIANCA). Letztere sind aufgrund ihrer "offenen" Struktur (LUDI) in der Lage, als ungiftige, d.h. nicht größere Mengen Cyanid freisetzende Kationenaustauscher K^+ oder eben auch Tl^+ aufzunehmen und dieses so aus dem Organismus zu entfernen.

17.5 Quecksilber

Ähnlich dem Blei ist das Quecksilber ein sehr altes Umweltgift, schon PLINIUS DER ÄLTERE beschrieb die hohe Sterblichkeit von Arbeitern in entsprechenden Bergwerken. Wurde Quecksilber später in verschiedenen Formen als Therapeutikum ("graue Salbe" oder desinfizierende Mercurochrom-Salze) sowie als Bestandteil fungizider Beizen eingesetzt, so haben vor allem die weltweit bekannt gewordenen Massenvergiftungen durch Hg-Eintrag in die Minamata-Bucht in Japan (ca. 1940-1960) und durch Organoquecksilber-gebeiztes Saatgetreide im Irak (1972) die extreme Toxizität vieler Quecksilberverbindungen bewußt werden lassen. Dementsprechend ist die Verwendung des Metalls, z.B. im Chloralkali-Elektrolyseverfahren zur großtechnischen Herstellung von Chlor und Natronlauge, in den Industrieländern weitgehend zurückgedrängt worden. Gerade bei Quecksilber sind viele Schwermetalltoxizitäts-Probleme wie etwa

- die starke Abhängigkeit von der Verbindungsform des Elements,
- der Einfluß menschlicher Tätigkeit auf den globalen Kreislauf,

- die Zeitabhängigkeit der Umwandlung und Verbreitung im menschlichen Körpe sowie
- die mögliche Resistenz von Mikroorganismen

im Detail untersucht worden.

Zunächst zum Element selbst: Quecksilber ist ein relativ edles, d.h. in normale Atmosphäre nicht korrodierendes, bei Raumtemperatur flüssiges und auch verhältnismäßig flüchtiges Schwermetall. Der Sättigungsdampfdruck liegt bei ca. 0.1 Pa, entsprechend etwa 18 mg Hg/m^3 und damit schon deutlich über den üblichen Grenzwerten von 0.1 mg/m^3. Eine akute Vergiftung mit metallischem Quecksilber ist zwar sehr selten, chronische Vergiftungen sind jedoch seit der extensiven Verwendung dieses Metalls in Physik und Chemie von den betroffenen Wissenschaftlern selbst detailliert beschrieben worden. Insbesondere beim Arbeiten in mangelhaft durchlüfteten Räumen, in denen metallisches Quecksilber nach Verschütten längere Zeit in Kontakt mit der Raumluft stand, treten nach und nach die typischen neurologischen Symptome der Quecksilbervergiftung auf, wie sie vor allem von ALFRED STOCK (1876-1946), dem Erfinder der Hochvakuum-Präparationstechnik mit Hg-Metallventilen, in den zwanziger Jahren beschrieben wurden (MELLON). Neben äußeren Erkennungsmerkmalen wie dem auch bei einer Bleivergiftung auftretenden schwarzen Saum an den Zähnen folgen auf Durchblutungsstörungen an den Extremitäten die Beeinträchtigung der Koordination (z.B. beim Schreiben), Erregbarkeit ("mad hatter"-Syndrom der $Hg(NO_3)_2$-verwendenden Hutmacher, vgl. LEWIS CARROLLS "*Alice's Adventures in Wonderland*"), Gedächtnisverlust sowie bei extrem hoher Belastung Taubheit, Blindheit und Tod. STOCK hat nach Erkennen der Ursache seiner Krankheit für Abhilfe in Form von Lüftungssystemen im Labor gesorgt und nach einer Erholungsphase noch lange Jahre – wenn auch mit Einschränkungen (MELLON) – wissenschaftlich arbeiten können. In amalgamierter (legierter) Form, insbesondere als Bestandteil der Ag-, Sn-, Cu- und Zn-enthaltenden Zahnplomben ist Quecksilber weitaus weniger flüchtig, das langfristige gesundheitliche Gefährdungspotential durch die zweifellos vorhandene Hg-Zusatzbelastung aus dem Zahnamalgam (VIMY) wird kontrovers diskutiert.

In der üblichen oxidierten Form, als Hg^{2+}-Ion, ist Quecksilber akut toxisch, da diese Spezies bei pH 7 leicht löslich ist und mit den in Körperflüssigkeiten häufiger vorkommenden Anionen keine unlöslichen Verbindungen bildet. Eine besonders toxische Form stellen metallorganische Kationen RHg^+ und hier insbesondere das Methylquecksilber-Kation dar, welches aus Hg^{2+} durch carbanionische Biomethylierung (Kap. 3.2.4) im Organismus gebildet werden kann (17.2; KRISHNAMURTHY). Die besondere Toxizität erklärt sich aus dem ambivalent lipophilen/hydrophilen Charakter solcher metallorganischer Kationen, was ihnen erlaubt, die speziell gestalteten Membran-Trennwände zwischen dem Nervensystem oder dem wachsenden Fetus und dem übrigen Organismus zu überwinden. Die Placenta-Membran wie auch die Blut-Hirn-Schranke (GOLDSTEIN, BETZ) stellen für viele Stoffe ein Hindernis dar, solange diese nicht – wie etwa die Genußgifte Ethanol und Nikotin oder eben auch R_nM^+-Ionen – relativ klein sind, über ein hydrophiles *und* lipophiles Ende verfügen und damit weder im wäßrigen Plasma noch im unpolaren Membranbereich dieser Barrieren aufgehalten werden.

Hinzu kommt, daß Quecksilber als edles Metall wie auch Silber oder Gold mit Chlorid relativ kovalente Bindungen eingeht, so daß bei der Aufnahme von Organo-Quecksilberverbindungen aus der Nahrung im Magen mit seinem hohen Salzsäuregehalt die wenig dissoziierten Moleküle RHgCl entstehen können, welche aufgrund ihrer Fettlöslichkeit gut resorbierbar sind. Quecksilberverbindungen zeichnen sich durch sehr niedrige Koordinationszahlen des Metallzentrums aus, überwiegend wird die Koordinationszahl zwei mit linearer Anordnung bevorzugt. Damit besitzt Quecksilber keine günstigen Voraussetzungen für effektive Chelatkoordination; auch die Metallothionein-Entgiftungswirkung ist daher für dieses thiophile Schwermetall nicht so wirksam, wie sie beim Cadmium mit seiner bevorzugten Koordinationszahl vier sein kann.

$$RS{-}Hg{-}SR \qquad (17.2)$$

$2\ H_2O$ ⇅ $2\ RS^-$

$$H_2O \rightarrow Hg^{2+} \leftarrow OH_2$$

Methylcobalamin (vgl. 3.4) ⇅ Aquocobalamin

$$H_2O \rightarrow {}^{+}Hg{-}CH_3 \rightleftharpoons Cl{-}Hg{-}CH_3$$

($+Cl^-$, $-H_2O$)

$Cl{-}Hg{-}CH_3$ (neutral, kaum dissoziiert, fettlöslich)

Cl^- ⇅ RS^- (z.B. Enzym-gebundenes Cysteinat)

$$RS{-}Hg{-}CH_3$$

Methylcobalamin ⇅ Aquocobalamin

$$H_3C{-}Hg{-}CH_3$$

(Siedepunkt 96°C)

Wie die Gleichgewichte in (17.2) illustrieren, beruht die schädigende Wirkung von Verbindungen des Quecksilbers (*mercurium*) auf der ausgeprägten Affinität zu den auch als Mercaptide (*mercurium captans*) bezeichneten Thiolat-Liganden wie etwa dem Cysteinat (Wright et al.); hierfür wurden in Abwesenheit von Chelateffekten Komplexbildungskonstanten zwischen 10^{16} und 10^{22} ermittelt. Damit greifen Hg-Verbindungen generell alle Proteinstrukturen und insbesondere Enzyme an, in denen Cystein-Reste als metallkoordinierende, redoxaktive oder über Disulfidbrücken konformationsbestimmende Gruppen die Aktivität wesentlich beeinflussen. Charakteristisch ist allerdings, daß die RHg^+-Thiolatbindung trotz der extrem günstigen Gleichgewichtslage kinetisch labil bleibt, so daß bei Anbieten eines besseren Liganden, etwa des Dimercaprols (2.1) oder der Dimercaptobernsteinsäure

HOOC–CH(SH)–CH(SH)–COOH eine Umkomplexierung und damit Ausscheidung möglich ist. Die kinetische Labilität beruht auf der räumlich leichten Erreichbarkeit von Übergangszuständen der assoziativen Substitution (vgl. 14.7) mit drei- oder vierfacher Metallkoordination. Sie hat allerdings auch zur Folge, daß sich toxische Quecksilberverbindungen im Körper rasch auf diejenigen Stellen verteilen können, welche die höchste Affinität zu diesem Schwermetall besitzen; überwiegend wird Quecksilber in Leber und Niere sowie im Gehirn gefunden.

Ambivalent und stark von den Reaktionsbedingungen abhängig ist auch die Bindung von CH_3Hg^+ an Nukleobasen; (17.3) zeigt das strukturell dokumentierte Beispiel des 8-Aza-modifizierten Adenins (SHELDRICK, BELL). Ungewöhnlich ist vor allem die Fähigkeit von RHg^+ zur (N)H-Substitution bei primären Aminen in neutraler oder basischer Lösung. In einigen Fällen kann auch relativ inerte Bindung an Kohlenstoff-Zentren von Nukleobasen erfolgen, die mutagene Wirkung von Organoquecksilber-Verbindungen ist daher nicht überraschend.

NH_2 H +N N N N N NO_3^- $HgCH_3$ $^+HgCH_3$ pH = 2 NH_2 N N N N N H $^+HgCH_3$ pH = 5 NH_2 N N N N N $HgCH_3$ · 4 H_2O

(17.3)

H N $HgCH_3$ CH_3Hg +N N N N N NO_3^- $HgCH_3$ 3 $^+HgCH_3$ pH = 6.5 2 $^+HgCH_3$ pH = 5 NH_2 N N N N +N NO_3^- CH_3Hg $HgCH_3$ · H_2O

Die relativ geringe akute Gefährdung durch elementares Quecksilber und seine Flüchtigkeit haben es Bakterien erlaubt, eine mit Blick auf den zunehmenden Schwermetall-Eintrag in die Umwelt vieluntersuchte Resistenz gegenüber Hg-Verbindungen zu entwickeln (MOORE et al.). Entsprechende Organismen wurden aus Hg-belasteten Böden oder Gewässern, z.B. dem Hafen von Boston (USA) isoliert. Ihr gegen "Schwermetall-Streß" wirksames Entgiftungssystem ist zum Teil auch schon in seinen genetischen Einzelheiten verstanden, ausgelöst und kontrolliert wird hierbei die Synthese der benötigten Proteine (MerA, MerB, MerP, MerT) durch ein metallselektives und als Folge Gen-regulierendes Sensor-Protein "MerR".

MerR ist ein schon gegenüber nanomolaren Konzentrationen von Hg^{2+} empfindliches und im Vergleich zu den im Periodensystem benachbarten Ionen Cd^{2+} oder Au^{+} erstaunlich Hg^{2+}-selektives Metalloregulations-Protein, welches Quecksilber vermutlich in dreifach Cysteinat-koordinierter Form bindet (WRIGHT et al.). Es kontrolliert nicht nur seine eigene Synthese, sondern nach Metall-Aufnahme die Aktivierung einer RNA-Polymerase zur Synthese weiterer Proteine. Von diesen dienen MerP der periplasmatischen Aufnahme von gelöstem Quecksilber (Hg^{2+}, RHg^{+}) und MerT dem Transport durch die Membran ins Zellinnere. Chemisch interessant sind insbesondere die beiden weiteren Enzyme: eine Hg(II)-spezifische Reduktase (MerA) und die Organoquecksilber-Lyase (MerB), ein relativ kleines (22 kDa) monomeres Protein, das die Spaltung von kinetisch inerten Hg–C-Bindungen um das 10^6-10^7-fache beschleunigt (17.4).

$$RHgX + H^+ + X^- \rightleftharpoons R{-}H + HgX_2 \qquad X = R'S,\ Hal \tag{17.4}$$

Das Enzym, welches mit geringerer Effizienz auch einige Tetraorganozinn-Verbindungen spaltet, enthält vier konservierte Cystein-Reste, die vermutlich der Hg-Bindung dienen. Eine mechanistische Hypothese (17.5; MOORE et al.) zeigt die mögliche Funktion *mehrerer* Cystein-Liganden im Sinne einer konzertierten Substitution R^-/Cys^- unter Austritt von Kohlenwasserstoff R–H bei erhöhter Metallkoordinationszahl im Übergangszustand **3**.

Reduktion des gebundenen Hg(II) zum flüchtigen und weniger toxischen elementaren Quecksilber erfolgt durch eine spezifische Hg(II)-Reduktase MerA, ein dimeres Flavin- und NADPH-enthaltendes Protein mit 2 x 60 kDa Molekülmasse. Das Gleichgewicht der katalysierten Reaktion (17.6) hängt von dem entatischen Streß ab, der den normalerweise stabilen Bis(thiolato)quecksilber(II)-Komplexen vom Enzym aufgezwungen wird.

$$Hg(SR)_2 + NADPH + H^+ \rightleftharpoons Hg + NADP^+ + 2\ RSH \qquad (17.6)$$

Im aktiven Zentrum an der Grenze beider Proteinuntereinheiten α_1 und α_2 liegen vier Cystein-Reste sowie Flavinadenindinukleotid (FAD) vor. Diskutiert wird sowohl eine Erhöhung der Metall-Koordinationszahl als auch eine aktivierende Hg-Koordination an *beide* Untereinheiten (17.7; MOORE et al.), bevor durch Elektronenübertragung vom NADPH zweifach reduziertes Flavin als $FADH^-$ erzeugt wird. Der Mechanismus des abschließenden raschen *Zwei*elektronentransfers von $FADH^-$ auf speziell koordiniertes Hg(II) ist noch unklar.

(17.7)

Der globale Kreislauf des Quecksilbers in der Natur wird durch die Flüchtigkeit des Elements und seiner Verbindungen, vor allem von nach vollständiger Biomethylierung entstandenem Dimethylquecksilber (Sdp. 96 °C) bestimmt; natürliche und (lokal konzentrierte) anthropogene Quellen (PHILLIPS, GLADDING, MALONEY; NRIAGU 1994) tragen heute in etwa gleicher Größenordnung bei. Erstaunlich ist die zum Teil viele Größenordnungen umfassende Anreicherung von Organoquecksilber-Verbindungen durch Meerestiere, insbesondere durch Raubfische (→ Nahrungskette), die daher auch eine wesentliche Hg-Quelle in der Nahrung für den Menschen darstellen. Die biologische Halbwertszeit von $MeHg^+$ in Fischen wird auf einige Jahre veranschlagt. Weniger bekannt ist demgegenüber die große Rolle von Bakterien bei der Überführung von Quecksilberverbindungen in flüchtige Formen, sei es durch Methylierung in sauerstoffarmer Umgebung zu Methylquecksilber oder durch Reduktion zum Metall (17.6), welches die dominierende Form in der Atmosphäre darstellt (1 Jahr mittlere Verweildauer). Abbildung 17.5 gibt eine stark vereinfachte Darstellung des Hg-Kreislaufs im marinen Ökosystem.

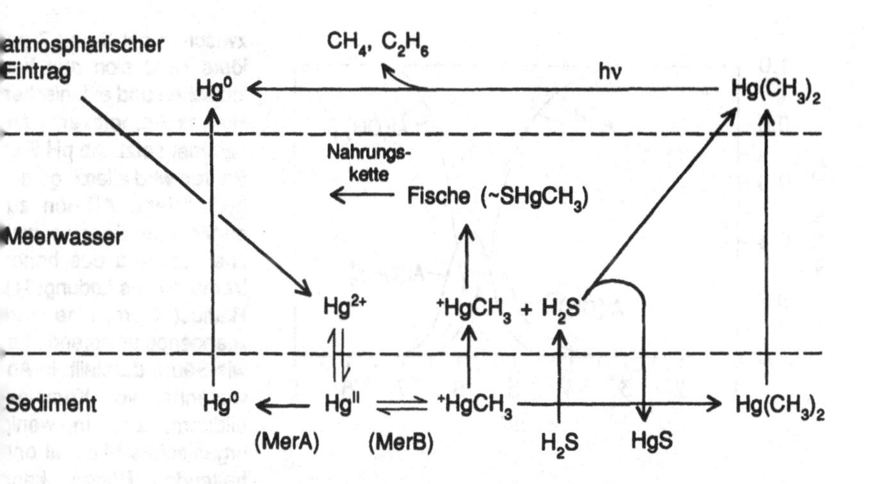

Abbildung 17.5: Mariner (Organo-)Quecksilber-Kreislauf (vereinfacht)

17.6 Aluminium

Erst seit ca. 1975 ist Aluminium als "Schadmetall" in den Vordergrund des wissenschaftlichen und öffentlichen Interesses geraten (CORAIN, NICOLINI, ZATTA; MARTIN 1994). Auslösend hierfür waren einerseits die neuartigen Waldschäden, die zumindest teilweise mit einer Versauerung von Böden und der daraus folgenden Freisetzung von Al^{3+} in Beziehung gebracht werden. Ein weiterer Anlaß für die Beschäftigung mit der Rolle von Aluminium in Organismen war die noch teilweise umstrittene (LANDSBERG, MCDONALD, WATT; KRUCK) röntgenmikroanalytische Entdeckung von Alumosilikat-Anreicherung in bestimmten Hirngewebe-Regionen von ALZHEIMER-Patienten. In beiden Fällen ist eine befriedigende Beziehung zwischen Ursache und Wirkung noch nicht hergestellt worden; die erwähnten Anlässe haben dieses lange vernachlässigte Forschungsgebiet jedoch neu belebt (CORAIN, NICOLINI, ZATTA; MARTIN 1994).

Nach allen vorliegenden Erkenntnissen handelt es sich beim Aluminium, dem vom molaren Anteil her häufigsten echten Metall in der Erdkruste (Abb. 2.2) und dem zweitwichtigsten Werkmetall, um ein Element praktisch ohne "natürliche" biochemische Funktion. Grund hierfür mag die gerade bei pH 7 sehr geringe Löslichkeit sein; das in seinen Verbindungen nahezu ausschließlich dreiwertige Aluminium liegt dann fast vollständig als unlösliches Hydroxid $Al(OH)_3$ oder als dessen Kondensationsprodukte AlO(OH) bzw. Al_2O_3 vor (vgl. 8.20). Abbildung 17.6 verdeutlicht, daß der

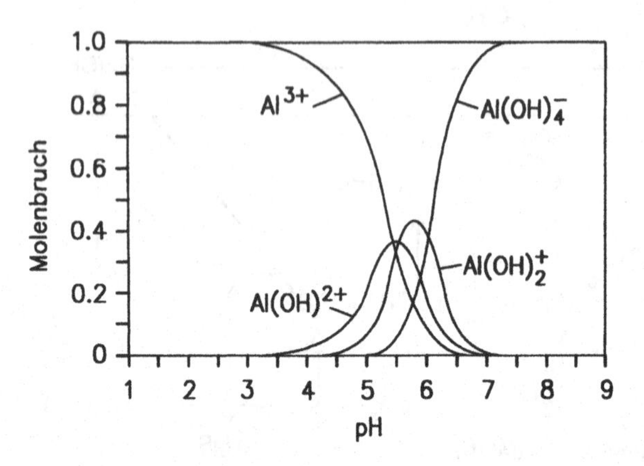

Abbildung 17.6: Molare Anteile verschiedener *löslicher* Komplexe (jeweils hydratisiert) in Al(III)-enthaltenden wäßrigen Lösungen bei unterschiedlichen pH-Werten (Gesamtlöslichkeitsminimum bei pH 6)

zwischen pH 5 und 7 ge löste Rest sich aus ka ionischen und anionische Hydroxokomplexen zu sammensetzt. Ab pH 5 ir Sauren wird allerdings da hydratisierte Al^{3+}-Ion zu dominanten Spezies, we che aufgrund des hohe Verhältnisses Ladung(3+) Radius(50 pm) eine star ligandenpolarisierende Le wis-Säure darstellt. In Ab wesenheit von Komplex bildnern, z.B. in weni organisches Material ent haltenden Böden, kan dieses Ion durch genü gend saure Niederschläg freigesetzt und damit bio verfügbar gemacht wei den.

Böden sind je nach Zusammensetzung mehrfach gegenüber Säureeintrag ge puffert: Auf Kalkböden dominieren dem Kohlensäure/Hydrogencarbonat/Carbonat Puffersystem entsprechende neutrale bis leicht basische pH-Werte, während Silika te wie etwa die aluminiumhaltigen Feldspäte bei ca. pH 5 - 6.5 puffern. In einen Teilprozeß der "Verwitterung" werden daraus Alkali- und Erdalkalimetallionen freige setzt, und es resultieren schwerer lösliche Oxide. Erst unterhalb von pH 5 werden die ebenfalls Aluminium-enthaltenden und locker aufgebauten Tonmineralien unte Abgabe von Al^{3+}(aq) angegriffen (Austausch gegen H^+); bei weiter sinkendem pH be ginnen sich dann weitere Alumosilikate sowie schließlich die Aluminium- und Eisen oxide selbst zu lösen.

Als pflanzenschädigende und auch sonst biologisch unerwünschte lösliche Formen kommen Hydroxyalumosilikate sowie das lediglich hydratisierte Al^{3+}-Ion in Betracht welches aufgrund höherer Ladung und geringerem Ionenradius das Mg^{2+} mit große Effizienz verdrängen kann. Hierbei muß es sich nicht um einen Ersatz des Magne sium-Ions im Chlorophyll handeln, die wesentlich höhere Lewis-Acidität, festere Ligand Koordination und weitaus langsamere Ablösegeschwindigkeit des Al^{3+} gegenübe Mg^{2+} führt zu einer Veränderung, im allgemeinen zu einer Blockierung Mg^{2+}-regulier ter biochemischer Prozesse. Insbesondere die zahlreichen Mg^{2+}/Enzym-induzierten Phosphatübertragungsreaktionen (vgl. Kap. 14.1) werden durch Al^{3+} beeinträchtigt Die hohe Affinität von Al^{3+} zu den mehrfach negativ geladenen Phosphatgruppen verhindert eine effiziente, d.h. eine mit rascher Wiederherstellung des substratfreien Katalysatorsystems einhergehende Katalyse. So bindet beispielsweise das ATP-Tetra anion Al^{3+} um mehrere Größenordnungen stärker als Mg^{2+}. Selbst der Austausch von Wassermolekülen in der ersten Koordinationssphäre des Hydratkomplexes verläuft beim Aluminium-System um mehr als fünf Größenordnungen langsamer als im Mg^{2+}-Hydratkomplex, so daß die effektive thermodynamische *und* kinetische Blockierung Mg^{2+}-abhängiger enzymatischer Vorgänge im Falle von Kinasen, Cyclasen, Esterasen und Phosphatasen nicht unerwartet ist.

Zu den anorganisch-mineralisch bedingten Folgen der Bodenversauerung in Wäldern gehört ein gestörtes Wurzelwachstum von Bäumen aufgrund des erhöhten Aluminium/Calcium- und Aluminium/Magnesium-Verhältnisses. Zusätzlich wirken Säure und atmosphärischer Stickstoff-Eintrag (NH_4^+) antagonistisch in bezug auf Mg^{2+} (vgl. Abb. 2.5) und reduzieren so ebenfalls die Bioverfügbarkeit dieses wichtigen Ions.

Komplexchemisch bevorzugt Al^{3+} als kleines, hochgeladenes Metallion eine Koordination mit negativ geladenen Sauerstoffdonor-Liganden. Im Blutplasma, d.h. bei geringer Phosphatkonzentration, findet Chelatkomplex-Bildung in erster Linie mit dem teilweise oder vollständig deprotonierten Citrat-Anion $^{-}OOC{-}CH_2{-}C(OH)(COO^{-}){-}CH_2{-}COO^{-}$ statt (FENG et al.). Die normale Konzentration des Al(III) ist dort mit ca. 5 µg/l Plasmaflüssigkeit recht gering und angesichts der Ubiquität von Aluminium nicht leicht zuverlässig zu bestimmen. Hat das Metallion z.B. in komplexierter Form die ersten Barrieren im Gastrointestinalbereich überwunden, dann kommt als Al^{3+}-aufnehmendes und -transportierendes Protein vor allem Transferrin (Kap. 8.4.1) in Frage, was angesichts der Ähnlichkeit von Al^{3+} und Fe^{3+} nicht überrascht. Unterschiede bestehen vor allem hinsichtlich der rascheren Freisetzung von Al^{3+} gegenüber Fe^{3+} durch Transferrin (MARQUES). Bei beeinträchtigter Ausscheidung durch die Niere könnte Aluminium über niedermolekulare, niedrig geladene Komplexe die Membranschranken überwinden, die ein solch hochgeladenes Ion am Vordringen z.B. in das Nervensystem hindern. Im Hinblick auf eine mögliche Rolle des Al^{3+} bei neuropathologischen Symptomen wurde auch die starke Tendenz zur Komplexierung dieses Ions mit deprotonierten 1,2-Dihydroxyaromaten, etwa den Catecholamin-Neurotransmittern Adrenalin oder DOPA etabliert (vgl. 8.6 und 10.8; KISS, SOVAGO, MARTIN).

In Zusammenhang mit der ALZHEIMERschen Krankheit wurde eine nicht unumstrittene (LANDSBERG, MCDONALD, WATT) selektive Abscheidung von Aluminiumverbindungen in Form von Alumosilikaten zusammen mit vernetzten Amyloid-Proteinen (neurofibrilläre Degeneration) an bestimmten Stellen des Hirngewebes, z.B. dem Hippocampus, berichtet. Eine direkte Verursachung des ALZHEIMER-Syndroms durch Aluminium wird allgemein nicht angenommen, obwohl Al^{3+} erwiesenermaßen Polynukleotide vernetzen kann und Berichte über eine reduzierte Transferrin-Aktivität bei ALZHEIMER- und DOWN-Syndrom-Patienten existieren (FARRAR et al.).

Gesichert ist dagegen die durch anfänglich weit erhöhte Aluminiumzufuhr verursachte Enzephalopathie, Demenz und Mortalität von Hämodialyse-Patienten. Zum Teil erhielten diese Patienten gezielt Aluminiumverbindungen in der Dialyseflüssigkeit zur Abwendung von Hyperphosphatämie, in anderen Fällen wurden den Patienten mit der großen benötigten Menge an Wasser (normaler Gehalt: 10 µg/l Al, gesetzlicher Grenzwert: 200 µg/l) zusätzliche, aus der Wasseraufbereitung stammende Mengen an Aluminium zugeführt, welche in Ermangelung einer funktionierenden Niere offenbar nur ungenügend ausgeschieden werden konnten. Auf Fe^{3+} zielende Chelattherapeutika wie etwa parenteral verabreichtes Desferrioxamin B ("Desferal", 2.1 und 8.8) sind auch in Fällen akuter Al^{3+}-Vergiftung angewandt worden. Bei starker Al^{3+}-Zufuhr resultieren weiterhin bestimmte Formen der Anämie (Konkurrenz zu Fe^{3+}) sowie Knochenstoffwechselstörungen durch eine Anreicherung von Al^{3+} mit seiner Phosphat-Affinität an den knochenbildenden Osteoblasten. In diesem Zusammenhang sind auch die Neigung von Al^{3+} zur Komplexbildung mit Fluorid sowie der Al/Si-Antagonismus zu erwähnen. Übertriebene Vorsicht gegenüber aluminiumhaltigen Geräten zur Nahrungszubereitung scheint trotz der geringfügigen Auflösung z.B. beim Erhitzen fruchtsaurer Lösungen nicht angebracht. Aluminium ist nicht nur ein Hauptbestandteil vieler natürlicher Böden, es kommt auch relativ angereichert in Getränken wie Tee (Teeblätter als Al-Speicher) und Bier sowie als Spuren-Bestandteil fester verarbeiteter Nahrungmittel vor und wird bei normaler Nierenfunktion rasch ausgeschieden. In größeren Mengen können Aluminiumverbindungen in Kaugummi, Zahnpasten und z.T. sogar Citrat-enthaltenden Antazida zur Neutralisation überschüssiger Magensäure vorliegen.

17.7 Beryllium

Beryllium kommt in wäßriger Lösung nur zweiwertig vor, es steht im Periodensystem in einer Schrägbeziehung zum Aluminium. Dementsprechend ist die Chemie beider Elemente recht ähnlich, Be^{2+} ist jedoch aufgrund seiner geringeren Ladung und trotz des sehr kleinen Ionenradius von 27 pm für die bevorzugte Koordinationszahl vier bei pH 6 - 7 etwas besser löslich als Al^{3+}. Das normalerweise sehr seltene Element ist über großtechnische Verbrennung sowie durch Verwendung berylliumhaltiger Verbindungen und Legierungen mit speziellen mechanischen und kerntechnischen Eigenschaften umweltrelevant geworden (SKILLETER; NEWMAN; KUMBERGER, SCHMIDBAUR). Die typische Aufnahme von Berylliumverbindungen in Form von Stäuben oder Dämpfen führt zu schweren Lungenschäden ("Berylliose") und Lungenkrebs.

Nach Inkorporation wird Beryllium wegen seiner auf besonders kleinem Raum konzentrierten positiven Ladung nur sehr langsam aus dem Organismus ausgeschieden, langfristige Speicherung erfolgt vor allem im Knochengewebe (Beryllium als Akkumulationsgift). Als leichteres Homologes des Magnesiums kann Beryllium in zweiwertiger Form bis in den Zellkern gelangen und dort eindeutig mutagen, d.h. DNA-verändernd, wie auch cancerogen, d.h. Tumor-induzierend wirken. Erwiesen sind starke Störungen von Gen-Transkription und -Expression, einschließlich einer teilweisen Stimulation der Protein-Biosynthese. Belegt ist aber auch eine Be^{2+}-verursachte Hemmung der DNA-Synthese, welche sonst durch die Gegenwart ladungsneutralisierender Mg^{2+}-Ionen katalysiert wird (vgl. Kap. 14.1). Nicht überraschend ist daher auch, daß Be^{2+} die Aktivität von Phosphatasen und Kinasen erheblich verändern kann (SKILLETER); zu starke Bindung des Metalls hemmt die katalytische (De-)Phosphorylierung (Kap. 14.1). Beryllium stimuliert weiterhin das Immunsystem, Be-Verbindungen wirken als allergene Kontaktgifte (NEWMAN). Untersuchungen bezüglich einer möglichen Chelattherapie bei Be-Vergiftungen existieren nur in Ansätzen (KUMBERGER, SCHMIDBAUR), die im Vergleich zu Cadmium (vgl. Tab. 17.1) 100fach niedrigeren Grenzwerte verdeutlichen das extreme Gefährdungspotential dieses toxischsten aller nichtradioaktiven Elemente.

17.8 Chrom als Chromat

Die unter physiologischen Bedingungen beständigen Oxidationsstufen des Chroms sind Cr(III) und Cr(VI) als Chromat CrO_4^{2-}. Während dreiwertiges Chrom bei pH 7 ähnlich wie dreiwertiges Aluminium als unlösliches Hydroxid vorliegt und daher nur in komplexierter Form vom Organismus aufgenommen und als essentielles Element verwendet werden kann (vgl. Kap. 11.5), sind die seit Beginn ihrer industriellen Verwendung als stark hautreizend bekannten Chromate als potentielle Cancerogene eingestuft. Die Aufnahme von CrO_4^{2-} durch Organismen erscheint zunächst überraschend, denn bei pH 7 beträgt das Redoxpotential für die Reaktion

$$CrO_4^{2-} + 4\,H_2O + 3\,e^- \rightleftharpoons Cr(OH)_3 + 5\,OH^- \qquad (17.8)$$

ca. +0.6 V, so daß Chromat in Gegenwart reduzierender organischer Verbindungen, d.h. unter physiologischen Bedingungen, eigentlich nur metastabil sein kann. Trotzdem sind wegen der benötigten Zahl von drei Elektronen (vgl. die Metastabilität von Permanganat MnO_4^- in Wasser) nur spezielle biochemische Reduktionssysteme wie die auch sonst als Antioxidantien fungierenden Thiolate (Glutathion GSH, vgl. 16.8) und Ascorbat (3.12) sowie Häm- und Flavoproteine (NADH-abhängig) in der Lage, Chromat ausreichend schnell zu reduzieren (CONNETT, WETTERHAHN; BOSE, MOGHADDAS, GELERINTER). Dabei können ESR-spektroskopischen Studien zufolge auch potentiell reaktive Cr(V)-Stufen mit einem ungepaarten 3d-Elektron auftreten (O'BRIEN et al.; FARRELL, LAY).

Aufgrund seiner strukturchemischen Ähnlichkeit zum Sulfat-Ion SO_4^{2-} kann Chromat Membranschranken überwinden und – sofern nicht rasch genug reduziert – bis in den Bereich des Zellkerns gelangen (Abb. 17.7).

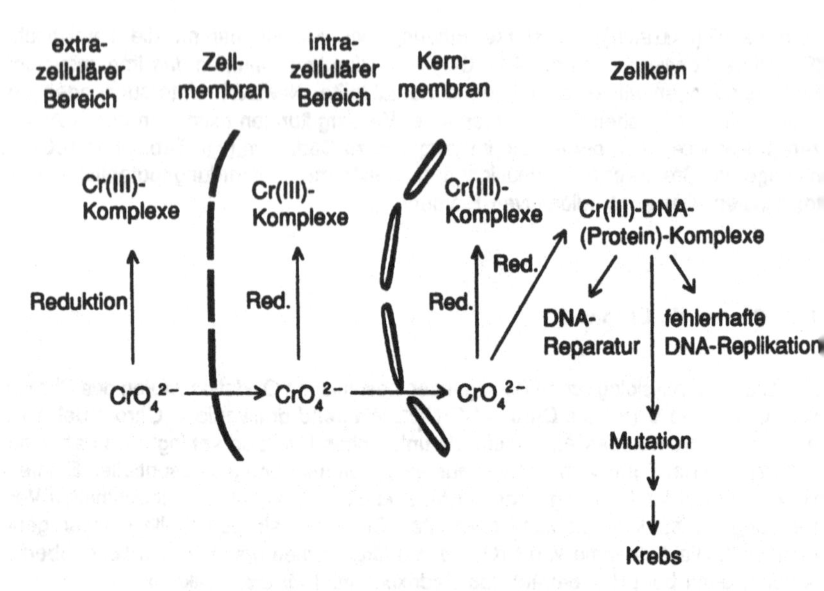

Abbildung 17.7: Modell der Chromat-Aufnahme und -Reduktion sowie der mutagenen Wirkung im Zellinneren

Im Zellkern ist zunächst die Oxidationswirkung des Chromats schädigend für genetisch wichtige Komponenten, wobei sowohl die während der Reduktion durchlaufenen substitutionslabileren und stärker oxidierenden Zwischenstufen des Chroms (+V, +IV) wie auch die dabei möglicherweise produzierten Radikale RS• und •OH direkt an der DNA angreifen und dort Vernetzung oder Bindungsbruch und in der Folge fehlerhafte Gen-Expression bewirken können. Das entstehende substitutionsinerte Cr(III) ist ferner in der Lage, sich irreversibel an phosphathaltige DNA oder freie Nukleotide zu binden und damit genetische Funktionen zu beeinträchtigen (vgl. Kap. 19.2). Chrom(III)-Komplexe zeichnen sich unter anderem wegen der Ligandenfeldstabilisierung bei oktaedrischer d^3-Konfiguration durch einen sehr hohen Grad an kinetischer Beständigkeit aus; hydratisiertes Cr^{3+} tauscht seine Wasserliganden um den Faktor 10^6 langsamer aus als selbst hydratisiertes Al^{3+}.

18 Biochemisches Verhalten anorganischer Radionuklide: Strahlenbelastung und medizinischer Nutzen

18.1 Überblick

Unabhängig von den Folgen menschlicher Tätigkeit müssen Organismen nicht nur mit als "toxisch" eingestuften Elementen und deren Verbindungen, sondern auch mit natürlich vorkommenden radioaktiven Isotopen und der von ihnen ausgehenden Strahlung koexistieren. Alle Formen energiereicher ionisierender Strahlung (α-, β-, γ-, Röntgen- und Neutronenstrahlung) können zum Bruch chemischer Bindungen führen, wobei entweder direkt oder auch mittelbar, etwa über das aus dem Hauptbestandteil H_2O von Organismen mit Strahlung entstehende Hydroxylradikal $^{\bullet}OH$, eine Schädigung von Enzymen und von genetischem Material möglich ist (Schulte-Frohlinde). Auch hier werden die schon beim Abbau von "oxidativem Streß" erwähnten organismuseigenen Abfang- und Reparaturmechanismen (Kap. 16.8) bis zu einem gewissen Grade wirksam. Kupfer-Komplexe, insbesondere die auch anderen therapeutischen Zwecken dienende Superoxid-Dismutase (vgl. Kap. 10.5; Sorenson) oder Schwefelverbindungen wie etwa Cystein oder Cysteamin (= 2-Mercaptoethylamin $H_2N{-}CH_2{-}CH_2{-}SH$) können dazu beitragen, biologische Strahlenschäden *bei vorheriger Verabreichung* durch Radikal-Abfang und rasche Einelektronen-Reduktion ionisierter Spezies zu mindern. Weitere therapeutische Maßnahmen bei drohender Inkorporierung radioaktiver Elemente bestehen im Zurückdrängen der Aufnahme durch Sättigung körpereigener Speicher mit nicht-radioaktivem Material (→ "Iod-Tabletten") sowie in der gezielten Komplexierung und Ausscheidung (Sr, Pu). Vom unwissend sorglosen Umgang mit radioaktivem Material in der Frühzeit der Kernchemie (Macklis) über die großtechnische Kernwaffenproduktion und -anwendung bis hin zu den höchst detailliert verfolgten globalen Auswirkungen des Reaktorunfalls in Tschernobyl im Frühjahr 1986 (Herrmann) hat die Sensibilität der Öffentlichkeit stark zugenommen, was inzwischen auch erhebliche Konsequenzen für den Umgang mit diagnostisch und therapeutisch nützlichen Radionukliden hat.

Radioaktive Isotope unterscheiden sich chemisch von den stabilen Isotopen desselben Elements nur durch den generellen Isotopeneffekt (Massendifferenz !) auf die Reaktionsgeschwindigkeit. Die äußerst niedrig liegende Nachweisgrenze für viele radioaktiv strahlende Isotope erlaubt dadurch eine zeitliche und räumliche Verfolgung physiologisch wichtiger (^{32}P, ^{22}Na, ^{35}S) wie auch auch sehr seltener, "unphysiologischer" Elemente in Organismen. Andererseits können selbst sehr geringe Mengen radioaktiver Isotope erhebliche genetische Schäden verursachen. Das Ausmaß dieser Schäden wie auch die gesamte radiobiologische Wirkung hängen von vielerlei Faktoren ab: von der Flüchtigkeit der vorliegenden Verbindungen des Elements, von der Bindung an transportierende Partikel, von der Effektivität der Aufnahme durch Organismen, von Art und Energie der emittierten Strahlung (α- oder β-Partikelstrahlung gegenüber elektromagnetischer γ-Strahlung), von der Lokalisation des Isotops innerhalb des Organismus, von der radioaktiven ("physikalischen") *und* von der biologischen Halbwertszeit, d.h. von der mittleren Verweildauer. Letztere wird ihrerseits durch die chemische Verbindung des betreffenden Elements, die Art der Aufnahme und durch die Verbreitung im Organismus bestimmt; die aus der "normalen" Toxikologie bekannten Variationsbreiten innerhalb (Abb. 2.4) und zwischen Populationen existieren auch hier. Vor einer Darstellung der medizinischen Verwendung radioaktiver Isotope als Tracer in der Diagnose oder als z.B. Tumorgewebe-zerstörende Therapeutika sollen zunächst die natürlich in der Umwelt vorkommenden Radionuklide und die aus Kernspaltungs-Reaktionen entstehenden Isotope anorganischer Elemente sowie deren Wechselwirkungen mit Organismen vorgestellt werden (VOGEL, SKUZA; BODEK et al.).

18.2 Natürliche und künstliche Radioisotope außerhalb medizinischer Anwendungen

Neben den ständig durch die natürliche Höhenstrahlung und durch Neutroneneinfang erzeugten β-strahlenden Isotopen ^{3}H (Tritium, Halbwertszeit 12.3 a) und ^{14}C (5730 a) kommt auch ein sehr essentielles anorganisches Element, das Kalium, in Form des radioaktiven Isotops ^{40}K natürlich vor (0.012% natürliche Häufigkeit). Aufgrund der langen Halbwertszeit von 1.3 Milliarden Jahren ist die seit Bildung des Sonnensystems noch vorhandene Menge von ^{40}K so groß, daß ein erwachsener Mensch ca. 15 mg dieses langsam über β- und γ-Strahlung zerfallenden Isotops enthält (Aktivität etwa 4400 Becquerel). Weitere in der natürlichen Umwelt des Menschen vorkommende Radionuklide wie etwa ^{87}Rb (27.8% nat. Häufigkeit, 4.9×10^{10} a), ^{115}In (95.7% nat. Häufigkeit, ca. 10^{15} a), ^{176}Lu (2.6% nat. Häufigkeit, 3.6×10^{10} a) oder ^{187}Re (62.6% nat. Häufigkeit, 5×10^{10} a) stellen wegen der Seltenheit der Elemente, sehr langer Halbwertszeiten, schwacher Strahlung und dem Zerfall zu stabilen Isotopen eine nur sehr geringe Belastung dar.

Etwas anders sind die langlebigen Isotope des Thoriums ^{232}Th (Reinelement, 1.4×10^{10} a) und des Urans zu bewerten: ^{235}U (0.72% nat. Häufigkeit, 7.0×10^{8} a), ^{238}U (99.3% nat. Häufigkeit, 4.46×10^{9} a). Zum einen handelt es sich bei diesen schweren radioaktiven Isotopen überwiegend um α-Strahler. Diese zwar leicht abschirmbare "weiche" Partikel-Strahlung stellt nach erfolgter Inkorporation eine umso höhere Gefahr dar, wobei die Eindringtiefe etwa in Lungengewebe einige μm beträgt. Andererseits produzieren die langlebigen Thorium- und Uran-Isotope Zerfallsreihen (18.1) mit ihrerseits strahlenden Zwischenprodukten (Isotope des Ra, Rn, Po, Bi, Pb). Besonders intensiv diskutiert wird die Gefahr, die innerhalb von mangelhaft belüfteten Räumen vom flüchtigen, α-strahlenden Edelgas Radon ausgeht, dessen langlebigstes Isotop ^{222}Rn eine Halbwertszeit von 3.8 Tagen besitzt. Nach neueren Schätzungen resultiert der Hauptteil der heutigen Strahlenbelastung vom α-Zerfall des flüchtigen Radons und seiner Tochternuklide (GARDNER, GILLETT, PHILLIPS). Verantwortlich für das Entstehen von Radon sind die schon erwähnten Uran- und Thorium-Isotope, welche in natürlichen Mineralien und damit auch – je nach geologischer Formation – im Untergrund von Gebäuden vorkommen (VOGEL, SKUZA). Die beim radioaktiven Zerfall der häufigeren Gesteinsbestandteile ^{40}K, ^{232}Th und ^{238}U freiwerdende Wärme ist im übrigen ein Hauptfaktor für die Temperaturverhältnisse im Erdinneren und damit für die geologische Dynamik; auch im Meerwasser stellen diese Isotope, insbesondere das gut lösliche Kalium, die Hauptmenge der radioaktiv strahlenden Bestandteile.

$$^{238}U \xrightarrow{-\alpha} {}^{234}Th \rightarrow {}^{234}Pa \rightarrow {}^{234}U \xrightarrow{-\alpha} {}^{230}Th \xrightarrow{-\alpha} {}^{226}Ra \xrightarrow{-\alpha} {}^{222}Rn \xrightarrow{-\alpha} {}^{218}Po \xrightarrow{-\alpha}$$

$$^{214}Pb \rightarrow {}^{214}Bi \rightarrow {}^{214}Po \xrightarrow{-\alpha} {}^{210}Pb \rightarrow {}^{210}Po \rightarrow {}^{210}Bi \xrightarrow{-\alpha} {}^{206}Pb \qquad (18.1)$$

$$^{232}Th \xrightarrow{-\alpha} {}^{228}Ra \rightarrow {}^{228}Ac \rightarrow {}^{228}Th \xrightarrow{-\alpha} {}^{224}Ra \xrightarrow{-\alpha} {}^{220}Rn \xrightarrow{-\alpha} {}^{216}Po \xrightarrow{-\alpha}$$

$$^{212}Pb \rightarrow {}^{212}Bi \rightarrow {}^{212}Po \xrightarrow{-\alpha} {}^{208}Tl \rightarrow {}^{208}Pb$$

Die wichtigsten im Zusammenhang mit langjährigen Kernwaffentestes, dem Reaktorunfall von Tschernobyl (HERRMANN) und der Diskussion um die großtechnische Wiederaufbereitung von Kernbrennelementen bekannt gewordenen längerlebigen Isotope aus der Spaltung von ^{235}U und ^{239}Pu werden im folgenden in der Reihe zunehmender Massenzahlen vorgestellt. Charakteristisch für die Kernspaltung ist, daß sich diese Isotope bei Massenzahlen von ca. 90 und 140 konzentrieren.

- ^{85}Kr (10.7 a, $\beta + \gamma$): Krypton ist ein chemisch inertes Edelgas, dessen Rückhaltung im Wiederaufbereitungsprozeß ein außerordentliches Problem darstellt. Im Körper kann sich dieser unpolare und damit eher lipophile Stoff so verteilen, daß es insbesondere zu einem Eindringen in das Fettgewebe kommt. Wie bei vielen anderen Radionukliden ist Blutkrebs (Leukämie) eine typische Folge der Inkorporation. Im Gegensatz zu ^{85}Kr kann gezielt kerntechnisch erzeugtes metastabiles ^{81m}Kr als sehr kurzlebiger (13 s) reiner γ-Strahler zur szintigraphischen Abbildung der Luftwege verwendet werden, auch das Folgeisotop ^{81}Kr (2×10^5 a) ist kein Partikelstrahler.

- ^{89}Sr (51 d); ^{90}Sr (28.5 a, nur β-Strahlung): Aufgrund der großen Ähnlichkeit zum leichteren Homologen Ca^{2+} lagert sich zweiwertiges, durch Partikel transportiertes oder durch Auswaschung gelöstes Strontium vor allem im mineralisierten Bestandteil des Knochengewebes ab, woraus es – wie auch Ca^{2+} selbst – nur sehr langsam wieder ausgeschieden wird; die biologische Halbwertszeit beträgt etwa 15 Jahre. Demzufolge werden Knochenmarksfunktion und Blutbildung langfristig im Sinne einer Krebsentstehung (Leukämie) beeinflußt, die Knochenmarksregion gilt allgemein als ein sehr strahlenempfindlicher Bereich des menschlichen Körpers. Zu der sehr negativen Charakteristik des ^{90}Sr trägt noch bei, daß es als reiner β-Strahler schwer nachweisbar ist und vom kürzerlebigen ^{89}Sr "verdeckt" werden kann (LANTZSCH et al.); weiterhin entsteht als Folgeisotop das ebenfalls β-emittierende ^{90}Y (64 h). Eine Ausscheidung kann – solange noch

Ca^{2+}-EDTA-Komplexen begünstigt werden (vgl. 2.1). In Analyse- und Wiederaufbereitungs-Verfahren sind Extraktionen mit makrozyklischen Liganden des Kronenether-Typs (vgl. 13.4) erfolgreich getestet worden.

- ^{103}Ru (39 d); ^{106}Ru (1 a, β + γ): Ruthenium ist das schwerere Homologe des Eisens und kann dieses in seinen Verbindungen teilweise ersetzen. Entsprechend Tabelle 5.1 findet sich dann die Hauptmenge im Hämoglobin von Erythrozyten.
- ^{131}I (8 d, β + γ, 364 keV Gammaenergie): Die extreme Anreicherungsleistung des menschlichen Organismus in bezug auf das Iod (vgl. Kap. 16.7) wirkt sich hier nachteilig aus, denn bei hoher, andauernder Belastung können so Schilddrüsentumore verursacht werden. Iod ist als Iodid oder auch Iodat (IO_3^-) leicht in Wasser löslich, so daß eine effektive Zufuhr von radioaktivem Iod über Trinkwasser und Nahrung möglich ist; der Aufnahme kann jedoch bei akuter Gefahr durch Sättigung des körpereigenen Iodbedarfs mittels nicht strahlendem Iodid entgegengewirkt werden. Die biologische Halbwertszeit von Iod beträgt für den Menschen einige Monate, so daß hier im wesentlichen die physikalische Halbwertszeit bestimmend ist. ^{131}I ist ein wichtiges Radiotherapeutikum (s.u.), entweder in ionischer Form oder nach kovalenter Bindung an organische Trägermoleküle.
- ^{132}Te (78 h, β + γ): Tellur besitzt als schwereres Homologes von Schwefel und Selen eine Affinität zu Schwermetallen und wird daher vorwiegend in Leber und Niere gefunden.
- ^{133}Xe (5 d, β + γ): vgl. ^{85}Kr. Andere, ausschließlich γ-strahlende Xenon-Isotope werden radiodiagnostisch verwendet, insbesondere zur Abbildung der Lungenventilation und des Kreislaufs (s. Kap. 18.3).
- ^{134}Cs (2 a); ^{137}Cs (30 a, β + γ, 660 keV Gammaenergie): Cäsium ist ein schwereres und größeres Homologes des bioessentiellen Kaliums. Trotz des etwas höheren Ionenradius von Cs^+ (174 pm) gegenüber K^+ (151 pm, jeweils Koordinationszahl acht) findet offenbar kaum eine biologische "Zurückweisung" dieses Ions statt, was wohl mit der um mehr als sechs Größenordnungen geringeren Häufigkeit von Cs^+ gegenüber K^+ im Meerwasser zusammenhängt. Das radioaktive Cäsium-Kation ist zwar gut löslich und wird daher – ähnlich wie das Iodid-Anion – sehr rasch über Trinkwasser und Nahrungskette aufgenommen. Entsprechend den anderen Alkalimetallkationen (vgl. Kap. 13.2) kann Cs^+ durch besonders in Pilzen und Flechten vorkommende Ionophore wie etwa die Anionen von (Nor-)Badion A komplexiert und damit langzeitfixiert werden (18.2; Aumann et al.).

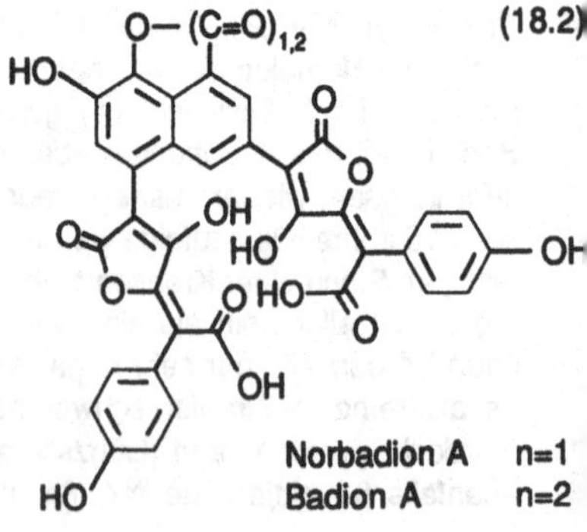

(18.2)

O–(C=O)$_{1,2}$

Norbadion A n=1
Badion A n=2

Bei Säugetieren findet sich radioaktives Cäsium insbesondere im intrazellulären Bereich der Muskulatur, entsprechend dem "Vorbild" Kalium liegt jedoch eine Verteilung über den gesamten Körper vor. Die biologische Halbwertszeit für Cs^+ beim Menschen beträgt erstaunlicherweise bis zu vier Monate und ist damit länger als diejenige des verwandten K^+. Während die Aufnahme von langlebigem $^{137}Cs^+$ aus strahlenbelasteten Böden durch K^+-reiche Düngung zurückgedrängt werden kann (MARSHALL), erfolgte die Cäsium-Dekontamination von gering belasteter Molke in einem Großversuch mittels anorganischer Ionenaustauscher vom Berliner Blau-Typ (vgl. auch die Tl^+-Detoxifizierung, Kap. 17.4).

– ^{140}Ba (13 d, β + γ): Barium ist das schwerere Homologe des Strontiums, auch hier ist daher mit einer Aufnahme durch das Knochengewebe zu rechnen. Ba^{2+} bildet jedoch ein sehr schwerlösliches Sulfat.

– ^{144}Ce (284 d, β + γ): Cer kann drei- und vierwertig vorkommen. Da es als Lanthanoid relativ groß ist, kann es bei vergleichbarem Verhältnis Ladung/Radius das Eisen ersetzen.

– ^{147}Pm (2.6 a, β + γ): Ebenfalls ein Lanthanoid. Lanthanoid(3+)-Ionen können manchmal an die Stelle des Ca^{2+} in Enzymen treten (s. Kap. 14.2).

In ausgebranntem Spaltmaterial sind nach längerer Lagerzeit (> 20 a) vor allem ^{137}Cs, ^{90}Sr und ^{147}Pm als radioaktive Hauptbestandteile vorhanden.

Die wichtigsten längerlebigen *schweren* Isotope aus den natürlichen Uran-/Thorium-Zerfallsreihen (18.1) sind im folgenden charakterisiert:

– ^{210}Pb (22.3 a, β): vgl. Kap. 17.2.

– ^{210}Po (138 d, α): Schwereres, sehr radiotoxisches Homologes des Tellurs (s.o.).

– ^{222}Rn (3.8 d, α): Als Edelgas ist Radon nicht an Festkörper gebunden, die Verteilung in der Atmosphäre, Hydrosphäre und im Körper ist dementsprechend weitgehend ungehindert. Insbesondere die beiden Polonium-Tochterisotope des ^{222}Rn (^{218}Po und ^{214}Po, s. 18.1) können als kurzlebige und dadurch sehr intensive α-Strahler Krebserkrankungen der Atmungsorgane auslösen, da sie nach der Kernumwandlung des gasförmigen "Zwischenträgers" Radon an feste Partikel gebunden im Gewebe verbleiben (Polonium ist ein Chalkogenid). Wie im Falle der Cd-Belastung (vgl. Kap. 17.3) erhöht auch hier das Rauchen die Gefährdung in überproportionaler Weise (Synergismus). Radonbelastung (GARDNER, GILLETT, PHILLIPS; VON PHILIPSBORN) ist nicht nur ein Problem für Arbeiter in Bergwerken, insbesondere im Uranbergbau; verhältnismäßig hohe Konzentrationen wurden auch innerhalb von Gebäuden registriert, die sich über geologisch altem, stärker uranhaltigem (Granit-)Untergrund befinden, z.B. in der Zentralschweiz oder in Schweden. Abhilfe bietet hier nur eine wirksame, möglichst unterhalb des hermetisch abgedichteten Fundaments eingebaute Entlüftungsanlage, die jedoch nicht gegenüber Radon im Trinkwasser, Erdgas oder aus Baumaterialien wirksam sein kann. Die dann erforderliche Raumluftventilation ist mit Heizenergie-

Verlusten verbunden. Der überwiegende Teil der radioaktiven Belastung in den Industrieländern wird heute dem "natürlichen" Radon zugeschrieben (GARDNER, GILLETT, PHILLIPS; VOGEL, SKUZA) – ein Befund, der in Europa wegen der Konzentration auf den Reaktorunfall von Tschernobyl erst seit etwa 1990 medienwirksam geworden ist.

– ^{226}Ra (1600 a, $\alpha + \gamma$): Radium ist das schwerste Element der Erdalkalimetall-Gruppe. Das sehr radiotoxische Element (MACKLIS; LANTZSCH et al.) tritt daher als Calcium-Analoges in Erscheinung und reichert sich bei Exposition im Knochengewebe an (→ Leukämie).

– ^{232}Th (1.4×10^{10} a); ^{235}U (7.0×10^{8} a); ^{238}U (4.5×10^{9} a): α-strahlendes Thorium und Uran treten unter physiologischen Bedingungen in hohen Oxidationsstufen auf, z.B. als Thorium(IV)-Verbindungen oder als Uranyl(UO_2^{2+})-Komplexe wie etwa das im Meerwasser (Abb. 2.2) vorliegende $[UO_2(CO_3)_3]^{4-}$. Die Radiotoxizität dieser sehr langsam zerfallenden Isotope ist nicht so hoch wie bei den anderen genannten Elementen.

Mit Plutonium ist ein "synthetisches", in geringem Ausmaß jedoch auch in "natürlichen" Uranerzen vorkommendes Element mit relativ langlebigen Isotopen erzeugt worden, dessen Verwendung als Strahlenquelle und insbesondere als Kernbrennstoff im zivilen und militärischen Bereich zu größerer Produktion und damit zu potentiell signifikanter Freisetzung in die Umwelt geführt hat (HILEMAN).

– ^{239}Pu (2.4×10^{4} a, α): Zusammen mit ^{226}Ra, ^{222}Rn und ^{90}Sr gehört ^{239}Pu zu den radiotoxischsten Isotopen. Neben der sehr langen, jedoch ausreichende Zerfälle pro Zeiteinheit gewährleistenden radioaktiven Halbwertszeit von ^{239}Pu (es existieren noch längerlebige Plutonium-Isotope) ist auch die biologische Halbwertszeit mit ca. 70 Jahren so hoch, daß eine Selbstentgiftung durch Ausscheidung nicht in Frage kommt. Bei der Freisetzung durch Kernexplosionen oder nach Reaktorunfällen tritt Plutonium zumeist in oxidischer Form an kleinste Festkörperpartikel gebunden auf und wird in Kontakt mit Wasser langsam als Hydroxid (kolloidal) gelöst; eine besondere Rolle kommt komplexbildendem und damit lösendem Carbonat zu. Plutonium-kontaminierte Partikel werden über die Lunge resorbiert, und bereits dort kann es durch Strahlenschädigung zur Ausbildung von Tumoren kommen. Durch langsame Auflösung gelangt dieses Metall über sonst dem Eisen vorbehaltene Transportwege vor allem zu Leber und Knochengewebe, von wo es nur sehr langsam zu entfernen ist.

Die besondere Schwierigkeit einer chelattherapeutischen Dekontamination beruht auf der Ähnlichkeit von Plutonium in seinen normalen Oxidationsstufen +III/+IV zum biochemisch so wichtigen System Fe(+II/+III); anders als bei Uran ist die dreiwertige Form Pu^{3+} recht stabil. Zwar besitzt das Plutonium-Redoxpaar eine höhere positive Ladung als das Eisen-Redoxpaar, dies wird jedoch durch die größeren Ionenradien bei diesem Actinoidenelement ausgeglichen, so daß unter Berücksichtigung des Verhältnisses Ladung/Radius eine recht gute Entsprechung resultiert. Dies gilt umso mehr, als die Redoxpotentiale beider Paare vergleichbar liegen (18.3).

Verhältnisse Ladung/Radius (pm)
(jeweils für Koordinationszahl sechs) (18.3)

Pu^{3+}: 3/100 = 0.030	l.s.	Fe^{2+}: 2/61 = 0.033
	h.s.	Fe^{2+}: 2/78 = 0.026
$\rightleftharpoons$ E_o = 0.98 V		$\rightleftharpoons$ E_o = 0.77 V
Pu^{4+}: 4/86 = 0.047	l.s.	Fe^{3+}: 3/55 = 0.055

Es ist daher eine Herausforderung an die Koordinationschemie, Plutonium-selektive Chelatliganden bereitzustellen, die gleichzeitig möglichst wenig in den Eisenhaushalt des Organismus eingreifen. Gelungen ist dies mit Hilfe von Catecholat-Systemen wie etwa "3,4,3-LICAMC" (2.12) oder vergleichbaren makrozyklischen Liganden, deren Design auf ein relativ großes Metallion und entsprechend hohe Koordinationszahlen zugeschnitten ist (Xu, Stack, Raymond).

18.3 Bioanorganische Chemie von Radiopharmazeutika

18.3.1 Übersicht

Radiopharmazeutika dienen überwiegend noch diagnostischen Zwecken und damit der Informationsgewinnung z.B. über pathologische Zustände von Organen, welche solche Verbindungen möglichst selektiv aufnehmen sollen. Zur Erfüllung dieser Aufgabe dürfen die verwendeten Nuklide möglichst keine (α,β)-Partikelstrahler sein und ihre Gammaenergie sollte in einem relativ niedrigen, mit Szintillationszählern aber noch gut nachweisbaren Bereich von etwa 100 bis 250 keV liegen, damit eine externe Detektion gut möglich ist ("Imaging", Radioszintigraphie, Single-Photon-Emissionscomputertomographie (SPECT)). Im Gegensatz zu Imaging-Verfahren (Parker) wie Magnetische Resonanz (MRI), Ultraschall oder Computertomographie (CT), die anatomisch-strukturelle Details besser darstellen, bietet die Radioszintigraphie den Vorteil, die *physiologischen Funktionen in zeitlicher Auflösung* abbilden zu können. Dabei sollte die physikalische Halbwertszeit des Isotops einerseits lang genug sein, um eine kontrollierte Herstellung, Verabreichung und eine ausreichende Verteilung im Organismus zu gestatten (Wettlauf zwischen physikalischer und biologischer Halbwertszeit); andererseits sollte der radioaktive Zerfall so rasch vonstatten gehen (< 8 d), daß die Strahlung über einen kurzen Zeitraum für die Detektion intensiv ist, nach dem eigentlichen Diagnosevorgang rasch abklingt und so eine Wiederholung der Diagnose im Verlauf der Behandlung möglich wird. Die verabreichte Menge und damit die Gesamtbelastung des Organismus können dann sehr gering gehalten werden. Angesichts der begrenzten Zahl von Radionukliden und der weiten Variation physikalischer Halbwertszeiten erlaubt diese Limitierung nur eine relativ kleine Zahl von sinnvoll einsetzbaren Isotopen; dem Periodensystem entsprechend betrifft dies überwiegend metallische Elemente mit der ihnen eigenen Koordinationschemie (ORVIG, ABRAMS; JURISSON et al.; s. Tab. 18.1). Wünschenswert ist darüber hinaus eine möglichst problemlose Handhabbarkeit der Radioisotope, bei sehr kurzen Halbwertszeiten können sonst Transport-Schwierigkeiten vom Reaktor zum klinischen Einsatzort auftreten (McCARTHY, SCHWARZ, WELCH).

Wichtig für den erstrebten Zweck ist ferner die selektive Aufnahme des Radioisotops in seiner Verbindungsform durch einzelne Organe oder durch Tumore. Es ist bemerkenswert, daß Tumorgewebe mit seinem veränderten Metabolismus tatsächlich bestimmte anorganische Verbindungen anreichern kann. Als mögliche Ursachen hierfür werden gesteigerte Membranpermeabilität, lokale pH-Veränderungen oder auch Variationen von Elektrolytionen- oder Bioligand-Konzentrationen diskutiert. Bislang fanden vor allem die folgenden drei Isotope Verwendung:

- ^{131}I (8 d), vor allem als Iodid mit seiner nahezu ausschließlichen Selektivität für die Schilddrüse;
- ^{67}Ga (78 h), welches in dreiwertiger Form vor allem als langsam hydrolysierender Citrat-Komplex eingesetzt wird (vgl. die Citrat-Bindung des leichteren Homologen Aluminium im Blut, Kap. 17.6) und eine Anwendung bei der Lokalisierung von Entzündungsherden findet (HAYES, HÜBNER), sowie
- ^{99m}Tc (6 h), das in Form verschiedener Komplexe (s.u.) zum Imaging unterschiedlichster Körperregionen verwendet werden kann.

Im Zuge immunologischer Nachweisverfahren und dem Bestreben nach weiter reduzierter Strahlenbelastung ist das Interesse mittlerweile darauf gerichtet, monoklonale Antikörper mit Radionukliden zu markieren, um damit ein *sehr empfindliches Nachweisverfahren* mit einem *spezifischen Transportmedium* zu kombinieren (Radioimmunoassay, Immunoszintigraphie). Während die nichtmetallischen "Radioiod"-Isotope kovalent an Antikörper gebunden werden müssen, erfolgt die Markierung mit Metallisotopen über Antikörper-fixierte Chelatliganden. Da es sich meist um schwerere, größere Metallionen handelt (Tab. 18.1), werden üblicherweise Polychelatliganden wie etwa das potentiell achtzähnige EDTA-Analoge Diethylentriaminpentaacetat (DTPA, 18.4) oder funktionalisierte Makrozyklen herangezogen (PARKER; YUANGFANG, CHUANCHU). Aufgrund ihrer günstigen physikalischen Halbwertszeiten kommen für die Diagnostik insbesondere die g-strahlenden Isotope ^{67}Ga, ^{97}Ru, ^{99m}Tc und ^{111}In in Frage.

(18.4)

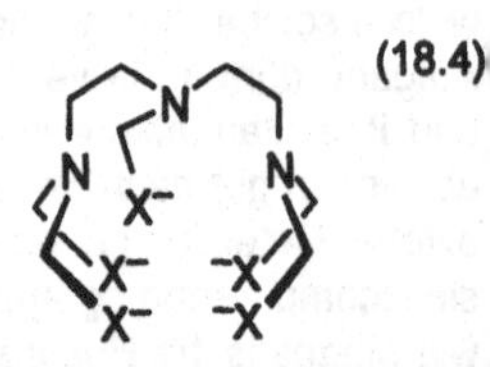

Diethylentriaminpentaacetat ($X^- = COO^-$)

Für eine gerade mit Hilfe der selektiven monoklonalen Antikörper vorstellbare lokale Strahlen-*Therapie* (PARKER; YUANGFANG, CHUANCHU; BLÄUENSTEIN) mit längerlebigen, energiereich Partikel-strahlenden Isotopen wie ^{67}Cu, ^{90}Y, ^{186}Re, ^{188}Re oder ^{212}Bi ist dagegen das Problem der unzureichenden Ausscheidung wegen Anreicherung in Leber und Niere noch zu lösen. Hierfür sollte die Koordinationschemie durch Entwicklung maßgeschneiderter Komplexliganden Möglichkeiten bereitstellen.

Bei den Radionukliden kann es sich um Isotope essentieller, nicht-essentieller oder toxischer Elemente sowie um ausschließlich in radioaktiver Form vorkommende Elemente wie etwa Technetium handeln. Angesichts der extrem geringen Mengen (ng-Bereich) für den Nachweis radioaktiver Strahlung ist das Risiko einer *chemischen* Toxizität von Radiodiagnostika, selbst beim ^{201}Tl, eher gering einzuschätzen. Anders liegen die Dinge für Radiotherapeutika, von denen sich bislang aufgrund außergewöhnlicher Selektivität nur das "Radioiod" wirklich bewährt hat. Die Chemie der teilweise weniger geläufigen Elemente aus Tab. 18.1 ist insbesondere unter physiologischen Bedingungen nicht immer ausreichend bekannt; häufig spielen komplexe Hydrolysereaktionen der verabreichten Verbindungen im Organismus eine wesentliche Rolle.

Tabelle 18.1: Wichtige anorganische Radionuklide für Diagnostik und Therapie

Nuklid	physikalische Halbwertszeit	Hauptanteil der γ-Energie (keV)	typisches Einsatzgebiet
^{43}K (β,γ)	22 h	373	Herzdiagnose
^{57}Co (γ)	271 d	122	B_{12}-Diagnose
^{67}Cu (β,γ)	62 h	93, 185	Radio(immuno)therapie
^{67}Ga (γ)	78 h	93, 185, 300	Tumordiagnose
^{81}Rb ($β^+$,γ)	4.6 h	190, 446	Herzdiagnose
^{90}Y (β,γ)	64 h	556	Radio(immuno)therapie
^{97}Ru (γ)	69 h	216, 325, 461	Tumor-, Leberdiagnose
^{99m}Tc (γ)	6 h	140	(s. Kap. 18.3.2)
^{111}In (γ)	67 h	171, 245	Radioimmunologie
^{123}I (γ)	13 h	159	Schilddrüsen-Diagnostik
^{129}Cs (γ)	32 h	372, 411	Herzdiagnose
^{131}I (β,γ)	8 d	364	Schildrüse (Diagn. und Ther.)
^{153}Sm (β,γ)	46 h	103	Radio(immuno)therapie
^{169}Yb (γ)	32 d	u.a. 198	Diagnostik
^{186}Re (β,γ)	89 h	137	Radio(immuno)therapie
^{188}Re (β,γ)	17 h	155	Radio(immuno)therapie
^{192}Hg (γ)	5 h	157, 275, 307	Diagnostik
^{201}Tl (γ)	73 h	68 - 80	Herzdiagnose
^{203}Pb (γ)	2 d	279	Diagnostik
^{212}Pb (β,γ)	11 h	239	Radio(immuno)therapie
^{212}Bi (α,β,γ)	1 h	727	Radio(immuno)therapie

Indirekt radiotherapeutisch wirken stabile anorganische Isotope wie etwa ^{10}B (19.8% nat. Häufigkeit) oder ^{157}Gd (15.7%), die durch einen sehr hohen Einfang-querschnitt für langsame "thermische" Neutronen aus einer Neutronenquelle selektiv im (Tumor-)Gewebe zur Umwandlung in α-strahlende kernangeregte Isotope wie etwa ^{11}B* veranlaßt werden können (BNCT, Boron Neutron Capture Therapy; MORRIS). Einfach Bor-modifizierte Biomoleküle wie auch Polyboran-Cluster werden für diesen Zweck eingesetzt, Hauptprobleme sind auch hier der selektive Transport zum Tumor und die Dosierung (BARTH, SOLOWAY, FAIRCHILD; HAWTHORNE).

Eine sehr empfindliche diagnostische Methode mit hoher Raum- *und* Zeitauflösung, die Positronemissionstomographie (PET), erfordert β^+-emittierende und daher meist sehr kurzlebige Isotope wie etwa ^{82}Rb (76 s), ^{62}Cu (9.7 min) oder ^{68}Ga (68 min) (PARKER; McCARTHY, SCHWARZ, WELCH).

18.3.2 Technetium – ein künstliches "bioanorganisches" Element

Ausführlicher diskutiert werden soll im folgenden die radiopharmazeutische Bedeutung des Technetiums, welches quantitativ den weit überwiegenden Teil (>80%) der heute eingesetzten Radiodiagnostika ausmacht (JURISSON et al.; MOLTER; CLARKE, PODBIELSKI; SCHWOCHAU). Langlebigstes Isotop dieses Elements ist das ^{98}Tc mit etwa 4 Millionen Jahren Halbwertszeit. Da Technetium nicht als Produkt sehr langsamer Zerfallsreihen wie etwa (18.1) vorkommt, ist die beim Entstehen des Sonnensystems in nuklearsynthetischen Reaktionen gebildete Menge inzwischen vollständig zerfallen. Trotzdem ist heute das Angebot an Technetium höher als das des schwereren, stabilen Homologen Rhenium; auch der Preis für das Element liegt niedriger als der für Gold oder Platinmetalle. Grund hierfür ist, daß das relativ langlebige Isotop ^{99}Tc (2.1x10^5 a, nur β-Strahler) zu einem Anteil von etwa 6% unter den Produkten der Uranspaltung zu finden ist.

Für die Radiomedizin bedeutsam ist das Isotop ^{99}Tc jedoch nicht im sehr langsam β-zerfallenden Grundzustand, sondern im metastabilen kernangeregten Zustand, d.h. als ausschließlich γ-strahlendes ^{99m}Tc mit einer diagnostisch geeigneten Halbwertszeit von sechs Stunden. Die γ-Emission liegt mit 140 keV Energie in einem physiologisch und detektionstechnisch sehr günstigen Bereich, außerdem ist das Tochterisotop ^{99}Tc ein reiner β-Strahler und stört so nicht die Detektion durch Überlagerung. Der hauptsächliche Grund für die Bedeutung dieses Radioisotops im Bereich der Radiodiagnostik besteht jedoch in der Verfügbarkeit eines bequem zu handhabenden Technetium-"Reaktors" oder -"Generators", der eine unproblematische Erzeugung im klinischen Umfeld ermöglicht (MOLTER). Ausgangsisotop ist radioaktives ^{99}Mo (als Molybdat MoO_4^{2-}, vgl. Kap. 11.1), welches seinerseits durch Neutronenanlagerung an stabiles ^{98}Mo herstellbar ist. Die Halbwertszeit von 66 h für ^{99}Mo erlaubt eine kontrollierte Vorbereitung des Einsatzes; das entstehende monoanionische Pertechnetat $[^{99m}TcO_4]^-$ wird vom dianionischen Molybdat $[^{99}MoO_4]^{2-}$ durch Eluieren mit einer physiologischen Kochsalz-Lösung von einer Ionenaustauschersäule getrennt. Dabei wird das durch radioaktiven Zerfall gebildete Monoanion in nano- bis mikromolarer Konzentration ausgespült, während das Dianion zurückbleibt.

$$ {}^{98}Mo \xrightarrow{+n} {}^{99}Mo \xrightarrow{-\beta^-} {}^{99m}Tc \xrightarrow{-\gamma} {}^{99}Tc \xrightarrow{-\beta^-} {}^{99}Ru \quad (18.5) $$

Halbwertszeiten: **66 h** **6 h** 210 000 a

Der seit ca. 25 Jahren gebräuchliche Pertechnetat-Reaktor hat zur Grundlage, daß Technetium – anders als das leichtere Homologe Mangan – in seiner siebenwertigen Form recht stabil ist und nur schwach oxidierend wirkt. Im Gegensatz zum Mangan besitzt Technetium in Wasser und in Abwesenheit von Komplexliganden als thermodynamisch stabile Oxidationsstufen nur die des leicht löslichen Pertechnetats (+VII), des schwerlöslichen Oxidhydrats $TcO_2 \cdot n\ H_2O$ (+IV) und des metallischen Elements Tc (Abb. 18.1). Zwar kann Pertechnetat selbst zum Imaging der Schilddrüse herangezogen werden, da es wie Iodid ein großes Monoanion ist, die allermeisten Anwendungen beinhalten jedoch eine Reduktion dieser Stufe in Gegenwart von Komplexliganden. Zinn(II)-Verbindungen haben sich als rasch wirkende Reduktionsmittel bewährt, obwohl dadurch eine Assoziation der Technetium-Komplexe mit den resultierenden Zinn(IV)-Verbindungen möglich wird. Reduziertes Technetium in den Oxidationsstufen (+I) - (+V) bildet relativ inerte Komplexe mit O-, N-, Phosphat- und Phosphan-Chelatliganden bei gleichzeitiger Neigung zu Clusterbildung (vgl. das benachbarte Molybdän, 11.1); daneben ist auch die Markierung von Proteinen, Kolloid-Partikeln und die Inkorporation in Erythrozyten üblich (JURISSON et al.; CLARKE, PODBIELSKI; SCHWOCHAU).

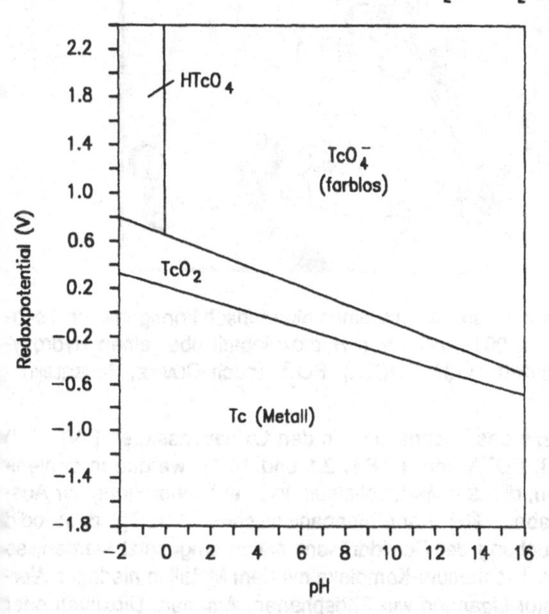

Abbildung 18.1: Stabilitätsdiagramm für Technetium (nach DOUGLAS, MCDANIEL, ALEXANDER)

Speziell zur Untersuchung von Knochengewebe haben sich inerte polymere Komplexe des Technetiums mit Diphosphonat-Liganden $^{2-}O_3P{-}CR_2{-}PO_3^{2-}$ (R = H, CH_3, OH) bewährt; Diphosphonate können als schwerer hydrolysierbare Analoga von Polyphosphaten enzymatisch nur langsam abgebaut und folglich relativ rasch wieder ausgeschieden werden. Vermutet wird, daß ähnlich wie bei der Kollagen-Hydroxylapatit-Anbindung (Abb. 15.3) die bifunktionellen Phosphatliganden eine Verknüpfung von Tc-Marker und wachsenden Hydroxylapatit-Kristallen ermöglichen (Abb. 18.2).

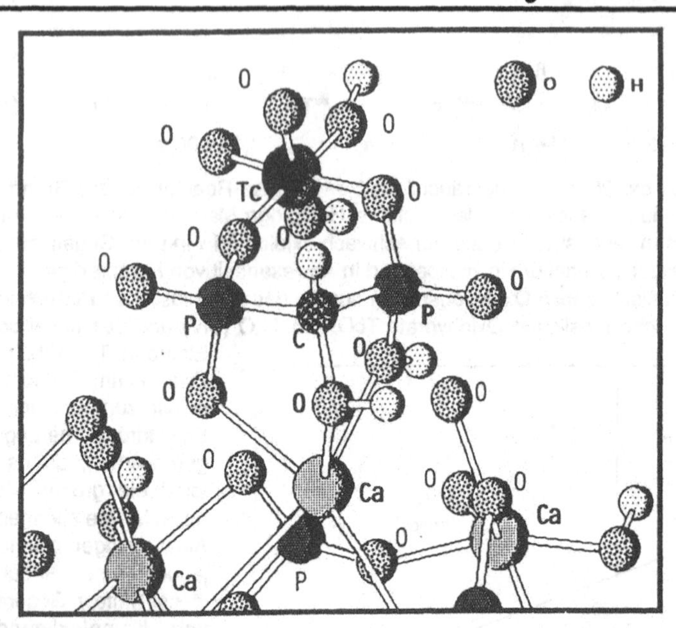

Abbildung 18.2: Hypothetische Verknüpfung eines oktaedrisch konfigurierten Technetium-Komplexes mit der der 001-Fläche von Hydroxylapatit über einen Hydroxymethylendiphosphonat-Liganden $^{2-}O_3P{-}CH(OH){-}PO_3^{2-}$ (nach Clarke, Podbielski)

Viele "normale" Komplexe des Technetiums in den Oxidationsstufen (+V) - (+I) mit N,O-Chelatliganden (z.B. EDTA oder DTPA, 2.1 und 18.4) werden in denjenigen Organen zurückgehalten, die dem Metabolismus und der Vorbereitung zur Ausscheidung dienen (Niere, Leber, Milz). Kann monoanionisches $[^{99m}TcO_4]^-$ dem Iodid I^- entsprechend zur Untersuchung der Schilddrüsenfunktion eingesetzt werden, so eignen sich monokationische Technetium-Komplexe mit dem Metall in niedriger Wertigkeit (+I, +III) und π-Akzeptor-Liganden wie Phosphanen, Arsanen, Dioximen oder Isonitrilen zur Verfolgung kardiovaskulärer und anderer Gefäß-Störungen (Jurisson et al.; Schwochau). Offenbar werden nicht nur größere atomare Ionen wie radioaktives $^{81}Rb^+$ oder $^{201}Tl^+$, sondern auch molekulare Monokationen wie etwa $[Tc(CNR)_6]^+$ von Herzmuskelzellen anstelle des K^+ aus dem Blutkreislauf akzeptiert (Deutsch et al.).

Wünschenswert wäre angesichts der vorteilhaften physikalischen und praktischen Eigenschaften von ^{99m}Tc eine noch bessere Selektivität von Technetium-Radiotracern für Tumorgewebe oder für das Gehirn; zur effizienten Überwindung der Blut-Hirn-Schranke sollten sich nach Kap. 17.5 kleine Liganden mit unpolaren Substituenten eignen. Auch hier besteht also eine direkte Herausforderung an die Koordinationschemie, um das *physikalisch geeignete* Isotop über intelligente *chemische Modifikation* gezielt im *biologischen Geschehen* des Organismus zum Einsatz zu bringen.

19 Chemotherapie mit Verbindungen nicht-essentieller Elemente: Platin, Gold, Lithium

19.1 Überblick

Daß Verbindungen der essentiellen Elemente therapeutisch nutzbar sein können, geht unmittelbar aus den Ausführungen in Kap. 2.1 hervor. Über eine bloße Zufuhr des Elements hinaus kann jedoch auch – wie bei Arzneimitteln mit rein "organischen" Wirkstoffen – eine spezielle Verbindungsform des Elements chemotherapeutisch aktiv sein, entweder die verabreichte Substanz selbst oder ein im Organismus metabolisiertes Produkt (vgl. Tab. 6.2). Neben den Partikel-strahlenden, d.h. primär physikalisch wirkenden Radiotherapeutika mit anorganischen Isotopen existieren daher auch chemotherapeutisch aktive Verbindungen von solchen anorganischen Elementen, die nach heutiger Kenntnis nicht essentiell sind. Hierzu gehören die am Anfang der Chemotherapie (P. EHRLICH, Nobelpreis für Medizin 1908) stehenden antibakteriellen, teilweise antisyphilitischen Quecksilber-, Silber- und Bor-Präparate, Arsenverbindungen (NI DHUBHGHAILL, SADLER) wie etwa die Salvarsan-Derivate As_nAr_n (Ar: Aryl) oder spezifisch gegen infektiöse Gastritis wirksame Bismutkomplexe (HERRMANN, HERDTWECK, PAJDLA). Komplexere Wirkmechanismen als diese bakteriziden anorganischen Arzneimittel weisen die im folgenden vorgestellten, in der Praxis erfolgreichen "anorganischen" Medikamente mit nicht-essentiellen Elementen auf (ORVIG, ABRAMS; SADLER; KEPPLER); es sind dies die in der Krebstherapie eingesetzten Platin-Komplexe sowie Verbindungen des Goldes (Rheumatherapie) und des Lithiums (Psychopharmatherapie).

19.2 Platin-Komplexe in der Krebstherapie

19.2.1 Entdeckung, Anwendungsspektrum und Struktur-Wirkungs-Beziehungen

Die cytostatische Wirkung des *cis*-Diammindichloroplatins(II) ("Cisplatin", 19.1), eines aufgrund der d^8-Konfiguration quadratisch-planaren Komplexes (vgl. Kap. 3.2.1 und Abb. 2.10), wurde in den sechziger Jahren durch Zufall von B. ROSENBERG entdeckt.

H_3N Cl / Pt / H_3N Cl

(19.1)

Er untersuchte den Einfluß schwachen Wechselstromes auf das Wachstum von *E. coli* -Bakterien und verwendete dazu scheinbar inerte Platinelektroden. Das Ergebnis war eine Hemmung der Zellteilung ohne gleichzeitige Inhibition des Bakterien-Wachstums, was zur Ausbildung langer, fadenförmiger Zellen führte (ROSENBERG, VAN CAMP, KRIGAS). Im Laufe der Untersuchungen stellte sich heraus, daß nicht der elektrische Strom selbst, sondern die in Spuren durch Oxidation der Platinelektrode gebildeten *cis*-konfigurierten Chlorokomplexe wie (19.1) oder *cis* -Diammintetrachloroplatin(IV) (19.2) für diesen biologischen Effekt verantwortlich waren. Platin bildet ebenso wie Gold in oxidierter Form sehr stabile Komplexe mit Halogeniden und Pseudohalogeniden, so daß sich diese sonst sehr edlen Metalle in Anwesenheit derartiger Liganden deutlich leichter oxidieren lassen (vgl. das Auflösen in konzentrierter Salpeter- *und* Salzsäure, "Königswasser", oder die Cyanidlaugerei zur Goldgewinnung). In Gegenwart von Chlorid und Ammonium/Ammoniak als Bestandteilen gepufferter Nährlösungen konnte so ausreichend viel Material der Platin-Elektrode gelöst werden, das Potential für die Bildung der primär entstehenden Komplexe $[PtCl_{4,6}]^{2-}$ beträgt etwa 0.7 V. Das filamentöse Wachstum der Bakterien korreliert mit der Antitumoraktivität der betreffenden Substanzen (ROSENBERG et al.), d.h. mit der Hemmung von Zellteilung. Aus einer Vielzahl von *in vivo*, teilweise auch klinisch getesteten Komplexen des Platins (LIPPERT, BECK; PASINI, ZUNINO; UMAPATHY; REEDIJK) wie auch anderer Metalle (HAIDUC, SILVESTRU; KÖPF-MAIER, KÖPF; KEPPLER) zeigte das Cisplatin (19.1) lange Zeit die weitaus beste Aktivität.

Cl, H_3N, Cl, Pt, H_3N, Cl, Cl

(19.2)

Das seit ca. 1978 zugelassene Cisplatin wird als Einzelpräparat oder in Verbindung mit anderen, synergistisch wirkenden Cytostatika wie Bleomycin (vgl. Kap. 7.6.4), Vinblastin, Adriamycin, Cyclophosphamid oder Doxorubicin (19.6) gegen Hoden-, Ovarial-, Blasen- und Lungenkarzinome sowie gegen Tumore im Hals-Kopf-Bereich eingesetzt. Die deutlich gesunkene Mortalität bei Hoden- und Blasenkrebs (BEARDSLEY) ist zumindest teilweise auf die bis über 90% angestiegenen Heilungschancen für diese Tumorarten zurückzuführen. Cisplatin ist seit 1983 das umsatzstärkste Cytostatikum in den USA gewesen; die Präparate erreichten kumulierte Umsätze von über 100 Millionen Dollar und Heilungserfolge bei etwa 30000 Patienten pro Jahr.

Unmittelbare Nebenwirkungen bei der Therapie mit intravenös verabreichtem Cisplatin sind Beeinträchtigungen des Gastrointestinalbereichs (→ Übelkeit) und der Nieren, was auf Koordination des Schwermetalls Platin an Sulfhydryl-Gruppen in Proteinen zurückgeführt wird. Schwefelverbindungen wie Thioharnstoff oder Natriumdiethyldithiocarbamat (19.3) wie auch Diurese wirken dem entgegen. Die dadurch reduzierten Nebenwirkungen können in Kauf genommen werden, da Cisplatin im Gegensatz zu vielen anderen Cytostatika relativ geringe Schädigungen des Rückenmarks hervorruft. Analoge des Cisplatins mit zumindest gleicher Wirksamkeit bei niedrigeren therapeutischen Dosen und noch geringeren neuropathischen Nebenwirkungen existieren heute als klinisch getestete Präparate der zweiten Generation in Form von "Carboplatin", "Spiroplatin" oder "Iproplatin" (19.4, UMAPATHY; LIPPERT, BECK; PASINI, ZUNINO). Als bestes Analogon des Cisplatins erwies sich bisher das Carboplatin, das seit ca. 1990 in Großbritannien auf dem Markt ist. Es zeigt ähnliche Wirksamkeit gegenüber Ovarial- und Lungenkarzinomen wie Cisplatin bei verminderten Nebenwirkungen auf das periphere Nervensystem und die Nieren (differentielle Toxizität), Hauptproblem ist hier die verringerte Bildung von Knochenmark. Die nicht koplanare Struktur von Carboplatin aufgrund des tetraedrisch konfigurierten Spiro-Kohlenstoffatoms führt möglicherweise zu einem verminderten Abbau zu schädigenden Deriva-

CH_3CH_2, S, N, C, CH_3CH_2, SNa

(19.3)

en. Die Halbwertszeit im Blutplasma bei 37°C beträgt für Carboplatin 30 Stunden, für Cisplatin jedoch nur 1.5 bis 3.6 Stunden (UMAPATHY).

Carboplatin: *cis*-Diammin(1,1-cyclobutandicarboxylato)platin(II)

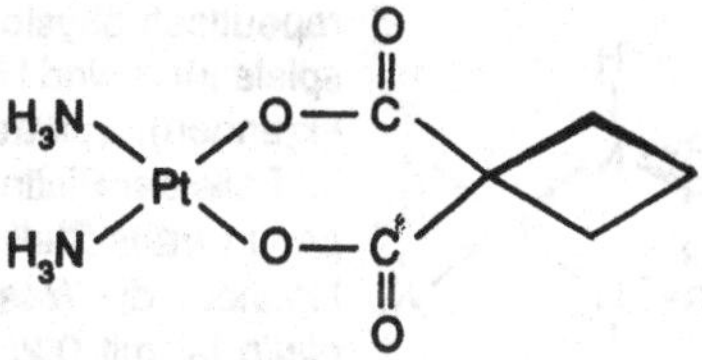

Spiroplatin: Aquo-1,1-bis(aminomethyl)cyclohexansulfatoplatin(II)

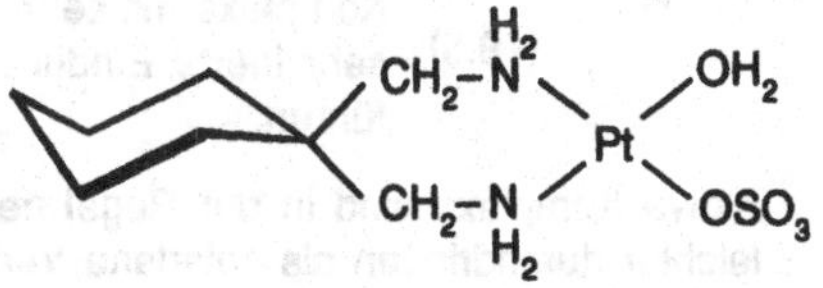

Iproplatin, CHIP: *cis*-Dichlorobis(isopropylamin)-*trans*-dihydroxoplatin(IV)

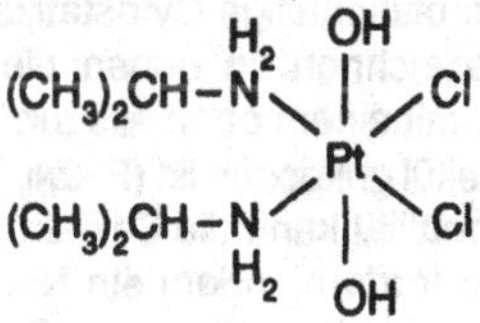

(19.4)

Die Vielzahl der relativ einfach synthetisierten und dann auf ihre Wirksamkeit getesteten platinhaltigen Verbindungen hat es ermöglicht, einige Struktur-Wirkungs-Beziehungen aufzustellen:

- Sowohl quadratische Platin(II)- als auch oktaedrisch konfigurierte Platin(IV)-Verbindungen zeigen cytostatische Aktivität, wobei die der Platin(IV)-Komplexe gewöhnlich geringer ist. Man nimmt an, daß die Pt(IV)-Verbindungen *in vivo* zu Pt(II)-Derivaten reduziert werden, möglicherweise durch Cystein.
- Anhaltende cytostatische Aktivität wurde bislang überwiegend bei Verbindungen mit *cis*-Konfiguration gefunden; die meisten, aber nicht alle (COLUCCIA et al.) *trans*-Isomere scheinen weniger wirksam zu sein.
- Der Komplex sollte in *cis*-Stellung zwei "Nichtabgangsgruppen" (NA) in Form zweier einzähniger oder eines zweizähnigen Liganden besitzen.
- Amin-Liganden als bevorzugte Nichtabgangsgruppen sollten mindestens eine N–H-Funktion und damit eine Möglichkeit für Wasserstoffbrückenbindung aufweisen. Die Rolle dieser N–H-Funktionen in koordinierten primären oder sekundären Aminen ist vermutlich mehrfacher Art (REEDIJK); sie könnten die Annäherung des Moleküls an die DNA erleichtern sowie zur basenspezifischen Bildung und größeren Stabilität des resultierenden Addukts beitragen (s. Abb. 19.3).

– Die Liganden X entsprechend den allgemeinen Formeln *cis*-$Pt^{II}X_2(NA)_2$ (vgl. 19.5) oder *cis*-$Pt^{IV}X_2Y_2(NA)_2$ für zwei- bzw. vierwertiges Platin sind normalerweise Anionen, die eine mittlere Bindungsbeständigkeit mit Platin aufweisen und damit auf therapeutisch-physiologischer Zeitskala austauschbar sind. Beispiele für X sind Halogenide, Carboxylate (teilweise als Chelat-Liganden), Sulfate, Aqua- oder Hydroxo-Liganden (vgl. 19.4). Im Falle der Platin(IV)-Verbindungen werden häufig OH^--Gruppen in *trans*-Stellung zueinander gewählt (19.4), wobei diese Liganden die Wasserlöslichkeit der Substanz verbessern (Cisplatin ist mit 0.25 g pro 100 ml H_2O relativ schwer löslich). Komplexe mit sehr labilen Liganden X sind toxisch, während sehr inerte Bindungen Pt–X zu wirkungslosen Substanzen führen.

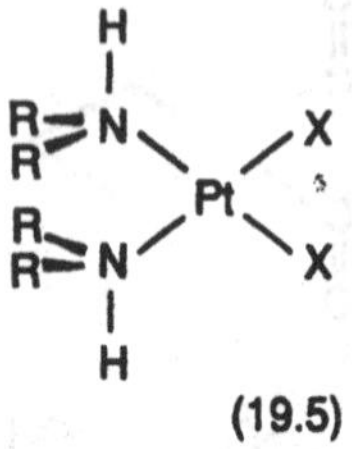

(19.5)

– Aktive Komplexe sind in der Regel neutral und können daher Zellmembranen leichter durchdringen als geladene Verbindungen.

Als platinhaltige Cytostatika der dritten Generation kann man solche Verbindungen bezeichnen, in denen die Pt-Wirkstoffgruppe mit einem ebenfalls funktionellen Trägermolekül gekoppelt ist (PASINI, ZUNINO). Diese Funktionalität kann die Selektivität für Tumorgewebe fördern, indem ein Nährstoffangebot für die schnell wachsenden Tumorzellen erfolgt; eigene cytotoxische Funktion des Liganden, z.B. des Amins Doxorubicin (19.6), kann zu synergistischer Wirksamkeit beitragen.

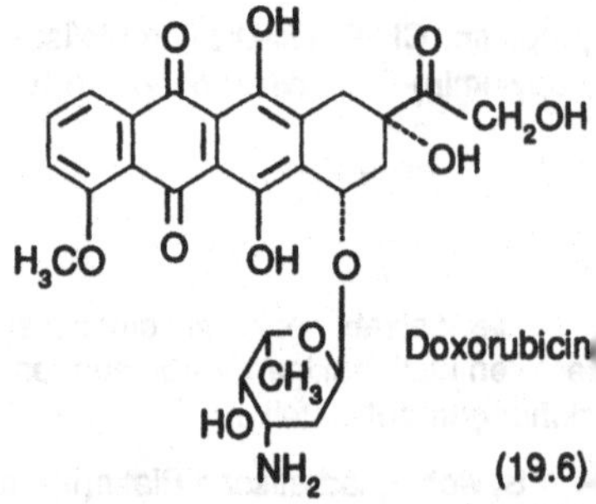

Doxorubicin (19.6)

Für viele solcher Verbindungen konnten cytostatische Eigenschaften bestätigt werden, jedoch stehen umfangreiche (teure!) klinische Tests häufig noch aus. Zusätzlich zur Nebenwirkungsproblematik stehen heute eine verbesserte Löslichkeit und verlangsamte Ausscheidung sowie die Zurückdrängung der typisch auftretenden Resistenz und der selektive Transport durch Zellwände im Mittelpunkt von praxisorientierter Forschung. Letzteres zielt auf ein andersartiges Wirkungsspektrum, speziell auf die Behandlung von Lungentumoren oder auf antivirale Aktivität; ein weiteres Ziel sind oral verabreichbare Platin-Cytostatika (meist Pt^{IV}), da Cisplatin und ähnliche Verbindungen im Magen bei pH 1 hydrolysieren.

19.2.2 Wirkungsweise von Cisplatin

Krebszellen unterscheiden sich von normalen Körperzellen durch den Verlust genetischer Kontrolle über die Lebensspanne. In Krebszellen ist auch der Rückkopplungsmechanismus in bezug auf die Existenz benachbarter Zellen gestört, was zu unkontrollierter Ausdehnung führen kann (Wucherung). In normalen Zellen werden diese Vorgänge durch Proto-Onkogene reguliert, Krebs kann durch eine Veränderung dieser

Gene oder ihrer Expression initiiert werden. Dementsprechend übt Cisplatin seine cytostatische Wirkung im wesentlichen durch Komplexbildung mit der DNA im Zellkern aus, während Reaktionen an anderer Stelle, z.B. mit Serumproteinen, zu den erwähnten Nebenwirkungen führen. Aus Untersuchungen an Verbindungen der zweiten Generation weiß man jedoch, daß dieser Wirkungsmechanismus komplex sein kann; je nach Verbindung findet man mehr oder weniger starke Hemmung von DNA-, RNA- oder Proteinsynthese (LIPPERT, BECK).

Abbildung 19.1 zeigt schematisch den Weg des Cisplatins im menschlichen Körper.

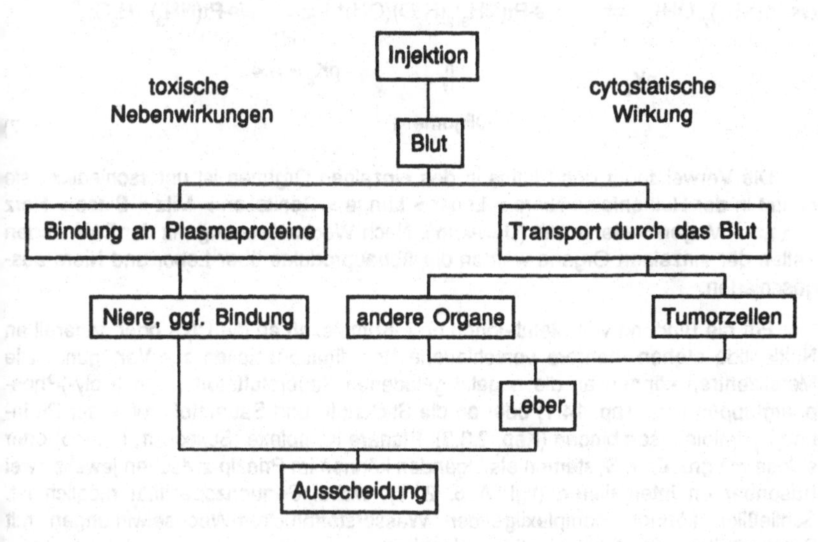

Abbildung 19.1: Metabolismus von Cisplatin im menschlichen Körper (vereinfacht)

Nach Infusion (orale Verabreichung ist wegen Hydrolyse in der sauren Magenflüssigkeit nicht möglich) kann Cisplatin entweder von Plasmaproteinen gebunden und durch die Nieren ausgeschieden (30-70%) oder unverändert durch das Blut transportiert werden. Nach passivem Transport des noch intakten Cisplatins durch die Zellwände verschiedener Organe oder der Tumorzellen wird es im Inneren von Zellen *rasch* hydrolysiert, was auf die deutlich niedrigere Cl^--Konzentration im intrazellulären Bereich zurückzuführen ist (vgl. Abb. 13.3). Innerhalb der Zellen liegt etwa 40% des Platins als *cis*-$Pt(NH_3)_2Cl(H_2O)^+$ vor. Dieses Hydrolyseprodukt (s. 19.7) des Cisplatins ist kinetisch labil, da H_2O gegenüber Pt(II) eine bessere Abgangsgruppe ist als Cl^-; es wird daher angenommen, daß *cis*-$Pt(NH_3)_2Cl(H_2O)^+$ eine besonders aktive Form des Cytostatikums darstellt. Dafür spricht auch die positive Ladung des Komplexes, welcher dadurch leichter an die negativ geladene phosphathaltige DNA binden kann.

$$
\begin{array}{ccccc}
 & & & & cis\text{-}Pt(NH_3)_2Cl_2 \\
 & & & & +Cl^- \upharpoonleft\downharpoonright -Cl^- \quad k_1 = 6.3\times10^{-5}\ s^{-1} \\
 & & cis\text{-}Pt(NH_3)_2Cl(OH) & \underset{-H^+}{\overset{+H^+}{\rightleftharpoons}} & cis\text{-}Pt(NH_3)_2Cl(H_2O)^+ \\
 & & (pK_s = 6.4) & & +Cl^- \upharpoonleft\downharpoonright -Cl^- \quad k_1 = 2.5\times10^{-5}\ s^{-1} \\
cis\text{-}Pt(NH_3)_2(OH)_2 & \underset{-H^+}{\overset{+H^+}{\rightleftharpoons}} & cis\text{-}Pt(NH_3)_2(H_2O)(OH)^+ & \underset{-H^+}{\overset{+H^+}{\rightleftharpoons}} & cis\text{-}Pt(NH_3)_2(H_2O)_2^{2+} \\
 & pK_s = 7.2 & \upharpoonleft\downharpoonright & pK_s = 5.4 & \\
 & & \text{Oligomere} & &
\end{array}
\qquad (19.7)
$$

Die Verweildauer des Platins in den einzelnen Organen ist unterschiedlich; sie nimmt in der Reihenfolge Niere > Leber > Lunge > Genitalien > Milz > Blase > Herz > Haut > Magen > Gehirn ab (UMAPATHY). Nach Wechselwirkung mit der DNA in den Zellen der einzelnen Organe werden die Abbauprodukte über Leber und Niere ausgeschieden.

Für die Bindung von Metall-Ionen und -Komplexen an die DNA oder generell an Nukleotide stehen mehrere verschiedene Koordinationsstellen zur Verfügung. Die Metallzentren können an die negativ geladenen Sauerstoffatome von (Poly-)Phosphatgruppen (vgl. Kap. 14.1) oder an die Stickstoff- und Sauerstoffatome der Purin- und Pyrimidinbasen binden (Kap. 2.3.3). Planare Komplexe (SUNDQUIST, LIPPARD) oder solche mit großen π-Systemen als Liganden können im Prinzip zwischen jeweils zwei Basenpaaren intercalieren (vgl. Abb. 2.12), wobei Sequenzspezifität möglich ist. Schließlich können Komplexliganden Wasserstoffbrücken-Wechselwirkungen mit Bestandteilen von Polynukleotiden eingehen.

Generell spielen Wechselwirkungen zwischen Metallkomplexen und Nukleinsäuren (TULLIUS) eine Rolle

- bei der Aufrechterhaltung der Tertiärstruktur (elektrostatische Effekte auf die Polyelektrolyte RNA^{n-} und DNA^{n-}),
- für den Nukleinsäurestoffwechsel, insbesondere den Phosphoryl-Transfer (Nuklease-, Polymerase-Aktivität, vgl. Kap. 14.1),
- bei der Regulation (vgl. Kap. 17.5), Replikation und Transkription genetischer Information (s. auch Kap. 12.6),
- für eine gezielte DNA-Spaltung mit molekularbiologischer Zielsetzung ("chemische Nukleasen", "Restriktionsenzym-Analoge"; vgl. Kap. 2.3.3 und Kap. 19.3) sowie
- bei metallinduzierten Mutationen (LIPPERT, SCHÖLLHORN, THEWALT).

Letztere lassen sich unter anderem auf geometrische Verzerrung der DNA (KLINE et al.) durch unphysiologische Quervernetzung (cross-linking) oder auf den Wechsel zu einem "falschen" Tautomeren nach Metallkoordination zurückführen (vgl.

2.13; LIPPERT, SCHÖLLHORN, THEWALT); allerdings sind die Wechselwirkungen vielfältig und selbst im Falle der vieluntersuchten Platinverbindungen noch nicht vollständig geklärt (UMAPATHY; REEDIJK; LIPPERT; LIPPARD). Beeinträchtigt werden können die Replikation und die genetische Transkription hinsichtlich ihrer Genauigkeit und Reproduzierbarkeit (fidelity) wie auch die Fähigkeit zur Erkennung und Reparatur fehlerhafter Stellen (BRUHN, TONEY, LIPPARD). Ein wesentlicher Aspekt für die Mutagenität von Verbindungen auch essentieller Metalle kommt dem Überwinden von Trennmechanismen zu, die den chromosomalen Bereich schützen (vgl. Abb. 17.7). Als potente Cytostatika sind auch die genannten Platin-Verbindungen in der Lage, in höheren Konzentrationen Mutationen zu verursachen. Ausgehend von dieser Beobachtung werden die beim Betrieb von Abgaskatalysatoren in Fahrzeugen auftretenden sehr geringen Platin-Emissionen (HELMERS, MERGEL, BARCHET) bezüglich ihres Gefährdungspotentials diskutiert.

Für *cis*-$Pt(NH_3)_2Cl_2$ konnte gezeigt werden, daß nach Abspaltung von Cl^- koordinative Bindungen zu den Stickstoffatomen von Nukleobasen gebildet werden, und zwar *in vitro* zu N7 von Guanin, zu N1 und N7 von Adenin und zu N3 von Cytosin (vgl. 2.11). Durch die Wasserstoffbrückenbindungen in der DNA sind N1 von Adenin und N3 von Cytosin abgeschirmt; für verschiedene Nukleotid-Oligomere als DNA-Modelle wurde die höchste Platin-Bindungsaffinität zu N7 von Guanin gefunden (s. Abb. 19.2).

Chelatkoordination an eine Guanin-Base

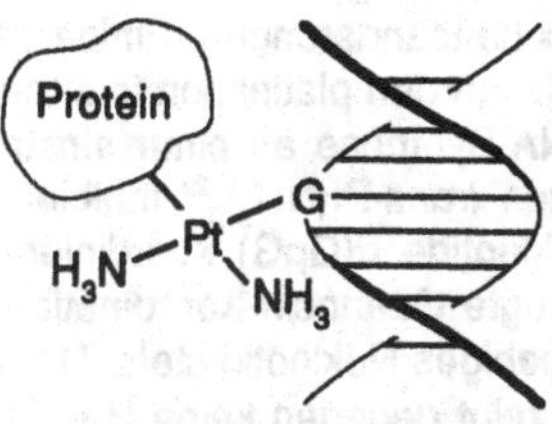

DNA-Protein-Vernetzung

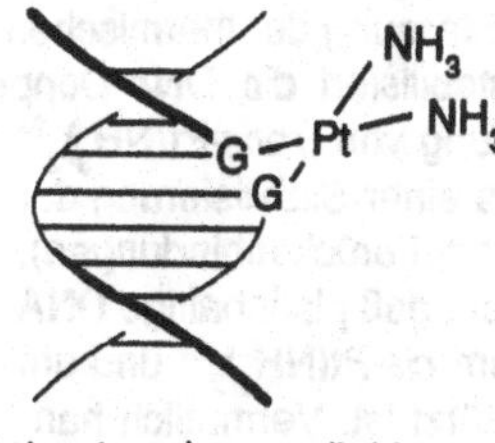

1,2-intrastrand cross-linking

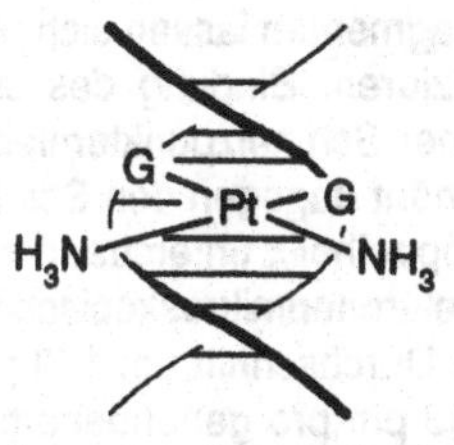

interstrand cross-linking

Abbildung 19.2: Bindungsmöglichkeiten von *cis*-$Pt(NH_3)_2^{2+}$ an Guanin (G) in doppelsträngiger DNA

In der doppelsträngigen DNA kann ein in *cis*-Stellung koordinativ zweifach ungesättigter Metallkomplex prinzipiell auf verschiedene Arten gebunden werden (Abb. 19.2). Da Komplexe mit nur einem labilen Liganden wie etwa Diethylentriaminplatin(II)-chlorid Pt(dien)Cl^+ (19.8) therapeutisch inaktiv sind, spielt monofunktionell koordiniertes Platin vermutlich nur die Rolle einer Zwischenstufe. Chelatkomplexbildung durch Stickstoff- und Sauerstoffkoordination an *einer* Base, Verknüpfung zweier Nukleobasen *eines* DNA-Strangs (intrastrand cross-linking), Quervernetzung zweier verschiedener DNA-Stränge (interstrand cross-linking) und Verknüpfung der DNA mit einem Protein sind mögliche Alternativen. Experimente haben gezeigt, daß die Chelatkomplexbildung an O6-N7 (Abb. 19.2) einer freien Guanin-Base zwar prinzipiell möglich, aber innerhalb der DNA-Doppelhelix nicht günstig ist. Auch "interstrand cross-linking" und Protein-DNA-Verknüpfungen tragen offenbar nur in geringem Maße zur gesamten Platin/DNA-Adduktbildung bei, ein Befund, der allerdings noch nicht direkt auf Wirkmechanismen schließen läßt und der bei Verwendung zweikerniger Komplexe keine Gültigkeit mehr haben muß (VAN HOUTEN et al.). Für $Pt(NH_3)_2^{2+}$ entfällt der Hauptanteil auf Bindungen zwischen dem Platinzentrum und zwei benachbarten, jeweils N7-koordinierten Guanosin-Nukleotiden auf demselben DNA-Strang (1,2-intrastrand d(GpG) cross-linking; d: Desoxy; p: Phosphat); die zweithäufigste Bindung erfolgt durch 1,2-intrastrand d(ApG)-Verknüpfung (jeweils über N7; SHERMAN et al.).

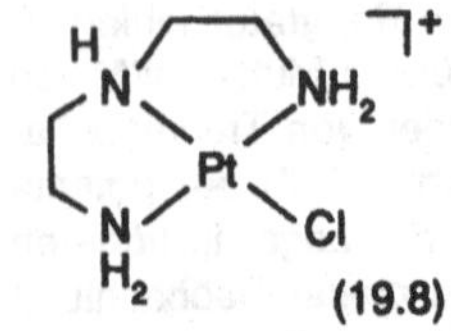

H N NH$_2$ Pt N Cl H$_2$]+

(19.8)

Die Bindung des Platinkomplexfragments an die DNA führt zu Struktur- und Eigenschaftsänderungen. Einige sequenzspezifisch DNA-spaltende Enzyme können die DNA an den platinkoordinierten Oligoguanosin-Sequenzen nicht mehr angreifen; die DNA-Synthese an einer einsträngigen Vorlage wird durch Anlagerung von *cis*- wie auch *trans*-$Pt(NH_3)_2^{2+}$ inhibiert. Im Gegensatz zu dem an *benachbarte* Guanosin-Nukleotide d(GpG) koordinierenden *cis*-$Pt(NH_3)_2^{2+}$ wurde für das *trans*-Isomer bevorzugte Guanosin-Koordination in d(GpNpG)-Sequenzen gefunden, wobei N für ein beliebiges Nukleotid steht. Der monofunktionelle kationische Komplex Pt(dien)Cl^+ (19.8) zeigt dagegen keine Hemmung der DNA-Synthese. Substitutionen am Platin sind im allgemeinen sehr langsam, so daß eine *cis/trans*-Isomerisierung auf der physiologischen Zeitskala keine Rolle spielen sollte.

Die strukturellen Veränderungen an der DNA durch Koordination von $Pt(NH_3)_2^{2+}$-Fragmenten lassen sich physikalisch durch Messung der thermischen Stabilität quantifizieren. Bindung des *cis*-Komplexes destabilisiert die DNA-Doppelhelix, was zu einer Schmelzpunkterniedrigung führt; Bindung von *trans*-$Pt(NH_3)_2^{2+}$ erhöht dagegen den Schmelzpunkt im Sinne einer Stabilisierung der Doppelhelix (interstrand cross-links, Wasserstoffbrückenbindungen). Elektronenmikroskopische Aufnahmen zeigen, daß platinhaltige DNA im Durchschnitt um 170 pm pro gebundenem *cis*-$Pt(NH_3)_2^{2+}$ und um 100 pm pro gebundenem *trans*-Isomer verkürzt ist. Vermutlich handelt es sich bei dieser relativ geringen, eine modifizierte Basenpaarung noch ermöglichenden Strukturverzerrung um eine Art von "Kink", d.h. einen Schleifenknick im Polymer (19.9; KLINE et al.).

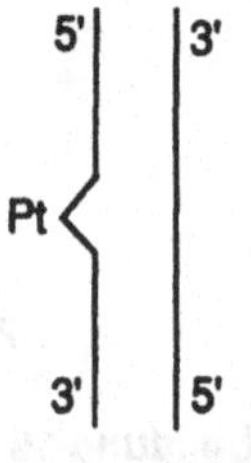

5' 3' Pt 3' 5'

(19.9)

Direkte Strukturvergleiche von intakten und platinkoordinierten DNA-"Bruchstücken" ergeben sich aus NMR-spektroskopischen Untersuchungen in Lösung und Röntgenstrukturdaten kristalliner Komplexe. Die Struktur des *cis*-$Pt(NH_3)_2$[d(pGpG)] in Abbildung 19.3 zeigt quadratisch-planares Platin, das von zwei NH_3-Liganden und zwei N7-Stickstoffatomen der beiden Guanin-Basen umgeben ist. Während in einer intakten DNA die beiden Nukleobasen etwa parallel zueinander angeordnet sind (Stapelprinzip), bilden sie hier einen Diederwinkel von etwa 80°, was auf die Möglichkeit eines gestörten Helixaufbaus hinweist. Bemerkenswert ist die intramolekulare Wasserstoffbrückenbindung zwischen einem koordinierten Ammin-Liganden und dem terminalen Phosphat (Abb. 19.3).

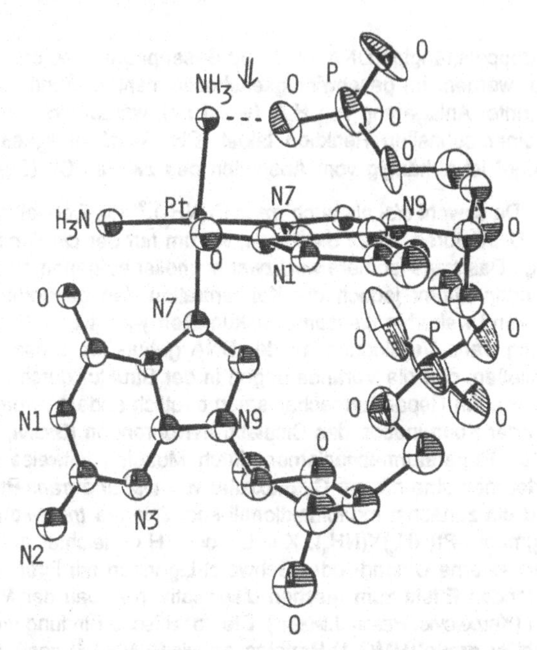

Abbildung 19.3: Molekülstruktur des *cis*-$Pt(NH_3)_2$[d(pGpG)] mit angedeuteter Ammin-Phosphat-Wasserstoffbrückenbindung (eines von vier kristallographisch unabhängigen Molekülen in der Elementarzelle; aus SHERMAN et al.)

Eine Koordination an benachbarte, nahezu orthogonal zueinander orientierte Guanin-Basen (jeweils über N7) zeigt auch der Komplex von *cis*-$Pt(NH_3)_2^{2+}$ mit d(CpGpG), wobei ebenfalls H-Brückenbindungen auftreten (ADMIRAAL et al.). Intra- und intermolekulare schwache Bindungswechselwirkungen können allerdings in Lösung andere Konformationen begünstigen als im Festkörper (REEDIJK). Ein "Kinking" wird nicht beobachtet, wenn nur ein Guanosin in der Oligonukleotidkette vorliegt. Für *trans*-$Pt(NH_3)_2^{2+}$ wurde mit dem DNA-Fragment d(A*pGpG*pCpCpT) eine Bindung an die N7-Stickstoffatome des Adenins und des zweiten, d.h. *übernächsten* Guanins nachgewiesen (SHERMAN, LIPPARD); die Möglichkeit einer Verknüpfung zweier verschiedener Nukleobasen konnte auch für *cis*-$Pt(NH_3)_2^{2+}$ in Verbindung mit anionischem 9-Methylguanin und 1-Methyluracil gezeigt werden (FROMMER et al.).

Eine Erklärung des Wirkmechanismus von Platin-Cytostatika muß die Dynamik physiologischen Geschehens und den eklatanten Unterschied zwischen *cis*- und *trans*-Isomeren einbeziehen. Durch ^{195}Pt-NMR-Spektroskopie konnte beispielsweise der Vorgang des Einbaus von *cis*- und *trans*-Diammindichloroplatin(II) in eine kurze doppelsträngige DNA mit 30-50 Basenpaaren und ca. 25 kDa Molekülmasse verfolgt werden. Im geschwindigkeitsbestimmenden Schritt erfolgt die Abspaltung von Cl^- unter Anlagerung von H_2O (vgl. 19.7), worauf sich das monofunktionelle Addukt in einer schnellen Reaktion bildet. Die Geschwindigkeit des eigentlichen "crosslinking" ist abhängig vom Abspalten des zweiten Cl^- (SUNDQUIST, LIPPARD).

Da sowohl *cis*- als auch *trans*-$Pt(NH_3)_2^{2+}$ die Doppelhelixstruktur und Replikation der DNA stören, bleibt die Frage, warum nur der *cis*-Komplex cytostatische Aktivität zeigt. Das *trans*-Isomere wird zwar schneller aufgenommen als Cisplatin; nach sechs Stunden nimmt jedoch die Konzentration des gebundenen *trans*-Komplexes ab, während weiterhin *cis*-Isomer akkumuliert wird. Nach 24 Stunden ist nur noch sehr wenig *trans*-Verbindung an der DNA gebunden. Diese Ergebnisse lassen darauf schließen, daß die Veränderungen in der Struktur durch das *trans*-Isomere von den zelleigenen Reparaturmechanismen deutlich anders wahrgenommen werden als die von der Koordination des Cisplatin herrührenden (BRUHN, TONEY, LIPPARD). In Zellen, deren Reparaturmechanismen durch Mutation teilweise außer Kraft gesetzt sind, findet man eine höhere Cytotoxizität von *cis*- und *trans*-$Pt(NH_3)_2Cl_2$. Möglicherweise wird ein zunächst monofunktionell koordiniertes *trans*-konfiguriertes Metallkomplexfragment $-Pt(NH_3)X(NH_3)$, X = Cl^- oder H_2O, leichter angegriffen, wobei insbesondere externe Chlorid- oder Schwefel-Liganden mit ihrem ausgeprägten *trans*-labilisierenden Effekt zum raschen dissoziativen Abbau der Metallierung beitragen können (KRIZANOVIC, PESCH, LIPPERT). Die spezifische Bindung eines chromosomalen "high-mobility group"(HMG-1)-Proteins an *cis*-$Pt(NH_3)_2^{2+}$-gestörte DNA (PIL, LIPPARD) läßt auf Beeinträchtigungen des genetischen Informationstransfers hinsichtlich veränderter Transkription oder fehlerhafter Erkennung und ausbleibender Reparaturen schließen (CHU).

19.3 Cytotoxische Verbindungen anderer Metalle

In Analogie zum therapeutisch erfolgreichen Cisplatin wurden zahlreiche Komplexe anderer Metalle untersucht und teilweise auch klinisch getestet (KEPPLER). Viele dieser Komplexe sind neutral, haben in *cis*-Stellung zwei mäßig labile Abgangsgruppen und tragen zur Intercalation neigende Gruppen. Da Platin(II) generell inerte Bindungen bildet, müssen die Nichtabgangsgruppen bei anderen, substitutionslabileren Metallzentren entweder durch Polyhapto-Bindung organischer Liganden oder durch Chelat-Ligation kinetisch stabil koordiniert werden.

(19.10)

Cl
M
Cl

M = Ti, V, Nb, Mo

Beispiele sind Metallocene und Metallocen-Dichloride (19.10; HAIDUC, SILVESTRU; KÖPF-MAIER, KÖPF), die im Zellexperiment Antitumoraktivität gegen verschiedene Karzinome zeigen. Vor allem das redoxchemisch wenig aktive Titanocendichlorid (19.10, M = Ti) erwies sich als wirksam gegen

Brust-, Lungen- und Darmkarzinome. Im Gegensatz zu Cisplatin sind therapeutische Dosen von Titanocendichlorid durch Nebenwirkungen auf die Leber gekennzeichnet. Über die Wirkungsweise ist noch wenig bekannt, *in vitro* ist eine Bindung an das Stickstoffatom N7 oder über Chelatbildung mit N7 und O6 der Purinbasen belegt. Während Substitution des Chlorids kaum Einfluß auf die Antitumorwirkung hat, führen Veränderungen am Cyclopentadienylring zu unwirksamen Produkten. Neben Diorganozinn(IV)-Verbindungen R_2SnX_2 ist ein weiteres, bereits klinisch getestetes Cytostatikum mit der genannten Komplexcharakteristik das gegen Darmkrebs wirksame Bis(1-phenyl-1,3-butandionato)diethoxytitan(IV), Budotitan (19.11; KEPPLER et al.).

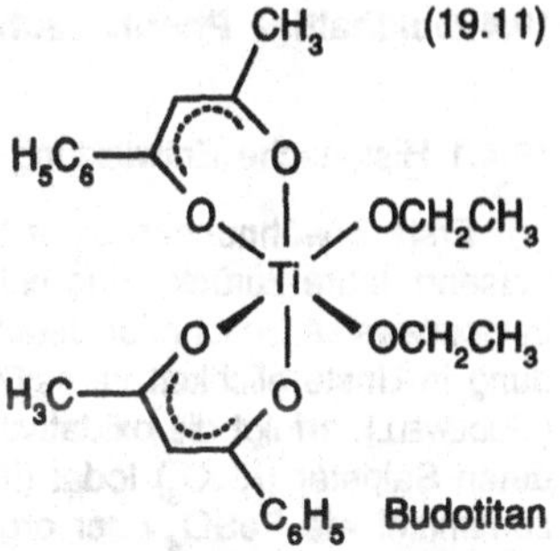

(19.11)

CH_3 H_5C_6 O O OCH_2CH_3 Ti O OCH_2CH_3 H_3C O C_6H_5 Budotitan

Antitumor-aktive Ruthenium-, Rhodium- und Goldverbindungen mit Amin-, Phosphin-, und Carboxylat-Liganden enthalten substitutionsinertes Metall; darunter befinden sich auch mehrkernige Komplexe wie etwa $Rh_2(O_2CCH_3)_4$ (KEPPLER).

Eisen-, Ruthenium- und Kupfer-Komplexe mit potentiell DNA-intercalierenden organischen Liganden sind z.B. in Form von Verbindungen des Antibiotikums Bleomycin (19.12) oder des 1,10-Phenanthrolins bekannt (2.14 und Abb. 2.12). Die Anwesenheit redoxaktiver Metallionen ist für diese Form gezielter DNA-Spaltung essentiell; beispielsweise wird eine vom Metall ausgehende Aktivierung des radikalbildenden O_2 in Antitumor-wirksamen Eisen(II)/Bleomycin-Komplexen (19.12) über Peroxo- und Oxoferryl-Zwischenstufen vermutet (Kap. 6.2-6.4; QUE).

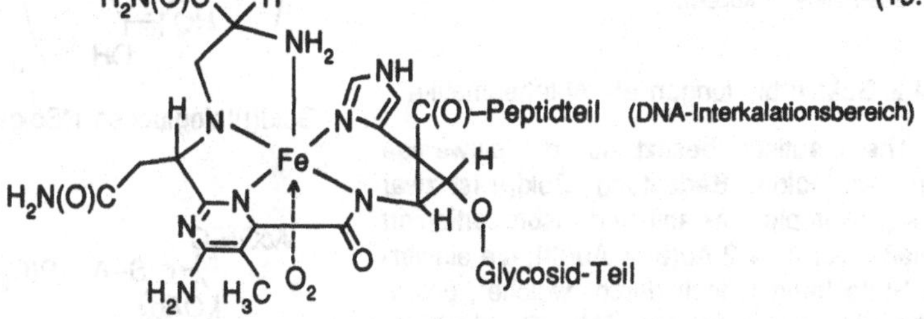

(19.12)

$H_2N(O)C$ H NH_2 NH H N N C(O)–Peptidteil (DNA-Interkalationsbereich) Fe H $H_2N(O)C$ N N N H O O Glycosid-Teil H_2N H_3C O_2

Bis(1,10-phenanthrolin)kupfer(I) ist das bekannteste Beispiel einer "komplexchemischen Nuklease", deren Peroxid-induzierte Fähigkeit zur Phosphodiester-Spaltung von DNA oder RNA über Trägersysteme gezielt eingesetzt werden kann (SIGMAN et al.; PAPAVASSILIOU). Bei teilweise photoinduziert aktivierbaren Tris(chelat)-Komplexen des Rutheniums (2.14, Abb 2.12) oder Rhodiums kann selektive Wechselwirkung mit Abschnitten der DNA über elektrostatische Anziehung und Formanpassung oder über direkte Intercalation erfolgen.

19.4 Goldhaltige Pharmazeutika in der Therapie rheumatischer Arthritis

19.4.1 Historische Entwicklung

Erste Erwähnungen einer therapeutischen Aktivität des Goldes liegen mehrere tausend Jahre zurück. Eine chinesische Vorschrift aus dem 6. Jahrhundert n. Chr. beispielsweise beschreibt detailliert die Lösung von metallischem Gold zur Anwendung in Unsterblichkeit verheißenden Elixieren. Wie sich heute nachvollziehen läßt (GLIDEWELL), erfolgt die oxidative Lösung dieses edlen Metalls, wenn in dem verwendeten Salpeter (KNO_3) Iodat (IO_3^-) als Begleition vorliegt und dieses durch Reduktionsmittel wie $FeSO_4$ oder organisches Material zu Iodid reduziert werden kann. Es bildet sich dann bei um ca. 1V erniedrigtem Potential $[AuI_2]^-$. Gold wurde als Allheilmittel propagiert, speziell erwähnt ist die Schutzfunktion gegen Lepra. 1890 fand ROBERT KOCH, daß Gold(I)cyanid AuCN das Wachstum von Tuberkulosebakterien hemmt; ein systematischer klinischer Einsatz dieser Verbindung scheiterte jedoch an der hohen Toxizität. 1924 setzte MOLLGAARD einen Thiosulfatokomplex des einwertigen Goldes zur Tuberkulosetherapie ein, und wenig später wurde Gold(I)thioglucose (19.13) zur Therapie rheumatischen Fiebers herangezogen. Erst 30 Jahre später jedoch erlangten ähnliche Verbindungen nach systematisch ausgeführten klinischen Tests die ihnen zustehende Aufmerksamkeit (SADLER; BERNERS-PRICE, SADLER).

$Na_3[O_3S_2{-}Au{-}S_2O_3]$

Trinatriumgold(I)bis-(thiosulfat) ("Sanocrysin")

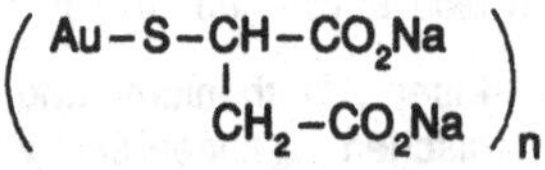

$$\left(\begin{array}{l} Au-S-CH-CO_2Na \\ \qquad\quad\;\; | \\ \qquad\quad CH_2-CO_2Na \end{array} \right)_n$$

Dinatriumgold(I)thiomalat ("Myochrisin")

(19.13)

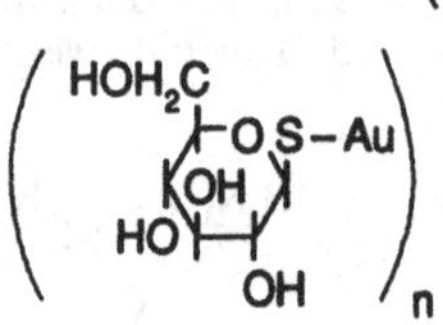

$\left(\text{HOH}_2\text{C, O, S–Au, OH, HO, OH} \right)_n$

Gold(I)thioglucose ("Solganol")

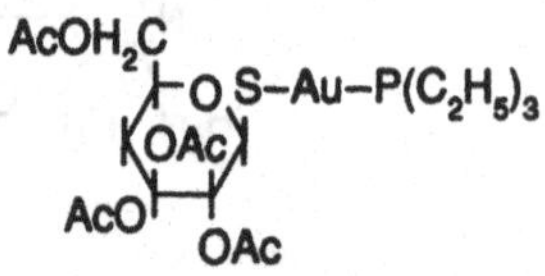

AcOH$_2$C, O, S–Au–P(C_2H_5)$_3$, OAc, AcO, OAc

(2,3,4,6-Tetrakis-O-acetyl-1-thio-β-D-glucopyranosido)-gold(I)triethylphosphin ("Auranofin", "Ridaura®")

19.4.2 Goldverbindungen als Antirheumatika

Therapeutisch besitzt nur die einwertige Form des Goldes Bedeutung. Gold(I) ist zwar als Aquokomplex instabil und disproportioniert gemäß 3 Au(I) → 2 Au(0) + Au(III); die einwertige Stufe kann jedoch durch "weiche", polarisierbare Liganden wie etwa CN^-, PR_3 oder Thiolate RS^- unter Bildung bevorzugt linear-konfigurierter d^{10}-Metallkomplexe stabilisiert werden. Die meisten Gold(I)-Verbindungen mit biologischer Aktivität enthalten Thiolat-Liganden, Gold(III) wirkt unter diesen Bedingungen stark oxidierend.

Die wichtigsten Vertreter goldhaltiger Antirheumatika sind in (19.13) abgebildet.

Die lineare Anordnung der Schwefel-Liganden um das zweifach koordinierte Metallzentrum ist auch im Falle des Solganols und Myochrisins realisiert; hier liegen oligomere Strukturen mit sechs oder acht Einheiten und verbrückenden Schwefelzentren vor. Eine Ringstruktur der Oligomeren wurde diskutiert, jedoch weisen XAS-Untersuchungen eher auf offenkettige Anordnungen hin (Elder, Eidsness). Solganol und Myochrisin sind wasser- aber nicht fettlöslich und müssen intramuskulär gespritzt werden (Hydrolyse im Sauren). Das fettlösliche Auranofin kann dagegen oral aufgenommen werden bei etwa 25% Resorption. Nach längerer Therapie stellen sich mit Myochrisin und Auranofin konstante Werte von 30 - 50 µg/ml Blut ein, wobei Myochrisin hauptsächlich an Albumin gebunden im Serum, Auranofin gleichmäßig zwischen Serum und Erythrozyten verteilt vorkommt.

Bei der tendenziell zunehmenden Therapie mit Goldverbindungen zur Verlangsamung aktiver rheumatischer Prozesse treten oft schwerwiegende Allergie-ähnliche Nebenwirkungen an Haut und Schleimhäuten sowie im Gastrointestinal- und Nieren-Bereich auf. Da Gold(I) insbesondere mit Schwefel-Liganden thermodynamisch stabile Komplexe bildet, kann die zusätzliche Verabreichung schwefelhaltiger Chelatbildner wie Penicillamin oder Dimercaprol (2.1) sowie von Antihistaminen und Adrenocorticosteroiden eine Abschwächung der Toxizität bewirken, welche die Goldtherapie bei nur etwa zwei Drittel der Patienten zuläßt und möglicherweise mit der Peroxidase-induzierten Bildung von Au(III)-Verbindungen verknüpft ist.

19.4.3 Hypothesen über die Wirkungsweise goldhaltiger Antirheumatika

Arthritis ist eine Entzündung von gelenkumgebendem Gewebe. Vermutet wird, daß die Schädigung der Gelenke durch Einwirkung hydrolytischer Enzyme aus Lysosomen hervorgerufen wird (Autoimmunreaktion). Untersuchungen der Gewebe zeigen, daß das Gold bevorzugt in den Gelenken angereichert und dort in den Lysosomen von Makrophagen gespeichert wird (Bildung von "Aurosomen"). Hemmung der lysosomalen Enzymwirkung ist durch Koordination des Goldes an im Enzym vorhandene Thiolgruppen (RS^-) vorstellbar. *In vitro* findet man Reaktionen zwischen Dinatriumgold(I)thiomalat und anderen Thiolaten RS^-, wobei Thiomalat freigesetzt wird (vgl. die kinetische Labilität linear koordinierter Hg(II)-Thiolatkomplexe, Kap. 17.5). Einer anderen Theorie zufolge können Gold(I)-Verbindungen die Bildung unerwünschter Antikörper im Bereich des Kollagens hemmen.

Irreversible Schädigungen der Gelenke können entsprechend einer weiteren Hypothese durch Fettoxidation mit anschließendem, durch freie Radikale begünstigtem Proteinabbau erfolgen (vgl. Kap. 16.8). Dabei spielen Superoxidionen ($O_2^{\bullet -}$), die durch aktivierte Phagozyten gebildet werden können (Cross, Jones; vgl. Kap. 10.5), eine wesentliche Rolle. Es konnte gezeigt werden, daß $O_2^{\bullet -}$ relativ leicht durch Oxidationsmittel zu reaktivem, nicht-spingehemmtem Singulett-Sauerstoff $^1O_2$ (5.3) oxidiert wird. In diesem Zusammenhang ist die Eigenschaft der Gold(I)-Verbindungen von Bedeutung, den Singulett-Zustand des Sauerstoffs aufgrund der hohen Spin-Bahn-Kopplungskonstante dieses schweren Elements rasch abzubauen (Inter-System-Crossing; Corey, Mehrotra, Khan).

19.5 Lithium in der Psychopharmatherapie

Seit einigen Jahrzehnten werden Lithiumsalze – meist in Form von genau dosiertem Lithiumcarbonat – zur Prophylaxe manisch-depressiver (bipolarer) Psychosen angewandt. Li^+ ist therapeutisch wertvoll und weit verbreitet, da es ausgleichend in *beiden* Phasen des normalerweise zyklischen Ablaufs dieser Störung wirkt (Birch, Phillips; Schrauzer, Klippel).

Schwierigkeiten in der Therapie ergeben sich aus der relativ hohen Toxizität des Metalls und der daraus folgenden sehr geringen therapeutischen Breite. Während eine Konzentration von 1 mmol Li^+ pro Liter Blut für eine erfolgreiche Behandlung notwendig ist, führen bereits 2 mM zu toxischen Nebenwirkungen, vor allem im Bereich der Nieren und des Nervensystems (Tremor). Konzentrationen von 3 mM und höher können bereits über einen längeren Zeitraum zum Tode führen. Lithiumcarbonat wird daher oral, verteilt auf mehrere kontrollierte Einzeldosierungen pro Tag verabreicht, um Nebenwirkungen zu vermeiden. Bei akuten Vergiftungen muß das Blut unter verstärkter Na^+-Zufuhr dialytisch gereinigt werden.

Das in Erdkruste und Meerwasser relativ seltene Li^+ ist einerseits das leichtere, mit einem Ionenradius von 60 pm bei Koordinationszahl 4 wesentlich kleinere und damit stärker polarisierende Homologe des Na^+, was direkt auf mögliche neuropathologische (Neben-)Wirkungen hinweist (vgl. Kap. 13). Andererseits steht Li^+ in Schrägbeziehung zum nur wenig größeren Mg^{2+}, mit dem es die physiologisch wichtige Affinität für Phosphat-Liganden teilt. Mehrere Hypothesen zur spezifisch antipsychotischen Wirkungsweise von Li^+ werden diskutiert, wobei jeweils die Beeinflussung (über Phosphat-Bindung?) des zellulären Informationssystems im Zentrum steht (Birch, Phillips; Avissar et al.): Hemmung des Inositol/Phosphat-Metabolismus (vgl. Kap. 14.2), Hemmung einer Adenylat-Cyclase oder Hemmung eines Guaninnukleotid-bindenden Proteins, eines "G-Proteins".

Literaturverweise

A) Im folgenden sind einige neuere Monographien zur Bioanorganischen Chemie genannt, die zumindest einen Teil der auch hier beschriebenen Gebiete behandeln. Die meisten neueren Lehrbücher der Anorganischen Chemie enthalten inzwischen ebenfalls kurze Kapitel zu dieser Thematik.

S.J. LIPPARD, J.M. BERG: *Bioanorganische Chemie*, Spektrum, Heidelberg, 1995

J.J.R. FRAÚSTO DA SILVA, R.J.P. WILLIAMS: *The Biological Chemistry of the Elements*, 2nd Edn., Oxford University Press, Oxford, 2001

J.A. COWAN: *Inorganic Biochemistry*, 2. Aufl., Wiley-VCH, New York, 1997

B) Viele Zeitschriften - auch solche mit einem weiteren Spektrum innerhalb der Naturwissenschaften - enthalten Fortschrittsergebnisse zu bioanorganischen Fragestellungen. Speziell diesem Gebiet gewidmet sind die folgenden Journale und Serien:

(a) Journal of Inorganic Biochemistry (Elsevier, Amsterdam)

(b) Journal of Biological Inorganic Chemistry (Springer, Berlin)

(c) Advances in Inorganic Biochemistry (Hrsg.: G.L. EICHHORN, L.G. MARZILLI; Elsevier, Amsterdam)

(d) Metal Ions in Biological Systems (Hrsg.: A. SIGEL, H. SIGEL; Marcel Dekker, New York)

(e) Metal Ions in Biology (Hrsg.: T.G. SPIRO; Wiley, New York)

(f) Perspectives on Bioinorganic Chemistry (Hrsg.: R.W. HAY; J.R. DILLWORTH, K.B. NOLAN; Jay Press, Hampton Hill)

(g) Biochemistry of the Elements (Hrsg.: E. FRIEDEN; Plenum Press, New York)

C) Nachstehend sind Bücher und einzelne Journalausgaben genannt, die aus unterschiedlichen Anlässen, z.B. nach internationalen Konferenzen, eine nicht systematische Zusammenstellung mehrerer Aspekte der Bioanorganischen Chemie durch verschiedene Autoren enthalten:

(h) J. Chem. Educ., *62* (1985) 916 - 1001: *Bioinorganic Chemistry - State of the Art*

(i) Recl. Trav. Chim. Pays-Bas, *106* (1987) 165 - 439

(j) Chem. Scr. *28A* (1988) 1 - 131: *Biophysical Chemistry of Dioxygen Reactions in Respiration and Photosynthesis*

(k) J. Inorg. Biochem. *36* (1989) 151 - 372

(l) G.L. Eichhorn (Hrsg.): *Inorganic Biochemistry*, Elsevier, Amsterdam, 1973

(m) A.W. Addison, W.R. Cullen, D. Dolphin, B.R. James (Hrsg.): *Biological Aspects of Inorganic Chemistry*, Wiley, New York, 1977

(n) R.J.P. Williams, J.R.R. Frausto da Silva (Hrsg.): *New Trends in Bio-inorganic Chemistry*, Academic Press, London, 1978

(o) P. Harrison (Hrsg.): *Metalloproteins, Parts 1 and 2*, Verlag Chemie, Weinheim, 1985

(p) A.V. Xavier (Hrsg.): *Frontiers in Bioinorganic Chemistry*, VCH Verlagsgesellschaft mbH, Weinheim, 1986

(q) S. Otsuka, T. Yamanaka (Hrsg.): *Metalloproteins; Chemical Properties and Biological Effects*, Elsevier, Amsterdam, 1988

(r) R. Dessy, J. Dillard, L. Taylor (Hrsg.): *Bioinorganic Chemistry*, ACS Symp. Ser. *100* (1971)

(s) K.N. Raymond (Hrsg.): *Bioinorganic Chemistry II*, ACS Symp. Ser. *162* (1977)

(t) A.E. Martell (Hrsg.): *Inorganic Chemistry in Biology and Medicine*, ACS Symp. Ser. *140* (1980)

(u) L. Que, Jr. (Hrsg.): *Metal Clusters in Proteins*, ACS Symp. Ser. *372* (1988)

(v) K. Burger (Hrsg.): *Biocoordination Chemistry*, Ellis Horwood, Chichester, 1990

(w) T.J. Beveridge, R.J. Doyle (Hrsg.): *Metal Ions and Bacteria*, Wiley, New York, 1989

(x) S.J. Lippard (Hrsg.), Prog. Inorg. Chem., *38* (1990) 1-516

(y) A.G. Sykes (Hrsg.), Adv. Inorg. Chem., *36* (1991) 1-486

(z) J. Reedijk (Hrsg.): *Bioinorganic Catalysis*, Marcel Dekker, New York, 1993

(aa) I. Bertini, C. Luchinat, W. Maret, M. Zeppezauer (Hrsg.): *Zinc Enzymes*, Birkhäuser, Boston, 1986

(bb) Chem. Rev. *94* (1994) 567 - 856: *Metal-Dioxygen Complexes*

(cc) I. Bertini, H.B. Gray, S.J. Lippard, J.S. Valentine: *Bioinorganic Chemistry*, University Science Books, Mill Valley, 1994

(dd) Proc. Natl. Acad. Sci. USA *100* (2003) 3562-3622: *Bioinorganic Chemistry Special Feature*

(ee) Chem. Rev. *104* (2004) 347-1200: *Biomimetic Inorganic Chemistry*

D) Die folgenden Literaturverweise zu den einzenen Kapiteln sind – angesichts der Überfülle des Materials – vor allem nach drei Kriterien ausgewählt:

- Gute Zugänglichkeit in Bibliotheken (Bervorzugung von Artikeln aus periodisch erscheinenden Journalen statt schwer greifbarer Monographien oder Konferenzberichte),
- möglichst hohe Aktualität (Artikel vorwiegend aus den Jahren), und
- Verfügbarkeit von Verweisen auf detailliertere Forschungsresultate in Originalmitteilungen und auf frühere Zusammenfassungen.

Allgemeine, mehrere Aspekte enthaltende Übersichtsartikel oder Bücher sind jeweils am Beginn zitiert, die Reihenfolge der Zitate entspricht der ersten Erwähnung im betreffenden Kapitel. Auf einzelne Artikel aus den unter B) und C) aufgezählten Zusammenfassungen (a) - (ee) wird entsprechend verwiesen.

Kapitel 1

G. Tölg, R.P.H. Garten, Angew. Chem. *97* (1985) 439: *Große Angst vor kleinen Mengen – die Bedeutung der analytischen Chemie in der modernen Industriegesellschaft am Beispiel der Spurenanalytik der Elemente*

G.R. Hartmann, Chem. Unserer Zeit *23* (1989) 105: *Chemie und Biologie: zwei Kulturen?*

R.K. Thauer, Naturwiss. Rundschau *39* (1986) 426: *Nickelenzyme im Stoffwechsel von methanogenen Bakterien*

P. Schönheit, J. Moll, R.K. Thauer, Arch. Microbiol. *123* (1979) 105: *Nickel, cobalt, and molybdenum requirement for growth of methanobacterium thermoautotrophicum.* Vgl. auch Nachr. Chem. Tech. Lab. *30* (1982) 923: *Nickelproteine und ein neues Porphinoid*

Kapitel 2

J. Emsley: *Nature's Building Blocks*, Oxford University Press, Oxford, 2001

F.H. Nielsen, FASEB J. *5* (1991) 2661: *Nutritional requirements for boron, silicon, vanadium, nickel and arsenic: Current knowledge and speculation*

C.T. Horovitz, J. Trace. Elem. Electrolytes Health Dis. *2* (1988) 135: *Is the major part of the periodic system really inessential for life?*

P.A. Cox: *The Elements: Their Origin, Abundance, and Distribution*, Oxford University Press, Oxford, 1989

G. Fuhrmann: *Allgemeine Toxikologie für Chemiker*, 2. Aufl., Teubner, Stuttgart, 1999

R.J.P. Williams, Coord. Chem. Rev. *216 - 217* (2001) 583: *Chemical selection of elements by cells*

R.J.P. Williams, J.J.R. Frausto da Silva: *The Natural Selection of the Chemical Elements*, Clarendon Press, Oxford, 1996

E.J. Underwood und mehrere Authoren in Phil. Trans. Roy. Soc. London *B 294* (1981) 1 - 213: *Metabolic and physiological consequences of trace element deficiency in animals and man*

Recommended Dietary Allowances, Natl. Acad. Sci. U.S.A., Natl. Res. Council, Food and Nutrition Board, 10th Edition, National Academy Press, Washington, 1989

H.G. Seiler, H. Sigel, A. Sigel (Hrsg.): *Handbook on Toxicity of Inorganic Compounds*, Marcel Dekker, New York, 1988

R.A. Bulman, Struct. Bonding (Berlin) *67* (1987) 91: *The chemistry of chelating agents in medical sciences*

M.M. Jones, Comments Inorg. Chem. *13* (1992) 91: *Newer Chelating Agents for in vivo Toxic Metal Mobilization*

E. Mutschler, G. Geisslinger, H.K. Kroemer, M. Schäfer-Korting: *Arzneimittelwirkungen, Lehrbuch der Pharmakologie und Toxikologie*, 8. Aufl, WVG, Stuttgart, 2001

R.J.P. Williams, Coord. Chem. Rev. *100* (1990) 573: *Bio-inorganic chemistry: Its conceptual evolution*

R.J.P. Williams, J. Chem. Soc. Dalton Trans. (1991) 539: *The chemical elements of life*

W.I. Weis, K. Drickamer, W.A. Hendrickson, Nature (London) *360* (1992) 127: *Structure of a C-type mannose-binding protein complexed with an oligosaccharide*

D.M. Whitfield, S. Stoijkovski, B. Sarkar, Coord. Chem. Rev. *122* (1993) 171: *Metal coordination to carbohydrates. Structures and function*

M.B. Davies, Polyhedron *11* (1992) 285: *Reactions of L-ascorbic acid with transition metal complexes*

P. Hemmerich, J. Lauterwein in (I), p. 1168: *The structure and reactivity of flavin-metal complexes*

M.J. Clarke, Comments Inorg. Chem. *3* (1984) 133: *Electrochemical effects of metal ion coordination to noninnocent, biologically important molecules*

P. Chakrabarti, Biochemistry 29 (1990) 651: *Systematics in the interaction of metal ions with the main-chain carbonyl group in protein structures*

R.L. Rardin, W.B. Tolman, S.J. Lippard, New J. Chem. *15* (1991) 417: *Monodentate carboxylate complexes and the carboxylate shift: Implications for polymetalloprotein structure and function*

R.J.P. Williams, Chem. Br. *19* (1983) 1009: *Symbiotic chemistry of metals and proteins*

B.W. MATTHEWS, J.N. JANSONIUS, P.M. COLMAN, B.P. SCHOENBORN, D. DUPOURQUE, Nature (London) *238* (1972) 37: *Three-dimensional structure of thermolysin*

R. HUBER, Angew. Chem. *101* (1989) 849: *Eine strukturelle Grundlage für die Übertragung von Lichtenergie und Elektronen in der Biologie* (Nobel-Vortrag)

B.L. VALLEE, R.J.P. WILLIAMS, Proc. Natl. Acad. Sci. U.S.A. *59* (1968) 498: *Metalloenzymes. Entatic nature of their active sites*

R.J.P. WILLIAMS, J. Mol. Catalysis – Review Issue (1986) 1: *Metallo-enzyme catalysis: The entatic state*

R. LUMRY, H. EYRING, J. Phys. Chem. *58* (1954) 110: *Conformation changes of proteins*

D.E. HANSEN, R.T. RAINES, J. Chem. Educ. *67* (1990) 483: *Binding energy and enzymatic catalysis*

J. RETEY, Angew. Chem. *102* (1990) 373: *Reaktionsselektivität von Enzymen durch negative Katalyse oder wie gehen Enzyme mit hochreaktiven Intermediaten um ?*

A. HAIM, J. Chem. Educ. *66* (1989) 935: *Catalysis: New reaction pathways, not just a lowering of the activation energy*

A. PESSI, E. BIANCHI, A. CRAMERI, S. VENTURINI, A. TRAMONTANO, M. SOLLAZZO, Nature *362* (1993) 367: *A designed metal-binding protein with a novel fold*

G.P. MOSS, Pure Appl. Chem. *59* (1987) 779: *Nomenclature of tetrapyrroles*

J.H. FUHRHOP, Angew. Chem. *86* (1974) 363: *Die Reaktivität des Porphyrinliganden*

D. DOLPHIN (Hrsg.): *The Porphyrins, Vol. I-VII*, Academic Press, New York, ab 1978

J.W. BUCHLER (Hrsg.): Struct. Bonding (Berlin) *64* (1987) S. 1 - 268: *Metal complexes with tetrapyrrole ligands I*

B. KRÄUTLER, Chimia *41* (1987) 277: *The porphinoids – versatile biological catalyst molecules*

R. TIMKOVICH, M.S. CORK, R.B. GENNIS, P.Y. JOHNSON, J. Am. Chem. Soc. *107* (1985) 6069: *Proposed structure of heme d, a prosthetic group of bacterial terminal oxidases*

A. ESCHENMOSER, Angew. Chem. *100* (1988) 6: *Vitamin B_{12}: Experimente zur Frage nach dem Ursprung seiner molekularen Struktur*

K.C. BIBLE, M. BUYTENDORP, P.D. ZIERATH, K.L. RINEHART, Proc. Natl. Acad. Sci. USA *85* (1988) 4582: *Tunichlorin: A nickel chlorin isolated from the Caribbean tunicate Trididemnum solidum*

H.A. DAILEY, C.S. JONES, S.W. KARR, Biochim. Biophys. Acta *999* (1989) 7: *Interaction of free porphyrins and metalloporphyrins with mouse ferrochelatase. A model for the active site of ferrochelatase*

P. SCHAEFFER, R. OCAMPO, H.J. CALLOT, P. ALBRECHT, Nature *364* (1993) 133: *Extraction of bound porphyrins from sulfur-rich sediments and their use for reconstruction of palaeoenvironments*

O.Q. Munro, J.C. Bradley, R.D. Hancock, H.M. Marques, F. Marsicano, P.W. Wade, J. Am. Chem. Soc. *114* (1992) 7218: *Molecular mechanics study of the ruffling of metalloporphyrins*

R.D. Hancock, J. Chem. Educ. *69* (1992) 615: *Chelate ring size and metal ion selection*

J.M. Lehn, Angew. Chem. *100* (1988) 92: *Supramolekulare Chemie – Moleküle, Übermoleküle und molekulare Funktionseinheiten* (Nobel-Vortrag)

F. Vögtle: *Supramolekulare Chemie*, 2. Aufl., Teubner, Stuttgart, 1992

K. Neupert-Laves, M. Dobler, Helv. Chim. Acta *58* (1975) 432: *The crystal structure of a K^+ complex of valinomycin*

T.D. Tullius (Hrsg.): *Metal-DNA Chemistry*, ACS Symp. Ser. *402* (1989)

L.G. Marzilli, Adv. Inorg. Biochem. *3* (1981) 47: *Metal complexes of nucleic acid derivatives and nucleotides: Binding sites and structures*

B. Lippert, H. Schöllhorn, U. Thewalt, Inorg. Chim. Acta *198-200* (1992) 723: *Metal-stabilized rare tautomers of nucleobases. 4. On the question of adenine tautomerization by a coordinated platinum(II)*

H. Schöllhorn, U. Thewalt, B. Lippert, J. Am. Chem. Soc. *111* (1989) 7213: *Metal-stabilized rare tautomers of nucleobases*

D.P. Mack, P.B. Dervan, J. Am. Chem. Soc. *112* (1990) 4604: *Nickel-mediated sequence-specific oxidative cleavage of DNA by a designed metalloprotein*

V. Dange, R.B. van Atta, S.M. Hecht, Science *248* (1990) 585: *A Mn^{2+}-dependent ribozyme*

A.M. Pyle, J.K. Barton, Prog. Inorg. Chem. *38* (1990) 413: *Probing nucleic acids with transition metal complexes*

A.E. Friedman, J.-C. Chambron, J.-P. Sauvage, N.J. Turro, J.K. Barton, J. Am. Chem. Soc. *112* (1990) 4960: *Molecular "light switch" for DNA: $Ru(bpy)_2(dppz)^{2+}$*

M. Eriksson, M. Leijon, C. Hiort, B. Norden, A.L Gräslund, J. Am. Chem. Soc. *114* (1992) 4933: *Minor groove binding of $[Ru(phen)_3]^{2+}$ to $[d(CGCGATCGCG)]_2$ evidenced by two-dimensional nuclear magnetic resonance spectroscopy*

K. Wieghardt, Nachr. Chem. Tech. Lab. *33* (1985) 961: *Bioanorganische Modellkomplexe – ein schillerndes Schlagwort?*

K.D. Karlin, Science *261* (1993) 701: *Metalloenzymes, structural motifs, and inorganic models*

H. Sigel, A. Sigel (Hrsg.): Einige Artikel in (d), *Vol. 25* (1989): *Interrelations among metal ions, enzymes, and gene expressions*

Kapitel 3

P.J. Toscano, L.G. Marzilli, Prog. Inorg. Chem. *31* (1984) 105: *B_{12} and related organocobalt chemistry: Formation and cleavage of cobalt carbon bonds*

D. Dolphin (Ed.): *B_{12}*, Wiley, New York, 1982

Z. Schneider, A. Stroinski: *Comprehensive B_{12}*, de Gruyter, Berlin, 1987

K. Folkers, J. Chem. Educ. *61* (1984) 747: *Perspectives from research on vitamins and hormones*

R. Scheffold, Nachr. Chem. Tech. Lab. *36* (1988) 261: *Vitamin B_{12} in der organischen Synthese*

B. Kräutler, Helv. Chim. Acta *70* (1987) 1268: *Thermodynamic trans-effects of the nucleotide base in the B_{12} coenzymes*

B.D. Martin, R.G. Finke, J. Am. Chem. Soc. *114* (1992) 580: *Methylcobalamin's full- vs. "half"-strength cobalt-carbon σ bonds and bond dissociation enthalpies: A > 10^{15} Co-CH_3 homolysis rate enhancement following one-antibonding-electron reduction of methylcobalamin*

Y. Zhao, P. Such, J. Retey, Angew. Chem. *104* (1992) 212: *Nachweis von radikalischen Zwischenstufen in der Coenzym-B_{12}-abhängigen Methylmalonyl-CoA-Mutase-Reaktion durch ESR-Spektroskopie*

C. Michel, S.P.J. Albracht, W. Buckel, Eur. J. Biochem. *205* (1992) 767: *Adenosylcobalamin and cob(II)alamin as prosthetic groups of 2-methyleneglutarate from Clostridium barkeri*

J.A. Weil, J.R. Bolton, J.E. Wertz: *Electron Paramagnetic Resonance: Elemental Theory and Practical Applications*, Wiley, New York, 1993

H. Kurrek, B. Kirste, W. Lubitz: *Electron Nuclear Double Resonance Spectroscopy of Radicals in Solution*, VCH, Weinheim, 1988

B.M. Hoffman, Acc. Chem. Res. *24* (1991) 164: *Electron nuclear double resonance (ENDOR) of metalloenzymes*

J. Halpern, Science *227* (1985) 869: *Mechanisms of coenzyme B_{12}-dependent rearrangements*

P. Dowd, B. Wilk, B.K. Wilk, J. Am. Chem. Soc. *114* (1992) 749: *First hydrogen abstraction-rearrangement model for the coenzyme B_{12}-dependent methylmalonyl-CoA to succinyl-CoA carbon skeleton rearrangement reaction*

J. Stubbe, Biochemistry *27* (1988) 3893: *Radicals in biological synthesis*

P. Zurer, Chem. Eng. News, August 26 (1991) 18: *Error charged in infant's death, mother's jailing*

G. Pattenden, Chem. Soc. Rev. *17* (1988) 361: *Cobalt-mediated radical reactions in organic synthesis*

H. Fischer, J. Am. Chem. Soc. *108* (1986) 3925: *Unusual selectivities of radical reactions by internal suppression of fast modes*

R. Banerjee, Chem. Rev. *103* (2003) 2083: *Radical carbon skeleton rearrangements: Catalysis by coenzyme B_{12}-dependent mutases*

J. Retey, Angew. Chem. *102* (1990) 373: *Reaktionsselektivität von Enzymen durch negative Katalyse oder wie gehen Enzyme mit hochreaktiven Intermediaten um?*

R.G. Matthews, Acc. Chem. Res. *34* (2001) 681: *Cobalamin-dependent methyltransferases*

M.D. Wirt, M. Kumar, S.W. Ragsdale, M.R. Chance, J. Am. Chem. Soc. *115* (1993) 2146: *X-ray absorption spectroscopy of the corrinoid/iron-sulfur protein involved in acetyl coenzyme A synthesis by Clostridium thermoaceticum*

M. Dennis, P.E. Kolattukudy, Proc. Natl. Acad. Sci. USA *89* (1992) 5306: *A cobalt-porphyrin enzyme converts a fatty aldehyde to a hydrocarbon and CO*

G.N. Schrauzer, Angew. Chem. *88* (1976) 465 und *89* (1977) 239: *Neuere Entwicklungen auf dem Gebiet des Vitamins B_{12}*

G. Costa, G. Mestroni, L. Stefani, J. Organomet. Chem. 7 (1967) 493: *Organometallic derivatives of cobalt(III) chelates of bis(salicylaldehyde)ethylenediimine*

M.K. Geno, J. Halpern, J. Am. Chem. Soc. *109* (1987) 1238: *Why does nature not use the porphyrin ligand in vitamin B_{12}?*

B. Kräutler, W. Keller, C. Kratky, J. Am. Chem. Soc. *111* (1989) 8936: *Coenzyme B_{12} chemistry: The crystal and molecular structure of cob(II)alamin*

B.T. Golding, Chem. Br. *26* (1990) 950: *The B_{12} mystery*

Kapitel 4

K. Wieghardt, Angew. Chem. *101* (1989) 1179: *Die aktiven Zentren in manganhaltigen Metalloproteinen und anorganische Metallkomplexe*

V.L. Pecoraro (Hrsg.): *Manganese Redox Enzymes*, VCH, New York, 1992

G.E.O. Borgstahl, H.E. Parge, M.J. Hickey, W.F. Beyer, Jr., R.A. Hallewell, J.A. Tainer, Cell *71* (1992) 107: *The structure of human mitochondrial manganese superoxide dismutase reveals a novel tetrameric interface of two 4-helix bundles*

J. Deisenhofer, H. Michel, Angew. Chem. *101* (1989) 872: *Das photosynthetische Reaktionszentrum des Purpurbakteriums Rhodopseudomonas viridis* (Nobel-Vortrag)

G.S. Beddard, Eur. Spectrosc. News *65* (1986) 10: *Some applications of picosecond spectroscopy*

W. Holzapfel, U. Finkele, W. Kaiser, D. Oesterhelt, H. Scheer, H.U. Stilz, W. Zinth, Chem. Phys. Lett. *160* (1989) 1: *Observation of a bacteriochlorophyll anion radical during the primary charge separation in a reaction center*

G. FEHER, J. Chem. Soc. Perkin Trans. (1992) 1861: *Identification and characterization of the primary donor in bacterial photosynthesis: A chronological account of an EPR/ENDOR investigation*

R.A. MARCUS, Angew. Chem. *105* (1993) 1161: *Elektronentransferreaktionen in der Chemie - Theorie und Experiment* (Nobel-Vortrag)

H.T. WITT, Nouv. J. Chim. *11* (1987) 91: *Examples for the cooperation of photons, excitons, electrons, electric fields and protons in the photosynthetic membrane*

W. MÄNTELE, Biol. Unserer Zeit *20* (1990) 85: *Photosynthese*

J.M. ANDERSON, B. ANDERSSON, Trends Biochem. Sci. *13* (1987) 351: *The dynamic photosynthetic membrane and regulation of solar energy conversion*

J.D. COYLE, R.R. HILL, D.R. ROBERTS (Hrsg.): *Light, Chemical Change and Life*, The Open University Press, Milton Keynes (England), 1982

R. HUBER, Angew. Chem. *101* (1989) 849: *Eine strukturelle Grundlage für die Übertragung von Lichtenergie und Elektronen in der Biologie* (Nobel-Vortrag)

W. KÜHLBRAND, D.N. WANG, Y. FUJIYOSHI, Nature (London) *367* (1994) 614: *Atomic model of plant light-harvesting complex by electron crystallography*

C.N. HUNTER, R. VAN GRONDELLE, J.D. OLSEN, Trends Biochem. Sci. *14* (1989) 72: *Photosynthetic antenna proteins: 100 ps before photochemistry starts*

H.C. CHOW, R. SERLIN, C.E. STROUSE, J. Am. Chem. Soc. *97* (1975) 7230: *The crystal and molecular structure and absolute configuration of ethyl chlorophyllide a dihydrate*

J.P. ALLEN, G. FEHER, T.O. YEATES, H. KOMIYA, D.C. REES, Proc. Natl. Acad. Sci. USA *84* (1987) 5730: *Structure of the reaction center from Rhodobacter sphaeroides R-26: The cofactors*

W. MASSA: *Kristallstrukturbestimmung,* Teubner, Stuttgart, 1994

H. MICHEL, J. Mol. Biol. *158* (1982) 567: *Three-dimensional crystals of a membrane protein complex. The photosynthetic reaction center from Rhodopseudomonas viridis*

I. ANDERSSON, S. KNIGHT, G. SCHNEIDER, Y. LINDQVIST, T. LUNDQVIST, C.-I. BRÄNDEN, G.H. LORIMER, Nature (London) *337* (1989) 229: *Crystal structure of the active site of ribulose-bisphosphate carboxylase*

K. WIEGHARDT, Angew. Chem. *106* (1994) 765: *Ein Strukturmodell für den wasseroxidierenden Mangancluster im Photosystem II*

G.W. BRUDVIG, H. H. THORP, R.H. CRABTREE, Acc. Chem. Res. *24* (1991) 311: *Probing the mechanism of water oxidation in photosystem II*

G. RENGER, Chem. Unserer Zeit *28* (1994) 118: *Biologische Wasserspaltung durch Sonnenlicht im Photosyntheseapparat*

A.W. RUTHERFORD, Trends Biochem. Sci. *14* (1989) 227: *Photosystem II, the water-splitting enzyme*

GOVINDJEE, W.J. COLEMAN, Sci. Am. *262(2)* (1990) 42: *How plants make oxygen*

R.J. DEBUS, Biochim. Biophys. Acta *1102* (1992) 269: *The manganese and calcium ions of photosynthetic oxygen evolution*

D.M. PROSERPIO, R. HOFFMANN, G.C. DISMUKES, J. Am. Chem. Soc. *114* (1992) 4374: *Molecular mechanism of photosynthetic oxygen evolution: A theoretical approach*

R.E. BLANKENSHIP, R.C. PRINCE, Trends Biochem. Sci. *10* (1985) 382: *Excited-state redox potentials and the Z scheme of photosynthesis*

N. KRAUSS, W. HINRICHS, I. WITT, P. FROMME, W. PRITZKOW, Z. DAUTER, C. BETZEL, K.S. WILSON, H.T. WITT, W. SAENGER, Nature (London) *361* (1993) 326: *Three-dimensional structure of system I of photosynthesis at 6 Å resolution*

J. BARBER, Trends Biochem. Sci. *12* (1987) 321: *Photosynthetic reaction centres: A common link*

W. DRABER, J.F. KLUTH, K. TIETJEN, A. TREBST, Angew. Chem. *103* (1991) 1650: *Herbizide in der Photosyntheseforschung*

P. LAGGNER, R. MANDL, A. SCHUSTER, M. ZECHNER, D. GRILL, Angew. Chem. *100* (1988) 1790: *Rasche Bestimmung des Manganmangels in Koniferennadeln durch ESR-Spektroskopie*

V.J. DEROSE, I. MUKERJI, M.J. LATIMER, Y.K. YACHANDRA, K. SAUER, M.P. KLEIN, J. Am. Chem. Soc. *116* (1994) 5239: *Comparison of the manganese oxygen-evolving complex in photosystem II of spinach and Synechococcus sp. with multinuclear manganese model compounds by x-ray absorption spectroscopy*

C.D. GARNER, Adv. Inorg. Chem. *36* (1991) 303: *X-Ray absorption spectroscopy and the structures of transition metal centers in proteins*

H. BERTAGNOLLI, T.S. ERTEL, Angew. Chem. *106* (1994) 15: *Röntgenabsorptionsspektroskopie an amorphen Festkörpern, Flüssigkeiten, katalytischen und biochemischen Systemen - Möglichkeiten und Grenzen*

H. BAUMGÄRTL, Chem. Unserer Zeit *28* (1994) 6: *Synchrotronstrahlung in der Chemie*

T. ONO, T. NOGUCHI, Y. INOUE, M. KUSUNOKI, T. MATSUSHITA, H. OYANAGI, Science *2587* (1992) 1335: *X-ray detection of the period-four cycling of the manganese cluster in photosynthetic water oxidizing enzyme*

R.L. CARLIN: *Magnetochemistry*, Springer-Verlag, Berlin, 1986

G. BLONDIN, J.-J. GIRERD, Chem. Rev. *90* (1990) 1359: *Interplay of electron exchange and electron transfer in metal polynuclear complexes in proteins or chemical models*

K. WIEGHARDT, U. BOSSEK, J. BONVOISIN, P. BEAUVILLAIN, J.J. GIRERD, B. NUBER, J. WEISS, J. HEINZE, Angew. Chem. *98* (1986) 1026: *Zweikernige Mangan(II,III,IV)-Modellkomplexe für das aktive Zentrum des Metalloproteins Photosystem II*

U. BOSSEK, T. WEYHERMÜLLER, K. WIEGHARDT, B. NUBER, J. WEISS, J. Am. Chem. Soc. *112* (1990) 6387: *$[L_2Mn_2(\mu\text{-}O_2)](ClO_4)_2$: The first binuclear (μ-peroxo)dimanganese(IV) complex (L = 1,4,7-trimethyl-1,4,7-triazacyclononane). A model for the $S_4 \rightarrow S_0$ transformation in the oxygen-evolving complex in photosynthesis*

K.N. Ferreira, T.M. Iverson, K. Maghlaoui, J. Barber, S. Iwata, Science *303* (2004) 1831: *Architecture of the photosynthetic oxygen-evolving center*

T.J. Meyer, Acc. Chem. Res. *22* (1989) 163: *Chemical approaches to artificial photosynthesis*

J.A. Gilbert, D.S. Eggleston, W.R. Murphy, D.A. Geselowitz, S.W. Gersten, D.J. Hodgson, T.J. Meyer, J. Am. Chem. Soc. *107* (1985) 3855: *Structure and redox properties of the water-oxidation catalyst* $[(bpy)_2(OH_2)RuORu(OH_2)(bpy)_2]^{4+}$

Kapitel 5

C.J. Allègre, S.H. Schneider, Sci. Am. *271(4)* (1994) *44: The evolution of the earth*

E.F. Elstner: *Der Sauerstoff: Biochemie, Biologie, Medizin*, BI-Wiss.-Verlag, Mannheim, 1990

D.T. Sawyer: *Oxygen Chemistry*, Oxford University Press, Oxford, 1991

J.J.R. Fraústo da Silva, R.J.P. Williams: *The Biological Chemistry of the Elements*, Clarendon Press, Oxford, 1991

H. Taube, Prog. Inorg. Chem. *34* (1986) 607: *Interaction of dioxygen species and metal ions – equilibrium aspects*

E.C. Niederhoffer, J.H. Timmons, A.E. Martell, Chem. Rev. *84* (1984) 137: *Thermodynamics of oxygen binding in natural and synthetic dioxygen complexes*

I.M. Klotz, D.M. Klotz in (bb), S. 567: *Metal-dioxygen complexes: A perspective*

M. Chanon, M. Julliard, J. Santamaria, F. Chanon, New. J. Chem. *16* (1992) 171: *Role of single electron transfer in dioxygen activation. Swing activation in photochemistry, electrochemistry, thermal chemistry*

V. Massey, J. Biol. Chem. *269* (1994) 22459: *Activation of molecular oxygen by flavins and flavoproteins*

J.W. Egan, B.S. Haggerty, A.L. Rheingold, S.C. Sendlinger, K.H. Theopold, J. Am. Chem. Soc. *112* (1990) 2445: *Crystal structure of a side-on superoxo complex of cobalt and hydrogen abstraction by a reactive terminal oxo ligand*

N. Kitajima, Y. Moro-oka in (bb), S. 737: *Copper-dioxygen complexes. Inorganic and bioinorganic perspectives*

W. Micklitz, S.G. Bott, J.G. Bentsen, S.J. Lippard, J. Am. Chem. Soc. *111* (1989) 372: *Characterization of a novel* μ_4*-peroxide tetrairon unit of possible relevance to intermediates in metal-catalyzed oxidations of water to dioxygen*

M.F. Perutz, G. Fermi, B. Luisi, B. Shaanan, R.C. Liddington, Acc. Chem. Res. *20* (1987) 309: *Stereochemistry of cooperative mechanisms in hemoglobin*

F.A. Cotton, G. Wilkinson: *Advanced Inorganic Chemistry*, 5th Edition, Wiley, New York, 1988; S. 1337

J.E. Huheey: *Anorganische Chemie,* de Gruyter, Berlin, 1988

R.E. Dickerson, I. Geis: *Hemoglobin: Structure, Function, Evolution and Pathology*, Benjamin Cummings, Menlo Park, Calif., 1983

M.F. Perutz, Trends Biochem. Sci. *14* (1989) 42: *Myoglobin and haemoglobin: Role of distal residues in reactions with haem ligands*

K. Gersonde in H. Sund, V. Ullrich (Hrsg.): *Biological Oxidations*, Springer-Verlag, Berlin, 1983, S. 170 - 188: *Reversible dioxygen binding*

S.E.V. Phillips, B.P. Schoenborn, Nature (London) *292* (1981) 81: *Neutron diffraction reveals oxygen-histidine hydrogen bond in oxymyoglobin*

L. Pauling, C.D. Coryell, Proc. Natl. Acad. Sci. U.S.A. *22* (1936) 210: *Magnetic properties and structure of hemoglobin, oxyhemoglobin and carbonmonoxyhemoglobin*

J.J. Weiss, Nature (London) *202* (1964) 83: *Nature of the iron-oxygen bond in oxyhemoglobin*

I. Bytheway, M.B. Hall in (bb), S. 639: *Theoretical calculations of metal-dioxygen complexes*

A. Gossauer, Chimia *48* (1994) 352: *Catabolism of tetrapyrroles*

J. Baldwin, C. Chothia, J. Mol. Biol. *129* (1979) 175: *Hemoglobin: The structural changes related to ligand binding and its allosteric mechanism*

V. Srajer, L. Reinisch, P.M. Champion, J. Am. Chem. Soc. *110* (1988) 6656: *Protein fluctuations, distributed coupling, and the binding of ligands to heme proteins*

M.F. Colombo, D.C. Rau, V.A. Parsegian, Science *256* (1992) 655: *Protein solvation in allosteric regulation: A water effect on hemoglobin*

L.F. Stryer: *Biochemistry,* 3. Auflage, Freeman, New York, 1988, S. 143

A.F.G. Slater, A. Cerami, Nature (London) *355* (1992) 167: *Inhibition by chloroquine of a novel haem polymerase enzyme activity in malaria trophozoites*

M. Momenteau, C.A. Reed in (bb), S. 659: *Synthetic heme dioxygen complexes*

K.S. Suslick, T.J. Reinert in (h), S. 974: *The synthetic analogs of O_2-binding heme proteins*

R.E. Stenkamp in (bb), S. 715: *Dioxygen and hemerythrin*

S.J. Lippard, Angew. Chem. *100* (1988) 353: *Oxoverbrückte Polyeisenzentren in Biologie und Chemie*

D.M. Kurtz, Chem. Rev. *90* (1990) 585: *Oxo- and hydroxo-bridged diiron complexes: A chemical perspective on a biological unit*

W. Kaim, S. Ernst, S. Kohlmann, Chem. Unserer Zeit *21* (1987) 50: *Farbige Komplexe: das Charge-Transfer-Phänomen*

R.C. Reem, J.M. McCormick, D.E. Richardson, F.J. Devlin, P.J. Stephens, R.L. Musselman, E.I. Solomon, J. Am. Chem. Soc. *111* (1989) 4688: *Spectroscopic studies of the coupled binuclear ferric active site in methemerythrins and oxyhemerythrins*

R.J.H. Clark, T.J. Dines, Angew. Chem. *98* (1986) 131: *Resonanz-Raman-Spektroskopie und ihre Anwendung in der Anorganischen Chemie*

J. Sanders-Loehr in (u), S. 49: *Resonance Raman spectroscopy of iron-oxo and iron-sulfur clusters in proteins*

P. Gütlich, R. Link, A. Trautwein: *Mössbauer Spectroscopy and Transition Metal Chemistry*, Springer-Verlag, Berlin, 1978

W.B. Tolman, A. Bino, S.J. Lippard, J. Am. Chem. Soc. *111* (1989) 8522: *Self-assembly and dioxygen reactivity of an asymmetric, triply bridged diiron(II) complex with imidazole ligands and an open coordination site*

R.E. Stenkamp, L.C. Sieker, L.H. Jensen, J. Am. Chem. Soc. 106 (1984) 618: *Binuclear iron complexes in methemerythrin and azidomethemerythrin at 2.0-Å resolution*

Kapitel 6

G. von Jagow, W.D. Engel, Angew. Chem. *92* (1980) 684: *Struktur und Funktion des energieumwandelnden Systems der Mitochondrien*

C. Greenwood in (o), *Teil 1*, S. 43: *Cytochromes c and cytochrome c containing enzymes*

G.R. Moore, G.W. Pettigrew: *Cytochromes c*, Springer-Verlag, Berlin, 1990

G. Palmer, J. Reedijk, Eur. J. Biochem. *200* (1991) 599: *Nomenclature of electron-transfer proteins*

G.N. George, T. Richards, R.E. Bare, Y. Gea, R.C. Prince, E.I. Stiefel, G.D. Watts, J. Am. Chem. Soc. *115* (1993) 7716: *Direct observation of bis-sulfur ligation to the heme of bacterioferritin*

F.R. Salemme, Annu. Rev. Biochem. *46* (1977) 299: *Structure and function of cytochromes c*

R.J.P. Williams in M.K. Johnson et al. (Hrsg.): *Electron Transfer in Biology*, Adv. Chem. Ser. *226* (1990), S. 3: *Overview of biological electron transfer*

H.B. Gray, B.G. Malmström, Biochemistry *28* (1989) 7499: *Long-range electron transfer in multisite metalloproteins*

J.R. Miller, Nouv. J. Chim. *11* (1987) 83: *Controlling charge separation through effects of energy, distance and molecular structure on electron transfer rates*

R.C. Prince, G.N. George, Trends Biochem. Sci. *15* (1990) 170: *Tryptophan radicals*

T.L. Poulos in (c), *Vol. 7* (1988) 1: *Heme enzyme crystal structures*

H. PELLETIER, J. KRAUT, Science *258* (1992) 1748: *Crystal structure of a complex between electron transfer partners, cytochrome c peroxidase and cytochrome c*

J. DEISENHOFER, H. MICHEL, Angew. Chem. *101* (1989) 872: *Das photosynthetische Reaktionszentrum des Purpurbakteriums Rhodopseudomonas viridis* (Nobel-Vortrag)

W.R. SCHEIDT, C.A. REED, Chem. Rev. *81* (1981) 543: *Spin-state/stereochemical relationships in iron porphyrins: Implications for the hemoproteins*

S.G. SLIGAR, K.D. EGEBERG, J.T. SAGE, D. MORIKIS, P.M. CHAMPION, J. Am. Chem. Soc. *109* (1987) 7896: *Alteration of heme axial ligands by site-directed mutagenesis: A cytochrome becomes a catalytic demethylase*

P.R. ORTIZ DE MONTELLANO, Acc. Chem. Res. *20* (1987) 289: *Control of the catalytic activity of prosthetic heme by the structure of hemoproteins*

F.P. GUENGERICH, J. Biol. Chem. *266* (1991) 10019: *Reactions and significance of cytochrome P-450 enzymes*

T.D. PORTER, M.H. COON, J. Biol. Chem. *266* (1991) 13469: *Cytochrome P-450*

K. RUCKPAUL, Pharm. Unserer Zeit 22 (1993) 296: *Cytochrome P-450 abhängige Enzyme*

D. MANSUY, Pure Appl. Chem. *66* (1994) 737: *Cytochromes P-450 and model systems: Great diversity of catalyzed reactions*

W.B. JAKOBY, D. M. ZIEGLER, J. Biol. Chem. *265* (1990) 20715: *The enzymes of detoxification*

G. FELLENBERG: *Chemie der Umweltbelastung,* 2. Aufl., Teubner, Stuttgart, 1992

D. LENOIR, H. SANDERMANN, JR., Biol. Unserer Zeit *23* (1993) 363: *Entstehung und Wirkung von Dioxinen*

E. MUTSCHLER: *Arzneimittelwirkungen, Lehrbuch der Pharmakologie und Toxikologie,* 6. Aufl., WVG, Stuttgart, 1991

H. PATZELT, W.D. WOGGON, Helv. Chim. Acta *75* (1992) 523: *O-Insertion into nonactivated C-H bonds: The first observation of O_2 cleavage by a P-450 enzyme model in the presence of a thiolate ligand*

R. RAAG, T.L. POULOS, Biochemistry *28* (1989) 917: *The structural basis for substrate-induced changes in redox potential and spin equilibrium in cytochrome P-450CAM*

K.G. RAVICHANDRAN, S.S. BODDUPALLI, C.A. HASEMANN, J.A. PETERSON, J. DEISENHOFER, Science *261* (1993) 731: *Crystal structure of hemoprotein domain of P450BM-3, a prototype for microsomal P450´s*

N.C. GERBER, S.G. SLIGAR, J. Am. Chem. Soc. *114* (1992) 8742: *Catalytic mechanism of cytochrome P-450: Evidence for a distal charge relay*

D. MANDON, R. WEISS, M. FRANKE, E. BILL, A.X. TRAUTWEIN, Angew. Chem. *101* (1989) 1747: *Ein Oxoeisenporphyrinat mit höherwertigem Eisen: Bildung durch lösungsmittelabhängige Protonierung eines Peroxoeisen(III)-porphyrinat-Derivats*

J.T. GROVES, Y. WATANABE, J. Am. Chem. Soc. *110* (1988) 8443: *Reactive iron porphyrin derivatives related to the catalytic cycles of cytochrome P-450 and peroxidase*

K.L. KOSTKA, B.G. FOX, M.P. HENDRICH, T.J. COLLINS, C.E.F. RICHARD, L.J. WRIGHT, E. MÜNCK, J. Am. Chem. Soc. *115* (1993) 6746: *High-valent transition metal chemistry. Mössbauer and EPR studies of high-spin (S=2) iron(IV) and intermediate-spin (S=3/2) iron(III) complexes with a macrocyclic tetraamido-N ligand*

D.T. SAWYER, Comments Inorg. Chem. *6* (1987) 103: *The nature of the bonding and valency for oxygen in its metal compounds*

P.M. CHAMPION, J. Am. Chem. Soc. *111* (1989) 3433: *Elementary electronic excitations and the mechanism of cytochrome P450*

W.A. HERRMANN, J. Organomet. Chem. *300* (1986) 111: *Zufallsentdeckung am Beispiel Rhenium: Oxo-Komplexe in hohen und niedrigen Oxidationsstufen*

J. EVERSE, K.E. EVERSE, M.B. GRISHAM (Hrsg.): *Peroxidases in Chemistry and Biology*, Vol. 2, CRC Press, Boca Raton, 1990

T. HAAG, F. LINGENS, K.-H. VAN PÉE, Angew. Chem. *103* (1991) 1550: *Eine Metall-Ionen und Cofaktor-unabhängige enzymatische Redoxreaktion: die Halogenierung durch bakterielle Nicht-Häm-Haloperoxidasen*

S. HASHIMOTO, R. NAKAJIMA, I. YAMAZAKI, T. KOTANI, S. OHTAKI, T. KITAGAWA, FEBS Lett. *248* (205) 1989: *Resonance RAMAN characterization of hog thyroid peroxidase*

H.E. SCHOEMAKER, Recl. Trav. Chim. Pays-Bas *109* (1990) 255: *On the chemistry of lignin biodegradation*

J.H. DAWSON, Science *240* (1988) 433: *Probing structure-function relations in heme-containing oxygenases and peroxidases*

K. YAMAGUCHI, Y. WATANABE, I. MORISHIMA, J. Am. Chem. Soc. *115* (1993) 4058: *Direct observation of the push effect on the O-O bond cleavage of acylperoxoiron(III) porphyrin complexes*

M.G. PETER, Angew. Chem. *101* (1989) 572: *Chemische Modifikation von Biopolymeren durch Chinone und Chinonmethide*

K.E. HAMMEL in (d), *Vol. 28* (1992), S. 41: *Oxidation of aromatic pollutants by lignin-degrading fungi and their extracellular peroxidases*

G. WINKELMANN (Hrsg.): *Microbial Degradation of Natural Products*, VCH Publishers, New York, 1992

P.M.H. KRONECK, J. BEUERLE, W. SCHUMACHER in (d), *Vol. 28* (1992), S. 455: *Metal-dependent conversion of inorganic nitrogen and sulfur compounds*

T. BRITTAIN, R. BLACKMORE, C. GREENWOOD, A.J. THOMSON, Eur. J. Biochem. *209* (1992) 793: *Bacterial nitrite-reducing enzymes*

M.J. CLARKE, J.B. GAUL, Struct. Bonding (Berlin), *81* (1993) 147: *Chemistry relevant to the biological effects of nitric oxide and metallonitrosyls*

U. Förstermann, Biol. Unserer Zeit *24* (1994) 62: *Stickoxid (NO): Umweltgift und körpereigener Botenstoff*

J.S. Stamler, D.J. Singel, J. Loscalzo, Science *258* (1992) 1898: *Biochemistry of nitric oxide and its redox-activated forms*

E. Culotta, D.E. Koshland, Science *258* (1992) 1862: *NO news is good news*

F. Murad, Angew. Chem. *111* (1999) 1953: *Die Entdeckung einiger biologischer Wirkungen von Stickstoffmonoxid und seine Rolle für die Zellkommunikation*

R.F. Furchgott, Angew. Chem. *111* (1999) 1990: *Der relaxierende Faktor aus Endothelzellen: Entdeckung, frühe Untersuchungen und Identifizierung als Stickstoffmonoxid*

L.J. Ignarro, Angew. Chem. *111* (1999) 2002: *Stickstoffmonoxid: ein einzigartiges endogenes Signalmolekül in der Gefäßbiologie*

A.L. Burnett, C.J. Lowenstein, D.S. Bredt, T.S.K. Chang, S.H. Snyder, Science *257* (1992) 401: *Nitric oxide: A physiologic mediator of penile erection*

M.A. Marletta, J. Biol. Chem. *268* (1993) 12231: *Nitric oxide synthase structure and mechanism*

A. Verma, D.J. Hirsch, C.E. Glatt, G.V. Ronnett, S.H. Snyder, Science *259* (1993) 381: *Carbon monoxide. A putative neural messenger ?*

C.K. Chang, R. Timkovich, W. Wu, Biochemistry *25* (1986) 8447: *Evidence that heme d1 is a 1,3-porphyrindione*

M.P. Hendrich, M. Logan, K.K. Andersson, D.M. Arciero, J.D. Lipscomb, A.B. Hooper, J. Am. Chem. Soc. *116* (1994) 11961: *The active site of hydroxylamine oxidoreductase from Nitrosomonas: Evidence for a new metal cluster in enzymes*

H. Tributsch, J. Electroanal. Chem. *331* (1992) 783: *On the significance of the simultaneity of electron transfer and cooperation in electrochemistry*

D.E. McRee, D.C. Richardson, J.S. Richardson, L.M. Siegel, J. Biol. Chem. *261* (1986) 10277: *The heme and Fe_4S_4 cluster in the crystallographic structure of Escherichia coli sulfite reductase*

Kapitel 7

A.J. Thomson, in (o), *Part 1*, S. 79: *Iron-Sulphur Proteins*

F.R. Salemme, Annu. Rev. Biochem. *46* (1977) 299: *Structure and function of cytochromes c*

R. Cammack in (y), *Vol. 38* (1992), S. 281: *Iron-sulfur clusters in enzymes: Themes and variations*

D.O. Hall, R. Cammack, K.K. Rao, Chem. Unserer Zeit *11* (1977) 165: *Chemie und Biologie der Eisen-Schwefel-Proteine*

R. GRABOWSKI, A.E.M. HOFMEISTER, W. BUCKEL, Trends Biochem. Sci. *18* (1993) 297: *Bacterial L-serine dehydratases: A new family of enzymes containing iron-sulfur clusters*

T.V. O'HALLORAN, Science *261* (1993) 715: *Transition metals in control of gene expression*

H. BEINERT, M.C. KENNEDY, FASEB *7* (1993) 1444: *Aconitase, a two-faced protein: Enzyme and iron regulatory factor*

C.-F. KUO, D.E. MCREE, C.L. FISHER, S.F. O'HANDLEY, R.P. CUNNINGHAM, J.A. TAINER, Science *258* (1992) 434: *Atomic structure of the DNA repair [4Fe-4S] enzyme endonuclease III*

B.A. AVERILL, W.H. ORME-JOHNSON in (d), *Vol. 7* (1978), S. 127: *Iron-sulfur proteins and synthetic analogs*

A. MÜLLER, N. SCHLADERBECK, Chimia *39* (1985) 23: *Systematik der Bildung von Elektronentransfer-Clusterzentren* $[Fe_nS_n]^{m+}$ *mit Relevanz zur Evolution von Ferredoxinen*

G. WÄCHTERSHÄUSER, System. Appl. Microbiol. *10* (1988) 207: *Pyrite formation, the first energy source for life: A hypothesis*

M.W.W. ADAMS in (y) *Vol. 38* (1992), S. 341: *Novel iron-sulfur centers in metalloenzymes and redox proteins from extremely thermophilic bacteria*

E. BLÖCHL, M. KELLER, G. WÄCHTERSHÄUSER, K.O. STETTER, Proc. Natl. Acad. Sci. USA *89* (1992) 8117: *Reactions depending on iron sulfide and linking geochemistry with biochemistry*

R.J.P. WILLIAMS, Nature (London) *343* (1990) 213: *Iron and the origin of life*

K. BOSECKER, Metall *34* (1980) 36: *Bakterielles Leaching – Metallgewinnung mit Hilfe von Bakterien*

D.K. EWART, M.N. HUGHES, Adv. Inorg. Chem. *36* (1991) 103: *The extraction of metals from ores using bacteria*

M.N. HUGHES, R.K. POOLE: *Metals and Micro-organisms*, Chapman & Hall, London, 1989

A.S. MOFFAT, Science *264* (1994) 778: *Microbial mining boosts the environment, bottom line*

T. TSUKIHARA, K. FUKUYAMA, H. TAHARA, Y. KATSUBE, Y. MATSUURA, N. TANAKA, M. KAKUDO, K. WADA, H. MATSUBARA, J. Biochem. *84* (1978) 1646: *X-Ray analysis of ferredoxin from Spirulina platensis. II. Chelate structure of active center*

M.S. GEBHARD, J.C. DEATON, S.A. KOCH, M. MILLAR, E.I. SOLOMON, J. Am. Chem. Soc. *112* (1990) 2217: *Single-crystal spectral studies of* $Fe(SR)_4$*-* $[R = 2,3,5,6\text{-}(Me)_4C_6H]$*: The electronic structure of the ferric tetrathiolate active site*

B.C. PRICKRIL, D.M. KURTZ, JR., J. LEGALL, G. VOORDOUW, Biochemistry *30* (1991) 11118: *Cloning and sequencing of the gene for ruberythrin from Desulfovibrio vulgaris (Hildenborough)*

H.A. DAILEY, M.G. FINNEGAN, M.K. JOHNSON, Biochemistry *33* (1994) 403: *Human ferrochelatase is an iron-sulfur protein*

T.A. LINK, FEBS Letters *412* (1997) 257: *The role of the "Rieske" iron sulfur protein in the hydroquinone oxidation (Q_P) site of the cytochrome bc_1 complex*

T.A. LINK, H. SCHÄGGER, G. VON JAGOW, FEBS Lett. *204* (1986) 9: *Analysis of the structures of the subunits of the cytochrome bc I complex from beef heart mitochondria*

J.-M. MOUESCA, G. RIUS, B. LAMOTTE, J. Am. Chem. Soc. *115* (1993) 4714: *Single-crystal proton ENDOR studies of the $[Fe_4S_4]^{3+}$ cluster: Determination of the spin population distribution and proposal of a model to interpret the ^1H NMR paramagnetic shifts in high-potential ferredoxins*

L. NOODLEMAN, J.G. NORMAN, J.H. OSBORNE, A. AIZMAN, D.A. CASE, J. Am. Chem. Soc. *107* (1985) 3418: *Models for ferredoxins: Electronic structures of iron-sulfur clusters with one, two, and four iron atoms*

I. BERTINI, F. CAPOZZI, S. CIURLI, C. LUCHINAT, L. MESSORI, M. PICCIOLI, J. Am. Chem. Soc. *114* (1992) 3332: *Identification of the iron ions of high potential iron protein from Chromatium vinosum within the protein frame through two-dimensional NMR eperiments*

G. BACKES, Y. MINO, T.M. LOEHR, T.E. MEYER, M.A. CUSANOVICH, W.V. SWEENEY, E.T. ADMAN, J. SANDERS-LOEHR, J. Am. Chem. Soc. *113* (1991) 2055: *The environment of Fe_4S_4 clusters in ferredoxins and high-potential iron proteins. New information from X-ray crystallography and resonance RAMAN spectroscopy*

R.H. HOLM, Adv. Inorg. Chem. *38* (1992) 1: *Trinuclear cuboidal and heterometallic cubane-type iron-sulfur clusters: New structural and reactivity themes in chemistry and biology*

M.M. GEORGIADIS, H. KOMIYA, P. CHAKRABARTI, D. WOO, J.J. KORNUC, D.C. REES, Science *257* (1992) 1653: *Crystallographic structure of the nitrogenase iron protein from Azotobacter vinelandii*

G.N. GEORGE, S.J. GEORGE, Trends Biochem. Sci. *13* (1988) 369: *X-ray crystallography and the spectroscopic imperative: The story of the [3Fe-4S] clusters*

C.R. KISSINGER, E.T. ADMAN, L.C. SIEKER, L.H. JENSEN, J. Am. Chem. Soc. *110* (1988) 8721: *Structure of the 3Fe-4S cluster in Desulfovibrio gigas ferredoxin II*

A.J. PIERIK, W.R. HAGEN, W.R. DUNHAM, R.H. SANDS, Eur. J. Biochem. *206* (1992) 705: *Multi-frequency EPR and high-resolution MÖSSBAUER spectroscopy of a putative [6Fe-6S] prismane-cluster-containing protein from Desulfovibrio vulgaris (Hildenborough)*

J. KIM, D.C. REES, Science *257* (1992) 1677: *Structural models of the metal centers in the nitrogenase molybdenum-iron protein*

M.S. REYNOLDS, R.H. HOLM, Inorg. Chem. *27* (1988) 4494: *Iron-sulfur-thiolate basket clusters*

A. MÜLLER, N.H. SCHLADERBECK, H. BÖGGE, J. Chem. Soc., Chem. Commun. (1987) 35: *$[Fe_4S_4(SH)_4]^{2-}$, the simplest synthetic analogue of a ferredoxin*

A. MÜLLER, N.H. SCHLADERBECK, Naturwiss. *73* (1986) 669: *Einfache aerobe Bildung eines $[Fe_4S_4]^{2+}$ Clusterzentrums*

A. NAKAMURA, N. UEYAMA in (u), S. 292: *Importance of peptide sequence in electron-transfer reactions of iron-sulfur clusters*

S.J. LIPPARD, Angew. Chem. *100* (1988) 353: *Oxoverbrückte Polyeisenzentren in Biologie und Chemie*

R.G. WILKINS, Chem. Soc. Rev. (1992) 171: *Binuclear iron centres in proteins*

A.L. FEIG, S.J. LIPPARD in (bb), S. 759: *Reactions of non-heme iron(II) centers with dioxygen in biology and chemistry*

E.I. SOLOMON, T.C. BRUNOLD, M.I. DAVIS, J.N. KEMSLEY, S.-K. LEE, N. LEHNERT, F. NEESE, A.J. SKULAN, J. ZHOU, Chem. Rev. *100* (2000) 235: *Geometric and electronic structure/ function correlations in non-heme iron enzymes*

P. REICHARD, Science *260* (1993) 1773: *From RNA to DNA, why so many ribonucleotide reductases ?*

A. WILLING, H. FOLLMANN, G. AULING, Eur. J. Biochem. *170* (1988) 603: *Ribonucleotide reductase of Brevibacterium ammoniagenes is a manganese enzyme*

P. NORDLUND, B.-M. SJÖBERG, H. EKLUND, Nature (London) *345* (1990) 593: *Three-dimensional structure of the free radical protein of ribonucleotide reductase*

U. UHLIN, H. EKLUND, Nature (London) *370* (1994) 533: *Structure of ribonucleotide reductaseprotein R1*

A. EHRENBERG in (j), S. 27: *Magnetic interaction in ribonucleotide reductase*

K. WIEGHARDT, Angew. Chem. *101* (1989) 1179: *Die aktiven Zentren in manganhaltigen Metalloproteinen und anorganische Metallkomplexe*

D.M. KURTZ, Chem. Rev. *90* (1990) 585: *Oxo- and hydroxo-bridged diiron complexes: A chemical perspective on a biological unit*

M. ATTA, C. SCHEER, P.H. FRIES, M. FONTECAVE, J.M. LATOUR, Angew. Chem. Int. Ed. Engl. *31* (1992) 1513: *Multified saturation magnetization measurements on oxidized and reduced ribonucleotide reductase form Escherichia coli*

A.C. ROSENZWEIG, S.J. LIPPARD, Acc. Chem. Res. 27 (1994) 229: *Determining the structure of a hydroxylase enzyme that catalyzes the conversion of methane to methanol in methanotropic bacteria*

S.-K. LEE, B.G. FOX, W.A. FROLAND, J.D. LIPSCOMB, E. MÜNCK, J. Am. Chem. Soc. *115* (1993) 6450: *A transient intermediate of the methane monooxygenase catalytic cycle containing an $Fe^{IV}Fe^{IV}$ cluster*

J.B. VINCENT, M. W. CROWDER, B.A. AVERILL, Trends Biochem. Sci. *17* (1992) 105: *Hydrolysis of phosphate monoesters: A biological problem with multiple chemical solutions*

N. STRÄTER, T. KLABUNDE, P. TUCKER, H. WITZEL, B. KREBS, Science *268* (1995) 1489: *Crystal structure of a purple acid phosphatase containing a dinuclear Fe(III)-Zn(II) active site*

B. BREMER, K. SCHEPERS, P. FLEISCHHAUER, W. HAASE, G. HENKEL, B. KREBS, J. Chem. Soc., Chem. Commun. (1991) 510: *The first binuclear iron(III) complex with a terminally coordinated phosphato ligand - A model compound for the oxidized form of purple acid phosphatase from beef spleen*

E.G. MUELLER, M.W. CROWDER, B.A. AVERILL, J.R. KNOWLES, J. Am. Chem. Soc. *115* (1993) 2974: *Purple acid phosphatase: A diiron enzyme that catalyzes a direct phopho group transfer to water*

L. QUE, JR. in (z), S. 347: *Oxygen activation at nonheme iron centers*

T.A. DIX, S.J. BENKOVIC, Acc. Chem. Res. *21* (1988) 101: *Mechanism of oxygen activation by pteridine-dependent monooxygenases*

D.H. OHLENDORF, J.D. LIPSCOMB, P.C. WEBER, Nature (London) *336* (1988) 403: *Structure and assembly of protocatecholate 3,4-dioxygenase*

J.C. BOYINGTON, B.J. GAFFNEY, L.M. AMZEL, Science *260* (1993) 1482: *The three-dimensional structure of an arachidonic acid 15-lipoxygenase*

W. MINOR, J. STECZKO, J.T. BOLIN, Z. OTWINOWSKI, B. AXELROD, Biochemistry *32* (1993) 6320: *Crystallographic determination of the active site iron and its ligands in soybean lipoxygenase L-1*

L.J. MING, L. QUE, A. KRIAUCIUNAS, C.A. FROLIK, V.J. CHEN, Inorg. Chem. *29* (1990) 1111: *Coordination chemistry of the metal binding site of isopenicillin N synthase*

P.K. MASCHARAK, Coord. Chem. Rev. *225* (2002) 201: *Structural and functional models of nitrile hydratase*

Kapitel 8

R.J.P. WILLIAMS, Pure Appl. Chem. *55* (1983) 1089: *Inorganic elements in biological space and time*

R.J.P. WILLIAMS, Coord. Chem. Rev.*100* (1990) 573: *Bio-inorganic chemistry: Its conceptual evolution*

G. WINKELMANN, D. VAN DER HELM, J.B. NEILANDS (Hrsg.): *Iron Transport in Microbes, Plants and Animals*, VCH, Weinheim, 1987

T.M. LOEHR (Hrsg.): *Iron Carriers and Iron Proteins*, VCH, Weinheim, 1989

W. SCHNEIDER, Chimia *42* (1988) 9: *Iron hydrolysis and the biochemistry of iron - The interplay of hydroxide and biogenic ligands*

R.R. CRICHTON, R.J. WARD, Biochem. *31* (1992) 11255: *Iron metabolism - New perspectives in view*

R.R. CRICHTON: *Inorganic Biochemistry of Iron Metabolism*, Ellis Horwood, New York, 1991

B. HALLIWELL, J.M.C. GUTTERIDGE, Trends Biochem. Sci. *11* (1986) 372: *Iron and free radical reactions: Two aspects of antioxidant protection*

E.D. LETENDRE, Trends Biochem. Sci. (1985) 166: *The importance of iron in the pathogenesis of infection and neoplasia*

N.S. SCRIMSHAW, Sci. Am. *265(4)* (1991) 24: *Iron deficiency*

S. SINGH, Chem. Ind. (London) (1994) 453: *Therapeutically useful iron chelators*

K.N. RAYMOND, G. MÜLLER, B.F. MATZANKE, Top. Curr. Chem. *123* (1984) 49: *Complexation of iron by siderophores. A review of their solution and structural chemistry and biological functions*

T.B. KARPISHIN, T.M. DEWEY, K.N. RAYMOND, J. Am. Chem. Soc. *115* (1993) 1842: *The vanadium(IV) enterobactin complex: Structural, spectroscopic, and electrochemical characterization*

H. BICKEL, G.E. HALL, W. KELLER-SCHIERLEIN, V. PRELOG, E.VISCHER, A. WETTSTEIN, Helv. Chim. Acta *43* (1960) 2129: *Über die Konstitution von Ferrioxamin B*

F. VÖGTLE: *Supramolekulare Chemie*, 2. Auflage, Teubner, Stuttgart, 1992

K.N. RAYMOND, M.E. CASS, S.L. EVANS, Pure Appl. Chem. *59* (1987) 771: *Metal sequestering agents in bioinorganic chemistry: Enterobactin mediated iron transport in E. coli and biomimetic applications*

R.T. REID, D.H. LIVE, D.J. FAULKNER, A. BUTLER, Nature (London) *366* (1993) 455: *A siderophore from a marine bacterium with an exceptional ferric ion affinity constant*

Y. MINO, T. ISHIDA, N. OTA, M. INOUE, K. NOMOTO, T. TAKEMOTO, H. TANAKA, Y. SUGIURA, J. Am. Chem. Soc. *105* (1983) 4671: *Mugineic acid-iron(III) complex and its structurally analoguous cobalt(III) complex: Characterization and implication for absorption and transport of iron in gramineous plants*

B.F. ANDERSON, H.M. BAKER, G.E. NORRIS D.W. RICE, E.N. BAKER, J. Mol. Biol. *209* (1989) 711: *Structure of human lactoferrin: Crystallographic structure analysis and refinement at 2.8 Å resolution*

E.N. BAKER, Adv. Inorg. Chem. *41* (1994) 389: *Structure and reactivity of transferrins*

G.C. FORD, P.M. HARRISON, D.W. RICE, J.M.A. SMITH, A. TREFFRY, J.L. WHITE, J. YARIV Phil. Trans. Roy. Soc. London *B 304* (1984) 551: *Ferritin: Design and formation of an iron-storage molecule*

E.C. THEIL, Annu. Rev. Biochem. *56* (1987) 289: *Ferritin: Structure, gene regulation, and cellular function in animals, plants, and microorganisms*

E.C. THEIL in (u), S. 259: *Ferritin: A general view of the protein, the iron-protein interface, and the iron core*

T.G. ST. PIERRE, J. WEBB, S. MANN in S. MANN, J. WEBB, R.J.P. WILLIAMS (Hrsg.): *Biomineralization*, VCH, Weinheim, 1989: *Ferritin and hemosiderin: Structural and magnetic studies of the iron core*

S.J.A. FATEMI, F.H.A. KADIR, D.J. WILLIAMSON, G.R. MOORE, Adv. Inorg. Chem. *36* (1991) 67: *The uptake, storage, and mobilization of iron and aluminum in biology*

N.D. CHASTEEN, C.P. THOMPSON, D.M. MARTIN in (p), S. 278: *The release of iron from transferrin. An overview*

J.M.A. Smith, R.F.D. Stansfield, G.C. Ford, J.L. White, P.M. Harrison in (h), *Vol. 65*, 1988, S. 1083: *A molecular model for the quarternary structure of ferritin*

R.A. Eggleton, R.W. Fitzpatrick, Clays Clay Miner. *36* (1988) 111: *New data and a revised structural model for ferrihydrite*

K.S. Hagen, Angew. Chem. *104* (1992) 1036: *Modellverbindungen für die Eisen-Sauerstoff-Aggregation und die Biomineralisation*

T.G. St. Pierre, K.-S. Kim, J. Webb, S. Mann, D.P.E. Dickson, Inorg. Chem. *29* (1990) 1870: *Biomineralization of iron: Mössbauer spectroscopy and electron microscopy of ferritin cores from the chiton Acanthopleura hirtosa and the limpet Patella laticostata*

R. Dagani, Chem. Eng. News, 23. November (1992) 18: *Nanostructured materials promise the advance range of technologies*

F. Meldrum, B.R. Heywood, S. Mann, Science *257* (1992) 522: *Magnetoferritin: In vitro synthesis of a novel magnetic protein*

C.M. Flynn, Chem. Rev. *84* (1984) 31: *Hydrolysis of inorganic iron(III) salts*

A.K. Powell, S.L. Heath, Comments Inorg. Chem. *15* (1994) 255: *Polyiron(III) oxyhydroxide clusters: The role of iron(III) hydrolysis and mineralization in nature*

P.M. Harrison, G.C. Ford, D.W. Rice, J.M.A. Smith, A. Treffry, J.L. White in (p), S. 268: *The three-dimensional structure of apoferritin: A framework controlling ferritin's iron storage and release*

Kapitel 9

R.K. Thauer, Science *293* (2001) 1264: *Nickel to the fore*

F.H. Nielsen, FASEB J. *5* (1991) 2661: *Nutritional requirements for boron, silicon, vanadium, nickel, and arsenic: Current knowledge and speculation*

S.U. Patel, P.J. Sadler, A. Tucker, J.H. Viles, J. Am. Chem. Soc. *115* (1993) 9285: *Direct determination of albumin in human blood plasma by ^1H NMR spectroscopy. Complexation of nickel $^{2+}$*

J. Beard, New Scientist, May 19 (1990) 31: *Did nickel poisoning finish off the dinosaurs?*

A.F. Kolodziej, Prog. Inorg. Chem. *41* (1994) 493: *The chemistry of nickel-containing enzymes*

M.A, Halcrow, G. Christou, Chem. Rev. *94* (1994) 2421: *Biomimetic chemistry of nickel*

M.J. Maroney, Curr. Opinion Chem. Biol. *3* (1999) 188: *Structure/function relationships in nickel metallobiochemistry*

K.C. Bible, M. Buytendorp, P.D. Zierath, K.L. Rinehart, Proc. Natl. Acad. Sci. USA *85* (1988) 4582: *Tunichlorin: A nickel chlorin isolated from the Caribbean tunicate Trididemnum solidum*

A.B. Costa, Chem. Br. (1989) 788: *James Sumner and the urease controversy*

N. Dixon, C. Gazzola, R.L. Blakeley, B. Zerner, J. Am. Chem. Soc. *97* (1975) 4131: *Metalloenzymes. Simple biological role for nickel*

P.A. Karplus, M.A. Pearson, R.P. Hausinger, Acc. Chem. Res. *30* (1997) 330: *70 Years of crystalline urease: What have we learned ?*

R. Blakeley, B. Zerner, J. Mol. Catal. *23* (1984) 263: *Jack bean urease: The first nickel enzyme*

T. Kentemich, G. Haverkamp, H. Bothe, Naturwissenschaften *77* (1990) 12: *Die Gewinnung von molekularem Wasserstoff durch Cyanobakterien*

C. Zirngibl, W. van Dongen, B. Schwörer, R. von Bünau, M. Richter, A. Klein, R.K. Thauer, Eur. J. Biochem. *208* (1992) 511: *H_2-forming methylene tetrahydromethanopterin dehydrogenase, a novel type of hydrogenase without iron-sulfur clusters in methanogenic archaea*

M.W.W. Adams, Biochim. Biophys. Acta *1020* (1990) 115: *The structure and mechanism of iron-hydrogenases*

S.P.J. Albracht, Biochem. Biophys. Acta 1188 (1994) 167: *Nickel hydrogenases: In search of the active site*

D.J. Evans, C.J. Pickett, Chem. Soc. Rev. *32* (2003) 268: *Chemistry and the hydrogenases*

R.P. Hausinger, Microbiol. Rev. *51* (1987) 22: *Nickel utilization by microorganisms*

A. Volbeda, J.C. Fontecilla-Camps, Dalton Trans. (2003) 4030: *The active site and catalytic mechanism of NiFe hydrogenases*

M. Teixeira, I. Moura, A.V. Xavier, J.J.G. Moura, J. LeGall, D.V. DerVartanian, H.D. Peck, Jr., B.-H. Huynh, J. Biol. Chem. *264* (1989) 16435: *Redox intermediates of Desulfovibrio gigas [NiFe] hydrogenase generated under hydrogen*

H.-J. Krüger, R.H. Holm, J. Am. Chem. Soc. *112* (1990) 2955: *Stabilization of trivalent nickel in tetragonal NiS_4N_2 and NiN_6 environments: Synthesis, structures, redox potentials, and observations related to [NiFe]-hydrogenases*

L.L. Efros, H.H. Thorp, G.W. Brudvig, R.H. Crabtree, Inorg. Chem. *31* (1992) 1722: *Toward a functional model of hydrogenase: Electrocatalytic reduction of protons to dihydrogen by a nickel macrocyclic complex*

W. Keim, Angew. Chem. *102* (1990) 251: *Nickel: Ein Element mit vielfältigen Eigenschaften in der technisch-homogenen Katalyse*

R.H. Crabtree, Inorg. Chim. Acta *125* (1986) L7: *Dihydrogen binding in hydrogenase and nitrogenase*

G.J. Kubas, Acc. Chem. Res. *21* (1988) 120: *Molecular hydrogen complexes: Coordination of a σ bond to transition metals*

M.K. Eidsness, R.A. Scott, B.C. Prickril, D.V. DerVartanian, J. LeGall, I. Moura, J.J.G. Moura, H.D. Peck, Jr., Proc. Natl. Acad. Sci. USA *86* (1989) 147: *Evidence for selenocysteine coordination to the active site nickel in the [NiFeSe]hydrogenases from Desulfovibrio baculatus*

D. Qiu, M. Kumar, S.W. Ragsdale, T.G. Spiro, Science *264* (1994) 817: *Nature's carbonylation catalyst: Raman spectroscopic evidence that carbon monoxide binds to iron, not nickel, in CO dehydrogenase*

W. Shin, M.E. Anderson, P.A. Lindahl, J. Am. Chem. Soc. *115* (1993) 5522: *Heterogeneous nickel environments in carbon monoxide dehydrogenase from Clostridium thermoaceticum*

P. Stoppioni, P. Dapporto, L. Sacconi, Inorg. Chem. *17* (1978) 718: *Insertion reaction of carbon monoxide into metal-carbon bonds. Synthesis and structural characterization of cobalt(II) and nickel(II) acyl complexes with tri(tertiary arsines and phosphines)*

P. Stavropoulos, M.C. Muetterties, M. Carrie, R.H. Holm, J. Am. Chem. Soc. *113* (1991) 8485: *Structural and reaction chemistry of nickel complexes in relation to carbon monoxide dehydrogenase: A reaction system simulating acetyl-coenzyme A synthase activity*

R.S. Wolfe, Annu. Rev. Microbiol. *45* (1991) 1: *My kind of biology*

H. Won, K.D. Olson, M.F. Summers, R.S. Wolfe, Comments Inorg. Chem. *15* (1993) 1: *F430-dependent biocatalysis in methanogenic archaebacteria*

U. Ermler, W. Grabarse, S. Shima, M. Goubeaud, R.K. Thauer, Science *278* (1997) 1457: *Crystal structure of methyl-coenzyme M reductase: The key enzyme of biological methane formation*

A. Eschenmoser, Angew. Chem. *100* (1988) 6: *Vitamin B_{12}: Experimente zur Frage nach dem Ursprung seiner molekularen Struktur*

C. Hollinger, A. J. Pierik, E.J. Reijerse, W.R. Hagen, J. Am. Chem. Soc. *115* (1993) 5651: *A spectrochemical study of factor F_{430} nickel(II/I) from methanogenic bacteria in aqueous solution*

S.-K. Lin, B. Jaun, Helv. Chim. Acta. *74* (1991) 1725: *Coenzyme F430 from methanogenic bacteria: Detection of a paramagnetic methylnickel(II) derivative of the pentamethyl ester by ^{2}H-NMR spectroscopy*

M.W. Renner, L.R. Furenlid, K.M. Barkigia, A. Forman, H.-K. Shim, D.J. Simpson, K.M. Smith, J. Fajer, J. Am. Chem. Soc. *113* (1991) 6891: *Models of factor 430. Structural and spectroscopic studies of Ni(II) and Ni(I) hydroporphyrins*

B. Jaun, Chimia *48* (1994) 202: *Coenzyme F430 aus Methan-Bakterien: Zusammenhänge zwischen der Struktur des hydroporphinoiden Liganden und der Redoxchemie des Nickelzentrums*

A. Pfaltz, Chimia *44* (1990) 202: *Control of metal-catalyzed reactions by organic ligands: From corrinoid and porphinoid metal complexes to tailor-made catalysts for asymmetric synthesis*

A. BERKESSEL, Bioorg. Chem. *19* (1991) 101: *Methyl-coenzyme M reductase: Model studies on pentadentate nickel complexes and a hypothetical mechanism*

A.G. LAPPIN, C.K. MURRAY, D.W. MARGERUM, Inorg. Chem. *17* (1978) 1630: *Electron paramagnetic resonance studies of Ni(III)-oligopeptide complexes*

Kapitel 10

W. KAIM, J. RALL, Angew. Chem. *108* (1996) 47: *Kupfer - ein "modernes" Bioelement*

E.-I. OCHIAI, J. Chem. Educ. *63* (1986) 942: *Iron versus copper*

M. PASCALY, I. JOLK, B. KREBS, Chem. Unserer Zeit *33* (1999) 334: *Kupfer - Die biochemische Bedeutung eines Metalls*

M.C. LINDER, C.A. GOODE: *Biochemistry of Copper*, Plenum Press, New York, 1991

K. DAVIES, Nature (London) *361* (1993) 98: *Cloning the MENKES disease gene*

H.-X. DENG et al., Science *261* (1993) 1047: *Amyotrophic lateral sclerosis and structural defects in Cu,Zn superoxide dismutase*

D.R. ROSEN et al., Nature (London) *362* (1993) 59: *Mutations in Cu/Zn superoxide dismutase gene are associated with familial amyotrophic lateral sclerosis*

C.F. MILLS, Chem. Br. *15* (1979) 512: *Trace element deficiency and excess in animals*

A. MÜLLER, E. DIEMANN, R. JOSTES, H. BÖGGE, Angew. Chem. *93* (1981) 957: *Thioanionen der Übergangsmetalle: Eigenschaften und Bedeutung für Komplexchemie und Bioanorganische Chemie*

C. BURNS, E. ARONOFF-SPENCER, G. LEGNAME, S.B. PRUSINER, W.E. ANTHOLINE, G.J. GERFEN, J. PEISACH, G.L. MILLHAUSER, Biochemistry *42* (2003) 6794: *Copper coordination in the full-length, recombinant prion protein*

E.I. SOLOMON, M.J. BALDWIN, M.D. LOWERY, Chem. Rev. *92* (1992) 521: *Electronic structures of active sites in copper proteins: Contributions to reactivity*

M. SYMONS: *Chemical and Biochemical Aspects of Electron-Spin Resonance Spectroscopy*, van Nostrand Reinhold, New York, 1978

M.M. WERST, C.E. DAVOUST, B.M. HOFFMAN, J. Am. Chem. Soc. *113* (1991) 1533: *Ligand spin densities in blue copper proteins by Q-band-^1H and ^{14}N ENDOR spectrosopy*

J.M. GUSS, H.D. BARTUNIK, H.C. FREEMAN, Acta Cryst. *B48* (1992) 790: *Acuracy and precision in protein structure analysis: Restrained least-squares refinement of the structure of poplar plastocyanin at 1.33 Å resolution*

G.E. NORRIS, B.F. ANDERSON, E.N. BAKER, J. Am. Chem. Soc. *108* (1986) 2784: *Blue copper proteins. The copper site in azurin from Alcaligenes denitrificans*

W.E.B. SHEPARD, B.F. ANDERSON, D.A. LEWANDOSKI, G.E. NORRIS, D.N. BAKER, J. Am. Chem. Soc. *112* (1990) 7817: *Copper coordination geometry in azurin undergoes minimal change on reduction of copper(II) to copper(I)*

B.G. MALMSTRÖM, Eur. J. Biochem. *23* (1994) 711: *Rack-induced bonding in blue-copper proteins*

P.K. BHARADWAJ, J.A. POTENZA, H.J. SCHUGAR, J. Am. Chem. Soc. *108* (1986) 1351: *Characterization of [dimethyl-N,N'-ethylenebis(L-cysteinato)(2–)-S,S']copper(II), $Cu(SCH_2CH(CO_2CH_3)NHCH_2\text{-})_2$, a stable Cu(II)-aliphatic dithiolate*

M.L. BRADER, M.F. DUNN, J. Am. Chem. Soc. *112* (1990) 4585: *Insulin stabilizes copper(II)-thiolate ligation that models blue copper proteins*

A.S. KLEMENS, D.R. MCMILLIN, H.T. TSANG, J.E. PENNER-HAHN, J. Am. Chem. Soc. *111* (1989) 6398: *Structural characterization of mercury-substituted copper proteins. Results from X-ray absorption spectroscopy*

K.D. KARLIN, Y. GULTNEH, Prog. Inorg. Chem. (1989) 219: *Binding and Activation of molecular oxygen by copper complexes*

K.M. MERZ, R. HOFFMANN, Inorg. Chem. 27 (1988) 2120 : *d^{10}-d^{10} Interactions: Multinuclear copper(I) complexes*

K.A. MAGNUS, H. TON-THAT, J.E. CARPENTER, Chem. Rev. *94* (1994) 727: *Recent structural work on the oxygen transport protein hemocyanin*

N. KITAJIMA, Y. MORO-OKA in (bb): *Copper-dioxygen complexes. Inorganic and bioinorganic perspectives*

K.D. KARLIN, Z. TYEKLAR, A. FAROOQ, M.S. HAKA, P. GHOSH, R.W. CRUSE, Y. GULTNEH, J.C. HAYES, P.J. TOSCANO, J. ZUBIETA, Inorg. Chem. *31* (1992) 1436: *Dioxygen-copper reactivity and functional modeling of hemocyanins. Reversible binding of O_2 and CO to dicopper(I) complexes $[Cu^I_2(L)]^{2+}$ (L = dinucleating ligand) and the structure of a bis(carbonyl) adduct, $[Cu^I_2(L)(CO)_2]^{2+}$*

M.J. BALDWIN, D.E. ROOT, J.E. PATE, K. FUJISAWA, N. KITAJIMA, E.I. SOLOMON, J. Am. Chem. Soc. *114* (1992) 10421: *Spectroscopic studies of side-on peroxide-bridged binuclear copper(II) model complexes of relevance to oxyhemocyanin and oxytyrosinase*

C.A. REED in K.D. KARLIN, J. ZUBIETA (Hrsg.): *Biological & Inorganic Copper Chemistry, Vol. I*, Adenine Press, Guilderland, 1985, S. 61: *Hemocyanin cooperativity: A copper coordination chemistry perspective*

M.G. PETER, Angew. Chem. *101* (1989) 572: *Chemische Modifikation von Biopolymeren durch Chinone und Chinonmethide*

M.G. PETER, H. FÖRSTER, Angew. Chem. *101* (1986) 753: *Zur Struktur von Eumelaninen*

J.S. SIDWELL, G.A. RECHNITZ, Biotechnol. Lett. 7 (1985) 419: *"Bananatrode" – an electrochemical biosensor for dopamine*

E.W. AINSCOUGH, A.M. BRODIE, A.L. WALLACE, J. Chem. Ed. *69* (1992) 315: *Ethylene - An unusual plant hormone*

M.S. NASIR, B.I. COHEN, K.D. KARLIN, J. Am. Chem. Soc. *114* (1992) 2482: *Mechanism of aromatic hydroxylation in copper monooxygenase model systems. 1,2-Methyl migrations and the NIH shift in copper chemistry*

B.J. REEDY, N.J. BLACKBURN, J. Am. Chem. Soc. *116* (1994) 1924: *Preparation and characterization of half-apo dopamine-β-hydroxylase by selective removal of* Cu_A

A. MESSERSCHMIDT, H. LUECKE, R. HUBER, J. Mol. Biol. *230* (1993) 997: *X-ray structures and mechanistic implications of three functional derivatives of ascorbate oxidase from zucchini*

J.L. COLE, P.A. CLARK, E.I. SOLOMON, J. Am. Chem. Soc. *112* (1990) 9548: *Spectroscopic and chemical studies of the laccase trinuclear copper active site: Geometric and electronic structure*

R. HUBER, Angew. Chem. *101* (1989) 849: *Eine strukturelle Grundlage für die Übertragung von Lichtenergie und Elektronen in der Biologie* (Nobel-Vortrag)

O. FARVER, M. GOLDBERG, I. PECHT, Eur. J. Biochem. *104* (1980) 71: *A circular dichroism study of the reactions of rhus laccase with oxygen*

P. KNOWLES, N. ITO in (f), Vol. 2 (1993), S. 207: *Galactose oxidase*

N. ITO, S.E.V. PHILLIPS, C. STEVENS, Z.B. OGEL, M.J. MCPHERSON, J.N. KEEN, K.D.S. YADAV, P.F. KNOWLES, Faraday Discuss. *93* (1992) 75: *Three dimensional structure of galactose oxidase: An enzyme with a built-in secondary cofactor*

J.W. WHITTAKER in (d), Vol. 30 (1994), S. 315: *The free radical-coupled copper active site of galactose oxidase*

W.S. MCINTIRE, FASEB J. *8* (1994) 513: *Quinoproteins*

D.M. DOOLEY, M.A. MCGUIRL, D.E. BROWN, P.N. TUROWSKI, W.S. MCINTIRE, P.F. KNOWLES, Nature (London) *349* (1991) 262: *A Cu(I)-semiquinone state in substrate-reduced amine oxidases*

W.G. ZUMFT, A. DREUSCH, S. LÖCHELT, H. CUYPERS, B. FRIEDRICH, B. SCHNEIDER, Eur. J. Biochem. *208* (1992) 31: *Derived amino acid sequences of the nosZ gene (respiratory* N_2O *reductase) from Alcaligenes eutrophus, Pseudomonas aeruginosa and Pseudomonas stutzeri reveal potential copper-binding residues*

P. LAPPALAINEN, M. SARASTE, Biochim. Biophys Acta *1187* (1994) 222: *The binuclear* Cu_A *centre of cytochrome oxidase*

W.E. ANTHOLINE, D.H.W. KASTRAU, G.C.M. STEFFENS, G.BUSE, W.G. ZUMFT, P.M.H. KRONECK, Eur, J. Biochem. *209* (1992) 875: *A comparative EPR investigation of the multicopper proteins nitrous-oxide reductase and cytochrome c oxidase*

P.M.H. KRONECK, J. BEUERLE, W. SCHUMACHER in (d), Vol. 28 (1992), S. 455: *Metal-dependent conversion of inorganic nitrogen and sulfur compounds*

T. BRITTAIN, R. BLACKMORE, C. GREENWOOD, A.J. THOMSON, Eur. J. Biochem. *209* (1992) 793: *Bacterial nitrite-reducing enzymes*

S.M. Carrier, C.E. Ruggiero, W.B. Tolman, J. Am. Chem. Soc. *114* (1992) 4407: *Synthesis and structural characterization of a mononuclear copper nitrosyl complex*

B.A. Averill, Angew. Chem. *106* (1994) 2145: *Neuartige Nitrosylkupfer-Komplexe: Beiträge zum Verständnis der dissimilatorischen, kupferhaltigen Nitrit-Reduktasen*

J.W. Godden, S. Turley, D.C. Teller, E.T. Adman, M.Y. Liu, W.J. Payne, J. LeGall, Science *253* (1991) 438: *The 2.3Å X-ray structure of nitrite reductase from Achromobacter cycloclastes*

H. Beinert in (j), S. 35: *From indophenol oxidase and atmungsferment to proton pumping cytochrome oxidase* aa_3 $Cu_ACu_B(Cu_C?)ZnMg$

G. Buse, Naturwiss. Rundschau *39* (1986) 518: *Die Cytochrome der Atmungskette*

G.T. Babcock, M. Wikström, Nature (London) *356* (1992) 301: *Oxygen activation and the conservation of energy in cell respiration*

G.C.M. Steffens, T. Soulimane, G. Wolff, G. Buse, Eur. J. Biochem. *213* (1993) 1149: *Stoichiometry and redox behaviour of metals in cytochrome-c oxidase*

C. Varotsis, Y. Zhang, E.H. Appelman, G.T. Babcock, Proc. Natl. Acad. Sci. USA *90* (1993) 237: *Resolution of the reaction sequence during the reduction of* O_2 *by cytochrome oxidase*

N.J. Blackburn, M.E. Barr, W.H. Woodruff, J. van der Oost, S. de Vries, Biochemistry *33* (1994) 10401: *Metal-metal bonding in biology: EXAFS evidence for a 2.5 Å copper-copper bond in the* Cu_A *center of cytochrome oxidase*

I. Fridovich, J. Biol. Chem. *264* (1989) 7761: *Superoxide dismutases*

A.E.G. Cass in (o), *Part 1*, S. 121: *Superoxide dismutases*

W.C. Stallings, K.A. Pattridge, R.K. Strong, M.L. Ludwig, J. Biol. Chem. *260* (1985) 16424: *The structure of manganese superoxide dismutase from Thermus thermophilus HB8 at 2.4-Å resolution*

J.A. Tainer, E.D. Getzoff, J.S. Richardson, D.C. Richardson, Nature (London) *306* (1983) 284: *Structure and mechanism of copper,zinc superoxide dismutase*

E.D. Getzoff, D.E. Cabelli, C.L. Fisher, H.E. Parge, M.S. Viezzoli, L. Banci, R.A. Hallewell, Nature (London) *358* (1992) 347: *Faster superoxide dismutase mutants designed by enhancing electrostatic guidance*

I. Bertini, L. Banci, M. Piccioli, C. Luchinat, Coord. Chem. Rev. *100* (1990) 67: *Spectroscopic studies on* Cu_2Zn_2SOD*: A continuous advancement on investigation tools*

A.W. Segal, A. Abo, Trends Biochem. Sci. *18* (1993) 43: *The biochemical basis of the NADPH oxidase of phagocytes*

J.R.J. Sorenson, Chem. Br. *25* (1989) 169: *Copper complexes as "radiation recovery" agents*

W.C. Orr, R.S. Sohal, Science *263* (1994) 1128: *Extension of life-span by overexpression of superoxide dismutase and catalase in Drosophila melanogaster*

Kapitel 11

E.I. Stiefel, D. Coucouvanis, W.E. Newton (Hrsg.): *Molybdenum Enzymes, Cofactors, and Model Systems*, ACS Symposium Series No. 535

R.C. Bray, Rev. Biophys. *21* (1988) 299: *The inorganic biochemistry of molybdo-enyzmes*

S.J.N. Burgmayer, E.I. Stiefel in (h), S. 943: *Molybdenum enzymes, cofactors, and model systems*

I. Yamamoto, T. Saiki, S.M. Liu, L.G. Ljungdahl, J. Biol. Chem. *258* (1983) 1826: *Purification and properties of NADP-dependent formate dehydrogenase from Clostridium thermoaceticum, a tungsten-selenium-iron protein*

R. Wagner, J.R. Andreesen, Arch. Microbiol. *147* (1987) 295: *Accumulation and incorporation of ^{185}W-tungsten into proteins of Clostridium acidiurici and Clostridium cylindrosporum*

R.A. Schmitz, S.P.J. Albracht, R.K. Thauer, FEBS 11479 *309* (1992) 78: *Properties of the tungsten-substituted molybdenum formylmethanofuran dehydrogenase from Methanobacterium wolfei*

G.N. George, R.C. Prince, S. Mukund, M.W.W. Adams, J. Am. Chem. Soc. *114* (1992) 3521: *Aldehyde ferredoxin oxidoreductase from the hyperthermophilic archaebacterium Pyrococcus furiosus contains a tungsten oxo-thiolate center*

S.P. Cramer, P.K. Eidem, M.T. Paffett, J.R. Winkler, Z. Dori, H.B. Gray, J. Am. Chem. Soc. *105* (1983) 799: *X-ray absorption edge and EXAFS spectroscopic studies of molybdenum ions in aqueous solution*

R.H. Holm, Coord. Chem. Rev. *100* (1990) 183: *The biologically relevant oxygen atom transfer chemistry of molybdenum: From synthetic analogue systems to enzymes*

R.S. Pilato, E.I. Stiefel in (z), S. 131: *Catalysis by molybdenum-cofactor enzymes*

R. Hille in (d), Vol. 39 (2002), S. 187: *Molybdenum enzymes containing the pyranopterin cofactor: An overview*

J.H. Weiner, R.A. Rothery, D. Sambasivarao, C.A. Trieber, Biochim. Biophys. Acta. *1102* (1992) 1: *Molecular analysis of dimethylsulfoxide reductase: A complex iron-sulfur molybdoenzyme of Escherichia coli*

R.C. Bray, L.S. Meriwether, Nature (London) *506* (1966) 467: *Electron spin resonance of xanthine oxidase substituted with molybdenum-95*

R. Roy, M.W.W. Adams in (d), *Vol. 39* (2002), S. 673: *Tungsten-dependent aldehyde oxidoreductase: A new family of enzymes containing the pterin cafactor*

B. Krüger, O. Meyer, Biochim. Biophys. Acta *912* (1987) 357: *Structural elements of bactopterin from Pseudomonas carboxydoflava carbon monoxide dehydrogenase*

R.P. Burns, C.A. McAuliffe, Adv. Inorg. Chem. Radiochem. *22* (1979) 303: *1,2-Dithiolene complexes of transition metals*

A. ABELLEIRA, R.D. GALANG, M.J. CLARKE, Inorg. Chem. *29* (1990) 633: *Synthesis and electrochemistry of pterins coordinated to tetraammineruthenium(II)*

S.J.N. BURGMAYER, A. BARUCH, K. KERR, K. YOON, J. Am. Chem. Soc. *111* (1989) 4982: *A model reaction for Mo(VI) reduction by molybdopterin*

B. FISCHER, J. STRÄHLE, M. VISCONTINI, Helv. Chim. Acta *74* (1991) 1544: *Synthese und Kristallstruktur des ersten chinoiden Dihydropterinmolybdän(IV)-Komplexes*

R.J. GREENWOOD, G.L. WILSON, J.R. PILBROW, A.G. WEDD, J. Am. Chem. Soc *1154* (1993) 5385: *Molybdenum(V) sites in xanthine oxidase and relevant analog complexes: Comparison of oxygen-17 hyperfine coupling*

Z. XIAO, C.G. YOUNG, J.H. ENEMARK, A.G. WEDD, J. Am. Chem. Soc. *1114* (1992) 9194: *A single model displaying all the important centers and processes involved in catalysis by molybdoenzymes containing $[Mo^{VI}O_2]^{2+}$ active sites*

R. SÖDERLUND, T. ROSSWALL in (g), *Vol. 1, Part B*, 1982, S. 61: *The nitrogen cycles*

S.J. FERGUSON, Trends Biochem. Sci. *12* (1987) 354: *Denitrification: A question of the control and organization of electron and ion transport*

J. ERFKAMP, A. MÜLLER, Chem. Unserer Zeit *24* (1990) 267: *Die Stickstoff-Fixierung*

D.J. LOWE, R.N.F. THORNELEY, B.E. SMITH in (o), *Part 1*, S. 207: *Nitrogenase*

B.E. SMITH, R.R. EADY, Eur. J. Biochem. *205* (1992) 1: *Metalloclusters of the nitrogenases*

R.A. HENDERSON, G. J. LEIGH, C.J. PICKETT, Adv. Inorg. Chem. Radiochem. *27* (1983) 198: *The chemistry of nitrogen fixation and models for the reactions of nitrogenase*

M.M. GEORGIADIS et al., Science *257* (1992) 1653: *Crystallographic structure of the nitrogenase iron protein from Azotobacter vinelandii*

J. KIM, D.C. REES, Science *257* (1992) 1677: *Structural models for the metal centers in the nitrogenase molybdenum-iron protein*

J. KIM, D.C. REES, Nature (London) *360* (1992) 553: *Crystallographic structure and functional implications of the nitrogenase molybdenum-iron protein from Azotobacter vinelandii*

A.E. TRUE, M.J. NELSON, R.A. VENTERS, W.H. ORME-JOHNSON, B.M. HOFFMAN, J. Am. Chem. Soc. *110* (1988) 1935: *^{57}Fe hyperfine coupling tensors of the FeMo cluster in Azotobacter vinelandii MoFe protein: Determination by polycrystalline ENDOR spectroscopy*

D. SELLMANN, W. SOGLOWEK, F. KNOCH, M. MOLL, Angew. Chem. *101* (1989) 1244: *Nitrogenase-Modellverbindungen: $[\mu\text{-}N_2H_2\{Fe(\text{“}NHS_4\text{”})\}_2]$, der Prototyp für die Koordination von Diazen an Eisen-Schwefel-Zentren und seine Stabilisierung durch starke N-H···S-Wasserstoffbrücken*

R.R. SCHROCK, R.M. KOLODZIEJ, A.H. LIU, W.M. DAVIS, M.G. VALE, J. Am. Chem. Soc. *112* (1990) 4338: *Preparation and characterization of two high oxidation state molybdenum dinitrogen complexes: $[MoCp^*Me_3]_2(\mu\text{-}N_2)$ and $[MoCp^*Me_3](\mu\text{-}N_2)[WCp'Me_3]$*

B.B. Kaul, R.K. Hayes, T.A. George, J. Am. Chem. Soc. *112* (1990) 2002: *Reactions of a resin-bound dinitrogen complex of molybdenum*

C.J. Pickett, J. Talarmin, Nature (London) *317* (1985) 652: *Electrosynthesis of ammonia*

J.R. Chisnell, R. Premakumar, P.E. Bishop, J. Bacteriol. *170* (1988) 27: *Purification of a second alternative nitrogenase from a nifHDK deletion strain of Azotobacter vinelandii*

A. Müller, R. Jostes, E. Krickemeyer, H. Bögge, Naturwissenschaften *74* (1987) 388: *Zur Rolle des Heterometall-Atoms im N_2-reduzierten Protein der Nitrogenase*

R.M. Garrels, C.L. Christ: *Solutions, Minerals, and Equilibria*, Freeman & Cooper, San Francisco, 1965

C.D. Garner, J.M. Arber, I. Harvey, S.S. Hasnain, R.R. Eady, B.E. Smith, E. de Boer, R. Wever, Polyhedron *8* (1989) 1649: *Characterization of molybdenum and vanadium centers in enzymes by X-ray absorption spectroscopy*

S. Ciurli, R.H. Holm, Inorg. Chem. *28* (1989) 1685: *Insertion of $[VFe_3S_4]^{2+}$ and $[MoFe_3S_4]^{3+}$ cores into a semirigid trithiolate cavitand ligand: Regiospecific reactions at a vanadium site similar to that in nitrogenase*

D. Rehder, C. Woitha, W. Priebsch, H. Gailus, J. Chem. Soc., Chem. Commun. (1992) 364: *trans-$[Na(thf)][V(N_2)_2(Ph_2PCH_2CH_2PPh_2)_2]$: Structural characterization of a dinitrogenvanadium complex, a functional model for vanadium nitrogenase*

R. Wever, K. Kustin, Adv. Inorg. Chem. *53* (1990) 81: *Vanadium: A biologically relevant element*

D. Rehder, Angew. Chem. *103* (1991) 152: *Bioanorganische Chemie des Vanadiums*

A. Butler, C.J. Carrano, Coord. Chem. Rev. *109* (1991) 61: *Coordination chemistry of vanadium in biological systems*

Y. Shechter, A. Shisheva, Endeavor *17* (1993) 27: *Vanadium salts and the future treatment of diabetes*

M. Krauss, H. Basch, J. Am. Chem. Soc. *114* (1992) 3630: *Is the vanadate anion an analogue of the transition state of RNAse A?*

F.H. Nielsen, FASEB J. *5* (1991) 2661: *Nutritional requirements for boron, silicon, vanadium, nickel, and arsenic; Current knowledge and speculation*

A. Butler, M.J. Clague, G.E. Meister, Chem. Rev. *94* (1994) 625: *Vanadium peroxide complexes*

D.C. Crans, Comments Inorg. Chem. *16* (1994) 35: *Enzyme interactions with labile oxovanadates and other polyoxometalates*

M.J. Smith, D. Kim, B. Horenstein, K. Nakanishi, K. Kustin, Acc. Chem. Res. *24* (1991) 117: *Unraveling the chemistry of tunichrome*

E. Bayer, G. Schiefer, D. Waidelich, S. Scippa, M. de Vincentiis, Angew. Chem. *104* (1992) 102: *Struktur der Tunichrome von Tunicaten und deren Rolle bei der Vanadium-anreicherung*

J.P. MICHAEL, G. PATTENDEN, Angew. Chem. *105* (1993) 1: *Marine Metaboliten und die Komplexierung von Metallionen: Tatsachen und Hypothesen*

E. BAYER, E. KOCH, G. ANDEREGG, Angew. Chem. *99* (1987) 570: *Amavadin, ein Beispiel für selektive Vanadiumbindung in der Natur – komplexchemische Studien und ein neuer Strukturvorschlag*

R.E. BERRY, E.M. ARMSTRONG, R.L. BEDDOES, D. COLLISON, S.N. ERTOK, M. HALLIWELL, C.D. GARNER, Angew. Chem. *111* (1999) 871: *Die Struktur von Amavadin*

J.W.P.M. VAN SCHIJNDEL, E.G.M. VOLLENBROEK, R. WEVER, Biochim. Biophys. Acta *1161* (1993) 249: *The chloroperoxidase from the fungus Curvularia inaequalis: A novel vanadium enzyme*

H. VILTER, Nachr. Chem. Tech. Lab. *39* (1991) 686: *Haloperoxidasen aus Braunalgen*

A. BUTLER, Curr. Opinion Chem. Biol. *2* (1998) 279: *Vanadium haloperoxidases*

G.W. GRIBBLE, J. Chem. Educ. *71* (1994) 907: *Natural organohalogens*

J.B. VINCENT, Polyhedron *20* (2001) 1: *The bioinorganic chemistry of chromium(III)*

A. MÜLLER, E. DIEMANN, P. SASSENBERG, Naturwissenschaften *75* (1988) 155: *Chromium content of medicinal plants used against diabetes mellitus type II*

Kapitel 12

(aa) I. BERTINI, C. LUCHINAT, W. MARET, M. ZEPPEZAUER (Hrsg.): *Zinc Enzymes*, Birkhäuser, Boston, 1986

R.H. PRINCE, Adv. Inorg. Chem. Radiochem. *22* (1979) 349: *Some aspects of the bioinorganic chemistry of zinc*

R.J.P. WILLIAMS, Polyhedron *6* (1987) 61: *The biochemistry of zinc*

H. VAHRENKAMP, Chem. Unserer Zeit 22 (1988) 73: *Zink, ein langweiliges Element?*

B.L. VALLEE, D.S. AULD, Biochemistry *29* (1990) 5647: *Zinc coordination, function, and structure of zinc enzymes and other proteins*

A.S. PRASAD: *Biochemistry of Zinc*, Plenum Publishing, New York, 1993

D. BRYCE-SMITH, Chem. Br. *25* (1989) 783: *Zinc deficiency – the neglected factor*

W. SOMERS, M. ULTSCH, A.M. DE VOS, A.A. KOSSIAKOFF, Nature (London) *372* (1994) 478: *The X-ray structure of a growth hormone-prolactin receptor complex*

E.-I. OCHIAI, J. Chem. Educ. *65* (1988) 943: *Uniqueness of zinc as a bioelement*

J.M. BERG, D.L. MERKLE, J. Am. Chem. Soc. *111* (1989) 3759: *On the metal ion specificity of "zinc finger" proteins*

F. BOTRÈ, G. GROS, B.T. STOREY (Hrsg.): *Carbonic Anhydrase*, VCH, Weinheim 1991

A. LILJAS, K. KAKANSSON, B.H. JONSSON, Y. XUE, Eur. J. Biochem. *219* (1994) 1: *Inhibition and catalysis of carbonic anhydrase. Recent crystallographic analyses*

Y.-J. ZHENG, K.M. MERZ, JR, J. Am. Chem. Soc. *114* (1992) 10498: *Mechanism of the human carbonic anhydrase II catalyzed hydration of carbon dioxide*

J.Y. LIANG, W.N. LIPSCOMB, Proc. Natl. Acad. Sci. USA *87* (1990) 3675: *Binding of substrate CO_2 to the active site of human carbonic anhydrase II: A molecular dynamics study*

F.M.M. MOREL, J.R. REINFELDER, S.B. ROBERTS, C.P. CHAMBERLAIN. J.G. LEE, D. LEE, Nature (London) *369* (1994) 740: *Zinc and carbon co-limitation of marine phytoplankton*

A. VEDANI, D.W. HUHTA, S.P. JACOBER, J. Am. Chem. Soc. *111* (1989) 4075: *Metal coordination, H-bond network formation, and protein-solvent interactions in native and complexed human carbonic anhydrase I: A molecular mechanics study*

D.N. SILVERMAN, S. LINDSKOG, Acc. Chem. Res. *21* (1988) 30: *The catalytic mechanism of carbonic anhydrase: Implications of a rate-limiting protolysis of water*

R. BRESLOW, D. BERGER, D.-L. HUANG, J. Am. Chem. Soc. *112* (1990) 3686: *Bifunctional zinc-imidazole and zinc-thiophenol catalysts*

A. LOONEY, G. PARKIN, R. ALSFASSER, M. RUF, H. VAHRENKAMP, Angew. Chem. *104* (1992) 57: *Pyrazolylboratozink-Komplexe mit Bezug zur biologischen Funktion der Carboanhydrase*

A. LOONEY, G. PARKIN, Inorg. Chem. *33* (1994) 1234: *Molecular structure of {η^3-$HB(pz)_3$}$ZnNO_3$: Comparison between theory and experiment in a model carbonic anhydrase system*

D.W. CHRISTIANSON, W.N. LIPSCOMB, Acc. Chem. Res. *22* (1989) 62: *Carboxypeptidase A*

D.C. REES, J.B. HOWARD, P. CHAKRABARTI, T. YEATES, B.T. HSU, K.D. HARDMAN, W.N. LIPSCOMB in (aa), S. 155: *Crystal structures of metallosubstituted carboxypeptidase A*

E.W. PETRILLO, M.A. ONDETTI, Med. Res. Rev. *2* (1982) 1: *Angiotensin-converting enzyme inhibitors: Medicinal chemistry and biological actions*

B.M. BRITT, W.L. PETICOLAS, J. Am. Chem. Soc. *114* (1992) 5295: *Raman spectral evidence for an anhydride intermediate in the catalysis of ester hydrolysis by carboxypeptidase A*

A. TAYLOR, FASEB J. *7* (1993) 290: *Aminopeptidases: Structure and function*

S.K. BURLEY, P.R. DAVID, A. TAYLOR, W.N. LIPSCOMB, Proc. Natl. Acad. Sci. USA *87* (1990) 6878: *Molecular structure of leucine aminopeptidase at 2.7-Å resolution*

B. LOVEJOY et al., Science *263* (1994) 375: *Structure of the catalytic domain of fibroblast collagenase complexed with an inhibitor*

J.F. WOESSNER, JR., FASEB *5* (1991) 2145: *Matrix metalloproteinases and their inhibitors in connective tissue remodeling*

K. MIYAZAKI, M. HASEGAWA, K. FUNAHASHI, M. UMEDA, Nature (London) *362* (1993) 839: *A metalloproteinase inhibitor domain in* ALZHEIMER *amyloid protein precursor*

B.W. MATTHEWS, Acc. Chem. Res. *21* (1988) 333: *Structural basis of the action of thermolysin and related zinc peptidases*

J.B. BJARNASON, A.T. TU, Biochemistry *17* (1978) 3395: *Hemorrhagic toxins from western diamondback rattlesnake (Crotalus atrox) venom: Isolation and characterization of five hemorrhagic toxins*

G. SCHIAVO, F. BENFENATI, B. POULAIN, O. ROSSETTO, P. POLVERINO DE LAURETO, B.R. DASGUPTA, C. MONTECUCCO, Nature (London) *359* (1992) 832: *Tetanus and botulinum-B neurotoxins block neurotransmitter release by proteolytic cleavage of synaptobrevin*

J.T. GROVES, J.R. OLSON, Inorg. Chem. *24* (1985) 2715: *Models of zinc-containing proteases. Rapid amide hydrolysis by an unusually acidic Zn^{2+}-OH_2 complex*

J.B. VINCENT, M.W. CROWDER, B.A. AVERILL, Trends Biol. Sci. *17* (1992) 105: *Hydrolysis of phosphate monoesters: A biological problem with multiple chemical solutions*

A. TSUBOUSHI, T. BRUICE, J. Am. Chem. Soc. *116* (1994) 11614: *Remarkable ($\approx 10^{13}$) rate enhancement in phosphonate ester hydrolysis catalyzed by two metal ions*

F.Y.H. WU, C.W. WU in (aa), S. 157: *The role of zinc in DNA and RNA polymerases*

D. BEYERSMANN in (aa), S. 525: *Zinc and lead in mammalian 5-aminolevulinate dehydratase*

G. PARKIN, Chem. Commun. (2000) 1971: *The bioinorganic chemistry of zinc: synthetic analogues of zinc enzymes that feature tripodal ligands*

J.D. WUEST (Hrsg.), Tetrahedron Symposia-in-Print Number 25, Tetrahedron *42* (1986) 941-1046: *Formal transfers of hydride from carbon-hydrogen bonds*

M. ZEPPEZAUER in (aa), S. 417: *The metal environment of alcohol dehydrogenase: Aspects of chemical speciation and catalytic efficiency in a biological catalyst*

H. EKLUND, A. JONES, G. SCHNEIDER in (aa), S. 377: *Active site in alcohol dehydrogenase*

G. PFLEIDERER, M. SCHARSCHMIDT, A. GANZHORN in (aa), S. 507: *Glycerol dehydrogenase – an additional Zn-dehydrogenase*

P. TSE, R.K. SCOPES, A.G. WEDD, J. Am. Chem. Soc. *111* (1989) 8793: *Iron-activated alcohol dehydrogenase from Zymomonas mobilis: Isolation of apoenzyme and metal dissociation constants*

E.S. CEDERGREN-ZEPPEZAUER, in (aa), S. 393: *Coenzyme binding to three conformational states of horse liver alcohol dehydrogenase*

H.W. GOEDDE, D.P. AGARWAL, Enzyme *37* (1987) 29: *Polymorphism of aldehyde dehydrogenase and alcohol sensitivity*

B.L. VALLEE in (aa), S. 1: *A synopsis of zinc biology and pathology*

B. MANNERVIK, S. SELLIN, L.E.G. ERIKSSON in (aa), S. 518: *Glyoxalase I – An enzyme containing hexacoordinate Zn^{2+} in its active site*

J.M. BERG, Prog. Inorg. Chem. *37* (1988) 143: *Metal-binding domains in nucleic acid-binding and gene-regulatory proteins*

D. RHODES, A. KLUG, Sci. Am. *268(2)* (1993) 56: *Zinc fingers*

B.A. KRIZEK, J.M. BERG, Inorg. Chem. *31* (1992) 2984: *Complexes of zinc finger peptides with Ni^{2+} and Fe^{2+}*

N.P. PAVLETICH, C.O. PABO, Science *261* (1993) 1701: *Crystal structure of a five-finger GLI-DNA complex: New perspectives on zinc fingers*

P.J. KRAULIS, A.R.C. RAINE, P.L. GADHAVI, E.D. LAUE, Nature (London) *356* (1992) 448: *Structure of the DNA-binding domain of zinc GAL4*

Y. CHO, S. GORINA, P.D. JEFFREY, N.P. PAVLETICH, Science *265* (1994) 346: *Crystal structure of a p53 tumor suppressor-DNA complex: Understanding tumorigenic mutations*

T. O'HALLORAN, Science *261* (1993) 715: *Transition metals in control of gene expression*

B.C. CUNNINGHAM, M.G. MULKERRIN, J.A. WELLS, Science *253* (1991) 545: *Dimerization of human growth hormone by zinc*

M.L. BRADER, M.F. DUNN, Trends Biochem. Sci. *16* (1991) 341: *Insulin hexamers: New conformations and applications*

L.C. MYERS, M.P. TERRANOVA, A.E. FERENTZ, G. WAGNER, G.L. VERDINE, Science *261* (1993) 1164: *Repair of DNA methylphosphotriesters through a metalloactivated cysteine nucleophile*

Kapitel 13

C.A. PASTERNAK (Hrsg.): *Monovalent Cations in Biological Systems*, CRC Press, Inc., Boca Raton, 1990

M.D. TONEY, E. HOHENESTER, S.W. COWAN, J.N. JANSONIUS, Science *261* (1993) 756: *Dialkylglycine decarboxylase structure: Bifunctional active site and alkali metal sites*

P.B. CHOCK, E.O. TITUS, Prog. Inorg. Chem. *18* (1973) 287: *Alkali metal ion transport and biochemical activity*

R.J.P. WILLIAMS, Pure Appl. Chem. *55* (1983) 1089: *Inorganic elements in biological space and time*

N. BRAUTBAR, A.T. ROY, P. HORN, D.B.N. LEE in (d), *Vol. 26* (1990), S. 285: *Hypomagnesemia and hypermagnesemia* and other papers in this volume

H. SCHMIDBAUR, H.G. CLASSEN, J. HELBIG, Angew. Chem. *102* (1990) 1122: *Asparagin- und Glutaminsäure als Liganden für Alkali- und Erdalkalimetalle: Strukturchemische Beiträge zum Fragenkomplex der Magnesiumtherapie*

P. LASZLO, Angew. Chem. *90* (1978) 271: *Kernresonanzspektroskopie mit Natrium-23*

B. WRACKMEYER, Chem. Unserer Zeit *28* (1994) 309: *NMR-Spektroskopie von Metallkernen in Lösung*

T. OGINO, G.I. SHULMAN, M.J. AVISON, S.R. GULLANS, J.A. DEN HOLLANDER, R.G. SHULMAN, Proc. Natl. Acad. Sci. USA *82* (1985) 1099: *^{23}Na and ^{39}K NMR studies of ion transport in human erythrocytes*

F. VÖGTLE, E. WEBER, U. ELBEN, Kontakte (Darmstadt), Heft 3 (1978) 32 und Heft 1 (1979) 3: *Neutrale organische Komplexliganden und ihre Alkalikomplexe III – Biologische Wirkungen synthetischer und natürlicher Ionophore*

B. DIETRICH in (h), S. 954: *Coordination chemistry of alkali and alkaline-earth cations with macrocyclic ligands*

D.H. BUSCH, N.A. STEPHENSON, Coord. Chem. Rev. *100* (1990) 119: *Molecular organization, portal to supramolecular chemistry*

C.J. PEDERSEN, H.K. FRENSDORFF, Angew. Chem. *84* (1972) 16: *Makrocyclische Polyäther und ihre Komplexe*

B. DIETRICH, J.M. LEHN, J.P. SAUVAGE, Chem. Unserer Zeit *7* (1973) 120: *Kryptate - makrocyclische Metallkomplexe*

J.M. LEHN, Acc. Chem. Res. *11* (1978) 49: *Cryptates: The chemistry of macropolycyclic inclusion complexes*

F. VÖGTLE: *Supramolekulare Chemie*, 2. Aufl., Teubner, Stuttgart, 1992

B.C. PRESSMAN in (d), *Vol. 19* (1985), S. 1: *The discovery of ionophores: A historical account*

R.D. HANCOCK, J. Chem. Ed. *69* (1992) 615: *Chelate ring size and metal ion selection*

H.H. MOLLENHAUER, D.J. MORRE, L.D. ROWE, Biochim. Biophys. Acta *1031* (1990) 225: *Alteration of intracellular traffic by monensin; mechanism, specificity and relationship to toxicity*

J.P. MICHAEL, G. PATTENDEN, Angew. Chem. *105* (1993) 1: *Marine Metaboliten und die Komplexierung von Metall-Ionen: Tatsachen und Hypothesen*

B.T. KILBOURN, J.D. DUNITZ, L.A.R. PIODA, W. SIMON, J. Mol. Biol. *30* (1967) 559: *Structure of the K^+ complex with nonactin, a macrotetrolide antibiotic possessing highly specific K^+ transport properties*

D.L. WARD, K.T. WEI, J.G. HOOGERHEIDE, A.L. POPOV, Acta Cryst. *B34* (1978) 110: *The crystal and molecular structure of the sodium bromide complex of monensin, $C_{36}H_{62}O_{11}\cdot Na^+Br^-$*

R. SCHWYZER, A. TUN-KYI, M. CAVIEZEL, P. MOSER, Helv. Chim. Acta *53* (1970) 15: *S,S'-Bis-cyclo-glycyl-L-hemicystyl-glycyl-glycyl-L-prolyl, ein künstliches bicyclisches Peptid mit Kationenspezifität*

D.A. LANGS, Science *241* (1988) 188: *Three-dimensional structure at 0.86 Å of the uncomplexed form of the transmembrane ion channel peptide gramicidin A*

B.A. WALLACE, K. RAVIKUMAR, Science *241* (1988) 182: *The gramicidin pore: Crystal structure of a cesium complex*

F. HUCHO, C. WEISE, Angew. Chem. *113* (2001) 3195: *Ligandengesteuerte Ionenkanäle*

D.A. DOUGHERTY, H.A. LESTER, Angew. Chem. *110* (1998) 2463: *Die Kristallstruktur des Kaliumkanals: eine neue Ära in der Chemie der biologischen Signalübertragung*

R. DUTZLER, E.B. CAMPBELL, R. MACKINNON, Science *300* (2003) 108: *Gating the selectivity filter in ClC chloride channels*

J.-P. CHANGEUX: Sci. Am. *269(5)* (1993) 30: *Chemical signaling in the brain*

N.P. FRANKS, W.R. LIEB, Nature (London) *367* (1994) 607: *Molecular and cellular mechanisms of general anaesthesia*

E. NEHER, Angew. Chem. *104* (1992) 837: *Ionenkanäle für die inter- und intrazelluläre Kommunikation* (Nobel-Vortrag)

B. SAKMANN, Angew. Chem. *104* (1992) 844: *Elementare Ionenströme und synaptische Übertragung* (Nobel-Vortrag)

L.Y. JAN, Y.N. JAN, Nature (London) *371* (1994) 119: *Potassium channels and their evolving gates*

C. MILLER, Science *261* (1993) 1692: *Potassium selectivity in proteins: Oxygen cage or* π *in the face*

L. STRYER, Sci. Am. *257(1)* (1987) 32: *The molecules of visual excitation*

J.L. SCHNAPF, D.A. BAYLOR, Sci. Am. *256(4)* (1987) 32: *How photoreceptor cells respond to light*

P.L. PEDERSEN, E. CARAFOLI, Trends Biochem. Sci. *12* (1987) 146, 186: *Ion motive ATPases. I. Ubiquity, properties, and significance to cell function*

J.B. LINGREL, T. KUNTZWEILER, J Biol. Chem. *269* (1994) 19659: *Na^+/K^+-ATPase*

C.L. BASHFORD, C.A. PASTERNAK, Trends Biochem. Sci. *11* (1986) 113: *Plasma membrane potential of some animal cells is generated by ion pumping, not by ion gradients*

H. REUTER, Nature (London) *349* (1991) 567: *Ins and outs of Ca^{2+} transport*

P.A. DIBROV, Biochim. Biophys. Acta *1056* (1991) 209: *The role of sodium ion transport in Escherichia coli energetics*

M. IKEDA, R. SCHMID, D. OESTERHELT, Biochemistry 29 (1990) 2057: *A Cl^--translocating adenosinetriphosphatase in Acetabularia acetabulum*

E. CARAFOLI, Biochim. Biophys. Acta *101* (1992) 266: *The plasma membrane calcium pump. Structure, function, regulation*

C. TOYOSHIMA, M. NAKASAKO, H. NOMURA, H. OGAWA, Nature *405* (2000) 647: *Crystal structure of the calcium pump of sarcoplasmic reticulum at 2.6 Å resolution*

Kapitel 14

R.B. MARTIN in (d), *Vol. 26* (1990), S. 1: *Bioinorganic chemistry of magnesium,* and following contributions

C.B. Black, H.-W. Huang, J.A. Cowan, Coord. Chem. Rev. *135/136* (1994) 165: *Biological coordination chemistry of magnesium, sodium, and potassium ions*

I. Andersson, S. Knight, G. Schneider, Y. Lindqvist, T. Lundqvist, C.-I. Bränden, G.H. Lorimer, Nature (London) *337* (1989) 229: *Crystal structure of the active site of ribulose-bisphosphate carboxylase*

W. Hinrichs, C. Kisker, M. Düvel, A. Müller, K. Tovar, W. Hillen, W. Saenger, Science *264* (1994) 418: *Structure of the repressor-tetracycline complex and regulation of antibiotic resistance*

H. Schmidbaur, H.G. Classen, J. Helbig, Angew. Chem. *102* (1990) 1122: *Asparagin- und Glutaminsäure als Liganden für Alkali- und Erdalkalimetalle: Strukturchemische Beiträge zum Fragenkomplex der Magnesiumtherapie*

H. Pelletier, M.R. Sawaya, A. Kumar, S.H. Wilson, J. Kraut, Science *264* (1994) 1891: *Structures of ternary complexes of rat DNA polymerase β, a DNA template-primer, and ddCTP*

A.M. Pyle, Science *261* (1993) 709: *Ribozymes: A distinct class of metalloenzymes*

F.H. Westheimer, Science *235* (1987) 1173: *Why nature chose phosphates*

J.B. Vincent, M.W. Crowder, B.A. Averill, Trends Biochem. Sci. *17* (1992) 105: *Hydrolysis of phosphate monoesters: A biological problem with multiple chemical solutions*

L. Beese, T.A. Steitz, EMBO J. *10* (1991) 25: *Structural basis for the 3'-5' exonuclease activity of Escherichia coli DNA polymerase I: a two metal ion mechanism*

J. Aqvist, A. Warshel, J. Am. Chem. Soc. *112* (1990) 2860: *Free energy relationships in metalloenzyme-catalyzed reactions. Calculations of the effects of metal ion substitutions in staphylococcal nuclease*

A. Tsuboushi, T. Bruice, J. Am. Chem. Soc. *116* (1994) 11614: *Remarkable ($\approx 10^{13}$) rate enhancement in phosphonate ester hydrolysis catalyzed by two metal ions*

H. Sigel, Coord. Chem. Rev. *100* (1990) 453: *Mechanistic aspects of the metal ion promoted hydrolysis of nucleoside 5'-triphosphates*

R. Cini, Comments Inorg. Chem. *13* (1992) 1: *X-Ray structural studies of adenosine 5'-triphosphate metal compounds*

A.S. Tracey, J. S. Jaswal, M.J. Gresser, D. Rehder, Inorg. Chem. *29* (1990) 4283: *Condensation reactions of aqueous vanadate with the common nucleosides*

D. Crans, C.D. Rithner, L.A. Theisen, J. Am. Chem. Soc. *112* (1990) 2901: *Application of time-resolved ^{51}V 2D NMR for quantitation of kinetic exchange pathways between vanadate monomer, dimer, tetramer, and pentamer*

E.G. Krebs, Angew. Chem. *105* (1993) 1173: Protein-Phosphorylierung und Zellregulation I (Nobel-Vortrag)

E.H. Fischer, Angew. Chem. *105* (1993) 1181: Protein-Phosphorylierung und Zellregulation II (Nobel-Vortrag)

H.L. De Bondt, J. Rosenblatt, J. Jancarik, H.D. Jones, D.O. Morgan, S.-H. Kim, Nature (London) *363* (1993) 595: *Crystal structure of cyclin-dependent kinase 2*

D.T. Lodato, G.H. Reed, Biochemistry *26* (1987) 2243: *Structure of the oxalate-ATP complex with pyruvate kinase: ATP as a bridging ligand for the two divalent cations*

F.J. Kayne, J. Reuben, J. Am. Chem. Soc. *92* (1970) 220: *Thallium-205 nuclear magnetic resonance as a probe for studying metal ion binding to biological macromolecules. Estimate of the distance between the monovalent and divalent activators of pyruvate kinase*

K.R.H. Repke, R. Schön, Biochim. Biophys. Acta *1154* (1992) 1: *Chemistry and energetics of transphosphorylations on the mechanism of Na^+/K^+-transporting ATPase: An attempt at a unifying model*

L. Lebioda, B. Stec, J. Am. Chem. Soc. *111* (1989) 8511: *Crystal structure of holo-enolase refined at 1.9 Å resolution: Trigonal-bipyramidal geometry of the cation binding site*

F.L. Siegel, Struct. Bonding (Berlin) *17* (1973) 221: *Calcium-binding proteins*

L.J. Anghileri (Hrsg.): *The Role of Calcium in Biological Systems, Vol. IV*, CRC Press, Boca Raton, 1987

C. Gerday, L. Bolis, R. Gilles (Hrsg.): *Calcium and Calcium Binding Proteins*, Springer-Verlag, Berlin, 1988

D. Pietrobon, F. Di Virgilio, T. Pozzan, Eur. J. Biochem. *193* (1990) 599: *Structural and functional aspects of calcium homeostasis in eukaryotic cells*

J.C. Rüegg, Naturwissenschaften *74* (1987) 579: *Calcium-Regulation der Muskelkontraktion*

G. Cornelius, Naturwiss. Rundschau *47* (1994) 181: *Signalüberträger in der Zelle - Second-Messenger-Forschung*

E. Carafoli, J.T. Penniston, Spektrum der Wissenschaften, Januar (1986) 76: *Das Calcium-Signal*

H. Rasmussen, Spektrum der Wissenschaften, Dezember (1989) 128: *Der Membrankreislauf von Calcium als intrazelluläres Signal*

S. Klumpp, J.E. Schultz, Pharm. Unserer Zeit *14* (1983) 19: *Calcium und Calmodulin*

D.M.E. Szebenyi, K. Moffat, J. Biol. Chem. *261* (1986) 8761: *The refined structure of vitamin D-dependent calcium-binding protein from bovine intestine*

S. Goldmann, J. Stoltefuss, Angew. Chem. *103* (1991) 1587: *1,4-Dihydropyridine: Einfluss von Chiralität und Konformation auf die Calcium-antagonistische und -agonistische Wirkung*

R. Fossheim, K. Svarteng, A. Mostad, C. Romming, E. Shefter, D.J. Triggle, J. Med. Chem. *25* (1982) 126: *Crystal structures and pharmacological activity of calcium channel antagonists*

O. Bachs, N. Agell, E. Carafoli, Biochim. Biophys. Acta *1113* (1992) 259: *Calcium and calmodulin function in the cell nucleus*

E. Carafoli, FASEB J. *8* (1994) 993: *Biogenesis: Plasma membrane calcium ATPase: 15 years of work on the purified enzyme*

R.Y. Tsien, Chem. Eng. News *July 18* (1994) 34: *Fluorescence imaging creates a window on the cell*

M. Ochsner-Bruderer, T. Fleck, Nachr. Chem. Tech. Lab. *41* (1993) 997: *Fluorimetrische Bestimmung der intrazellulären Calciumionen-Konzentration*

T. Hirano, I. Mizoguchi, M. Yamaguchi, F.-Q. Chen, M. Ohashi, Y. Ohmiya, F.I. Tsuji, J. Chem. Soc., Chem. Commun. (1994) 165: *Revision of the structure of the light-emitter in aequorin bioluminescence*

A.M. Albrecht-Gary, S. Blanc-Parasote, D.W. Boyd, G. Dauphin, G. Jeminet, J. Juillard, M. Prudhomme, C. Tissier, J. Am. Chem. Soc. *111* (1989) 8598: *X-14885A: An ionophore closely related to calcimycin (A-23187). NMR, thermodynamic, and kinetic studies of cation selectivity*

Y. Ogoma, T. Shimizu, M. Hatano, T. Fujii, A. Hachimori, Y. Kondo, Inorg. Chem. *27* (1988) 1853: *^{43}Ca nuclear magnetic resonance spectra of Ca^{2+}-S100 protein solutions*

A.L. Swain, E.L. Amma, Inorg. Chim. Acta *163* (1989) 5: *The coordination polyhedron of Ca^{2+}, Cd^{2+} in parvalbumin*

N.K. Vyas, M.N. Vyas, F.A. Quiocho, Nature (London) *327* (1987) 635: *A novel calcium binding site in the galactose-binding protein of bacterial transport and chemotaxis*

K.A. Satyshur, S.T. Rao, D. Pyzalska, W. Drendel, M. Greaser, M. Sundaralingam, J. Biol. Chem. *263* (1988) 1628: *Refined structure of chicken skeletal muscle troponin C in the two-calcium state at 2-Å resolution*

P. Chakrabarti, Biochemistry *29* (1990) 651: *Systematics in the interaction of metal ions with the main-chain carbonyl group in protein structures*

W.I. Weis, K. Drickamer, W.A. Hendrickson, Nature (London) *360* (1992) 127: *Structure of a C-type mannose-binding protein complexed with an oligosaccharide*

M. Ohnishi, R.A.F. Reithmeier, Biochemistry *26* (1987) 7458: *Fragmentation of rabbit skeletal muscle calsequestrin: Spectral and ion binding properties of the carboxyl-terminal region*

P.J. McLaughlin, J.T. Gooch, H.G. Mannherz, A.G. Weeds, Nature (London) *364* (1993) 685: *Structure of gelsolin segment 1-actin complex and the mechanism of filament severing*

F.A. Cotton, E.E. Hazen, M.J. Legg, Proc. Natl. Acad. Sci. U.S.A. *76* (1979) 2551: *Staphylococcal nuclease: Proposed mechanism of action based on structure of enzyme-thymidine 3',5'-bisphosphate-calcium ion complex at 1.5-Å resolution*

A. S. Babu, J.S. Sack, T.J. Greenhough, C.E. Bugg, A.R. Means, W.J. Cook, Nature (London) *315* (1985) 37: *Three-dimensional structure of calmodulin*

S. Forsen, J. Kördel, Acc. Chem. Res. *26* (1993) 7: *The molecular anatomy of a calcium-binding protein*

W.E. Meador, A.R. Means, F.A. Quiocho, Science *257* (1992) 1251: *Target enzyme recognition by calmodulin: 2.4 Å Structure of a calmodulin-peptide complex*

D. Kligman, D.C. Hilt, Trends Biochem. Sci. *13* (1988) 437: *The S100 protein family*

P. Demange, D. Voges, J. Benz, S. Liemann, P. Göttig, R. Berendes, A. Burger, R. Huber, Trends Biol. Sci. *19* (1994) 272: *Annexin V: The key to understanding ion selctivity and voltage regulation ?*

E.I. Ochiai, J. Chem. Educ. *68* (1991) 10: *Why calcium?*

C.H. Evans, Trends Biochem. Sci. (1983) 445: *Interesting and useful biochemical properties of lanthanides*

K. Fujimori, M. Sorenson, O. Herzberg, J. Moult, F.C. Reinach, Nature (London) *345* (1990) 182: *Probing the calcium-induced conformational transition of troponin C with site-directed mutants*

Kapitel 15

S. Mann, J. Webb, R.J.P. Williams (Hrsg.): *Biomineralization*, VCH, Weinheim, 1990

S. Mann, Chem. Unserer Zeit *20* (1986) 69: *Biomineralisation: Ein neuer Zweig der bioanorganischen Chemie*

S. Mann, J. Chem. Soc., Dalton Trans. (1993) 1: *Biomineralization: The hard part of bioinorganic chemistry*

S. Mann, D.D. Archibald, J.M. Didymus, T. Douglas, B.R. Heywood, F.C. Meldrum, N.J. Reeves, Science *261* (1993) 1286: *Crystallization at inorganic-organic interfaces: biominerals and biomimetic synthesis*

H.A. Lowenstam, Science *211* (1981) 1126: *Minerals formed by organisms*

L. Addadi, S. Weiner, Angew. Chem. *104* (1992) 159: *Kontroll- und Designprinzipien bei der Biomineralisation*

A.H. Heuer et al., Science *255* (1992) 1098: *Innovative materials processing strategies: A biomimetic approach*

S. Mann, Nature (London) *357* (1992) 358: *Bacteria and the Midas touch*

C.C. Perry, J.R. Wilcock, R.J.P. Williams, Experientia *44* (1988) 638: *A physico-chemical approach to morphogenesis: The roles of inorganic ions and crystals*

D. Mustafi, Y. Nakagawa, Proc. Natl. Acad. Sci. USA *91* (1994) 11323: *Characterization of calcium-binding sites in the kidney stone inhibitor glycoprotein nephrocalcin with vanadyl ions*

C.L. HEW, D.S.C. YANG, Eur. J. Biochem. *203* (1992) 33: *Protein interaction with ice*

D.W. PARRY, M.J. HODSON, A.G. SANGSTER, Phil. Trans. Roy. Soc. London *B 304* (1984) 537: *Some recent advances in studies of silicon in higher plants*

G. KRAMPITZ, G. GRASER, Angew. Chem. *100* (1988) 1181: *Molekulare Mechanismen der Biomineralisation bei der Bildung von Kalkschalen*

S. MANN, B.R. HEYWOOD, S. RAJAM, J.D. BIRCHALL, Nature (London) *334* (1988) 692: *Controlled crystallization of $CaCO_3$ under stearic acid monolayers*

A. MILLER, Phil. Trans. Roy. Soc. London *B 304* (1984) 455: *Collagen: The organic matrix of bone*

M.J. GLIMCHER, Phil. Trans. Roy. Soc. London *B 304* (1984) 479: *Recent studies of the mineral phase in bone and its possible linkage to the organic matrix by protein-bound phosphate bonds*

J.C. ELLIOTT, *Structure and Chemistry of the Apatites and Other Calcium Orthophosphates,* Elsevier, Amsterdam, 1994

K. SUDARSANAN, R.A. YOUNG, Acta Cryst. *B34* (1978) 1401: *Structural interactions of F, Cl and OH in apatites*

J.D. CURREY, Phil. Trans. Roy. Soc. London *B 304* (1984) 509: *Effects of differences in mineralization on the mechanical properties of bone*

G. HEIMKE, Adv. Mater. *3* (1991) 320: *Bioactive ceramics*

W. VON KOENIGSWALD, Biol. Unserer Zeit *20* (1990) 110: *Biomechanische Anpassungen im Zahnschmelz von Säugetieren*

C. ROBINSON, J.A. WEATHERELL, H.J. HÖHLING, Trends Biochem. Sci. (1983) 24: *Formation and mineralization of dental enamel*

C. DAWES, J.M. TEN CATE (Hrsg.), J. Dent. Res. (Special Issue) *69* (1990) 505-831: *International symposium on fluorides: Mechanism of action and recommendations for use*

A. BERMAN, L. ADDADI, A. KRICK, L. LEISEROWITZ, M. NELSON, S. WEINER, Science *250* (1990) 664: *Intercalation of sea urchin proteins in calcite: Study of a crystalline composite material*

J.D. BIRCHALL in (n), S. 209: *Silicon in the biosphere*

D.H. ROBINSON, C.W. SULLIVAN, Trends Biochem. Sci. *12* (1987) 151: *How do diatoms make silicon biominerals?*

B. FUBINI, E. GIAMELLO, M. VOLANTE, Inorg. Chim. Acta *162* (1989) 187: *The possible role of surface oxygen species in quartz pathogenicity*

R.B. FRANKEL, R.P. BLAKEMORE, Phil. Trans. Roy. Soc. London *B 304* (1984) 567: *Precipitation of Fe_3O_4 in magnetotactic bacteria*

R.P. BLAKEMORE, R.B. FRANKEL, Sci. Am. *245(6)* (1981) 42: *Magnetic navigation in bacteria*

J.L. KIRSCHVINK, A. KOBAYASHI-KIRSCHVINK, B.J. WOODFORD, Proc. Natl. Acad. Sci. USA *89* (1992) 7683: *Magnetite biomineralization in the human brain*

B.R. HEYWOOD, D.A. BAZYLINSKI, A. GARRATT-REED, S. MANN, R.B. FRANKEL, Naturwissenschaften *77* (1990) 536: *Controlled biosynthesis of greigite (Fe_3S_4) in magnetotactic bacteria*

Kapitel 16

K.L. KIRK: *Biochemistry of the Elemental Halogens and Inorganic Halides*, Plenum Press, New York, 1991

F.H. NIELSEN, FASEB J. *5* (1991) 2661: *Nutritional requirements for boron, silicon, vanadium, nickel, and arsenic: Current knowledge and speculation*

M.A. O'NEILL, S. EBERHARD, P. ALBERSHEIM, A.G DARVILL, Science *294* (2001) 846: *Requirement of Borate Cross-Linking of Cell Wall Rhamnogalacturonan II for Arabidopsis Growth*

H. HÖFTE, Science 294 (2001) 795: *A Baroque Residue in Red Wine*

C. EXLEY, J. Inorg. Biochem. *69* (1998) 139: *Silicon in life: A bioinorganic solution to bioorganic essentiality*

R. TACKE, Angew. Chem. *111* (1999) 3197: *Meilensteine in der Biochemie des Siliciums: von der Grundlagenforschung zu biotechnologischen Anwendungen*

C.C. PERRY, T. KEELING-TUCKER, J. Inorg. Biochem. *69* (1998) 181: *Aspects of the bioinorganic chemistry of silicon in conjunction with the biometals calcium, iron and aluminium*

J. FELDMANN, Chem. Br. (2001) 31: *An appetite for arsenic*

S. DONNER, Nachr. Chem. *50* (2002) 29: *Die Grundlagen zum Leben schaffen*

K.A. FRANCESCONI, J.S. EDMONDS, Adv. Inorg. Chem. 44 (1997) 147: *Arsenic and marine organisms*

B.P. ROSEN, C.-M. HSU, C.E. KARKARIA, P. KAUR, J.B. OWOLABI, L.S. TISA, Biochim. Biophys. Acta *1018* (1990) 203: *A plasmid-encoded anion-translocation ATPase*

H. LUECKE, F.A. QUIOCHO, Nature (London) *347* (1990) 402: *High specificity of a phosphate transport protein determined by hydrogen bonds*

G. GASSMANN, D. GLINDEMANN, Angew. Chem. *105* (1993) 749: *Phosphan (PH_3) in der Biosphäre*

W. BUCHEL, Angew. Chem. *113* (2001) 1463: *Anorganische Chemie in Meeressedimenten*

G.W. GRIBBLE, Chem. Soc. Rev. *28* (1999) 335: *The diversity of naturally occuring organobromine compounds*

C. Dawes, J.M. ten Cate (Hrsg.), J. Dent. Res. (Special Issue) 69 (1990) 505-831: *International symposium on fluorides: Mechanism of action and recommendations for use*

E.T. Urbansky, Chem. Rev. *102* (2002) 2837: *Rate of fluorosilicate drinking water additives*

D. O'Hagan, C. Schaffrath, S.L. Cobb, J.T.G. Hamilton, C.D. Murphy, Nature (London) *416* (2002) 279: *Biosynthesis of an organofluorine molecule*

R.L. Wagner, J.W. Apriletti, M.E. McGrath, B.L. West, J.D. Baxter, R.J. Fletterick, Nature (London) *378* (1995) 690: *A structural role for hormone in the thyroid hormone receptor*

Y.-A. Ma, C.J. Sih, A. Harms, J. Am. Chem. Soc. *121* (1999) 8967: *Enzymatic mechanism of thyroxine biosynthesis*

N.M. Alexander in E. Frieden (Hrsg.): *Biochemistry of the Essential Ultratrace Elements*, Plenum Press, New York, 1984, S. 33: *Iodine*

M.J. Berry, L. Banu, P. R. Larsen, Nature (London) *349* (1991) 438: Type I iodothyronine deiodinase is a selenocysteine-containing enzyme

S.C. Low, M.J. Berry, Trends Biol. Sci. *21* (1996) 203: *Knowing when not to stop: selenocysteine incorporation in eucaryotes*

P. Dürre, J.R. Andreesen, Biol. Unserer Zeit *16* (1989) 12: *Die biologische Bedeutung von Selen*

L. Flohe, W. Strassburger, W.A. Günzler, Chem. Unserer Zeit *21* (1987) 44: *Selen in der enzymatischen Katalyse*

K. Forchhammer, A. Böck, Naturwissenschaften *78* (1991) 497: *Biologie und Biochemie des Elements Selen*

A. Wendel (Hrsg.): *Selenium in Biology and Medicine*, Springer-Verlag, Berlin, 1989

G. Mugesh, W.-W. du Mont, H. Sies, Chem. Rev. *101* (2001) 2125: *Chemistry of biologically important synthetic organoselenium compounds*

B. Douglas, D.H. McDaniel, J.J. Alexander: *Concepts and Models of Inorganic Chemistry*, 2nd Edition, Wiley, New York, 1983, S. 579, 580

T.C. Stadtman, Annu. Rev. Biochemistry *65* (1996) 83: *Selenocysteine*

R.A. Arkowitz, R.H. Abeles, J. Am. Chem. Soc. *112* (1990) 870: *Isolation and characterization of a covalent selenocysteine intermediate in the glycine reductase system*

E.D. Harris, FASEB J. *6* (1992) 2675: *Regulation of antioxidant enzymes*

J.M.C. Gutteridge, B. Halliwell, Trends Biochem. Sci. *15* (1990) 129: *The measurement and mechanism of lipid peroxidation in biological systems*

D.L. Gilbert, C.A. Colton (Hrsg.): *Reactive Oxygen Species in Biological Systems*, Kluwer/Plenum, New York, 1999

T. Finkel, N.J. Holbrook, Nature (London) *408* (2000) 239: *Oxidants, oxidative stress and the biology of ageing*

B. Ren, W. Huang, B. Åkeson, R. Ladenstein, J. Mol. Biol. *268* (1997) 869: *The crystal structure of seleno-glutathione peroxidase from human plasma at 2.9 Å resolution*

Kapitel 17

O. Hutzinger (Hrsg.): *The Handbook of Environmental Chemistry*, Springer-Verlag, Berlin, ab 1980

I. Bodek et al. (Hrsg.): *Environmental Inorganic Chemistry*, Pergamon Press, New York, 1988

G. Fellenberg, *Chemie der Umweltbelastung*, Teubner, Stuttgart, 1997

G.F. Fuhrmann: *Allgemeine Toxikologie für Chemiker*, Teubner, Stuttgart, 1999

R. Braun, G.F. Fuhrmann, W. Legrum, C. Steffen, *Spezielle Toxikologie für Chemiker*, Teubner, Stuttgart, 1999

S.G. Schäfer, B. Elsenhans, W. Forth, K. Schümann in H. Marquardt, S.G. Schäfer (Hrsg.): *Lehrbuch der Toxikologie*, BI-Wiss.-Verl., Mannheim, 1994, S. 504: *Metalle*

S. Silver, T.K. Misra, R.A. Laddaga in T.J. Beveridge, R.J. Doyle (Hrsg.): *Metal Ions and Bacteria*, Wiley, New York, 1989, S. 121: *Bacterial resistance to toxic heavy metals*

C.T. Dameron, R.N. Reese, R.K. Mehra, A.R. Kortan, P.J. Carroll, M.L. Steigerwald, L.E. Brus, D.R. Winge, Nature (London) *338* (1989) 596: *Biosynthesis of cadmium sulfide quantum semiconductor crystallites*

M.M. Jones, Comments Inorg. Chem. *13* (1992) 91: *Newer chelating agents for in vivo toxic metal mobilization*

K. Schümann, G. Hunder, Pharm. Unserer Zeit *26* (1997) 143: *Die anthropogene Bleibelastung und ihre Risiken*

J.O. Nriagu, Science *272* (1996) 223: *A History of global metal pollution*

W. Shotyk, D. Weiss, P.G. Appleby, A.K. Cheburkin, R. Frei, M. Gloor, J. D. Kramers, S. Reese, W. O. Van Der Knaap, Sciene *281* (1998) 1635: *History of atmospheric lead deposition since 12,370 ^{14}C yr BP from a peat bog, Jura Mountains, Switzerland*

K. Abu-Dari, F.E. Hahn, K.N. Raymond, J. Am. Chem. Soc. *112* (1990) 1519: *Lead sequestering agents. 1. Synthesis, physical properties, and structures of lead thiohydroxamato complexes*

W. Kowal, O.B. Beattie, H. Baadsgaard, P.M. Krahn, Nature (London) *343* (1990) 319: *Did solder kill Franklin's men?*

G. Röderer, Biol. Unserer Zeit *15* (1985) 129: *Benzinblei-Problematik: Zum Wirkungsmechanismus von Triäthylblei*

S.J. Hill, Chem. Soc. Rev. *26* (1997) 291: *Speciation of trace metals in the environment*

G.W. Goldstein, A.L. Betz, Sci. Am. *255(3)* (1986) 70: *The blood-brain barrier*

M.J. Warren, J.B. Cooper, S.P. Wood, P.M. Shoolingin-Jordan, Trends Biol. Sci. 23 (1998) 217: *Lead poisoning, heam synthesis and 5-aminolaevulinic acid dehydratase*

H.A. Dailey, C.S. Jones, S.W. Karr, Biochim. Biophys. Acta *999* (1989) 7: *Interaction of free porphyrins and metalloporphyrins with mouse ferrochelatase. A model for the active site of ferrochelatase*

E.K. Silbergeld, FASEB J. *6* (1992) 3201: *Mechanism of lead neurotoxicity, or looking beyond the lamppost*

K.J.R. Rosman, W. Chisholm, C.F. Boutron, J.P. Candelone, U. Görlach, Nature (London) *362* (1993) 333: *Isotopic evidence for the source of lead in Greenland snows since the late 1960s*

H. Strasdeit, Angew. Chem. *113* (2001) 730: *Das erste cadmiumspezifische Enzym*

H.H. Dieter, J. Abel, Biol. Unserer Zeit *17* (1987) 27: *Metallothionein*

E. Grill, M.H. Zenk, Chem. Unserer Zeit *23* (1989)194: *Wie schützen sich Pflanzen vor toxischen Schwermetallen?*

M.J. Stillman, F.C. Shaw, K.T. Suzuki (Hrsg.): *Metallothioneins: Synthesis, Structure, and Properties of Metallothioneins, Phytochelatins, and Metal-Thiolate Complexes*, VCH, Weinheim, 1992

W.F. Furey, A.H. Robbins, L.L. Clancy, D.R. Winge, B.C. Wang, C.D. Stout, Science *231* (1986) 704: *Crystal structure of Cd,Zn metallothionein*

E. Grill, E.L. Winnacker, M.H. Zenk, Proc. Natl. Acad. Sci. USA *84* (1987) 439: *Phytochelatins, a class of heavy-metal-binding peptides from plants, are functionally analogous ot metallothioneins*

H. Strasdeit, A.-K. Duhme, R. Kneer, M.H. Zenk, C. Hermes, H.-F. Nolting, J. Chem. Soc., Chem. Commun, (1991) 1129: *Evidence for discrete Cd(SCys)$_4$ units in cadmium phytochelatin complexes from EXAFS spectroscopy*

D.T. Jiang, S.M. Heald, T.K. Sham, M.J. Stillman, J. Am. Chem. Soc. *116* (1994) 11004: *Structures of the cadmium, mercury, and zinc thiolate clusters in metallothionein: XAFS study of Zn$_7$-MT, Cd$_7$-MT, Hg$_7$-MT, and Hg$_{18}$-MT fomed from rabbit liver metallothionein 2*

T.V. O'Halloran, Science *261* (1993) 715: *Transition metals in control of gene expression*

J.S. Thayer in (d) *Vol. 29* (1993) 1: *Global bioalkylation of the heavy elements*

S. Krishnamurthy, J. Chem. Educ. *69* (1992) 347: *Biomethylation and environmental transport of metals*

K.T. Douglas, M.A. Bunni, S. R. Baindur, Int. J. Biochem. 22 (1990) 429: *Thallium in biochemistry*

D.A. LABIANCA, J. Chem. Educ. *67* (1990) 1019: *A classic case of thallium poisoning and scientific serendipity*

A. LUDI, Chem. Unserer Zeit *22* (1988) 123: *Berliner Blau*

E.K. MELLON, J. Chem. Educ. *54* (1977) 211: *ALFRED E. STOCK and the insidious "Quecksilbervergiftung"*

M.J. VIMY, Chem. Ind. (London) (1995) 14: *Toxic teeth: The chronic mercury poisoning of modern man*

H. GREIM, S. HALBACH, Chem. Unserer Zeit *33* (1999) 168: *Vergiftungen mit Dimethylquecksilber*

J.G. WRIGHT, M.J. NATAN, F.M. MACDONNELL, D.M. RALSTON, T. O'HALLORAN, Prog. Inorg. Chem. *38* (1990) 323: *Mercury(II)-thiolate chemistry and the mechanism of the heavy metal biosensor MerR*

W.S. SHELDRICK, P. BELL, Inorg. Chim. Acta *123* (1986) 181: *Characterization of metal binding sites for 8-azaadenine. Formation and X-ray structural analysis of methylmercury(II) complexes*

M.J. MOORE, M.D. DISTEFANO, L.D. ZYDOWSKY, R.T. CUMMINGS, C.T. WALSH, Acc. Chem. Res. *23* (1990) 301: *Organomercurial lyase and mercuric ion reductase: Nature's mercury detoxification catalysts*

C.A. PHILLIPS, T. GLADDING, S. MALONEY, Chem. Br. *30* (1994) 646: *Clouds with a quicksilver lining*

J.O. NRIAGU, Chem. Br. *30* (1994) 650: *A precious legacy*

B. CORAIN, M. NICOLINI, P. ZATTA, Coord. Chem. Rev. *112* (1992) 33: *Aspects of bioinorganic chemistry of aluminium(III) relevant to the metal toxicity*

R.B. MARTIN, Acc. Chem. Res. *27* (1994) 204: *Aluminum: A neurotoxic product of acid rain*

J.P. LANDSBERG, B. MCDONALD, F. WATT, Nature (London) *360* (1992) 65: *Absence of aluminium in neuritic plaque cores in ALZHEIMER's disease*

T.P.A. KRUCK, Nature (London) *363* (1993) 119: *Aluminium - ALZHEIMER's link*

T.L. FENG, P.L. GURIAN, M.D. HEALY, A.R. BARRON, Inorg. Chem. *29* (1990) 408: *Aluminum citrate: Isolation and structural characterization of a stable trinuclear complex*

H.M. MARQUES, J. Inorg. Biochem. *41* (1991) 187: *Kinetics of the release of aluminum from human serum dialuminum transferrin to citrate*

R. KISS, I. SOVAGO, R.B. MARTIN, J. Am. Chem. Soc. *111* (1989) 3611: *Complexes of 3,4-dihydroxyphenyl derivatives. 9. Al^{3+} bonding to catecholamines and tiron*

G. FARRAR, P. ALTMANN, S. WELCH, O. WYCHRIJ, B. GHOSE, J. LEJEUNE, J. CORBETT, V. PRASHER, J. BLAIR, Lancet *335* (1990) 747: *Defective gallium-transferrin binding in ALZHEIMER disease and DOWN syndrome: Possible mechanism for accumulation of aluminum in brain*

D. N. Skilleter, Chem. Br. *26* (1990) 26: *To Be or not to Be – the story of beryllium toxicity*

L.S. Newman, Science *262* (1993) 197: *To* Be^{2+} *or not to* Be^{2+}*: Immunogenetics and occupational exposure*

O. Kumberger, J. Riede, H. Schmidbaur, Z. Naturforsch. *47b* (1992) 1717: *Beryllium coordination to bio-ligands: Isolation from aqueous solution and crystal structure of a hexanuclear complex of* Be^{2+} *with glycolic acid,* $Na_4[Be_6(OCH_2CO_2)_8]$

P.H. Connett, K.E. Wetterhahn, J. Am. Chem. Soc. *107* (1985) 4284: *In vitro reaction of the carcinogen chromate with cellular thiols and carboxylic acids*

R.N. Bose, S. Moghaddas, E. Gelerinter, Inorg. Chem. *31* (1992) 1987: *Long-lived chromium(IV) and chromium(V) metabolites in the chromium(VI) glutathione reaction: NMR, ESR, HPLC, and kinetic characterization*

P. O'Brien, J. Pratt, F.J. Swanson, P. Thronton, G. Wang, Inorg. Chim. Acta *169* (1990) 265: *The isolation and characterization of a chromium(V) containing complex from the reaction of glutathione with chromate*

R.P. Farrell, P.A. Lay, Comments Inorg. Chem. *13* (1992) 133: *New insights into the structures and reactions of chromium(V) complexes: Implications for chromium(VI) and chromium(V) oxidations of organic substrates and the mechanisms of chromium-induced cancers*

Kapitel 18

D. Schulte-Frohlinde, Chem. Unserer Zeit *24* (1990) 37: *Die Chemie des zellulären Strahlentods*

J.R.J. Sorenson, Chem. Br. *25* (1989) 169: *Copper complexes as "radiation recovery" agents*

R.M. Macklis, Sci. Am. *269(2)* (1993) 78: *The great radium scandal*

G. Herrmann, Chem. Unserer Zeit *22* (1988) 172: *Überwachung radioaktiver Stoffe in der Umwelt*

H. Vogel, Th. Skuza, Z. Umweltchem. Ökotox. *4* (1989) 44: *Strahlenbelastung durch Umwelt, Zivilisation und Medizin*

I. Bodek, W.J. Lyman, W.F. Reehl, D.H. Rosenblatt (Hrsg.): *Environmental Inorganic Chemistry*, Pergamon Press, New York, 1988

A.F. Gardner, R.S. Gillett, P.S. Phillips, Chem. Br. *28* (1992) 344: *The menace under the floorboards?*

J. Lantzsch et al., Angew. Chem. *107* (1995) 202: *Spurenbestimmung der Radionuclide* ^{90}Sr *und* ^{89}Sr *in Umweltproben I: Laser-Massenspektrometrie*

D.C. AUMANN, G. CLOOTH, B. STEFFAN, W. STEGLICH, Angew. Chem. *101* (1989) 495: *Komplexierung von Caesium-137 durch die Hutfarbstoffe des Maronenröhrlings (Xerocomus badius)*

E. MARSHALL, Science *245* (1989) 123: *Fallout from Pacific tests reaches congress*

H. VON PHILIPSBORN, Geowissenschaften *8* (1990) 220 und 324: *Radon und Radonmessung, Teil 1 und 2*

B. HILEMAN, Chem. Eng. News 13. Juni (1994) 12: *U.S. and Russia face urgent decisions on weapons plutonium*

J. XU, T.D.P. STACK, K.N. RAYMOND, Inorg. Chem. *31* (1992) 4903: *An eight-coordinate cage: Synthesis and structure of the first macrotricyclic tetraterephthalamide ligand*

C. ORVIG, M.J. ABRAMS (Hrsg.), Chem. Rev. *99* (1999) September-Heft: *Medicinal inorganic chemistry*

S. JURISSON, D. BERNING, W.JIA, D. MA, Chem. Rev. *93* (1993) 1137: *Coordination compounds in nuclear medicine*

T.J. MCCARTHY, S.W. SCHWARZ, M.J. WELCH, J. Chem. Ed. *71* (1994) 830: *Nuclear medicine and positron emission tomography: An overview*

R.L. HAYES, K.F. HÜBNER in (d), *Vol. 16* (1983), S. 279: *Basis for the clinical use of gallium and indium radionuclides*

D. PARKER, Chem. Soc. Rev. *19* (1990) 271: *Tumour targeting with radiolabelled macrocycle-antibody conjugates*

L. YUANFANG, W. CHUANCHU, Pure Appl. Chem. *63* (1991) 427: *Radiolabelling of monoclonal antibodies with metal chelates*

P. BLÄUENSTEIN, New J. Chem. *14* (1990) 405: *Rhenium in nuclear medicine: General aspects and future goals*

J.H. MORRIS, Chem. Br. *27* (1991) 331: *Boron neutron capture therapy*

R.F. BARTH, A.H. SOLOWAY, R.G. FAIRCHILD, Sci. Am. *263(4)* (1990) 68: *Boron neutron capture therapy for cancer*

M.F. HAWTHORNE, Angew. Chem. *105* (1993) 997: *Die Rolle der Chemie in der Entwicklung einer Krebstherapie durch die Bor-Neutroneneinfangreaktion*

M. MOLTER, Chemikerzeitung *103* (1979) 41: *Technetium-99m – Die Basis der modernen nuklearmedizinischen in vivo-Diagnostik*

M.J. CLARKE, L. PODBIELSKI, Coord. Chem. Rev. *78* (1987) 253: *Medical diagnostic imaging with complexes of* ^{99m}Tc

K. SCHWOCHAU, *Technetium - Chemistry and Radiopharmaceutical Applications,* Wiley-VCH, Weinheim, 2000

B. DOUGLAS, D.H. MCDANIEL, J.J. ALEXANDER: *Concepts and Models of Inorganic Chemistry,* 2nd Edition, Wiley, New York, 1983, S. 502

E. Deutsch, W. Bushong, K.A. Glavan, R.C. Elder, V.J. Sodd, K.L. Scholz, D.L. Fortman, S.J. Lukes, Science *214* (1981) 85: *Heart imaging with cationic complexes of technetium*

Kapitel 19

O.M.N. Dhubhghaill, P.J. Sadler, Struct. Bonding (Berlin) *78* (1991) 130: *The structure and reactivitiy of arsenic compounds: Biological activity and drug design*

W.A. Herrmann, E. Herdtweck, L. Pajdla, Inorg. Chem. *30* (1991) 2581: *"Colloidal bismuth subcitrate" (CBS): Isolation and structural characterization of the active substance against Helicobacter pylori, a causal factor of gastric diseases*

C. Orvig, M.J. Abrams (Hrsg.), Chem. Rev. *99* (1999) September-Heft: *Medicinal inorganic chemistry*

P.J. Sadler, Adv. Inorg. Chem. *36* (1991) 1: *Inorganic Chemistry and Drug Design*

B.K. Keppler, New J. Chem. *14* (1990) 389: *Metal complexes as anticancer agents. The future role of inorganic chemistry in cancer therapy*

B.K. Keppler (Hrsg.): *Metal Complexes in Cancer Chemotherapy*, VCH, Weinheim, 1993

B. Rosenberg, L. van Camp, T. Krigas, Nature (London) *205* (1965) 698: *Inhibition of cell division in E. coli by electrolysis products from a platinum electrode*

B. Rosenberg, L. van Camp, J.E. Trosko, V.H. Mansour, Nature (London) *222* (1969) 385: *Platinum compounds: A new class of potent antitumor agents*

B. Lippert, W. Beck, Chem. Unserer Zeit *17* (1983) 190: *Platin-Komplexe in der Krebstherapie*

A. Pasini, F. Zunino, Angew. Chem. *99* (1987) 632: *Neue Cisplatin-Analoga – auf dem Weg zu besseren Cancerostatika*

P. Umapathy, Coord. Chem. Rev. *95* (1989) 129: *The chemical and biological consequences of the binding of the antitumor drug cisplatin and other platinum group metal complexes to DNA*

J. Reedijk, Inorg. Chim. Acta *198-200* (1992) 873: *The relevance of hydrogen bonding in the mechanism of action of platinum antitumor compounds*

I. Haiduc, C. Silvestru, Coord. Chem. Rev. *99* (1990) 253: *Metal compounds in cancer chemotherapy*

P. Köpf-Maier, H. Köpf, Chem. Rev. *87* (1987) 1137: *Non-platinum-group metal antitumor agents – history, current status, and perspectives*

T. Beardsley, Sci. Am. *270(1)* (1994) 118: *A war not won*

M. COLUCCIA et al., J. Med. Chem. *36* (1993) 510: *A trans-platinum complex showing higher antitumor activity than the cis congeners*

W.I. SUNDQUIST, S.J. LIPPARD, Coord. Chem. Rev. *100* (1990) 293: *The coordination chemistry of platinum anticancer drugs and related compounds with DNA*

T.D. TULLIUS (Hrsg.): *Metal-DNA Chemistry*, ACS Symp. Ser. *402* (1989)

B. LIPPERT, H. SCHÖLLHORN, U. THEWALT, Inorg. Chim. Acta *198-200* (1992) 723: *Metal-stabilized rare tautomers of nucleobases. 4. On the question of adenine tautomerization by a coordinated platinum(II)*

T.P. KLINE, L.G. MARZILLI, D. LIVE, G. ZON, J. Am. Chem. Soc. *111* (1989) 7057: *Investigations of platinum amine induced distortions in single- and double-stranded oligodeoxyribonucleotides*

B. LIPPERT, Prog. Inorg. Chem. *37* (1989) 1: *Platinum nucleobase chemistry*

S.J. LIPPARD, Pure Appl. Chem. *59* (1987) 731: *Chemistry and molecular biology of platinum anticancer drugs*

S.L. BRUHN, J.H. TONEY, S.J. LIPPARD, Prog. Inorg. Chem. *38* (1990) 477: *Biological processing of DNA modified by platinum compounds*

E. HEKMERS, N. MERGEL, R. BARCHET, Z. Umweltchem. Ökotox. *6* (1994) 130: *Platin in Klärschlammasche und an Gräsern*

B. VAN HOUTEN, S. ILLENYE, Y. QU, N. FARRELL, Biochemistry *32* (1993) 11794: *Homodinuclear (Pt,Pt) and heterodinuclear (Ru,Pt) metal compounds as DNA-protein cross-linking agents: Potential suicide DNA lesions*

S.E. SHERMAN, D. GIBSON, A.H.J. WANG, S.J. LIPPARD, J. Am. Chem. Soc. *110* (1989) 7368: *Crystal and molecular structure of cis-[Pt(NH$_3$)$_2${d(pGpG)}], the principal adduct formed by cis-diamminedichloroplatinum(II) with DNA*

G. ADMIRAAL, J.L. VAN DER VEER, R.A.G. DE GRAAFF, J.H.J. DEN HARTOG, J. REEDIJK, J. Am. Chem. Soc. *109* (1987) 592: *Intrastrand bis(guanine) chelation of d(CpGpG) to cis-platinum: An X-ray single crystal structure analysis*

S.E. SHERMAN, S.J. LIPPARD, Chem. Rev. *87* (1987) 1153: *Structural aspects of platium anticancer drug interactions with DNA*

G. FROMMER, H. SCHÖLLHORN, U. THEWALT, B. LIPPERT, Inorg. Chem. *29* (1990) 1417: *Platinum(II) binding to N7 and N1 of guanine and a model for a purine-N^1, pyrimidine-N^3 cross-link of cisplatin in the interior of a DNA duplex*

O. KRIZANOVIC, F.J. PESCH, B. LIPPERT, Inorg. Chim. Acta *165* (1989) 145: *Nucleobase displacement from trans-diamineplatinum(II) complexes. A rationale for the inactivity of trans-DDP as an antitumor agent?*

P.M. PIL, S.J. LIPPARD, Science *256* (1992) 234: *Specific binding of chromosomal protein HMG1 to DNA damaged by the anticancer drug cisplatin*

G. CHU, J. Biol. Chem. *269* (1994) 787: *Cellular responses to cisplatin*

B.K. Keppler, C. Friesen, H.G. Moritz, H. Vongerichte, E. Vogel, Struct. Bonding (Berlin) *78* (1991) 97: *Tumor-inhibiting bis(β-diketonato) metal complexes: Budotitane*

L. Que, Jr. in (z), S. 347: *Oxygen activation at nonheme iron centers*

D.S. Sigman, T.W. Bruice, A. Mazumder, C. L. Sutton, Acc. Chem. Res. *26* (1993) 98: *Targeted chemical nucleases*

A.G. Papavassiliou, Biochem. J. *305* (1995) 345: *Chemical nucleases as probes for studying DNA-protein unteractions*

C. Glidewell, J. Chem. Educ. *66* (1989) 631: *Ancient and medieval chinese protochemistry*

S.J. Berners-Price, P.J. Sadler in (p), S. 376: *Gold drugs*

R.C. Elder, M.K. Eidsness, Chem. Rev. *87* (1987) 1027: *Synchrotron X-ray studies of metal-based drugs and metabolites*

A.R. Cross, O.T.G. Jones, Biochim. Biophys. Acta *1057* (1991) 281: *Enzymic mechanisms of superoxide production*

E.J. Corey, M.M. Mehrotra, A.U. Khan, Science *236* (1987) 68: *Antiarthritic gold compounds effectively quench electronically excited singlet oxygen*

N.J. Birch, J.D. Phillips in (y), S. 49: *Lithium and medicine: Inorganic pharmacology*

G.N. Schrauzer, K.-F. Klippel (Hrsg.): *Lithium in Biology and Medicine*, VCH, Weinheim, 1990

S. Avissar, G. Schreiber, A. Danon, R.H. Belmaker, Nature (London) *331* (1988) 440: *Lithium inhibits adrenergic and cholinergic increases in GTP binding in rat cortex*

Für die Erlaubnis der Wiedergabe verschiedener Abbildungen danken wir den Autoren sowie

Academic Press, Inc.: S. 103: J. BALDWIN, C. CHOTIA, J. Mol. Biol. *129* (1979) 175; S. 172: B.F. ANDERSON, H.M. BAKER, G.E. NORRIS, D.W. RICE, E.N. BAKER, J. Mol. Biol. *209* (1989) 711; S. 210: A. MESSERSCHMIDT, H. LUECKE, R. HUBER, J. Mol. Biol. *230* (1993) 997; S. 281: B.T. KILBOURN, J.D. DUNITZ, L.A.R. PIODA, W. SIMON, J. Mol. Biol. *90* (1967) 559;

der American Association for the Advancement of Sciences: S. 284: D.A. LANGS, Science *241* (1988) 188;

der American Chemical Society: S. 38: A.M. PYLE, J.K. BARTON, Prog. Inorg. Chem. *38* (1990) 413; S. 64: H.C. CHOW, R. SERLIN, C.E. STROUSE, J. Am. Chem. Soc. *97* (1975) 7230; S. 105: M.F. PERUTZ, G. FERMI, B. LUISI, B. SHAANAN, R.C. LIDDINGTON, Acc. Chem. Res. *20* (1987) 309; S. 112: R.E. STENKAMP, L.C. SIEKER, L.H.JENSEN, J. Am. Chem. Soc. *106* (1984) 618; S. 168: Y. MINO, T. ISHIDA, N. OTA, M. INOUE, K. NOMOTO, T. TAKEMOTO, H. TANAKA, Y. SUGIURA, J. Am. Chem. Soc. *105* (1983) 4671; S. 202: G.E. NORRIS, B.F. ANDERSON, E.N. BAKER, J. Am. Chem. Soc. *108* (1986) 2784; S. 253, 254: A. VEDANI, D.W. HUHTA, S.P. JACOBER, J. Am. Chem. Soc. *111* (1989) 4075; S. 258: D.W. CHRISTIANSON, W.N. LIPSCOMB, Acc. Chem. Res. *22* (1989) 62; S. 377: S.E. SHERMAN, D. GIBSON, A.H.J. WANG, S.J. LIPPARD, J. Am. Chem. Soc. *110* (1989) 7368;

der American Society for Biochemistry and Molecular Biology: S. 135: D.E. MCREE, D.C. RICHARDSON, J.S. RICHARDSON, L.M. SIEGEL, J. Biol. Chem. *261* (1986) 10277; S. 306: K.A. SATYSHUR, S.T. RAO, D. PYZALSKA, W. DRENDEL, M. GREASER, M. SUNDARALINGAM, J. Biol. Chem. *263* (1988) 1628;

Annual Reviews Inc.: S. 118 und S. 141: F.R. SALEMME, Annu. Rev. Biochem. *46* (1977) 299;

dem Birkhäuser Verlag: S. 323: C.C. PERRY, J.R. WILCOCK, R.J.P. WILLIAMS, Experientia *44* (1988) 638;

dem Elsevier Verlag: S. 125: T.L. POULOS, Adv. Inorg. Biochem. *7* (1988) 1; S. 368: M.J. CLARKE, L. PODBIELSKI, Coord. Chem. Rev. *78* (1987) 253;

Elsevier Trends Journals: S. 62 und 63: C.N. HUNTER, R. VAN GRONDELLE, J.D. OLSEN, Trends Biochem. Sci. *14* (1989) 72; S. 73: J.M. ANDERSON, B. ANDERSSON, Trends Biochem. Sci. *13* (1987) 351; S. 99: M.F. PERUTZ, Trends Biochem. Sci. *14* (1989) 42; S. 269: M.L. BRADER, M.F. DUNN, Trends Biochem. Sci. *16* (1991) 341;

dem Verlag Walter de Gruyter: S. 97 und 98: J.E. Huheey, Anorganische Chemie;

Helvetica Chimica Acta: S. 35: K. NEUPERT-LAVES, H. DOBLER, Helv. Chim. Acta *58* (1975) 432;

der International Union of Crystallography: S. 201: J.M. GUSS, H.D. BARTUNIK, H.C. FREEMAN, Acta Cryst. *B48* (1992) 790; S. 281: D.L. WARD, K.T. WEI, J.G. HOOGERHEIDE, A.L. POPOV, Acta Cryst. *B34* (1978) 110; S. 317: K. SUDARSANAN, R.A. YOUNG, Acta Cryst. *B34* (1978) 1401;

der Japanese Biochemical Society: S. 141: T. TSUKIHARA, K. FUKUYAMA, H. TAHARA, Y. KATSUBE, Y. MATSUURA, N. TANAKA, M. KAKUDO, K. WADA, H. MATSUBARA, J. Biochem. *84* (1978) 1646;

dem Journal of Chemical Education: S. 107: K.S. Suslick, T.J. Reinert, J. Chem. Ed. 62 (1985) 974;

MacMillan Magazines Inc.: S. 23: B.W. MATTHEWS, J.N. JANSONIUS, P.M. COLMAN, B.P. SCHOENBORN, D. DUPOURQUE, Nature (London) *238* (1972) 37; S. 99: S.E.V. PHILLIPS, B.P. SCHOENBORN, Nature (London) *292* (1981) 81; S. 218: J.A. TAINER, E.D. GETZOFF, J.S. RICHARDSON, D.C. RICHARDSON, Nature (London) *306* (1983) 284; S. 253: A. LILJAS, K.K. KANNAN, P.C. BERGSTEN, I. WAASA, K. FRIDBORG, B. STRANDBERG, U. CARLBOM, L. JÄRUP, S. LÖVGREN, M. PETEF, Nature (London) *235* (1972) 131; S. 307: K. FUJIMORI, M. SORENSON, O. HERZBERG, J. MOULT, F.C. REINACH, Nature (London) *345* (1990) 182;

der Open University Press: S. 61: J.D. COYLE, R.R. HILL, D.R. ROBERTS (Hrsg.): Light, Chemical Change and Life: A Source Book in Photochemistry (1982);

der Plenum Press: S. 329: N.M. Alexander in E. Frieden (Hrsg.): Biochemistry of the Essential Ultratrace Elements (1984), S. 33: Iodine;

der Royal Society of Chemistry, London: S. 42: P.G. LENHERT, Proc. Roy. Soc. *A 303* (1968) 45; S. 151: R.H. HOLM, Chem. Soc. Rev. *10* (1981) 455; S. 174: G.C. FORD, P.M. HARRISON, D.W. RICE, J.M.A. SMITH, A. TEFFRY, J.L. WHITE, J. YARIV, Philos. Trans. R. Soc. London *B304* (1984) 551; S. 311: Philos. Trans. R. Soc. London *B304* (1984), Frontispiece to Section I, facing p. 425;

dem Springer-Verlag: S. 232: R. SÖDERLUND, T. ROSSWALL in The Handbook of Environmental Chemistry (Hrsg.: O. HUTZINGER, Springer-Verlag, Berlin) *Vol. 1, Part B*, 1982, S. 61;

und dem Verlag Chemie, Weinheim: S. 66 und S. 210: R. HUBER, Angew. Chem. *101* (1989) 849; S. 84: K. WIEGHARDT, U. BOSSEK, J. BONVOISIN, P. BEAUVILLAIN, J.J. GIRERD, B. NUBER, J. WEISS, J. HEINZE, Angew. Chem. *98* (1986) 1026; S. 150: D.O HALL, R. CAMMACK, K.K. RAO, Chem. Unserer Zeit *11* (1977) 165; S. 167: T.B. KARPISHIN, K.N. RAYMOND, Angew. Chem. *104* (1992) 486; S. 239: D. SELLMANN, W. SOGLOWEK, F. KNOCH, M. MOLL, Angew. Chem. *101* (1989) 1244; S. 279: B. DIETRICH, J.M. LEHN, J.P. SAUVAGE, Chem. Unserer Zeit *7* (1973) 120.

Glossar

(knappe Definitionen einiger im Text nicht weiter erläuterter Begriffe, siehe auch Stichwortverzeichnis und Liste der Einschübe S. xvi)

allosterischer Effekt: die Beeinflussung aktiver Zentren in einem Protein durch Wechselwirkung, z.B. Molekülbindung, an einer weit entfernten Stelle

ambident: verschieden"zähnig" (für Komplexliganden mit mehreren unterschiedlichen Koordinationszentren)

anisotrop: richtungsabhängig

antibindendes Orbital: führt bei Besetzung durch Elektronen zur Bindungsschwächung

Apoprotein, Apoenzym: Coenzym-freier, inaktiver, aber für die Selektivität verantwortlicher Proteinteil eines Coenzym-abhängigen Enzyms (3.2)

assimilatorisch: bezieht sich auf energieverbrauchende, dem Aufbau dienende Stoffumwandlung durch Organismen

Autolyse: Selbstauflösung, z.B. eines Hydrolyse-Enzyms

autotroph: unabhängig von "organischer" Materie für Energie- und Stoffgewinnung

Catechol: aus dem Angelsächsischen stammende Bezeichnung für Brenzkatechin (1,2-Dihydroxybenzol)

cGMP (cyclisches Guanosinmonophosphat), cAMP etc.: durch Ringschluß zwischen Phosphat und 3'-OH-Gruppe gebildete zyklische Nukleotide

charge transfer: Ladungsübertragung zwischen Molekülteilen, speziell nach Anregung mit Licht

Chelat-Komplex: Koordinationsverbindung, bei der Metall und mehrzähniger Ligand zusammen mindestens *eine* Ringstruktur bilden

chiral: Eigenschaft eines räumlichen Gebildes, mit seinem Spiegelbild nicht zur Deckung gebracht werden zu können

Chromophor: für die langwellige Lichtabsorption wesentlich verantwortlicher Bereich eines größeren Moleküls

Circulardichroismus (CD): unterschiedlich starke Absorption der beiden zirkulären Komponenten linear polarisierten Lichts durch optisch aktive Substanzen

Cluster: Aggregation aus mehreren, nahe benachbarten Metallzentren

Coenzym: relativ kleiner und vom Apoprotein reversibel separierbarer, für den katalysierten Reaktionstyp jedoch essentieller Bestandteil eines Gesamtenzyms (Holoenzym; s. 3.2)

Dehydrogenasen: Oxidoreduktase-Enzyme mit gekoppelter Elektronen/Protonen(="Wassserstoff")-Übertragung (s. Einschub S. 225)

Diamagnetismus: magnetisches Verhalten, das ausschließlich durch die Polarisation von (auch gepaarten) Elektronen zustandekommt

Dielektrizitätskonstante: Parameter für die Eigenschaft eines Mediums, die Kräfte zwischen geladenen Teilchen zu verringern

diffusionskontrollierte Reaktion: jede Begegnung zwischen den Reaktanden führt zum Umsatz, also begrenzt allein die Häufigkeit der Zusammenstöße diffundierender Teilchen die Reaktionsgeschwindigkeit

dissimilatorisch: bezieht sich auf energieliefernden Stoffabbau durch Organismen

Dreipunkthaftung: Voraussetzung für eindeutige Orientierung im Raum und für Stereoselektivität

Dublett-Zustand (S=1/2): bei ungerader Gesamtelektronenzahl diejenige Elektronenkonfiguration mit *einem* ungepaarten Elektron

Einkristall: Kristall mit makroskopisch weitgehend einheitlicher Orientierung der Elementarzellen (Periodizität, Fernordnung; s. Einschub S. 67f.)

Elektrophil: Teilchen mit hoher Reaktivität bezüglich elektronenreicher Reaktionspartner

Enantiomer: *ein* Spiegelbild-Isomeres einer chiralen Verbindung. Unterscheidung aufgrund der absoluten Konfiguration (R oder S), bei Aminosäuren und Kohlenhydraten ist noch die L/D-Nomenklatur im Gebrauch

endergonisch: dem chemischen Gleichgewicht entgegengerichtet

end-on: Koordination eines Liganden durch ein terminales Donorzentrum (vgl. 5.6)

entatischer Zustand: energiereicher "gespannter" Zustand eines Enzym-Katalysators, der die Übergangszustandsgeometrie weitgehend vorgebildet enthält (s. Einschub S. 24f.)

Entropie: thermodynamische Größe, die den Unordnungsgrad eines Systems quantifiziert

Enzyme: "Biokatalysatoren", deren Einteilung über den Typ der katalysierten chemischen Reaktion erfolgt. Zu den häufigsten und am besten charakterisierten Enzymen gehören die Redoxreaktionen katalysierenden *Oxidoreduktasen*, die gruppenübertragenden *Transferasen* (→ Substitutionsreaktionen) und die *Hydrolasen.*

epitaktisch: in geordnet orientiertem Schichtaufbau

Extinktionskoeffizient: Maß für die Intensität der Absorption elektromagnetischer Strahlung

Ferredoxine: Klasse elektronenübertragender Enzyme mit Fe/S-Zentren (Kap. 7.1-7.4)

"frühe" Übergangsmetalle: Metalle der Gruppen 3 bis 6 im Periodensystem (Gruppen 8 bis 11: "späte" Übergangsmetalle)

η^n: Bezeichnung der "Haptizität" eines Liganden, d.h. der Zahl n der an ein Metallzentrum bindenden Koordinationsatome. Sind mehrere Metallzentren gebunden, so erfolgt für jedes Zentrum eine Angabe (η^n:η^m:...)

"hart": nicht leicht polarisierbar (s. Einschub S. 16)

Hundsche Regel: mehrere Orbitale gleicher Energie ("Entartung") werden durch Elektronen so besetzt, daß für den energieärmsten Zustand eine maximale Gesamtspinquantenzahl resultiert

Hydroxylasen: s. Oxygenasen

I: Gesamtspinquantenzahl für einen Atomkern (Isotop)

Inner-sphere-Reaktion: Prozeß, bei dem sich beide Reaktionspartner im Übergangszustand teilweise "durchdringen" (Erhöhung der Koordinationszahl z.B. über gemeinsame Atome; Gegensatz: outer sphere-Reaktion)

Intercalation: Einlagerung von Molekülen in eine Schichtstruktur, z.B. in DNA-Basenstapel

ISC (Inter-System Crossing): Wechsel zwischen Zuständen verschiedener Multiplizität, z.B. Singulett → Triplett

isotrop: richtungsunabhängig

kinetisch: bezieht sich auf die Reaktions*geschwindigkeit* (Zeitabhängigkeit; Gegensatz dazu: thermodynamisch)

Kink: Schleifenknick-artige Strukturunregelmäßigkeit in einem sonst regelmäßig angeordneten Polymer

Kondensations-Reaktion: Verknüpfung zweier chemischer Verbindungen unter Austritt eines kleinen ("kondensierbaren") Moleküls wie etwa H_2O

Labilität: geringe Beständigkeit gegenüber Zerfall oder Substitution wegen niedriger Aktivierungsenergie

Lewis-Base: Elektronenpaar-Donator

Lewis-Säure: Elektronenpaar-Akzeptor

Lysosomen: cytoplasmatische Organellen, die kontrollierten intrazellulären Abbau- und Auflösevorgängen dienen

Metastabilität: Beständigkeit aufgrund geringer Reaktivität (hohe Aktivierungsenergie), nicht wegen absolut niedriger Gesamtenergie

Met-Form: am Metall oxidierte, aber nicht oxygenierte, d.h. O_2-freie Form eines sauerstoffaufnehmenden Proteins

Molekülorbital: quantenmechanische Einelektronenfunktion, die den Aufenthalt eines bestimmten Elektrons im gesamten Molekül beschreibt

morphologisch: bezieht sich auf die makroskopische Gestalt (Struktur, Form)

μ_n: bezeichnet einen n Zentren verbrückenden Liganden (ohne Angabe von n: n = 2)

Nukleophil: Teilchen mit hoher Reaktivität gegenüber elektronenarmen Zentren

Nukleosid: Kombination Nukleobase/Kohlenhydrat (2.11)

Nukleotid: Kombination Nukleobase/Kohlenhydrat/(Oligo-)Phosphat (2.11)

Oxidasen: Oxidoreduktase-Enzyme, die primär der Elektronenübertragung vom Substrat auf Disauerstoff dienen (s. Einschub S. 225)

Oxy-Form: O_2-tragende Form eines sauerstofftransportierenden Proteins (Gegensatz: Desoxy-Form)

Oxygenasen (Hydroxylasen): Oxidoreduktase-Enzyme, bei denen Elektronentransfer mit Sauerstoffübertragung verknüpft ist (s. Einschub S. 225)

Paramagnetismus: magnetisches Verhalten, das aus der Orientierung von Elektronen bei einem von Null verschiedenen Gesamtdrehimpuls im äußeren Feld resultiert

Primärstruktur eines Proteins: lineare Aufeinanderfolge (Sequenz) der Aminosäuren

Pseudorotation: intramolekulare Strukturumwandlung zwischen zwei trigonal-bipyramidalen Konformationen über einen quadratisch-pyramidalen Übergangszustand unter teilweisem nicht-dissoziativem Ligandenaustausch (axial/equatorial)

Quartärstruktur: aufeinander bezogene Anordnung verschiedener Peptidketten (Proteinuntereinheiten) in einem oligomeren Protein

RAMAN-Effekt: Beobachtung von molekularen Schwingungsfrequenzen als Energiedifferenz in gestreuter elektromagnetischer Strahlung (s. Einschub S. 109)

S: Gesamtspinquantenzahl für Elektronen in einem Mehrelektronensystem

second messenger: sekundärer Botenstoff; Informations-Vermittler, z.B. zwischen Rezeptor (primäre Aktivierung) und der zellulären Reaktion

Sekundärstruktur eines Proteins: lokale Konformation der Peptidkette, z.B. Schraubenanordnung (α-Helix) oder β-Faltblattstruktur

Semichinon: radikalisches Einelektronen-Reduktionsprodukt einer chinoiden Verbindung

side-on: Koordination eines Liganden über eine oder mehrere Bindungen (s. 5.6)

Singulett-Zustand (S=0): bei gerader Gesamtelektronenzahl derjenige Zustand, bei dem keine ungepaarten Elektronen auftreten (vollständige Spinpaarung)

Spin-Bahn-Kopplung: Wechselwirkung von Spindrehmoment (Eigendrehimpuls) und Bahndrehmoment des sich um den Atomkern bewegenden Elektrons. Die Wechselwirkungskonstante nimmt mit steigender Ordnungszahl der Elemente stark zu.

Spincrossover: durch externe Einflüsse induzierter Wechsel der Gesamtspinquantenzahl, z.B. der Übergang von high-spin- zu low-spin-Konfiguration

SQUID (Superconducting QUantum Interference Device, supraleitendes Quanteninterferometer): sehr empfindliches Meßinstrument für magnetische Suszeptibilität

Superaustausch: Spin-Spin-Wechselwirkung zwischen nicht direkt verbundenen Zentren über eine verbindende atomare oder molekulare Brücke

Suszeptibilität: stoffspezifische Proportionalitätskonstante zwischen Magnetisierung und der Stärke des externen Magnetfeldes (s. Einschub S. 81)

Tautomere: im Gleichgewicht stehende Isomere, die sich durch verschiedene Wasserstoff-Positionen unterscheiden

Templat-Effekt: geordneter Zusammenschluß zwischen zunächst einzeln koordinierten Ligand-Komponenten durch ein Templat-Metallzentrum

Tertiärstruktur eines Proteins: dreidimensionale Gestalt einer einzelnen Peptidkette (monomeres Protein)

Tetraederaufspaltung: bei gleicher Ligandenfeld-"Stärke" beträgt die Aufspaltung der d-Orbitale in Tetraedersymmetrie (2 stabilisierte, 3 destabilisierte Orbitale) nur 4/9 = 44% der Oktaederaufspaltung (3 stabilisierte, 2 destabilisierte Orbitale; s. auch 12.4)

thermodynamisch: bezieht sich nur auf den Gleichgewichtsaspekt einer Reaktion (Zeitabhängigkeit *nicht* berücksichtigt; Gegensatz dazu: kinetisch)

Thylakoide: flache pigmenthaltige Doppelmembranen in Chloroplasten

Transkription: getreue Bildung einer zur DNA komplementären messenger-RNA

Triplett-Zustand (S = 1): Zustand mit zwei ungepaarten, parallel spinorientierten Elektronen (bei gerader Gesamtelektronenzahl)

"verbotener" Vorgang: Reaktion oder physikalischer Prozeß mit geringer Wahrscheinlichkeit aufgrund quantenmechanischer Auswahlregeln, nicht-kompatibler Symmetrie oder notwendiger Spinkonversion (z.B. Singulett-Triplett-Übergang; Gegensatz: "erlaubter" Vorgang)

Vesikel: räumlich durch eine Membranhülle abgeschlossenes globuläres Gebilde

Wasserstoff-Brücke: Bindung des zweifach koordinierten Protons an zwei kleine Donoratome (O,N,F, teilweise S) mit dem Effekt der Molekülverknüpfung und Strukturierung

"weich": leicht polarisierbar (s. Einschub S. 16)

Stichwortverzeichnis